现代数学译丛　32

微积分及其应用
（原书修订版）

〔美〕Peter Lax　Maria Terrell　著

林开亮　刘　帅　邵红亮　等　译

科 学 出 版 社
北　京

图字：01-2016-4962 号

内 容 简 介

本书是美国著名数学家彼得·拉克斯与康奈尔大学数学教授玛丽亚·特雷尔合著的单变量微积分教材，内容覆盖了一元微积分的基础，包括：数列的极限、函数的连续性、函数的微分、可微函数的基本理论、导数的应用、函数的积分、积分的方法、积分的近似计算，以及微分方程. 另有两章介绍复数与概率. 本书与拉克斯的另一著名教材《线性代数及其应用》简明清晰、行云流水的风格一致，通过引入许多背景自然的应用实例，两位作者致力于引导读者对微积分这一重要的基础课题获得理解. 本书末尾还提供了部分习题的答案.

本书可供高等院校师生作为一元微积分课程的教材或教辅参考.

Translation from the English Language edition:
Calculus with Applications. Second Edition. Peter Lax and Maria Terrell
Copyright © 2014 by Springer Science+business Media New York
All right Reserved

图书在版编目(CIP)数据

微积分及其应用/(美)彼得·拉克斯(Peter Lax), (美)玛丽亚·特雷尔 (Maria Terrell)著；林开亮等译. —北京：科学出版社，2018.3
(现代数学译丛；32)
书名原文：Calculus with Applications
ISBN 978-7-03-056917-2

Ⅰ.①微… Ⅱ.①彼… ②玛… ③林… Ⅲ.①微积分 Ⅳ.①O172

中国版本图书馆 CIP 数据核字(2018) 第 049715 号

责任编辑：陈玉琢／责任校对：邹慧卿
责任印制：吴兆东／封面设计：陈 敬

科 学 出 版 社 出版
北京东黄城根北街 16 号
邮政编码：100717
http://www.sciencep.com

北京虎彩文化传播有限公司 印刷
科学出版社发行 各地新华书店经销

2018 年 3 月第 一 版　开本：720×1000　B5
2023 年 8 月第七次印刷　印张：29 1/2
字数：593 000
定价：178.00 元
(如有印装质量问题，我社负责调换)

序　言

　　我们编写一本微积分教材的目标是, 帮助学生直接了解到, 数学是科学思想得以精确表述的一门语言, 科学是深刻定型了数学发展的数学思想的源泉, 而数学可以为重要的科学问题提供聪明的解答. 本书是 Peter Lax, Samuel Burstein 和 Anneli Lax 的教材《微积分及其应用与计算》[1]的全面修订版. 原教材基于某些新颖的想法, 纳入了一些新的非传统的内容. 我们按照相同的精神编写修订版. 有人自然会问, 对于像微积分这样一门古老的学科, 还需要引进什么新内容和新思想吗? 答案是, 科学和数学随着研究前沿的突飞猛进而成长, 因此我们在高中、大学和研究生院所教的东西也不能落后得太远. 作为数学家和教育学家, 我们的目标必定是简化旧课题的讲授, 留出空间来讲授新课题.

　　为达到这一目标, 我们要将数学语言展现得自然而容易理解, 要使它成为学生能够学以致用的一门语言. 在全书中, 我们对所有重要的定理都给出了证明, 以便于学生理解其含义; 但我们的目的是提供理解, 而不是追求"严格性". 我们大大增加了例子和问题的数量. 在内容的组织方面, 我们做了某些重要的调整; 熟悉的超越函数[2]被放在导数和积分之前介绍. 书名中的"计算"被舍弃了, 因为与 1976 年相比, 在今天, 计算作为微积分不可分割的一部分, 并且它对微积分提出了有趣的挑战, 已经得到了广泛的认同. 这从 4.4 节、5.3 节、10.4 节以及整个第 8 章可见一斑. 但那些使得我们能够讨论在估计数据、用函数列来逼近函数等计算问题时用到的数学保留下来了, 如一致连续和一致收敛. 在修订版中, 我们尽力表明了, 一致收敛和一致连续要比逐点收敛和逐点连续更自然、更有用. 从使用过本教材的学生那里得到的初步反馈是, 他们"掌握了 (get it)".

　　本教材是为两个学期的单变量微积分课设计的. 读者只需要预先掌握高中水平的初等微积分.

　　第 1 章讨论 (实) 数、数的近似计算和数列的极限. 第 2 章给出了关于连续函数的基本事实, 描述了经典的函数: 多项式、三角函数、指数函数和对数函数. 还介绍了函数列的极限, 特别是幂级数.

---

[1] *Calculus with Applications and Computing*, 于 1976 年由 Springer-Verlag 出版. 有中译本, 唐述钊等译, 人民教育出版社, 1980 年.——译者注

[2] 三角函数、指数函数和对数函数.——译者注

在第 3 章, 我们给出了导数的定义和基本的求导法则. 计算了各类经典函数——多项式、三角函数、指数函数和对数函数的导数. 第 4 章描述了微分学的基本理论, 包括高阶导数、Taylor 多项式和 Taylor 定理, 以及用差商逼近导数. 第 5 章描述了导数如何出现在科学特别是物理学的定律中, 微积分又如何用来推导这些定律的意义.

第 6 章通过距离、质量和面积的例子介绍积分的概念, 对积分作近似计算则引出了其定义. 证明并举例说明了微分和积分的关系. 在第 7 章, 介绍了积分的分部积分与变量代换的技巧, 证明了函数列的一致极限的积分等于函数列积分的极限. 第 8 章介绍了积分的近似计算, 推导了辛普森法则, 并与积分的其他数值逼近作了比较.

第 9 章表明, 微积分的许多概念可以推广到实变量的复值函数. 还介绍了复数的指数. 第 10 章将微积分应用于控制振动弦、种群演化和化学反应的微分方程. 还包括对 Euler 方法的一个简短介绍. 第 11 章用微积分的语言表述了概率论.

本书曾作为一学期的 "微积分 II" 教材在康奈尔大学成功使用过, 对象是主修数学和理工科的学生. 这些学生通常在高中修过一学期的微积分. 第 1,2,4 章被用来介绍数列和级数、幂级数、Taylor 多项式和 Taylor 定理. 第 6—8 章分别用来介绍定积分、积分对体积等累积问题的应用、积分的方法和近似计算. 讲完这些, 那个学期仍有富余的时间, 就介绍了第 9 章的复数和复值函数, 并在 10.1 节考察复函数及其微积分如何用来模拟振动.

我们要感谢支持我们写作本书的数学界的许多同事和学生. 本书第一版是与 Samuel Burstein 合写的.[①] 感谢他允许我们吸收他的工作. 我们要感谢 John Guckenheimer 对本项目的鼓励和建议. 感谢 Matt Guay, John Meluso 和 Wyatt Deviau, 当他们还是康奈尔大学的本科生时, 就曾仔细阅读了初稿, 他们敏锐的评论让我们脑子时刻铭记着我们的学生读者. 我们还要感谢 Patricia McGrath, 康涅狄格州梅里登室的马洛尼高级中学的一位教师, 她对本书作了细心的评论与建议. 感谢康奈尔大学的研究生 Thomas Kern 和吴辰熙, 他们是我在那里教授 "微积分 II" 的助教, 他们帮助写出了一些课后问题的解答. 感谢康奈尔大学那些在 2011 年和 2012 年秋季学期使用过本书初稿的学生, 感谢你们所有人激发了我们开展这个项目, 使得本书更好.

如果没有 Bob Terrell——Maria 的夫君, 同时也是康奈尔大学工作多年的数学教授——的帮助, 本书不可能完成. 从将手稿变成 TEX 版、插图制作, 再到建议修

---

① 另一位合作者 Anneli Lax(1922–1999) 是 Peter Lax 已过世的妻子.

改和改进, 每一步都有 Bob 的功劳, 我们感激不尽.

  Peter Lax 感谢他在纽约大学柯朗研究所的同事们, 他曾与他们一起对教授微积分的挑战讨论了 50 多年.

Peter Lax   于纽约

Maria Terrell   于纽约伊萨卡

目　　录

序言
第 1 章　数和极限 ·· 1
　1.1　不等式 ··· 1
　　　1.1.1　不等式的法则 ·· 3
　　　1.1.2　三角不等式 ··· 3
　　　1.1.3　算术–几何平均值不等式 ·· 4
　　问题 ··· 7
　1.2　实数和最小上界定理 ··· 10
　　　1.2.1　实数作为无限小数 ·· 10
　　　1.2.2　最小上界定理 ··· 12
　　　1.2.3　舍入 ·· 14
　　问题 ··· 16
　1.3　数列及其极限 ·· 17
　　　1.3.1　$\sqrt{2}$ 的近似 ··· 20
　　　1.3.2　数列与级数 ··· 21
　　　1.3.3　区间套 ·· 32
　　　1.3.4　柯西数列 ·· 33
　　问题 ··· 35
　1.4　数字 e ·· 39
　　问题 ··· 42
第 2 章　函数及其连续性 ··· 45
　2.1　函数的概念 ·· 45
　　　2.1.1　有界函数 ·· 48
　　　2.1.2　函数的运算 ··· 49
　　问题 ··· 51
　2.2　连续性 ··· 52
　　　2.2.1　用极限定义函数在一点处的连续性 ···················· 54
　　　2.2.2　区间上的连续性 ··· 57

   2.2.3 介值定理与最值定理 ·················· 58
  问题 ·· 61
 2.3 函数的复合及逆 ······································ 63
   2.3.1 反函数 ························· 66
  问题 ·· 70
 2.4 正弦与余弦 ·· 71
  问题 ·· 74
 2.5 指数函数 ·· 75
   2.5.1 放射性衰变 ······················ 76
   2.5.2 细菌繁殖 ······················· 76
   2.5.3 代数定义 ······················· 77
   2.5.4 指数型增长 ······················ 78
   2.5.5 对数 ·························· 80
  问题 ·· 84
 2.6 函数列及其极限 ······································ 85
   2.6.1 函数列 ························ 85
   2.6.2 函数项级数 ······················ 92
   2.6.3 函数 $\sqrt{x}$ 与 e^x ··················· 96
  问题 ··· 101

第 3 章 导数和微分 ·· 105
 3.1 导数的概念 ·· 105
   3.1.1 几何意义 ······················ 107
   3.1.2 可导与连续 ····················· 110
   3.1.3 导数的应用 ····················· 112
  问题 ··· 117
 3.2 求导法则 ·· 119
   3.2.1 和、积与商的导数 ················· 120
   3.2.2 复合函数的导数 ·················· 124
   3.2.3 高阶导数及记号 ·················· 127
  问题 ··· 128
 3.3 函数 e^x 和 $\ln x$ 的导数 ······························· 132
   3.3.1 函数 e^x 的导数 ·················· 132

  3.3.2 函数 $\ln x$ 的导数 · 133
  3.3.3 幂函数的导数 · 135
  3.3.4 微分方程 $y' = ky$ · 135
 问题 · 136
 3.4 三角函数的导数 · 138
  3.4.1 正弦和余弦函数的导数 · 138
  3.4.2 微分方程 $y'' + y = 0$ · 140
  3.4.3 反三角函数的导数 · 142
  3.4.4 微分方程 $y'' - y = 0$ · 144
 问题 · 146
  3.4.5 幂级数的导数 · 148
 问题 · 151

第 4 章 可导函数的理论 · 153
 4.1 中值定理 · 153
  4.1.1 一阶导数用于最优化 · 156
  4.1.2 利用微分证明不等式 · 160
  4.1.3 推广的中值定理 · 162
 问题 · 163
 4.2 高阶导数 · 166
  4.2.1 二阶导数检验 · 170
  4.2.2 凸函数 · 171
 问题 · 173
 4.3 泰勒定理 · 175
  4.3.1 泰勒级数的例子 · 180
 问题 · 185
 4.4 逼近导数 · 186
 问题 · 191

第 5 章 导数的应用 · 194
 5.1 气压 · 194
 问题 · 196
 5.2 运动定律 · 196
 问题 · 201

5.3 求函数零点的牛顿法 ····· 201
  5.3.1 平方根的逼近 ····· 203
  5.3.2 多项式根的逼近 ····· 204
  5.3.3 牛顿法的收敛性 ····· 206
问题 ····· 209
5.4 光的反射和折射 ····· 210
问题 ····· 215
5.5 数学与经济学 ····· 216
问题 ····· 219

第 6 章　积分 ····· 221

6.1 积分的例子 ····· 221
  6.1.1 从速度表确定路程 ····· 221
  6.1.2 细棒的质量 ····· 223
  6.1.3 正函数下方图的面积 ····· 225
  6.1.4 负函数和净总值 ····· 227
问题 ····· 228
6.2 积分 ····· 229
  6.2.1 积分的近似 ····· 231
  6.2.2 积分的存在性 ····· 235
  6.2.3 积分的进一步的性质 ····· 238
问题 ····· 241
6.3 微积分基本定理 ····· 243
问题 ····· 251
6.4 积分的应用 ····· 253
  6.4.1 体积 ····· 253
  6.4.2 累积量 ····· 255
  6.4.3 弧长 ····· 256
  6.4.4 功 ····· 257
问题 ····· 259

第 7 章　积分方法 ····· 260

7.1 分部积分 ····· 260
  7.1.1 带积分形式余项的泰勒公式 ····· 264

		7.1.2 优化数值近似 ································· 266

        7.1.2 优化数值近似 ·· 266

        7.1.3 微分方程的应用 ·· 267

        7.1.4 π 的 Wallis 乘积公式 ·· 267

    问题 ··· 269

  7.2 换元法 ·· 271

    问题 ··· 276

  7.3 广义积分 ·· 277

    问题 ··· 290

  7.4 积分的其他性质 ·· 292

        7.4.1 函数列的积分 ·· 292

        7.4.2 含参变量的积分 ·· 295

    问题 ··· 297

第 8 章　积分的近似数值计算 ·· 298

  8.1 近似积分 ·· 298

        8.1.1 中点法则 ·· 300

        8.1.2 梯形法则 ·· 301

    问题 ··· 302

  8.2 辛普森法则 ·· 304

        8.2.1 辛普森法则的替代方法 ·· 307

    问题 ··· 309

第 9 章　复数 ·· 310

  9.1 复数 ·· 310

        9.1.1 复数的运算 ·· 311

        9.1.2 复数的几何 ·· 315

    问题 ··· 320

  9.2 复值函数 ·· 323

        9.2.1 连续性 ·· 323

        9.2.2 导数 ·· 324

        9.2.3 复值函数的积分 ·· 325

        9.2.4 复变量的函数 ·· 326

        9.2.5 复指数函数 ·· 329

    问题 ··· 332

第 10 章　微分方程 ·· 334

10.1　用微积分描述振动 ·· 334

10.1.1　力学系统的振动 ·· 334
10.1.2　耗散和能量守恒 ·· 338
10.1.3　没有摩擦力时的振动 ······································ 339
10.1.4　没有摩擦力的线性振动 ···································· 342
10.1.5　带摩擦力的线性振动 ······································ 344
10.1.6　外力驱动的线性系统 ······································ 348

问题 ·· 352

10.2　种群动力学 ·· 355

10.2.1　微分方程 $\dfrac{\mathrm{d}N}{\mathrm{d}t} = R(N)$ ········· 355
10.2.2　人口增长与涨落 ·· 361
10.2.3　两个物种 ·· 365

问题 ·· 373

10.3　化学反应 ·· 374

问题 ·· 381

10.4　微分方程的数值求解 ·· 382

问题 ·· 386

第 11 章　概率 ·· 387

11.1　离散概率 ·· 387

问题 ·· 396

11.2　信息论：感兴趣的事有多有趣? ·································· 397

问题 ·· 400

11.3　连续概率 ·· 401

问题 ·· 409

11.4　误差律 ·· 411

问题 ·· 419

部分问题的答案 ·· 421

术语对照表 ·· 448

译后记 ·· 454

《现代数学译丛》已出版书目 ·· 456

第1章 数和极限

摘要 本章将介绍实数的基本概念和性质,它们对定义极限、导数和积分等微积分概念是必须的.

1.1 不 等 式

实数之间的不等式在微积分中非常重要. 不等式是收敛这个基本概念的核心, 收敛则是微积分的一个中心思想. 不等式可以用来证明两个数 a,b 相等, 只要证明 a 既不小于 b 也不大于 b. 例如, 阿基米德用这种方法证明了一个圆的面积等于一个以其周长为底、半径为高的三角形的面积.

不等式的另一个用处是描述数集. 用不等式描述的数集可以在数轴上画出来.

如果 $b-a>0$, 则我们称 a 小于 b, 记作 $a<b$. 在图 1.1 所示的数轴上, a 将在 b 的左侧. 不等式通常用来描述数的区间. 满足 $a<x<b$ 的数 x 是介于 a 和 b 之间的数, 端点 a, b 不包含在内. 这是开区间的一个例子, 用圆括弧 (a, b) 表示.

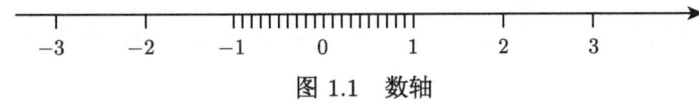

图 1.1 数轴

如果 $b-a \geqslant 0$, 则我们称 a 小于或等于 b, 记作 $a \leqslant b$. 满足 $a \leqslant x \leqslant b$ 的数 x 是介于 a 和 b 之间的数, 端点 a, b 包含在内. 这是闭区间的一个例子, 用方括弧 $[a, b]$ 表示. 仅包含一个端点的区间称为半开区间或半闭区间. 例如, 区间 $a<x \leqslant b$ 记为 $(a, b]$(图 1.2).

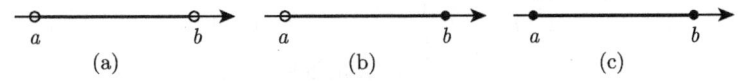

图 1.2 (a) 开区间 (a, b); (b) 半开半闭区间 $(a, b]$; (c) 闭区间 $[a, b]$

一个数 a 的绝对值 $|a|$ 是 a 到 0 的距离: 若 a 为正数, 则 $|a|=a$; 若 a 为负数, 则 $|a|=-a$. 差的绝对值 $|a-b|$, 可解释为 a, b 两点在数轴上的距离, 也可解释为 a, b 间的区间的长度 (图 1.3).

不等式

$$|a-b|<\varepsilon$$

可以解释为 a, b 两点在数轴上的距离小于 ε. 这相当于说, a, b 之间的差 $a - b$ 大于 $-\varepsilon$ 且小于 ε:
$$-\varepsilon < a - b < \varepsilon. \tag{1.1}$$
在问题 1.9 中, 我们将要求你用 1.1.1 节中的不等式来证明上述不等式.

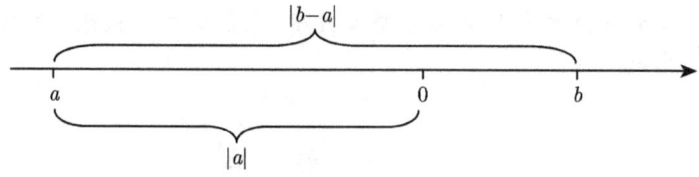

图 1.3　用绝对值来度量距离

例 1.1　不等式 $|x - 5| < \dfrac{1}{2}$ 描述的是那些与 5 的距离小于 $\dfrac{1}{2} = 0.5$ 的 x. 这就是开区间 $(4.5, 5.5)$. 而不等式 $|x - 5| \leqslant \dfrac{1}{2}$ 描述的则是闭区间 $[4.5, 5.5]$. 见图 1.4.

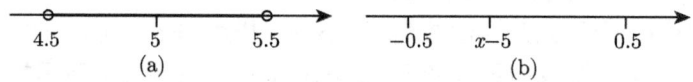

图 1.4　(a) 由不等式 $|x - 5| < \dfrac{1}{2}$ 所指定的数; (b) $x - 5$ 介于 $-\dfrac{1}{2}$ 与 $\dfrac{1}{2}$ 之间

不等式 $|\pi - 3.141| < \dfrac{1}{10^3}$ 可以解释为将 π 近似为 3.141 的一个陈述. 它告诉我们, 3.141 与 π 的误差在千分之一以内, 或者说, π 在以 3.141 为中心、半径为 $\dfrac{1}{10^3}$ 的区间内.

在图 1.5 中我们可以设想, 在大区间中有更小的区间, 将 π 包得更紧. 在本章稍后我们将看到, 用来确定一个数的方法就是用越来越紧的区间套住它. 这个过程在 1.3.3 节被描述为闭区间套定理.

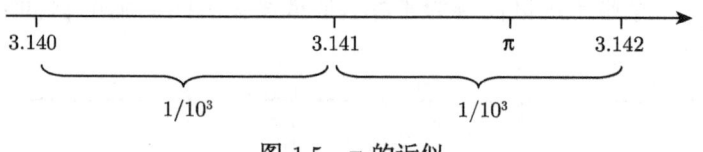

图 1.5　π 的近似

我们用 $(a, +\infty)$ 表示所有大于 a 的数的集合, 用 $[a, +\infty)$ 表示所有大于或等于 a 的数的集合. 类似地, $(-\infty, a)$ 表示所有小于 a 的数的集合, 用 $(-\infty, a]$ 表示所有小于或等于 a 的数的集合 (图 1.6).

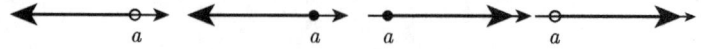

图 1.6　从左到右, 依次是区间 $(-\infty, a)$, $(-\infty, a]$, $[a, +\infty)$, $(a, +\infty)$

1.1 不等式

例 1.2 不等式 $|x-5| \geqslant \frac{1}{2}$ 描述的是那些与 5 的距离大于或等于 $\frac{1}{2} = 0.5$ 的 x. 这就是 $(-\infty, 4.5]$ 或 $[5.5, +\infty)$ 中的数. 见图 1.7.

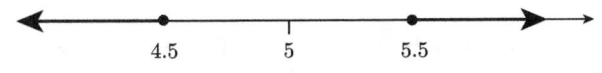

图 1.7 由例 1.2 中的不等式所指定的数

1.1.1 不等式的法则

接下来我们复习一些处理不等式的法则:

(a) **三分律**: 对任意的两个实数 a 和 b, 或有 $a > b$, 或有 $a < b$, 或有 $a = b$.

(b) **传递性**: 若 $a < b$ 且 $b < c$, 则 $a < c$.

(c) **加法的法则**: 若 $a < b$, 则对任意的 c, 有 $a + c < b + c$. 由此可知, 若 $a < b$ 且 $c < d$, 则 $a + c < b + d$.

(d) **乘法的法则**: 若 $a < b$, 则对任意的 $p > 0$, 有 $pa < pb$; 若 $a < b$, 则对任意的 $n < 0$, 有 $na > nb$.

(e) **取倒数的法则**: 若 a, b 是正数, 且 $a < b$, 则 $\frac{1}{b} < \frac{1}{a}$.

这些关于不等式的法则可以用来化简不等式或从已知的不等式推导出新的不等式. 除了三分律 (a), 其余四条法则中的 $<$ 换成 $\leqslant$, 结论仍然成立. 在问题 1.8 中, 要求你利用三分律推导这样的结果: 如果 $a \leqslant b$ 且 $b \leqslant a$, 则 $a = b$.

例 1.3 若 $|x-3| < 2$ 且 $|y-4| < 6$, 则根据加法法则, 有
$$|x-3| + |y-4| < 2 + 6.$$

例 1.4 若 $0 < a < b$, 则根据乘法法则, 有
$$a^2 < ab \quad \text{以及} \quad ab < b^2.$$

进一步由传递性, 可得 $a^2 < b^2$.

1.1.2 三角不等式

我们经常用到两个著名的不等式: 三角不等式和算术-几何平均值不等式. 三角不等式重要而简单:
$$|a+b| \leqslant |a| + |b|.$$

我们不妨试着代入一些数验证. 例如, 对 $a = -3$, $b = 1$, 这个不等式表明了什么呢? 很容易检验, 如果 a, b 同号或其中之一为 0, 则等号成立; 如果 a, b 符号相反, 则严格的小于号成立.

三角不等式可以用来很快地估计近似和式的精度.

例 1.5 对不等式

$$|\pi - 3.141| < 10^{-3} \quad \text{以及} \quad |\sqrt{2} - 1.414| < 10^{-3},$$

利用和的法则,有 $|\pi - 3.141| + |\sqrt{2} - 1.414| < 10^{-3} + 10^{-3}$. 从而,根据三角不等式有

$$\begin{aligned}|(\pi + \sqrt{2}) - 4.555| &= |(\pi - 3.141) + (\sqrt{2} - 1.414)| \\ &\leqslant |\pi - 3.141| + |\sqrt{2} - 1.414| \\ &< 2 \times 10^{-3}.\end{aligned}$$

也就是说,如果我们能够将 π 和 $\sqrt{2}$ 控制在 10^{-3} 的误差范围内,那么就能够将 $\pi + \sqrt{2}$ 控制在 2×10^{-3} 的误差范围内.

三角不等式的另一个应用是将数轴上三点 x, y, z 之间的距离联系起来. 该不等式断言,x, z 之间的距离不超过 x, y 之间的距离与 y, z 之间的距离的和,即

$$|z - x| = |(z - y) + (y - x)| \leqslant |z - y| + |y - x|.$$

在图 1.8 中我们图示了两种情况: y 在 x, z 之间,以及 y 不在 x, z 之间.

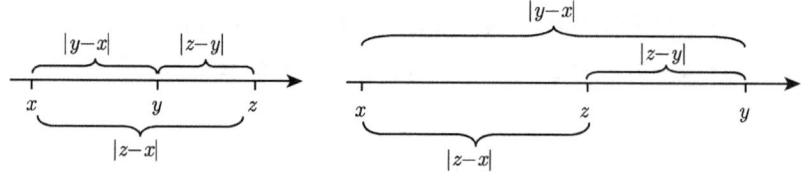

图 1.8 三角不等式涉及的各个距离

1.1.3 算术-几何平均值不等式

我们先介绍这个重要的不等式.

定理 1.1(算术-几何平均值不等式) 两个正数的几何平均值不超过其算术平均值:

$$\sqrt{ab} \leqslant \frac{a+b}{2},$$

等号成立当且仅当 $a = b$.

我们简单称之为平均值不等式. "平均" 是在下述意义下理解:

(i) 两个数 a, b 的平均值应该在这两个数之间;

(ii) 当这两个数 a, b 相等时,平均值应该等于 $a = b$.

在此意义下,可以验证不等式两边的表达式都是 a, b 的平均值. $\sqrt{ab}$ 称为 a, b

1.1 不等式

的几何平均值, 因为它是 a, b 的等比中项; $\frac{a+b}{2}$ 称为 a, b 的算术平均值, 因为它是 a, b 的等差中项.

数形结合的证明: 图 1.9 给出了不等式 $4ab \leqslant (a+b)^2$ 的一个图像化证明. 在这个不等式两边同除以 4 然后开方就得到平均值不等式.

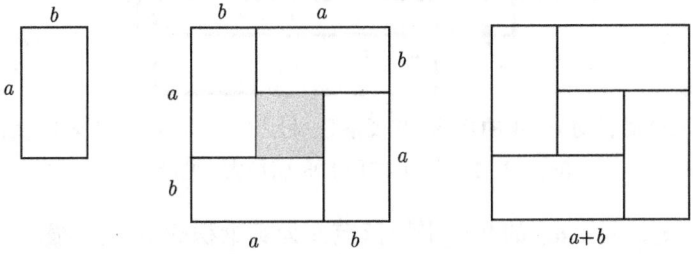

图 1.9 通过比较面积得到 $4ab \leqslant (a+b)^2$ 的图像化证明

代数的证明: 因为任何一个数的平方总是大于或等于 0 的, 所以有

$$0 \leqslant (a-b)^2 = a^2 - 2ab + b^2,$$

并且等号成立当且仅当 $a = b$. 两边同时加上 $4ab$, 我们得到

$$4ab \leqslant a^2 + 2ab + b^2 = (a+b)^2,$$

这是之前我们用图形得到的同一个不等式. 两边同除以 4 然后开方就有

$$\sqrt{ab} \leqslant \frac{a+b}{2},$$

等号成立当且仅当 $a = b$.

例 1.6 平均值不等式可以用来证明, 在具有相同周长的所有矩形中, 正方形具有最大的面积. 见图 1.10. 证明: 设矩形的长和宽分别为 L 和 W, 则其面积为 LW; 而与它具有相同周长的正方形的边长则为 $\frac{L+W}{2}$, 其面积为 $\left(\frac{L+W}{2}\right)^2$. 通过对平均值不等式两边平方, 我们就得到

$$LW \leqslant \left(\frac{L+W}{2}\right)^2.$$

n 个数的平均值不等式

可以对两个以上的数定义算术平均值与几何平均值. $a_1, a_2, \cdots, a_n$ 的算术平均值定义为

$$\text{算术平均值} = \frac{a_1 + a_2 + \cdots + a_n}{n}.$$

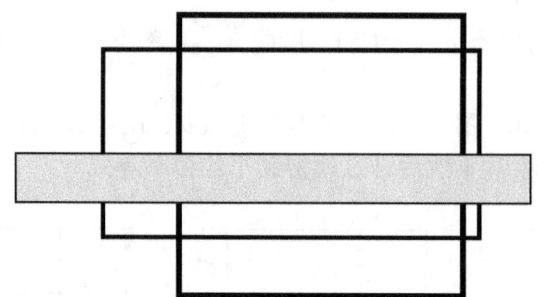

图 1.10　三个周长均为 24 的矩形，其规格分别为 $6\times 6, 8\times 4, 11\times 1$. 其面积分别为 36, 32, 11, 以正方形的面积最大. 见例 1.6

n 个正数 $a_1, a_2, \cdots, a_n$ 的几何平均值定义为其乘积的 n 次方根:

$$\text{几何平均值} = \sqrt[n]{a_1 a_2 \cdots a_n}.$$

这就允许我们将两个数的平均值不等式推广到 n 个数:

$$\sqrt[n]{a_1 a_2 \cdots a_n} \leqslant \frac{a_1 + a_2 + \cdots + a_n}{n},$$

等号成立当且仅当 $a_1 = a_2 = \cdots = a_n$. 与前面矩形的情况类似, 三个数的平均值不等式可以从几何上解释: 考虑三棱 (长、宽、高) 分别为 a_1, a_2, a_3 的长方体, 该不等式断言, 在三棱长的总和给定的所有长方体中, 以立方体的体积最大.

问题 1.17 中给出了 n 个数情形的平均值不等式的证明梗概. 证明的关键在于, 理解如何利用 2 个数的结果推导 4 个数的结果. 奇妙的是, $n = 4$ 的结果可以用来证明 $n = 3$ 的结果. 用类似的方式可以得到对一般的 n 的证明. 利用 $n = 4$ 的结果推导 $n = 8$ 的结果, 然后利用 $n = 8$ 的结果推导 $n = 5, 6, 7$ 的结果. 依此类推.

以下是对 $n = 4$ 的证明. 设 a_1, a_2, a_3, a_4 是 4 个正数, 记 A_1 为 a_1, a_2 的算术平均值, A_2 为 a_3, a_4 的算术平均值:

$$A_1 = \frac{a_1 + a_2}{2}, \qquad A_2 = \frac{a_3 + a_4}{2}.$$

三次应用两个数的平均值不等式, 有

$$\sqrt{a_1 a_2} \leqslant A_1, \qquad \sqrt{a_3 a_4} \leqslant A_2, \tag{1.2}$$

以及

$$\sqrt{A_1 A_2} \leqslant \frac{A_1 + A_2}{2}, \tag{1.3}$$

从 (1.2) 和 (1.3) 就推出

$$(a_1 a_2 a_3 a_4)^{\frac{1}{4}} \leqslant \frac{A_1 + A_2}{2}. \tag{1.4}$$

因为
$$\frac{A_1+A_2}{2}=\frac{\frac{a_1+a_2}{2}+\frac{a_3+a_4}{2}}{2}=\frac{a_1+a_2+a_3+a_4}{4},$$
我们可以将不等式 (1.4) 重新写成
$$(a_1a_2a_3a_4)^{\frac{1}{4}}\leqslant\frac{a_1+a_2+a_3+a_4}{4},$$
等号成立当且仅当 $A_1=A_2$ 且 $a_1=a_2$, $a_3=a_4$, 也就是 $a_1=a_2=a_3=a_4$, 这就完成了 $n=4$ 的平均值不等式的证明. 下面我们来看 $n=4$ 的结果是如何用于证明 $n=3$ 的结果的.

我们从一个观察开始: 如果 m 是三个数 a_1, a_2, a_3 的算术平均值,
$$m=\frac{a_1+a_2+a_3}{3}, \tag{1.5}$$
则 m 也是四个数 a_1, a_2, a_3, m 的算术平均值:
$$m=\frac{a_1+a_2+a_3+m}{4}.$$
为看出这一点, 在 (1.5) 式两边同时乘以 3 然后再同时加上 m, 我们就得到 $4m=a_1+a_2+a_3+m$, 等式两边同时除以 4, 就得到我们所断言的结论. 现在对 a_1, a_2, a_3, m 应用平均值不等式, 于是得到
$$(a_1a_2a_3m)^{\frac{1}{4}}\leqslant m.$$
两边同时取 4 次方, 我们得到 $a_1a_2a_3m\leqslant m^4$, 两边同时除以 m 然后开立方, 就得到所需要的不等式
$$(a_1a_2a_3)^{\frac{1}{3}}\leqslant m=\frac{a_1+a_2+a_3}{3}.$$
这就完成了对 $n=2, 3, 4$ 的论证. 其余情形的证明与此类似.

问　题

1.1 求解不等式, 并将解集在数轴上标识出来.
(a) $|x-3|\leqslant 4$;
(b) $|x+50|\leqslant 2$;
(c) $|x-7|>1$;
(d) $|3-x|<4$.

1.2 求解不等式, 并将解集在数轴上标识出来.
(a) $|x-4|<2$;
(b) $|x+4|\leqslant 3$;
(c) $|x-9|\geqslant 2$;
(d) $|4-x|<2$.

1.3 用两种方式将不在区间 $[-3, 3]$ 内的数用不等式描述出来:

(a) 利用绝对值的不等式.

(b) 利用一个或多个更简单的不等式.

1.4 求出数对 $(a, b) = (5, 5), (3, 7), (1, 9)$ 的算术平均值 $A(a, b)$ 和几何平均值 $G(a, b)$.

1.5 求出 $2, 4, 8$ 的几何平均值, 并验证它小于其算术平均值.

1.6 下面哪些不等式对所有满足 $0 < a < b < 1$ 的数 a, b 恒成立?

(a) $ab > 1$;
(b) $\dfrac{1}{a} < \dfrac{1}{b}$;

(c) $\dfrac{1}{b} > 1$;
(d) $a + b < 1$;

(e) $a^2 < 1$;
(f) $a^2 + b^2 < 1$;

(g) $a^2 + b^2 > 1$;
(h) $\dfrac{1}{b} > b$.

1.7 已知代数学中有下述平方差公式 (其中 $x, y \geqslant 0$)

$$(\sqrt{x} - \sqrt{y})(\sqrt{x} + \sqrt{y}) = x - y.$$

(a) 假定 $x > y > 5$, 证明 $(\sqrt{x} - \sqrt{y}) \leqslant \dfrac{1}{4}(x - y)$.

(b) 假定 y 与 x 的误差不超过 0.02, 用 (a) 中的不等式估计 $\sqrt{y}$ 与 $\sqrt{x}$ 的误差.

1.8 利用三分律证明, 若 $a \leqslant b$ 且 $b \leqslant a$, 则 $a = b$.

1.9 假定 $|b - a| < \varepsilon$. 解释下述每个不等式为何成立.

(a) $0 \leqslant (b - a) < \varepsilon$ 或 $0 \leqslant -(b - a) < \varepsilon$;

(b) $-\varepsilon < b - a < \varepsilon$;
(c) $a - \varepsilon < b < a + \varepsilon$;

(d) $-\varepsilon < a - b < \varepsilon$;
(e) $b - \varepsilon < a < b + \varepsilon$.

1.10 (a) 用总长度为 16 米的栅栏围成一个封闭的矩形, 则矩形的最大面积是多少?

(b) 如果是靠一面足够长的墙围成一个封闭矩形, 则矩形的最大面积又是多少?

1.11 一货运公司限制长方体箱子的三棱长之和不超过 5 米, 则具有最大容积的长方体的三棱长分别是多少?

1.12 两截绳子测量时精度为 0.001 米, 第一段测得长 4.325 米, 第二段测得长 5.579 米. 绳子的总长度的准确值为 9.904 米. 问这个总长度估计的误差多大?

1.13 在这个问题中, 我们将看到, 算术-几何平均值不等式可以用来推导很多不等式. 设 x 是一个正数.

(a) 写出对 $1, 1, x$ 的算术-几何平均值不等式, 以证明 $x^{\frac{1}{3}} \leqslant \dfrac{x + 2}{3}$.

(b) 类似地, 证明对每个正整数 n, 有 $x^{\frac{1}{n}} \leqslant \dfrac{x + n - 1}{n}$.

(c) 在 (b) 中的不等式中取 $x = n$, 我们得到 $n^{\frac{1}{n}} \leqslant \dfrac{2n - 1}{n}$. 由此解释为何 $n^{\frac{1}{n}}$ 总是小于 2.

1.14 正数 a, b 的调和平均值定义为

$$H(a, b) = \dfrac{2}{\dfrac{1}{a} + \dfrac{1}{b}}.$$

1.1 不 等 式

(a) 对 $(a, b) = (2, 3)$ 以及 $(a, b) = (3, 3)$ 的情况, 分别验证

$$H(a, b) \leqslant G(a, b) \leqslant A(a, b), \tag{1.6}$$

即

$$\frac{2}{\frac{1}{a} + \frac{1}{b}} \leqslant \sqrt{ab} \leqslant \frac{a + b}{2}.$$

(b) 司机驾车行驶了 200 英里, 在前 100 英里的速度为每小时 40 英里, 在后 100 英里的速度为每小时 60 英里, 证明, 司机在整个 200 英里行驶过程中的平均速度为 40 与 60 的调和平均值.

(c) 从 $G\left(\frac{1}{a}, \frac{1}{b}\right) \leqslant A\left(\frac{1}{a} + \frac{1}{b}\right)$ 推导出 $H(a, b) \leqslant G(a, b)$.

(d) 在图 1.11 中的并联电路中, 用电压为 V 的电池供给两个电阻. 于是电流 I 分流为 $I = I_1 + I_2$. 根据欧姆定律, 对每个电阻有 $V = I_1 R_1 = I_2 R_2$. 证明使得 $V = IR$ 成立的 R 等于 R_1, R_2 的调和平均值的一半.

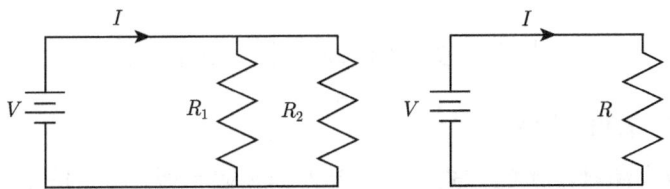

图 1.11 两个电阻的并联电路, 以及一个只有一个电阻的等效电路. 见问题 1.14(d)

1.15 1 到 n 的连乘积是 n 的阶乘 $n! = 1 \times 2 \times 3 \times \cdots \times n$, 1 到 n 的连加和是

$$1 + 2 + 3 + \cdots + n = \frac{1}{2}n(n + 1).$$

(a) 证明 $(n!)^{\frac{1}{n}} \leqslant n$.

(b) 利用平均值不等式得到更好的结果: $(n!)^{\frac{1}{n}} \leqslant \frac{n + 1}{2}$.

1.16 如果你想知道当 a, b 独立变化时 ab 的变化, 那么这里有一个很管用的技巧:

$$ab - a_0 b_0 = ab - a b_0 + a b_0 - a_0 b_0.$$

(a) 证明

$$|ab - a_0 b_0| \leqslant |a||b - b_0| + |b_0||a - a_0|.$$

(b) 假定 $a, b \in [0, 1]$, a_0 与 a 的误差不超过 0.001, b_0 与 b 的误差不超过 0.001, 那么 $a_0 b_0$ 离 ab 有多近?

1.17 请按以下步骤完成算术-几何平均值不等式的证明.

(a) 按照下述步骤证明对于 8 个数的平均值不等式: 两次应用对于 4 个数的平均值不等式, 并结合对于两个数的平均值不等式.

(b) 证明如果 a_1, a_2, a_3, a_4, a_5 是任意的 5 个数, 而 m 是其算术平均值, 则这 8 个数 $a_1, a_2, a_3, a_4, a_5, m, m, m$ 的算术平均数仍然是 m. 利用这一点以及对于 8 个数的平均值不等式推导出对于 5 个数的平均值不等式.

(c) 通过推广 (a) 和 (b) 来证明一般情形的平均值不等式.

1.18 另一个重要的不等式 （柯西-施瓦茨不等式） 归功于法国数学家柯西 (Cauchy) 和德国数学家施瓦茨 (Schwarz): 设 $a_1, a_2, \cdots, a_n$ 和 $b_1, b_2, \cdots, b_n$ 是两组数, 则
$$a_1b_1 + a_2b_2 + \cdots + a_nb_n \leqslant \sqrt{a_1^2 + a_2^2 + \cdots + a_n^2}\sqrt{b_1^2 + b_2^2 + \cdots + b_n^2}.$$
验证下述证明的每一步:

(a) 设多项式 $p(x) = Px^2 + 2Qx + R$ 满足对一切实数 x 有 $p(x) \geqslant 0$, 则 $Q^2 \leqslant PR$.

(b) 设 $p(x) = (a_1x + b_1)^2 + (a_2x + b_2)^2 + \cdots + (a_nx + b_n)^2 = Px^2 + 2Qx + R$. 证明
$$P = a_1^2 + a_2^2 + \cdots + a_n^2, \quad Q = a_1b_1 + a_2b_2 + \cdots + a_nb_n, \quad R = b_1^2 + b_2^2 + \cdots + b_n^2.$$

(c) 如上定义的 $p(x)$ 是一个平方和, 因此满足 (a) 的条件, 由此推出柯西-施瓦茨不等式.

(d) 确定柯西-施瓦茨不等式中等号成立的条件.

1.2 实数和最小上界定理

1.2.1 实数作为无限小数

看待实数有两种熟悉的方式: 其一是作为无限小数, 其二是作为数轴上的点. 整数将数轴分成无限多个长度为 1 的区间, 如果我们把每个区间都取成左闭右开的区间, 即每个区间形如 $[n, n+1)$, 则它们无重叠地覆盖了整个数轴, 而且每个数 a 落在唯一的区间内, 因为存在唯一的整数 n (称为 a 的整数部分), 使得 $n \leqslant a < n+1$. 这个单位长的区间又可进一步 10 等分, 从而得到 10 个长度为 $\dfrac{1}{10}$ 的子区间. 如前, 我们设这 10 个区间都是左闭右开的, 则这些区间无重叠地覆盖了 $[n, n+1)$, 而且每个数 a 落在唯一的区间内, 即存在唯一的数 $\alpha_1 \in \{0, \cdots, 9\}$ 使得
$$n + \frac{\alpha_1}{10} \leqslant a < n + \frac{\alpha_1 + 1}{10}.$$
这就确定了 a 的第一个小数位 α_1. 例如, 图 1.12 说明了如何确定出介于 2 与 3 之间的一个数 a 的第一个小数位.

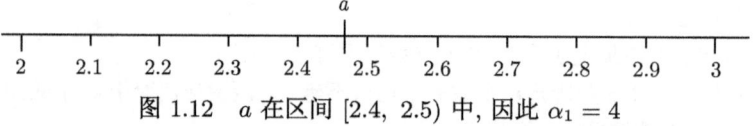

图 1.12 a 在区间 $[2.4, 2.5)$ 中, 因此 $\alpha_1 = 4$

a 的第二个小数位 α_2 可以类似地确定, 将 $[2.4, 2.5)$ 再 10 等分, 以此类推可得 a 的各个小数位. 图 1.13 说明了 $\alpha_2 = 7$ 的例子.

1.2 实数和最小上界定理

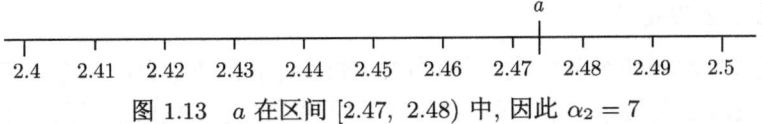

图 1.13 a 在区间 $[2.47, 2.48)$ 中, 因此 $\alpha_2 = 7$

因此, 只要知道了数 a 在数轴上的表示, 就可以在 k 步操作之后求出 a 的无限小数表示 $a = n.\alpha_1\alpha_2\cdots\alpha_{k-1}\cdots$ 中的前 k 位. 反之, 如果我们知道数 a 的无限小数表示, 就可以确定它在数轴上的位置.

例 1.7 通过验算 $\dfrac{31}{39} = 0.7948717\cdots$, 我们看到

$$0.79487 < \dfrac{31}{39} < 0.79488.$$

1. 以 $999\cdots$ 结尾的无限小数

在将实数表示为无限小数的上述过程中, 我们不会得到以 $999\cdots$ 结尾的无限小数. 例如, 如果我们得到的数是 $a = 0.999\cdots$, 则下一节的结果将表明实际上 $a = 1$, 因此在第一步我们即可确定出 a 的整数部分 $n = 1$ 而不是 0.

类似地, 任何一个以 $999\cdots$ 结尾的无限小数实际上都是有限小数. 例如,

$$0.3952999\cdots = 0.3953.$$

2. 小数与排序

数的无限小数表示的重要性在于可以用来轻松地比较数的大小. 例如, 在

$$\dfrac{17}{20}, \quad \dfrac{31}{39}, \quad \dfrac{45}{53}, \quad \dfrac{74}{87}$$

这四个数中, 哪个数最大? 如果将它们作为分数来比较, 我们需要求出一个公分母 (通分). 但如果我们将它们表示成无限小数:

$$\dfrac{17}{20} = 0.85000\cdots,$$
$$\dfrac{31}{39} = 0.79487\cdots,$$
$$\dfrac{45}{53} = 0.84905\cdots,$$
$$\dfrac{74}{87} = 0.85057\cdots$$

则答案一目了然, 显然有

$$\dfrac{31}{39} < \dfrac{45}{53} < \dfrac{17}{20} < \dfrac{74}{87}.$$

1.2.2 最小上界定理

我们用来比较四个数的大小的过程同样适用于在任意有限多个表示成无限小数的数中找出最大的那一个. 那么我们能否用同样的方法找出由无限多个数构成的集合 S 中最大的那一个呢？显然，正整数集 S 中就没有最大的一个数. 于是我们假定 S 中的数不能任意地大，换言之，存在一个数 M，使得 S 中的数都不超过 M. 这样的数 M 称为 S 的一个上界.

定义 1.1 数 b 称为数集 S 的一个**上界**，如果对一切 $x \in S$ 有
$$x \leqslant b,$$
此时我们也说 S 以 b 为上界. 类似地，数 a 称为数集 S 的一个**下界**，如果对一切 $x \in S$ 有
$$x \geqslant a,$$
此时我们也说 S 以 a 为下界.

如果 S 既有上界又有下界，则我们称 S 是**有界**的. 这等价于说，存在一个数 $M > 0$ 使得，对一切 $x \in S$ 有 $|x| \leqslant M$. 这样的数 M 称为 S 的一个**界**.

给定数集 S，设想数轴标在一根无限长的木板上，在 S 的每一点都钉了一颗钉子. 假定 k 是 S 的一个上界，因此它在数轴上位于 S 的每一点的右边. 现在将你的铅笔笔尖放在 k 处，然后沿着数轴往左边尽可能地移动，只要不碰到钉子就往左移动 (图 1.14). 当然，笔尖一定会在某处碰到钉子. 这个地方也是 S 的一个上界，并且，没有更小的上界了，否则笔尖能够顺畅地继续向左移动. 这就是 S 的上确界.

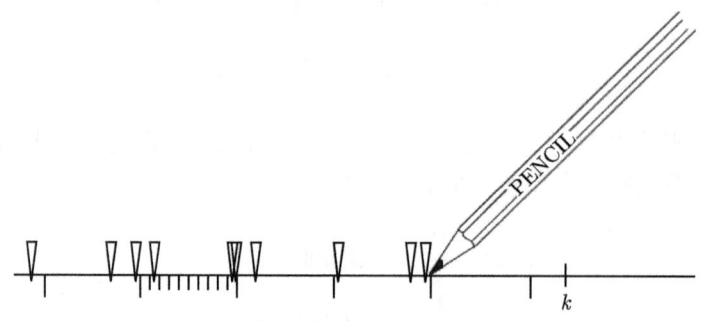

图 1.14 有界数集的最小上界

这个结果非常重要，所以值得复述并冠名.

定理 1.2 (最小上界定理) 有上界的数集 S 有一个最小的上界.

证明 我们证明一个特殊情况，假设 $S \subset [0, 1]$. 一般情形的证明是类似的.

我们按照以下方式定义一个数 s，将证明 s 是 S 的上确界. 为此只要定义出 s 的无限小数表示 $s = 0.s_1 s_2 \cdots s_k \cdots$ 的各个小数位 $s_1, s_2, \cdots, s_k, \cdots$. 为定义 s_1，

我们考察 S 中每个数的第一个小数位, 并选取其中 (注意这里至多有 10 个不同的数) 最大的一个作为 s_1; 类似地, 为定义 s_2, 我们考察 S 中每个以 s_1 为第一位小数的那些数的第二个小数位, 并选取其中 (注意这里至多有 10 个不同的数) 最大的一个作为 s_2; 依次类推. 则我们很容易看出, 如此定义的 s 是 S 的一个上界.

下面我们来证明, 这个 s 还是 S 的上确界. 也就是说, 只要 $m < s$, m 就不是 S 的上界. 不妨设 $m = 0.m_1 m_2 \cdots m_k \cdots$, 因为 $m < s$, 这就意味着, 存在一个指标 j, 使得当 $k < j$ 时有 $m_k = s_k$, 而 $m_j < s_j$. 根据定义, S 中存在一个数 x, 它的直到第 j 位的小数位与 s 重合, 因此对于该 $x \in S$, 有 $x > m$, 从而 m 不是 S 的上界. **证毕.**

同样, 对下界也有一个类似的定理.

定理 1.3 (最大下界定理) 有下界的数集 S 有最大的下界.

数集 S 的最小上界也称为上确界, 常简单记为 $\sup S$; 最大下界也称为下确界, 常简单记为 $\inf S$.

以上两个结果也统称为**确界定理**. 确界定理是微积分中证明存在性命题的一个有力工具. 这里有一个例子.

平方根的存在性

如果我们将正数视为几何中的线段长度以及像正方形这样的几何图形的面积, 那么很显然, 每一个正数 p 有一个平方根. 它就是面积为 p 的正方形的边长. 现在我们将数设想为无限小数. 于是我们可以用确界定理证明, 每一个正数存在一个平方根. 我们首先对一个特殊的正数来证明这一点, 比如说, $p = 5.1$.

用计算器可以得到一个近似 $\sqrt{5.1} \approx 2.2583$. 平方得到 $(2.2583)^2 = 5.09991899$. 设 $S = \{x | x^2 < 5.1\}$ 是那些平方小于 5.1 的数的集合, 则 S 不是空集, 例如 $1 \in S$. 而且 S 有上界, 比如 3 就是一个上界, 因为对大于 3 的数, 其平方必大于 9, 因而不在 S 中. 上确界定理说, S 有一个最小的上界, 我们记为 r.

下面将通过排除 $r^2 > 5.1$ 和 $r^2 < 5.1$ 来证明 $r^2 = 5.1$.

如果 $r^2 > 5.1$, 则从等式

$$\left(r - \frac{1}{n}\right)^2 = r^2 - \frac{1}{n}\left(2r - \frac{1}{n}\right)$$

看出, 当 n 充分大时, 可以保证 $\left(r - \frac{1}{n}\right)^2 > 5.1$, 从而 $r - \frac{1}{n}$ 是 S 的一个上界, 这与 r 是 S 的最小上界矛盾.

如果 $r^2 < 5.1$, 则从等式

$$\left(r + \frac{1}{n}\right)^2 = r^2 + \frac{1}{n}\left(2r + \frac{1}{n}\right)$$

得到, 当 n 充分大时, 可以保证 $\left(r+\dfrac{1}{n}\right)^2 < 5.1$, 也就是说 $r+\dfrac{1}{n} \in S$, 这就意味着 r 不是 S 的上界, 从而得到矛盾.

因此, 唯一的可能是 $r^2 = 5.1$.

1.2.3 舍入

在实际上, 比较两个十进制无穷小数的时候涉及四舍五入. 如果具有相同整数部分的两个十进制数小数部分前 n 个小数位数字相同, 则这两个数相差小于 10^{-n}. 反之却不成立: 两个数字相差可以小于 10^{-n}, 但小数部分没有共同的数字. 例如, 数字 0.300000 与 0.299999 相差 10^{-6}, 但是小数部分没有相同的数字. 四舍五入运算可以清楚地表示两个十进制数字的大小差别.

将数字 a 四舍五入保留 m 位小数, 可以寻找包含 a 的长度为 10^{-m} 的区间. 向下舍入保留 m 位小数得到该区间的左端点. 类似地, 向上舍入保留 m 位小数得到区间的右端点. 另一种向上舍入的方法是保留 m 位小数, 然后加上 10^{-m}. 例如, $\dfrac{31}{39} = 0.7948717949\cdots$, 向下舍入保留三位小数得到 0.794, 而 $\dfrac{31}{39}$ 向上舍入保留三位小数是 0.795.

做计算时, 我们常常需要对数据进行四舍五入处理. 如果四舍五入后, 两个数据相等, 那么实际上它们之间间隔多少? 观察两个数字 a 与 b 及其四舍五入的数, 可以得到如下两个结论:

定理 1.4 如果 a 和 b 是以十进制形式给出的两个数字, 并且如果 a 向上或向下四舍五入保留 m 位数得到的结果与 b 向上或向下四舍五入保留 m 位数得到的两个数中的某一个一致, 则 $|a-b| < 2\cdot 10^{-m}$.

证明 如果 a 和 b 向下舍入保留 m 位小数得到的结果一致, 则 a 和 b 均分布在长度为 10^{-m} 的相同区间中, 显然它们之间的差小于 10^{-m}. 另外, 如果一个数向上舍入保留 m 位小数得到的结果与另一个数向下舍入得到的结果相同, a 和 b 位于长度为 10^{-m} 的相邻区间中, 因此 a 与 b 之差小于 2×10^{-m}. **证毕**.

同样, 如果知道数 a 和 b 之间的间隔, 我们可以推断它们四舍五入得到的数字之间的间隔.

定理 1.5 如果数 a 和 b 之间的间隔小于 10^{-m}, 则 a 向上或向下四舍五入保留 m 位数字得到的数一定等于 b 向上或向下四舍五入保留 m 位数字得到的某个结果一致.

证明 利用向下和向上四舍五入舍入保留 m 位小数的方法得到包含 a 的区间, 其长度为 10^{-m}. 类似地, 利用四舍五入得到包含 b 的区间, 长度也为 10^{-m}. 由于 a 与 b 之差小于 10^{-m}, 所以这两个区间要么是相同的要么是相连接的. 不管哪种情况, 它们至少有一个共同的端点, 因此 a 的一个四舍五入得到的数一定与 b

的一个四舍五入的结果一致.   证毕.

四舍五入与计算误差. 实数有无穷多个, 但计算器和计算机表示它们的能力却有限. 因此, 计算机存储数字时只保留它的有限位数. 四舍五入成了代数运算时误差来源的主要原因. 下面以一个例子说明.

在阿基米德的《圆的度量》中, 他通过计算圆内接和外接正 n 边形的周长来估算圆周率 π. 这个估算可以利用递推来完成. 设 p_1 为单位圆内接正六边形的周长. 正六边形的边长 $s_1 = 1$, 则 $p_1 = 6s_1 = 6$. 令 p_2 为单位圆内接正 12 边形的周长. 利用勾股定理, 正 12 边形的边长 s_2 可以用 s_1 表示.

据图 1.15, 有
$$D = \frac{1}{2}s_1, \qquad C = s_2, \qquad B = 1 - A.$$

利用勾股定理易得 $A = \sqrt{1 - D^2}, C = \sqrt{B^2 + D^2}$. 联立这些等式, 我们发现

$$s_2 = \sqrt{\left(1 - \sqrt{1 - \left(\frac{1}{2}s_1\right)^2}\right)^2 + \left(\frac{1}{2}s_1\right)^2} = \sqrt{2 - 2\sqrt{1 - \left(\frac{1}{2}s_1\right)^2}}.$$

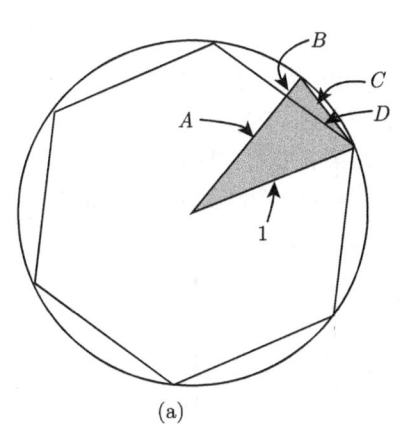

```
 n       s_n                    p_n
 1  1.000000000000000    6.000000000000000
 2  0.517638090205042    6.211657082460500
 3  0.261052384440103    6.265257226562244
 4  0.130806258460286    6.278700406093744
 5  0.065438165643553    6.282063901781060
 6  0.032723463252972    6.282904944570689
 7  0.016362279207873    6.283115215823244
 8  0.008181208052471    6.283167784297872
 9  0.004090612582340    6.283180926473523
10  0.002045307360705    6.283184212086097
11  0.001022653813994    6.283185033176309
12  0.000511326923607    6.283185237281579
13  0.000255663463975    6.283185290642431
14  0.000127831731987    6.283185290642431
15  0.000063915865994    6.283185290642431
16  0.000031957932997    6.283185290642431
17  0.000015978971709    6.283187339698854
18  0.000007989482381    6.283184607623475
19  0.000003994762034    6.283217392449608
20  0.000001997367121    6.283173679310083
21  0.000000998711352    6.283348530043515
22  0.000000499355676    6.283348530043515
23  0.000000249788979    6.286145480340079
24  0.000000125559416    6.319612329882269
25  0.000000063220273    6.363961030678928
26  0.000000033320009    6.708203932499369
27  0.000000021073424    8.485281374238571
28  0.000000014901161   12.000000000000000
29  0.000000000000000    0.000000000000000
                    (b)
```

图 1.15 (a) 圆内接正六边形和部分内接正 12 边形; (b) 内接正 $3(2^n)$ 边形的边长 s_n 与周长 p_n 的值. 注意到随着 n 的增大, p_n 的真实值逼近 $2\pi = 6.2831853071795\cdots$

同样，我们可以用 s_{n-1} 来表示正 $3(2^n)$ 边形的边长 s_n. 用正 $3 \cdot 2^n$ 边形的周长 $p_n = 3 \cdot 2^n s_n$ 近似单位圆的周长 2π. 由图 1.15 中的数据表可以看出在 $n = 16$ 时近似就很好，但之后出现了问题，如第 29 行所示. 这就是因为四舍五入误差造成的突变的一个例子.

正如我们将看到的，微积分中许多关键的概念都是建立在几乎相等的两数的差，或是趋近零的一些数据的和，或是非常小的数作为除数的商这样的一些量的基础上的. 这个例子表明，我们在编写计算机程序时如果不考虑四舍五入造成的误差是极不明智的.

问　　题

1.19 你会选择什么样的整数值使得 $|\sqrt{3} - 1.7| < 10^{-m}$ 成立，为什么？

1.20 求出下列集合的上确界和下确界，如果不存在，请说明理由.

(a) 区间 $(8, 10)$;

(b) 区间 $(8, 10]$;

(c) 非正的整数 $\{0, -1, -2, \cdots\}$;

(d) 四个数的集合 $\left\{\dfrac{30}{279}, \dfrac{29}{263}, \dfrac{59}{525}, \dfrac{1}{9}\right\}$;

(e) 集合 $\left\{1, \dfrac{1}{2}, \dfrac{1}{3}, \dfrac{1}{4}, \cdots\right\}$.

1.21 取一个单位正方形 (边长是 1)，连接对边中点，于是分成 $2^2 = 4$ 个小正方形，每个小正方形的边长为 2^{-1}. 对每个小正方形重复这个分割，于是第二步就得到 $2^4 = 16$ 个更小的正方形，其边长为 2^{-2}. 继续重复这个操作，于是第 n 次操作以后，我们得到 2^{2n} 个小正方形，其边长为 2^{-n}. 见图 1.16. 以左下角为心、1 为半径画一个内接四分之一圆周. 以 a_n 表示第

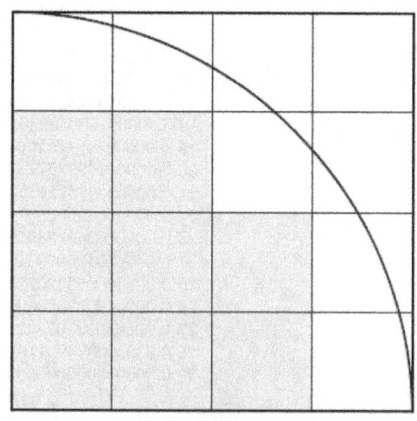

图 1.16　问题 1.21 中正方形. a_3 为阴影部分的面积

n 次操作以后全部落到四分之一圆周内的小正方形的面积. 例如 $a_1 = 0$, $a_2 = \frac{1}{4}$, $a_3 = \frac{1}{2}$.

(a) 数集 $S = \{a_1, a_2, a_3, \cdots\}$ 是否有上界? 如果有, 给出一个上界.

(b) S 是否有上确界? 如果有, 你认为是多少?

1.22 利用四舍五入来求和, 使得其和的误差不超过 10^{-9}.

$$\begin{array}{r} 0.123456789876543210456789876543 2101 \\ +\ 9.111111222111222111876543210456 7892 \end{array}$$

1.23 说明对具有下述模式的两个数原则上如何做加法:

$$\begin{array}{r} 0.101100111000111100001111100000\cdots \\ +\ 0.898989898989898989898989898989\cdots \end{array}$$

你的解释用到了舍入吗?

1.24 证明一个数集 S 的上确界唯一. 即, 如果 x_1, x_2 都是 S 的上确界, 则 $x_1 = x_2$.
(提示: 回忆起对任意两个实数 a, b 有三分律: $a > b$, $a < b$, $a = b$ 有且仅有一个成立.)

1.3 数列及其极限

在 1.2.1 节中, 我们对无穷小数进行了刻画. 那是一个极好的理论描述, 但并不实用. 写下一个带有无限多小数位数的数字多么费时费地?

为了给出另一种实用的描述, 我们借助工程学中容许误差的思想. 当工程师指定一个用于设计的对象的尺寸时, 他们给出其大小, 比如说 3 米. 但是他们也知道, 具体操作时很难达到精确, 因此就指定的尺寸在他们所容忍的误差范围, 比如 1 毫米之内. 这意味着如果尺寸不大于 3.001 米且不小于 2.999 米, 那么它就是可用的.

我们称这一可容忍的误差为 **容许误差**, 且通常用希腊字母 ε 来表示. 本质上, 容许误差是一个正数, 即 $\varepsilon > 0$. 下面的例子给出了逼近 π 的过程的一些可容忍的误差或容许误差:

$$|\pi - 3.14159| < 10^{-5},$$
$$|\pi - 3.141592| < 10^{-6},$$
$$|\pi - 3.14159265| < 10^{-8},$$
$$|\pi - 3.14159265358979| < 10^{-14}.$$

注意到, 容许误差越小 π 的值越精确.

为了确定数字 a, 我们必须对任意小的容许误差 ε, 都给出 a 的近似值. 假设我们取容许误差的一个趋于零的数列 ε_n, 并且对任意的 n, 得到 a 在容许误差 ε_n 内的近似值 a_n. 当 n 越来越大时, a_n 和 a 的差趋于零, 在此意义上, 这些近似值形成一个趋于 a 的无穷数列 $a_1, a_2, a_3, \cdots$. 这给出数列的极限的一般定义.

定义 1.2 一列数称为一个**数列**，这些数称为数列的项. 称无穷数列 $a_1, a_2, \cdots, a_n, \cdots$ **收敛**到 a，如果对任意的 $\varepsilon > 0$，存在依赖于 ε 的正整数 N，使得当 $n > N$ 时，有

$$|a_n - a| < \varepsilon.$$

称 a 为数列 a_n 的**极限**，记为

$$\lim_{n \to \infty} a_n = a.$$

若一个数列不存在极限，则称它**发散**.

关于术语的一则逸闻：当《三角级数》的作者，波兰杰出的数学家赞格蒙 (Antoni Zygmund) 作为一个难民到达美国时，他渴望了解收养他的国家. 除此之外，他请一位美国朋友给他解释棒球游戏，这个游戏在欧洲是完全未知的. 结果他听到一个很长的演讲. 他唯一的评论是，"世界职业棒球大赛的英文名 World Series 应该被称作 World Sequence". 稍后我们将看到，在数学中"级数"指的是数列各项的和.

由于很多数只能通过一个近似数列得到，这就导致如下贯彻整个微积分课程的问题，我们如何确定一个给定数列是否收敛，若收敛，其极限是什么？每个数列都要单独进行分析，但是存在一些收敛数列的运算法则.

定理 1.6 设 $\{a_n\}$ 和 $\{b_n\}$ 都是收敛数列，且 $\lim\limits_{n \to \infty} a_n = a$，$\lim\limits_{n \to \infty} b_n = b$. 则

(a) $\lim\limits_{n \to \infty} (a_n + b_n) = a + b$;

(b) $\lim\limits_{n \to \infty} (a_n b_n) = ab$;

(c) 若 a 不为零，则当 n 充分大时，$a_n \neq 0$，且 $\lim\limits_{n \to \infty} \dfrac{1}{a_n} = \dfrac{1}{a}$.

这些规则和小数计算是完全一致的. 这保证了如果数列 $\{a_n\}$ 和 $\{b_n\}$ 分别收敛到 a 和 b，则它们的和、积、倒数分别收敛到 a 与 b 的和、积、倒数. 在问题 1.33 中，我们将展示如何证明收敛数列的这些性质.

下面我们给出一些收敛数列的例子.

例 1.8 $a_n = \dfrac{1}{n}$. 对任意容许误差 ε，当 n 大于 $\dfrac{1}{\varepsilon}$ 时，$\dfrac{1}{n}$ 在 0 的 ε 范围内. 故当 $n > \dfrac{1}{\varepsilon}$ 时，有

$$\left| \frac{1}{n} - 0 \right| < \varepsilon.$$

从而 $\lim\limits_{n \to \infty} \dfrac{1}{n} = 0$.

例 1.9　$a_n = \dfrac{1}{2^n}$. 由于当 $n > 1$ 时, $2^n = (1+1)^n = 1 + n + \cdots > n$. 故当 $n > 1$ 时, 有
$$\frac{1}{2^n} < \frac{1}{n} < \varepsilon.$$
所以当 n 充分大时, 有
$$\left|\frac{1}{2^n} - 0\right| < \varepsilon.$$
从而 $\lim\limits_{n\to\infty} \dfrac{1}{2^n} = 0$.

在这两个例子中其极限均为零, 下面我们来看一个极限不为零的简单数列.

例 1.10　常数列 $a_n = 5$ 的极限为 5. 由于数列的项全为 5, 所以不论 ε 多小, 总有 $|a_n - 5| < \varepsilon$.

下面是一个稍微复杂一点的例子.

例 1.11　利用代数来重写通项, 得到
$$\lim_{n\to\infty} \frac{5n+7}{n+1} = \lim_{n\to\infty}\left(\frac{5n+5}{n+1} + \frac{2}{n+1}\right) = \lim_{n\to\infty}\left(5 + \frac{2}{n+1}\right).$$
由定理 1.6,
$$\lim_{n\to\infty}\left(5 + \frac{2}{n+1}\right) = \lim_{n\to\infty} 5 + 2\lim_{n\to\infty}\frac{1}{n+1} = 5 + 2\times 0 = 5.$$

如上所示, 收敛数列的运算规则可以帮助我们通过化简为已知数列的极限来求复杂数列的极限. 下面的定理给出另外一种利用已知数列的行为证明数列的收敛性的方法.

定理 1.7(两边夹定理)　设存在某个自然数 N, 使得对任意 $n > N$ 有
$$a_n \leqslant b_n \leqslant c_n,$$
且 $\lim\limits_{n\to\infty} a_n = \lim\limits_{n\to\infty} c_n = a$. 则 $\lim\limits_{n\to\infty} b_n = a$.

证明　在不等式各项中均减去 a, 可得
$$a_n - a \leqslant b_n - a \leqslant c_n - a,$$
令 ε 为大于零的任意容许误差. 由于数列 a_n 和 c_n 极限均为 a, 所以存在 N_1, 使得当 $n > N_1$ 时, a_n 在 a 的 ε 范围内, 且存在 N_2, 使得当 $n > N_2$ 时, c_n 在 a 的 ε 范围内. 取 M 是 N, N_1, N_2 中较大的. 则当 $n > M$ 时, 有
$$-\varepsilon < a_n - a \leqslant b_n - a \leqslant c_n - a < \varepsilon.$$
所以对中间项, 我们有 $|b_n - a| < \varepsilon$. 这就证明了数列 b_n 收敛到 a. 　　**证毕.**

例 1.12 设当 $n > 2$ 时,$\dfrac{1}{2^n} \leqslant a_n \leqslant \dfrac{1}{n}$. 由于 $\lim\limits_{n\to\infty} \dfrac{1}{2^n} = \lim\limits_{n\to\infty} \dfrac{1}{n} = 0$,所以由两边夹定理可知,$\lim\limits_{n\to\infty} a_n = 0$.

例 1.13 设 $|a_n| \leqslant |b_n|$,且 $\lim\limits_{n\to\infty} b_n = 0$. 把两边夹定理应用到

$$0 \leqslant |a_n| \leqslant |b_n|,$$

可得 $\lim\limits_{n\to\infty} |a_n| = 0$. 因此当 n 充分大时,该距离是任意小的,又因为 a_n 和 0 的距离与 $|a_n|$ 与 0 的距离相等,所以有 $\lim\limits_{n\to\infty} a_n = 0$ 成立.

1.3.1 $\sqrt{2}$ 的近似

现在,我们利用已学知识构造一个收敛到 $\sqrt{2}$ 的数列. 我们以近似值 s 作为开始. 怎么找到一个更好的呢?由于 s 和 $\dfrac{2}{s}$ 的乘积是 2,所以 $\sqrt{2}$ 介于 s 和 $\dfrac{2}{s}$ 之间,这是因为若二者均比 $\sqrt{2}$ 大,则其乘积比 2 大,若二者均比 $\sqrt{2}$ 小,则其乘积比 2 小. 所以可以猜测更好的近似是这两个数的算术平均值,

$$\text{新的近似} = \dfrac{s + \dfrac{2}{s}}{2}.$$

由算术-几何平均值不等式可知,新的近似比二者的几何平均值要大,

$$\sqrt{s\left(\dfrac{2}{s}\right)} < \dfrac{s + \dfrac{2}{s}}{2}.$$

这说明新的近似值比 $\sqrt{2}$ 大.

构造一个近似数列如下:

$$s_{n+1} = \dfrac{1}{2}\left(s_n + \dfrac{2}{s_n}\right). \tag{1.7}$$

令初始值 $s_1 = 2$,从而有

$$s_1 = 2,$$
$$s_2 = 1.5,$$
$$s_3 = 1.416666666666\cdots,$$
$$s_4 = 1.41421568627451\cdots,$$
$$s_5 = 1.41421356237469\cdots,$$
$$s_6 = 1.41421356237309\cdots$$

可见, s_5 和 s_6 的前十二位小数是相同的. 我们推测它们是 $\sqrt{2}$ 的前十二位小数. 对 s_5 平方, 得
$$s_5^2 \approx 2.000000000000451,$$
它与 2 非常接近. 数值证据表明, 我们所构造的上述数列 $\{s_n\}$ 收敛到 $\sqrt{2}$. 我们将证明事实的确如此.

s_n 和 $\sqrt{2}$ 的误差到底是多少呢?
$$s_{n+1} - \sqrt{2} = \frac{1}{2}\left(s_n + \frac{2}{s_n}\right) - \sqrt{2}.$$

我们对右端的分式通分, 得
$$s_{n+1} - \sqrt{2} = \frac{1}{2s_n}(s_n^2 + 2 - 2s_n\sqrt{2}).$$

我们注意到括号里的表达式是一个完全平方式: $(s_n - \sqrt{2})^2$. 故上式可写为
$$s_{n+1} - \sqrt{2} = \frac{1}{2s_n}(s_n - \sqrt{2})^2.$$

接下来, 我们把上式右端改写为
$$s_{n+1} - \sqrt{2} = \frac{1}{2}(s_n - \sqrt{2})\left(\frac{s_n - \sqrt{2}}{s_n}\right).$$

由于 s_n 大于 $\sqrt{2}$, 所以因式 $\dfrac{s_n - \sqrt{2}}{s_n}$ 小于 1. 于是有下述不等式
$$0 < s_{n+1} - \sqrt{2} \leqslant \frac{1}{2}(s_n - \sqrt{2}).$$

重复利用这一结论, 可得
$$0 < s_{n+1} - \sqrt{2} \leqslant \frac{1}{2^n}(s_1 - \sqrt{2}).$$

在前面的例子中, 我们已经证明了数列 $\dfrac{1}{2^n}$ 的极限为零. 由两边夹定理 1.7 可得 $s_{n+1} - \sqrt{2}$ 趋于零. 这就完成了 $\lim\limits_{n\to\infty} s_n = \sqrt{2}$ 的证明.

1.3.2 数列与级数

我们下面即将讨论的单调收敛定理是用来证明数列收敛的最有效的工具之一.

定义 1.3 设 $\{a_n\}$ 是一个数列, 若 $a_n \leqslant a_{n+1}$, 则称数列 $\{a_n\}$ **单调递增**. 若 $a_n \geqslant a_{n+1}$, 则称数列 $\{a_n\}$ **单调递减**. 单调递增数列和单调递减数列统称**单调数列**.

定义 1.4 若存在数 B, 使得数列 $\{a_n\}$ 所有的项均在区间 $[-B, B]$ 内, 即 $|a_n| \leqslant B$, 则称数列 $\{a_n\}$ 是**有界**的. 每一个这样的数 B 都称作 $\{a_n\}$ 的**界**.

若对所有的 n, 有 $a_n < K$, 则称 $\{a_n\}$ **以 K 为上界**. 若对所有的 n, 有 $K < a_n$, 则称 $\{a_n\}$ **以 K 为下界**.

例 1.14 数列 $a_n = (-1)^n$, 即

$$a_1 = -1, \ a_2 = 1, \ -1, \ 1, \ -1, \ \cdots$$

是有界的, 因为 $|a_n| = |-1^n| = 1$. 该数列也以 2 为上界以 -3 为下界.

当我们证明一个数列是有界的时, 没有必要找到其最小的界. 一个大的界往往更容易得到.

例 1.15 数列 $\left\{5 + \dfrac{2}{n+1}\right\}$ 是有界的. 因为

$$0 \leqslant \frac{2}{n+1} \leqslant 1 \quad (n = 1, 2, 3, \cdots),$$

可见 $\left|5 + \dfrac{2}{n+1}\right| \leqslant 6$. 显然, $\left|5 + \dfrac{2}{n+1}\right| \leqslant 100$ 也成立.

下列定理表明有界性是收敛数列的必要条件, 其证明见问题 1.35.

定理 1.8 收敛数列是有界的.

下列定理是证明数列收敛的强有力的基本工具.

定理 1.9 单调递增的有界数列必收敛.

证明 该定理的证明与有界集最小上界的存在性的证明是非常类似的. 我们以数列由正数组成为例. 否则, 存在 b, 使得 $|a_n| < b$ 并且增强数列 $\{a_n + b\}$ 是单调递增且只有正数组成的数列. 由定理 1.6 可知, 若增强数列收敛到 c, 则原始数列收敛到 $c - b$.

记 w_n 为 a_n 的整数部分. 由于原始数列单调递增且有界, 所以其整数部分构成的数列也是单调递增且有界的. 因此, 仅仅对有限个 n, 有 $w_{n+1} > w_n$. 存在 N, 使得当 $n > N$ 时, 所有的 w_n 是相等的.

当 $n > N$ 时, 记 w_n 为 w. 下面我们考查当 $n > N$ 时 a_n 的第一位小数:

$$a_n = w.d_n \cdots.$$

由于数列 $\{a_n\}$ 是单调递增的, 所以数列 $\{d_n\}$ 也是单调递增的. 所以存在 $N(1)$, 使得当 $n > N(1)$ 时, 所有的 d_n 是相等的.

当 $n > N(1)$ 时, 记 d_n 为 c_1. 以此类推, 可见存在 $N(k)$, 使得当 $n > N(k)$ 时, a_n 的整数部分和前 k 位小数都是相等的. 记这些公共的小数分别为 $c_1, c_2, \cdots, c_k$,

且记 a 为整数部分为 w, 对所有的 k, 第 k 位小数等于 c_k 的数. 于是有当 $n > N(k)$ 时, a_n 和 a 的差小于 10^{-k}. 这就证明了数列 $\{a_n\}$ 收敛到 a. **证毕**.

下面我们说明单调递减且有界的数列 $\{b_n\}$ 收敛到其极限. 为此, 定义其相反数数列, $a_n = -b_n$. 则 $\{a_n\}$ 是单调递增且有界的数列, 因此收敛到某个 a. 所有数列 $\{b_n\}$ 收敛到 $-a$. 定理 1.9 与关于单调递减有界数列的类似定理通常统一表述为以下单个定理:

定理 1.10(单调收敛定理)　单调有界数列必收敛.

1. 平方根的存在性

单调收敛定理是微积分的另外一个重要组成部分. 为了说明其重要性, 我们将展示如何利用它来证明任何一个正数都有平方根 (该方法不同于 1.2.2 节). 为了缩短篇幅, 我们来构造 2 的平方根.

像前面一样定义 s_n 如下

$$s_{n+1} = \frac{1}{2}\left(s_n + \frac{2}{s_n}\right). \tag{1.8}$$

前面已经指出当 $n > 1$ 时, s_n 大于 $\sqrt{2}$. 因此, $\frac{2}{s_n}$ 小于 $\sqrt{2}$, 从而小于 s_n. 由 (1.8) 可得

$$s_{n+1} < \frac{s_n + s_n}{2} = s_n.$$

这表明 $\{s_n\}$ 是单调递减的正数列. 由单调收敛定理可知, 数列 $\{s_n\}$ 收敛到某个极限, 记为 s. 下面我们证明 s 等于 $\sqrt{2}$.

由定理 1.6 可知, 等式 (1.8) 右端数列的极限为 $\frac{1}{2}\left(s + \frac{2}{s}\right)$. 这与等式 (1.8) 左端数列的极限 s 是相等的, 即 $s = \frac{1}{2}\left(s + \frac{2}{s}\right)$. 在该等式两端乘以 $2s$ 得 $2s^2 = s^2 + 2$. 于是有 $s^2 = 2$.

2. 几何数列与几何级数

我们定义几何数列如下.

定义 1.5　若数列的项满足后项是由前项乘以一个固定的数得到的, 则称该数列为**几何数列**或**等比数列**.

例 1.16　几何数列 $1, 2, 4, 8, \cdots, 2^n, \cdots$, 可简写为 $\{2^n\}$, $n = 0, 1, 2, \cdots$. 类似地, $\frac{1}{3}, -\frac{1}{6}, \frac{1}{12}, -\frac{1}{24}, \cdots, \frac{1}{3}\left(-\frac{1}{2}\right)^n, \cdots$, 可简写为 $\left\{\frac{1}{3}\left(-\frac{1}{2}\right)^n\right\}$, $n = 0, 1, 2, \cdots$.

而 $0.1, 0.01, 0.001, 0.0001, \cdots, (0.1)^n, \cdots$ 可简写为 $\{(0.1)^n\}$, $n = 0, 1, 2, \cdots$.

定理 1.11(几何数列)　数列 $\{r^n\}$ 满足

(a) 若 $|r|<1$, 则数列收敛且 $\lim\limits_{n\to\infty} r^n = 0$.

(b) 若 $r=1$, 则数列收敛且 $\lim\limits_{n\to\infty} 1^n = 1$.

(c) 若 $r>1$ 或 $r\leqslant -1$, 则数列发散.

证明　(a) 若 $0\leqslant r<1$, 则 $\{r^n\}$ 是单调递减数列且有界, $|r^n|\leqslant 1$. 所以, 由单调收敛定理可知其收敛到某个常数 a. 数列 $r, r^2, r^3, \cdots$ 和数列 $1, r, r^2, r^3, \cdots$ 有相同的极限, 所以由定理 1.6, 得

$$a = \lim_{n\to\infty} r^{n+1} = \lim_{n\to\infty} rr^n = r\lim_{n\to\infty} r^n = ra,$$

故 $a(r-1)=0$. 又因为 $r\neq 1$, 所以 $a=0$.

(b) 对任意的容许误差 ε, 有 $|1^n - 1| < \varepsilon$, 所以此时极限为 1.

(c) 为了证明当 $|r|>1$ 或 $r=-1$, 则数列 $\{r^n\}$ 发散, 假设其存在极限 $\lim\limits_{n\to\infty} r^n = a$. 由 (a) 中的讨论可知 $a=0$. 但这是不可能的. 因为对所有的 n 都有 $|r^n - 1| \geqslant 1$, 即 r^n 与 0 的距离至少为 1, 所以 r^n 不趋于 0.　　证毕.

例 1.17　回忆起 $n!$ 表示前 n 个正整数的乘积, $n! = 1\cdot 2\cdots\cdots n$. 我们将证明对任意的实数 b, 有

$$\lim_{n\to\infty} \frac{b^n}{n!} = 0.$$

取一整数 N 使得 $N>|b|$, 把所有比 N 大的 n 写为 $n=N+k$. 则

$$\frac{b^n}{n!} = \frac{b^N}{N!}\frac{b}{N+1}\cdots\frac{b}{N+k}.$$

第一个因子 $\dfrac{b^N}{N!}$ 是一个固定的数, 其他 k 个因子的绝对值都不超过 $r=\dfrac{|b|}{N+1}<1$. 由于 r^k 趋于 0, 利用例 1.12 中所用的两边夹技巧可得所证极限为零.

定义 1.6　可以利用数列 $\{a_n\}$ 构造一个新的数列:

$$s_1 = a_1 = \sum_{j=1}^{1} a_j,$$

$$s_2 = a_1 + a_2 = \sum_{j=1}^{2} a_j,$$

$$\cdots$$

$$s_n = a_1 + a_2 + \cdots + a_n = \sum_{j=1}^{n} a_j,$$

$$\cdots$$

称该数列 $\{s_n\}$ 为级数 $\sum_{n=1}^{\infty} a_n$ 的**部分和数列**. 若极限

$$\sum_{j=1}^{\infty} a_j = a_1 + a_2 + a_3 + \cdots = \lim_{n \to \infty} s_n$$

存在, 则称级数**收敛**. 否则, 称级数**发散**. a_n 称为级数的项.

例 1.18 取所有 $a_j = 1$, 则对应级数为 $\sum_{j=1}^{\infty} 1$. 第 n 项部分和为 $s_n = 1 + \cdots + 1 = n$. 由于 s_n 无界, 由定理 1.8 可知该级数发散.

例 1.18 提示了下列级数收敛的必要条件.

定理 1.12 若级数 $\sum_{n=1}^{\infty} a_n$ 收敛, 则 $\lim_{n \to \infty} a_n = 0$.

证明 令 $s_n = a_1 + a_2 + \cdots + a_n$. 由于 $\sum_{n=1}^{\infty} a_n$ 收敛, 故 $\lim_{n \to \infty} s_n = L$, 且 $\lim_{n \to \infty} s_{n-1} = L$. 由定理 1.6,

$$\lim_{n \to \infty} a_n = \lim_{n \to \infty} (s_n - s_{n-1}) = L - L = 0.$$ **证毕.**

例 1.19 级数 $\sum_{n=1}^{\infty} \left(\frac{n}{2n+1} \right)$ 发散, 因为 $\lim_{n \to \infty} \frac{n}{2n+1} = \frac{1}{2}$.

下列级数是众所周知的级数之一.

定理 1.13(几何级数) 若 $|x| < 1$, 则部分和数列

$$s_n = 1 + x + x^2 + x^3 + \cdots + x^n$$

收敛, 且

$$\lim_{n \to \infty} s_n = \sum_{n=1}^{\infty} x_n = \frac{1}{1-x} \qquad (|x| < 1). \tag{1.9}$$

若 $|x| \geqslant 1$, 则级数发散.

证明 通过计算可知, $s_n(1-x) = (1 + x + x^2 + x^3 + \cdots + x^n)(1-x) = 1 - x^{n+1}$, 故

$$s_n = \frac{1 - x^{n+1}}{1 - x} \qquad (x \neq 1). \tag{1.10}$$

由定理 1.11 知, 当 $|x| < 1$ 时, $\lim_{n \to \infty} x^n = 0$, 且

$$\lim_{n \to \infty} s^n = \lim_{n \to \infty} (1 + x + x^2 + x^3 + \cdots + x^n) = \lim_{n \to \infty} \frac{1 - x^{n+1}}{1 - x} = \frac{1}{1 - x}.$$

若 $|x| \geqslant 1$, 则 x^n 不趋于零, 由定理 1.12 知, 级数发散. **证毕.**

3. 级数的比较

接下来, 我们将展示如何利用单调收敛以及数列的算术性质来得到一些级数的收敛性. 考虑级数

$$(a) \sum_{n=0}^{\infty} \frac{1}{2^n+1}, \qquad (b) \sum_{n=1}^{\infty} \frac{1}{2^n-1}.$$

对于级数 (a), 其项 $\frac{1}{2^n+1}$ 是正的, 所以部分和 $\sum_{n=0}^{m} \frac{1}{2^n+1}$ 形成一个递增数列. 由于

$$\frac{1}{2^n+1} < \left(\frac{1}{2}\right)^n,$$

所以部分和满足 $\sum_{n=0}^{m} \frac{1}{2^n+1} < \sum_{n=0}^{m} \left(\frac{1}{2}\right)^n$. 由于 $\sum_{n=0}^{m} \left(\frac{1}{2}\right)^n$ 收敛, 所以其部分和数列是有界的,

$$0 \leqslant \sum_{n=0}^{m} \frac{1}{2^n+1} < \sum_{n=0}^{m} \left(\frac{1}{2}\right)^n \leqslant 2.$$

由单调收敛定理可知, $\sum_{n=0}^{\infty} \frac{1}{2^n+1}$ 的部分和数列收敛, 所以该级数收敛.

对于级数 (b), 其项 $\frac{1}{2^n-1}$ 是正的, 所以部分和 $\sum_{n=0}^{m} \frac{1}{2^n-1}$ 形成一个递增数列. 注意到 $\frac{1}{2^n-1}$ 不小于 $\frac{1}{2^n}$, 所以我们不能像证明级数 (a) 一样建立项与项之间的比较关系. 取而代之, 我们来看项比值的极限,

$$\lim_{n\to\infty} \frac{\frac{1}{2^n-1}}{\frac{1}{2^n}} = \lim_{n\to\infty} \frac{1}{1-\frac{1}{2^n}} = 1.$$

由于比值的极限为 1, 所以最终比值都接近于 1. 因此, 对任意的 $R>1$, 存在 N 充分大使得对任意的 $n>N$, 有

$$\frac{\frac{1}{2^n-1}}{\frac{1}{2^n}} < R.$$

所以对任意的 $n > N$, 我们有 $\frac{1}{2^n-1} < R\left(\frac{1}{2}\right)^n$. 由于级数 $R \sum_{n=N+1}^{\infty} \left(\frac{1}{2}\right)^n$ 的部分和有界, 所以级数 $\sum_{n=N+1}^{\infty} \frac{1}{2^n-1}$ 的部分和也有界. 因此, 该级数收敛, 故级数

$\sum_{n=1}^{\infty} \dfrac{1}{2^n-1}$ 也收敛.

对级数 (a) 和 (b) 的讨论可以得到如下两个比较收敛定理, 请读者在问题 1.45 中给出证明.

定理 1.14(比较定理) 设对所有的 n, 有

$$0 \leqslant a_n \leqslant b_n.$$

若级数 $\sum_{n=1}^{\infty} b_n$ 收敛, 则级数 $\sum_{n=1}^{\infty} a_n$ 也收敛.

定理 1.15(极限比较定理) 设 $\sum_{n=1}^{\infty} a_n$ 和 $\sum_{n=1}^{\infty} b_n$ 为正项级数. 若 $\lim_{n\to\infty} \dfrac{a_n}{b_n}$ 存在且为正数, 则级数 $\sum_{n=1}^{\infty} a_n$ 收敛当且仅当级数 $\sum_{n=1}^{\infty} b_n$ 收敛.

上述比较定理是针对正项级数或非负项级数而言的. 下面定理对于含有负项的级数收敛性的判别是非常方便的.

定理 1.16 若级数 $\sum_{j=1}^{\infty} |a_j|$ 收敛, 则级数 $\sum_{j=1}^{\infty} a_j$ 也收敛.

证明 由于 $0 \leqslant a_n + |a_n|$, 所以部分和数列 $s_m = \sum_{j=1}^{m}(a_n + |a_n|)$ 是单调递增的. 又 $a_n + |a_n| \leqslant 2|a_n|$, 所以 s_m 小于收敛级数 $\sum_{j=1}^{\infty} 2|a_j|$ 的前 m 项部分和. 所以部分和数列 s_m 是单调有界的. 因此, $\sum_{j=1}^{\infty}(a_n + |a_n|)$ 收敛. 又因为 $a_j = (a_j + |a_j|) - |a_j|$, 由定理 1.6 知级数 $\sum_{j=1}^{\infty} a_j$ 收敛. 证毕.

例 1.20 级数 $\sum_{n=1}^{\infty} \dfrac{1}{(-2)^n n}$ 不是正项级数, 但级数 $\sum_{n=1}^{\infty} \left|\dfrac{1}{(-2)^n n}\right| = \sum_{n=1}^{\infty} \dfrac{1}{2^n n}$ 是正项级数. 由于 $\dfrac{1}{(-2)^n n} < \left(\dfrac{1}{2}\right)^n$, 和几何级数 $\sum_{n=1}^{\infty} \dfrac{1}{2^n n}$ 相比, 可知级数 $\sum_{n=1}^{\infty} \left|\dfrac{1}{(-2)^n n}\right|$ 收敛. 由定理 1.16 可知级数 $\sum_{n=1}^{\infty} \dfrac{1}{(-2)^n n}$ 收敛.

下面两个例子说明定理 1.16 的逆命题不成立. 即级数 $\sum_{n=1}^{\infty} a_n$ 收敛, 而级数

$\sum_{n=1}^{\infty} |a_n|$ 是发散的.

例 1.21 考虑调和级数① $\sum_{n=1}^{\infty} \frac{1}{n}$. 它的部分和数列为

$$s_1 = 1, \quad s_2 = s_1 + \frac{1}{2}, \quad s_3 = s_2 + \frac{1}{3} = 1 + \frac{1}{2} + \frac{1}{3}, \cdots.$$

通过项之间的组合, 可得

$$s_4 = s_2 + \frac{1}{3} + \frac{1}{4} > 1.5 + \frac{2}{4} = 2,$$
$$s_8 = s_4 + \frac{1}{5} + \frac{1}{6} + \frac{1}{7} + \frac{1}{8} > 2 + \frac{4}{8} = 2.5,$$
$$s_{16} = s_8 + \frac{1}{9} + \cdots + \frac{1}{16} > 2.5 + \frac{8}{16} = 3,$$

等等. 所以 s_n 是单调递增数列, 但是无界.

因此调和级数发散. 易得, 其部分和数列中连续两项的差为 $s_{n+1} - s_n = \frac{1}{n+1}$, 可以取 n 充分大使得此差充分小. 但是, 这不能保证级数的收敛性. 当我们学习广义积分 (7.3 节) 时, 再来重温调和级数. 调和级数是一个很好的例子, 其通项 $a_1, a_2, \cdots, a_n, \cdots$ 单调递减趋于零, 但是级数 $\sum_{n=1}^{\infty} a_n$ 发散.

下面我们来看, 改变项的符号, 得到的级数是收敛的. 考虑如下级数

$$\sum_{n=1}^{\infty} (-1)^{(n-1)} \frac{1}{n}. \tag{1.11}$$

由于

$$s_{2k+2} - s_{2k} = \frac{1}{2k+1} - \frac{1}{2k+2} > 0,$$

所以部分和数列中的偶子数列 $s_2, s_4, s_6, \cdots, s_{2k}, \cdots$ 是单调递增的, 且有上界,

$$1 > s_{2k} = 1 + \left(-\frac{1}{2} + \frac{1}{3}\right) + \cdots + \left(-\frac{1}{2k-2} + \frac{1}{2k-1}\right) - \frac{1}{2k}.$$

由于

$$s_{2(k+1)+1} - s_{2k+1} = -\frac{1}{2k+2} + \frac{1}{2k+2} < 0,$$

---

① 调和级数的名称源于, 这个级数的通项有这样的性质: 中间的一项是前后两项的调和平均值 (见问题 1.14). 类似地, 可以理解为什么把等比数又叫做几何级数, 因为中间一项是前后两项的几何平均. ——译者注

所以部分和数列中的奇子数列 $s_1, s_3, s_5, \cdots, s_{2k+1}, \cdots$ 是单调递减的, 且有下界,

$$\frac{1}{2} < s_{2k+1} = \left(1 - \frac{1}{2}\right) + \left(\frac{1}{3} - \frac{1}{4}\right) + \cdots + \frac{1}{2k+1}.$$

由单调收敛定理可知, 级数 $\{s_{2k}\}$ 和 $\{s_{2k+1}\}$ 均收敛. 记 $\lim\limits_{k\to\infty} s_{2k} = L_1$, $\lim\limits_{k\to\infty} s_{2k+1} = L_2$. 则

$$L_2 - L_1 = \lim_{k\to\infty}(s_{2k+1} - s_{2k}) = \lim_{k\to\infty} \frac{1}{2k+1} = 0.$$

所以 s_k 收敛到 $L_2 = L_1$ 且级数 $\sum\limits_{n=1}^{\infty}(-1)^{(n-1)}\frac{1}{n}$ 收敛.

同理, 我们可得到更一般的结果. 我们将在问题 1.46 中指导大家完成证明.

定理 1.17(交错级数定理) 若

$$a_1 \geqslant a_2 \geqslant a_3 \geqslant \cdots \geqslant a_n \geqslant \cdots \geqslant 0,$$

且 $\lim\limits_{n\to\infty} a_n = 0$, 则级数 $\sum\limits_{n=1}^{\infty}(-1)^n a_n$ 收敛.

定义 1.7 若级数 $\sum\limits_{n=1}^{\infty} a_n$ 收敛, 而 $\sum\limits_{n=1}^{\infty} |a_n|$ 发散, 则称级数 $\sum\limits_{n=1}^{\infty} a_n$ **条件收敛**. 若级数 $\sum\limits_{n=1}^{\infty} |a_n|$ 收敛, 则称级数 $\sum\limits_{n=1}^{\infty} a_n$ **绝对收敛**.

例 1.22 在收敛几何级数

$$1 + \frac{1}{3} + \frac{1}{9} + \frac{1}{27} + \cdots$$

中改变一些项的符号. 根据定义 1.7 得到的是绝对收敛级数.

例 1.23 已证级数 $\sum\limits_{n=1}^{\infty}(-1)^{(n-1)}\frac{1}{n}$ 收敛, 并且在例 1.21 中我们证明了级数 $\sum\limits_{n=1}^{\infty}\frac{1}{n}$ 发散. 所以, 级数 $\sum\limits_{n=1}^{\infty}(-1)^{(n-1)}\frac{1}{n}$ 条件收敛.

例 1.24 由于 $\frac{1}{\sqrt{n}}$ 递减趋于零, 由交错级数定理 1.17 可知, 级数 $\sum\limits_{n=1}^{\infty}(-1)^{(n-1)}\cdot\frac{1}{\sqrt{n}}$ 收敛. 又 $\sqrt{n} \leqslant n$, $\frac{1}{\sqrt{n}} \geqslant \frac{1}{n}$, 部分和满足

$$s_m = \sum_{n=1}^{m}\frac{1}{\sqrt{n}} \geqslant \sum_{n=1}^{m}\frac{1}{n}.$$

由例 1.21 知, 调和级数的部分和是无界的. 所以 s_m 也无界, 这表明级数 $\sum_{n=1}^{\infty} \frac{1}{\sqrt{n}}$ 发散. 所以级数 $\sum_{n=1}^{\infty} (-1)^{(n-1)} \frac{1}{\sqrt{n}}$ 条件收敛.

4. 进一步的比较

考虑级数
$$\sum_{n=1}^{\infty} \frac{n}{2^n}. \tag{1.12}$$

由于通项 $a_n = \frac{n}{2^n}$ 是正的, 所以其部分和数列是递增的. 若部分和数列有界则该级数收敛. 我们来看一些部分和:

$$s_1 = 0.5,$$
$$s_2 = 1,$$
$$s_3 = 1.375,$$
$$s_4 = 1.625.$$

显然, 我们需要更多的信息. 该级数的通项与级数 $\sum_{n=1}^{\infty} \frac{1}{2^n}$ 的通项的极限为

$$\lim_{n \to \infty} \frac{\frac{n}{2^n}}{\frac{1}{2^n}} = \lim_{n \to \infty} n,$$

该极限不存在, 所以比较级数判别法不适用. 注意到当 n 充分大时, 通项 $\frac{n}{2^n}$ 大致以 $\frac{1}{2}$ 的速度在增长, 即

$$\lim_{n \to \infty} \frac{\frac{n+1}{2^{n+1}}}{\frac{n}{2^n}} = \lim_{n \to \infty} \frac{n+1}{n} \frac{1}{2} = \frac{1}{2}.$$

这表明, 可以跟一个几何级数作比较. 令 r 为大于 $\frac{1}{2}$ 且小于 1 的任意数. 由于 $\frac{a_{n+1}}{a_n}$ 趋于 $\frac{1}{2}$, 所以存在 N 使得当 $n > N$ 时,

$$\frac{a_{n+1}}{a_n} < r.$$

两边乘以 a_n, 有 $a_{n+1} < ra_n$. 重复这一过程可得

$$a_{N+k} < ra_{N+k-1} < \cdots < r^k a_N.$$

由于几何级数 $\sum_{k=0}^{\infty} r^k$ 收敛, 所以级数 $\sum_{k=0}^{\infty} a_{N+k}$ 的部分和有界,

$$\sum_{k=0}^{m} a_{N+k} \leqslant a_N \sum_{k=0}^{m} r^k.$$

所以级数 $\sum_{n=1}^{\infty} a_n$ 的部分和有界且该级数收敛. 由该例题的思想可得到如下定理.

定理 1.18(比值判别法) 设 $\lim_{n \to \infty} \left| \frac{a_{n+1}}{a_n} \right| = L$. 则

(a)若 $L < 1$, 则级数 $\sum_{n=1}^{\infty} a_n$ 绝对收敛.

(b)若 $L > 1$, 则级数 $\sum_{n=1}^{\infty} a_n$ 发散.

(c)若 $L = 1$, 则没有定论.

在问题 1.48 中, 将要求你通过推广证明级数 $\sum_{n=1}^{\infty} \frac{n}{2^n}$ 收敛的方法来证明上述定理.

例 1.25 判断下列级数是否收敛:

(a) $\sum_{n=1}^{\infty} \frac{n^5}{2^n}$, (b) $\sum_{n=1}^{\infty} \frac{(-2)^n}{n!}$, (c) $\sum_{n=1}^{\infty} \frac{2^n}{n^2}$.

(a) 由于 $\lim_{n \to \infty} \frac{\frac{(n+1)^5}{2^{n+1}}}{\frac{n^5}{2^n}} = \lim_{n \to \infty} \frac{1}{2} \left(\frac{n+1}{n} \right)^5 = \frac{1}{2}$, 由比值判别法知级数 $\sum_{n=1}^{\infty} \frac{n^5}{2^n}$ 收敛.

(b) 由于 $\lim_{n \to \infty} \left| \frac{\frac{(-2)^{n+1}}{(n+1)!}}{\frac{(-2)^n}{n!}} \right| = \lim_{n \to \infty} \frac{2}{n+1} = 0$, 由比值判别法知级数 $\sum_{n=1}^{\infty} \frac{(-2)^n}{n!}$ 绝对收敛.

(c) 由于 $\lim_{n \to \infty} \frac{\frac{2^{n+1}}{(n+1)^2}}{\frac{2^n}{n^2}} = \lim_{n \to \infty} 2 \left(\frac{n}{n+1} \right)^2 = 2$, 由比值判别法知级数 $\sum_{n=1}^{\infty} \frac{2^n}{n^2}$ 发散.

例 1.26 例 1.21 表明调和级数 $\sum_{n=1}^{\infty} \frac{1}{n}$ 发散. 由于

$$\frac{\frac{1}{n+1}}{\frac{1}{n}} = \frac{n}{n+1}$$

趋于 1, 所以比值判别法失效.

我们以两个极根本的性质——区间套性质和数列收敛的柯西判别准则——来结束本节.

1.3.3 区间套

我们可以应用单调收敛定理来证明数列的区间套性质.

定理 1.19(区间套定理) 若 $I_1, I_2, I_3, \cdots$ 是一列逐次嵌套的闭区间, 即每一个 I_n 包含 I_{n+1} (图 1.17), 则区间 I_n 至少有一个公共点. 若区间长度趋于零, 则仅公共点是唯一的.

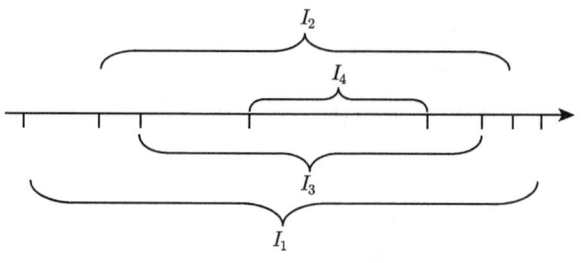

图 1.17 区间套

证明 记 a_n 和 b_n 分别为区间 I_n 的左端点和右端点. 嵌套意味着数列 $\{a_n\}$ 单调递增, 数列 $\{b_n\}$ 单调递减, 且每一个 b_n 都大于所有的 a_n. 所以有单调收敛定理可知, 数列 $\{a_n\}$ 收敛到某个数 a, 数列 $\{b_n\}$ 收敛到某个数 b. 由极限的构造过程可知, $a_n \leqslant a$ 且 $b \leqslant b_n$. 现在我们说明 a 不大于 b, 否则存在某 a_n 和 b_m 满足 $a_n > b_m$, 这与嵌套假设矛盾. 所以 a 必须小于或等于 b, 且 $a_n \leqslant a \leqslant b \leqslant b_n$. 若当 n 趋于无穷大时, 区间 I_n 的长度趋于零, 则 a 与 b 之间的距离必为零, 且区间 I_n 有唯一的公共点, 即 $a = b$. 若区间 I_n 的长度不趋于零, 则区间 $[a, b]$ 包含在所有区间 I_n 内, 此时区间 I_n 有很多公共点. **证毕.**

两个正数的算术几何平均值

在 1.1.3 节中, 我们看到对给定的两个数 $a > g > 0$, 它们的算术平均值和几何平均值分别为 $\frac{g+a}{2} = a_1$ 和 $\sqrt{ag} = g_1$, 且满足 $g \leqslant g_1 \leqslant a_1 \leqslant a$. 重复取平均值这

一过程, 令 $\dfrac{a_1+g_1}{2}=a_2$ 和 $\sqrt{a_1g_1}=g_2$. 则

$$g \leqslant g_1 \leqslant g_2 \leqslant a_2 \leqslant a_1 \leqslant a.$$

以此下去, 我们得到闭区间套 $[g_n, a_n]$.

我们来看 g 和 a 之间的距离如何变化以及该距离与 $\sqrt{ag}=g_1$ 和 $\dfrac{a+g}{2}=a_1$ 之间距离的关系. 由于 $g\leqslant\sqrt{ag}$, 所以

$$\dfrac{a+g}{2}-\sqrt{ag}=\dfrac{a-g}{2}+g-\sqrt{ag}\leqslant\dfrac{a-g}{2}.$$

因此,
$$a_1-g_1\leqslant\dfrac{1}{2}(a-g).$$

这说明 a 和 g 的算术平均值和几何平均值之间的距离小于或等于 a 和 g 之间距离的一半. 这使得区间 $[g_n,a_n]$ 的长度每次至少减少一半, 所以区间长度趋于 0.

区间套定理表明这一挤压过程最终得到唯一的一个数, 我们称之为 a 和 g 的算术几何平均值, 记为 $\mathrm{AGM}(a,g)$:

$$\mathrm{AGM}(a,g)=\lim_{n\to\infty}a_n=\lim_{n\to\infty}g_n.$$

算术几何平均值在数学上是一个非常奇妙的数. 高斯发现了它, 并利用它给出计算 π 的一个快速算法.

1.3.4 柯西数列

有一些数列, 其项看上去密集在数轴上的某点附近, 但是我们不知道它们到底趋于哪一个数. 我们现在给出对判断此类数列极限存在性的一个非常一般且有效的准则.

定义 1.8(柯西准则) 称数列 $\{a_n\}$ 为柯西数列, 若对任意容许误差 ε, 存在 N 使得对所有的比 N 大的 n 和 m, 都有 a_n 和 a_m 的差小于 ε.

柯西数列的例子比比皆是, 在问题 1.52 中可见任意收敛数列皆为柯西数列. 下面例题展示如何直接验证数列 $a_n=\left\{\dfrac{1}{n}\right\}$ 是柯西数列.

例 1.27 令 ε 为任意容许误差, N 为比 $\dfrac{1}{\varepsilon}$ 大的整数. 取 $n>N, m>N$, 由三角不等式, 得

$$\left|\dfrac{1}{m}-\dfrac{1}{n}\right|\leqslant\dfrac{1}{m}+\dfrac{1}{n}\leqslant\dfrac{1}{N}+\dfrac{1}{N}<2\varepsilon.$$

上述距离可以任意小. 事实上, 若取 n 和 m 均大于 $\dfrac{2}{\varepsilon}$, 则有

$$\left|\dfrac{1}{m}-\dfrac{1}{n}\right|\leqslant\varepsilon.$$

所以 $\left\{\dfrac{1}{n}\right\}$ 是柯西数列.

定理 1.20 柯西数列必收敛.

该定理的证明分四个步骤来完成. 第一, 我们证明每一个数列有一个单调子数列. 这是讨论中的关键一步, 我们作为一个引理来学习. 第二, 我们证明任意柯西数列是有界的 (从而其任一子数列也有界). 第三, 我们意识到柯西数列有一个单调有界的子数列, 所以其子数列收敛. 第四, 柯西数列及其单调子数列收敛到同一极限.

引理 1.1 任一无限实数列包含一个无限单调子数列.

证明 令 $a_1, a_2, \cdots$ 为任一数列. 我们将证明其包含一个单调递增或单调递减的子数列. 我们试图构造一个单调递增子数列. 以 a_1 作为首项, 且取原数列中不小于 a_1 的其他项作为子数列的第二项. 继续下去. 如果可以持续下去, 那么即可得到所期望的单调递增子数列. 否则, 假设我们有限步得到 a_j 后无法进行, 因为对所有的 $n > j$ 都有 $a_n < a_j$. 然后, 我们以 a_{j+1} 作为首项再次尝试构造一个递增数列. 如果可以无限持续下去, 则得到一个单调递增子数列. 否则, 假设我们得到 a_k 后无法进行, 因为对所有的 $n > k$ 都有 $a_n < a_k$, 则以 a_{k+1} 作为首项再次尝试构造一个递增数列. 如果我们可以无限持续下去, 则得到一个单调递增子数列. 以此下去, 我们要么成功得到一个单调递增子数列, 要么得不到. 第二种情况下, 失败发生的数列点 $a_j, a_k, \cdots$ 构成一个单调递减子数列. 这就完成了引理的证明. **证毕**

现在我们给出定理的证明.

定理 1.20 的证明 引理 1.1 保证了柯西数列有单调子数列. 接下来, 我们证明柯西数列是有界的. 柯西数列保证了存在 N 使得从 a_N 开始, 所有的项和前面项的差距不超过 1. 这意味着

$$1 + a_1, 1 + a_2, \cdots, 1 + a_N$$

中最大的项是数列 $\{a_n\}$ 的上界, 且

$$-1 + a_1, -1 + a_2, \cdots, -1 + a_N$$

中最小的数为 $\{a_n\}$ 的下界. 因此, 单调收敛定理保证了数列 $\{a_n\}$ 的单调子数列收敛到某常数 a.

下面我们证明不仅子数列收敛到 a, 而且整个数列收敛到 a. 记 a_m 为子数列的元素, a_n 为原数列的任一元素, 则 $a - a_n = a - a_m + a_m - a_n$. 由三角不等式可得

$$|a - a_n| \leqslant |a - a_m| + |a_m - a_n|.$$

由于子数列收敛到 a, 所以可选 m 充分大, 使得右边第一项小于任意取定的 ε. 由于原数列为柯西数列, 所以可选 m, n 充分大, 使得右边第二项小于任意取定的 ε. 这就证明了整个数列收敛到 a. **证毕**

1.3 数列及其极限

柯西收敛准则表明对任意给定的容许误差, 在数列中可以找到某项使得其后面所有的项之间的距离在容许误差范围之内, 这于仅仅要求相邻两项的差趋于零相比是更强的. 比如, 在例 1.21 中我们看到, $s_{n+1} - s_n$ 趋于零, 但是 s_n 不收敛.

问 题

1.25 列出本节所有的定义并抄写在练习本上, 并用一个例子来解释该定义.

1.26 列出本节所有的定理并抄写在练习本上, 并用一个例子来解释该定理.

1.27 以 $s_1 = 1$ 作为第一项近似值找到 $\sqrt{3}$ 的前四项近似值 s_1, s_2, s_3, s_4, 并迭代得到

$$s_{n+1} = \frac{1}{2}\left(s_n + \frac{3}{s_n}\right).$$

若以 $s_1 = 2$ 作为第一项近似值, 结果如何?

1.28 在逼近 $\sqrt{2}$ 的过程中, 我们用到了事实: 若对任意的 n 有 $w_{n+1} < \frac{1}{2} w_n$ 成立, 则

$$w_{n+1} < \frac{1}{2^n} w_1.$$

请解释这一事实.

1.29 证明若 $s > \sqrt{2}$, 则 $\frac{2}{s} < \sqrt{2}$.

1.30 请问若 $s > \sqrt[3]{2}$, 是否有 $\frac{2}{s^2} < \sqrt[3]{2}$ 成立?

1.31 证明若 $2 < s^2 < 2 + p$, 则 $\sqrt{2} < s < \sqrt{2} + q$, $q = \frac{p}{2^{1.5}}$.

1.32 考虑数列 $a_n = -3n + 1$ 和 $b_n = 3n + \frac{2}{n}$. 如果我们试着写出

$$\lim_{n \to \infty} (a_n + b_n) = \lim_{n \to \infty} a_n + \lim_{n \to \infty} b_n,$$

这对不对? 在该例中出了什么问题?

1.33 请验证在定理 1.6 证明过程中出现的以下步骤. 设 $\{a_n\}$ 和 $\{b_n\}$ 为收敛数列, 且

$$\lim_{n \to \infty} a_n = a, \qquad \lim_{n \to \infty} b_n = b.$$

(a) 证明和数列 $\{a_n + b_n\}$ 收敛, 且 $\lim_{n \to \infty}(a_n + b_n) = a + b$. 令 $\varepsilon > 0$ 为任意容许误差. 证明:

(i) 存在 N_1 使得对所有的 $n > N_1$, 都有 a_n 在 a 的 ε 范围内, 且存在 N_2 使得对所有的 $n > N_2$, 都有 b_n 在 b 的 ε 范围内. 令 N 为 N_1 和 N_2 中较大的数. 则对所有的 $n > N$, 有 $|a_n - a| < \varepsilon$ 和 $|b_n - b| < \varepsilon$ 成立.

(ii) 对任意的 n, 有

$$|(a_n + b_n) - (a + b)| \leqslant |a_n - a| + |b_n - b|.$$

(iii) 对所有的 $n > N$, 都有 $a_n + b_n$ 在 $a + b$ 的 2ε 范围内.

(iv) 我们已经证明对所有的 $n > N$, 有 $|(a_n + b_n) - (a + b)| \leqslant 2\varepsilon$. 请解释为什么这就完成了证明.

(b) 证明若 $a \neq 0$, 则除有限个数外所有的 a_n 都不等于 0, 且
$$\lim_{n \to \infty} \frac{1}{a_n} = \frac{1}{a}.$$

令 $\varepsilon > 0$ 为任意容许误差. 证明:

(i) 存在 N 使得当 $n > N$ 时, 有 a_n 在 a 的 ε 范围内.

(ii) 存在 M 使得当 $n > M$ 时, 有 $a_n \neq 0$ 且 $\left|\frac{1}{a_n}\right|$ 存在上界 α.

(iii) 当 n 大于 M 和 N 时, 有
$$\left|\frac{1}{a_n} - \frac{1}{a}\right| = \left|\frac{a - a_n}{a_n a}\right| = |a - a_n|\left|\frac{1}{a_n}\right|\frac{1}{|a|} < \varepsilon\frac{\alpha}{|a|}.$$

因此 $\frac{1}{a_n}$ 收敛到 $\frac{1}{a}$.

1.34 按如下步骤解方程 $x^2 - x - 1 = 0$. 将该方程改写为 $x = 1 + \frac{1}{x}$, 这表明近似数列为
$$x_0 = 1, \ x_1 = 1 + \frac{1}{x_0}, \ x_2 = 1 + \frac{1}{x_1}, \cdots.$$

解释下列步骤来证明上述数列收敛到方程的解.

(a) $x_0 < x_2 < x_1$;

(b) $x_0 < x_2 < x_4 < \cdots < x_5 < x_3 < x_1$;

(c) 偶数项子数列 x_{2k} 单调递增收敛到 L, 奇数项子数列 x_{2k+1} 单调递减收敛到 $R \geqslant L$;

(d) $(x_{2k+3} - x_{2k+2}) < \frac{1}{x_2^4}(x_{2k+1} - x_{2k})$;

(e) $R = L = \lim_{k \to \infty} x_k$ 为方程 $x^2 - x - 1 = 0$ 的解.

1.35 设数列 $\{a_n\}$ 收敛到 a. 解释如下步骤, 这些步骤给出定理 1.8 的证明.

(a) 存在 N 使得对所有的 $n > N$ 时, 有 $|a_n - a| < 1$.

(b) 对所有的 $n > N$ 时, 有 $|a_n| < |a| + 1$ $(a_n = a + (a_n - a))$.

(c) 令 α 为
$$|a_1|, |a_2|, \cdots, |a_N|, |a| + 1$$
中最大的数. 则 $a_k < \alpha$, $k = 1, 2, 3, \cdots$.

(d) 数列 $\{a_n\}$ 有界.

1.36 该问题探讨求和的记号. 写出下列有限和.

(a) $\sum_{n=1}^{5} a_n$; (b) $\sum_{k=2}^{4} \frac{3}{k}$; (c) $\sum_{j=2}^{6} b_{j-1}$;

(d) 把表达式 $t^2 + 2t^3 + 3t^4$ 改写成求和的形式;

(e) 解释 $\sum_{n=1}^{10} n^2 = 105 + \sum_{n=3}^{9} n^2$ 以及 $\sum_{n=2}^{20} a_n = \sum_{k=0}^{18} a_{k+2}$.

1.37 已知部分和数列 $s_1 = a_1$, $s_2 = a_1 + a_2$, $\cdots$, $s_n = \dfrac{n}{n+2}$. 求 a_1, a_2 以及 $\sum\limits_{n=1}^{\infty} a_n$.

1.38 利用关系式 (1.10) 来估计 $\sum\limits_{k=0}^{n} \dfrac{1}{7^k}$.

1.39 试求当 n 趋于无穷时 $\dfrac{5}{7} + \dfrac{25}{49} + \dfrac{125}{343} + \cdots + \dfrac{5^n}{7^n}$ 的极限.

1.40 试求当 n 趋于无穷时 $\dfrac{5}{7} + \dfrac{5}{49} + \dfrac{5}{343} + \cdots + \dfrac{5}{7^n}$ 的极限.

1.41 设由比值判别法可知级数 $\sum\limits_{n=0}^{\infty} a_n$ 收敛. 利用比值判别法证明级数 $\sum\limits_{n=0}^{\infty} n a_n$ 也收敛. 那么级数 $\sum\limits_{n=0}^{\infty} (-1)^n n^5 a_n$ 呢?

1.42 证明级数 $\sum\limits_{n=1}^{\infty} \dfrac{n^2}{n^2 + 1}$ 发散.

1.43 通过验证下列步骤来证明无穷级数 $\sum\limits_{n=1}^{\infty} \dfrac{1}{n^2}$ 收敛:

(a) $\dfrac{1}{n^2} < \dfrac{1}{n(n-1)}$; \quad (b) $\dfrac{1}{n(n-1)} = \dfrac{1}{(n-1)} - \dfrac{1}{n}$;

(c) $\sum\limits_{n=2}^{k} \dfrac{1}{n(n-1)} = 1 - \dfrac{1}{k}$.

1.44 确定使数列
$$s_n = 1 - 2t + 2^2 t^2 - 2^3 t^3 + \cdots + (-2)^n t^n$$
收敛的 t 的范围以及相应的极限.

1.45 采取下列步骤来证明比较收敛定理 1.14 和定理 1.15.

(a) 设数列 $\{a_n\}$ 和 $\{b_n\}$ 满足 $0 \leqslant b_n \leqslant a_n$. 利用单调收敛定理证明若 $\sum\limits_{n=0}^{\infty} a_n$ 收敛, 则 $\sum\limits_{n=0}^{\infty} b_n$ 也收敛.

(b) 设 $\{a_n\}$ 和 $\{b_n\}$ 为正项数列, 且极限 $\lim\limits_{n \to \infty} \dfrac{a_n}{b_n}$ 存在且大于零, 记为 L. 首先证明当 n 充分大时有 $a_n \leqslant (L+1) b_n$. 然后, 证明由级数 $\sum\limits_{n=N}^{\infty} (L+1) b_n$ 收敛可得级数 $\sum\limits_{n=0}^{\infty} a_n$ 收敛.

1.46 设数列 $\{a_n\}$ 满足 $a_1 \geqslant a_2 \geqslant a_3 \geqslant \cdots \geqslant a_n \geqslant \cdots \geqslant 0$ 和 $\lim\limits_{n \to \infty} a_n = 0$. 令
$$s_n = a_1 - a_2 + a_3 - \cdots + (-1)^{n+1} a_n.$$
试证明:

(a) $a_{2k+1} - a_{2k+2} \geqslant 0$ 和 $-a_{2k} + a_{2k+1} \leqslant 0$;

(b) 子数列 $s_2, s_4, s_6, \cdots, s_{2k}, \cdots$ 和 $s_1, s_3, s_5, \cdots, s_{2k+1}, \cdots$ 均收敛;

(c) $\lim_{k\to\infty}(s_{2k+1}-s_{2k})=0$;

(d) 级数 $\sum_{n=1}^{\infty}(-1)^{n-1}a_n$ 收敛.

1.47 判断下列级数是绝对收敛, 条件收敛还是发散.

(a) $\sum_{n=0}^{\infty}\frac{(-2)^n+1}{3^n}$; (b) $\sum_{n=1}^{\infty}\frac{1}{\sqrt[4]{n}}$; (c) $\sum_{n=1}^{\infty}\frac{(-1)^n}{\sqrt[4]{n}}$;

(d) $\sum_{n=0}^{\infty}\frac{n}{\sqrt{n^2+1}}$; (e) $\sum_{n=0}^{\infty}\frac{n}{\sqrt{n^4+1}}$; (f) $\sum_{n=1}^{\infty}\frac{n^2}{(1.5)^n}$.

1.48 利用级数 (1.12) 来证明比值判别定理 1.18. 通过延伸例题中的讨论来构造定理的证明.

1.49 判断下列级数是绝对收敛, 条件收敛还是发散.

(a) $1+\frac{1}{2}-\frac{1}{4}+\frac{1}{8}+\frac{1}{16}-\frac{1}{32}+\frac{1}{64}+\frac{1}{128}-\frac{1}{256}+\cdots$;

(b) $\sum_{n=1}^{\infty}10^{-n^2}$;

(c) $\sum_{n=1}^{\infty}\frac{b^n}{n!}$; 结论是否依赖于 b 的选取?

(d) $\sum_{n=0}^{\infty}\frac{n^{1/n}}{3^n}$; (提示: 见问题 1.13)

(e) $\sum_{n=0}^{\infty}\left(\frac{(-1)^n}{\sqrt{n}}+\frac{1}{2^n}\right)$;

(f) $\sum_{n=0}^{\infty}\left(\frac{(-1)^n}{\sqrt{n}}+\frac{1}{2}\right)$.

1.50 设级数 $\sum_{n=0}^{\infty}a_n^2$ 和 $\sum_{n=0}^{\infty}b_n^2$ 均收敛. 利用柯西-施瓦茨不等式 (见问题 1.18) 解释如下结论.

(a) 部分和 $\sum_{n=0}^{k}a_nb_n$ 满足 $\sum_{n=0}^{k}a_nb_n\leqslant\sqrt{\sum_{n=0}^{\infty}a_n^2}\sqrt{\sum_{n=0}^{\infty}b_n^2}$;

(b) 若 a_n 和 b_n 均非负, 则 $\sum_{n=0}^{\infty}a_nb_n$ 收敛;

(c) 级数 $\sum_{n=0}^{\infty}a_nb_n$ 绝对收敛.

1.51 设 a_n 由 x 的整数部分以及前 n 位小数构成. 例如, 若 $x=\sqrt{2}$, 则 $a_1=1.4$, $a_2=1.41$, $a_3=1.414$, $\cdots$, 请问 a_n 是否为柯西列?

1.52 证明任一收敛数列为柯西列.

1.4 数字 e

在几何学研究中,你已经遇到了希腊字母 π 这一奇怪数字. 其前六位数字为

$$\pi = 3.14159\cdots.$$

在这一节, 我们即将定义另外一个非常重要的数字, 记为字母 e. 为了纪念引进字母 e 的伟大数学家欧拉 (Euler), 我们称之为欧拉常数. 其前六位数字为

$$e = 2.71828\cdots.$$

数字 e 被定义为当 n 趋于无穷时数列

$$e_n = \left(1 + \frac{1}{n}\right)^n$$

的极限.

为了说明这是一个合理的定义, 我们必须证明上述数列有极限.

1. 金融动机

在我们给出证明之前,先给出一个考虑这一极限的金融动机. 假设你以每年 100% 的利率投资 1 美元. 如果利息按每年复利计算, 一年后你将得到 2 美元, 也就是, 年初投资的 1 美元加上另外 1 美元利息. 如果利息按每半年复利计算, 一年后你将得到 $(1.5)^2 = 2.25$ 美元. 这是因为六个月后你得到 50% 的利息, 共得到 1.5 美元, 接下来的六个月你将在 1.5 美元的基础上得到 50% 的利息. 如果利息按每年复利 n 次计算, 那么一年后你即将得到 $\left(1 + \frac{1}{n}\right)^n$ 美元. 复利越频繁, 回报越高. 这表明 e 的重要性, 并且暗示数列 $\left(1 + \frac{1}{n}\right)^n$ 是递增的. 后面, 我们将证明 e 可以用来研究任何复利.

2. e_n 的单调性

在证明数列 $\{e_n\}$ 的任何性质之前,我们先做一些数值实验. 我们借助于计算器来得到该数列的前十项,并向下舍入到小数点后三位, 如下:

$$e_1 = 2.000,$$
$$e_2 = 2.250,$$
$$e_3 = 2.370,$$
$$e_4 = 2.441,$$

$$e_5 = 2.488,$$
$$e_6 = 2.521,$$
$$e_7 = 2.546,$$
$$e_8 = 2.565,$$
$$e_9 = 2.581,$$
$$e_{10} = 2.593.$$

我们注意到该数列的前十项是递增的. 仅仅为了验证, 让我们做进一步的计算:

$$e_{100} = 2.704,$$
$$e_{1000} = 2.716,$$
$$e_{10000} = 2.718.$$

这些数字证实了我们的财务直觉, 即复利越频繁年度回报越高, 以及数列 $\left(1+\dfrac{1}{n}\right)^n$ 是单调递增的.

现在, 我们给出数列 e_n 单调递增的一个严格数学论证. 对 $n+1$ 个数, 我们利用算术-几何平均值不等式:

$$(a_1 a_2 \cdots a_{n+1})^{1/(n+1)} \leqslant \frac{1}{n+1}(a_1 + a_2 + \cdots + a_{n+1}).$$

取 $n+1$ 个数

$$\underbrace{\left(1+\frac{1}{n}\right), \cdots, \left(1+\frac{1}{n}\right)}_{n\text{个}}, 1.$$

其乘积是 $\left(1+\dfrac{1}{n}\right)^n$, 从而其几何平均值为 $\left(1+\dfrac{1}{n}\right)^{n/(n+1)}$. 其和是 $n\left(1+\dfrac{1}{n}\right)+1 = n+2$, 从而其算术平均值是 $\dfrac{n+2}{n+1} = 1 + \dfrac{1}{n+1}$. 根据算术-几何平均值不等式,

$$\left(1+\frac{1}{n}\right)^{n/(n+1)} < 1 + \frac{1}{n+1};$$

两边同时取 $n+1$ 次方, 得

$$\left(1+\frac{1}{n}\right)^n < \left(1+\frac{1}{n+1}\right)^{n+1},$$

这就证明了 e_n 小于 e_{n+1}. 所以, 数列 $\{e_n\}$ 是单调递增的.

3. e_n 的有界性

为了得到数列的收敛性,我们需要证明它是有界的. 为了做到这一点,我们来看另一个数列 $\{f_n\}$,定义如下

$$f_n = \left(1 + \frac{1}{n}\right)^{n+1}.$$

我们借助于计算器来得到该数列的前十项,并向下舍入到小数点后三位,如下:

$$f_1 = 4.000,$$
$$f_2 = 3.375,$$
$$f_3 = 3.161,$$
$$f_4 = 3.052,$$
$$f_5 = 2.986,$$
$$f_6 = 2.942,$$
$$f_7 = 2.911,$$
$$f_8 = 2.887,$$
$$f_9 = 2.868,$$
$$f_{10} = 2.854.$$

这十项是递减的,暗示着整个无穷数列 f_n 是递减的. 进一步的测试计算提供了更多的证据:

$$f_{100} = 2.732,$$
$$f_{1000} = 2.720,$$
$$f_{10000} = 2.719.$$

这里给出关于 f_n 是递减数列的一个直观演示: 假设无利息的条件下你从你的家庭借了 1 美元. 如果一年后归还你欠的一切, 那么你什么都没有了. 但是如果你一年分两次,每次归还你所欠债务的一半,一年后你剩下 $(0.5)^2 = 0.25$. 如果你一年分三次,每次归还你所欠债务的三分之一,一年后你剩下 $\left(\frac{2}{3}\right)^3$. 如果你一年分 n 次,每次归还你所欠债务的 $\frac{1}{n}$,一年后你剩下 $\left(1 - \frac{1}{n}\right)^n$. 这是数列 $\left\{\left(1 - \frac{1}{n}\right)^n\right\}$ 单增的一个直观演示. 因此,其倒数数列是单调递减的.

$$\frac{1}{\left(1 - \frac{1}{n}\right)^n} = \left(\frac{n}{n-1}\right)^n = \left(1 + \frac{1}{m}\right)^{m+1}, \quad \text{其中} \ m = n - 1.$$

在问题 1.54 中,我们将引导你给出不等式 $f_n > f_{n+1}$ 的另一个证明.

因为 $f_n = \left(1+\frac{1}{n}\right)^{n+1}$,而 $e_n = \left(1+\frac{1}{n}\right)^n$,所以有

$$e_n < f_n.$$

由于 $\{f_n\}$ 是递减数列,所以

$$e_n < f_n < f_1 = 4.$$

这就证明了数列 $\{e_n\}$ 单调递增且有界. 由单调收敛定理 1.10,数列 $\{e_n\}$ 收敛到某一极限;称该极限为 e.

数列 $\{f_n\}$ 单调递减且以零为下界. 因此也收敛,记该极限为 f. 下面我们证明 f 等于 e. 由于每一个 f_n 都大于 e_n,所以 f 不小于 e. 为了证明二者相等,我们估计 f_n 与 e_n 的差:

$$f_n - e_n = \left(1+\frac{1}{n}\right)^{n+1} - \left(1+\frac{1}{n}\right)^n = \left(1+\frac{1}{n}\right)^n\left(1+\frac{1}{n}-1\right) = \frac{e_n}{n}.$$

正如我们所看到的,e_n 小于 4. 所以,有

$$f_n - e_n < \frac{4}{n}.$$

由于 e 大于 e_n 且 f 小于 f_n,所以 $f-e$ 小于 $\frac{4}{n}$ 对所有的 n 都成立,因此 $f-e$ 一定是零.

尽管数列 e_n 和 f_n 都收敛到 e,我们的计算表明 e_{1000} 和 f_{1000} 仅精确到两位小数. 数列 $\{e_n\}$ 和 $\{f_n\}$ 收敛到 e 的速度是非常慢的. 微积分可以用来构造数列使之更快地收敛到 e. 在 4.3.1 节中,我们展示如何用微积分的知识来构造数列

$$g_n = 1 + 1 + \frac{1}{2!} + \frac{1}{3!} + \cdots + \frac{1}{n!}$$

使之以更快的速度收敛到 e. 事实上,g_9 给出 e 的精确到小数点后六位的地方. 在问题 1.55 中,我们引导大家使用一种非微积分的观点,来证明 g_n 收敛到 e. 在 10.4 节中,我们进一步的了解数列 $\{e_n\}$ 和 $\{f_n\}$,并且提供利用微积分知识的另外一种方法来改进它们.

问 题

1.53 解释下列步骤,来证明 $\lim\limits_{n\to\infty} n^{1/n} = 1$.

1.4 数字 e

(a) 利用数列 $e_n = \left(1 + \dfrac{1}{n}\right)^n$ 收敛到 e 的结论来证明 $\left(1 + \dfrac{1}{n-1}\right)^n < 6$.

(b) 推出当 $n \geq 6$ 时数列 $n^{1/n}$ 是单调递减的.

(c) $1 \leq n^{1/n}$. 因此, $r = \lim\limits_{n \to \infty} n^{1/n}$ 存在.

(d) 考虑 $(2n)^{1/(2n)}$ 来证明 $r > 1$ 是不可能的.

1.54 对 $\left(1 - \dfrac{1}{n}\right), \cdots, \left(1 - \dfrac{1}{n}\right), 1$ 这 $n+1$ 个数利用算术-几何平均值不等式得到

$$\left(1 - \frac{1}{n}\right)^{n/(n+1)} < \frac{n}{n+1}.$$

上式两端同时取 $n+1$ 次方, 然后取其倒数可得

$$\left(1 + \frac{1}{n-1}\right)^n = f_{n-1} > f_n = \left(1 + \frac{1}{n}\right)^{n+1}.$$

1.55 令 $g_n = 1 + 1 + \dfrac{1}{2!} + \dfrac{1}{3!} + \cdots + \dfrac{1}{n!}$. 则其前十项为

$$g_0 = 1,$$
$$g_1 = 2,$$
$$g_2 = 2.5,$$
$$g_3 = 2.6666666666666,$$
$$g_4 = 2.7083333333333,$$
$$g_5 = 2.7166666666666,$$
$$g_6 = 2.7180555555555,$$
$$g_7 = 2.7182539682539,$$
$$g_8 = 2.7182787698412,$$
$$g_9 = 2.7182815255731.$$

已知当 n 趋于无穷时, 数列 $e_n = \left(1 + \dfrac{1}{n}\right)^n$ 收敛到极限 $e = 2.718\cdots$. 解释以下步骤, 来证明 g_n 也收敛到 e, 即

$$e = \sum_{n=0}^{\infty} \frac{1}{n!}.$$

(a) $n!$ 大于 2^{n-1}. 解释为什么 $g_n < 1 + 1 + \dfrac{1}{2} + \dfrac{1}{4} + \cdots + \dfrac{1}{2^{n-1}}$, 从而 $g_n < 3$ 以及 g_n 有极限.

(b) 回忆二项式定理 $(a+b)^n = \sum\limits_{k=0}^{n} \binom{n}{k} a^k b^{n-k}$. 令 $a = \dfrac{1}{n}, b = 1$, 证明

$$e_n = 1 + \sum_{k=1}^{n} \frac{n(n-1)\cdots(n-(k-1))}{k!} \frac{1}{n^k}.$$

证明 e_n 中的第 k 项小于 g_n 中的第 k 项. 由此得到 $e_n < g_n$.

在 (c) 和 (d) 中我们证明, 对充分大的 n, e_n 不比 g_n 小多少.

(c) 写出 $g_n - e_n$ 如下

$$g_n - e_n = \sum_{k=2}^{\infty} \frac{n^k - n(n-1)\cdots(n-(k-1))}{n^k k!},$$

并解释为什么 $g_n - e_n < \sum_{k=2}^{\infty} \frac{n^k - (n-k)^k}{n^k k!} = \sum_{k=2}^{\infty} \frac{1 - \left(1 - \frac{k}{n}\right)^k}{k!}$.

(d) 请解释以下步骤以说明为什么 $g_n - e_n$ 小于 $\frac{4}{n}$, 因而趋于零. 首先, 对 $0 < x < 1$, 有如下不等式

$$1 - x^k = (1-x)\left(1 + x + \cdots + x^{k-1}\right) < (1-x)k.$$

令 $x = 1 - \frac{k}{n}$. 解释为何 $g_n - e_n < \frac{1}{n}\sum_{k=2}^{\infty} \frac{k^2}{k!}$. 由于 $0! = 1$, 我们有 $\frac{k^2}{k!} = \frac{k}{k-1}\frac{1}{(k-2)!}$. 回忆 $\frac{1}{(k-2)!} < \frac{1}{2^{k-2}}$. 解释为什么下列不等式成立,

$$g_n - e_n < \frac{1}{n}\sum_{k=2}^{\infty} \frac{2}{2^{k-2}}.$$

解释为什么 $g_n - e_n < \frac{4}{n}$, 并说明这就完成了数列 g_n 和 e_n 有相同极限的证明.

1.56 让我们找到一种计算 e 的方法, 使其误差在 10^{-20} 之内. 记 g_n 为问题 1.55 中的数. 请问为什么有

$$e - g_n < \frac{1}{n!}\left(\frac{1}{n+1} + \frac{1}{n+1^2} + \frac{1}{n+1^3} + \cdots\right).$$

进而解释如何给出 $e - g_n < \frac{1}{n!}\frac{1}{n}$. 最后, 如何取 n 使得 g_n 和 e 的误差在 10^{-20} 之内?

第 2 章 函数及其连续性

摘要 微积分的研究对象是函数所描述过程的变化率和整体累加量. 本章回顾函数的一些熟知概念, 并探究由函数列定义的函数.

2.1 函数的概念

函数是数学中最重要的概念. 函数有很多种类, 它们表达不同类型的某种信息. 有些函数的建立基于观测, 比如去年你所在城市每天的最高气温:

$$气温 = T(日期).$$

有些函数是对两个量之间因果关系的描述, 比如拉伸弹簧产生的力 F 用位移的函数来描述:

$$力 = F(位移).$$

科学研究的目的是找到描述这些因果关系的函数. 函数也可以用于表示任意一种纯粹的对应关系, 比如

$$F = \frac{5}{9C} + 32$$

就建立了华氏温度 F 与摄氏温度 C 的数量关系. 此外, 函数还可以用于表述数学定理:

$$r = -\frac{b}{2} + \frac{\sqrt{b^2 - 4}}{2},$$

其中的 r 是二次方程 $x^2 + bx + 1 = 0$ 的较大的根 (这里假定 $b^2 - 4 \geqslant 0$).

函数表示的方式也有很多种. 我们熟知的有: 图、表、方程. 有些是有了微积分后才产生的, 比如将函数表示成某个函数列的极限, 或表示成某个微分方程的解. 在给出函数的定义之前, 我们先通过例子给出一些具体的函数.

例 2.1 火箭发射后飞行的垂直距离 h(单位: 千米) 与其发射后的飞行时间 t(单位: 秒) 有关, 二者的关系如图 2.1 所示.

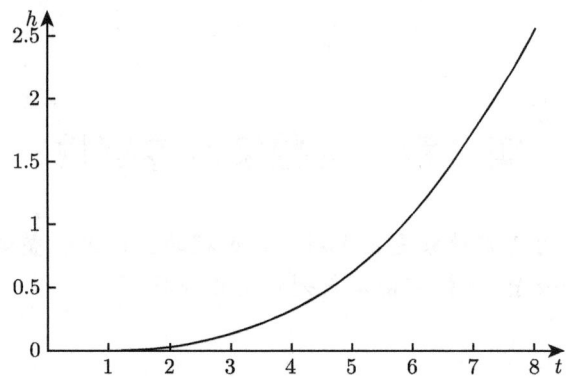

图 2.1 火箭飞行的垂直距离. 横轴表示发射后的飞行时间 (单位: 秒), 纵轴表示飞行距离 (单位: 千米)

例 2.2 图 2.2 描述了三个相互关联的函数: 美国原油消耗量、对通货膨胀未作调整的原油价格 (综合价格), 以及对通货膨胀作出调整的原油价格 (以 2008 年的美元计).

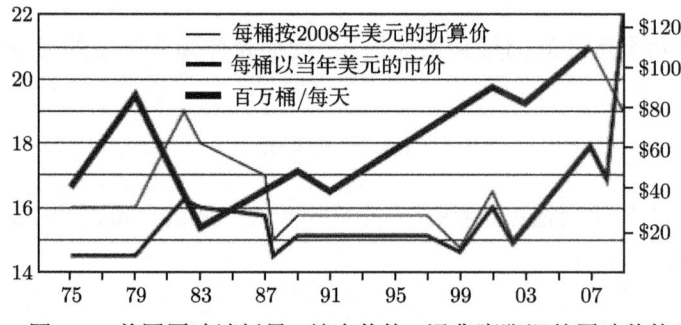

图 2.2 美国原油消耗量、综合价格、通货膨胀调整原油价格

例 2.3 地球表面附近由静止状态做自由落体的物体下降的距离 d (单位: 米) 与下落时间 t (单位: 秒) 的关系:

$$d = 4.9t^2.$$

例 2.4 y 年度的美国国债额 D (单位: 十亿美元).

y	2004	2005	2006	2007	2008	2009	2010
D	7354	7905	8451	8951	9654	10413	13954

作为对照, 以下是本书第一版中所用的表格.

y	1955	1956	1957	1958	1959	1960	1961
D	76	82	85	90	98	103	105

2.1 函数的概念

例 2.5 边长为 s 的立方体的体积为 $V = s^3$.

例 2.6 美国国税局 2010 年个人所得税税率如图 2.3 中的表格所示.

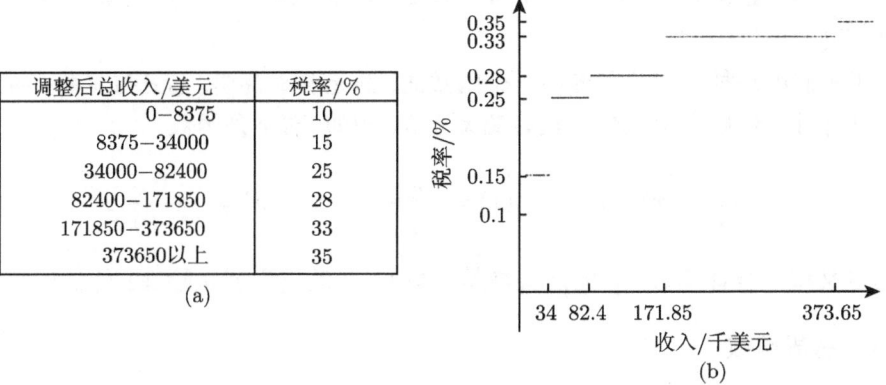

图 2.3 (a) 例 2.6 的税率表; (b) 基于收入水平的税率图

此税率可用函数描述. 设 x 是调整后的总收入 (单位: 美元), $f(x)$ 是该收入水平对应的税率, 即一美元收入需缴税额, 则 f 由如下法则描述

$$f(x) = \begin{cases} 0.10, & 0 \leqslant x \leqslant 8375, \\ 0.15, & 8375 < x \leqslant 34000, \\ 0.25, & 34000 < x \leqslant 82400, \\ 0.28, & 82400 < x \leqslant 171850, \\ 0.33, & 171850 < x \leqslant 373650, \\ 0.35, & x > 373650. \end{cases}$$

从图 2.3 容易看出, 税率及其相应的收入水平之间出现了跳跃. (比如计算 10000 美元收入需缴纳的税额. 收入中 8375 美元的部分税率为 10%, 其余的部分 $10000 - 8375 = 1625$ 美元的税率为 15%, 所以需缴税额为 $0.15 \times 1625 + 0.10 \times 8375 = 1121.25$ 美元.)

我们也可将函数想象成一个盒子, 如图 2.4 所示. 在盒中放入一个输入值 x, 就得到一个输出值 $f(x)$.

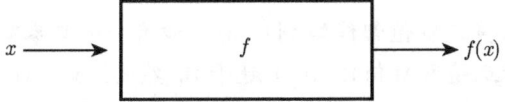

图 2.4 函数可以想象成一个具有输入和输出的盒子

定义 2.1 所谓**函数**, 记作 f, 是一个对应法则, 它给取值范围 D 内的每一个数 x 指定一个对应的数 $f(x)$. 集合 D 称为函数的**定义域**, $f(x)$ 称为函数在点 x 处的**值**. 函数值的全体构成的集合称为**值域**. 有序数对 $(x, f(x))$ 的集合称为 f 的**图像**.

在我们用某种对应法则描述一个函数时, 如无特别说明, 总是假定输入值的集合是使得对应法则有意义的实数的最大集合. 例如, 对下列函数

$$f(x) = x^2 + 3, \qquad g(x) = \sqrt{x-1}, \qquad h(x) = \frac{1}{x^2 - 1}.$$

f 的定义域是全体实数. g 的定义域是 $x \geqslant 1$. h 的定义域是除 ± 1 外的所有实数.

2.1.1 有界函数

定义 2.2 称一个函数 f 是**有界**的, 如果存在一个正数 m, 使得对 f 的所有值, 都有 $-m \leqslant f(x) \leqslant m$. 称函数 g **与零有距离**, 如果存在一个正数 p, 使得 g 的函数值都在以 $-p$ 和 p 为端点的区间之外.

在图 2.5 中, 函数 f 是有界的, 因为对一切 x, 都有 $-m \leqslant f(x) \leqslant m$. 而函数 g 与零有距离, 因为对一切 x, 都有 $0 < p \leqslant g(x)$.

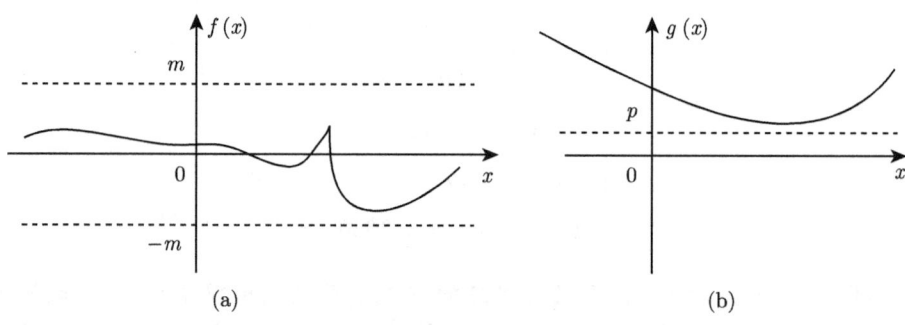

图 2.5 (a) f 是有界函数; (b) g 与零有距离

对于一个无界或与零非有距离的函数来说, 在其定义域的某个子集上, 可能具有有界、或与零有距离的性质.

例 2.7 设 $h(x) = \dfrac{1}{x^2 - 1}$, 则 h 无界. 这是因为当 x 趋于 1 或 -1 时, h 的函数值可以任意大 (正值或负值都能取到). 进一步有, h 与零有距离. 这是因为当 x 趋于任意大时 (包括正值和负值), $h(x)$ 趋于 0. 然而, 如果我们适当缩小 h 的定义域, 比如缩小为区间 $[-0.8, 0.8]$, 则 h 有界, 且在 $[-0.8, 0.8]$ 上 h 与零有距离. h 的图像见图 2.6.

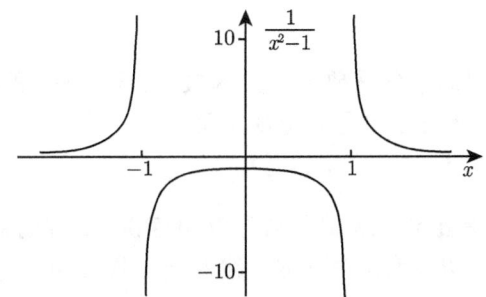

图 2.6 函数 $h(x) = \dfrac{1}{x^2-1}$ 无界、与零非有距离

2.1.2 函数的运算

一旦有了函数,就可以用其构造新的函数. 函数 f 与 g 的和记作 $f+g$,其差记作 $f-g$,定义为

$$(f+g)(x) = f(x) + g(x), \qquad (f-g)(x) = f(x) - g(x).$$

函数 f 与 g 的积与商分别记作 fg 与 $\dfrac{f}{g}$,其定义为

$$(fg)(x) = f(x)g(x), \qquad \frac{f}{g}(x) = \frac{f(x)}{g(x)} \qquad (\text{其中 } g(x) \neq 0).$$

在实际应用中,只有当函数值是同一量纲时,函数的加、减才有意义. 前面关于原油消耗量和价格的例子中,计算对通货膨胀作出调整的价格与对通货膨胀未作调整的价格的差值是有意义的. 然而,用原油消耗的桶数减去原油价格就没有意义了.

1. n 次多项式

从最简单的多项式函数开始: 常值函数

$$c(x) = c,$$

以及恒等函数

$$i(x) = x.$$

我们可以通过对这两个函数进行相加与相乘的运算构造更复杂的函数. 由常值函数与恒等函数经过若干次加法与乘法运算得到的函数都具有如下形式

$$p(x) = a_n x^n + a_{n-1} x^{n-1} + \cdots + a_0,$$

其中诸系数 a 是常数, n 是正整数. 这样的函数称为多项式. 两个多项式的商 $\dfrac{p(x)}{q(x)}$,称为有理函数.

2. 线性函数

线性函数是简单但却十分重要的一类函数. 在第 3 章, 我们会介绍用线性函数近似其他函数的方法. 线性函数是具有如下形式

$$\ell(x) = mx + b,$$

的函数, 其中 m 与 b 是给定的常数. 从计算角度讲, 线性函数是非常简单的函数: 计算函数值只涉及一次乘法和一次加法. 线性函数具有如下性质

$$\ell(x+h) = m(x+h) + b = \ell(x) + mh.$$

这表明当输入 x 增加 h 时, 输出的增量与 x 无关. 线性函数的输出增量是输入增量的 m 倍 (图 2.7):

$$\ell(x+h) - \ell(x) = mh.$$

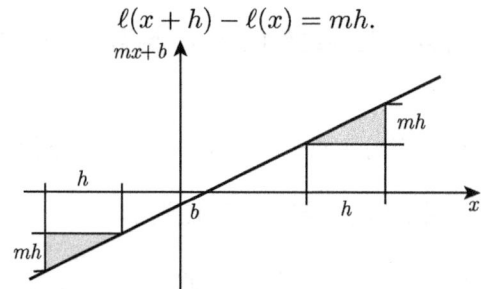

图 2.7 线性函数 $\ell(x) = mx + b$ 的图像. 输出值的增量是输入值增量的 m 倍

例 2.8 在摄氏温度与华氏温度互换时, 我们用到关系式

$$F = \frac{9}{5}C + 32.$$

摄氏温度的变化导致相应的 $\frac{9}{5}$ 倍的华氏温度的变化. 这与温度本身是多少无关.

已知两个不同点处的函数值, 就能完全确定一个线性函数. 假设

$$y_1 = \ell(x_1) = mx_1 + b, \quad y_2 = \ell(x_2) = mx_2 + b.$$

两式作差, 得到 $y_2 - y_1 = m(x_2 - x_1)$. 由此可解出 m 为

$$m = \frac{y_2 - y_1}{x_2 - x_1}.$$

数 m 称为过点 (x_1, y_1) 与 (x_2, y_2) 的直线的斜率. 由上式可知, b 也由这两点确定. 事实上,

$$b = y_1 - \frac{y_2 - y_1}{x_2 - x_1}x_1 \qquad (x_1 \neq x_2).$$

为进一步从几何上直观理解线性函数, 我们来分析定义域中的数是怎样映到值域中的. 从这个角度讲, m 可以看作一个伸缩因子.

例 2.9 图 2.8 表明, 线性函数 $\ell(x) = 3x - 1$ 将区间 $[0, 2]$ 映成区间 $[-1, 5]$, 区间长度变成原来的 3 倍.

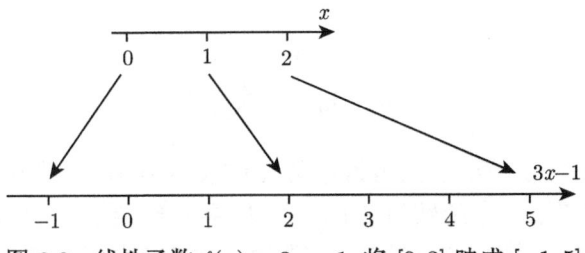

图 2.8 线性函数 $\ell(x) = 3x - 1$, 将 $[0, 2]$ 映成 $[-1, 5]$

除线性函数外, 还有很多更加重要的函数. 下面我们以问题的形式就某些函数进行分析.

问 题

2.1 判断下列函数是否有界, 是否与零有距离:

(a) $f(x) = x - \dfrac{1}{x} + 25$;

(b) $f(x) = x^2 + 1$;

(c) $f(x) = \dfrac{1}{x^2 + 1}$;

(d) $f(x) = x^2 - 1$.

2.2 画出例 2.4 中 1955-1961 年的国债图像. 判断国债是否为时间的线性函数, 并说明理由.

2.3 设
$$f(x) = \frac{x^3 - 9x}{x^2 + 3x}, \quad g(x) = \frac{x^2 - 9}{x + 3}, \quad h(x) = x - 3.$$

(a) 证明当 $x \neq 3$ 时, $f(x) = g(x) = h(x)$.

(b) 确定 f, g, h 的定义域.

(c) 画出 f, g, h 的草图.

2.4 设 $h(x) = \dfrac{1}{x^2 - 1}$, 其定义域为 $[-0.8, 0.8]$. 确定函数 h 的下确界和上确界的值.

2.5 利用例 2.6 中的税率表或税率图计算对通货膨胀作出调整的 200000 美元总收入的需缴税额.

2.6 根据牛顿第二定律, 质量分别为 M 和 m 的两个物体在质心相距为 r 时的万有引力的大小为
$$f(r) = \frac{GMm}{r^2},$$

其中 G 的值取决于质量、距离和力所采用的量纲, f 的定义域为 $r > 0$. 问 f 是否为有理函数, 是否有界, 是否与零有距离?

2.7 本题是一个不太明显的线性函数的问题. 假想有一条绳子绕地球一周, 绳子与地球表面贴合良好. 现将绳长增加 20 米, 并使其与地球成同心围绕. 你走在绳子下方时, 能让头不碰到绳子吗?

2.2 连续性

本节深入研究 2.1 节给出的函数定义. 由该定义可知, 一个函数 f 对定义域中的每个数 x 都指定了一个函数值 $f(x)$. 于是, 要想确定 $f(x)$ 的值, 就必须知道 x 的值. 而什么叫做 "知道 x 的值" 呢? 按照第 1 章中的讨论, 它是指能对 x 给出满足任意精度的近似值. 这就是说, 我们 (几乎) 不可能知道 x 的精确值. 那么 $f(x)$ 的值如何确定呢? 一种解决方式是给出 $f(x)$ 的满足任意精度的近似值. 因此, 能够确定 $f(x)$ 的条件就是: 能够由 x 的近似值确定出 $f(x)$ 的近似值. 这恰是连续性要刻画的性质.

定义 2.3 我们称函数 f 在点 c 处**连续**, 如果对任意的容许误差 $\varepsilon > 0$, 都存在一个精度 $\delta > 0$, 使得只要 x 与 c 的误差小于 δ, 就总有 $f(x)$ 与 $f(c)$ 的误差小于 ε (图 2.9).

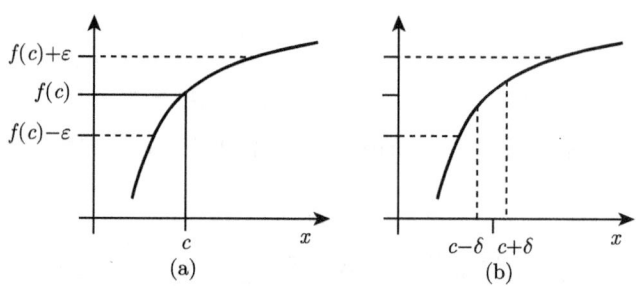

图 2.9 (a) 对任意的 $\varepsilon > 0$; (b) 能够找到一个 $\delta > 0$

从实际情况看, 若在点 c 附近 f 的函数值与 $f(c)$ 的值很接近, 那么 f 就在点 c 处连续. 由此可以得到连续性的一个有用的性质: 若 f 在点 c 处连续且 $f(c) < m$, 则当 x 取值于以 c 为心的某一足够小的区间内时, 也有 $f(x) < m$. 事实上, 取 ε 为 $f(c)$ 与 m 的距离即可, 如图 2.10 所示. 类似地, 若 $f(c) > m$, 则存在一个以 c 为心的区间, 其中的一切 x 值都满足 $f(x) > m$.

司机: "交警同志, 我只是在某一刻速度达到了 90 迈!"

交警: "那么你有一段时间速度都超过了 89 迈!"

例 2.10 常值函数 $f(x) = k$ 在定义域内任一点 c 处连续. 事实上, c 的近似值能够确定 $f(c)$ 的近似值, 这是因为所有的输入都有相同的输出 k. 如图 2.11 所示, 对定义域中的一切 x, $f(x)$ 落在以 $f(c)$ 为心, ε 为半径的区间内, 再没有哪个

2.2 连续性

函数能比它更连续了.

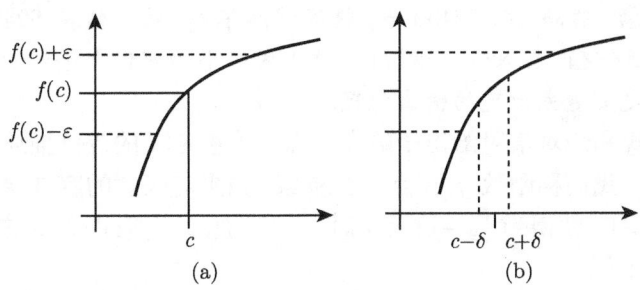

图 2.10 若 f 连续, 则存在以 c 为心的区间, 使得这一区间内的所有函数值都比 m 小

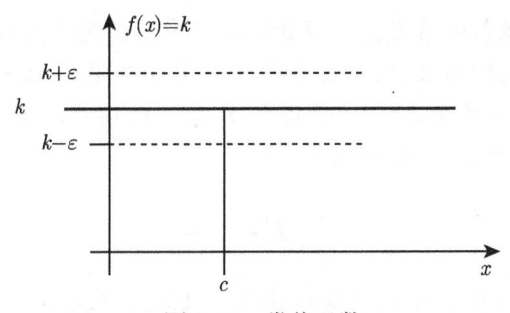

图 2.11 常值函数

例 2.11 恒等函数 $f(x) = x$ 在每一点 c 连续. 这是因为 $f(c) = c$, 于是显然 c 的近似值能够确定 $f(c)$ 的近似值! 图 2.12 表明, 只要取 $\delta = \varepsilon$, 就满足连续性的定义.

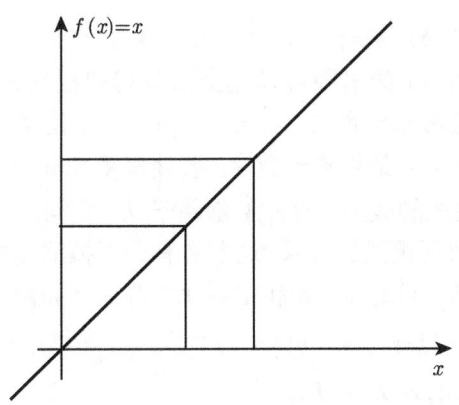

图 2.12 对 $f(x) = x$, 取 $\delta = \varepsilon$ 即可

一个函数可能只在定义域内的某些点处连续, 而在另一些点处不连续.

例 2.12 图 2.3 所示的 f 的图像给出了 2010 年美国国税局个人所得税的税

率. 税率是接近 82000 的常数, 收入的小变化不改变 82000 附近的税率. 于是, f 在点 82000 处连续. 然而, 在 82400 点, 情况截然不同. 收入值在 82400 附近不能保证税率也能有近似值. 在 82400 附近时, 收入的微小的变化会导致税率的大幅变化, 这正是连续性定义避免出现的输出状况.

借助不等式和绝对值可给出函数在一点处连续定义的等价描述.

定义重述 我们称函数 f 在点 c 处**连续**, 如果对任意的容许误差 $\varepsilon > 0$, 都存在一个精度 $\delta > 0$, 使得当 $|x - c| < \delta$ 时, 总有 $|f(x) - f(c)| < \varepsilon$. 这里精度 δ 可依赖于容许误差 ε.

2.2.1 用极限定义函数在一点处的连续性

用函数极限的概念可给出在一点处连续的另一种定义方式.

定义 2.4 我们称函数 $f(x)$ 当 x 趋于 c 时的**极限**为 L, 如果对任意的容许误差 $\varepsilon > 0$, 都存在一个精度 $\delta > 0$, 使得当 x 与 c 的误差小于 δ 且 $x \neq c$ 时, 总有 $f(x)$ 与 L 的误差小于 ε. 该极限记作

$$\lim_{x \to c} f(x) = L.$$

对比当 x 趋于 c 时极限的定义以及点 c 处连续的定义, 可以找到一种新的定义 f 在点 c 处连续的方式.

另一种定义 我们称函数 f 在点 c 处**连续**, 如果

$$\lim_{x \to c} f(x) = f(c).$$

若 f 在点 c 处不是连续的, 则称 f 在点 c 处不连续.

当 x 趋于 c 时, $f(x)$ 的极限可以完全由数列的极限刻画. 事实上, 在求极限值 $\lim\limits_{x \to c} f(x)$ 时, 我们通常取一数列 $x_1, x_2, \cdots, x_n, \cdots$, 使得 x_n 趋于 c, 再考察数列 $f(x_1), f(x_2), \cdots, f(x_n), \cdots$ 是否趋于数 L. 要使极限 $\lim\limits_{x \to c} f(x)$ 存在, 必须确保所有趋于 c 的数列 $\{x_i\}$ 生成的数列 $\{f(x_i)\}$ 都趋于 L. 在问题 2.11 中, 请读者探寻函数在一点处的极限与数列极限的关系. 这非常有助于搞清楚如何由收敛数列的四则运算定理和两边夹定理, 即定理 1.6 和定理 1.7 得到下面两个定理.

定理 2.1 设 $\lim\limits_{x \to c} f(x) = L_1, \lim\limits_{x \to c} g(x) = L_2, \lim\limits_{x \to c} h(x) = L_3 \neq 0$, 则

(a) $\lim\limits_{x \to c}(f(x) + g(x)) = L_1 + L_2$;

(b) $\lim\limits_{x \to c}(f(x) g(x)) = L_1 L_2$;

(c) $\lim\limits_{x \to c} \dfrac{f(x)}{h(x)} = \dfrac{L_1}{L_3}$.

定理 2.2 (两边夹定理)　若对某一包含点 c 的开区间内的一切 x (除 c 外), 都有
$$f(x) \leqslant g(x) \leqslant h(x)$$
成立, 且 $\lim_{x \to c} f(x) = \lim_{x \to c} h(x) = L$, 则 $\lim_{x \to c} g(x) = L$.

根据定理 2.1 及连续的极限定义, 可以得到下面的定理. 请读者在问题 2.12 中自行证明.

定理 2.3　假设 f, g, h 都在点 c 处连续, 且 $h(c) \neq 0$, 则 $f + g, fg$ 以及 $\dfrac{f}{h}$ 也在点 c 处连续.

此前我们已经阐述过, 常值函数和恒等函数在任一点 c 处都是连续的. 根据定理 2.3, 由这两个函数相乘、相加产生的函数也在任一点 c 处连续. 由于任一多项式
$$p(x) = a_n x^n + a_{n-1} x^{n-1} + \cdots + a_0$$
都可表示成在点 c 处连续的函数 (常值函数和恒等函数) 的乘积与和, 所以多项式也在任一点 c 处连续. 从定理 2.3 还可得到, 有理函数 $\dfrac{p(x)}{q(x)}$ 在每一个使得 $q(c) \neq 0$ 的点 c 处都连续.

例 2.13　例 2.10 和例 2.11 阐释了常值函数 m 以及函数 x 是连续的. 于是由定理 2.3 可知, 有理函数 $f(x) = x^2 - \dfrac{1}{x} - 3 = \dfrac{x^3 - 1 - 3x}{x}$ 在除 $x = 0$ 外的点都连续.

在有些场合, 函数 $f(x)$ 在点 c 没有定义, 但当 x 趋于 c 时, $f(x)$ 的极限是存在的. 例如, 函数
$$f(x) = \dfrac{x^2 - 9}{x - 3}$$
在点 $x = 3$ 处无定义, 但是对于 $x \neq 3$, 有
$$f(x) = \dfrac{x^2 - 9}{x - 3} = x + 3.$$

f 的图像是一条在点 $x = 3$ 处挖掉一个洞的直线 (图 2.13). 函数 $\dfrac{x^2 - 9}{x - 3}$ 与 $x + 3$ 在点 $x = 3$ 处完全不同, 但在 $x \neq 3$ 时完全相等. 这就意味着当 x 趋于 3 时, 它们的极限值是相同的:
$$\lim_{x \to 3} \dfrac{x^2 - 9}{x - 3} = \lim_{x \to 3} (x + 3) = 6.$$

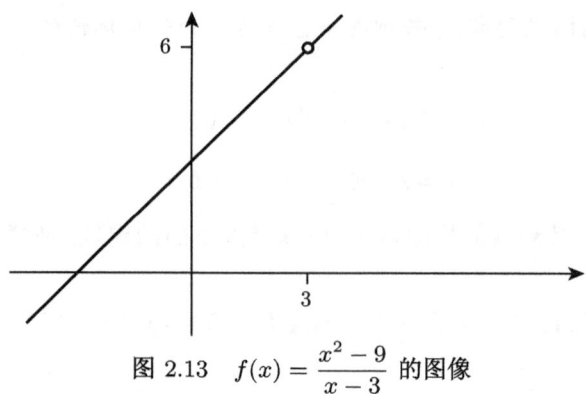

图 2.13 $f(x) = \dfrac{x^2-9}{x-3}$ 的图像

例 2.14 设 $d(x)$ 定义如下:

$$d(x) = \begin{cases} x, & x \leqslant 1, \\ x-2, & x > 1. \end{cases}$$

则 d 在点 $x=1$ 处不连续, 这是因为 $d(1)=1$, 但当 x 大于 1 时, 无论 x 与 1 有多近, $d(x)$ 的值都是负的, 而一个负数不可能与 1 很接近. 如图 2.14 所示.

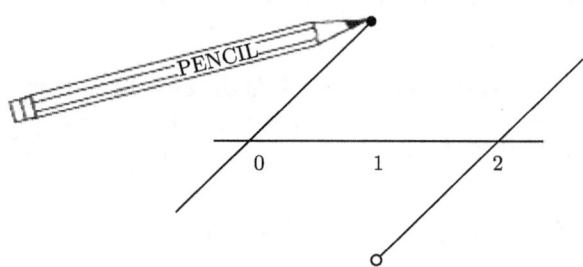

图 2.14 例 2.14 中的函数 $d(x)$ 在点 $x=1$ 不连续

有时, 给出当 x 从 c 的某一侧趋于 c 时 $f(x)$ 的行为描述是非常有用的. 若当 x 从 c 的右侧, 即 $c < x$, 趋于 c 时, $f(x)$ 趋于 L, 则称 f 在点 c 的**右极限**是 L, 记作

$$\lim_{x \to c+} f(x) = L.$$

若当 x 从 c 的左侧, 即 $x < c$, 趋于 c 时, $f(x)$ 趋于 L, 则称 f 在点 c 的**左极限**是 L, 记作

$$\lim_{x \to c-} f(x) = L.$$

若当 x 趋于 c 时, $f(x)$ 的值变得任意大且为正值, 则称当 x 趋于 c 时 $f(x)$ 趋于正无穷, 记作

$$\lim_{x \to c} f(x) = +\infty.$$

2.2 连 续 性

若当 x 趋于 c 时, $f(x)$ 的值变得任意大且为负值, 则称当 x 趋于 c 时 $f(x)$ 趋于负无穷, 记作

$$\lim_{x \to c} f(x) = -\infty.$$

上述两种情况下, 极限都不存在, 我们只是借用极限的记号来描述函数在点 c 附近的行为.

例 2.15 设 $f(x) = \dfrac{1}{x}, x \neq 0$, 则 $\lim\limits_{x \to 0-} f(x) = -\infty$, $\lim\limits_{x \to 0+} f(x) = +\infty$.

有时, 给出单侧连续的描述也是很有用的. 若 $\lim\limits_{x \to c-} f(x) = f(c)$, 则称 f 在点 c 处左连续. 若 $\lim\limits_{x \to c+} f(x) = f(c)$, 则称 f 在点 c 处右连续.

例 2.16 例 2.14 中的函数 d (图 2.14) 在点 1 处左连续但不右连续:

$$\lim_{x \to 1-} d(x) = 1 = d(1), \qquad \lim_{x \to 1+} d(x) = -1 \neq d(1).$$

有了左、右连续的概念, 我们可以定义包含端点的区间上的连续性. 例如, 若 f 在 (a, b) 内的每一点 c 连续, 且在点 a 右连续, 在点 b 左连续, 则称 f 在 $[a, b]$ 上连续.

2.2.2 区间上的连续性

现在回到本节开头提出的问题: x 的近似值是否能够确定 $f(x)$ 的近似值? 我们已经看到, 一个函数可能在某些点连续, 而在另一些点不连续. 而我们最感兴趣的, 是那些在定义域内的某一区间上每一点都连续的函数.

例 2.17 研究函数 $f(x) = x^2$ 在区间 $[2, 4]$ 上的连续性. 设 c 为该区间内的任意一点, 要使 $f(x)$ 与 $f(c)$ 的误差小于 ε, 需要 x 与 c 多接近呢? 回顾等式

$$x^2 - c^2 = (x + c)(x - c).$$

等式左边就是函数值的差 $f(x) - f(c)$. 由于 x 与 c 的值都介于 2 与 4 之间, 所以有 $x + c \leqslant 8$. 于是,

$$|f(x) - f(c)| = |x + c||x - c| \leqslant 8|x - c|.$$

所以要使 x^2 与 c^2 的误差小于 ε, 只要 x 与 c 的误差小于 $\dfrac{\varepsilon}{8}$. 也就是说, 取 δ 为 $\dfrac{\varepsilon}{8}$ 或比 $\dfrac{\varepsilon}{8}$ 更小的值即可. 这样, f 在 $[2, 4]$ 上的连续性得证.

例 2.18 在第 1 章, 我们用一个近似数列定义了数 e. 直觉和经验告诉我们, 要想得到满足一定精度要求的 e^2 的近似值, 应该对与 e 足够接近的数求其平方. 但现在, 我们不必再依赖直觉. 这是因为, e 介于 2 与 4 之间, 上一个例题表明 $f(x) = x^2$ 在点 e 是连续的. 因此, 要想得到与 e^2 的误差小于 $\varepsilon = \dfrac{1}{10^4}$ 的近似值

x^2，只要 x 是 e 的误差小于 $\delta = \dfrac{\varepsilon}{8} = \dfrac{1}{8 \cdot 10^4}$ 的近似值即可. 特别地，$\delta < \dfrac{1}{10^5}$ 即可. 下面列表给出了近似程度依次提高的 e 的十进制近似数的平方. 它从计算角度说明了我们从理论上证得的结论.

$$(2.7)^2 = 7.29,$$
$$(2.71)^2 = 7.3441,$$
$$(2.718)^2 = 7.387524,$$
$$(2.7182)^2 = 7.38861124,$$
$$(2.71828)^2 = 7.3890461584,$$
$$(2.718281)^2 = 7.389051594961.$$

一致连续

从例 2.17 可以看出，在 $[2,4]$ 中，只要两个数的误差小于 $\dfrac{\varepsilon}{8}$，其平方的误差就小于 ε. 这与两个数在 $[2,4]$ 中的具体取值无关. 下面给出一般的概念.

定义 2.5 函数 f 称为在某一区间 I 上**一致连续**，如果对任意的容许误差 $\varepsilon > 0$，都存在一个精度 $\delta > 0$，使得对 I 中的任意两个值 x 与 z，只要其误差小于 δ，就有 $f(x)$ 与 $f(z)$ 的误差小于 ε.

显然，若一个函数在某个区间上一致连续，则其在该区间的每一点都连续. 令人称奇的是，其逆命题也成立：若一个函数在某个闭区间上的每一点都连续，则它在该闭区间上一致连续. 我们在问题 2.21 中给出了这一定理 即定理 2.4 的证明思路.

定理 2.4 若函数 f 在区间 $[a,b]$ 上连续，则 f 在 $[a,b]$ 上一致连续.

从实际应用层面看，一致连续是函数的一个非常有用的性质. 当我们用计算器或计算机求一个函数的值时候，所用的输入值都是真实值的一个截断近似，所以所得的输出结果也是一个近似值. 如果 f 在 $[a,b]$ 上一致连续，那么一旦我们给定了对输出的容许误差，就只需找到一个 (统一的) 精度，对 $[a,b]$ 上所有的输入值，只要其满足该精度，输出值就会在预先给定的容许误差范围内.

2.2.3 介值定理与最值定理

下面我们给出闭区间上连续函数的两个重要定理及其证明.

定理 2.5(介值定理) 若 f 在闭区间 $[a,b]$ 上连续，则 f 可以取到介于 $f(a)$ 与 $f(b)$ 之间的一切值.

定理的内容是 f 的图像不会发生跳跃的严格表述.

2.2 连续性

证明 考虑 $f(a) > f(b)$ 的情形; $f(a) < f(b)$ 的情形类似可证. 设 m 是介于 $f(a)$ 与 $f(b)$ 之间的任意值, 用 V 表示区间 (a,b) 内使得 $f(x)$ 大于 m 的所有点 x 的集合. 由 V 包含点 a, 知 V 非空. 又 V 包含于 $[a,b]$, 从而 V 有界. 记 c 为集合 V 的上确界. 下面证明 $f(c) = m$ (图 2.15).

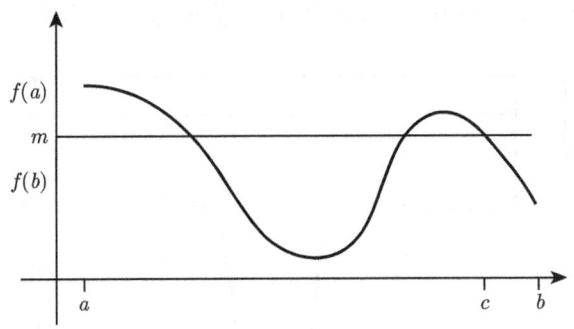

图 2.15 由介值定理的证明可以看出, 在 a 与 b 之间至少存在一个点 c, 使得 $f(c) = m$

假设 $f(c) < m$. 由于 f 在点 c 处连续, 所以在 c 的左侧存在一个小区间, 其内所有点都满足 $f(x) < m$, 从而这些点不在 V 内. 又因为 c 是 V 的上确界, 所以 c 右侧的点也都不在 V 内. 因此, 上述小区间内的所有点都是 V 的上界. 这与 c 是 V 的上确界矛盾.

另一方面, 假设 $f(c) > m$. 由于 $f(b)$ 小于 m, 所以 c 与 b 不相等, 从而 c 严格小于 b. 又因为 f 在点 c 处连续, 所以在 c 的右侧存在一个小的区间, 其内所有点都满足 $f(x) > m$. 但这样的点都在 V 内, 故 c 不可能是 V 的上界.

以上两方面的论证表明, $f(c)$ 既不小于 m, 也不大于 m, 只能等于 m. 于是, 介值定理得证. **证毕**

例 2.19 介值定理可以应用于方程求根问题. 假设要求方程

$$x^2 - \frac{1}{x} - 3x = 0$$

的一个根. 将方程左端记为 $f(x)$. 通过计算我们发现 $f(1)$ 为负值, $f(2)$ 为正值. 由于 $f(x)$ 在 $[1,2]$ 上连续, 根据介值定理, 在 1 与 2 之间存在某个数 c, 使得 $f(c) = 0$. 换言之, f 在 $[1,2]$ 内有根.

下面, 我们将区间 $[1,2]$ 二等分为 $[1,1.5]$ 和 $[1.5,2]$. 可求得 $f(1.5) = -1.416\cdots$ 是负值, 所以 f 在 $[1.5,2]$ 内有根. 再进行二等分, 可求得 $f(1.75) = -0.508\cdots$ 也是负值, 所以 f 在 $[1.75,2]$ 内有根. 如此下去, 我们可以将这个根锁定在任意小的一个区间内.

定理 2.6(最值定理) 若 f 在闭区间 $[a,b]$ 上连续, 则 f 在 $[a,b]$ 的某些点处取得最大值和最小值.

由最值定理直接得到的推论是,闭区间上的连续函数是有界的.最值定理虽然没有告诉我们界的具体值是多少,如何确定,但它仍是一个非常有用的结论.

考虑 f 的图像,想象有一条平行于 x 轴的直线垂直向上平移,它与 f 的图像"到最后"只有一个交点,该点对应的就是 f 的最大值.同样地,让这条直线垂直向下平移,与 f 的图像的"最后"的交点对应着 f 的最小值 (图 2.16).

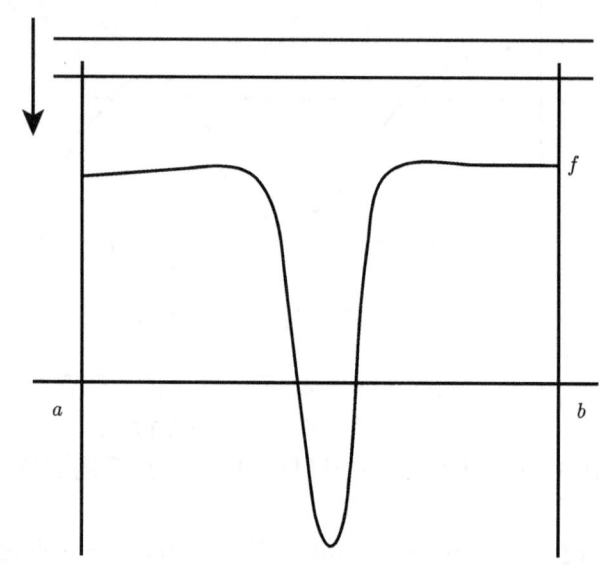

图 2.16 令水平线垂直向下平移,以寻找连续函数的最小值.最值定理保证平移存在一个"终结"的点,该点处水平线终止平移,且与图形有交

下面,我们对这一直觉上正确的结论给出严格的数学证明.只证最大值的存在性,最小值的结论同理可证.

证明 将区间 $[a,b]$ 二等分.在两个子闭区间上比较 f 的值.要么在前一个子区间上存在一点,其函数值大于后一个子区间上所有点的函数值,要么在前一个子区间上不存在这样的点,即对前一个子区间上的任一点 x,后一个子区间上都存在一点 z,使得 f 在点 z 的值大于等于 f 在点 x 的值.

对第一种情况,选取前一个子区间,对第二种情况,选取后一个子区间,并将所选子区间记为 I_1.

I_1 的关键性质:对 $[a,b]$ 内任一不在 I_1 内的点 x,在 I_1 内都存在一点,其函数值大于等于 $f(x)$.

对 I_1 继续上述操作,将 I_1 二等分,按上述方法选取其中一个半区间,记作 I_2.依此类推,构造一个闭区间数列 $I_1, I_2, \cdots$.这些区间是嵌套的,即第 n 个区间 I_n 包含于第 $n-1$ 个区间 I_{n-1} 中,且 I_n 的区间长度是 I_{n-1} 的一半.由区间的选取方

2.2 连续性

法可知, 对任一 n 值, 任取 x, 若 x 不在 I_n 内, 则在 I_n 内存在一点 z, 使得 f 在点 z 的值大于等于 $f(x)$.

根据区间套定理 1.19 可知, 子区间 I_n 有且仅有一个公共点, 记该点为 c. 下面证明 f 的最大值就是 $f(c)$. 为此, 反设在 $[a,b]$ 中存在一点 x, 其函数值大于 $f(c)$. 根据 f 在点 c 连续, 存在以 c 为心的区间 $[c-\delta, c+\delta]$, 使得其中每一点的函数值都小于 $f(x)$. 由于 I_n 的长度趋于 0, 所以对充分大的 n, I_n 包含于 $[c-\delta, c+\delta]$ 内. 于是 f 在 I_n 内每一点的值都小于 $f(x)$. 另一方面, 我们可以取到充分大的 n, 使得 x 不在 I_n 内, 但 I_n 在点 x 处不满足上述关键性质, 从而找到矛盾. **证毕**.

在下列两种特殊情形下, 最值定理可推广到开区间.

推论 2.1 若 f 在开区间 (a,b) 内连续, 且当 x 趋于区间的两个端点时, 均有 $f(x)$ 趋于正无穷, 则 f 在 (a,b) 内某点取得最小值.

类似地, 若当 x 趋于区间的两个端点时, 均有 $f(x)$ 趋于负无穷, 则 f 在 (a,b) 内某点取得最大值.

请读者在问题 2.18 中证明这一推论.

问　题

2.8 计算下列极限.

(a) $\lim\limits_{x \to 4} (2x^3 + 3x + 5)$;

(b) $\lim\limits_{x \to 0} \dfrac{x^2 + 2}{x^3 - 7}$;

(c) $\lim\limits_{x \to 5} \dfrac{x^2 - 25}{x - 5}$.

2.9 计算下列极限.

(a) $\lim\limits_{x \to 0} \dfrac{x^3 - 9x}{x^2 + 3x}$;

(b) $\lim\limits_{x \to -3} \dfrac{x^3 - 9x}{x^2 + 3x}$;

(c) $\lim\limits_{x \to 1} \dfrac{x^3 - 9x}{x^2 + 3x}$.

2.10 设 $f(x) = \dfrac{|x|}{x}, x \neq 0$ 且 $f(0) = 1$.

(a) 画出 f 的草图;

(b) 判断 f 在 $[0,1]$ 上是否连续;

(c) 判断 f 在 $[-1,0]$ 上是否连续;

(d) 判断 f 在 $[-1,1]$ 上是否连续.

2.11 函数的极限可由数列极限完全描述. 为说明这一结论的正确性, 证明下列两个命题:

(a) 若 $\lim\limits_{x \to c} f(x) = L$, 且 x_n 是趋于 c 的任一数列, 则 $\lim\limits_{n \to \infty} f(x_n) = L$.

(b) 若 $\lim\limits_{n \to \infty} f(x_n) = L$ 对任一趋于 c 的数列 x_n 都成立, 则 $\lim\limits_{x \to c} f(x) = L$.

从而有结论: 在讨论连续性时, $\lim_{x \to c} f(x) = f(c)$ 等价于对任一趋于 c 的数列 x_n, 都有 $\lim_{n \to \infty} f(x_n) = f(c)$.

2.12 假设函数 f, g, h 分别定义在包含点 c 的某区间上, 且均在点 c 连续, $h(c) \neq 0$. 证明 $f + g, fg, \dfrac{f}{h}$ 也都在点 c 连续.

2.13 设 $f(x) = \dfrac{x^{32} + x^{10} - 7}{x^2 + 2}$, 定义域为 $[-20, 120]$. 问 f 是否有界并说明理由.

2.14 证明方程 $\dfrac{x^6 + x^4 - 1}{x^2 + 1} = 2$ 在区间 $[-2, 2]$ 上有一根.

2.15 如图 2.17, 找出使 x^6 与 0 误差小于 $\dfrac{1}{20}$ 的最大区间 $[a, b]$.

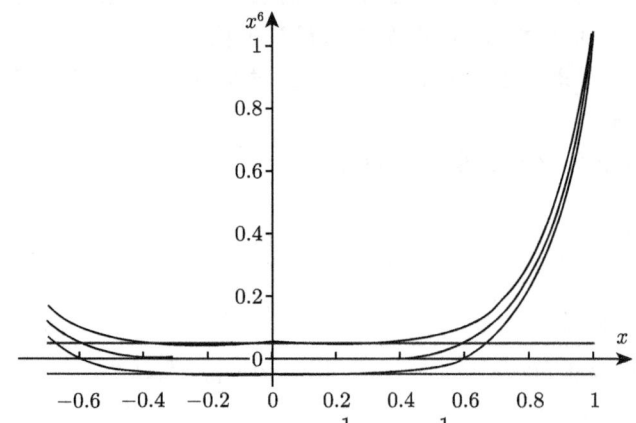

图 2.17 区间 $[-0.7, 1]$ 上函数 $x^6, x^6 + \dfrac{1}{20}, x^6 - \dfrac{1}{20}$ 以及常值函数 $\pm \dfrac{1}{20}$ 的图像

2.16 设 $f(x) = \dfrac{1}{x}$. 证明在区间 $[3, 5]$ 上, $f(x)$ 与 $f(c)$ 的误差不超过 $\dfrac{1}{9}|x - c|$. 将一致连续的定义抄写在作业纸上, 说明 f 在 $[3, 5]$ 上一致连续.

2.17 计算 9 与 10 之间数的平方, 方法是计算其十进制展开数的截断近似的平方. 若从第八位截断, 能否保证输出值与精确值的误差小于 10^{-7}?

2.18 证明推论 2.1 的第一个命题, 即若 f 在 (a, b) 内连续, 且当 x 趋于 a 或 b 时, $f(x)$ 趋于正无穷, 则 f 在 (a, b) 内某点取得最小值.

2.19 设 $[a, b]$ 是不含 0 的任一闭区间, $f(x) = x^2 - \dfrac{1}{x} - 3 = \dfrac{x^3 - 1 - 3x}{x}$. 证明 $f(x)$ 在 $[a, b]$ 上一致连续.

2.20 设 $f(x) = 3x + 5$.

(a) 假设定义域中的每个点 x 附近都有一个近似值 $x_{近似}$, 且 $|x - x_{近似}| < \dfrac{1}{10^m}$. 那么 $f(x_{近似})$ 与 $f(x)$ 的近似程度如何?

(b) 要使 $|f(x) - f(x_{近似})| < \dfrac{1}{10^7}$, $x_{近似}$ 与 x 的近似程度应该如何?

(c) 上一问中得到的精度水平可以用于哪个区间范围内?

2.21 通过以下步骤证明闭区间上每一点连续的函数在该区间上一致连续. 证明采取反证法, 故假设 f 在 $[a,b]$ 上连续但不一致连续.

(a) 存在 $\varepsilon > 0$, 且对每个 $n = 1, 2, 3, \cdots$, 都存在 $x_n, y_n \in [a,b]$, 使得 $|x_n - y_n| < \dfrac{1}{n}$, 但 $|f(x_n) - f(y_n)| \geqslant \varepsilon$.

(b) 利用引理 1.1 与单调收敛性证明 x_n 的一个子列 (即由 x_n 中的部分元素构成的数列) 收敛于 $[a,b]$ 中的某个值 c.

(c) 为简化记号, 将 x_n, y_n 的子列仍记为 x_n, y_n.

利用 $|x_n - y_n| < \dfrac{1}{n}$, 证明 y_n 也收敛于 c.

(d) 利用 f 的连续性和问题 2.11 的结论证明 $\lim\limits_{n\to\infty} f(x_n) = f(c)$.

(e) 证明 $\lim\limits_{n\to\infty} f(x_n) = \lim\limits_{n\to\infty} f(y_n)$, 它与假设 $|f(x_n) - f(y_n)| \geqslant \varepsilon$ 矛盾.

2.3 函数的复合及逆

在 2.1 节我们看到, 两个函数进行相加、相乘、相除的运算可以构造出新的函数. 本节将给出构造新函数的其他途径.

我们从简单例子开始. 一火箭从点 L 垂直发射, 用 $h(t)$ 表示发射 t 时间后火箭与发射点的距离 (单位: 千米). 观测点 O 位于距离发射点 1 千米处 (图 2.18). 为确定火箭距观测点的距离 d 与飞行时间的函数关系, 利用勾股定理将 d 表示成 h 的函数

$$d(h) = \sqrt{1 + h^2}.$$

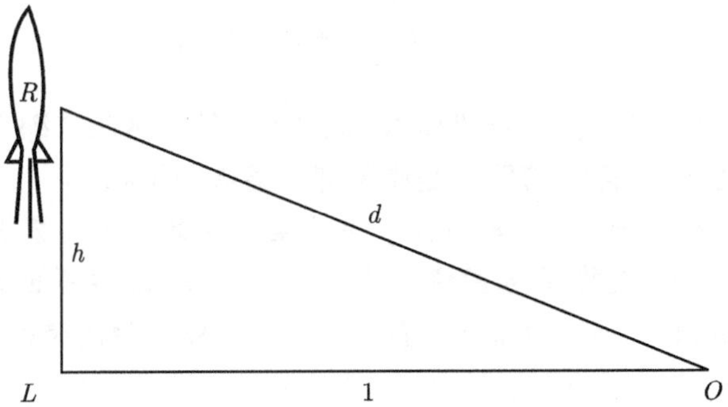

图 2.18 在观测点追踪火箭

因此, t 时刻点 R 与点 O 的距离为

$$d(h(t)) = \sqrt{1 + (h(t))^2}.$$

这种构造新函数的方式称为复合, 得到的函数称为两个函数的复合函数.

定义 2.6 设有两个函数 f 与 g, 假定 g 的值域包含于 f 的定义域中, 则 f 与 g 的**复合**, 记作 $f \circ g$, 定义为

$$(f \circ g)(x) = f(g(x)).$$

也称我们对函数进行了复合.

复合函数的构造过程如图 2.19 所示.

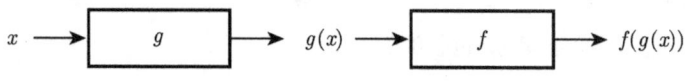

图 2.19 利用图 2.4 中的盒形图构造复合函数

例 2.20 设 g 与 f 是线性函数, $y = g(x) = 2x + 3, z = f(y) = 3y + 1$, 则复合函数 $z = f(g(x)) = 3(2x+3) + 1 = 6x + 10$, 其复合过程如图 2.20 所示.

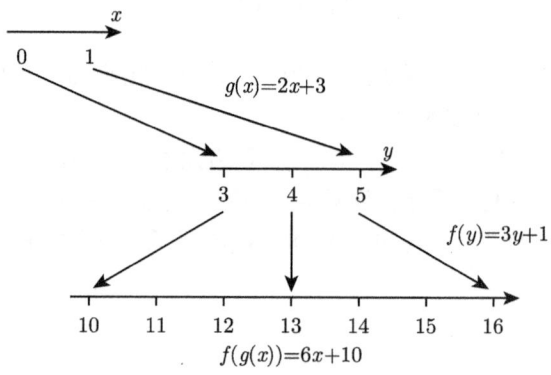

图 2.20 两个线性函数的复合

在图 2.8 中我们已经看到, 线性函数 $mx + b$ 将每个区间伸缩 $|m|$ 倍. 如图 2.20 所示, 线性函数复合后, 伸缩的倍数是原来伸缩倍数的乘积.

例 2.21 用 $g(x) = x + 1$ 与函数 f 复合后产生的变化与复合的次序有关. 例如 $f(g(x)) = f(x+1)$ 是将 f 的图像向左平移 1 个单位, 这是因为 x 点的 f 值与 $x-1$ 点的 $f \circ g$ 值相等. 而 $g(f(x)) = f(x) + 1$ 则是将 f 的图像向上平移 1 个单位. 如图 2.21 所示.

例 2.22 设 $f(x) = 3x$, 则 $f(h(x))$ 的图像是 f 的定义域压缩 3 倍的形状. 这是因为点 x 处的 f 值与点 $\dfrac{x}{3}$ 处的 $f \circ g$ 值相同. 若将复合的次序颠倒, 则 $h(f(x)) = 3f(x)$ 的图像是将 f 的图像沿垂直方向拉伸 3 倍. 如图 2.22 所示.

例 2.23 设 $h(x) = -x$, 则 $h(f(x)) = -f(x)$ 的图像是 f 图像关于 x 轴的对称图形, 而 $f(h(x)) = f(-x)$ 的图像是 f 图像关于 y 轴的对称图形.

2.3 函数的复合及逆

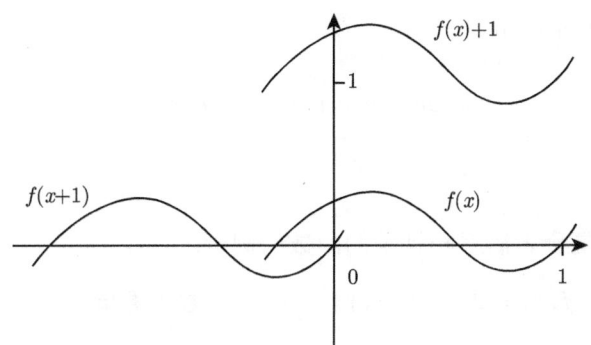

图 2.21 例 2.21 中,函数与 $x+1$ 的复合. 位置在前的函数不同, 复合的结果也不同

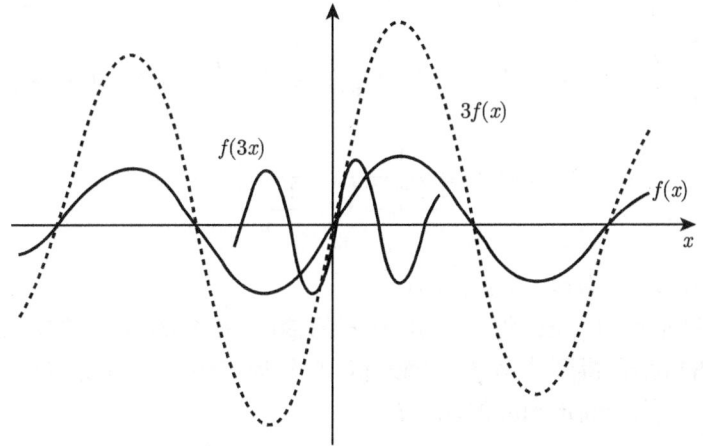

图 2.22 函数与 $3x$ 复合而成的函数图像是原图像的拉伸或压缩, 详见例 2.22

例 2.24 设 $f(x) = \dfrac{1}{x+1}, g(x) = x^2$, 则

$$(f \circ g)(x) = \frac{1}{x^2+1}, \qquad (g \circ f)(x) = \left(\frac{1}{x+1}\right)^2 = \frac{1}{x^2+2x+1}.$$

注意, $f \circ g$ 与 $g \circ f$ 是完全不同的函数, 因此复合运算不满足交换律. 这并不奇怪: 将 g 的输出作为 f 的输入必然有别于将 f 的输出作为 g 的输入.

定理 2.7 两个连续函数的复合仍为连续函数.

证明 只给出直观上的证明. 当 x 与 z 取值不同时, 比较 $f(g(x))$ 与 $f(g(z))$ 的值. 由 f 连续知, 只要 $g(x)$ 与 $g(z)$ 很接近, 其值就相差很小. 再由 g 连续知, 当 x 与 z 充分接近时, $g(x)$ 与 $g(z)$ 就很接近. **证毕**.

下面的定理是有关极限的一个结论, 其证明思路将在问题 2.33 中给出.

定理 2.8 假设 $f \circ g$ 在某一包含点 c 的区间上有定义, $\lim\limits_{x \to c} g(x) = L$, 且 f 在

点 L 连续, 则 $\lim_{x \to c}(f \circ g)(x) = f(L)$, 即

$$\lim_{x \to c} f(g(x)) = f(\lim_{x \to c} g(x)).$$

2.3.1 反函数

首先看一些复合之后互相抵消的函数的例子.

例 2.25 设 $f(x) = 2x + 3, g(x) = \frac{1}{2}x - \frac{3}{2}$. 容易看出

$$f(g(x)) = 2\left(\frac{1}{2}x - \frac{3}{2}\right) + 3 = x, \qquad g(f(x)) = \frac{1}{2}(2x+3) - \frac{3}{2} = x.$$

例 2.26 设 $f(x) = \frac{1}{x+1}, x \neq -1, g(x) = \frac{1-x}{x}, x \neq 0$. 则当 $x \neq 0$ 时, 有

$$f(g(x)) = \frac{1}{\frac{1-x}{x} + 1} = \frac{1}{\frac{1-x}{x} + \frac{x}{x}} = x.$$

也可以验证当 $x \neq -1$ 时, 有 $g(f(x)) = x$.

从上面例子可以看出, 将 f 作用于 g 的输出, 得到的是 g 的输入值. 同样, 将 g 作用于 f 的输出, 得到的是 f 的输入值. 自然地产生一个问题: 对一个函数来说, 若其输出已知, 能否确定相应的输入?

定义 2.7 若 g 满足条件: 不同输入对应不同的输出, 即 $x_1 \neq x_2$ 蕴含 $g(x_1) \neq g(x_2)$, 则可由输出确定其输入. 这样的函数 g 称为**可逆的**, 其**反函数** f 的描述性定义为: f 的定义域是 g 的值域, $f(y)$ 定义为数 x, 其中 x 满足 $g(x) = y$. 将 g 的反函数记作 g^{-1}.

由反函数的定义可知, g^{-1} 的作用与 g 相消: 它将 g 的输出映回输入. 若 g 可逆, 则 g^{-1} 也可逆, 其复合是恒等函数, 与复合次序无关:

$$(g \circ g^{-1})(y) = y, \qquad (g^{-1} \circ g)(x) = x.$$

下面再给一例:

例 2.27 设 $g(x) = x^2$, 限定其定义域为 $x \geqslant 0$. 由于两个不同的非负实数的平方是不同的, 所以 g 可逆, 且 $g^{-1} = \sqrt{x}$. 注意, 若将 g 的定义域改为全体实数, 而非全体非负实数, 则 g 不可逆. 这是因为 $(-x)^2 = x^2$. 因此, 一个函数可逆与否关键取决于其定义域 (图 2.23).

2.3 函数的复合及逆

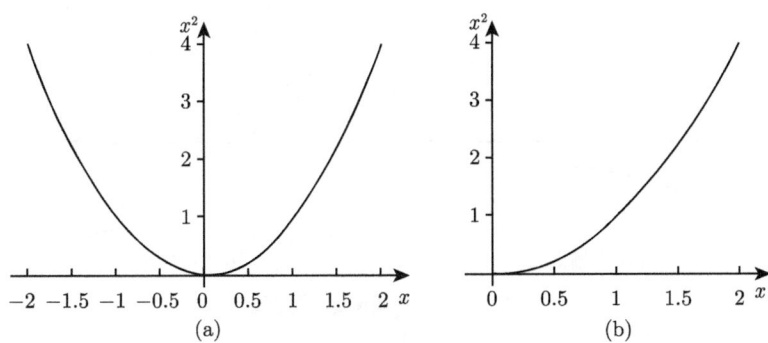

图 2.23 (a) 定义域为全体实数的 x^2 的图像; (b) 定义域为全体非负实数的 x^2 的图像. 两函数中只有一个是可逆的

1. 单调性

函数可逆与否可通过函数的图像来判断. 若平行于 x 轴的直线与图像至多有一个交点, 则定义域中的不同值就对应值域中的不同值, 从而函数可逆. 能够通过这一"水平线判别法"的函数中有两种特殊类型: 递增函数与递减函数.

定义 2.8 所谓**递增**函数, 是指当 $a < b$ 时, 总有 $f(a) < f(b)$ 的函数. 所谓**递减**函数, 是指当 $a < b$ 时, 总有 $f(a) > f(b)$ 的函数. 所谓**不减**函数, 是指当 $a < b$ 时, 总有 $f(a) \leqslant f(b)$ 的函数. 所谓**不增**函数, 是指当 $a < b$ 时, 总有 $f(a) \geqslant f(b)$ 的函数.

例 2.28 假设 f 是递增函数且 $f(x_1) > f(x_2)$. 下列哪一条是正确的?

(a) $x_1 = x_2$;

(b) $x_1 > x_2$;

(c) $x_1 < x_2$.

(a) 肯定不正确, 因为若 $x_1 = x_2$, 则必有 $f(x_1) = f(x_2)$. 若 (b) 成立, 则与 f 是递增函数的定义相符, 但这不足以确定它是正确的. 若 (c) 成立, 则必有 $f(x_1) < f(x_2)$, 与条件矛盾. 所以 (b) 正确.

图 2.24 给出了递增函数、递减函数的示意图, 它们都满足水平线判别法, 从而都是可逆的.

定义 2.9 递增函数与递减函数统称为**严格单调函数**. 不增函数和不减函数统称为**单调函数**.

若 f 严格单调, 则其反函数的图像是 f 图像关于直线 $y = x$ 的对称图形 (图 2.25).

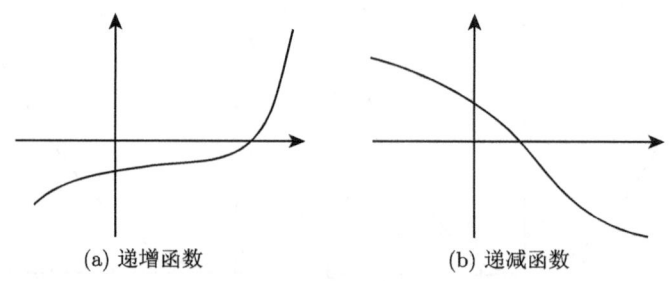

(a) 递增函数　　(b) 递减函数

图 2.24　单调函数的图像

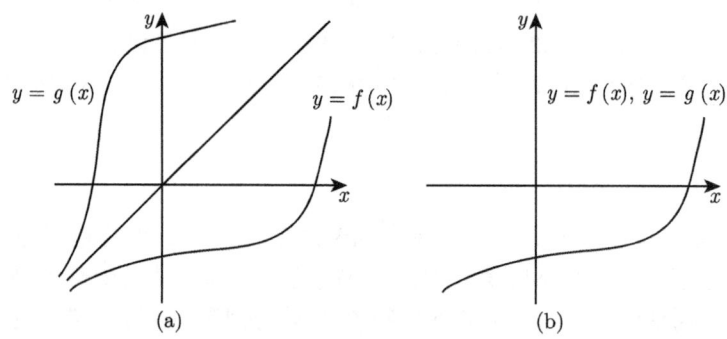

(a)　　(b)

图 2.25　(a) 递增函数 f 及其反函数 g；(b) 若记 $f(x)=y, x=g(y)$，则其图像相同

2. 反函数定理

从图像上看，下述结论成立．

定理 2.9 (反函数定理)　假设 f 在区间 $[a,b]$ 上连续且严格单调，则其反函数 g 在以 $f(a)$ 和 $f(b)$ 为端点的闭区间上有定义，且在该区间上连续并严格单调．

证明　严格单调的函数可逆，这是因为不同输入对应的输出也不同．反函数是严格单调的，请读者在问题 2.30 中自行证明．

要证明定理结论，现在只需说明反函数的定义域不大不小刚好就是以 $f(a)$ 和 $f(b)$ 为端点的闭区间，且 f^{-1} 在该区间上连续．根据介值定理，对介于 $f(a)$ 和 $f(b)$ 之间的任一值 m，都存在一点 c，使得 $f(c)=m$．于是所有介于 $f(a)$ 和 $f(b)$ 之间的数值都在反函数的定义域中．反过来，由 f 严格单调，可知对介于 a, b 之间的任一点 c，$f(c)$ 的值必介于 $f(a)$ 和 $f(b)$ 之间．这表明 f^{-1} 的定义域恰为以 $f(a)$ 和 $f(b)$ 为端点的闭区间．

下面来证 f^{-1} 连续．任取容许误差 ε．将区间 $[a,b]$ 分成 n 个子区间，每个子区间的长度都小于 $\dfrac{\varepsilon}{2}$，记分点为 $a=a_0, a_1, \cdots, a_n=b$，相应地，$f(a_i)$ 将 f 的值域也分为 n 个子区间．用 δ 表示值域子区间的最小长度．如图 2.26 所示．设 y_1, y_2 是值域中相距距离小于 δ 的两点，则 y_1, y_2 必位于同一子区间或相邻子区间．于是，

2.3 函数的复合及逆

$f^{-1}(y_1), f^{-1}(y_2)$ 必位于 $[a,b]$ 的同一子区间或相邻子区间. 由于 $[a,b]$ 的所有子区间长度都小于 $\dfrac{\varepsilon}{2}$, 故有

$$|f^{-1}(y_1) - f^{-1}(y_2)| < \varepsilon.$$

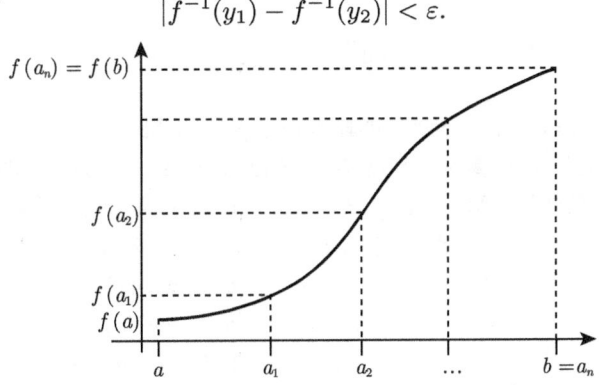

图 2.26　严格单调的连续函数的反函数也是连续的

到此已经证明对任意给定的容许误差 ε, 都存在 δ, 使得只要 y_1 与 y_2 的误差小于 δ, 就有 $f^{-1}(y_1)$ 与 $f^{-1}(y_2)$ 的误差小于 ε. 根据定义, 可知 f 在 $[a,b]$ 上一致连续, 从而连续. 　　　　　　　　　　　　　　　　　　　　　　　　　　　　　　**证毕**.

考虑反函数定理的应用: 取 $f(x) = x^n$, n 是任意正整数, 则 f 在任一区间 $[0,b]$ 上连续且为递增函数, 所以 f 存在反函数 g. g 在点 a 的值是 a 的 n 次方根, 记作分数次幂的形式:

$$g(a) = a^{1/n}.$$

由反函数定理, n 次方根函数也是严格单调的连续函数, 进而, 此类函数的幂, 如 $x^{2/3} = (x^{1/3})^2$, 在区间 $[0,b]$ 上也严格单调且连续. 图 2.27 给出了几个这样的函数及其反函数.

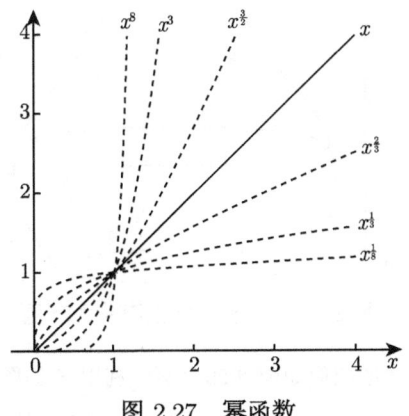

图 2.27　幂函数

后面我们会看到, 很多重要函数都可通过严格单调函数的反函数定义, 从而可以利用 f^{-1} 的形式推导出 f 本身的性质.

问　题

2.22　找出 $f(x) = x^5$ 的反函数, 并画出 f 与 f^{-1} 的草图.

2.23　瓶中水的体积 V 是水面高度 H 的函数, 记作 $V = f(H)$. 如图 2.28 所示. 类似地, 水面高度也是水的体积的函数, 记作 $H = g(V)$. 证明 f 和 g 互为反函数.

2.24　设 $f(x) = x, g(x) = x^2, h(x) = x^{1/5}, k(x) = x^2 + 5$. 求出下列复合函数的表达式.

(a) $(h \circ g)(x)$;　　　　　　　　　　(b) $(g \circ h)(x)$;

(c) $(f \circ g)(x)$;　　　　　　　　　　(d) $(k \circ h)(x)$;

(e) $(h \circ k)(x)$;　　　　　　　　　　(f) $(k \circ g \circ h)(x)$.

2.25　是否存在一个形如 $f(x) = x^p$ 的函数, 其反函数是它本身? 这样的函数只有一个还是有多个?

2.26　设 $f(x) = x - \dfrac{1}{x}$, 定义域为 $x > 0$. 按下面思路证明 $f(x)$ 是递增函数.

(a) 两个递增函数的和仍为递增函数.

(b) 函数 x 与 $-\dfrac{1}{x}$ 都是递增函数.

2.27　如何由问题 2.24 中的函数复合出下列函数? 给出复合方法.

(a) $(x^2 + 5)^2 + 5$;　　　　　　　　(b) $(x^2 + 5)^2$;

(c) $x^4 + 5$.

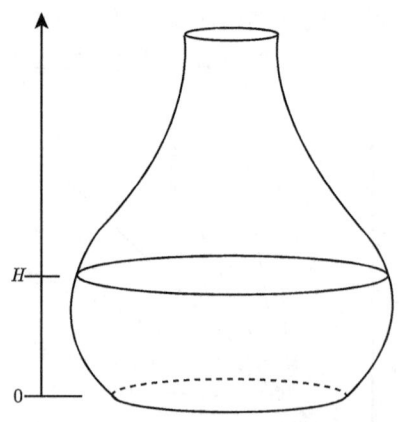

图 2.28　问题 2.23 的瓶中水问题

2.28　函数 f 在 $[a, b]$ 上的图像如图 2.29 所示. 利用 f 的图像画出下列函数的草图.

(a) $f(x - a)$;　　　　　　　　　　　(b) $f(x + a)$;

(c) $f(-x)$;　　　　　　　　　　　　(d) $-f(x)$;

(e) $f(-(x-a))$.

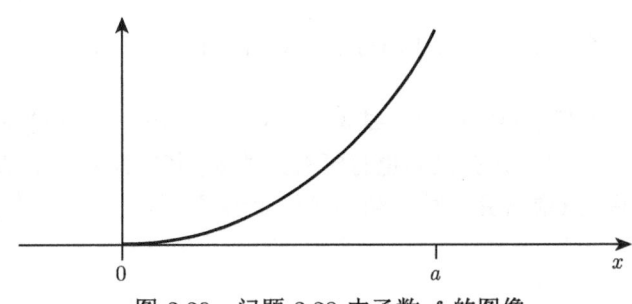

图 2.29 问题 2.28 中函数 f 的图像

2.29 利用介值定理证明方程
$$\sqrt{x^2+1} = \sqrt[3]{x^5+2}$$
在 $[-1,0]$ 上有一根.

2.30 (a) 证明递增函数的反函数也是递增函数. (b) 给出递减函数的相应结论.

2.31 (a) 假设 f 是递增函数, 问 $f \circ f$ 是否递增函数, 给出证明或举反例. (b) 假设 f 是递减函数, 问 $f \circ f$ 是否为递减函数, 给出证明或举反例.

2.32 假设 f, g 都是递增函数, 问 $f \circ g$ 是否为递增函数, 若是, 给出证明, 否则说明理由.

2.33 按如下思路证明定理 2.8.
(a) 任意给定 $\varepsilon > 0$, 存在 $\delta > 0$, 使得当 $|z-L| < \delta$ 时, $|f(z)-f(L)| < \varepsilon$.
(b) 对 (a) 中的 δ, 存在 $\eta > 0$, 使得当 $|x-c| < \eta$ 时, $|g(x)-L| < \delta$.
(c) 任意给定 $\varepsilon > 0$, 存在 $\eta > 0$, 使得当 $|x-c| < \eta$ 时, $|f(g(x))-f(L)| < \varepsilon$.
(d) $\lim_{x \to c} f(g(x)) = f(L)$.

2.4 正弦与余弦

通常, 人们认为三角学的重要性在于它在测量学和航海中有重要用途. 鉴于只有很小一部分人从事这类行业, 你一定会好奇, 何以大众要了解三角学的知识? 难道在大学通识课程中学习三角学仅仅是一种传统吗? 回答在于, 三角学的重要性无处不在: 它是描述*旋转*和*振动*的重要工具. 令人惊异的是, 在数学物理中, 各类物理现象都需由三角函数描述, 包括:

弹簧、弦、机翼、钢梁、光束、水流、建筑物的摇摆、海浪、声波等

此外还有诸多其他问题需由三角函数描述. 以上各类不同现象都能用同一种方法研究, 这是微积分学最伟大的成就之一. 第 3 章将就此给出一些简单或复杂的具体例子.

我们从前学过, 一共有六种三角函数, 分别是

正弦 sin、 余弦 cos、 正切 tan、 余切 cot、 正割 sec、 余割 csc.

这显得有些夸张. 实际上只有两种是基本的, 即正弦、余弦; 其他四种必要时都可由这两种来定义. 此外, 正、余弦之间也有紧密的关系, 其中任何一个都可由另外一个表示. 因此可以说, 只要研究一种三角函数就足够了.

几何定义

以下我们在笛卡儿 (x,y) 坐标面内, 借助以原点为心, 1 为半径的圆周, 也即单位圆周, 从几何上给出正弦、余弦的描述 (图 2.30).

设 (x,y) 为单位圆周上的任一点. 以点 $(0,0),(x,0)$ 和 (x,y) 为顶点的三角形是直角三角形. 由勾股定理,
$$x^2+y^2=1.$$

用 P_0 表示单位圆周上的点 $(1,0)$, 用 $P(s)$ 表示单位圆周上按逆时针方向与 P_0 沿圆弧的距离为 s 的点.

读者可以借助长为 s 的细线想象什么是沿圆弧的距离. 将线的一端固定在点 P_0, 再将细线按逆时针方向贴在圆周上, 则细线的另一端所在的位置就是点 $P(s)$.

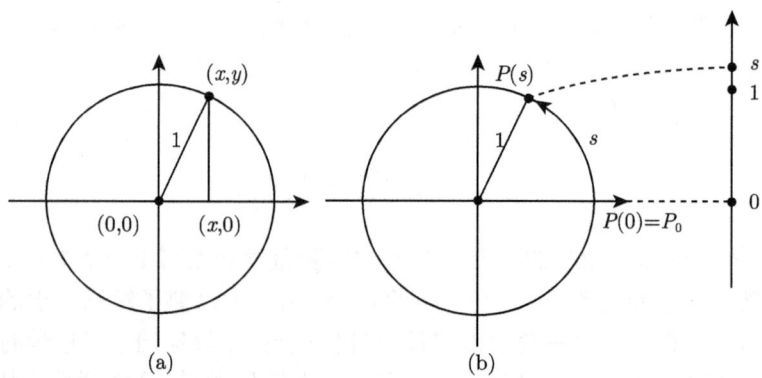

图 2.30 (a) 单位圆周; (b) 用与坐标轴相同的量纲对单位圆周的周长进行的度量, 称为弧度

从原点出发, 分别过点 P_0 和 $P(s)$ 的两条射线形成一个夹角, 定义该角度为 s, 即连接点 P_0 与 $P(s)$ 的弧长. 用与坐标轴相同的量纲对单位圆周的周长进行的度量, 称为弧度 (图 2.30). 长度为 1 的弧所对应的夹角就是一弧度, 而直角的弧度值为 $\dfrac{\pi}{2}$.

2.4 正弦与余弦

定义 2.10 记点 $P(s)$ 的 x 坐标和 y 坐标分别为 $x(s), y(s)$. 定义余弦、正弦分别为

$$\cos s = x(s), \quad \sin s = y(s).$$

由定义立即得到, $\cos s$ 和 $\sin s$ 是连续函数: $P(s)$ 与 $P(s+\varepsilon)$ 之间的弦长小于 ε, 点 $P(s)$ 与 $P(s+\varepsilon)$ 的坐标改变量 Δx 和 Δy 都小于弦长, 而坐标差就是余弦、正弦的改变量 (图 2.31):

$$|\Delta x| = |\cos(s+\varepsilon) - \cos s| < \varepsilon, \quad |\Delta y| = |\sin(s+\varepsilon) - \sin s| < \varepsilon.$$

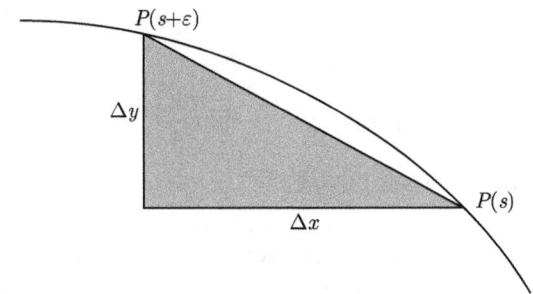

图 2.31 单位圆周上相应于 x, y 的小增量的小弧. 易见 x, y 的增量小于弧的增量

下面罗列出正弦、余弦函数的连续性以及其他一些性质:

(a) 余弦、正弦函数都是连续函数.

(b) $\cos^2 s + \sin^2 s = 1$. 这是因为余弦和正弦是单位圆周上点的坐标, 从而 $x^2 + y^2 = 1$.

(c) 由于单位圆周全长为 2π, 所以若用长为 $s + 2\pi$ 的细线贴在单位圆周上, 则其末端 $s + 2\pi$ 与点 $P(s)$ 重合, 因此,

$$\cos(s + 2\pi) = \cos s, \quad \sin(s + 2\pi) = \sin s.$$

正弦、余弦函数的这一性质称为周期性, 周期为 2π. 如图 2.32 所示.

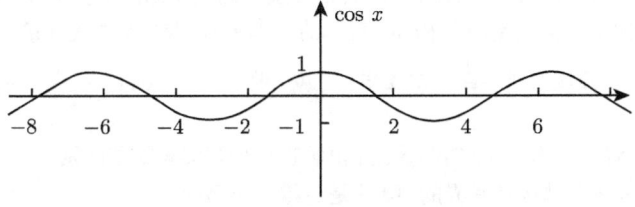

图 2.32 余弦函数的部分图像

(d) $\cos 0 = 1$, 且随着 s 的值从 0 递增到 π, $\cos s$ 的值从 1 递减到 -1. 而后, 随着 s 的值从 π 递增到 2π, $\cos s$ 的值从 -1 递增到 1. $\sin 0 = 0$, 且 $\sin s$ 的取值范围也是从 -1 到 1.

(e) 点 $P\left(\dfrac{\pi}{2}\right)$ 位于与 P_0 距离四分之一圆周处. 因此, $P\left(\dfrac{\pi}{2}\right) = (0, 1)$, 从而 $\cos\left(\dfrac{\pi}{2}\right) = 0, \sin\left(\dfrac{\pi}{2}\right) = 1$.

(f) 点 $P\left(\dfrac{\pi}{4}\right)$ 位于 P_0 与 $P\left(\dfrac{\pi}{2}\right)$ 所夹圆弧的中点处. 由对称性, 可知 $x\left(\dfrac{\pi}{4}\right) = y\left(\dfrac{\pi}{4}\right)$. 再根据勾股定理, $\left(x\left(\dfrac{\pi}{4}\right)\right)^2 + \left(y\left(\dfrac{\pi}{4}\right)\right)^2 = 1$, 从而 $\left(x\left(\dfrac{\pi}{4}\right)\right)^2 = \left(y\left(\dfrac{\pi}{4}\right)\right)^2 = \dfrac{1}{2}$, 于是

$$\cos\left(\dfrac{\pi}{4}\right) = \sqrt{\dfrac{1}{2}}, \qquad \sin\left(\dfrac{\pi}{4}\right) = \sqrt{\dfrac{1}{2}}.$$

(g) 对弧度 s 和 t, 还成立如下加法公式

$$\cos(s+t) = \cos s \cos t - \sin s \sin t,$$

$$\sin(s+t) = \sin s \cos t + \cos s \sin t.$$

稍后将对其作详细讨论.

问 题

2.34 在单位圆周上标出圆周的六等分点, 所得各段圆弧的长度与 1 弧度的大小关系如何?

2.35 下列哪对数值是某一弧度的余弦和正弦值?

(a) $(0.9, 0.1)$;   (b) $(\sqrt{0.9}, \sqrt{0.1})$.

2.36 在单位圆周上, 以水平轴为起始, 标记对应夹角弧度为 $1, 2, 6, 2\pi$ 和 -0.6 的点的近似位置.

2.37 古巴比伦人以度为单位对夹角进行度量. 他们将圆周等分为 360 个角, 每个角为一度. 因此, 用巴比伦人的度量单位描述, 直角的大小是 90 度. 而现代度量单位下直角的大小是 $\dfrac{\pi}{2}$ 弧度. 由此, 一弧度等于 $\dfrac{90}{\frac{\pi}{2}} = 57.295\cdots$ 度. 设 $c(x) = \cos\left(\dfrac{x}{57.295\cdots}\right)$, 即 x 度夹角的余弦值. 尽可能精确地画出 $c(x)$ 的图像, 并说明它与余弦图有哪些区别.

2.38 下列函数中哪些是有界的, 哪些是与零有距离的?

(a) $f(x) = \sin x$;

(b) $f(x) = 5\sin x$;

(c) $f(x) = \dfrac{1}{\sin x}$, $x \neq n\pi, n = 0, \pm 1, \pm 2, \cdots$.

2.39 在机灵鬼 (一种螺旋弹簧玩具) 上固定的一个砝码上下振荡. t 时刻它位于与地板相距 $y = 1 + 0.2 \sin(3t)$ 米处. 问: 砝码能达到的最大高度是多少, 达到最大高度花了多长时间?

2.40 利用介值定理证明方程 $x = \cos x$ 在区间 $\left[0, \dfrac{\pi}{2}\right]$ 上有解.

2.41 证明 $\sin s$ 在 $\left[-\dfrac{\pi}{2}, \dfrac{\pi}{2}\right]$ 上是递增函数, 从而有反函数, 记为 $\sin^{-1}$(译者按: 国内教材通常记作 arcsin).

2.42 定义正切函数为 $\tan s = \dfrac{\sin s}{\cos s}$, 其中分母不为 0. 根据图 2.33, 证明 $\tan s$ 在 $\left(-\dfrac{\pi}{2}, \dfrac{\pi}{2}\right)$ 上是递增函数, 并且 $\tan s$ 在 $(-\infty, +\infty)$ 上有反函数, 记作 $\tan^{-1}$(译者按: 国内教材通常记作 arctan).

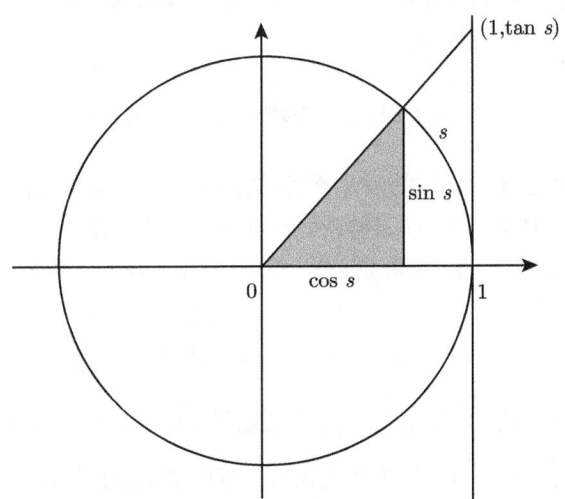

图 2.33 s 的正切值, 详见问题 2.42 和问题 2.43

2.43 在图 2.33 中, 令 $z = \tan s, y = \sin s$.

(a) 证明 $\sin(\arctan(z)) = \dfrac{z}{\sqrt{1+z^2}}$.

(b) 不借助任何三角函数, 给出 $\cos(\arcsin(y))$ 的表达式.

2.5 指数函数

本节首先给出实际问题中用于描述增长和衰减的两个函数, 它们都满足关系式

$$f(t+s) = f(t)f(s). \tag{2.1}$$

然后, 证明所有满足这一关系式的连续函数都是指数函数, 即形如 $f(t) = a^t$. 关于指数函数的进一步例子将在第 10 章给出.

2.5.1 放射性衰变

放射性元素不是稳定不变的, 随着时间的推移, 它们会衰变成别的元素. 重要的是能够知道给定量的元素在经过 t 时间后剩余多少. 为从数学上刻画这一问题, 我们用如下函数描述衰变过程.

设 $M(t)$ 表示单位质量的物质经过 t 时间后剩余的质量. 假定 M 是关于时间的连续函数, $M(0) = 1$, 且对 $t > 0$, 有 $0 < M(t) < 1$.

质量为 A 的物质经过 t 时间后剩余多少? 剩余原子数与任一原子是否发生衰变无关. 孤立原子衰变的可能性与藏匿于其他千万个原子中的原子衰变的可能性相同. 由于 $M(t)$ 是单位质量的物质经过 t 时间后的剩余量, 所以 $AM(t)$ 就是质量为 A 的物质经过 t 时间后的剩余量:

$$\text{经过 } t \text{ 时间后的剩余量} = AM(t). \tag{2.2}$$

质量为 A 的物质经过 $t+s$ 时间后的剩余量是多少? 由函数 M 的定义, 剩余量应为 $AM(t+s)$. 此外还有一种方法解决这一问题. 注意到经过 s 时间后的剩余量是 $AM(s)$, 之后再经过 t 时间, 剩余量就变为 $(AM(s))M(t)$. 两种求解方法所得应为同一结果, 因此

$$M(t+s) = M(s)M(t). \tag{2.3}$$

由于 $M(s)$ 和 $M(t)$ 小于 1, 可知 M 是递减函数, 且当 t 趋于无穷时, $M(t)$ 趋于 0. 由假设 M 连续且 $M(0) = 1$, 根据介值定理, 存在数 h, 使得 $M(h) = \dfrac{1}{2}$. 再由 M 是递减函数, 知 h 的存在是唯一的. 在 (2.3) 式中令 $s = h$, 可得

$$M(h+t) = \frac{1}{2}M(t).$$

上式的意思是说, 不论从哪一时刻 t 开始, 只要经过 h 时间, 原来的物质总量减半. 数 h 称为放射性物质的半衰期. 例如, 镭 226 的半衰期约为 1601 年, 而碳 14 的半衰期约为 5730 年.

2.5.2 细菌繁殖

下面再给另外一例, 细菌的繁殖. 我们用下述函数描述繁殖过程:

设 $P(t)$ 是细菌从初始时的一个单位大小经过 t 时间的繁殖后所得的细菌数量. 假设 P 是时间的连续函数, $P(0) = 1$, 且对 $t > 0$, 总有 $P(t) > 1$.

2.5 指 数 函 数

若给细菌提供充足的营养以使其不产生种内竞争, 且若有充足的繁殖空间, 则有理由认为, 不论细菌的初始数量 A 是多大, 在任意时刻 t 其数量都与 A 成比例:

$$t \text{ 时刻的细菌数量} = AP(t). \tag{2.4}$$

当初始数量为 A 的细菌经过 $t+s$ 时间的繁殖后, 其数量是多大呢? 根据 (2.4) 式, 结果应为 $AP(s+t)$. 而从另一角度求解, 可知经过 s 时间后, 细菌数量为 $AP(s)$, 再经过 t 时间, 由 (2.4) 式可知, 细菌数量为 $(AP(s))P(t) = AP(s)P(t)$. 两个结果必相同, 故有

$$P(s+t) = P(s)P(t). \tag{2.5}$$

由 $P(t) > 1$ 可知 P 是递增函数, 且当 t 增大时, $P(t)$ 趋于无穷. 假设 P 连续且 $P(0) = 1$, 则由介值定理, 存在数 d, 使得 $P(d) = 2$. 又因为 P 是递增函数, 所以 d 的值唯一. 在 (2.5) 式中令 $s = d$, 可得

$$P(d+t) = 2P(t),$$

其中 d 称为细菌的倍增期. 不论从哪一时刻 t 开始, 经过 d 时间的繁殖后, 细菌的数量都翻倍.

2.5.3 代数定义

下面的内容表明, 若连续函数 f 满足

$$f(x+y) = f(x)f(y), \quad a = f(1) > 0,$$

则 f 必为指数函数 $f(x) = a^x$. 例如, 前两小节的 $P(t)$ 与 $M(t)$ 就是这种类型的函数.

关系式 $f(x+y) = f(x)f(y)$ 称为指数函数的函数方程. 当 $y = x$ 时, 有

$$f(x+x) = f(2x) = f(x)f(x) = (f(x))^2 = f(x)^2,$$

其中的最后一项略去了不必要的括号. 又当 $y = 2x$ 时, 有

$$f(x+2x) = f(x)f(2x) = f(x)f(x)^2 = f(x)^3.$$

如此下去, 可得

$$f(nx) = f(x)^n. \tag{2.6}$$

令 $x = 1$, 则有

$$f(n) = f(n1) = f(1)^n = a^n.$$

这表明当 x 是任一正整数时,都成立 $f(x) = a^x$. 在 (2.6) 式中,取 $x = \dfrac{1}{n}$, 可得 $f(1) = a = f\left(\dfrac{1}{n}\right)^n$. 此式两端开 n 次方,则有 $f\left(\dfrac{1}{n}\right) = a^{1/n}$. 这表明当 x 是任一正整数的倒数时,也成立 $f(x) = a^x$. 下面在 (2.6) 式中令 $x = \dfrac{1}{p}$, 得到

$$f\left(\frac{n}{p}\right) = f\left(\frac{1}{p}\right)^n = (a^{1/p})^n = a^{n/p}.$$

这表明对任意正有理数 $r = \dfrac{n}{p}$, 都成立

$$f(r) = a^r.$$

在问题 2.52 中,请读者证明 $f(0) = 1$, 且对所有负有理数 r, 也有 $f(r) = a^r$. 进而由 f 连续的假设知,对所有无理数 x, 也成立 $f(x) = a^x$, 这是因为任意实数 x 可用有理数逼近.

对任意实数 x, 指数函数 a^x(其中 $a > 0$) 有如下代数性质:
- $a^x a^y = a^{x+y}$;
- $(a^x)^n = a^{nx}$;
- $a^0 = 1$;
- $a^{-x} = \dfrac{1}{a^x}$;
- 当 $x > 0, a > 1$ 时 $a^x > 1$;
- 当 $x > 0, 0 < a < 1$ 时 $a^x < 1$.

利用这些性质,可以证明对 $a > 1$, $f(x) = a^x$ 是递增函数. 事实上,假设 $y > x$, 则 $y - x > 0$ 且 $a^{y-x} > 1$. 由 $a^{y-x} = \dfrac{a^y}{a^x}$ 知 $a^y > a^x$. 类似地,可以证明当 $0 < a < 1$ 时, a^x 是递减函数.

2.5.4 指数型增长

尽管"指数型增长"这一术语具有精确的数学意义,但它更频繁地用于比喻极为快速的增长. 下面给出这一术语的数学原理.

定理 2.10 (指数型增长) 对 $a > 1$, 当 x 趋于正无穷时,函数 a^x 的增长速度都比 x^k 快,无论指数项 $k = 0, 1, 2, 3, \cdots$ 取多大的值. 换言之,当 x 趋于正无穷时,比值 $\dfrac{a^x}{x^k}$ 趋于正无穷(图 2.34).

证明 首先考虑 $k = 0$. 即对所有 $a > 1$, a^x 趋于正无穷. 这对 $a = 10$ 是成立的, 这是因为 $10^2 = 100, 10^3 = 1000$, 显然趋于正无穷, 从而对所有 $a > 10$, a^x 趋于正无穷.

2.5 指数函数

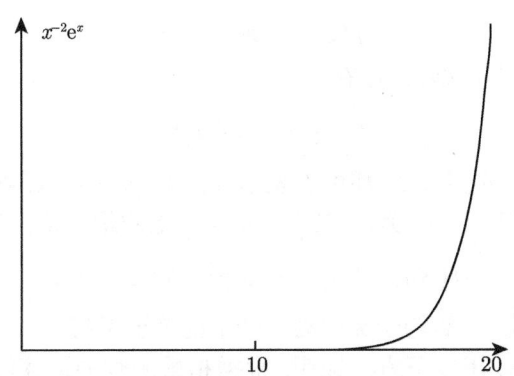

图 2.34 函数 $\dfrac{e^x}{x^2}$ 在 $[0.01, 20]$ 上的图像. 垂直方向的量纲是水平方向的 100000 倍

考虑对所有正数 x 使得 a^x 有界的 a 值的集合, 则此集合非空. 事实上, $a = 1, a = \dfrac{1}{2}$ 就属于该集合. 该集合具有上界, 因为所有比 10 大的 a 值都不在该集合中. 于是此集合有上确界, 记其为 c. 由 $a = 1$ 在此集合中, 可知 $c \geqslant 1$. 下面证明 $c = 1$. 为此, 反设 $c > 1$. 那么 c 的平方根 b 以及 c 的平方 d 满足不等式

$$b < c < d.$$

由 d 大于上确界 c, 知 d^x 趋于正无穷. 根据 d 的定义, $d = b^4$, 从而 $b^{4x} = d^x$ 趋于正无穷. 但由 b 小于上确界 c 知, b^x 是有界的, 从而找到矛盾. 因此 c 必为 1. 故对所有 $a > 1$, a^x 趋于正无穷.

下面考虑 $k = 1$ 的情形: 即证当 x 趋于无穷时, $\dfrac{a^x}{x}$ 趋于无穷. 记 $f(x) = \dfrac{a^x}{x}$, 则

$$f(x+1) = \frac{a^{x+1}}{x+1} = \frac{a^x}{x}\frac{a}{1+\frac{1}{x}} = f(x)\frac{a}{1+\frac{1}{x}}. \tag{2.7}$$

我们来证对充分大的 x, $\dfrac{a}{1+\frac{1}{x}}$ 大于 1: 由 $a > 1$ 知, 存在某一正整数 m, 使得 $a > 1 + \dfrac{1}{m}$. 记 $b = \dfrac{a}{1+\frac{1}{m}}$, 则对所有的 $x \geqslant m$, 有

$$\frac{a}{1+\frac{1}{x}} \geqslant \frac{a}{1+\frac{1}{m}} = b > 1,$$

即 $\dfrac{a}{1+\frac{1}{x}} > 1$ 得证. 再由 (2.7) 式得

$$f(x+1) \geqslant f(x)b,$$

$$f(x+2) \geqslant f(x)b^2.$$

依此下去, 可得对每个正整数 n, 有

$$f(x+n) \geqslant f(x)b^n.$$

注意到每一个充分大的实数 X 都可以表示成区间 $[m, m+1]$ 内的某个定数 x 与一个大的正整数 n 的和. 记 M 为 f 在 $[m, m+1]$ 上的最小值, 则有

$$f(X) = f(x+n) \geqslant f(x)b^n \geqslant Mb^n.$$

因 $b > 1$, 故上式表明当 X 趋于无穷时 $f(X)$ 也趋于无穷.

对 $k > 1$ 的情形, 用以下方法证明. 根据指数函数的运算性质, 可知

$$\frac{a^x}{x^k} = \left(\frac{s^x}{x}\right)^k, \qquad s^k = a. \tag{2.8}$$

由于 a 大于 1, 所以 s 也大于 1. 根据前面已证的结果知道, 当 x 趋于正无穷时, $\dfrac{s^x}{x}$ 趋于正无穷, 从而 $\left(\dfrac{s^x}{x}\right)^k$ 也趋于正无穷. **证毕**.

稍后在 4.1.2 节我们会看到, 运用微积分方法可以给出上述定理的一个非常简单的证明.

2.5.5 对数

当 $a > 1$ 时, a^x 是递增函数, 当 $0 < a < 1$ 时, a^x 是递减函数. 因此对 $a \neq 1$, a^x 具有连续的反函数, 称其为以 a 为底的对数, 其定义为

$$\log_a y = x, \quad \text{其中} \quad y = a^x.$$

若 $a > 1$, 则 $\log_a y$ 是递增函数, 若 $0 < a < 1$, 则 $\log_a y$ 是递减函数. 不论哪种情况, $\log_a y$ 的定义域都是 a^x 的值域, 即全体正实数 (图 2.35).

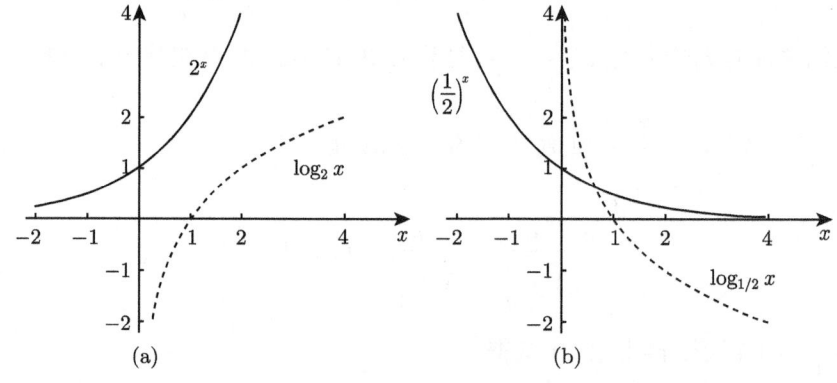

图 2.35 (a) 2^x 与 $\log_2 x$ 的图像; (b) $\left(\frac{1}{2}\right)^x$ 与 $\log_{1/2} x$ 的图像

2.5 指数函数

指数函数的特征性质是

$$a^x a^y = a^{x+y}.$$

将其用于对数函数 $\log_a$, 可得

$$\log_a(a^x a^y) = x + y.$$

任取两正实数 u, v, 记其对数值为 x, y:

$$x = \log_a u, \quad a^x = u, \quad y = \log_a v, \quad a^y = v. \tag{2.9}$$

则有

$$\log_a(uv) = \log_a u + \log_a v. \tag{2.10}$$

1. 计算

对数函数是苏格兰科学家约翰·纳皮尔 (John Napier) 于 1614 年发明并在其论文中进行详细说明的. 纳皮尔对数以 e 为底. 在英语中, 该对数叫做"自然对数", 我们将在下一节对这一术语进行解释. 以 10 为底的对数在英语中称为"常用对数", 它是亨利·布里格斯 (Henry Briggs) 基于纳皮尔对数于 1617 年提出的. 以 10 为底的重要作用在于: 每个正实数 a 都能够写成 $a = 10^n x$ 的形式 (回忆科学计数法 $a = x \times 10^n$, 其中 n 是整数, x 是介于 1 与 10 之间的数), 从而 $\log_{10} a = n + \log_{10} x$. 只要知道 1 与 10 之间数的以 10 为底的对数值, 即可知道所有正实数的以 10 为底的对数值.

表 2.1 是以 10 为底的对数表的一部分, 给出了从 1.000 到 9.999 的对数值. 表的第一行表示每个数的最后一位. 我们知道, $\log_{10}(9.999)$ 与 $\log_{10}(10) = 1$ 非常接近, 由此可知读表的方法: 表中最右下角的元表示 $\log_{10}(9.999) = 0.99996$.

我们用下例说明利用对数计算乘积的方法.

例 2.29 求 $a = 4279$ 和 $b = 78520$ 的乘积. 记 $a = 4.279 \times 10^3$. 根据表 2.1, 有

$$\log_{10}(4.279) = 0.63134.$$

于是, $\log_{10} a = 3.63134$. 类似可得 $b = 7.852 \times 10^4$. 再次使用表 2.1, 有

$$\log_{10}(7.852) = 0.89498,$$

从而 $\log_{10} b = 4.89498$. 为得到 a 与 b 的乘积, 我们利用对数的运算法则 (2.10) 如下:

$$\log_{10}(ab) = \log_{10} a + \log_{10} b = 3.63134 + 4.89498 = 8.52632.$$

在表 2.1 中, 以 10 为底的对数值为 0.52632 的数是 3.360, 其精度为 2×10^{-4}. 因此, 乘积 ab 的近似值为 336000000, 误差为 2×10^4.

表 2.1　$\log_{10}$ 对数表，摘录自内森尼尔 (Nathaniel Bowditch) 1868 年出版的《实用领航员》(*The New American Practical Navigator*). 例如，从第 335 行和第 8 列我们读出 $\log_{10}(3.358) = 0.52608$

编号	0	1	2	3	4	5	6	7	8	9
100	00000	00043	00087	00130	00173	00217	00260	00303	00346	00389
...	—	—	—	—	—	—	—	—	—	—
335	52504	52517	52530	52543	52556	52569	52582	52595	52608	52621
336	52634	52647	52660	52673	52686	52699	52711	52724	52737	52750
...	—	—	—	—	—	—	—	—	—	—
427	63043	63053	63063	63073	63083	63094	63104	62114	63214	63134
428	63144	63155	63165	63175	63185	63195	63205	63215	63225	63236
...	—	—	—	—	—	—	—	—	—	—
526	72099	72107	72115	72123	72132	72140	72148	72156	72165	72173
...	—	—	—	—	—	—	—	—	—	—
785	89487	89492	89498	89504	89509	89515	89520	89526	89531	89537
...	—	—	—	—	—	—	—	—	—	—
999	99957	99961	99965	99970	99974	99978	99981	99987	99991	99996
No.	0	1	2	3	4	5	6	7	8	9

利用计算器计算的结果是 $ab = 335987080$，它与我们利用以 10 为底的对数求出的近似值是非常接近的.

除法的运算与乘法相同，只需将对数的求和改为作差.

以 10 为底的对数运算的历史意义是毋庸置疑的. 手算乘除法不仅耗时费力而且容易出错.[①] 350 年来，任何一个科学家、工程师、机关以及实验室都离不开以十为底对数表. 习惯使然，很多科学计算器也都具备以十为底的对数的计算功能，虽然这些功能主要只是用于乘除运算. 当然了，这些运算只需按一个键就能由计算器实现. 标有 "log" 的键通常表示 $\log_{10}$. 在过去，符号 $\log x$ 表示以 10 为底的对数，它没有下标；而自然对数用符号 $\ln x$ 表示. 在当代，乘除运算可直接由计算器完成，以 10 为底的对数几乎被废弃.

2. 自然对数何以自然？

在普通微积分中，将会看到问题的答案. 以 e 为底的对数 $y = \ln x$ 的反函数是以 e 为底的指数函数 $x = e^y$，它是指数函数里最自然的一个，因为它与微积分有着特殊的关系. 而纳皮尔并不知道自然对数的反函数是什么，也不知道微积分为何物 (他死后 25 年牛顿才出生)，他选择底数的出发点必然不同. 具体如下：

假定 f 与 g 互为反函数，即若 $f(x) = y$，则 $g(y) = x$. 那么如果函数 f 有

---

① 现在保留着中世纪的主题为 "关于长除法的简洁讲授方式的探讨" 的教育学会议纪要的记录. ——原注

2.5 指数函数

一组值 $f(x_i) = y_i$, 那么函数 g 也必有一组值 $x_i = g(y_i)$. 比如, 选取指数函数 $f(x) = (10)^x = y$, 对 $x = 0, 1, 2, \cdots, 10$ 给出一组函数值

x	0	1	2	$\cdots$	9	10
y	1	10	100	$\cdots$	1000000000	10000000000

由于函数 $(10)^x = y$ 的反函数是以 10 为底的对数 $\log_{10} y = x$, 所以上表给出了当 $y = 1, 10, 100, \cdots, 10000000000$ 时 $\log_{10} y$ 的一组函数值. 问题是这组值中 y 的值相距甚远, 所以介于这些 y 值之间的值所对应的对数值 $\log_{10} y$ 很难得到.

下面取以 2 为底的指数函数 $f(x) = 2^x = y$, 并给出当 $x = 0, 1, 2, \cdots, 10$ 时的一组函数值:

x	0	1	2	$\cdots$	9	10
y	1	2	4	$\cdots$	512	1024

函数 $2^x = y$ 的反函数是以 2 为底的对数 $\log_2 y = x$. 此处所列 $\log_2 y$ 的值对应的 y 相距就不那么远, 不过依然有一定的距离.

显然, 要想给出一组彼此距离比较近的指数函数值, 就必须选择足够小的底数, 但底数还得比 1 大. 所以尝试取底数为 $a = 1.01$. 下面给出当 $x = 0, 1, 2, \cdots, 100$ 时函数 $y = (1.01)^x$ 的一组值. 注意到对 x 为整数的情况来说, 这一指数函数值的计算只需一次乘法:

x	0	1	2	$\cdots$	99	100
y	1	1.01	1.0201	$\cdots$	2.6780	2.7048

函数 $(1.01)^x = y$ 的反函数是以 1.01 为底的对数函数 $\log_{1.01} y = x$. 此时 y 的值彼此之间较为接近, 但对数的值却变得很大: $\log_{1.01} 2.7048 = 100$. 为此只需作如下简单处理. 我们将底数 1.01 换成 $a = (1.01)^{100}$, 那么

$$((1.01)^{100})^x = (1.01)^{100x}.$$

对 $x = 0, 0.01, 0.02, \cdots, 1.00$, 函数 a^x 的值与上表几乎完全一样:

x	0	0.01	0.02	$\cdots$	0.99	1.00
y	1	1.01	1.0201	$\cdots$	2.6780	2.7048

进一步地, 可以将与 1 更近的数的幂次作为底数: 取 $\left(1 + \dfrac{1}{n}\right)^n$ 为底数, 其中 n 是一个很大的整数. 当 n 趋于无穷时, $\left(1 + \dfrac{1}{n}\right)^n$ 趋于 e, 即自然对数的底.

问 题

2.44 利用性质 $e^{x+y} = e^x e^y$ 给出 e^z 与 e^{-z} 之间的关系.

2.45 设函数 f 满足函数方程 $f(x+y) = f(x)f(y)$, c 为任意实数. 定义函数 $g(x) = f(cx)$. 证明 $g(x+y) = g(x)g(y)$.

2.46 假设细菌数量由 $p(t) = p(0)a^t$ 给出, 其中 t 表示自初始时刻到目前细菌生长的天数. 若第 3 天其数量为 1000, 第 0 天其数量为 200, 那么第 1 天其数量有多大?

2.47 假设细菌数量由式 $p(t) = 800(1.023)^t$ 给出, 其中 t 以小时计. 问细菌的初始数量多大, 其倍增期是多少, 其数量翻四番需多久?

2.48 设 P_0 为账户存款的初始金额. 对下列情况分别求出 1 年后账户余额的表达式.

(a) 4% 单利,

(b) 4% 复利, 按季度计 (一年 4 期),

(c) 4% 复利, 按日计 (一年 365 期),

(d) 4% 连续复利 (期数趋于无穷),

(e) $x\%$ 连续复利.

2.49 手算 a 与 b 的乘积 ab, 其中 a, b 的值在例 2.29 中给出.

2.50 求解 $e^{-x^2} = \dfrac{1}{2}$.

2.51 设 $f(x) = ma^x$, 已知

$$f\left(x + \frac{1}{2}\right) = 3f(x),$$

求 a.

2.52 利用函数方程 $f(x+y) = f(x)f(y)$ 以及 $f(1) = a \neq 0$, 证明:

(a) $f(0) = 1$,

(b) 当 r 是负实数时, 有 $f(r) = a^r$ 成立.

2.53 假设 P 满足函数方程 $P(x+y) = P(x)P(y)$, N 是任一正整数. 证明

$$P(0) + P(1) + P(2) + \cdots + P(N)$$

是有限几何级数.

2.54 若 b 是 a 与 c 的算术平均值, 证明 e^b 是 e^a 与 e^c 的几何平均值.

2.55 已知 $e > 2$, 说明

(a) $e^{10} > 1000$;

(b) $\ln 1000 < 10$;

(c) $\ln 1000000 < 20$.

2.56 设 a 为大于 1 的数, $a = 1 + p$, 其中 p 是正数. 证明对所有正整数 n, 都有 $a^n > 1 + pn$.

2.57 我们知道当 x 趋于无穷时, $\dfrac{e^x}{x^2}$ 也趋于无穷. 特别地, 它最终会比 1 大. 将 $y = x^2$

代入, 则对充分大的 y, 应有
$$\ln y < \sqrt{y}.$$

2.58 利用关系式 $\ln(uv) = \ln u + \ln v$ 证明 $\ln\left(\dfrac{x}{y}\right) = \ln x - \ln y$.

2.6 函数列及其极限

在第 1 章我们已经看到, 只有很少的数能够精确地表示出来, 而绝大多数的数都是用一个数列的极限来表示的. 对数如此, 对函数亦如此; 绝大多数函数都不能精确地表达出来, 而是以一个函数列的极限来表示的. 几乎所有有用的函数都得用较之简单的函数列的极限来定义, 这么说并非夸大其词, 这也正说明了函数列收敛这一概念的重要性.

鉴于我们研究的函数大多是连续的, 下面分析连续函数列收敛是什么意思. 事实表明, 如果收敛的定义下得适当, 取极限后连续性仍能够得以保持.

首先看几个简单例子.

2.6.1 函数列

例 2.30 在 $[0,1]$ 上考虑函数
$$f_0(x) = 1, \quad f_1(x) = x, \quad f_2(x) = x^2, \quad f_3(x) = x^3, \quad \cdots, \quad f_n(x) = x^n, \quad \cdots.$$
对 $[0,1]$ 上的每一点 x, 当 n 趋于无穷时, 可得如下极限:
$$\lim_{n \to \infty} f_n(x) = \begin{cases} 0, & 0 \leqslant x < 1, \\ 1, & x = 1. \end{cases}$$
在 $[0,1]$ 上定义函数 f 为 $f(x) = \lim\limits_{n \to \infty} f_n(x)$, 则函数列 f_n 收敛于 f, 而 f 不是连续函数. 如图 2.36 所示.

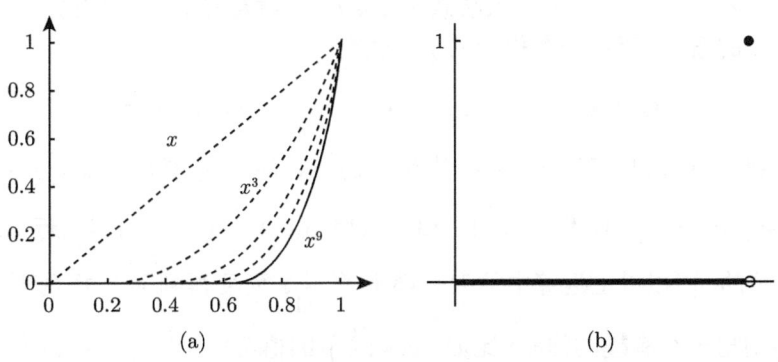

图 2.36 (a) 函数 $f_n(x) = x^n, n = 1,3,5,7,9$ 在区间 $[0,1]$ 上的图像; (b) 极限函数 f 不是连续函数. 详见例 2.30

例 2.30 表明, 一个连续函数列有可能收敛到不连续的函数. 这并非我们想要的结果.

例 2.31 在 $\left[0, \frac{1}{2}\right]$ 上考虑函数 $g_n(x) = x^n$. 函数 g_n 在 $\left[0, \frac{1}{2}\right]$ 上连续且收敛到常值函数 $g(x) = 0$, 而 $g(x)$ 是连续函数.

以上两例启示我们对函数列的收敛性给出两种不同的定义. 其一, 要使连续函数列 $f_1, f_2, f_3, \cdots$ 收敛于 f, 必然要要求对其定义域公共部分的每一个 x, 都有 $\lim_{n\to\infty} f_n(x) = f(x)$.

定义 2.11 所谓函数列是指一列具有公共定义域 D 的函数 $f_1, f_2, f_3, \cdots$. 称此函数列在 D 上**逐点收敛**于某一函数 f, 如果对 D 中的每一个 x, 都有 $\lim_{n\to\infty} f_n(x) = f(x)$.

1. 一致收敛

如例 2.30 所示, 若一连续函数列逐点收敛于某一极限函数, 则该极限函数未必连续. 因此, 为规避这一问题, 我们给出一种更强的收敛定义. 此其二.

定义 2.12 设函数列 $f_1, f_2, f_3, \cdots$ 定义于公共定义域 D. 若对任意容许误差 $\varepsilon > 0$, 不论其值有多小, 都存在一个仅与 ε 值有关的正整数 N, 使得对任意的 $n > N$ 及任意的 $x \in D$, $f_n(x)$ 与 $f(x)$ 的误差都小于 ε, 则称该函数列在 D 上**一致收敛**于极限函数 f.

为说明一致收敛的优越性, 考虑函数 $f(x) = \cos x$ 的值的估计. 不用计算器, 如何求出 $\cos 0.5$ 的值? 我们将在第 4 章看到, 微积分的一个重要应用, 就是给出一个多项式数列

$$p_n(x) = 1 - \frac{x^2}{2!} + \frac{x^4}{4!} - \cdots + k_n \frac{x^n}{n!}$$

(若 n 为奇数, 则 $k_n = 0$; 若 n 为偶数, 则 $k_n = (-1)^{n/2}$),

使之在任一闭区间 $[-c, c]$ 上一致收敛于 $\cos x$. 这就意味着, 一旦给定了 c 的值和容许误差 ε 的值, 就存在一个相应的 p_n, 使得

$$\text{对一切 } x \in [-c, c], \quad \text{都有 } |\cos x - p_n(x)| < \varepsilon.$$

在第 4 章我们将看到, 若取 $n! > \frac{1}{\varepsilon}$, 则对一切 $x \in [-1, 1]$, 都有 $|\cos x - p_n(x)| < \varepsilon$. 比如, $\cos(0.3)$, $\cos(0.5)$ 和 $\cos(0.8)$ 都可以用 $p_4(x) = 1 - \frac{x^2}{2!} + \frac{x^4}{4!}$ 近似. 又因为收敛是一致的, 所以以上运算中的误差都小于 $\frac{1}{24}$. 而要得到 $[-1, 1]$ 内无理数点的 $\cos$ 值, 将引出一个有趣的问题. 比如, $\cos\left(\frac{\mathrm{e}}{3}\right)$ 的值可由

$$p_4\left(\frac{\mathrm{e}}{3}\right) = 1 - \frac{1}{2}\left(\frac{\mathrm{e}}{3}\right)^2 + \frac{1}{24}\left(\frac{\mathrm{e}}{3}\right)^4$$

2.6 函数列及其极限

近似. 而计算 $p_4\left(\dfrac{\mathrm{e}}{3}\right)$ 的值又需要用到 $\dfrac{\mathrm{e}}{3}$ 的某个近似值, 如 0.9060939. 这一近似必然会导致一定的误差. 可以想见, 我们可能需要在 $[-1,1]$ 内计算很多无理数点的余弦值. 值得庆幸的是, p_4 在 $[-1,1]$ 上具有一致连续性, 这意味着可以对输入值找到一个统一的精度 δ, 只要 z 与 x 的误差小于 δ, 就能保证 $p_4(z)$ 与 $p_4(x)$ 的误差小于 ε.

纵观上述分析过程, 我们得到这样一个结论: 对任意给定的容许误差 ε, 都能够找到充分大的 n, 使得对一切 $x \in [-1,1]$, 都有 $|\cos x - p_n(x)| < \dfrac{\varepsilon}{2}$. 进一步还能够找到一个精度 δ, 使得在 $[-1,1]$ 中, 只要 x 与 z 的误差小于 δ, 就有 $p_n(x)$ 与 $p_n(z)$ 的误差小于 $\dfrac{\varepsilon}{2}$. 利用三角不等式, 可得

$$|\cos x - p_n(z)| \leqslant |\cos x - p_n(x)| + |p_n(x) - p_n(z)| < \dfrac{\varepsilon}{2} + \dfrac{\varepsilon}{2} = \varepsilon.$$

虽然对给定的容许误差找到适当的 n 与 δ 比较困难, 但至少从理论上我们知道这是能办到的. 简言之, 通过对输入的近似以及对函数的近似, 我们可以求出在任意容许误差要求下函数值的近似.① 对计算来说这无疑是个好消息.

若已知连续函数列在 $[a,b]$ 上一致收敛, 就能够确保其极限函数在 $[a,b]$ 上连续.

定理 2.11 设 $\{f_n\}$ 是一函数列, 其中每个函数都在闭区间 $[a,b]$ 上连续. 若函数列一致收敛于 f, 则 f 在 $[a,b]$ 上连续.

证明 若 f_n 一致收敛, 则对充分大的 n, 下式对一切 $x \in [a,b]$ 成立

$$|f_n(x) - f(x)| < \varepsilon.$$

因 f_n 在 $[a,b]$ 上连续, 由定理 2.4 知, f_n 在 $[a,b]$ 上一致连续. 因此对充分接近的 x_1 与 x_2, 比如 $|x_1 - x_2| < \delta$, $f(x_1)$ 与 $f(x_2)$ 的误差小于 ε. 下面给出三角不等式 (详见 1.1.2 节) 一个极好的应用, 即我们可将函数在两点 x_1 与 x_2 的差值写成

$$f(x_1) - f(x_2) = f(x_1) - f_n(x_1) + f_n(x_1) - f_n(x_2) + f_n(x_2) - f(x_2)$$

并将其两两分组, 从而由三角不等式得到

$$|f(x_1) - f(x_2)| \leqslant |f(x_1) - f_n(x_1)| + |f_n(x_1) - f_n(x_2)| + |f_n(x_2) - f(x_2)|.$$

---

① 下面这首打油诗很好地描述了 $|g(x) - p(x_{近似})| \leqslant |g(x) - p(x)| + |p(x) - p(x_{近似})|$ 这一事实:
  有个函数芳名为 g,
  伴着一个逼近函数 p,
  将 x 附近的点代入 p,
  原以为会与 $g(x)$ 相隔千里,
  却发现它们其实相差无几.　　——无名氏　　——原注

当 $|x_1 - x_2| < \delta$ 时, 上式中的每一项都小于 ε, 从而推出 f 在 $[a,b]$ 上一致连续.

证毕.

下面给出连续函数列一致收敛的例子.

例 2.32 设 c 是小于 1 的正数, 则函数列 $f_n(x) = x^n$ 在 $[-c,c]$ 上逐点收敛于 $f(x) = 0$. 这是因为对 $[-c,c]$ 内的任一点 x, 当 n 趋于无穷时, x^n 都趋于 0. 为证明函数列一致收敛于 f, 考察 $f_n(x) = x^n$ 与 0 在 $[-c,c]$ 上的差. 事实上, 对任意容许误差 ε, 可以找到一个统一的 N, 使得 $c^N < \varepsilon$, 从而对所有的 $n > N$, 都有 $c^n < \varepsilon$. 设 x 是介于 $-c$ 与 c 之间的任一实数, 则

$$|f_n(x) - 0| = |x^n| \leqslant c^n < \varepsilon.$$

因此, 对 $[-c,c]$ 内的一切 x, x^n 与 0 的差都小于 ε, 即函数列一致收敛. 注意到, 极限函数 $f(x) = 0$ 是连续函数, 与定理结论一致 (图 2.37).

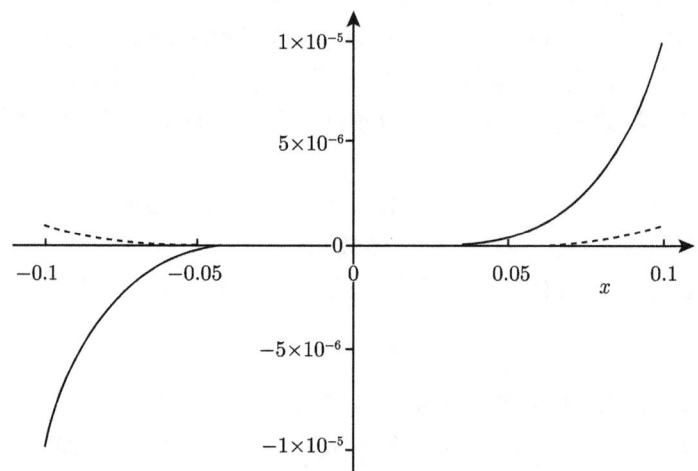

图 2.37 当 $n = 5, 6, 7$ 时, 函数 $f_n(x) = x^n$ 在区间 $[-0.1, 0.1]$ 上的图像. 注意, f 的图像不与 x 轴重合

2. 几何级数

考虑如下给出的函数列 $\{f_n\}$:

$$f_n(x) = 1 + x + x^2 + \cdots + x^{n-1},$$

其中 $x \in [-c,c], 0 < c < 1$. 上式中用和式定义的函数 f_n 也可写成如下表达式

$$f_n(x) = \frac{1 - x^n}{1 - x}.$$

对 $(-1,1)$ 中的每一个 x, 都有 $f_n(x)$ 趋于 $f(x) = \dfrac{1}{1-x}$, 所以函数列 f_n 逐点收敛于 f. 下面证明 f_n 在 $[-c,c]$ 上一致收敛. 作差

$$f(x) - f_n(x) = \frac{x^n}{1-x}.$$

对区间 $[-c,c]$ 内的点 x, $|x| \leqslant c$, 从而 $|x^n| \leqslant c^n$. 由此, 对 $[-c,c]$ 内的一切点 x, 有

$$|f(x) - f_n(x)| = \frac{|x|^n}{1-x} \leqslant \frac{c^n}{1-c}.$$

由于 c^n 趋于 0, 所以可以找到充分大的 N, 使得对任何 $n > N$, $\dfrac{c^n}{1-c} < \varepsilon$. 于是对一切 $x \in [-c,c]$, $f(x)$ 与 $f_n(x)$ 的差小于 ε. 这表明 f_n 在区间 $[-c,c], 0 < c < 1$ 上一致收敛于 f. 注意到 $\dfrac{1}{1-x}$ 在 $[-c,c]$ 上连续, 这也与定理结论一致 (图 2.38).

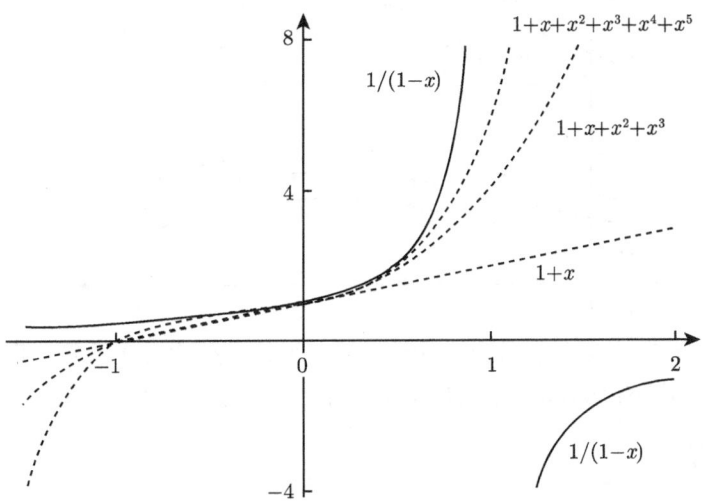

图 2.38 当 $c < 1$ 时, 函数列 $f_n(x) = 1 + x + x^2 + \cdots + x^{n-1}$ 在 $[-c,c]$ 上一致收敛于 $\dfrac{1}{1-x}$

3. 收敛函数的运算

收敛的连续函数列可以进行运算.

定理 2.12 设 f_n, g_n 均为 $[a,b]$ 上一致收敛的连续函数列, 极限函数分别为 f, g. 则

(a) $f_n + g_n$ 一致收敛于 $f + g$.

(b) $f_n g_n$ 一致收敛于 fg.

(c) 若在 $[a,b]$ 上 $f \neq 0$, 则对充分大的 n, 有 $f_n \neq 0$, 且 $\dfrac{1}{f_n}$ 一致收敛于 $\dfrac{1}{f}$.

(d) 若 h 是值域包含于 $[a,b]$ 的连续函数，则 $g_n \circ h$ 一致收敛于 $g \circ h$.

(e) 若 k 是某一包含 g_n 与 g 值域的闭区间上的连续函数，则 $k \circ g_n$ 一致收敛于 $k \circ g$.

证明　我们给出定理证明的大致思路.

对 (a)，利用三角不等式

$$|(f(x)+g(x))-(f_n(x)+g_n(x))| \leqslant |f(x)-f_n(x)|+|g(x)-g_n(x)|.$$

对 $[a,b]$ 内的一切 x，只要 n 充分大，不等号右边的项就比任意容许误差要小. 图 2.39 给出了证明思想. 请读者按照问题 2.61 所列思路详细证明 (a) 的结论.

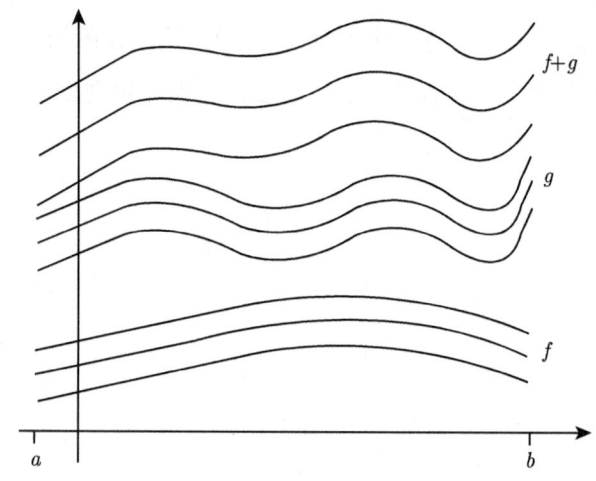

图 2.39　对 $n > N_1$，f_n 与 f 的误差小于 ε. 对 $n > N_2$，g_n 与 g 的误差小于 ε. 从而对既比 N_1 大又比 N_2 大的 n，$f_n + g_n$ 与 $f+g$ 的误差小于 2ε

对 (b)，有

$$|f(x)g(x) - f_n(x)g_n(x)| = |(f(x)-f_n(x))g(x) + f_n(x)(g(x)-g_n(x))|$$
$$\leqslant |f(x)-f_n(x)||g(x)| + |f_n(x)||g(x)-g_n(x)|,$$

当 n 充分大时，$|f(x)-f_n(x)|$ 与 $|g(x)-g_n(x)|$ 可以任意小. 下面考察因子 $|f_n(x)|$. 根据最值定理 (定理 2.6)，$|f|$ 可取到最大值 M，从而 $-M \leqslant f(x) \leqslant M$. 而 f_n 一致收敛于 f，故对充分大的 n，f_n 与 f 的误差小于 1，从而对一切 x，有 $-M-1 \leqslant f_n(x) \leqslant M+1$. 于是对充分大的 n，有

$$|f(x)g(x) - f_n(x)g_n(x)| \leqslant |f(x)-f_n(x)||g(x)| + (M+1)|g(x)-g_n(x)|.$$

只要 n 充分大，上式右端就能够任意小.

对 (c), 若 f 在所考虑的区间上不是零函数, 则其在每一点的值均为正 (或均为负). 因为否则, 若 f 在某点 c 处值为正, 又在另一点 d 处值为负, 则由介值定理 (定理 2.5), f 必在介于 c 与 d 之间的某点 x 处值为 0, 这与假设矛盾. 不妨假设 f 取正值. 根据最值定理 (定理 2.6), f 在闭区间 $[a,b]$ 上的某点处取得最小值, 记为 $m > 0$. 从而对一切 $x \in [a,b]$, 有 $f(x) \geqslant m$. 由于 f_n 在该区间上一致收敛于 $f(x)$, 所以存在 N, 使得当 $n > N$ 时, $f_n(x)$ 与 $f(x)$ 的误差小于 $\frac{1}{2}m$. 又由于 $f(x) \geqslant m$, 可知 $f_n(x) \geqslant \frac{1}{2}m$. 而

$$\frac{1}{f_n(x)} - \frac{1}{f(x)} = \frac{f(x) - f_n(x)}{f(x)f_n(x)},$$

等号右端的绝对值不超过 $\dfrac{|f(x) - f_n(x)|}{\left(\dfrac{1}{2}m\right)m}$, 由此 (c) 得证.

对 (d), 由于对一切 y 值, $g(y) - g_n(y)$ 一致地任意小, 故可取 $y = h(x)$, 得到对一切 x 值, $g(h(x)) - g_n(h(x))$ 一致地任意小.

对 (e), 由于对一切 x 值, $g(x) - g_n(x)$ 一致地任意小, 故可由 k 的一致连续性得到对一切 x 值, $k(g(x)) - k(g_n(x))$ 一致地任意小.

以上为定理证明的大致思路. **证毕.**

定理 2.12 的精妙之处在于, 它为我们提供了一种构造大量一致收敛函数列的方法. 下面举几个例子.

例 2.33 设 $g_n(x) = 1 + x + x^2 + \cdots + x^n, h(u) = -u^2$, 其中 $u \in [-c, c], 0 < c < 1$. 那么

$$g_n(h(u)) = 1 - u^2 + u^4 - u^6 + \cdots + (-u^2)^n$$

在 $[-c, c]$ 上一致收敛于 $\dfrac{1}{1 + u^2}$.

例 2.34 设 $r > 0$, a 为任意实数, 令

$$k_n(x) = 1 + \frac{x - a}{r} + \cdots + \left(\frac{x - a}{r}\right)^n,$$

则 $k_n(x) = g_n\left(\dfrac{x - a}{r}\right)$, 其中 g_n 如例 2.33 所定义. 那么函数列 k_n 在每一个包含于 $(a - r, a + r)$ 的闭区间上一致收敛于

$$\frac{1}{1 - \dfrac{x - a}{r}} = \frac{r}{r - x + a}.$$

根据定理 2.12(d), 上述结论成立.

例 2.35 设 $h(t) = \frac{1}{2}\cos t$, g_n 如例 2.33 所定义. 那么

$$g_n(h(t)) = 1 + \frac{1}{2}\cos t + \left(\frac{1}{2}\cos t\right)^2 + \cdots + \left(\frac{1}{2}\cos t\right)^n$$

对 t 的一切值都一致收敛于 $\frac{2}{2-\cos t}$.

2.6.2 函数项级数

定义 2.13 对函数列 $\{f_n\}$ 求和如下

$$s_n = f_0 + f_1 + f_2 + \cdots + f_n = \sum_{j=0}^{n} f_j,$$

构造的新函数列 $\{s_n\}$ 称为 $\{f_n\}$ 的**部分和函数列**, 函数列 $\{s_n\}$ 称为一个**函数项级数**, 记作

$$\sum_{j=0}^{\infty} f_j.$$

若 $\lim_{n\to\infty} s_n(x)$ 存在, 记作 $f(x)$, 则称级数在点 x 处**收敛**于 $f(x)$, 记作

$$\sum_{j=0}^{\infty} f_j(x) = f(x).$$

若部分和数列 $\{s_n\}$ 在 D 上一致收敛, 则称级数在 D 上**一致收敛**.

前面我们已经看到, 几何级数的部分和数列

$$s_n(x) = 1 + x + x^2 + \cdots + x^n = \frac{1-x^{n+1}}{1-x}$$

在任一区间 $[-c, c], 0 < c < 1$ 上一致收敛于 $\frac{1}{1-x}$. 通常记作

$$\sum_{k=0}^{\infty} x^k = 1 + x + x^2 + x^3 + \cdots = \frac{1}{1-x} \qquad (|x| < 1).$$

该级数是一种特殊的级数, 幂级数.

定义 2.14 称形如

$$\sum_{k=0}^{\infty} a_k (x-a)^k$$

的级数为**幂级数**. 数 a_n 称为**系数**, 数 a 称为幂级数的**中心**.

2.6 函数列及其极限

考虑幂级数
$$\sum_{n=1}^{\infty} \frac{x^n}{n} = x + \frac{x^2}{2} + \frac{x^3}{3} + \cdots.$$

当 x 取何值时 (若能取到) 此极限收敛? 为找到使级数收敛的所有 x 值, 我们利用比值判别法, 定理 1.18. 计算极限

$$\lim_{n\to\infty} \left| \frac{\dfrac{x^{n+1}}{n+1}}{\dfrac{x^n}{n}} \right| = \lim_{n\to\infty} |x| \frac{n}{n+1} = |x|.$$

根据比值判别法, 若极限值小于 1, 则级数绝对收敛. 因此, 当 $|x| < 1$ 时, $\sum_{n=1}^{\infty} \dfrac{x^n}{n}$ 收敛. 而若极限值大于 1, 则级数发散, 此时 $|x| > 1$. 但此判别法并未对极限值等于 1, 即本例中 $|x| = 1$ 的情况给出敛散性的结论. 因此, 下面分析 $\sum_{n=1}^{\infty} \dfrac{x^n}{n}$ 在 $x = 1$ 和 $x = -1$ 处是收敛还是发散. 在点 $x = 1$, 得到 $\sum_{n=1}^{\infty} \dfrac{1}{n}$, 即调和级数. 例 1.21 已证明它是发散的. 在点 $x = -1$, 得到 $\sum_{n=1}^{\infty} \dfrac{(-1)^n}{n}$, 由定理 1.17, 交错级数定理, 可知其收敛.

因此, 对 $[-1, 1)$ 内的一切 x, $\sum_{n=1}^{\infty} \dfrac{x^n}{n}$ 逐点收敛. 鉴于目前并未考虑收敛是否一致, 也就不能确定函数 $f(x) = \sum_{n=1}^{\infty} \dfrac{x^n}{n}$ 是否连续.

有时, 函数列收敛到的那个极限函数是我们通过其他途径得到的函数, 这种情况下, 我们知道这一极限函数的很多性质. 但有时不是这样. 有些函数列, 包括幂级数, 其极限函数只能通过数列逼近得到. 下面的两个定理给出了幂级数极限函数的重要性质. 第一个定理给出其定义域, 第二个定理给出其连续性.

定理 2.13 对幂级数 $\sum_{n=0}^{\infty} c_n(x-a)^n$, 下列命题中必有一个成立:

(a) 级数对所有 x 绝对收敛;

(b) 级数仅在点 $x = a$ 收敛;

(c) 存在正数 R, 称为**收敛半径**, 使得对满足 $|x - a| < R$ 的点 x 级数绝对收敛, 对满足 $|x - a| > R$ 的点 x 级数发散.

在情形 (c), 级数在端点 $x = a - R$ 和 $x = a + R$ 的敛散性待定.

证明 首先来证若级数在某点 $x_0 \neq a$ 收敛, 则在与点 a 的距离比 x_0 还近的点

x，即满足 $|x-a|<|x_0-a|$ 的点 x 处，级数绝对收敛. 这是因为，$\sum_{n=0}^{\infty}c_n(x_0-a)^n$ 收敛意味着 $c_n(x_0-a)^n$ 趋于 0. 特别地，存在 N，使得对一切 $n>N$，有 $|c_n(x_0-a)^n|<1$. 若 $0<|x-a|<|x_0-a|$，则令 $r=\dfrac{|x-a|}{|x_0-a|}$，有 $r<1$，且

$$\begin{aligned}\sum_{n=N+1}^{\infty}|c_n(x-a)^n|&=\sum_{n=N+1}^{\infty}|c_n(x-a)^n|\left|\frac{(x_0-a)^n}{(x_0-a)^n}\right|\\&=\sum_{n=N+1}^{\infty}|c_n(x_0-a)^n|\left|\frac{(x-a)^n}{(x_0-a)^n}\right|\leqslant\sum_{n=N+1}^{\infty}r^n.\end{aligned} \quad (2.11)$$

因此，由比较判别法及几何级数的敛散性结论，知 $\sum_{n=0}^{\infty}c_n(x-a)^n$ 绝对收敛.

下面考虑定理所列的三种情形. 若级数对所有 x 值都绝对收敛，由前面的论证知，此时级数对一切 x 值都绝对收敛，此即情形 (a).

若级数对某个 x_0 收敛，但并非对一切 x 收敛. 假定只有一个点 x_0 使级数收敛，则必有 $x_0=a$. 这是因为级数

$$c_0+c_1(a-a)+c_2(a-a)^2+\cdots=c_0$$

必收敛. 此即情形 (b).

最后，若 $x_0\neq a$ 是使级数收敛的点，但级数并非对所有 x 都收敛，我们利用确界原理、定理 1.2 和定理 1.3 来给出 R 的刻画. 设 S 是使级数收敛的点 x 的集合，则 S 非空，因为 $a\in S, x_0\in S$. 此外，所有与 a 的距离比 x_0 近的点也在 S 中，并且 S 是有界的. 事实上，若 S 中有任意大的正数或任意小的负数，而所有与 a 的距离比该点还近的点也在 S 中，则 S 包含全体实数. 因此，S 具有上确界 M 和下确界 m，从而当 $m<x<M$ 时，级数在 x 点收敛. 请读者在问题 2.65 中证明 m 与 M 距 a 的距离相等：

$$m<a<M \quad 且 \quad a-m=M-a,$$

且在 (m,M) 内，收敛是绝对收敛. 令 $R=M-a$，定理得证. 证毕.

定理 2.14 幂级数 $\sum_{n=0}^{\infty}a_n(x-a)^n$ 在任一闭区间 $|x-a|\leqslant r$ 上一致收敛于其极限函数，其中 r 是比收敛半径 R 小的正实数.

特别地，极限函数在 $(a-R,a+R)$ 内连续.

证明 若 $\sum_{n=0}^{\infty}a_n(x-a)^n=f(x)$ 的收敛半径 $R=0$，则级数仅在 $x=a$ 一点收

敛. 此时级数即为 $f(a) = a_0 + 0 + \cdots$, 显然在定义域内一致收敛.

下面假设 $R > 0$ 或 R 为无穷. 任取正数 $r < R$, 则 $a + r$ 在收敛区间内, 从而由定理 2.13 知, $\sum_{n=0}^{\infty} a_n r^n$ 绝对收敛. 于是对满足 $|x - a| \leqslant r$ 的所有 x, 都有

$$\left| f(x) - \sum_{n=0}^{k} a_n (x-a)^n \right| \leqslant \sum_{n=k+1}^{\infty} |a_n (x-a)^n| \leqslant \sum_{n=k+1}^{\infty} |a_n r^n|.$$

上式最右端的表达式与 x 无关, 且当 k 趋于无穷时趋于 0. 因此, f 是其部分和的一致极限, 而部分和在 $|x - a| \leqslant r$ 上连续, 故由定理 2.11 知 f 在 $[a-r, a+r]$ 上连续.

由于 $(a - R, a + R)$ 内的任一点都含于如上形式的某一闭区间中, 所以 f 在 $(a - R, a + R)$ 内连续. 证毕.

幂级数的收敛半径 R 可由比值判别法确定. 若该判别法失效, 还有一种称为根值判别法的方法, 我们将在问题 2.67 中给出该方法.

例 2.36 确定 $\sum_{n=0}^{\infty} 2^n (x-3)^n$ 的收敛区间. 利用比值判别法:

$$\lim_{n \to \infty} \left| \frac{2^{n+1}(x-3)^{n+1}}{2^n (x-3)^n} \right| = \lim_{n \to \infty} 2|x-3| = 2|x-3|.$$

当 $2|x-3| < 1$ 时, 级数绝对收敛. 当 $2|x-3| > 1$ 时, 级数发散. 那么当 $2|x-3| = 1$ 时, 敛散性如何?

(a) 在 $x = 2.5$ 点处, $2(x-3) = -1$, 级数 $\sum_{n=0}^{\infty} 2^n (x-3)^n = \sum_{n=0}^{\infty} (-1)^n$ 发散.

(b) 在 $x = 3.5$ 点处, $2(x-3) = 1$, 级数 $\sum_{n=0}^{\infty} 2^n (x-3)^n = \sum_{n=0}^{\infty} 1^n$ 发散.

结论: $f(x) = \sum_{n=0}^{\infty} 2^n (x-3)^n$ 对所有满足 $2|x-3| < 1$ 的点 x 收敛, 即在区间 $(2.5, 3.5)$ 内收敛. 同时, 由定理 2.14 可知, 级数在每一个闭区间 $|x - 3| \leqslant r < \frac{1}{2}$ 上一致收敛于 f, 且 f 在 $(2.5, 3.5)$ 内连续.

例 2.37 确定 $\sum_{n=0}^{\infty} \frac{x^n}{n!}$ 的收敛区间. 利用比值判别法:

$$\lim_{n \to \infty} \left| \frac{\frac{x^{n+1}}{(n+1)!}}{\frac{x^n}{n!}} \right| = \lim_{n \to \infty} \frac{|x|}{n+1} = 0 < 1.$$

由于对一切 x 值,都有 $0 < 1$ 恒成立,所以级数对一切实数 x 收敛,在任一闭区间 $|x-0| \leqslant r$ 上一致收敛,从而 $f(x) = \sum_{n=0}^{\infty} \dfrac{x^n}{n!}$ 在 $(-\infty, \infty)$ 上连续. 在第 4 章我们将看到, 上述幂级数的收敛函数可由另一方法得到.

2.6.3 函数 $\sqrt{x}$ 与 e^x

我们用三个函数列 $\{f_n\}$ 的例子来结束本节. 这三个函数列的特点是, 它们分别一致收敛于重要函数 $\sqrt{x}$, $|x|$ 和 e^x, 但它们不是幂级数. 对函数 e^x, 使用的函数列是连续函数列 $e_n(x) = \left(1 + \dfrac{x}{n}\right)^n$, 从而说明 e^x 是连续函数.

1. $\sqrt{x}$ 的近似

在第 1.3.1 节, 我们构造了一个收敛于 2 的平方根的数列 $s_1, s_2, s_3, \cdots$, 构造并未用到数 2 的任何特殊性质. 同样的方法可用于构造趋于任一正数 x 的平方根的数列. 具体如下:

假定 s 是 x 的平方根的一个近似值. 为了寻找更好的近似值, 注意到 s 与 $\dfrac{x}{s}$ 的乘积为 x. 若 s 比 $\dfrac{x}{s}$ 大, 则 $s^2 > s\dfrac{x}{s} = x > \left(\dfrac{x}{s}\right)^2$, 从而 $s > \sqrt{x} > \dfrac{x}{s}$, 也即 x 的平方根介于 s 与 $\dfrac{x}{s}$ 之间. 类似地, 若 s 比 $\dfrac{x}{s}$ 小, 则 $\dfrac{x}{s} > \sqrt{x} > s$. 因此, 可将下一步近似值取为二者的算术平均:

$$新的近似值 = \dfrac{1}{2}\left(s + \dfrac{x}{s}\right).$$

第一步近似值不任取, 而是取定 $s_0 = 1$, 并按照以下方式构造近似值 $s_1, s_2, \cdots$:

$$s_{n+1} = \dfrac{1}{2}\left(s_n + \dfrac{x}{s_n}\right).$$

第 n 步近似 s_n 取决于要近似的是哪个数 x 的平方根; 换言之, s_n 是 x 的函数. 那么, s_{n+1} 与 $\sqrt{x}$ 的误差是多少呢?

$$s_{n+1} - \sqrt{x} = \dfrac{1}{2}\left(s_n + \dfrac{x}{s_n}\right) - \sqrt{x}.$$

将上式右端的分式进行通分得

$$s_{n+1} - \sqrt{x} = \dfrac{1}{2s_n}\left(s_n^2 + x - 2s_n\sqrt{x}\right). \tag{2.12}$$

等号右端小括号里的表达式是完全平方 $(s_n - \sqrt{x})^2$, 所以可将 (2.12) 式改写为

$$s_{n+1} - \sqrt{x} = \dfrac{1}{2s_n}(s_n - \sqrt{x})^2 \qquad (n \geqslant 0). \tag{2.13}$$

2.6 函数列及其极限

此式表明, 只要 $s_n \neq \sqrt{x}$, s_{n+1} 就比 $\sqrt{x}$ 大.

由于 (2.13) 式右端的分母 s_n 比 $s_n - \sqrt{x}$ 要大, 所以

$$s_{n+1} - \sqrt{x} < \frac{1}{2}(s_n - \sqrt{x}).$$

应用上式 n 次, 得到

$$s_{n+1} - \sqrt{x} < \frac{1}{2^n}(s_1 - \sqrt{x}) = \left(\frac{1}{2}\right)^n \left(\frac{1+x}{2} - \sqrt{x}\right). \tag{2.14}$$

注意到在 (2.14) 式中, 当 $x \leqslant c$ 时, 总有 $\frac{1+x}{2} - \sqrt{x} < \frac{1+c}{2}$. 因此, 不等式 (2.14) 表明

$$s_{n+1}(x) - \sqrt{x} \leqslant \frac{1+c}{2^n}.$$

所以在正实轴的任一有限区间 $[0, c]$ 上, 函数列 $s_n(x)$ 一致收敛于函数 $\sqrt{x}$ (图 2.40). 收敛速度比我们此处证得的还要快, 对此 5.3.3 节将进一步进行讨论.

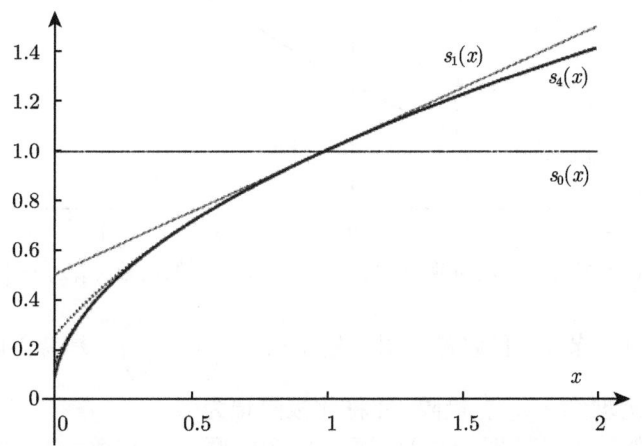

图 2.40 函数 $s_n(x)$ 收敛于 $\sqrt{x}$, 图中给出了 $0 \leqslant n \leqslant 4$ 的情形, 注意图中未画出 $\sqrt{x}$ 的图像

例 2.38 构造有理函数列近似函数 $f(x) = |x|$. 设 $f_n(x) = s_n(x^2)$, 其中 s_n 是上述收敛于 $\sqrt{x}$ 的函数列. 由 $s_n(x)$ 一致收敛于 $\sqrt{x}$, 且 x^2 在任一闭区间上连续, 定理 2.12 保证 $s_n(x^2)$ 一致收敛于 $\sqrt{x^2} = |x|$.

图 2.41 给出了 $s_2(x^2), s_3(x^2)$ 和 $s_5(x^2)$, 它们是用于近似 $|x|$ 的有理函数.

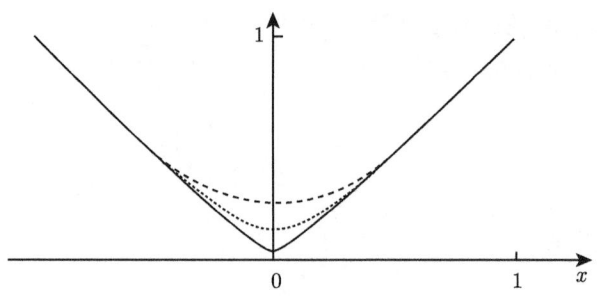

图 2.41 例 2.38 中 $|x|$ 的有理近似

2. e^x 的近似

令函数 $e_n(x) = \left(1 + \dfrac{x}{n}\right)^n$. 在读者的帮助下,我们将证明这一函数列在任一有限区间 $[-c, c]$ 上一致收敛于函数 e^x(图 2.42).

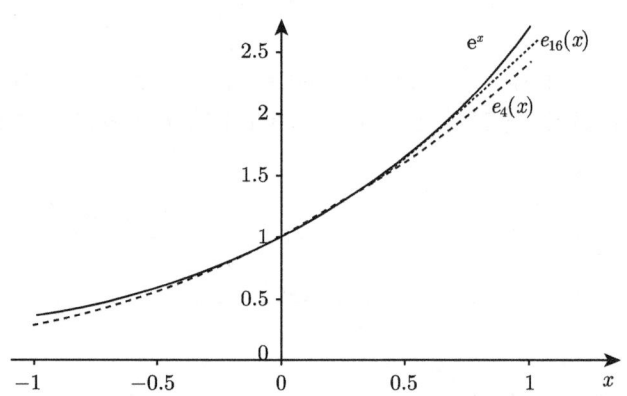

图 2.42 区间 $[-1, 1]$ 上,指数函数 e^x 及 $n = 4, n = 6$ 时的函数 $e_n(x) = \left(1 + \dfrac{x}{n}\right)^n$ 的图像

回顾起在 1.4 节中,我们曾证明,数列 $e_n = \left(1 + \dfrac{1}{n}\right)^n$ 是有界的递增数列,从而由单调收敛定理知,e_n 有极限,并将此极限记为 e.

可以用类似的方法证明 (详见问题 2.73 和问题 2.74) 对每个正数 x, 数列 $e_n(x)$ 也是有界的递增数列,从而由单调收敛定理,$e_n(x)$ 逐点收敛于数 $e(x)$, 其中 $e(x)$ 与 x 的取值有关. 注意到 $e_n(1) = e_n$, 故有 $e(1) = e$.

剩下只需证明极限函数 $e(x)$ 就是指数函数 e^x, 且在任一有限区间上,收敛是一致的. 为此,首先说明当 x 为有理数时,$e(x) = e^x$. 事实上,只要证明对任一正有理数 r, s, 都有

$$e(r + s) = e(r)e(s)$$

即可. 这是因为由 2.5.3 节可知,这一关系式即可推出 $e(x)$ 对有理数是指数函数.

2.6 函数列及其极限

设 r, s 为任意正有理数，可以找到一个公共的分母 d，使得

$$r = \frac{p}{d}, \qquad s = \frac{q}{d}$$

且 p, q, d 均为正整数. 对 $r + s$ 进行代数运算，可得

$$e(r+s) = e\left(\frac{p}{d} + \frac{q}{d}\right) = e\left(\frac{1}{d}(p+q)\right).$$

下证对任一正整数 k，有

$$e(kx) = (e(x))^k. \tag{2.15}$$

事实上，由于对每个正整数 k，$\left(1 + \frac{x}{n}\right)^n$ 收敛于 $e(x)$，于是 $\left(1 + \frac{kx}{n}\right)^n$ 收敛于 $e(kx)$. 令 $n = km$，可得 $\left(1 + \frac{kx}{km}\right)^{km} = \left(1 + \frac{x}{m}\right)^{mk}$ 趋于 $e(x)^k$. 也即 (2.15) 式成立.

在 (2.15) 式中，令 $x = 1/d, k = p + q$，得

$$e\left(\frac{1}{d}(p+q)\right) = \left(e\left(1 + \frac{1}{d}\right)\right)^{p+q} = \left(e\left(1 + \frac{1}{d}\right)\right)^p \left(e\left(1 + \frac{1}{d}\right)\right)^q$$
$$= e\left(\frac{p}{d}\right) e\left(\frac{p}{q}\right) = e(r)e(s).$$

这表明对有理数 x，$e(x)$ 是指数函数 a^x. 而 $e(1) = e$，于是 $e(x) = e^x$.

下面证明 $e_n(x)$ 在任一有限区间 $[-c, c]$ 上一致收敛于 $e(x)$. 前面对 $e_n(x)$ 逐点收敛的证明用到了单调收敛定理，但不幸的是，这一方法对收敛速度没有给出任何信息，从而对证明收敛的一致性是没有帮助的. 我们将证明对 $-c \leqslant x \leqslant c$，存在某一仅依赖于 c 的常数 k，使得

$$e(x) - e_n(x) < \frac{k}{n},$$

用以证明一致收敛性.

证明主要应用当 $1 < b < a$ 时成立的不等式

$$a^n - b^n < (a - b)na^{n-1}. \tag{2.16}$$

先证此不等式：首先，对任意 a 与 b，都有

$$a^n - b^n = (a - b)(a^{n-1} + a^{n-2}b + a^{n-3}b^2 + \cdots + b^{n-1}),$$

这由右端直接相乘即可得到. 于是当 $0 < b < a$ 时，a 与 b 的幂满足关系 $b^k < a^k$，从而因子 $(a^{n-1} + a^{n-2}b + a^{n-3}b^2 + \cdots + b^{n-1})$ 中的每一项都比 a^{n-1} 小. 因此，

$a^n - b^n < (a-b)na^{n-1}$. 而当 $1 < a$ 时, 可在上式右端再添加一个因子 a, 证得不等式 (2.16). 为证一致收敛性, 下面将在两个不同的场合用到此不等式.

由 $e_n(x)$ 是递增数列知
$$e(x) \geqslant \left(1 + \frac{x}{n}\right)^n.$$

不等式左右两边取 n 次方根并在 (2.15) 式中取 $k = n$, 可得 $e(x)$ 的 n 次方根的估计
$$e\left(\frac{x}{n}\right) = (e(x))^{\frac{1}{n}} \geqslant 1 + \frac{x}{n} \geqslant 1.$$

首先用不等式 (2.16) 证明对 $n > x$, 成立
$$e\left(\frac{x}{n}\right) < \frac{1}{1 - \frac{x}{n}}. \tag{2.17}$$

在 (2.16) 式中, 令 $a = 1 + \frac{x}{n}, b = 1$, 得到
$$a^n - b^n = e_n(x) - 1 < (a-b)na^n = \frac{x}{n}n\left(1 + \frac{x}{n}\right)^n = xe_n(x).$$

令 n 趋于无穷, 得 $e(x) - 1 < xe(x)$ 或 $(1-x)e(x) < 1$. 于是若 $x < 1$, 则 $1 - x$ 是正的, 从而得到 $e(x) < \frac{1}{1-x}$. 但若 $n > x$, 则 $\frac{x}{n} < 1$, 从而 $e\left(\frac{x}{n}\right) < \frac{1}{1 - \frac{x}{n}}$. 因此 (2.17) 式得证.

对不等式 (2.16) 的第二个应用是, 令 $a = e\left(\frac{x}{n}\right), b = 1 + \frac{x}{n}$. 我们得到
$$e(x) - e_n(x) = \left(e\left(\frac{x}{n}\right)\right)^n - \left(1 + \frac{x}{n}\right)^n = a^n - b^n \leqslant (a-b)na^n$$
$$= \left(e\left(\frac{x}{n}\right) - \left(1 + \frac{x}{n}\right)\right) n \left(e\left(\frac{x}{n}\right)\right)^n = \left(e\left(\frac{x}{n}\right) - \left(1 + \frac{x}{n}\right)\right) ne(x). \tag{2.18}$$

将 (2.17) 式代入 (2.18) 式的右端, 得到
$$e(x) - e_n(x) < \left(\frac{1}{1 - \frac{x}{n}} - \left(1 + \frac{x}{n}\right)\right) ne(x) = \left(\frac{\frac{x^2}{n^2}}{1 - \frac{x}{n}}\right) ne(x). \tag{2.19}$$

从而当 n 大于 x 时, 有
$$e(x) - e_n(x) \leqslant \frac{1}{n} \frac{x^2 e(x)}{1 - \frac{x}{n}}. \tag{2.20}$$

2.6 函数列及其极限

若 $n > 2x$, 则 (2.20) 式右端的分母就大于 $\frac{1}{2}$, 所以对一切 $x \in [-c, c]$, 有

$$e(x) - e_n(x) < \frac{1}{n} 2 e(x) x^2 < \frac{2}{n} e(c) c^2.$$

这表明当 n 趋于无穷时, $e_n(x)$ 在任一有限区间上一致收敛于 $e(x)$. 证毕.

例 2.39 我们知道, $g_n(x) = \left(1 + \dfrac{x}{n}\right)^n$ 在 x 的任一区间 $[a, b]$ 上一致收敛于 e^x. 从而由定理 2.12 得

(a) $\left(1 + \dfrac{x^2}{n}\right)^n = g_n(x^2)$ 一致收敛于 e^{x^2};

(b) $\left(1 - \dfrac{x}{n}\right)^n = g_n(-x)$ 一致收敛于 e^{-x};

(c) $\ln(g_n(x)) = n \ln\left(1 + \dfrac{x}{n}\right)$ 一致收敛于 $\ln \mathrm{e}^x = x$.

问 题

2.59 利用等式 $1 + x + x^2 + x^3 + x^4 = \dfrac{1 - x^5}{1 - x}$ 在区间 $-\dfrac{1}{2} \leqslant x \leqslant \dfrac{1}{2}$ 上给出近似表达

$$1 + x + x^2 + x^3 + x^4 \approx \frac{1}{1 - x}$$

的精度估计.

2.60 本题给出几何级数的另一种几何意义. 如图 2.43 所示, 从单位圆周的最高点处作直线, 使之穿过圆周在第一象限的某点 (x, y), 则直线与水平轴的交点 z 称为点 (x, y) 的球极投影. 阴影部分的三角形都是相似三角形. 证明下列命题.

(a) $z = \dfrac{x}{1 - y}$.

(b) 第 n 个三角形的高是第 $n - 1$ 个三角形高的 y 倍.

(c) z 可表示成几何级数 $z = x + xy + xy^2 + xy^3 + \cdots = \dfrac{x}{1 - y}$ 的和.

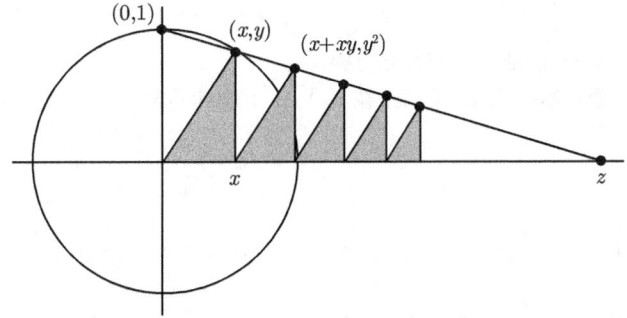

图 2.43 球极投影是几何级数的和

2.61 定理 2.12 中结论 (a) 的证明我们只给出了大致思路. 下面完善证明的细节.
(a) 证明对一切 x, 成立
$$|f(x) + g(x) - (f_n(x) + g_n(x))| \leqslant |f(x) - f_n(x)| + |g(x) - g_n(x)|.$$
(b) 证明任给定容许误差 $\varepsilon > 0$, 存在 N_1, 使得当 $n > N_1$ 时, 对一切 x, 都有 $|f(x) - f_n(x)| < \dfrac{\varepsilon}{2}$; 且存在 N_2, 使得当 $n > N_2$ 时, 对一切 x, 都有 $|g(x) - g_n(x)| < \dfrac{\varepsilon}{2}$.
(c) 证明对任给定的容许误差 $\varepsilon > 0$, 存在 N, 使得当 $n > N$ 时, 对一切 x, 都有
$$|f(x) - f_n(x)| + |g(x) - g_n(x)| < \varepsilon.$$
(d) 证明对任给定的容许误差 $\varepsilon > 0$, 存在 N, 使得当 $n > N$ 时, 对一切 x, 都有
$$|f(x) + g(x) - (f_n(x) + g_n(x))| < \varepsilon.$$
(e) 证明 $f_n + g_n$ 一致收敛于 $f + g$.

2.62 利用定理 2.12 找到一个区间 $[a, b]$, 使如下收敛
$$1 + e^{-t} + e^{-2t} + e^{-3t} + \cdots = \frac{1}{1 - e^{-t}}$$
对 $t \in [a, b]$ 是一致的.

2.63 已知幂级数 $f(x) = \sum\limits_{n=0}^{\infty} a_n (x-2)^n$ 在 $x = 4$ 收敛. 那么 x 取什么值时级数仍收敛? 找出使 f 连续的最大开区间.

2.64 判断下列各组级数中哪个级数的收敛半径较大, 其中有两组级数有相同的收敛半径.

(a) $\sum\limits_{n=0}^{\infty} x^n$ 与 $\sum\limits_{n=0}^{\infty} 3^n x^n$; (b) $\sum\limits_{n=0}^{\infty} x^n$ 与 $\sum\limits_{n=0}^{\infty} \dfrac{x^n}{n!}$;

(c) $\sum\limits_{n=0}^{\infty} n(x-2)^n$ 与 $\sum\limits_{n=0}^{\infty} (x-3)^n$;

(d) $1 + x + \dfrac{x^2}{2!} + \dfrac{x^3}{3!} + \dfrac{x^4}{4!} + \cdots$ 与 $\dfrac{x^3}{3!} + \dfrac{x^4}{4!} + \dfrac{x^5}{5!} + \cdots$.

2.65 将定理 2.13 的证明细节补充完整.

2.66 下列级数中哪个表示 (至少) 在 $[-1, 1]$ 上连续的函数?

(a) $\sum\limits_{n=0}^{\infty} x^n$; (b) $\sum\limits_{n=0}^{\infty} \left(\dfrac{1}{10}\right)^n x^n$;

(c) $\sum\limits_{n=0}^{\infty} \left(\dfrac{1}{10}\right)^n (x-2)^n$; (d) $1 + x + \dfrac{x^2}{2!} + \dfrac{x^3}{3!} + \dfrac{x^4}{4!} + \cdots$.

2.67 考虑幂级数 $\sum\limits_{n=0}^{\infty} a_n x^n$. 假设极限 $L = \lim\limits_{n \to \infty} |a_n|^{1/n}$ 存在且为正值. 通过证明下列

步骤中的命题, 证明 $1/L$ 是级数的收敛半径. 此即**根值判别法**.

(a) 设 $\sum_{n=0}^{\infty} p_n$ 是正数构成的级数, $\lim_{n\to\infty} p_n^{1/n} = \ell$ 存在且 $\ell < 1$. 证明: 存在数 $r, 0 < \ell < r < 1$, 以及充分大的 N, 使得当 $n > N$ 时, 有 $p_n < r^n$, 从而推出 $\sum_{n=0}^{\infty} p_n$ 收敛.

(b) 设 $\sum_{n=0}^{\infty} p_n$ 是正数构成的级数, $\lim_{n\to\infty} p_n^{1/n} = \ell$ 存在且 $\ell > 1$. 证明: 存在数 $r, 1 < r < \ell$, 以及充分大的 N, 使得当 $n > N$ 时, 有 $p_n > r^n$, 并证明 $\sum_{n=0}^{\infty} p_n$ 发散.

(c) 对不同的 x 值, 取 $p_n = |a_n x^n|$, 证明 $1/L$ 是 $\sum_{n=0}^{\infty} a_n x^n$ 的收敛半径.

2.68 假设 $\{p_n\}$ 是一正数列, 且存在数 L, 使其部分和 $p_1 + \cdots + p_n$ 小于 nL. 利用根值判别法 (问题 2.67) 证明级数 $\sum_{n=0}^{\infty} (p_1 p_2 p_3 \cdots p_n) x^n$ 在 $|x| < 1/L$ 内收敛.

2.69 假设由根值判别法 (问题 2.67) 判定级数 $\sum_{n=0}^{\infty} a_n x^n$ 的收敛半径为 R. 证明: 根据根值判别法, 级数 $\sum_{n=0}^{\infty} n a_n x^n$ 的收敛半径也是 R (详见问题 1.53).

2.70 对下列级数确定 (i) 使级数收敛的 x 的范围; (ii) 使其和函数连续的最大开区间.

(a) $\sum_{n=0}^{\infty} \dfrac{x^n}{2^n}$;

(b) $\sum_{n=0}^{\infty} \dfrac{(x-3)^{2n}}{(2n)!}$;

(c) $\sum_{n=0}^{\infty} \sqrt{n} x^n$;

(d) $\sum_{n=0}^{\infty} \left(\dfrac{x^n}{2^n} + \sqrt{n} x^n \right)$;

(e) $\sum_{n=0}^{\infty} \dfrac{2^n + 7^n}{3^n + 5^n} x^n$.

2.71 对下列级数中的某一些, 有时可以求出其收敛函数的代数表达式. 在这种情形下, 给出该表达式, 并指明级数收敛的定义域.

(a) $1 - t^2 + t^4 - t^6 + \cdots$;

(b) $\sum_{n=3}^{\infty} x^n$, 注意求和从 $n = 3$ 开始;

(c) $\sum_{n=0}^{\infty} \sqrt{n} x^n$;

(d) $\sum_{n=0}^{\infty} \left(\dfrac{t^n}{2^n} + 3^n t^{2n} \right)$.

2.72 文中用于近似 $\sqrt{x}$ 的函数列 $s_n(x)$ 是以递归形式定义的. 请将 $s_2(x)$ 和 $s_3(x)$ 的

显式表达式写出来, 并说明它们是有理函数.

2.73 利用 1.4 节的方法证明对 $x > 0$, 数列 $e_n(x) = \left(1 + \dfrac{x}{n}\right)^n$ 是递增数列.

2.74 证明对 $x > 0$, 数列 $\{e_n(x)\}$ 有界.(提示: 对 $x < 2$, $e_n(x) < \left(1 + \dfrac{x}{n}\right)^n$. 再令 $n = 2m$, 证明 $e_m(x) < \mathrm{e}^2$.)

2.75 利用数列 $e_n(x) = \left(1 + \dfrac{x}{n}\right)^n$ 与某一连续函数的复合, 找出在任一区间 $[a, b]$ 上都收敛到 e^{-x} 的函数列.

第3章 导数和微分

摘要 生活中有许多关于事物变化率的有趣问题. 例如: 人口的增长率是多少? 放射性材料的衰变有多快? 国债的增长率是多少? 当你逐渐靠近一个热源时, 感受到温度如何变化? 在这一章, 我们将定义和讨论变化率, 这一概念在数学中称为导数.

3.1 导数的概念

一辆车的众多仪表盘中有两个是表示数量的: 里程表和速度表. 我们将要探究这两个表的读数 (图 3.1) 之间的关系. 假如你的速度表坏了, 有没有一种方法根据里程表上的数据来推测汽车的速度呢 (据此以判断你是否超速行驶)?

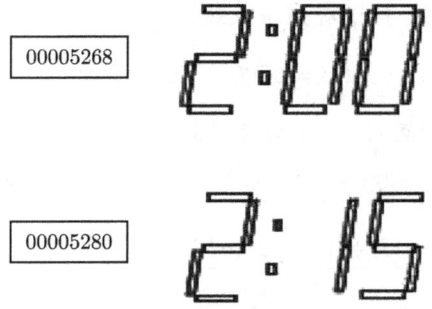

图 3.1 仪表盘上的两个读数

假如 2 点钟时, 里程表的读数是 5268(单位: 英里), 15 分钟以后, 读数变为 5280(单位: 英里). 那么在这 15 分钟内, 行驶的平均速度为

$$\frac{\text{行驶距离 (英里)}}{\text{时间间隔 (小时)}} = \frac{5280 - 5268}{0.25} = \frac{12}{0.25} = 48\frac{\text{英里}}{\text{小时}}.$$

设里程表的读数为 s, 它是时间的函数. 即在 t 时刻其读数为 $s(t)$, 则从 t 时刻起15分钟内的平均速度为

$$\frac{s(t+0.25) - s(t)}{0.25}.$$

更一般地, 令 h 是任一时间段, 则在 h 内的平均速度为

$$\frac{s(t+h) - s(t)}{h}.$$

速度表上的数字是瞬时速度, 它是时间间隔 h 趋于 0 时的极限.

速度

如图 3.2 所示, 令 $f(t)$ 表示沿数轴方向 t 时刻的位置. 差商 $\dfrac{f(t+h)-f(t)}{h}$ 表示这个时间段内的平均速度. 从前一时刻到后一时刻的某时间段内, 若位置的改变量向右, 则平均速度为正; 若位置的改变量向左, 则平均速度为负; 若位置没有改变, 则为 0.

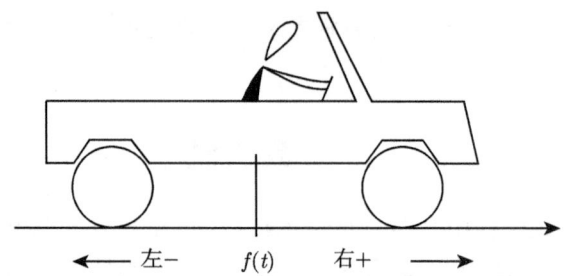

图 3.2 一辆汽车沿着标记为数轴的公路行驶, 汽车中心的位置 $x=f(t)$

例 3.1 若位置函数 $f(t)$ 有如下表达式:
$$f(t)=5000+35t+2.5t^2,$$
则从 t 到 $(t+h)$ 这段时间内, 其平均速度为
$$\begin{aligned}\frac{f(t+h)-f(t)}{h}&=\frac{5000+35(t+h)+2.5(t+h)^2-(5000+35t+2.5t^2)}{h}\\&=\frac{35h+5th+2.5h^2}{h}\\&=35+5t+2.5h.\end{aligned}$$

注意到, 当 h 趋于 0 时, 这个平均速度趋于 $35+5t$, 在这个逐步缩短的时间段内平均速度的极限值, 称为 **瞬时速度**.

上述从以时间为自变量的位置函数来推导速度的过程叫做微分. 现在我们不考虑物理模型给出这个过程的定义.

定义 3.1 当 h 趋于 0 时, 如果差商
$$\frac{f(a+h)-f(a)}{h}$$
的极限存在, 则称函数 f 在点 a 处**可导**. 这个极限值称为 f 在点 a 处的**导数**, 并记为 $f'(a)$:
$$f'(a)=\lim_{h\to0}\frac{f(a+h)-f(a)}{h}. \tag{3.1}$$

(3.1) 式可以解释为, 当包含点 a 的区间越来越小时, f 的平均变化率趋于一个数 $f'(a)$, 即 f 在点 a 处的瞬时变化率.

在所有使 f 的导数都存在的点处, 导数定义了另一个函数 f'. 像定义连续性一样, 我们扩展导数的定义至点 a 处的**右导数**

$$\lim_{h\to 0+}\frac{f(a+h)-f(a)}{h}=f'_+(a)$$

及点 a 处的**左导数**

$$\lim_{h\to 0-}\frac{f(a+h)-f(a)}{h}=f'_-(a).$$

称 f 在闭区间 $[a,b]$ 上是可导的, 若对任意的 $x\in(a,b)$, 导数值 $f'(x)$ 存在, 且在端点处 $f'_+(a),f'_-(b)$ 都存在. 若 f 在某区间 I 上的任意点 x 处可导, 则称 f 在区间 I 上可导. 若 f 在任意点 x 处可导, 则称 f 是可导的.

下面我们举几个导数存在且容易求得的例子.

例 3.2 令 $f(x)=c$ 为任意常数函数. 由导数的定义计算 $f'(x)$:

$$f'(x)=\lim_{h\to 0}\frac{f(x+h)-f(x)}{h}=\lim_{h\to 0}\frac{c-c}{h}=0.$$

因此, 任意常数函数都是可导的, 并且它的导数为零.

例 3.3 令 $\ell(x)=mx+b$. 由导数的定义得该函数图像的斜率

$$\begin{aligned}\ell'(x)(x)&=\lim_{h\to 0}\frac{\ell(x+h)-\ell(x)}{h}=\lim_{h\to 0}\frac{m(x+h)+b-(mx+b)}{h}\\&=\lim_{h\to 0}\frac{mh}{h}=\lim_{h\to 0}m=m.\end{aligned}$$

例 3.4 令 $f(x)=x^2$, 则其导数为

$$f'(x)=\lim_{h\to 0}\frac{(x+h)^2-x^2}{h}=\lim_{h\to 0}\frac{x^2+2xh+h^2-x^2}{h}=\lim_{h\to 0}(2x+h)=2x.$$

3.1.1 几何意义

我们在例 3.3 中看到, 一个线性函数 ℓ 的导数是其图像 $y=\ell(x)$ 的斜率. 下面我们探究其他函数导数的几何意义.

设 f 在点 a 处可导, 由两点 $(a,f(a))$ 和 $(a+h,f(a+h))$ 确定的直线称为**割线**. 这条割线的斜率为

$$\frac{f(a+h)-f(a)}{h}.$$

由于 f 在点 a 处可导, 因此当 h 趋于 0 时, 割线的斜率趋于 $f'(a)$. 所以这些割线成为过点 $(a, f(a))$ 且斜率为 $f'(a)$ 的直线, 我们称这条直线在点 $(a, f(a))$ 处与 f 的图像相切(图 3.3).

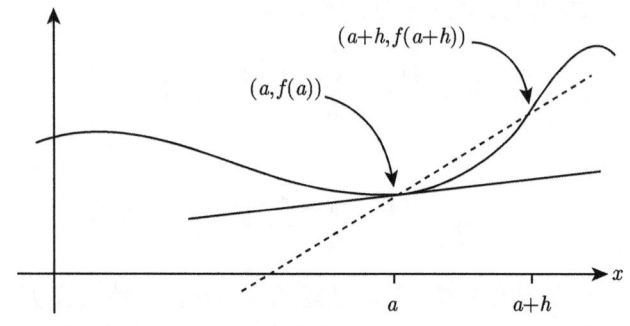

图 3.3　割线和通过点 $(a, f(a))$ 的切线

若函数 f 在点 a 处不可导, 则其割线斜率的极限不存在. 在某些情形, 割线极限不存在是因为它的斜率趋于 $+\infty$ 或 $-\infty$ (图 3.4). 这时在 $(a, f(a))$ 处的切线是竖直的. 若由于其他原因极限不存在, 则该函数图像在点 $(a, f(a))$ 处不存在切线.

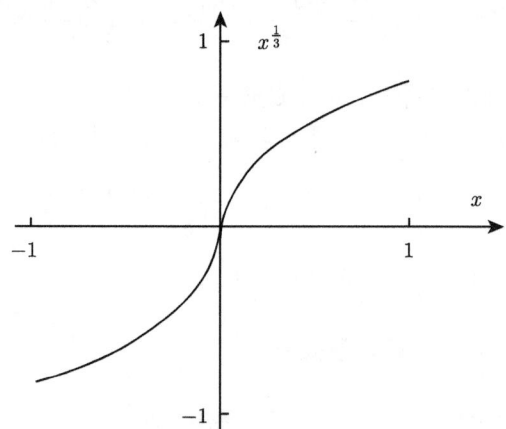

图 3.4　函数 $x^{\frac{1}{3}}$ 在 0 点处不可导, 见例 3.5

例 3.5　函数 $f(x) = x^{\frac{1}{3}}$ 在点 $x = 0$ 处不可导, 因为

$$\lim_{h \to 0} \frac{(0+h)^{\frac{1}{3}} - 0^{\frac{1}{3}}}{h} = \lim_{h \to 0} \frac{1}{h^{\frac{2}{3}}}$$

不存在. 事实上, 当 h 趋于 0 时, $\dfrac{1}{h^{\frac{2}{3}}}$ 趋于 $+\infty$. 所以 $f'(0)$ 不存在. 如图 3.4 所示, 我们看出该函数 f 的图像在 $(0, 0)$ 处几乎是竖直的.

例 3.6 绝对值函数
$$|x| = \begin{cases} x, & x \geqslant 0, \\ -x, & x < 0. \end{cases}$$

在 $x = 0$ 处不可导:

$$\frac{|0+h|-|0|}{h} = \begin{cases} \dfrac{h}{h} = 1, & h > 0, \\ \dfrac{-h}{h} = -1, & h < 0, \end{cases}$$

因此

$$\lim_{h \to 0+} \frac{|0+h|-|0|}{h} = 1,$$

$$\lim_{h \to 0-} \frac{|0+h|-|0|}{h} = -1.$$

因为左右极限不相等,所以 $\lim\limits_{h \to 0} \dfrac{|0+h|-|0|}{h}$ 不存在. 图 3.5 为 $|x|$ 的图像, 从中可以看出在 $(0,0)$ 点的左侧, 图像的斜率为 -1, 右侧图像斜率为 1, 而在点 $(0,0)$ 处存在一个尖角.

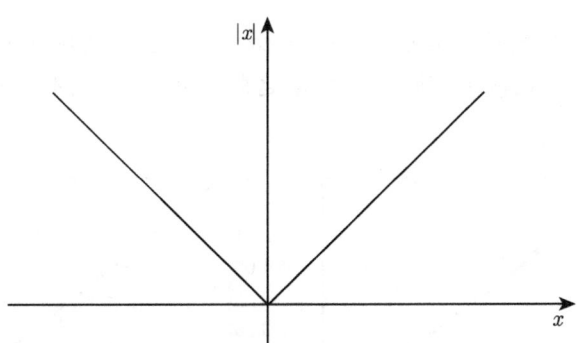

图 3.5 绝对值函数是连续的, 但它在点 0 处不可导, 见例 3.6 和例 3.8

定义 3.2 线性函数
$$\ell(x) = f(a) + f'(a)(x-a)$$

称为 f 在点 a 处的**线性近似**.

ℓ 称为 f 在点 a 处的线性近似, 是因为 ℓ 是满足下列性质的唯一线性函数:
(a) $\ell(a) = f(a)$.
(b) $\ell'(a) = f'(a)$.

例 3.7 求函数 $f(x) = x^2$ 在点 $x = -1$ 处的线性近似 (图 3.6).
因为 $f'(x) = (x^2)' = 2x$, 所以 $f'(-1) = -2$, 于是

$$\ell(x) = f(-1) + f'(-1)(x - (-1)) = (-1)^2 - 2(x+1) = -2x - 1.$$

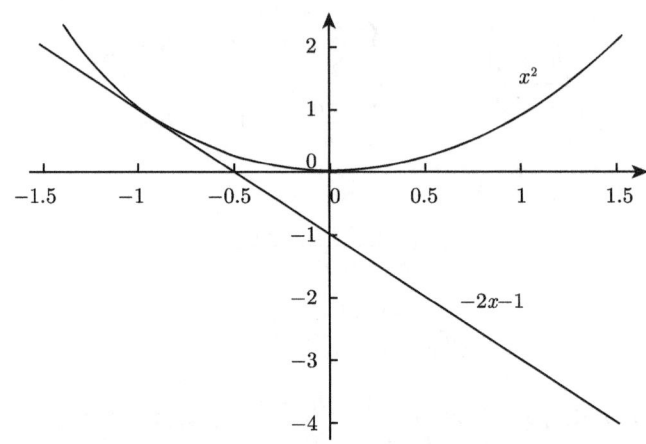

图 3.6 例 3.7 中的函数 $f(x) = x^2$ 和它在 $x = -1$ 处的线性近似 $\ell(x) = -2x - 1$, l 的图像是过点 $(-1, 1)$ 的切线

图 3.7 揭示了称 $\ell(x) = -2x - 1$ 为 x^2 在 $x = -1$ 处的线性近似的另一个原因. 在越接近 $x = -1$ 处观察 x^2 的图像, 它看起来越像直线, 几乎与 $\ell(x) = -2x - 1$ 的图像没有差别.

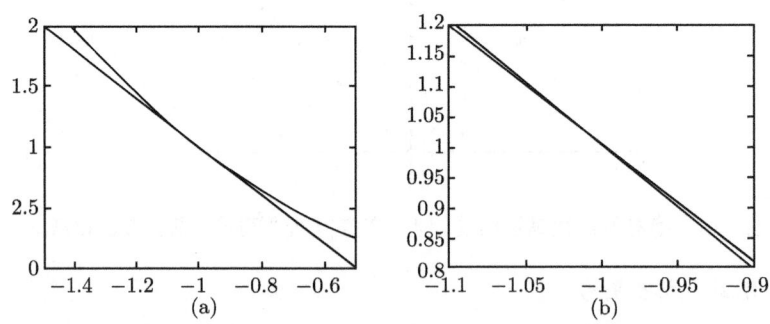

图 3.7 两种不同放大尺度下 x^2 在 $x = -1$ 处的线性近似, 见例 3.7

3.1.2 可导与连续

不难看出, 一个函数在点 a 处可导, 则在点 a 处是连续的. 可导要求 $f(a+h)$ 以正比于 h 的速度趋于 $f(a)$, 而连续性只要当 h 趋于零时, $f(a+h)$ 趋于 $f(a)$ 即可.

定理 3.1(可导必连续) 若函数在点 a 处可导, 则它在点 a 处连续.

证明 由于极限
$$f'(a) = \lim_{h \to 0} \frac{f(a+h) - f(a)}{h}$$
存在, 等式右端的分子必趋于 0. 即当 h 趋于 0 时, $f(a+h)$ 趋于 $f(a)$. 这是 f 在点 a 处连续的定义. 证毕.

下面将证明连续性成立并不意味着可导.

例 3.8 绝对值函数在点 0 处连续: 当 h 趋于 0 时, $|h|$ 也趋于 0. 如例 3.6 所证, $|x|$ 在点 0 处不可导.

例 3.9 函数 $f(x) = x^{\frac{1}{3}}$ 在点 $x=0$ 处是连续的, 但是正如例 3.5 中所证 $f'(0)$ 不存在.

例 3.10 考虑分段函数
$$f(x) = \begin{cases} x\sin\left(\dfrac{\pi}{x}\right), & x \neq 0, \\ 0, & x = 0. \end{cases}$$

函数 f 的图像如图 3.8 所示. 当 $x \neq 0$ 时,
$$-|x| \leqslant x\sin\left(\frac{\pi}{x}\right) \leqslant |x|.$$

当 x 趋于 0 时, $|x|$ 和 $-|x|$ 都趋于 0. 由两边夹定理 2.2,
$$\lim_{x \to 0} f(x) = \lim_{x \to 0} x\sin\left(\frac{\pi}{x}\right) = 0 = f(0),$$
即 f 在点 0 处是连续的; 另一方面, 当 h 趋于 0 时, 差商
$$\frac{f(h) - f(0)}{h} = \frac{h\sin\left(\dfrac{\pi}{h}\right) - 0}{h} = \sin\left(\frac{\pi}{h}\right).$$

反复取 -1 和 1 间所有值. 因此 $\lim\limits_{x \to 0} \sin\left(\dfrac{\pi}{x}\right)$ 不存在. 尽管 f 是连续的, 但是 $f'(0)$ 不存在.

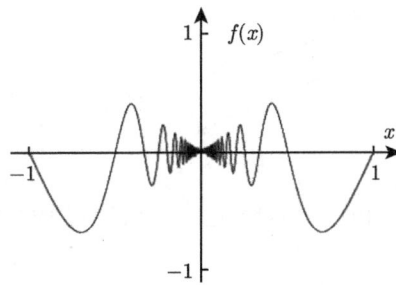

图 3.8 分段函数 $f(x) = x\sin\left(\dfrac{\pi}{x}\right), f(0) = 0$ 的图像. 函数 f 在点 0 处连续但不可导, 见例 3.10

事实上, 一个连续函数可能在很多点都不可导 (图 3.9).

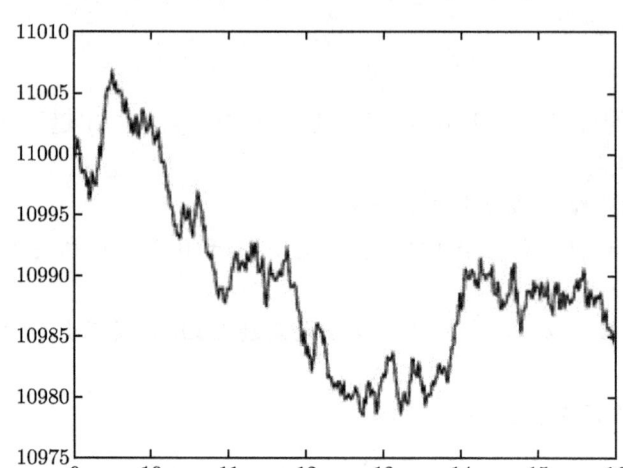

图 3.9　某股票市场从上午 10 点到下午 4 点所显示的股票价格的函数, 在任意点处都是不可导的

3.1.3　导数的应用

1. 作为伸缩因子的导数

令 $f(x) = x^2$, 图 3.10 比较了从 x 到 $x+h$ 的区间长度与 x^2 到 $(x+h)^2$ 的区间长度:

$$\frac{(x+h)^2 - (x)^2}{h} = \frac{x^2 + 2xh + h^2 - x^2}{h} = \frac{2xh + h^2}{h} = 2x + h.$$

对于比较小的 h, 区间 $[x^2, (x+h)^2]$ 的长度是 $[x, x+h]$ 长度的 $2x$ 倍. 所以有时导数 $f'(x)$ 也可以理解为一个伸缩因子.

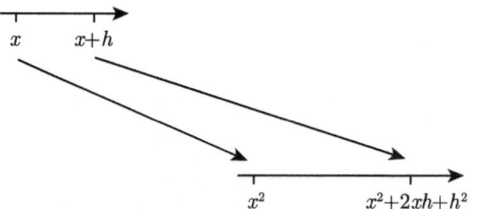

图 3.10　平方函数在一段小区间上的效应

2. 作为改变量灵敏度的导数

导数可以用来估计当 f 的输入量有个小的改变量时, 会怎样影响它的输出量.

3.1 导数的概念

当 h 趋于零时，$\dfrac{f(a+h)-f(a)}{h}$ 趋于 $f'(a)$，所以 $f(a+h)-f(a)$ 约等于 $hf'(a)$. 称乘积 $hf'(a)$ 为微分，它依赖于 h 和 a. 下面我们看一个实际例子.

假如，用 1.000 的平方来代替 1.001 的平方，用 10000 的平方代替 10000.001 的平方. 对这两种情形，我们对输入量都改变 0.001. 那么输出量如何变化呢? 运用 $(x^2)' = 2x$ 和估计式

$$f(a+h) - f(a) \approx hf'(a),$$

可得

$$(1.001)^2 - (1)^2 \approx 2 \times 1 \times 0.001 = 0.002,$$

$$(10000.001)^2 - (10000)^2 \approx 2 \times 10000 \times 0.001 = 20.$$

函数 f 在 $x = 10000$ 处比在 $x = 1$ 处对相同改变量更灵敏. 观察 x^2 的图像，便能找到原因，该图像在 $x = 10000$ 处比在 $x = 1$ 处要陡峭得多.

3. 作为密度的导数

考虑一个单位横截面的杆，这个杆在长度方向上的材质不同. 令 $M(x)$ 为从左侧起到 x 处杆的质量，则从 x 到 $x+h$ 这一段杆的平均密度 (质量/体积) 为

$$\frac{M(x+h) - M(x)}{x+h-x} = \frac{\text{杆在区间}[x, x+h]\text{部分的质量}}{h}.$$

所以在点 x 处的密度为包含此点在内一小段杆平均密度的极限.

$$\lim_{h \to 0} \frac{M(x+h) - M(x)}{h} = M'(x).$$

函数 $M'(x)$ 称为杆在点 x 处的线密度 (图 3.11).

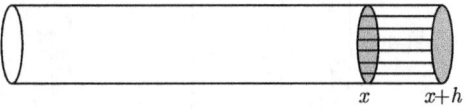

图 3.11 从 x 处到 $x+h$ 处杆的质量为 $M(x+h) - M(x)$

4. 旋转体体积和截面面积

考虑如图 3.12 所示的旋转体.

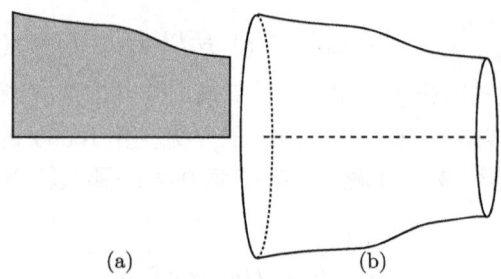

图 3.12 (a) 一个将沿着轴旋转的区域; (b) 相应的旋转体

如图 3.13 所示, 设过点 x 与旋转轴垂直的平面左侧部分旋转体的体积为 $V(x)$, $A(x)$ 为旋转体在点 x 处的横截面面积, 并假设 A 随着 x 连续地变化. 由极值原理, A 在区间 $[x, x+h]$ 上有最大值 A_M 和最小值 A_m. 考虑差商

$$\frac{V(x+h) - V(x)}{x+h-x} = \frac{V(x+h) - V(x)}{h},$$

这个值为夹在两平面之间的旋转体部分的体积与两平面之间距离的商.

由于旋转体的这一部分夹在较大和较小的圆柱体之间, 所以分子的有界性由这两个圆柱体的体积控制

$$A_m \cdot h \leqslant V(x+h) - V(x) \leqslant A_M \cdot h.$$

取 $h > 0$, 从而有

$$A_m \leqslant \frac{V(x+h) - V(x)}{h} \leqslant A_M.$$

因为 $A(x)$ 是连续的, 当 h 趋于 0 时, A_M 和 A_m 都趋于 $A(x)$. 所以

$$V'(x) = A(x).$$

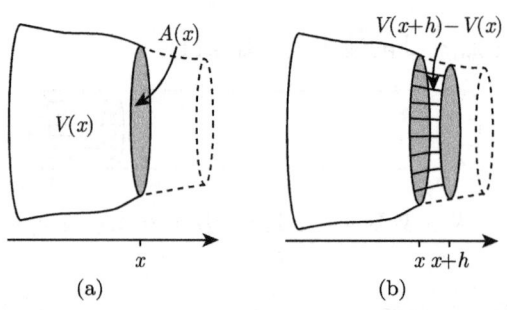

图 3.13 (a) $V(x)$ 为 x 左侧部分的体积, $A(x)$ 为 x 点处的横截面面积; (b) $V(x+h) - V(x)$ 为 x 到 $x+h$ 间部分的体积

5. 曲线的切线

运用求曲线切线的方法研究放置在 (x,y) 面内的抛物型镜面反射问题, 设其方程为
$$y = x^2.$$
首先我们来叙述反射原理.
- 在均匀介质中, 光沿直线传播.
- 当一条光线射向一个水平镜面时, 光线将被反射; 入射光线与垂直于镜面直线的夹角 i 等于反射光线与垂直于镜面直线的夹角 r, 如图 3.14 所示, 我们称角 i 为入射角; r 为反射角.
- 弯曲镜面上光的反射遵循同样的规律:
$$\text{入射角} = \text{反射角}.$$

在这种情形下, 垂直于镜面的直线定义为**垂直于镜面切线入射点处的直线**.

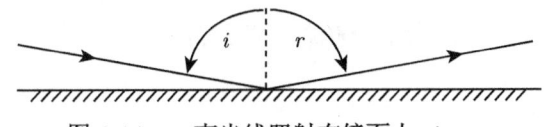

图 3.14　一束光线照射在镜面上, $i = r$

在 5.4 节我们将运用微积分的知识, 由费马原理 (光沿着最短路径传播) 来推导光的反射规律.

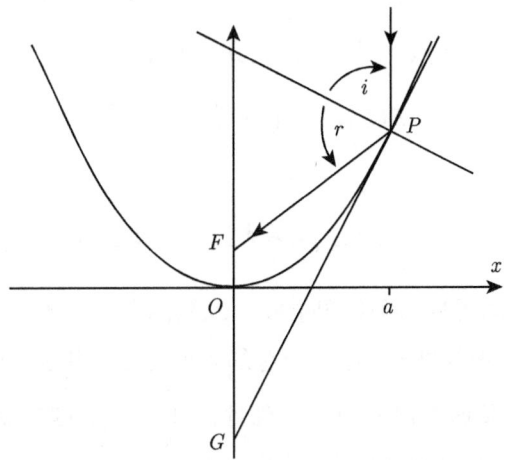

图 3.15　反射镜面 $f(x) = x^2$ 的图像. 一束光线从上方竖直入射, 被反射到焦点 F. "焦点" 在拉丁语中是壁炉的意思. 你可以利用抛物型镜面的性质在 F 处点燃物体

如图 3.15 所示, 考虑光线平行于 y 轴向下射向抛物型镜面, 我们希望能推导

出这些光线的反射路径. 特别地, 希望能计算出反射光线与 y 轴交点 F 的位置. 记 P 为入射点, 过点 P 的切线与 y 轴的交点为 G, 通过作图可知以下几何事实.

(1) $\angle FPG$ 为反射角 r 的余角.

(2) 由于入射光线平行于 y 轴, $\angle FGP$ 等于入射角 i 的余角.

根据反射原理, $r = i$, 故 $\triangle FPG$ 是等腰三角形, 点 P 和点 G 处的两个角相等, 从而对应边相等:

$$PF = FG.$$

这里 PF 表示点 P 与点 F 之间的距离. 下面计算这些边的长度. 设点 P 的横坐标为 a, 由于 $y = x^2$, 则点 P 的纵坐标为 a^2. 设点 F 的纵坐标为 k, 由勾股定理得

$$(PF)^2 = a^2 + (a^2 - k)^2.$$

接下来, 用求导来计算点 G 的纵坐标. 由于 G 为切线与 y 轴的交点, 则 G 的纵坐标实际是函数在 a 点的线性近似在 $x = 0$ 处的取值, 其中

$$\ell(x) = f(a) + f'(a)(x - a).$$

在 $x = 0$ 处

$$\ell(0) = f(a) - af'(a).$$

在这个例子中, $f(x) = x^2$, 则 $f'(x) = 2x$, 所以

$$\ell(0) = f(a) - af'(a) = a^2 - 2a^2 = -a^2.$$

线段 FG 的长度实际上是点 F 与点 G 的纵坐标之差:

$$FG = k - (-a^2) = k + a^2.$$

由 $PF = FG$, 得

$$a^2 + (a^2 - k)^2 = (PF)^2 = (FG)^2 = (k + a^2)^2.$$

将平方项展开, 合并同类项, 两边同时加上 $2a^2 k$, 得 $a^2 = 4a^2 k$, 从而 $k = \dfrac{1}{4}$.

由此得出一个有趣的结论: 对于所有的入射点 P, 点 F 的位置是唯一的, 也就是说, 所有平行于 y 轴的光线反射后都经过点 $\left(0, \dfrac{1}{4}\right)$. 这个点称为抛物线的焦点.

如果光线来自非常遥远的物体, 比如某个星体, 光线几乎平行. 那么所有来自该星体的光线都将被反射到镜面的焦点; 这个原理可用于望远镜的制造.

来自太阳的光线几乎是平行的, 所以通过一个抛物型镜面, 它们将被非常准确地聚焦, 这个原理应用在太阳灶的制造上.

6. 导数的重要性

毋庸置疑,数量的改变量往往比数量本身更重要. 所以,一个函数从一点到另一点或从一个时刻到另一个时刻的变化率比其实际值的意义重大. 比如,知道明天的气温相对于今天的气温是升高或降低,往往比知道明天的温度而不知道今天的温度更有用.

天气预报是基于对影响气温的相关因素,比如温度、大气压强、空气湿度等的变化率的理论分析,这些理论涉及建立影响大气变化的变量及其导数的方程. 这些方程叫做微分方程. 一个微分方程是将一个未知函数与其一阶导数或更高阶导数联系起来的方程. 几乎所有的物理理论和从力学,光学产生的数据,以及热学理论,声学理论等都可表述为微分方程. 我们将在第 10 章研究力学,种群动力学和化学反应的例子.

我们给出几个熟悉的变化率的定义:
- 速度 ↔ 作为时间函数的位置的变化率.
- 加速度 ↔ 作为时间函数的速度的变化率.
- 角速度 ↔ 作为时间函数的角的变化率.
- 密度 ↔ 作为体积函数的质量的变化率.
- 斜率 ↔ 作为水平距离函数的高度的变化率.
- 电流 ↔ 作为时间函数的带电电荷数的变化率.
- 边际成本 ↔ 作为生产量函数的生产成本的变化率.

日常生活应用中,有如此多的表示数量变化率的词汇,充分证实了这个定义的重要性.

问 题

3.1 求函数 $f(x) = 3x - 2$ 在点 $a = 4$ 处的切线斜率.

3.2 求函数 $f(x) = x^2$ 在任意点 a 处的切线斜率. 怎样的切线与 x 轴相交? 怎样的切线与 y 轴相交?

3.3 函数 f 在 $a = 2$ 处的线性近似是 $\ell(x) = 5(x-2) + 6$,求 $f(2), f'(2)$ 的值.

3.4 将一个金属棒放置在 x 轴上. 金属棒从 x 点到左侧点的质量为 $M(x) = 25 + \frac{1}{5}x^3$,求金属棒在 $[2, 5]$ 间的平均线密度.

3.5 对如下每个函数 f,通过求差商 $\dfrac{f(a+h) - f(a)}{h}$ 并令 h 趋于 0,求 $f'(a)$ 的值. 并求函数 f 在点 $x = a$ 处的切线.

(a) $f(x) = \sqrt{x}, a = 4$;

(b) $f(x) = mx^2 + kx, a = 2$;

(c) $f(x) = x^3, a = -1$.

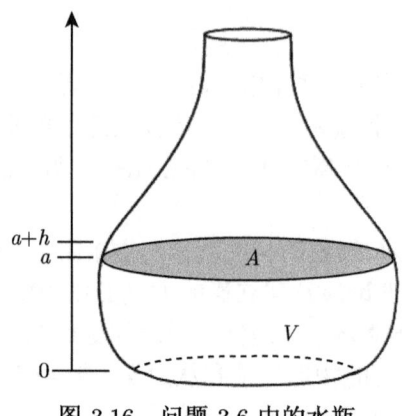

图 3.16　问题 3.6 中的水瓶

3.6 一个水瓶里水的体积是高度的函数. 令 $V(a)$ 为自水瓶底至高 a 处水的体积. 令 $A(a)$ 为水瓶在高 a 处的横截面面积.

(a) 式子 $V(a+h) - V(a)$ 表示的意思是什么? ($h > 0$)

(b) 运用图 3.16, 判断下面三个量的大小关系: $A(a+h)h, A(a)h, V(a+h) - V(a)$. 用不等式表示出其结果.

(c) 运用从 (b) 中得到的不等式, 揭示为什么当 h 趋于 0 时, 差商 $\dfrac{V(a+h) - V(a)}{h}$ 趋于 $A(a)$.

3.7 求同时与函数 $f(x) = x^2$ 和 $g(x) = x^2 - 2x$ 的图像相切的一条直线.

3.8 求函数 $f(x) = x^2 - 2x$ 在点 $(2,1)$ 的切线与 $g(x) = -x^2 + 1$ 在 $(1,0)$ 处的切线的交点坐标.

3.9 在一个确定的时刻, 某金属棒沿长度方向上各点的温度不同. 如图 3.17 所示. 令 $T(x)$ 为 x 点处的温度.

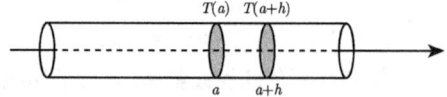

图 3.17　问题 3.9 中金属棒上各点的温度不同

(a) 写出金属棒上 a 点与 $a+h$ 点之间部分温度平均改变率的表达式.

(b) 若 $T'(a)$ 大于零, a 点比其左侧更热, 还是比其右侧更热?

(c) 若 a 点的温度比其左侧低, 你觉得 $T'(a)$ 是正的还是负的?

(d) 若温度是个常数, 则 $T'(a)$ 的值是多少?

3.10 大气压强在地表面以上随着高度变化而变化. 如图 3.18 所示. 令 $P(x)$ 是高 x 米处的大气压强.

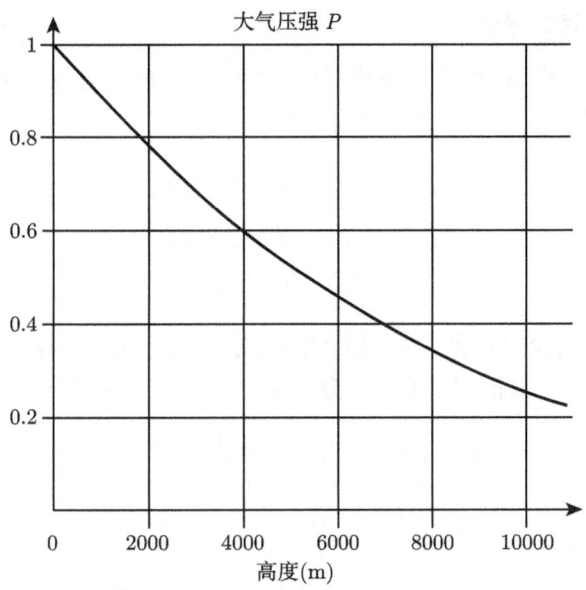

图 3.18 问题 3.10 中作为高度函数的大气压强

(a) 若从 2000 米高处移到 4000 米高处, 求这个变化过程中压强的平均变化率.

(b) 若 (a) 中是从 4000 米高到 6000 米高, 求相应的平均变化率.

(c) 运用 (a), (b) 中的结论, 试估计 $P'(4000)$ 的值.

3.11 函数 $f(x) = 5x$ 和 $g(x) = x^2$ 中, 哪一个在点 $x = 3$ 处的变化率更大?

3.12 求函数 $f(x) = x^2 - x$ 的图像中所有经过点 $(2,1)$ 的切线斜率. 证明该方程在点 $(2,3)$ 处不存在切线. 试给出该现象的几何解释.

3.13 令函数 $g(x) = x^2 \sin\left(\dfrac{\pi}{x}\right), g(0) = 0$.

(a) 画出 $g(x)$ 在 $-1 \leqslant x \leqslant 1$ 上的图像.

(b) 证明 $g(x)$ 在点 0 处是连续的.

(c) 证明 $g(x)$ 在点 0 处是可导的, 并求 $g'(0)$ 的值.

3.14 证明一个函数在 a 处不连续, 则在 a 处必定不可导.

3.15 令 $f(x) = x^{\frac{2}{3}}$, 试问单边导数 $f'_+(0)$ 存在吗? f 在区间 $[0,1]$ 内可导吗?

3.2 求导法则

我们经常遇到对已知函数进行加减乘除四则运算、复合以及取逆运算而得到新的函数. 在这一章里, 我们将证明可导函数的和、差、积、商、复合与取逆运算之后的函数仍然可导, 并讨论怎样通过组成函数及其导数来表示新函数的导数.

3.2.1 和、积与商的导数

定理 3.2(和, 差, 数乘的求导法则) 若函数 f 和 g 在点 x 处可导, 且 c 为常数, 则 $f+g$ 和 $f-g$ 在点 x 处都可导, 且

$$(f+g)'(x) = f'(x) + g'(x);$$
$$(f-g)'(x) = f'(x) - g'(x);$$
$$(cf)'(x) = cf'(x).$$

证明 三个结论可根据求极限的法则 (定理 2.1) 和 $f+g, f-g, cf$ 的差商与 f 和 g 的关系直接计算证明. 我们也会用到 $f'(x), g'(x)$ 的存在性 (图 3.19)

$$\begin{aligned}(f+g)'(x) &= \lim_{h\to 0}\left(\frac{f(x+h)+g(x+h)-(f(x)+g(x))}{h}\right)\\ &= \lim_{h\to 0}\left(\frac{f(x+h)-f(x)}{h}+\frac{g(x+h)-g(x)}{h}\right)\\ &= \lim_{h\to 0}(\frac{f(x+h)-f(x)}{h})+\lim_{h\to 0}(\frac{g(x+h)-g(x)}{h})\\ &= f'(x)+g'(x).\end{aligned}$$

式子 $(f-g)'(x) = f'(x) - g'(x)$ 的证明可类似得到, 而且

$$(cf)'(x) = \lim_{h\to 0}\frac{cf(x+h)-cf(x)}{h} = c\lim_{h\to 0}\frac{f(x+h)-f(x)}{h} = cf'(x). \qquad \textbf{证毕}.$$

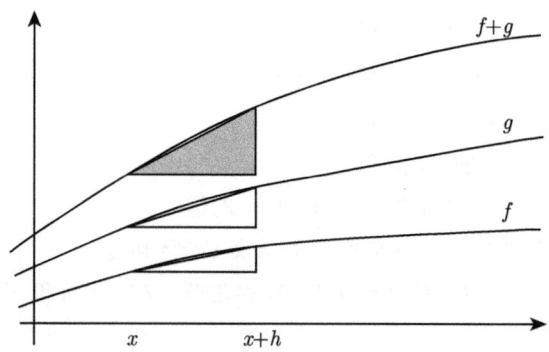

图 3.19 函数 $f+g$ 的图像在 x 点处的斜率等于 f 和 g 的图像斜率之和

同理, 有限多个在点 x 处的可导函数, 它们的和在点 x 处可导.

定理 3.3(积的求导法则) 若函数 f, g 在点 x 处可导, 则它们的乘积 fg 在 x 点处是可导的, 且

$$(fg)'(x) = f(x)g'(x) + f'(x)g(x). \tag{3.2}$$

证明 证明的前两步参见图 3.20.

$$\begin{aligned}(fg)'(x) &= \lim_{h\to 0}\frac{f(x+h)g(x+h)-f(x)g(x)}{h}\\&= \lim_{h\to 0}\frac{f(x+h)g(x+h)-f(x+h)g(x)+f(x+h)g(x)-f(x)g(x)}{h}\\&= \lim_{h\to 0}\left(f(x+h)\frac{g(x+h)-g(x)}{h}+\frac{f(x+h)-f(x)}{h}g(x)\right)\\&= \lim_{h\to 0}f(x+h)\lim_{h\to 0}\frac{g(x+h)-g(x)}{h}+\left(\lim_{h\to 0}\frac{f(x+h)-f(x)}{h}\right)g(x)\\&= f(x)g'(x)+f'(x)g(x).\end{aligned}$$

最后两步中运用了函数 f,g 在点 x 处可导, 且函数 f 在点 x 处是连续的. 证毕.

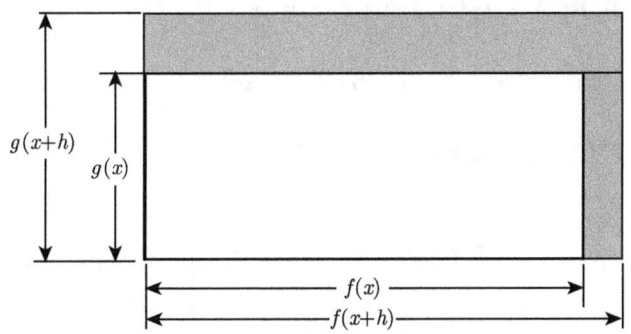

图 3.20 在定理 3.3 的证明中, 乘积的差 $f(x+h)g(x+h)-f(x)g(x)$
表示两个阴影部分面积的和

例 3.11 注意到 x^2 是一个乘积, 由积的求导法则

$$(x^2)' = (xx)' = xx' + x'x = x + x = 2x.$$

例 3.12 函数 x^3 是一个乘积, 所以

$$(x^3)' = (x^2)'x + x^2 x' = 2xx + x^2 = 3x^2.$$

定理 3.4(幂函数的求导法则) 对任意的正整数 n, 有

$$(x^n)' = nx^{n-1}. \tag{3.3}$$

证明 运用数学归纳法需要证明归纳假设的正确性: 如果结论对 $n-1$ 成立, 则它对 n 也成立. 当 $n=1$ 时, 结论成立; 即 $(x)' = 1x^0$, 它的正确性将推出 $n=2,3,\cdots$ 正确. 就像在例 3.12 中由 $(x^2)'$ 推出 $(x^3)'$ 一样, 由 $x^n = x^{n-1}x$ 及积的求导法则:

$$(x^n)' = (x^{n-1}x)' = (x^{n-1})'x + x^{n-1}x'.$$

又归纳假设 $(x^{n-1})' = (n-1)x^{n-2}$ 成立, 于是

$$(x^n)' = (x^{n-1})'x + x^{n-1}x' = (n-1)x^{n-1} + x^{n-1} = nx^{n-1}.$$ 证毕.

令 $P(x)$ 为如下形式的一个多项式函数

$$P(x) = a_n x^n + a_{n-1} x^{n-1} + \cdots + a_0.$$

运用幂、数乘、求和的求导法则以及 x^n 的求导公式, 可得

$$P'(x) = na_n x^{n-1} + (n-1)a_{n-1} x^{n-2} + \cdots + a_1.$$

例 3.13 若 $P(x) = 2x^4 + 7x^3 + 6x^2 + 2x + 15$, 则

$$P'(x) = 4 \times 2x^3 + 3 \times 7x^2 + 2 \times 6x + 1 \times 2x^0 + 0 = 8x^3 + 21x^2 + 12x + 2.$$

函数 $P(x)$ 和 $P'(x)$ 的图像如图 3.21 所示.

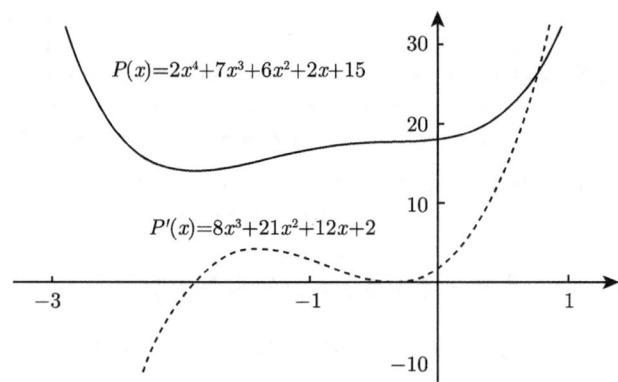

图 3.21 例 3.13 中多项式 $P(x)$ 及其导数 $P'(x)$ 的图像

下面讨论商的求导法则.

定理 3.5(倒数求导法则) 若 f 在点 x 处可导且 $f(x) \neq 0$, 则 $\dfrac{1}{f}$ 在点 x 处可导, 且

$$\left(\frac{1}{f}\right)'(x) = -\frac{f'(x)}{(f(x))^2}. \tag{3.4}$$

证明

$$\left(\frac{1}{f}\right)'(x) = \lim_{h \to 0} \frac{\dfrac{1}{f(x+h)} - \dfrac{1}{f(x)}}{h}$$

3.2 求导法则

对分子通分并整理, 得

$$\left(\frac{1}{f}\right)'(x) = \lim_{h\to 0}\frac{\frac{f(x)-f(x+h)}{f(x+h)f(x)}}{h} = \lim_{h\to 0}\frac{f(x)-f(x+h)}{hf(x+h)f(x)}$$
$$= \lim_{h\to 0}\left(\frac{f(x+h)-f(x)}{h}\frac{-1}{f(x)f(x+h)}\right)$$
$$= \lim_{h\to 0}\frac{f(x+h)-f(x)}{h}\lim_{h\to 0}\frac{-1}{f(x)f(x+h)},$$

这里假设上式中最后两个极限都存在. 左边的极限存在, 为 $f'(x)$. 对右边的极限, f 在 x 点是连续的, 且 $f(x)\neq 0$, 从而存在 x 点的一个邻域, 在这个邻域内, f 不为零. 所以

$$\lim_{h\to 0}\frac{-1}{f(x+h)} = \frac{-1}{f(x)},$$

于是 $f'(x)\dfrac{-1}{f(x)f(x)} = -\dfrac{f'(x)}{(f(x))^2}$. 证毕.

例 3.14 根据倒数求导法则 $\left(\dfrac{1}{x^2+1}\right)' = -\dfrac{(x^2+1)'}{(x^2+1)^2} = -\dfrac{2x}{(x^2+1)^2}$.

例 3.15 当 $x\neq 0$ 时, 由倒数求导法则计算 $(x^{-3})'$.

$$(x^{-3})' = \left(\frac{1}{x^3}\right)' = -\frac{(x^3)'}{(x^3)^2} = -\frac{3x^2}{(x^3)^2} = -3x^{-4}.$$

例 3.16 当 $x\neq 0$, 通过倒数求导法则, 幂的求导法则可从正整数指数推广到负整数的情形

$$(x^{-n})' = \left(\frac{1}{x^n}\right)' = -\frac{(x^n)'}{(x^n)^2} = -\frac{nx^{n-1}}{(x^n)^2} = -nx^{-n-1}.$$

该式子表明幂的求导法则对负整数指数也是成立的.

更一般地, 任何一个除法都可以看成一个乘法: $\dfrac{f}{g} = f\dfrac{1}{g}$, 当 $g(x)\neq 0$ 时, 由积的求导法则

$$\left(\frac{f}{g}\right)'(x) = f(x)\frac{-g'(x)}{(g(x))^2} + f'(x)\frac{1}{g(x)} = \frac{g(x)f'(x)-f(x)g'(x)}{(g(x))^2}$$

于是可得商的求导法则.

定理 3.6(商的求导法则) 若 f 和 g 在点 x 可导且 $g(x)\neq 0$, 则它们的商在 x 处可导, 且

$$\left(\frac{f}{g}\right)'(x) = \frac{g(x)f'(x)-f(x)g'(x)}{(g(x))^2}.$$

在对一个多项式求导的基础上, 运用商的求导法则, 可以求出有理函数的导数.

例 3.17 对于 $f(x) = x$ 和 $g(x) = x^2 + 1$, 它们的商的导数为

$$\left(\frac{x}{x^2+1}\right)' = \frac{(x^2+1)(x)' - x(x^2+1)'}{(x^2+1)^2} = \frac{(x^2+1)1 - x(2x)}{(x^2+1)^2} = \frac{1-x^2}{(x^2+1)^2}.$$

3.2.2 复合函数的导数

如在 2.3 节所示, 当我们求复合函数的变化率, 即导数可通过相应函数导数相乘得到. 粗略地讲, 这一法则可用于所有的函数 (图 3.22).

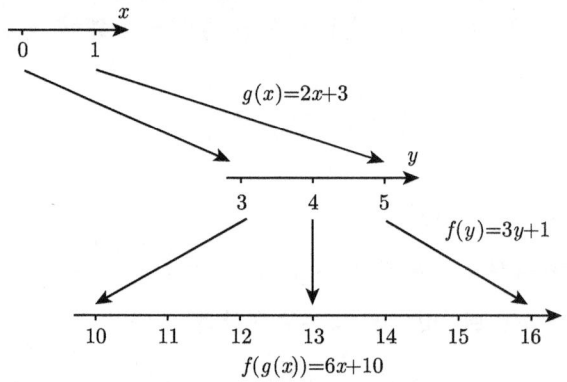

图 3.22 两个函数的复合, $f \circ g$ 的变化率是两个函数变化率的乘积:
$$(f \circ g)' = f'g' = 3 \times 2 = 6$$

当 f 和 g 都是连续函数时, 由 $f(g(x))$ 的连续性: 变量 x 的一个小的变化, 导致 $g(x)$ 的一个小的变化. 因而引起 $f(g(x))$ 有一个小的变化. 如果 f 和 g 可导, 我们就能计算出这些变化量.

定理 3.7(链式法则) 若函数 f 在 $g(x)$ 处可导且 g 在 x 处也可导, 则 $f \circ g$ 在 x 处可导, 且

$$(f \circ g)'(x) = f'(g(x))g'(x). \tag{3.5}$$

证明 我们分两种情形来考虑:

(a) $g'(x) \neq 0$;

(b) $g'(x) = 0$.

对于情形 (a), 当 h 充分小时, $g(x+h) - g(x)$ 是不为零的, 令 $k = g(x+h) - g(x)$, 则

$$\frac{f(g(x+h)) - f(g(x))}{h} = \frac{f(g(x)+k) - f(g(x))}{k} \frac{g(x+h) - g(x)}{h}. \tag{3.6}$$

等号右边第一个因子趋于 $f'(g(x))$, 第二个因子趋于 $g'(x)$, 从而证得 (3.5) 式.

对于情形 (b), 若能证明 $\big(f(g(x))\big)'$ 为零. 即证明 (3.6) 式右侧第一项当 h 趋于 0 时为零, 链式法则也将得到证明. 证明中主要问题出在 (3.6) 式右侧第一项的分母 k 上. 若 k 不为零, 右端项趋于 $f'(g(x))$ 和 $g'(x)$ 的乘积, 从而趋于零. 若 k 为零, 则 $g(x+h)$ 与 $g(x)$ 的差为零, 从而左侧的差商为零. 所以当 h 趋于 0 时, 不论 k 是否为零, 方程 (3.6) 的右端都趋于零. 证毕.

例 3.18 $(x^2-x+5)^4$ 是复合函数 $f \circ g$, 其中 $g(x) = x^2 - x + 5, f(y) = y^4$. 运用幂的求导法则和链式法则, 得

$$((x^2-x+5)^4)' = 4(x^2-x+5)^3(x^2-x+5)' = 4(x^2-x+5)^3(2x-1).$$

反函数的求导法则

设 f 是严格单调函数, 在某开区间内导数不为零, 且 f 与 g 互逆, 即

$$f(g(x)) = x.$$

在问题 3.35 中, 已经证明 g 可导, 为了求出其导数, 对上式两边同时求导, 由链式法则, 得

$$f'(g(x))g'(x) = 1.$$

从而函数 g 在 x 处的导数等于 f 在 $g(x)$ 处导数的倒数:

$$g'(x) = \frac{1}{f'(g(x))}. \tag{3.7}$$

例 3.19 令 $f(y) = y^2$, 则在区间 $y > 0$ 上, f 是可逆的. 其反函数为 (如图 3.23)

$$y = g(x) = x^{\frac{1}{2}} = \sqrt{x}.$$

由于 $f'(y) = 2y$, 由 (3.7) 式得

$$g'(x) = \frac{1}{f'(g(x))} = \frac{1}{2g(x)} = \frac{1}{2\sqrt{x}}.$$

从而有

$$(x^{\frac{1}{2}})' = \frac{1}{2}x^{-\frac{1}{2}}.$$

这也同时证明了 $n = \dfrac{1}{2}$ 时幂函数的求导法则成立, 也即 $(x^n)' = nx^{n-1}$.

在前面的章节中, 我们仅仅对正整数次幂证明了幂函数的求导法则.

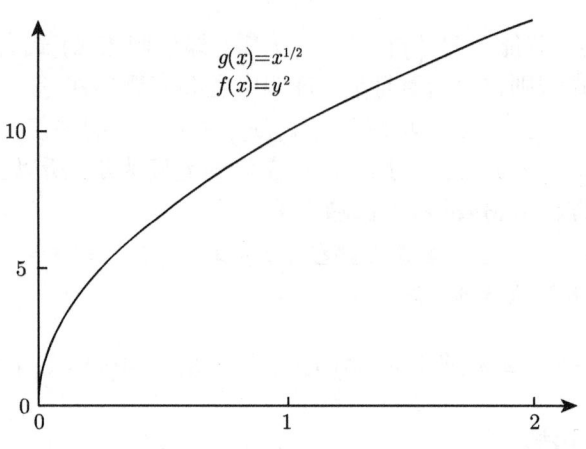

图 3.23 函数 g 及其反函数 f 的图像, 见例 3.19

例 3.20 定义在区间 $-1 \leqslant x \leqslant 1$ 上的函数, $f(x) = \sqrt{1-x^2} = (1-x^2)^{\frac{1}{2}}$ 的图像是一个半径为 1, 中心在原点的半圆. 如图 3.24 所示. 由链式法则和 $n = \dfrac{1}{2}$ 时幂的求导法则, 我们有

$$f'(x) = \frac{1}{2}(1-x^2)^{-\frac{1}{2}}(-2x) = \frac{-x}{(1-x^2)^{\frac{1}{2}}} \qquad (-1 < x < 1).$$

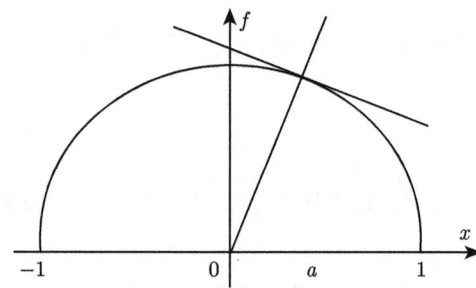

图 3.24 定义在 $(-1,1)$ 上的函数 $f(x) = \sqrt{1-x^2}$ 的图像是半圆. $(a, f(a))$ 处的切线与过点 $(a, f(a))$ 的半径垂直. 见例 3.20

图像在点 $(a, \sqrt{1-a^2})$ 处的切线斜率为 $\dfrac{-a}{(1-a^2)^{\frac{1}{2}}}$, 而过原点和点 $(a, \sqrt{1-a^2})$ 的直线斜率为 $\dfrac{\sqrt{1-a^2}}{a}$, 这两个斜率的乘积为

$$-\frac{a}{\sqrt{1-a^2}} \cdot \frac{\sqrt{1-a^2}}{a} = -1.$$

两个斜率乘积为 -1 的直线是互相垂直的. 这就证明了几何学中的一个著名事实: 圆上一点的切线与过该点的圆的半径是互相垂直的.

例 3.21　令 $f(y) = y^k$, k 为正整数, 在 $y > 0$ 上可逆, 它的反函数为 $g(x) = x^{\frac{1}{k}}$. 故 $f'(y) = ky^{k-1}$, 从而由 (3.7) 式

$$g'(x) = \frac{1}{f'(g(x))} = \frac{1}{kg(x)^{k-1}} = \frac{1}{k}\frac{1}{(x^{1/k})^{k-1}} = \frac{1}{k}\frac{1}{x^{1-1/k}} = \frac{1}{k}x^{1/k-1}.$$

这样我们证明了对 $n = \dfrac{1}{k}$ 时, x^n 的求导结果 (3.3) 也是对的.

定理 3.8(以有理数为指数的幂函数的求导法则)　对于有理数 $r \neq 0$ 及 $x > 0$,

$$(x^r)' = rx^{r-1}.$$

证明　令 $r = \dfrac{p}{q}$, 其中 p, q 为整数, 且 $q > 0$. 由例 3.21, 链式法则和整数指数幂的求导法则, 得

$$(x^r)' = \left((x^p)^{\frac{1}{q}}\right)' = \frac{1}{q}(x^p)^{\frac{1}{q}-1}(px^{p-1}) = \frac{p}{q}x^{\frac{p}{q}-p+p-1} = rx^{r-1}. \qquad \text{证毕.}$$

例 3.22　函数 $(x^3+1)^{2/3}$ 由 f 与 g 复合而成, 其中 $g(x) = x^3+1$, $f(y) = y^{2/3}$. 运用有理数数指数幂求导法则和链式法则, 得

$$((x^3+1)^{2/3})' = \frac{2}{3}(x^3+1)^{-1/3}(x^3+1)' = \frac{2}{3}(x^3+1)^{-1/3}3x^2 = \frac{2x^2}{(x^3+1)^{1/3}}.$$

3.2.3　高阶导数及记号

函数有不同的表达方式, 导数同样有不同的记法. 若用 y 来表示函数 $y = f(x)$, 则 $f'(x)$ 可表示为

$$f'(x) = y' = \frac{\mathrm{d}y}{\mathrm{d}x} = \frac{\mathrm{d}}{\mathrm{d}x}f(x). \tag{3.8}$$

当我们要指明是对哪个变量求导时, 常用 $\dfrac{\mathrm{d}}{\mathrm{d}x}$ 这种写法. 令 u, v 是 x 的可导函数, 使用这种记法求导法则如下:

(a)
$$\frac{\mathrm{d}}{\mathrm{d}x}(u+v) = \frac{\mathrm{d}u}{\mathrm{d}x} + \frac{\mathrm{d}v}{\mathrm{d}x}.$$

(b) 若 c 为一个常数, 则
$$\frac{\mathrm{d}}{\mathrm{d}x}(cu) = c\frac{\mathrm{d}u}{\mathrm{d}x}.$$

更一般地, 我们有乘积求导的 Leibniz 法则:

$$\frac{\mathrm{d}}{\mathrm{d}x}(uv) = u\frac{\mathrm{d}v}{\mathrm{d}x} + v\frac{\mathrm{d}u}{\mathrm{d}x}.$$

(c)
$$\frac{\mathrm{d}}{\mathrm{d}x}\left(\frac{u}{v}\right) = \frac{v\dfrac{\mathrm{d}u}{\mathrm{d}x} - u\dfrac{\mathrm{d}v}{\mathrm{d}x}}{v^2}.$$

(d) 若 $u = u(y)$ 是 y 的函数，$y = y(x)$ 是 x 的函数，则

$$\frac{\mathrm{d}u}{\mathrm{d}x} = \frac{\mathrm{d}u}{\mathrm{d}y}\frac{\mathrm{d}y}{\mathrm{d}x}.$$

例如，一个底面半径为 r，高为 h 的圆柱体的体积可以表示为 $V = \pi r^2 h$.

(a) 若高为常数，则 V 关于 r 的变化率为 $\dfrac{\mathrm{d}V}{\mathrm{d}r} = 2\pi r h$.

(b) 若半径为常数，则 V 关于 h 的变化率为 $\dfrac{\mathrm{d}V}{\mathrm{d}h} = \pi r^2$.

(c) 若半径和高都是时间的函数，则 V 关于 t 的变化率为

$$\frac{\mathrm{d}V}{\mathrm{d}t} = \frac{\mathrm{d}}{\mathrm{d}t}(\pi r^2 h) = \pi\left(r^2\frac{\mathrm{d}h}{\mathrm{d}t} + h\frac{\mathrm{d}}{\mathrm{d}t}r^2\right) = \pi\left(r^2\frac{\mathrm{d}h}{\mathrm{d}t} + 2hr\frac{\mathrm{d}r}{\mathrm{d}t}\right).$$

其中 (c) 用到了积的求导法则和链式法则.

若 f 的导数在 x 处仍有导数，则我们称之为 f 的二阶导数，记为

$$(f')'(x) = f''(x) = y'' = \frac{\mathrm{d}}{\mathrm{d}x}\left(\frac{\mathrm{d}y}{\mathrm{d}x}\right) = \frac{\mathrm{d}^2 y}{\mathrm{d}x^2} = \frac{\mathrm{d}^2}{\mathrm{d}x^2}f(x).$$

类似的记法可以表示更高阶的导数，有时运用上指标来表示阶数. 若 u 是关于 x 的函数，在记号 $\dfrac{\mathrm{d}}{\mathrm{d}x}$ 下，高阶导数记为

$$u''' = \frac{\mathrm{d}}{\mathrm{d}x}\left(\frac{\mathrm{d}}{\mathrm{d}x}\left(\frac{\mathrm{d}u}{\mathrm{d}x}\right)\right) = \frac{\mathrm{d}^3 u}{\mathrm{d}x^3}, \quad u'''' = u^{(4)} = \frac{\mathrm{d}^4 u}{\mathrm{d}x^4}, \quad \cdots, \quad u^{(k)} = \frac{\mathrm{d}^k u}{\mathrm{d}x^k}.$$

例 3.23 令 $f(x) = x^4$. 则

$$f'(x) = 4x^3, \quad f''(x) = 12x^2, \quad f'''(x) = 24x, \quad f^{(4)}(x) = 24, \quad f^{(5)}(x) = 0.$$

为了使 $\dfrac{\mathrm{d}y}{\mathrm{d}x}$ 与 $f'(x)$ 相等，通常赋予 $\mathrm{d}y, \mathrm{d}x$ 一定意义. 我们可以通过下面的定义来实现. 令 $\mathrm{d}x$ 是一个新的独立变量并定义 $\mathrm{d}y = f'(x)\mathrm{d}x$，称 $\mathrm{d}y$ 是 y 的微分，它是关于 x 和 $\mathrm{d}x$ 的函数.

问　题

3.16 求下列函数的导数.

3.2 求导法则

(a) $x^5 - 3x^4 + 0.5x^2 - 17$;

(b) $\dfrac{x+1}{x-1}$;

(c) $\dfrac{x^2-1}{x^2-2x+1}$;

(d) $\dfrac{\sqrt{x}}{x+1}$.

3.17 求下列函数的导数.

(a) $\sqrt{x^3+1}$;

(b) $\left(x+\dfrac{1}{x}\right)^3$;

(c) $\sqrt{1+\sqrt{x}}$;

(d) $(\sqrt{x}+1)(\sqrt{x}-1)$.

3.18 用商的求导法则计算 $\dfrac{\mathrm{d}}{\mathrm{d}x}\left(\dfrac{1-x^2}{1+x^2}\right)$, 用积的求导法则计算 $\dfrac{\mathrm{d}}{\mathrm{d}x}\left((1-x^2)\cdot(1+x^2)^{-1}\right)$, 并验证两者的结果相等.

3.19 一个质点沿着数轴移动, 它在 t 时刻的位置是 $x = f(t) = t - t^3$.

(a) 分别求在 $t=0$ 时刻和 $t=2$ 时刻, 该质点的位置.

(b) 分别求在 $t=0$ 时刻和 $t=2$ 时刻, 该质点的速度.

(c) 在 $t=0$ 时刻, 该质点在朝哪个方向移动? $t=2$ 时刻呢?

3.20 一物体在 t 时刻的速度函数为 $f'(t) = t^3 - \dfrac{1}{2}t^2$, 求加速度 $f''(t)$.

3.21 求下列函数的前 6 阶导数 $f', \cdots, f^{(6)}$, 哪些函数的第 7 阶导数和更高阶导数为 0?

(a) $f(x) = x^3$;

(b) $f(t) = t^3 + 5t^2$;

(c) $f(x) = x^6$;

(d) $f(x) = x^{-1}$;

(e) $f(t) = t^{-3} + t^3$;

(f) $f(r) = 6 + r + r^8$.

3.22 两次运用链式法则, 导出三个函数乘积的求导公式: 若 f, g, h 在点 x 处可导, 证明 fgh 也可导, 且

$$(fgh)'(x) = f(x)g(x)h'(x) + f(x)g'(x)h(x) + f'(x)g(x)h(x).$$

3.23 运用链式法则, 求下列各导数.

(a) $f(t) = 1 + t + t^2$, 不用对 f 平方求 $(f(t)^2)'$.

(b) 若 $g'(3) = 0$, 求当 $t=3$ 时 $(g(t)^6)'$ 的值.

(c) 若 $h'(3) = 4$ 且 $h(3) = 5$, 求当 $t=3$ 时, $(h(t)^6)'$ 的值.

3.24 图 3.25 由满足曲线方程 $x^3 + y^3 - 9xy = 0$ 的点 (x, y) 构成.

(a) 假设该曲线的一部分为一个函数 $g(x)$ 的图像，运用链式法则，证明

$$y' = \frac{-x^2 + 3y}{y^2 - 3x}.$$

(b) 验证点 $(2,4)$ 在该曲线上. 若函数 $y(x)$ 满足 $y(2) = 4$, 试求 $y'(2)$ 的值. 并运用线性近似来估计 $y(1.97)$ 的值.

(c) 证明除了 $y = -x$ 这种情形外，每条直线 $y = mx$ 与该曲线只交于一个点，并求出该点.

(d) 求曲线上除 $(2,4)$ 点以外的另外两点 $(2,y)$, 使得函数 $y(x)$ 通过这些点，而且使 $y'(2)$ 的值与在 $(2,4)$ 点处的取值相同.

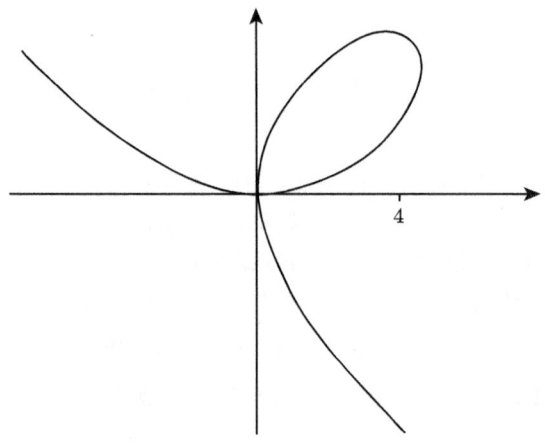

图 3.25　笛卡儿曲线，见问题 3.24

3.25 距离某星球中心为 r 的火箭受到的重力为 $F = -\dfrac{GMm}{r^2}$, 其中 M, m 分别为星球和火箭的质量，G 是一个常数.

(a) 求 $\dfrac{\mathrm{d}F}{\mathrm{d}r}$.

(b) 若距离 r 按照 $r(t) = 2000000 + 1000t$ 的方式依赖于时间 t, 求重力对时间的变化率 $\dfrac{\mathrm{d}F}{\mathrm{d}t}$.

(c) 若距离 r 以某种待定的方式依赖于时间 t, 试用 $\dfrac{\mathrm{d}r}{\mathrm{d}t}$ 来表示导数 $\dfrac{\mathrm{d}F}{\mathrm{d}t}$.

3.26 证明 3.25 题中的重力可表示为 $F = -\phi'(r)$, 其中 $\phi(r) = \dfrac{GMm}{r}$ 被称为势能. 并对如下等式给出合理的解释.

$$\frac{\mathrm{d}F}{\mathrm{d}t} = -\frac{\mathrm{d}^2\phi}{\mathrm{d}r^2}\frac{\mathrm{d}r}{\mathrm{d}t}.$$

3.27 假设一个球形水滴的体积按照一定的速度随时间而改变，该速度正比于水滴的表面面积. 证明水滴的半径的改变速度是一个常数.

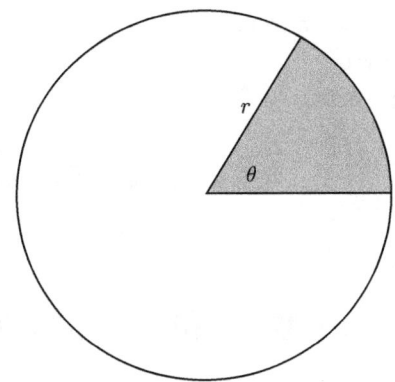

图 3.26　扇形的面积随着 θ 和 r 而改变, 见 3.28 题

3.28　一个圆的扇形部分的面积表示为 $A = \frac{1}{2}r^2\theta$, 其中 r 为圆的半径, θ 是单位为弧度的圆心角. 见图 3.26.

(a) 若 θ 为常数, 求 A 关于 r 的变化率.

(b) 若 r 为常数, 求 A 关于 θ 的变化率.

(c) 若 A 为常数, 求 r 关于 θ 的变化率.

(d) 若 A 为常数, 求 θ 关于 r 的变化率.

(e) 假设 r 和 θ 都随着时间而改变, 求用 r, θ, $\frac{\mathrm{d}r}{\mathrm{d}t}$ 和 $\frac{\mathrm{d}\theta}{\mathrm{d}t}$ 表示的 A 关于时间的变化率.

3.29　空气与燃料的混合物被压缩在一发动机内. 混合物的压强表示为 $P = k\rho^{7/5}$, 其中 ρ 为混合物的密度, k 为常数. 写出两个变量关于时间变化率的表达式 $\frac{\mathrm{d}P}{\mathrm{d}t}, \frac{\mathrm{d}\rho}{\mathrm{d}t}$.

3.30　函数 f 的图像在点 $(2, 7)$ 处的切线的斜率为 $\frac{1}{3}$. 求函数 f^{-1} 的图像在点 $(7, 2)$ 处的切线方程.

3.31　令 $f(x) = x^3 + 2x^2 + 3x + 1$, 记 g 为 f 的反函数. 验证 $f(1) = 7$, 并计算 $g'(7)$.

3.32　令 $f(x) = \sqrt{x^2 - 1}, x > 1$ 和 $g(y) = \sqrt{y^2 + 1}, y > 0$.

(a) 证明 f 与 g 互为反函数.

(b) 计算 f' 和 g'.

(c) 验证 $f'(g(y))g'(y) = 1$ 和 $g'(f(x))f'(x) = 1$.

3.33　在本问题中, 所有的数都为正数. 写出当函数 $f(x) = x^a$ 和 $g(y) = y^b$ 互为逆映射时 a 与 b 的关系. 证明若 $\frac{1}{p} + \frac{1}{q} = 1$, 则 $\frac{x^p}{p}$ 与 $\frac{y^q}{q}$ 的导数是互逆的.

3.34　若对于 f 定义域上的所有 x, 都有 $f(-x) = f(x)$ 成立, 我们称函数 $f(x)$ 是偶函数; 若 $f(-x) = -f(x)$, 称 $f(x)$ 是奇函数. 令 f 是一个可微函数, 证明

(a) 若 f 是偶函数, 则 f' 为奇函数.

(b) 若 f 是奇函数, 则 f' 为偶函数.

3.35　设 f 是严格单调的, 且在一开区间内 $f'(x) \neq 0$. 证明 f 的反函数是可导的. 记 f 的反函数为 g, 令 $y = f(x)$, 并记 $f(x + h) - f(x)$ 为 k.

(a) 解释为什么 $g(y+k) = x+h$ 成立.
(b) 证明: 若 $h \neq 0$, 则 $k \neq 0$.
(c) 解释为什么, 当 k 趋于 0 时,

$$\frac{g(y+k) - g(y)}{k} = \frac{h}{k} = \frac{h}{y+k-y} = \frac{h}{f(x+h) - f(x)}$$

趋于 $\frac{1}{f'(x)}$.

3.3 函数 e^x 和 $\ln x$ 的导数

3.3.1 函数 e^x 的导数

我们首先证明 e^x 的一个特殊性质.

定理 3.9

$$(\mathrm{e}^x)' = \mathrm{e}^x.$$

证明 由于 $\mathrm{e}^x \mathrm{e}^y = \mathrm{e}^{x+y}$, 差商可写为

$$\frac{\mathrm{e}^{x+h} - \mathrm{e}^x}{h} = \frac{\mathrm{e}^x \mathrm{e}^h - \mathrm{e}^x}{h} = \mathrm{e}^x \frac{\mathrm{e}^h - 1}{h}.$$

令 h 趋于 0, 可知 e^x 在 x 处的导数等于 e^x 乘以 e^x 在点 0 处的导数, 即

$$e'(x) = \mathrm{e}^x e'(0), \tag{3.9}$$

其中 $e(x)$ 表示函数 e^x.

所以只需计算 $e'(0)$ 的值, 也即 h 趋于 0 时, $\frac{\mathrm{e}^h - 1}{h}$ 的极限即可. 回忆 1.4 节中, 数 e 可以定义为一个递增的数列 $e_n = \left(1 + \frac{1}{n}\right)^n$ 和 一个递减的数列 $f_n = \left(1 + \frac{1}{n+1}\right)^{n+1}$ 的极限. 从而对所有的整数 $n > 1$, 有不等式

$$\left(1 + \frac{1}{n}\right)^n < \mathrm{e} < \left(1 + \frac{1}{n}\right)^{n+1} < \left(1 + \frac{1}{n-1}\right)^n. \tag{3.10}$$

由于这个逼近包含正整数次幂, 作为 h 趋于 0 的一个特例, 我们取数列 $h = \frac{1}{n}$. 对 (3.10) 式各项开 h 次方, 得

$$1 + \frac{1}{n} \leqslant \mathrm{e}^h \leqslant 1 + \frac{1}{n-1}.$$

两边减 1, 得

$$\frac{1}{n} \leqslant \mathrm{e}^h - 1 \leqslant \frac{1}{n-1}.$$

两边同除以 $h = \dfrac{1}{n}$, 得

$$1 \leqslant \frac{e^h - 1}{h} \leqslant \frac{n}{n-1}.$$

当 n 趋于无穷时, 右端趋于 1, 由两边夹定理 1.7, 中间项也趋于 1. 换句话说, e^x 在 $x = 0$ 处的导数等于 1, 即 $e'(0) = 1$. 代入到 (3.9) 式, 有

$$(e^x)' = e'(x) = e^x e'(0) = e(x) = e^x.$$

函数 e^x 的导数仍是 e^x 本身!

上述过程, 并没有完全证得 $e'(0) = 1$, 只是选取 $h = \dfrac{1}{n}$ 这一特殊形式证明的. 完整的证明作为问题 3.51, 留给读者完成. **证毕**.

对任意的常数 k, 由链式法则有

$$(e^{kx})' = e^{kx}(kx)' = ke^{kx}. \tag{3.11}$$

令 a 为一个任意的正数, 为求 a^x 的导数, 记 a 为 $e^{\ln a}$. 则 $a^x = (e^{\ln a})^x = e^{(\ln a)x}$. 运用链式法则和 e^x 的导数等于 e^x, 得

$$(a^x)' = (e^{(\ln a)x})' = (\ln a)e^{(\ln a)x} = (\ln a)a^x.$$

3.3.2 函数 $\ln x$ 的导数

下面讨论怎样用 e^x 的导数和链式法则计算 $\ln x$ 的导数. 我们知道自然对数函数是 e^x 的反函数,

$$x = e^{\ln x} \quad (x > 0).$$

表达式 $e^{\ln x}$ 是两个函数的复合, 其中对数函数是第一重函数, 第二重是指数函数. 由链式法则

$$1 = (x)' = (e^{\ln x})' = e^{\ln x}(\ln x)' = x(\ln x)'.$$

得

$$(\ln x)' = \frac{1}{x} \quad (x > 0).$$

$\ln x$ 是一个相对复杂的函数, 但它的导数却非常简单.

当 x 为一个负数时, $\bigl(\ln(-x)\bigr)' = \dfrac{1}{-x}(-x)' = \dfrac{1}{x}$. 更一般地, 有

$$\bigl(\ln|x|\bigr)' = \frac{1}{x} \quad (x \neq 0).$$

函数 $\ln x$ 的导数可用来计算 $\log_a x$ 的导数: 对恒等式 $x = a^{\log_a x}$ 两边取对数, 得 $\ln x = (\ln a)(\log_a x)$, 从而有

$$\log_a x = \frac{1}{\ln a} \ln x.$$

两边求导, 得

$$(\log_a x)' = \frac{1}{\ln a}(\ln x)' = \frac{1}{\ln a}\frac{1}{x}.$$

由函数 e^x 和 $\ln x$ 的导数和链式法则, 能求出更多函数的导数.

例 3.24 函数 e^{x^2+1} 是一个复合函数 $f(g(x))$. 其中 $g(x) = x^2+1$, $f(x) = \mathrm{e}^x$. 由链式法则

$$(\mathrm{e}^{x^2+1})' = \mathrm{e}^{x^2+1}(x^2+1)' = \mathrm{e}^{x^2+1}2x.$$

运用记号 $\dfrac{\mathrm{d}}{\mathrm{d}x}$, 若 $y = \mathrm{e}^{x^2+1}$ 且 $u = x^2+1$, 则

$$\frac{\mathrm{d}y}{\mathrm{d}x} = \frac{\mathrm{d}y}{\mathrm{d}u}\frac{\mathrm{d}u}{\mathrm{d}x} = \mathrm{e}^u(2x) = \mathrm{e}^{x^2+1}2x.$$

更一般地, 对于可导函数 f, 有

$$(\mathrm{e}^{f(x)})' = \mathrm{e}^{f(x)} f'(x).$$

类似地, 由链式法则, 对任意可导函数 f, 有

$$\bigl(f(\mathrm{e}^x)\bigr)' = f'(\mathrm{e}^x)\mathrm{e}^x.$$

例 3.25 $(\sqrt{1-\mathrm{e}^x})' = \dfrac{1}{2}(1-\mathrm{e}^x)^{-\frac{1}{2}}(1-\mathrm{e}^x)' = \dfrac{1}{2}(1-\mathrm{e}^x)^{-\frac{1}{2}}(-\mathrm{e}^x).$

由链式法则, 得

$$\bigl(\ln|f(x)|\bigr)' = \frac{1}{f(x)}f'(x) = \frac{f'(x)}{f(x)}, \quad f(x) \neq 0,$$

且

$$\bigl(f(\ln|x|)\bigr)' = f'(\ln|x|)\frac{1}{x}, \quad x \neq 0.$$

例 3.26 $\bigl(\ln(x^2+1)\bigr)' = \dfrac{1}{x^2+1}(x^2+1)' = \dfrac{1}{x^2+1}2x.$

运用记号 $\dfrac{\mathrm{d}}{\mathrm{d}x}$, 若 $y = \ln u$ 且 $u = x^2+1$, 则 $\dfrac{\mathrm{d}y}{\mathrm{d}x} = \dfrac{\mathrm{d}y}{\mathrm{d}u}\dfrac{\mathrm{d}u}{\mathrm{d}x} = \dfrac{1}{u}2x = \dfrac{2x}{x^2+1}.$

例 3.27 对 $x > 1$, 则 $\ln x$ 为正数, 且

$$\bigl(\ln(\ln x)\bigr)' = \frac{1}{\ln x}(\ln x)' = \frac{1}{\ln x}\frac{1}{x}.$$

3.3.3 幂函数的导数

我们已经证明了以有理数为指数的幂函数的求导法则. 下面给出对任意指数情形均成立的证明.

定理 3.10 若 $r \neq 0$, 则 x^r 在任意点 $x > 0$ 处可导, 且
$$(x^r)' = rx^{r-1}.$$

证明 对 $x > 0, x^r = e^{\ln(x^r)} = e^{r\ln x}$, 因此
$$(x^r)' = (e^{r\ln x})' = e^{r\ln x}(r\ln x)' = e^{r\ln x}\frac{r}{x} = x^r \frac{r}{x} = rx^{r-1}. \qquad 证毕.$$

例 3.28 $(x^\pi)' = \pi x^{\pi-1}, (x^e)' = ex^{e-1}$.

3.3.4 微分方程 $y' = ky$

在 1.3.1 节结尾部分, 证明了函数 $y = e^{kx}$ 满足微分方程
$$y' = ky. \tag{3.12}$$

对任意常数 $c, y = ce^{kx}$ 也满足该微分方程. 下面证明它是唯一满足方程 (3.12) 的函数族.

定理 3.11 设 y 是 x 的函数, 满足
$$\frac{dy}{dx} = ky,$$
其中 k 是常数. 则存在一个数 c 使得 $y = ce^{kx}$.

证明 只需证明 $\dfrac{y}{e^{kx}}$ 是常数即可. 为此, 对它求导:
$$\frac{d}{dx}\left(\frac{y}{e^{kx}}\right) = \frac{d}{dx}\left(ye^{-kx}\right) = \frac{dy}{dx}e^{-kx} - yke^{-kx} = \left(\frac{dy}{dx} - ky\right)e^{-kx} = 0.$$

在 4.1 节中, 将会证明导数在某区间上是 0 的函数只有常数函数. 由于对所有的 x, $\dfrac{d}{dx}\left(\dfrac{y}{e^{kx}}\right) = 0$, 则存在常数 c 使得 $\dfrac{y}{e^{kx}} = c$. 即 $y = ce^{kx}$, 从而证明了该定理. 证毕.

例 3.29 求满足 $y(0) = 1$ 的微分方程 $y' = y$ 的解. 由定理 3.11, 存在一个常数 c, 对所有的 x, 使得 $y = ce^x$. 取 $x = 0$, 则 $y = 1 = ce^0 = c$, 由于 $c = 1$, 则方程存在唯一的解 $y = e^x$.

我们以一个实例来结束本节的内容. 该例展示了怎样从函数所满足的微分方程中推导出函数的性质. 这里我们从微分方程 $y' = ky$ 中得到指数函数的性质 $a^{x+m} = a^x a^m$. 令 $y = a^{x+m}$, 其中 m 是任意常数且 $a > 0$. 由链式法则, 得
$$y' = a^{x+m}(\ln a) = (\ln a)y.$$

所以 y 满足微分方程 $y' = ky$，其中 $k = \ln a$ 为常数. 由定理 3.11, 存在常数 c, 使得
$$y = ce^{(\ln a)x} = ca^x.$$
由于 $y = a^{x+m}$, 从而有
$$a^{x+m} = ca^x. \tag{3.13}$$
为计算 c, 在 (3.13) 式中取 $x = 0$, 得
$$a^m = c.$$
将其代入到 (3.13) 式, 得
$$a^{x+m} = a^m a^x = a^x a^m,$$
即得指数函数的性质.

这个结果也证明了指数函数满足微分方程 $y' = ky$ 这一基本性质.

问　　题

3.36　计算下列函数的一阶导数和二阶导数.
(a) e^x;　(b) e^{3x};　(c) e^{-3x};　(d) e^{-x^2};　(e) $e^{1/x}$.

3.37　写出 $e^{-t/10}$ 的 n 阶导数.

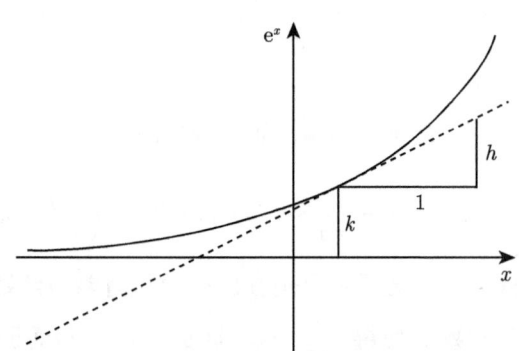

图 3.27　函数 e^x 及其一条切线的图像, 见问题 3.38

3.38　如图 3.27 所示, 试用长度 k 来表示长度 h. 其中水平部分的长度是 1.

3.39　求导数 $(x^2 + e^2 + 2^e + 2^x + e^x + x^e)'$.

3.40　求函数 e^{-x} 在 $x = 0$ 处的切线方程 $\ell(x) = mx + b$.

3.41　计算下列函数的导数.
(a) $\ln |3x|$;
(b) $\ln x^2$;
(c) $\ln(3x) - \ln x$;

(d) e^{-e^x};

(e) $\ln(1+e^{-x})$.

3.42 计算下列函数的导数.

(a) $(\ln x)'$;

(b) $\bigl(\ln(\ln x)\bigr)'$;

(c) $\Bigl(\ln\bigl(\ln(\ln x)\bigr)\Bigr)'$;

(d) $\Bigl(\ln\bigl(\ln\bigl(\ln(\ln x)\bigr)\bigr)\Bigr)'$.

3.43 求函数 $\ln x$ 在 $x=1$ 处的切线方程.

3.44

(a) 求微分方程 $f'(t) = -\dfrac{1}{10}f(t)$ 的所有解.

(b) 求满足 $f(0)=2$ 的解.

(c) 求满足 $f(0)=5$ 的解.

3.45 假设在 $t=1$ 时刻时,细菌的数量为 100,且在任何时刻,细菌数量以每小时 1.5 倍于细菌数量的速度增长. 求在 $t=3$ 点钟时的细菌数量.

3.46 假设在 $t=0$ 时刻,一个木头样本中碳 14 的数量是 100,且碳 14 数量减半需要的时间是 5730 年. 求在 $t=100000$ 年时的数量.

3.47 假设 f 和 g 是正的函数. 试通过对 $\ln(fg) = \ln f + \ln g$ 求导,得到 $(fg)'$ 的乘积法则.

3.48 多个函数相乘的乘积法则可以通过两个函数相乘的乘积法则递推出来. 这里我们给出另一种证法. 证明下列命题.

(a) 假设 $y = f(x)g(x)h(x)k(x)$. 则 $|y| = |f||g||h||k|$,且当它们都非零时,
$$\ln|y| = \ln|f| + \ln|g| + \ln|h| + \ln|k|.$$

(b) $\dfrac{1}{y}y' = \dfrac{1}{f}f' + \dfrac{1}{g}g' + \dfrac{1}{h}h' + \dfrac{1}{k}k'$.

(c) $y' = f'ghk + fg'hk + fgh'k + fghk'$.

3.49 计算 $\dfrac{\mathrm{d}}{\mathrm{d}x}\ln\left(\dfrac{\sqrt{x^2+1}\sqrt[3]{x^4-1}}{\sqrt[5]{x^2-1}}\right)$.

3.50 定义两个函数 $y(x) = \dfrac{1}{e^x+e^{-x}}$ 和 $z(x) = e^x - e^{-x}$. 验证它们满足关系式 $z^2 = \dfrac{1}{y^2} - 4$ 和下列微分方程.

(a) $y' = 2y$ 和 $z' = \dfrac{1}{y}$.

(b) 运用 (a) 和链式法则,证明 $y'' = y - 8y^3$.

3.51 本问题完成 $e'(0) = 1$ 的证明. 由 (3.10) 式可知, e 是一个介于递增数列 $\{e_n\}$ 和递减数列 $\{f_n\}$ 之间的数. 解释如下各题.

(a) 若 $h > 0$ 不是 $\dfrac{1}{n}$ 这种形式,则存在一个整数 n,使 $\dfrac{1}{n} < h < \dfrac{1}{n-1}$ 成立

(b) 运用 (3.10) 式, 我们有 $\left(1+\dfrac{1}{n}\right)^{nh} < e^h < \left(1+\dfrac{1}{n-2}\right)^{(n-1)h}$.

(c) $(n-1)h < 1 < nh$.

(d) $1+\dfrac{1}{n} < e^h < 1+\dfrac{1}{n-2}$.

(e) $n-1 < \dfrac{1}{h} < n$ 且 $\dfrac{n-1}{n} < \dfrac{e^h-1}{h} < \dfrac{n}{n-2}$. 从而当 h 趋于 0 时, $\dfrac{e^h-1}{h}$ 趋于 1, 从而所证成立.

3.4 三角函数的导数

在 2.4 节中, 我们看到正弦函数和余弦函数都是连续的, 而且都是周期函数, 这些函数在研究周期性涨落的自然现象时经常出现. 如弦的振动、波动、卫星的运行轨道等. 与指数函数一样, 正弦和余弦函数的导数也具有一些特殊的性质, 它们是某类微分方程的解.

3.4.1 正弦和余弦函数的导数

回忆函数 $\cos t$ 和 $\sin t$ 是通过单位圆周上点 $P(t)$ 的横纵坐标 x, y 来定义的. 因此, 从点 $(1,0)$ 到点 $P(t)$ 的弧度是沿着圆周的 t 个单位. 借助这个定义和基本的几何图形我们可以求出正弦和余弦函数的导数.

定理 3.12 $(\sin t)' = \cos t, \qquad (\cos t)' = -\sin t.$

证明 如图 3.28 所示, 点 $P(t)$ 在到点 $(1,0)$ 距离为 t 的单位圆上, $P(t+h)$ 在到点 $(1,0)$ 距离为 $t+h$ 的同一圆周上. 过点 $P(t+h)$ 的垂线与过点 $P(t)$ 的水平线交于点 R. 如图所示, 这三个点构成一个直角三角形. 水平线段的长度为 $\cos(t) - \cos(t+h)$. 设点 $P(t+h)$ 与点 $P(t)$ 间的距离, 即斜边长为 c. 当 h 趋于 0 时, 比值 $\dfrac{h}{c}$ 趋于 1.

考虑另一个直角三角形, 它的两个顶点为 $O, P\left(t+\dfrac{h}{2}\right)$, 过点 $P\left(t+\dfrac{h}{2}\right)$ 作垂线与 x 轴相交. 这个三角形的边垂直于之前三角形的对应边, 于是这两个三角形相似. 所以

$$\frac{\sin\left(t+\dfrac{h}{2}\right)}{1} = \frac{\cos t - \cos(t+h)}{c} = \frac{\cos t - \cos(t+h)}{h} \cdot \frac{h}{c}.$$

当 t 趋于 0 时, $\sin\left(t+\dfrac{h}{2}\right)$ 趋于 $\sin t$. 右端第一个因子趋于 $-(\cos t)'$, 而第二个因子趋于 1, 从而有 $(\cos t)' = -\sin t$.

3.4 三角函数的导数

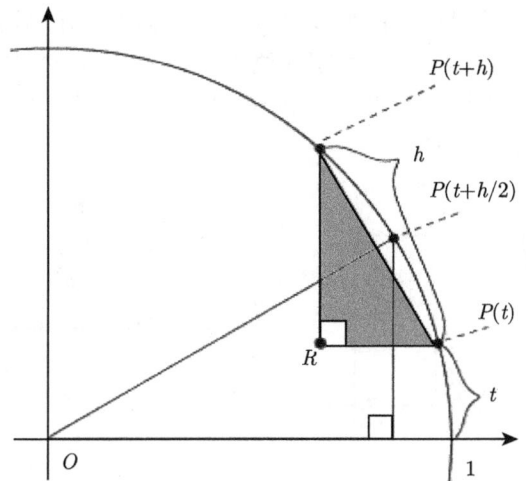

图 3.28 图中的两个直角三角形对应边互相垂直，所以它们相似

运用类似的方法，可求出 $\sin t$ 的导数：

$$\frac{\cos\left(t+\dfrac{h}{2}\right)}{1} = \frac{\sin(t+h)-\sin t}{c} = \frac{\sin(t+h)-\sin t}{h}\frac{h}{c}.$$

当 h 趋于 0 时，从而有 $(\sin t)' = \cos t$. **证毕.**

在正弦函数和余弦函数的导数的基础上，运用商的求导法则，可得到正切函数、余切函数、正割函数和余割函数的导数.

例 3.30
$$(\tan t)' = \left(\frac{\sin t}{\cos t}\right)' = \frac{\cos t\cos t - \sin t(-\sin t)}{(\cos t)^2} = \frac{1}{(\cos t)^2} = \sec^2 t.$$

当三角函数与其他函数复合时，运用链式法则计算复合函数的导数.

例 3.31 $(\sin(e^x))' = \cos(e^x)(e^x)' = e^x\cos(e^x).$

例 3.32 $(e^{\sin x})' = e^{\sin x}(\sin x)' = e^{\sin x}\cos x.$

例 3.33 $(\ln(\tan x))' = \dfrac{1}{\tan x}\dfrac{1}{\cos^2 x} = \dfrac{1}{\cos x\sin x}.$

接下来给出正弦函数和余弦函数导数的另一种计算方法来结束本节的内容. 这种方法将导数解释为速度，如图 3.29 所示，假设一个质点 Q 以单位速度在与 x 轴夹 a 角的直线上运动，则质点在 x 轴上的投影速度为 $\cos a$. 类似地，质点 Q 在竖轴上的投影速度为 $\sin a$.

假设质点 P 以单位速度从点 $(1,0)$ 开始，沿着逆时针方向做圆周运动. 则在 t 时刻，它的位置为 $(\cos t, \sin t)$，即在 x 轴和 y 轴上的投影分别为 $\cos t$ 和 $\sin t$. 我们现在求这些投影的速度，即 $\cos' t$ 和 $\sin' t$.

令 s 为某一特定的时刻, L 为过点 $(\cos s, \sin s)$ 的单位圆的切线. $Q(t)$ 为质点 Q 以单位速度沿着直线 L 在 s 时刻的位置. 质点 P 和 Q 在 s 时刻到达同一点 $(\cos s, \sin s)$, 且方向相同. 从而在 s 时刻, P, Q 两点在 x 轴上的投影速度是一样的, 在 y 轴上的投影速度也一样.

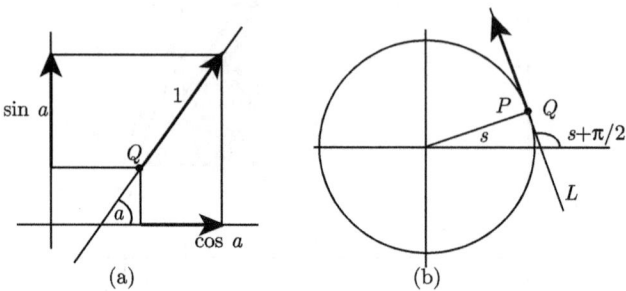

图 3.29 (a) Q 点以单位速度沿一条直线运动; (b) P 点以单位速度做匀速圆周运动, 在 s 时刻, 质点 P 与 Q 的速度相等

圆周上过点 $(\cos s, \sin s)$ 的切线是垂直于连接原点和 $P(s)$ 点的直线. 从而切线与水平线的夹角为 $s + \dfrac{\pi}{2}$. Q 点在水平轴和竖直轴上投影分别以速度 $\cos\left(s + \dfrac{\pi}{2}\right)$ 和 $\sin\left(s + \dfrac{\pi}{2}\right)$ 运动. 它们都是 P 点在 s 时刻的投影. 所以, 在 s 时刻

$$\cos'(s) = \cos\left(s + \frac{\pi}{2}\right) = -\sin s, \qquad \sin'(s) = \sin\left(s + \frac{\pi}{2}\right) = \cos s.$$

3.4.2 微分方程 $y'' + y = 0$

现在讨论正弦函数和余弦函数的其他有趣性质. 从之前微分方程的解可知 $y = e^t$ 是微分方程 $y' = y$ 满足 $t = 0$ 时 $y = 1$ 的唯一解. 下面将推导出关于正弦函数和余弦函数所满足的类似的关系式. 对正弦函数和余弦函数的导数分别再求导

$$\sin'' t = (\sin' t)' = \cos' t = -\sin t, \qquad \cos'' t = (\cos' t)' = (-\sin t)' = -\cos t.$$

这里, 我们运用了 f'' 用以表示 f 的导数的导数, 称为 f 的二阶导数. 注意到 $f(t) = \sin t$ 和 $f(t) = \cos t$ 都满足微分方程

$$f'' + f = 0. \tag{3.14}$$

考虑函数 $f(t) = 2\sin t - 3\cos t$, 则

$$f' = 2\cos t + 3\sin t, \qquad f'' = -2\sin t + 3\cos t = -f,$$

从而

$$f'' + f = 0.$$

3.4 三角函数的导数

更一般地, 对于常数 u, v, 任意形如 $f(t) = u\cos t + v\sin t$ 的函数都满足方程 (3.14). 那么微分方程 $f'' + f = 0$ 是否还有其他的解. 接下来证明此方程不会再有其他的解.

首先, 我们推导方程 (3.14) 的解的性质, 方程两边同乘以 f'

$$2f'f'' + 2f'f = 0. \tag{3.15}$$

可以看出左边第一项是 $(f')^2$ 的导数, 而第二项是 f^2 的导数. 所以方程 (3.15) 的左边是 $(f')^2 + f^2$ 的导数. 由方程 (3.15) 知其导数等于零. 运用中值定理推论 4.1, 在整个数轴上导数为零的函数是一个常数函数. 所以任一个满足微分方程 (3.14) 的函数 f 必满足

$$(f')^2 + f^2 = 常数. \tag{3.16}$$

定理 3.13 设 f 是方程 (3.14) 的一个解, 且对某常数 c 有 $f(c)$ 和 $f'(c)$ 都等于零. 则对任意的 t, 有 $f(t) = 0$.

证明 我们已经证明对所有的 t, 方程 (3.14) 的解满足方程 (3.16). 在 $t = c$ 时, $f(c)$ 和 $f'(c)$ 都等于零, 可得 (3.16) 式中的常数为零. 于是对所有的 t, $f(t)$ 都等于零. **证毕.**

定理 3.14 设 f_1 和 f_2 是方程

$$f'' + f = 0$$

的两个解, 且存在一个常数 c, 使得 $f_1(c) = f_2(c)$ 和 $f_1'(c) = f_2'(c)$. 则对所有的 t, 有 $f_1(t) = f_2(t)$.

证明 由于 f_1 和 f_2 都是方程 (3.14) 的解, 则它们的差 $f = f_1 - f_2$ 也是解. 根据题设在 c 处, f_1 与 f_2 相等, 且它们的导数相等, 于是 $f(c)$ 和 $f'(c)$ 都等于零. 根据定理 3.13, 对所有的 t, 有 $f(t) = 0$. 因此, 对所有的 t, 有 $f_1(t) = f_2(t)$. **证毕.**

令 f 为方程 (3.14) 的解. 假设 $f(0) = u, f'(0) = v$. $g(t) = u\cos t + v\sin t$ 是方程 (3.14) 的一个解. 函数 g 和 g' 在 $t = 0$ 的值分别为

$$g(0) = u, \qquad g'(0) = v.$$

函数 $f(t), g(t)$ 都是方程 (3.14) 的解, 且 $f(0) = g(0), f'(0) = g'(0)$. 根据定理 3.14, 对一切 t, 有 $f(t) = g(t)$, 方程 (3.14) 的解具有 $g(t) = u\cos t + v\sin t$ 的形式.

下面从微分方程 $f'' + f = 0$ 解的性质推导正弦函数和余弦函数的性质.

定理 3.15 正弦函数和余弦函数的加法法则

$$\cos(t + s) = \cos s \cos t - \sin s \sin t. \tag{3.17}$$

$$\sin(t + s) = \sin s \cos t + \cos s \sin t. \tag{3.18}$$

证明 对余弦函数的加法法则 (3.17) 关于 s 求导, 可得到负的正弦函数的加法法则. 所以只需证明余弦函数加法法则.

已知对每一个形如 $u\cos t + v\sin t$ 的组合都是方程 (3.14) 的一个解. 对任意的数 s, 令 $u = \cos s, v = -\sin s$. 则函数

$$b(t) = \cos s \cos t - \sin s \sin t$$

是方程 (3.14) 的解. 下面我们证明

$$a(t) = \cos(s+t)$$

作为 t 的函数, 也是 (3.14) 的一个解. 由链式法则

$$a'(t) = \cos'(s+t)\frac{\mathrm{d}(s+t)}{\mathrm{d}t} = -\sin(s+t),$$

$$a''(t) = -\sin'(s+t)\frac{\mathrm{d}(s+t)}{\mathrm{d}t} = -\cos(s+t) = -a(t).$$

比较 $a(t)$ 与 $b(t)$, 有

$$a(0) = \cos s = b(0)$$

且

$$a'(0) = -\sin s = b'(0).$$

由定理 3.14, 则 $a(t)$ 恒等于 $b(t)$. 而 $a(t)$ 是 (3.17) 式的左侧, $b(t)$ 为其右侧, 即证明了该定理. 证毕.

3.4.3 反三角函数的导数

1. 反正弦函数

因为正弦函数在区间 $\left[-\frac{\pi}{2}, \frac{\pi}{2}\right]$ 上是单调递增的. 所以, 它存在反函数, 称为反正弦函数, 记为 arcsin (图 3.30).

为求得 arcsin 的导数, 对

$$\sin(\arcsin x) = x$$

关于 x 求导, 得

$$\cos(\arcsin x)(\arcsin x)' = 1.$$

从而得到

$$(\arcsin x)' = \frac{1}{\cos(\arcsin x)} \quad (-1 < x < 1).$$

式 $\cos(\arcsin x)$ 可以化简. 令 $t = \arcsin x$, 则 $x = \sin t$. 由于 $\sin^2 t + \cos^2 t = 1$, 可得 (图 3.30)

$$\cos(\arcsin x) = \cos t = \pm\sqrt{1 - \sin^2 t} = \pm\sqrt{1 - x^2}.$$

对 $t \in \left[-\dfrac{\pi}{2}, \dfrac{\pi}{2}\right]$, $\cos t \geqslant 0$, 所以上式取正值,

$$(\arcsin x)' = \frac{1}{\sqrt{1 - x^2}}, \qquad -1 < x < 1. \tag{3.19}$$

注意到 $\arcsin x$ 在开区间 $(-1, 1)$ 是可导的. 当 x 从左边趋于 1 时, 它的图像的斜率趋于无穷; 当 x 从右边趋于 -1 时, 图像的斜率亦趋于无穷.

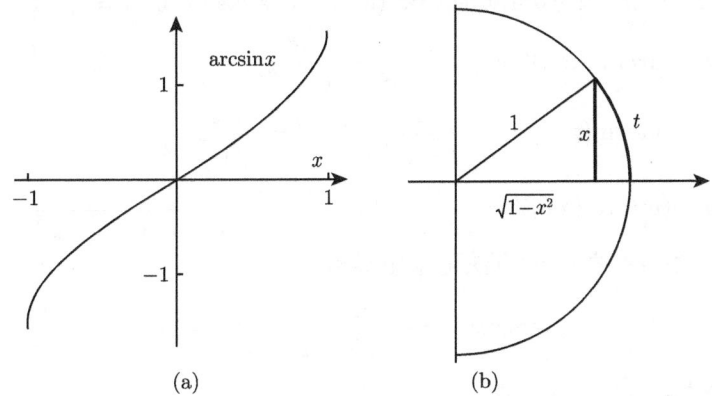

图 3.30 (a) 反正弦函数的图像; (b) 对 $t = \arcsin x, \cos t = \sqrt{1 - x^2}$

2. 反正切函数

类似地, 正切函数在区间 $\left[-\dfrac{\pi}{2}, \dfrac{\pi}{2}\right]$ 上有反函数, 称为反正切函数, 即 $\arctan x$. 对 $-\infty < x < \infty$, 为了求 $\arctan x$ 的导数, 对下式关于 x 求导

$$\tan(\arctan x) = x$$

得

$$\sec^2(\arctan x)(\arctan x)' = 1,$$

从而 $(\arctan x)' = \cos^2(\arctan x)$. 令 $t = \arctan x$ (图 3.31). 则

$$x^2 = \tan^2 t = \frac{\sin^2 t}{\cos^2 t} = \frac{1 - \cos^2 t}{\cos^2 t} = \frac{1}{\cos^2 t} - 1.$$

这就证明了 $\cos^2(\arctan x) = \dfrac{1}{1 + x^2}$. 所以,

$$(\arctan x)' = \frac{1}{1 + x^2}.$$

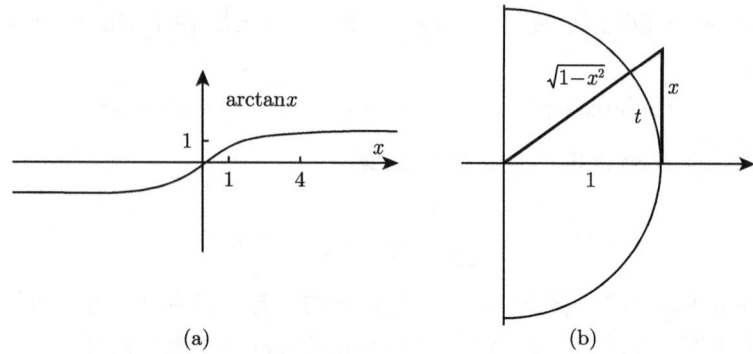

图 3.31 (a) 反正切函数的图像; (b) 对 $t = \arctan x$, $\cos t = 1/\sqrt{1+x^2}$

例 3.34 $(\arctan(e^x))' = \dfrac{1}{1+(e^x)^2} = \dfrac{e^x}{1+e^{2x}}$.

例 3.35 $(\arcsin(x^2))' = \dfrac{1}{\sqrt{1-(x^2)^2}}(x^2)' = \dfrac{2x}{\sqrt{1-x^4}}$.

例 3.36 $(\ln(\arcsin x))' = \dfrac{1}{\arcsin x}(\arcsin x)' = \dfrac{1}{\arcsin x}\dfrac{1}{\sqrt{1-x^2}}$.

在问题 3.59 中, 类似的方法可求出导数

$$(\mathrm{arcsec}\, x)' = \dfrac{1}{x\sqrt{x^2-1}} \qquad (x > 1).$$

3.4.4 微分方程 $y'' - y = 0$

正如微分方程 $y'' + y = 0$ 对三角函数所起的作用, 方程 $y'' - y = 0$ 对指数函数也起着同样重要的作用. 为此先引入两个新的函数.

定义 3.3 **双曲余弦**和**双曲正弦**, 分别记为 $\cosh$ 和 $\sinh$, 定义为

$$\cosh x = \dfrac{e^x + e^{-x}}{2}, \qquad \sinh x = \dfrac{e^x - e^{-x}}{2}. \tag{3.20}$$

它们的导数容易计算, 如下结论留作问题 3.61 验证

$$\cosh' x = \sinh x, \qquad \sinh' x = \cosh x. \tag{3.21}$$

因此, $\cosh'' x = \cosh x$, $\sinh'' x = \sinh x$. 这表示双曲正弦函数和双曲余弦函数是下列微分方程的解

$$f'' - f = 0. \tag{3.22}$$

对任意的常数 u, v, 函数 $u \cosh x$ 和 $v \sinh x$ 也满足 $y'' - y = 0$, 它们的和 $f(x) = u \cosh x + v \sinh x$ 也满足:

$$(u \cosh x + v \sinh x)'' = (u \sinh x + v \cosh x)' = u \cosh x + v \sinh x.$$

3.4 三角函数的导数

函数 $f(x) = u\cosh x + v\sinh x$ 及其导数 $f'(x)$ 在 $x=0$ 的值分别为

$$f(0) = u, \qquad f'(0) = v.$$

现在我们证明 $u\cosh x + v\sinh x$ 是满足方程 (3.22) 在 $x=0$ 处取上述值的唯一解. 这个证明依赖于下面的定理.

定理 3.16 假设 f_1 和 f_2 是微分方程

$$f'' - f = 0$$

的两个解, 在 $x = a$ 处有相同的函数值和导数值: $f_1(a) = f_2(a)$ 且 $f_1'(a) = f_2'(a)$. 则对任意点 x, 有 $f_1(x) = f_2(x)$.

证明 令 $g = f_1 - f_2$. 则 $g'' - g = 0$ 且 $g(a) = g'(a) = 0$. 于是

$$(g' + g)' = g'' + g' = g + g'.$$

运用定理 3.11, 对所有的 x, 若函数 y 满足方程 $y' = ky(x)$, 则 $y = ce^{kx}$. 由于 $y = g + g'$ 满足 $y' = y$, 则 $g + g' = ce^{x}$. 又在点 $x = a$ 处, g 和 g' 都为零. 因此常数 c 为 0, 即 $g + g' = 0$. 由定理 3.11, 可知 $g(x)$ 具有 be^{-x} 的形式. 而 $g(a) = 0$, 则 b 必为零, 从而对所有的 x, 都有 $g(x) = 0$. 又 g 定义为 $f_1 - f_2$, 于是 f_1 和 f_2 是同一个函数. **证毕**.

双曲余弦函数的图像见图 3.32, 正像正弦函数和余弦函数满足关系式 $\cos^2 x + \sin^2 x = 1$, 因而被称为 "圆周" 函数一样, 函数 $\cosh$ 和 $\sinh$ 满足关系式

$$\cosh^2 x - \sinh^2 x = 1, \tag{3.23}$$

称其为 "双曲" 函数. 在问题 3.63(图 3.33) 中要求证明 (3.23).

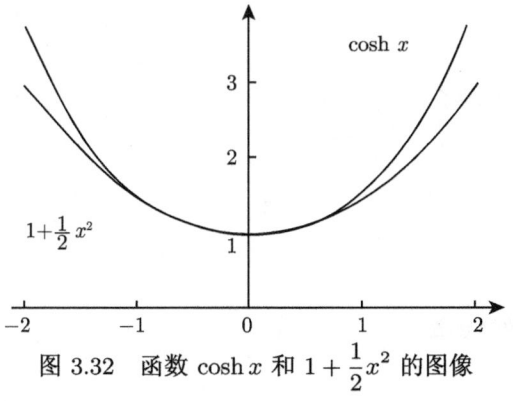

图 3.32 函数 $\cosh x$ 和 $1 + \dfrac{1}{2}x^2$ 的图像

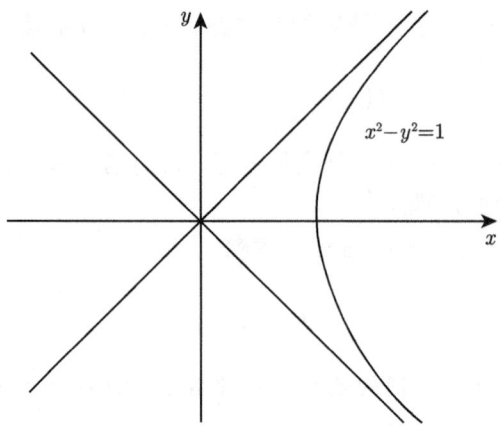

图 3.33 对每一个 t, 点 $(\cosh t, \sinh t)$ 在双曲线 $x^2 - y^2 = 1$ 上

下面的加法法则可以从指数函数的加法法则, 或从微分方程 $f'' - f = 0$ 推出, 问题 3.68 要求证明

$$\begin{aligned}\cosh(x+y) &= \cosh x \cosh y + \sinh x \sinh y, \\ \sinh(x+y) &= \sinh x \cosh y + \cosh x \sinh y.\end{aligned} \quad (3.24)$$

(3.21), (3.23) 和 (3.24) 与正弦函数和余弦函数相应的关系式很相像, 唯一的区别是, (3.21) 与 (3.23) 中有一个负号. 这意味着三角函数与指数函数有更深层的联系. 这些关系将在第 9 章中详细讨论.

问　题

3.52　求下列函数的导数.

(a) $(\cos x)'$;

(b) $\bigl(\cos(2x)\bigr)'$;

(c) $(\cos^2 x)'$.

3.53　求下列函数的导数.

(a) $\ln|\sin x|$;

(b) $e^{\arctan x}$;

(c) $\arctan(5x^2)$;

(d) $\ln(e^{2x} + 1)$;

(e) $e^{(\ln x)(\cos x)}$.

3.54　求下列函数的导数.

(a) $\ln|\tan x|$;

(b) $\arctan(e^{2x})$;

3.4 三角函数的导数

(c) $(e^{kx})^2$;

(d) $1 + \sin^2 x$;

(e) $1 - \cos^2 x$.

3.55 运用乘积与商的求导法则和 $\sin', \cos'$ 的知识，证明

(a) $(\sec x)' = \left(\dfrac{1}{\cos x}\right)' = \sec x \tan x$;

(b) $(\csc x)' = \left(\dfrac{1}{\sin x}\right)' = -\csc x \cot x$;

(c) $(\cot x)' = \left(\dfrac{\cos x}{\sin x}\right)' = -\csc^2 x$.

3.56 余弦函数 $\cos t$ 的周期性可从定理 3.14 和微分方程 $f'' + f = 0$ 得到：

(a) 证明函数 $f(t) = \cos(t + 2\pi)$ 满足该方程.

(b) 运用 $\cos(2\pi) = 1$ 和 $\sin(2\pi) = 0$，证明 $\cos(t + 2\pi) = \cos t$.

3.57 求满足 $y'' + y = 0, y(0) = -2$ 且 $y'(0) = 3$ 的函数 $y(x)$.

3.58 两条曲线之间的夹角定义为交点处切线的夹角. 如果两个斜率为 m_1 和 m_2，则夹角 θ 为
$$\theta = \arctan\left(\frac{m_2 - m_1}{1 + m_1 m_2}\right).$$

(a) 运用定理 3.15 推导 θ 的公式.

(b) 试求 $y = x^3 + 1$ 与 $y = x^3 + x^2$ 两图像交点处的夹角.

3.59 推导反三角函数及其导数.

(a) 类似于 $\arctan x$ 的定义方式，试给出正割函数的反函数 $\operatorname{arcsec} x$ 的定义. 试解释为什么 $\sec x$ 在区间 $0 \leqslant x \leqslant \dfrac{\pi}{2}$ 和区间 $\dfrac{\pi}{2} \leqslant x \leqslant \pi$ 上是可逆的，并画出 $\operatorname{arcsec} y \cdot (|y| > 1)$ 的图像. 然后证明 $(\operatorname{arcsec} y)' = |y|\dfrac{1}{\sqrt{y^2 - 1}}(|y| > 1)$.

(b) 运用等式 $\arcsin x + \arccos x = \dfrac{\pi}{2}$，求 $(\arccos)'$ 的值.

(c) 运用等式 $\operatorname{arcsec} x + \operatorname{arccsc} x = \dfrac{\pi}{2}$，求 $(\operatorname{arccsc})'$ 的值.

(d) 运用等式 $\arctan x + \arctan\left(\dfrac{1}{x}\right) = \dfrac{\pi}{2}$，求 $\left(\arctan\dfrac{1}{x}\right)'$ 的值. 并比较运算结果和运用链式法则计算的结果是否相等.

3.60 计算或化简下列各式.

(a) $\cosh(\ln 2)$;

(b) $\dfrac{\mathrm{d}}{\mathrm{d}t}\bigl(\cosh(6t)\bigr)$;

(c) $\cosh^2(5t) - \sinh^2(5t)$;

(d) $\cosh t + \sinh t$;

(e) $\sinh x + \sinh(-x)$.

3.61 从双曲余弦和双曲正弦函数的定义，证明 $\sinh' x = \cosh x, \cosh' x = \sinh x$.

3.62 证明在 $x = 0$ 处，函数 $\cosh x$ 与 $1 + \dfrac{1}{2}x^2$ 相等，且它们的导数相等 (图 3.32).

3.63 运用双曲余弦函数和双曲正弦函数的定义，证明 $\cosh^2 x - \sinh^2 x = 1$.

3.64 运用定义

$$\tanh t = \frac{\sinh t}{\cosh t} = \frac{e^t - e^{-t}}{e^t + e^{-t}}, \qquad \operatorname{sech} t = \frac{1}{\cosh t} = \frac{2}{e^t + e^{-t}}.$$

证明

$$\tanh' t = \operatorname{sech}^2 t = 1 - \tanh^2 t.$$

3.65 假设 y 是一个关于 x 的可导函数, 且

$$y + y^5 + \sin y = 3x^2 - 3.$$

(a) 验证点 $(x, y) = (1, 0)$ 满足方程;

(b) 试解释为什么 $\dfrac{dy}{dx} + 5y^4 \dfrac{dy}{dx} + \cos y \dfrac{dy}{dx} = 6x$ 成立;

(c) 运用 (b) 的结果求当 $x = 1, y = 0$ 时, $\dfrac{dy}{dx}$ 的值;

(d) 画出曲线在 $(1, 0)$ 点的切线;

(e) 估计 $y(1.01)$ 的值.

3.66 函数 $\sinh x$ 是单调递增的, 它的反函数也是递增的.

(a) 将 $\dfrac{e^x - e^{-x}}{2} = y$ 改写为 $(e^x)^2 - 1 = 2ye^x$, 试推导

$$\sinh^{-1} y = \ln(y + \sqrt{1 + y^2}),$$

并将其表述为 e^x 的二次函数;

(b) 推导 $(\operatorname{arcsinh})' y = \dfrac{1}{\sqrt{1 + y^2}}$.

3.67 求满足条件 $y'' - y = 0, y(0) = -2$ 且 $y'(0) = -3$ 的函数 $y(x)$.

3.68 运用类似定理 3.15 的方法, 证明加法法则

$$\cosh(x + y) = \cosh(x)\cosh(y) + \sinh(x)\sinh(y).$$

关于 x 求导该结果, 推导如下加法法则

$$\sinh(x + y) = \sinh(x)\cosh(y) + \cosh(x)\sinh(y).$$

运用上述两个加法法则, 证明

$$\tanh(x + y) = \frac{\tanh x + \tanh y}{1 + \tanh x \tanh y},$$

其中双曲正切函数 $\tanh$ 的定义见问题 3.64.

3.4.5 幂级数的导数

在第 2 章中, 我们已经得到连续函数数列的一致收敛结果, 即若连续函数 f_n 组成的一个数列一致收敛于 f, 则 f 是连续的. 关于可导性, 我们提一个类似的问题: 若 f_n 是可导的, f_n' 收敛于 f' 吗? 不幸的是, 一般情况下, 此结论是错误的. 下面我们给出一个反例.

例 3.37 令 $f_n(x) = \dfrac{\sin nx}{n^{1/2}}$. 因为 $-n^{-1/2} \leqslant f_n(x) \leqslant n^{-1/2}$. 对任意的 x, 极限

$$\lim_{n \to \infty} f_n(x) = f(x)$$

等于 0. 事实上 $|f_n(x)| \leqslant n^{-1/2}$ 表明 f_n 一致收敛于 f. 于是 $f'(x) = 0$. 但 $f'_n(x) = n^{1/2} \cos nx$, 取 $x = 2\pi/n$, 则 $f'_n(x)$ 不趋于 0. 因此 $f'_n(x)$ 不会收敛于 $f'(x)$. 即

$$\left(\lim_{n \to \infty} f_n(x)\right)' \neq \lim_{n \to \infty} f'_n(x).$$

但是, 如果将注意力集中在幂级数上, 我们能幸运地得到该结果. 简单起见, 只考虑幂级数的中心为 $a = 0$ 的情形.

定理 3.17 (逐项求导) 如果幂级数

$$f(x) = \sum_{n=0}^{\infty} a_n x^n$$

在区间 $-R < x < R$ 上收敛. 则 f 在 $(-R, R)$ 上可导且

$$f'(x) = \sum_{n=1}^{\infty} n a_n x^{n-1}.$$

证明 对于区间 $(-R, R)$ 上的 x, 取充分小的 $\delta > 0$, 使得 $|x| + \delta$ 也属于 $(-R, R)$. 根据定理 2.13,

$$\sum_{n=0}^{\infty} |a_n(|x| + \delta)^n|$$

收敛. 在问题 3.72 中, 要求证明对充分大的 n,

$$|nx^{n-1}| \leqslant (|x| + \delta)^n.$$

因此, 对充分大的 n, $|n a_n x^{n-1}| \leqslant |a_n(|x| + \delta)^n|$, 又由级数

$$\sum_{n=0}^{\infty} |a_n(|x| + \delta)^n|$$

收敛, 从而

$$\sum_{n=0}^{\infty} |n a_n x^{n-1}|$$

收敛. 进而可得

$$g(x) = \sum_{n=1}^{\infty} n a_n x^{n-1}$$

对 $-R<x<R$ 收敛.

下面我们证明 f 在点 x 处是可导的, 其中 $x\in(-R,R)$ 且 $f'(x)=g(x)$. 我们需要证明 f 的差商趋于 g.

$$\left|\frac{f(x+h)-f(x)-g(x)h}{h}\right|=\left|\sum_{n=1}^{\infty}\frac{a_n(x+h)^n-a_nx^n-na_nx^{n-1}h}{h}\right|$$

$$\leqslant \frac{1}{|h|}\sum_{n=1}^{\infty}|a_n||(x+h)^n-x^n-nx^{n-1}h|.$$

接下来的证明 R.Výborny 在 1987 年的《美国数学月刊》(*American Mathematical Monthly*) 上已给出, 我们在问题 3.71 中引导读者写出详细过程. 令 H 已满足 $0<|h|<H$ 且 $|x|+h$ 属于区间 $(-R,R)$. 则级数 $K=\sum_{n=0}^{\infty}|a_n(|x|+H)^n|$ 收敛且为正值. 由二项式定理和一些代数运算, 在问题 3.71 可证明

$$\left|(x+h)^n-x^n-nx^{n-1}h\right|\leqslant \frac{|h|^2}{|H|^2}(|x|+H)^n.$$

运用该结果, 有

$$\left|\frac{f(x+h)-f(x)-g(x)h}{h}\right|\leqslant \frac{1}{|h|}\frac{|h|^2}{|H|^2}\sum_{n=0}^{\infty}|a_n(|x|+\delta)^n|=|h|\frac{K}{|H|^2}.$$

当 h 趋于零时, 右端趋于 0, 从而左端亦趋于 0 且 $f'(x)=g(x)$. **证毕**.

例 3.38 为了求级数

$$\sum_{n=0}^{\infty}\frac{n(n-1)}{2^n}$$

的值, 注意到

$$f(x)=\sum_{n=0}^{\infty}x^n=\frac{1}{1-x},$$

$$f'(x)=\sum_{n=1}^{\infty}nx^{n-1}=\frac{1}{(1-x)^2},$$

$$f''(x)=\sum_{n=2}^{\infty}n(n-1)x^{n-1}=\frac{2}{(1-x)^3}.$$

于是所求级数等于 $f''\left(\frac{1}{2}\right)$, 因此

$$\sum_{n=0}^{\infty}\frac{n(n-1)}{2^n}=\frac{2}{(1-\frac{1}{2})^3}=16.$$

3.4 三角函数的导数

例 3.39 对所有的 x, 级数 $f(x) = \sum_{n=0}^{\infty} \dfrac{x^n}{n!}$ 收敛. 根据定理 3.17, f 等于它的导数. 由定理 3.11 可知, 满足 $y' = y$ 的函数具有 $y = ke^x$ 的形式. 由于 $f(0) = 1, f(x) = e^x$. 在 4.3.1 节中, 我们将通过不同的方法来证明 $\sum_{n=0}^{\infty} \dfrac{x^n}{n!} = e^x$.

例 3.40 令

$$f(x) = x - \frac{x^3}{3!} + \frac{x^5}{5!} + \cdots = \sum_{n=0}^{\infty} (-1)^n \frac{x^{2n+1}}{(2n+1)!},$$

它对于所有的 x 都是收敛的. 根据定理 3.17

$$f'(x) = 1 - \frac{x^2}{2!} + \frac{x^4}{4!} - \cdots$$

和

$$f''(x) = -x + \frac{x^3}{3!} - \cdots = -f(x).$$

在定理 3.14 中, 已经证明满足 $f'' = -f$ 的函数具有 $f(x) = u\cos x + v\sin x$ 的形式, 其中 u, v 是常数. 在问题 3.69 中, 要求读者依题意来确定 u, v 的值, 在 4.3.1 节我们将利用不同的方法来证明 $f(x) = \sin x$ 且 $f'(x) = \cos x$.

问 题

3.69 确定常数 u, v, 使得 $x - \dfrac{x^3}{3!} + \dfrac{x^5}{5!} - \cdots = u\cos x + v\sin x$ 成立.

3.70 运用例 3.38 中的方法计算下列级数.

(a) $\sum_{n=1}^{\infty} \dfrac{n}{2^n}$;

(b) $\sum_{n=1}^{\infty} \dfrac{n}{2^{n-1}}$;

(c) $\sum_{n=1}^{\infty} \dfrac{n^2}{2^{n-1}}$.

3.71 解释幂级数求导时出现的步骤.

(a) $(x+h)^n - x^n - nx^{n-1}h = \binom{n}{2} x^{n-2} h^2 + \binom{n}{3} x^{n-3} h^3 + \cdots + h^n$.

(b) 令 $0 < |h| < H$, 则

$$\left| (x+h)^n - x^n - nx^{n-1}h \right|$$
$$\leqslant \binom{n}{2} |x|^{n-2} \frac{|h|^2}{H^2} H^2 + \binom{n}{3} |x|^{n-3} \frac{|h|^3}{H^3} H^3 + \cdots + \frac{|h|^n}{H^n} H^n.$$

(c) 因此

$$\left|(x+h)^n - x^n - nx^{n-1}h\right| \leq \frac{|h|^2}{H^2}\left(\binom{n}{2}|x|^{n-2}H^2 + \binom{n}{3}|x|^{n-3}H^3 + \cdots + H^n\right).$$

(d) (c) 部分的最后一项小于等于 $\frac{|h|^2}{H^2}(|x|+H)^n$.

3.72 解释为什么对充分大的 n, 式子 $|nx^{n-1}| \leq (|x|+H)^n$ 成立.(提示: 运用问题 1.53 中 $n^{\frac{1}{n}}$ 的极限.)

3.73 对几何级数进行求导, 证明

$$\sum_{n=1}^{\infty} nx^{n-1} = \left(\sum_{n=0}^{\infty} x^n\right)'.$$

并说明 x 应满足的条件.

第 4 章 可导函数的理论

摘要 在本章,我们用导数来分析函数,将介绍怎么寻找函数的最优值及怎样构造多项式函数来逼近函数本身.

4.1 中值定理

在第 3 章的开头,我们提出了一个关于测速仪损坏了的旅行中的问题:"通过读取里程表是否有方法确定汽车的速度?"对于这个问题的回答,我们引出了函数 f 在 a 点的导数的概念 $f'(a)$,f 在 a 点的瞬时速度.接下来我们介绍导数的应用——微分中值定理,它在函数 f 于一段区间上的导数和函数本身在这段区间上的行为之间起到重要联系.中值定理说:如果我们从下午 2 点到下午 4 点的旅行距离是 90 英里,那么在这段时间内必然至少有一个时刻其速度是 45 英里/小时.结论就是说一段区间上的平均速度一定会等于某些点的瞬时速度.看起只是一个常识,但是多数最普通的定理都需要较复杂的证明.中值定理也是这样,下面我们精确的叙述它.

定理 4.1(中值定理) 设函数 f 在闭区间 $[a,b]$ 上连续,在开区间 (a,b) 内可微.则在 (a,b) 内存在数 c 使得

$$f'(c) = \frac{f(b)-f(a)}{b-a}.$$

这个定理有一个有趣的几何解释:在图 4.1 中给定两点 $(a,f(a))$ 和 $(b,f(b))$,在它们之间就有一点 $(c,f(c))$,曲线在这点的切线平行于连接 $(a,f(a))$ 和 $(b,f(b))$ 的割线 (图 4.1).

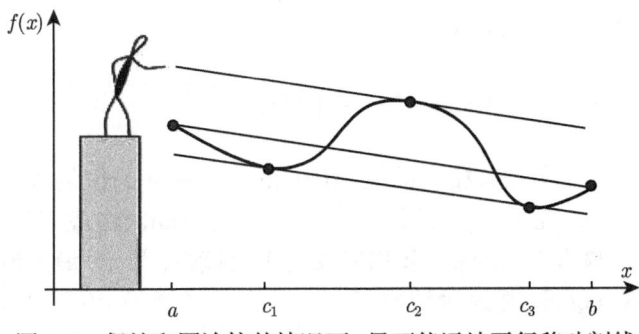

图 4.1 保持和图连接的情况下,尽可能远地平行移动割线

我们来看一下怎么找到 c 点,取一条平行于割线的直线,平行地移动它,直到它恰好与 $y=f(x)$ 的图像相切.关于这一点我们注意到两件事情.第一,它发生在图 f 上的离割线距离最远的点 $(c,f(c))$.第二,$f'(c)=\dfrac{f(b)-f(a)}{b-a}$.这提供了证明中值定理的关键点:我们通过寻找图上离割线最远的点找到目标点 c.中值定理的证明依赖于下面的结果,它足够重要,我们用一个独立的引理来表述.

引理 4.1 设函数 f 定义在开区间 (a,b) 上,在 c 点取得最大值或最小值.如果 $f'(c)$ 存在,那么 $f'(c)=0$.

证明 我们通过排除 $f'(c)$ 是正数和负数的可能性来证明 $f'(c)=0$.假设 $f'(c)>0$,因为当 h 趋近于 0 时,$\dfrac{f(c+h)-f(c)}{h}$ 的极限存在并且还是正数,也就是说当 h 足够小时,$\dfrac{f(c+h)-f(c)}{h}$ 还是正数.这意味着当 h 足够小且是正数时,

$$f(c+h)>f(c).$$

但是当 h 足够小时,$c+h$ 属于 (a,b),因此上面的不等式与假设 $f(c)$ 是 f 在 (a,b) 上的最大值矛盾.因此 $f'(c)>0$ 是不可能的.

类似地,我们证明 $f'(c)<0$ 也不可能.假设 $f'(c)$ 是负数.那么对所有的足够小的 h,$\dfrac{f(c+h)-f(c)}{h}$ 还是负数.取小的负数的 h 时,$f(c+h)-f(c)$ 应该是正数,此时 $c+h$ 在 (a,b) 内,

$$f(c+h)>f(c).$$

这也和 $f(c)$ 是最大值矛盾.

因此只有 $f'(c)=0$ 符合 f 在 c 点达到最大值的条件.同样的论证适合于 f 在 (a,b) 内 c 点达到最小值的假设,此时 $f'(c)=0$. **证毕**.

下面我们来证明中值定理.

证明 令线性函数 $\lambda(x)=f(a)+\dfrac{f(b)-f(a)}{b-a}(x-a)$,即过 $(a,f(a))$ 和 $(b,f(b))$ 的割线.定义函数 d 为 f 和 λ 的差:

$$d(x)=f(x)-\lambda(x)=f(x)-\Big(f(a)+\dfrac{f(b)-f(a)}{b-a}(x-a)\Big).$$

因为 $f(x)$ 和 $\lambda(x)$ 在端点有相同的值,$d(x)$ 在点 a 和 b 的值是 0.又因为 $f(x)$ 和 $\lambda(x)$ 在 $[a,b]$ 上连续,在 (a,b) 上可微,所以 $d(x)$ 也如此.由最值定理,即定理 2.6,$d(x)$ 在 $[a,b]$ 上有最大和最小值.我们考虑两种可能性.第一,最大值和最小值正好在这段区间的端点取得,在这种情况下,每个 $d(x)$ 都介于 $d(a)$ 和 $d(b)$ 之间,但是它们都是 0,也就是说 $d(x)=0$,即:$f(x)=\lambda(x)$.在这种情况下,对所有 $x\in(a,b)$

都有 $f'(x) = \dfrac{f(b)-f(a)}{b-a}$. 因此, 介于 a 和 b 之间的任意数 c 都满足定理的条件.

另一种情况是 d 的最大值或最小值在 (a,b) 中的某点 c 取得. 因为 d 在 (a,b) 上是可微函数, 由引理 4.1, $d'(c)=0$:

$$0 = d'(c) = f'(c) - \lambda'(c) = f'(c) - \dfrac{f(b)-f(a)}{b-a}.$$

即

$$f'(c) = \dfrac{f(b)-f(a)}{b-a}. \qquad \text{证毕}.$$

我们来看中值定理如何提供了用函数导数的信息来得到函数本身信息的方法.

推论 4.1 在一段区间上导数处处为零的函数是常值函数.

证明 令 $a \neq b$ 是这段区间上的任意两点, 这个函数在 a 和 b 及它们之间的任意点上是可微的. 因此利用中值定理, 这里存在 a 与 b 之间的点 c 使得 $f(b)-f(a) = f'(c)(b-a)$. 因为对所有的点 c, $f'(c)=0$, 即 $f(a)=f(b)$. 因为函数在区间上的任意两点的值都相等, 所以它是常值函数. 证毕.

如果两个函数在一段区间上有相同的导数, 那么 $f'-g' = (f-g)' = 0$, 且 $f-g$ 是常值函数. 在第 3 章我们用这个结果去寻找微分方程 $y'=y$ 和 $y''-y=0$ 的所有解. 这里有一些使用这个推论的其他方法.

例 4.1 假设 f 是一个满足 $f'(x) = 3x^2$ 的函数, f 是什么? 一个可能的结果是 x^3. 因此, $f(x)-x^3$ 的导数在任何点都是零, 由引理 4.1, $f(x)-x^3$ 是常数 c, 因此 $f(x) = x^3 + c$.

例 4.2 假设 f 是一个满足 $f'(x) = 3x^2$ 的函数, 我们再补充一个条件 $f(1)=2$. 由上面的例子我们知道 $f(x) = x^3 + c$. 由于 $f(1) = 1^3 + c = 2$, 从而可以推出 $c=1$, 故 $f(x) = x^3 + 1$ 是唯一满足本例要求的函数.

例 4.3 假设 f 是一个满足 $f'(x) = -x^{-2}$ 的函数, f 是什么? f' 的定义域不包含 0, 因此两段区间上我们可以应用推论, 它们 $(0,+\infty)$ 与 $(-\infty, 0)$. 如例 4.1, 我们有

$$f(x) = \begin{cases} \dfrac{1}{x}+a, & x>0, \\ \dfrac{1}{x}+b, & x<0, \end{cases}$$

其中 a,b 可以是任意的常数.[①]

[①] 同样地, 我们可以推出定义在 $(-\infty, 0) \cup (0, +\infty)$ 上的函数 $\dfrac{1}{x}$ 的原函数为

$$f(x) = \begin{cases} \ln x + a, & x>0, \\ \ln(-x) + b, & x<0, \end{cases}$$

其中 a,b 为任意的常数. 而普通的微积分教科书中通常不严谨地写成 $\ln|x|+c$, 其中 c 为任意的常数.

——译者注

通过考虑 f' 的符号, 中值定理也可以让我们判断出函数在一段区间是单调递增还是递减的.

推论 4.2 (单调性判据)　在一区间上, 如果 $f' > 0$, 那么 f 在这区间上单调递增; 如果 $f' < 0$, 那么 f 在这区间上单调递减; 如果 $f' \geqslant 0$, 那么 f 在这区间上不减; 如果 $f' \leqslant 0$, 那么 f 在这区间上不增.

证明　取这段区间上的满足 $a < b$ 的任意两点 a 和 b. 由中值定理, 在 a 与 b 之间存在一点 c, 使得 $f'(c) = \dfrac{f(b) - f(a)}{b - a}$. 因为 $b > a$, 所以 $f(b) - f(a)$ 的符号和 $f'(c)$ 的符号一致. 如果 $f' > 0$, 那么 $f(b) - f(a) > 0$, f 是单调递增的. 如果 $f' < 0$, 那么 $f(b) - f(a) < 0$, f 是单调递减的. 非严格的不等式可以类似证明.　**证毕.**

4.1.1　一阶导数用于最优化

1. 求连续函数在闭区间的最值

接下来的两个例子说明如何利用引理 4.1 来求连续函数在闭区间上的最值.

例 4.4　我们来求函数
$$f(x) = 2x^3 + 3x^2 - 12x, \quad x \in [-4, 3]$$
的最大值与最小值. 由最值定理, f 必然在这段区间上取得最大值与最小值. 最值既可以在端点 $x = -4$, $x = 3$, 也可以在 $(-4, 3)$ 内取得. 在端点我们有 $f(-4) = -32$, $f(3) = 45$. 如果 f 在 $(-4, 3)$ 内的 c 点取最大值或最小值, 由引理 4.1, $f'(c)$ 必然为 0. 下面我们求所有导数为 0 的点. 令
$$0 = f'(c) = 6x^2 + 6x - 12 = 6(x+2)(x-1),$$
得到 $x = -2$ 或 $x = 1$. 它们都在 $(-4, 3)$ 内. 最值可能取得的点是
$$f(1) = -7, \quad f(-2) = 20, \quad f(-4) = -32, \quad f(3) = 45.$$
因此我们在左端点取得最小值, 在右端点取得最大值. 见图 4.2.

例 4.5　设 $f(x) = 2x^3 + 3x^2 - 12x$ 的定义域为 $[-3, 3]$, 那么现在
$$f(1) = -7, \quad f(-2) = 20, \quad f(-3) = 9, \quad f(3) = 45.$$
最大值在右端点取得, 但现在最小值点在 $x = 1$ 处取得.

例 4.6　求函数
$$f(x) = x^{2/3}, \quad x \in [-1, 1]$$
的最大值与最小值.

f 的图像显示在图 4.3 中. 我们注意到 f 在 $[-1, 1]$ 上是连续的, 因此在这个区间上能取得最大值与最小值. 极值点可以在端点和区间内的导数为 0 或导数不存

在的 c 点取得. 导数 $f'(x) = \dfrac{2}{3}x^{-1/3}$, 在 $x = 0$ 的点不存在, 没有使得导数等于零的点. 因此最大值与最小值只能在下列备选中取得

$$f(-1) = 1, \quad f(0) = 0, \quad f(1) = 1.$$

因此 f 在两个端点取得最大值, 在导数不存在的点 $x = 0$ 取得最小值.

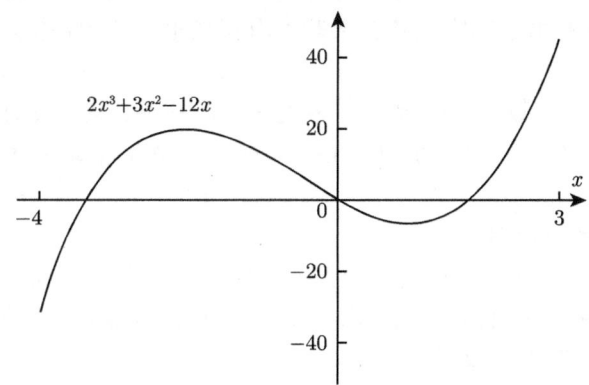

图 4.2 在例 4.4 中 f 在 $[-4, 3]$ 上的最大值与最小值在端点取得

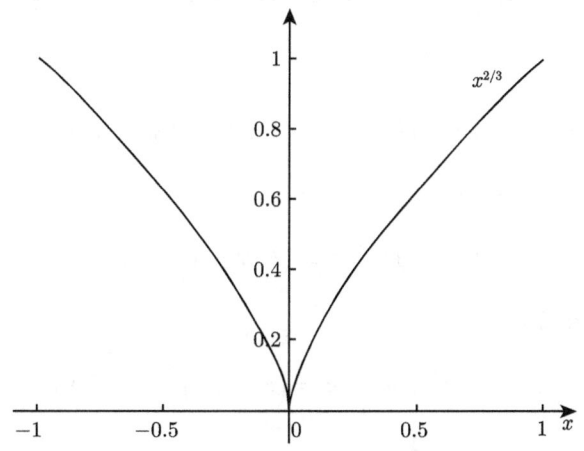

图 4.3 在例 4.6 中 f 在两个端点取得最大, 最小值在导数不存在的点取得

2. 局部极值和整体最值

函数 f 在图 4.2 中的图像表明, 在图中有一些有趣的点它们不是函数 f 的最大值或最小值, 但是它们是局部极值或相对极值.

定义 4.1　一个函数 f 在 c 点有个**局部极大值** $f(c)$, 如果存在正数 h 使得当 $c - h \leqslant x \leqslant c + h$ 有 $f(x) \leqslant f(c)$. 函数 f 在 c 点有个**局部极小值** $f(c)$, 如果存在正

数 h 使得当 $c-h \leqslant x \leqslant c+h$ 有 $f(x) \geqslant f(c)$. 函数 f 在 c 点有个**整体最大值**(或**绝对最大值**) $f(c)$, 如果对定义域内的所有 x 都有 $f(x) \leqslant f(c)$. 函数 f 在 c 点有个**整体最小值**(或**绝对最小值**) $f(c)$, 如果对定义域内的所有 x 都有 $f(x) \geqslant f(c)$.

我们在计算时遇到的大多数函数在它们的定义域内的大多数点上都是有非零导数的. 那些导数为 0 和导数不存在的点被称为函数的临界点. 端点 (如果有) 和临界点把定义域分成一些小的区间, 在上面函数的导数为正或为负. 下面我们来说明, 单调性判据能够用来判定函数在某些点取得最值. 这个结果也被称为一阶导数检验.

定理 4.2(一阶导数检验) 假设 f 在包含 c 的一个区间上是连续的, 且当 $x<c$ 时, 有 $f'(x)>0$, 当 $x>c$ 时, 有 $f'(x)<0$, 那么 f 在 c 点取到这段区间上的最大值.

对最小值有类似的刻画.

它的证明可以从单调性判据和最大值、最小值的定义得到. 我们要求在问题 4.6 中写出它们. 图 4.4 给出一些例子. 区间上的极值究竟是整体的还是局部的, 取决于该区间是否为整个定义域.

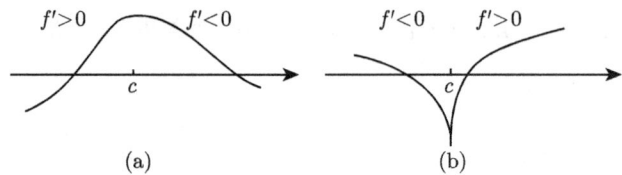

图 4.4 一阶导数检验的图示. (a) f 在 c 取最大值; (b) f 在 c 取最小值

例 4.7 考虑二次函数

$$f(x) = x^2 + bx + c.$$

通过配方重新将函数写成

$$f(x) = x^2 + bx + c = \left(x + \frac{1}{2}b\right)^2 - \frac{1}{4}b^2 + c. \tag{4.1}$$

立即可以看出, $f(x)$ 在 $x=-\frac{1}{2}b$ 点达到最小值. 下面表明如何通过计算得到这个结果. 首先看一下 f 的临界点: 当 $x=-\frac{1}{2}b$ 时, $f'(x) = 2x+b$ 的值为 0. 接下来确定一阶导数的符号

$$f'(x) \begin{cases} <0, & x<-\frac{1}{2}b, \\ =0, & x=-\frac{1}{2}b, \\ >0, & x>-\frac{1}{2}b, \end{cases}$$

根据一阶导数检验, f 在点 $x = -\frac{1}{2}b$ 得到整体的最小值.

例 4.8 我们在给定表面积为 A 的所有闭圆柱中确定体积最大的圆柱体的形状.

我们计划通过将体积表达为一个变量, 即半径 r 的函数来解决这个问题. 设 h 为柱体的高. 那么表面积

$$A = 2\pi r^2 + 2\pi rh = 2\pi r(r + h), \tag{4.2}$$

体积 $v = \pi r^2 h$ 是两个变量 r 和 h 的函数, 但从约束条件 (4.2) 可以解出 $h = \frac{A}{2\pi r} - r$, 因此

$$V = f(r) = \pi r^2 \left(\frac{A}{2\pi r} - r \right) = \frac{Ar}{2} - \pi r^3, \quad r > 0.$$

导数 $f'(r) = \frac{1}{2}A - 3\pi r^2$ 在 $r = r_0 = \sqrt{\frac{A}{6\pi}}$ 时等于 0. 对更小的 r, $f' > 0$, 对更大的 r, $f' < 0$, f 在 r_0 取得整体最大值. 为了确定圆柱体的形状, 用 r 来估计 h: 体积最大圆柱的高

$$h = \frac{A}{2\pi r} - r = \frac{6\pi r_0^2}{2\pi r_0} - r_0 = 2r_0.$$

也就是说, 在给定表面积的圆柱体中, 体积最大者满足底面直径等于高, 见图 4.5.

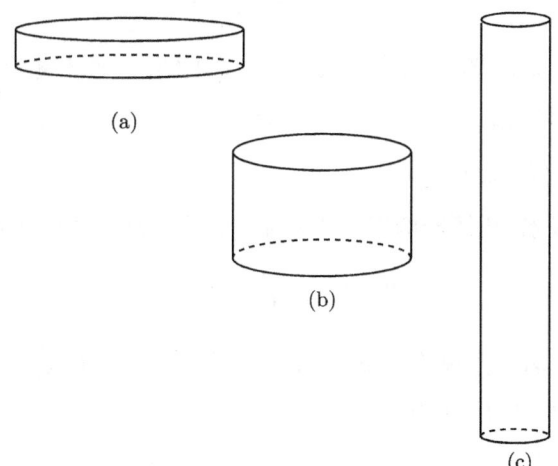

图 4.5 例 4.8 的图示. 三个圆柱体具有相同的表面积 $A = 2\pi$, 但体积不同.
(a) $r = \frac{7}{8}, V = 0.6442\cdots$; (b) $r = \frac{2}{3}, V = 1.1635\cdots$; (c) $r = \frac{1}{4}, V = 0.7363\cdots$

圆柱体的表面积与建造一个圆柱形容器所需要的材料的总量成比例. 在给定材料总量时, 上例中求得的形状是最优的. 读者可去超市检验哪些品牌的瓶瓶罐罐是最优形状.

4.1.2 利用微分证明不等式

接下来来看微分怎么使我们更简单的得到一些之前得到的不等式.

1. 指数型增长

在定理 2.10 中我们证明了当 x 趋于无穷时, 指数函数的增长快于 x 的任意次方, 在这个意义下, 对固定的 n, 当 x 趋于无穷大时, $\dfrac{e^x}{x^n}$ 趋于无穷大. 关于这个事实这里有一个简单的计算证明.

定义 $f(x) = \dfrac{e^x}{x^n}$, 利用乘法规则, 有

$$f'(x) = \frac{e^x}{x^n} - n\frac{e^x}{x^{n+1}} = f(x) - n\frac{f(x)}{x} = f(x)\frac{x-n}{x}. \tag{4.3}$$

这表明 $f(x)$ 的导数当 $0 < x < n$ 时是负的, 当 $x > n$ 时是正的. 因此 $f(x)$ 当 x 从 0 到 n 时是单调递减的, 当 $x > n$ 时是单调递增的. 也就是当 $x = n$ 时, $f(x)$ 取得最小值. 这意味着, 对一切 $x > 0$ 有,

$$f(x) = \frac{e^x}{x^n} > \frac{e^n}{n^n}.$$

对不等式两边同乘以 x, 得到

$$\frac{e^x}{x^{n-1}} > x\frac{e^n}{n^n}.$$

由于我们最早对数 n 的选择, 数 $\dfrac{e^n}{n^n}$ 是定数, 因此当 x 趋于无穷时, 不等式的右边趋于无穷. 因此不等式的左边也是这样, 由于 n 的任意性, 这就证明了我们的论断.

2. 算术-几何平均值不等式

在 1.1.3 节, 算术-几何平均值不等式是说: 对任意的两个正数 a 和 b, 有

$$\frac{a+b}{2} - (ab)^{1/2} > 0, \tag{4.4}$$

除非 $a = b$. 下面来看一下怎么用微分的技术证明不等式 (4.4). 令 a 是两个数中较小的一个: $a < b$. 定义 $f(x)$ 为

$$f(x) = \frac{a+x}{2} - (ax)^{1/2}. \tag{4.5}$$

则 $f(b) = \dfrac{a+b}{2} - (ab)^{1/2}$, $f(a) = 0$, 算术-几何平均值不等式可以改写为

$$f(b) > f(a).$$

因为 $a < b$, 只需要证明 $f(x)$ 在 a 与 b 之间是单调递增的函数. 根据单调性判据,

4.1 中值定理

只要证明 $f(x)$ 的一阶导数是正数. 导数 $f'(x) = \dfrac{1}{2} - \dfrac{1}{2}\dfrac{a^{1/2}}{x^{1/2}}$, 当 $x > a$ 时, 它是正数. 这就完成了两个数的算术-几何平均值不等式的证明.

那么三个数的情况如何呢? 三个正数 a, b, c 的算术-几何平均值不等式是

$$\frac{a+b+c}{3} - (abc)^{1/3} > 0, \tag{4.6}$$

等号成立当且仅当 $a = b = c$.

重新写 (4.6) 式为

$$abc \leqslant \left(\frac{a+b+c}{3}\right)^3$$

并且同除以 c:

$$ab \leqslant \frac{1}{c}\left(\frac{a+b+c}{3}\right)^3. \tag{4.7}$$

保持 a, b 固定, 定义 $f(x)$ 为式 (4.7) 的右端, 用 x 代替 c, 这里 $x > 0$:

$$f(x) = \frac{1}{x}\left(\frac{a+b+x}{3}\right)^3. \tag{4.8}$$

当 x 趋于 0 时, $f(x)$ 趋于无穷, 当 x 趋于无穷时, $f(x)$ 亦趋于无穷. 因此, $f(x)$ 可以达到最小值, 对某些 $x > 0$. 我们用微分判据来找到这个最小值. 对 f 求导数, 利用积的求导法则和链式法则, 得到

$$f'(x) = \frac{1}{x}\left(\frac{a+b+x}{3}\right)^2 - \frac{1}{x^2}\left(\frac{a+b+x}{3}\right)^3.$$

我们可以看到当 $x = \dfrac{a+b+x}{3}$ 时, $f'(x) = 0$. 因此最小值在 $x = \dfrac{1}{2}(a+b)$ 处达到. 在这一点 f 的值是

$$f\left(\frac{1}{2}(a+b)\right) = \frac{2}{a+b}\left(\frac{a+b+\frac{1}{2}(a+b)}{3}\right)^3 = \left(\frac{a+b}{2}\right)^2.$$

参照两个数的算术-几何平均值不等式, 这个数大于等于 ab. 因此作为它的最小值 $f(x) \geqslant ab$. 因此对其他任意的 c 它也不会小于 ab. 这就完成了 3 个数的算术-几何平均值不等式的证明.

任意 n 个数的算术-几何平均值不等式, 可以按照类似的方法归纳证明, 我们要求你在问题 4.15 中完成.

4.1.3 推广的中值定理

注意到, 4.1.1 节的中值定理保证, 如果在一段区间上的平均速度是每小时 30 英里, 那么在这段区间上至少有一个时刻其瞬时速度就是每小时 30 英里. 在这一节我们将证明中值定理的一个有点惊人的推广: 如果在一段时间内你走了你朋友 5 倍远的距离, 那么这段时间里至少有一个时刻你的速度确实是你朋友的 5 倍.

定理 4.3(推广的中值定理) 假设 f 和 g 在 (a,b) 内可微, 在 $[a,b]$ 内连续, 如果在 (a,b) 内 $g'(x) \neq 0$, 那么在 (a,b) 内存在一个点 c, 使得

$$\frac{f'(c)}{g'(c)} = \frac{f(b)-f(a)}{g(b)-g(a)}.$$

证明 令

$$H(x) = (f(x)-f(a))(g(b)-g(a)) - (g(x)-g(a))(f(b)-f(a)).$$

那么 $H(x)$ 在 (a,b) 内可微, 在 $[a,b]$ 内连续, 且 $H(a) = H(b) = 0$. 由中值定理, 在 (a,b) 内存在一点 c 使得

$$0 = \frac{H(b)-H(a)}{b-a} = H'(c) = f'(c)(g(b)-g(a)) - g'(c)(f(b)-f(a)),$$

因此可以得到 $f'(c)(g(b)-g(a)) = g'(c)(f(b)-f(a))$. 因为 $g' \neq 0$, 故 $g'(c)$, $g(b)-g(a)$ 都不是 0. 两边同除以 $g'(c)(g(b)-g(a))$ 就完成了定理的证明. **证毕**.

这个推广的中值定理能够用来证明下面求极限的技巧 (洛必达法则).

定理 4.4 设 $\lim\limits_{x \to a} f(x) = 0$, $\lim\limits_{x \to a} g(x) = 0$, 且 $\lim\limits_{x \to a} \frac{f'(x)}{g'(x)}$ 存在. 则

$$\lim_{x \to a} \frac{f(x)}{g(x)} = \lim_{x \to a} \frac{f'(x)}{g'(x)}.$$

证明 因为 $\lim\limits_{x \to a} \frac{f'(x)}{g'(x)}$ 存在, 围绕 a 就有一个区间 (或许不包含 a 点), 使得 f' 和 g' 都存在, 且 $g' \neq 0$. 定义两个新的函数 F 和 G, 当 $x \neq a$ 时, 它们和 f, g 相同, 但是 $F(a) = G(a) = 0$. 把定理 4.3 应用到 F 和 G, 则在 a 和 x 之间就有一点 c 使得

$$\frac{f(x)}{g(x)} = \frac{F(x)}{G(x)} = \frac{F(x)-F(a)}{G(x)-G(a)} = \frac{F'(c)}{G'(c)} = \frac{f'(c)}{g'(c)}.$$

因为 c 在 x 与 a 之间且 $\lim\limits_{x \to a} \frac{f'(x)}{g'(x)}$ 存在, 所以

$$\lim_{x \to a} \frac{f'(x)}{g'(x)} = \lim_{x \to a} \frac{f'(c)}{g'(c)} = \lim_{x \to a} \frac{f(x)}{g(x)}.$$ **证毕**

4.1 中值定理

例 4.9 极限 $\lim\limits_{x\to 1}\dfrac{\ln x}{x^2-1}$ 满足 $\lim\limits_{x\to 1}\ln x=0$ 和 $\lim\limits_{x\to 1}x^2-1=0$, 且 $\ln x$ 和 x^2-1 在 1 的邻域内都是可微的. 因此

$$\lim_{x\to 1}\frac{\ln x}{x^2-1}=\lim_{x\to 1}\frac{(\ln x)'}{(x^2-1)'},$$

如果后面的极限存在的话. 事实上它确实存在, 因为

$$\lim_{x\to 1}\frac{(\ln x)'}{(x^2-1)'}=\lim_{x\to 1}\frac{1/x}{2x}=\frac{1}{2}.$$

因此 $\lim\limits_{x\to 1}\dfrac{\ln x}{x^2-1}=\dfrac{1}{2}$. 见图 4.6.

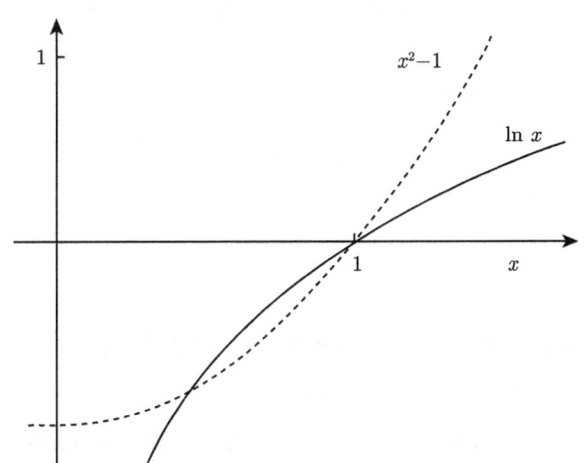

图 4.6 例 4.9 中函数的图像. 当 x 趋近于 1 时, 数值的比等于斜率的比值

这个定理的另一种形式见问题 4.23.

问 题

4.1 假设 $f(2)=6$, 且当 $x\in[2,2.2]$ 时, $0.4\leqslant f'(x)\leqslant 0.5$, 利用中值定理来估计 $f(2.1)$.

4.2 假设 $g(2)=6$, 且当 $x\in[1.8,2]$ 时, $-0.6\leqslant g'(x)\leqslant -0.5$, 利用中值定理来估计 $g(1.8)$.

4.3 假设 $h'(x)=2\cos(3x)-3\sin(2x)$, $h(x)$ 应该是什么? 如果再加条件 $h(0)=0$, $h(x)$ 应该是什么?

4.4 假设 $k'(t)=2-2\mathrm{e}^{-3t}$, $k(t)$ 应该是什么? 如果再加条件 $k(0)=0$, $k(t)$ 应该是什么?

4.5 考虑函数 $f(x) = \dfrac{x}{x^2+1}$.

(a) 求 $f'(x)$.

(b) 在什么区间 f 是单调递增的?

(c) 在什么区间 f 是单调递减的?

(d) 求 f 在 $[-10, 10]$ 上的最小值.

(e) 求 f 在 $[-10, 10]$ 上的最大值.

4.6 对下列证明一阶导数检验 (定理 4.2) 的步骤作出解释. 假设当 $x < c$ 时, $f'(x) > 0$, 当 $x > c$ 时, $f'(x) < 0$, 我们需要证明 f 在 c 点达到最大值.

(a) 解释为什么当 $x < c$ 时, f 是单调递增的, 当 $x > c$ 时, f 是单调递减的.

(b) 利用 f 在 c 点的连续性和当 $x < c$ 时, f 是单调递增的来解释为什么当 $x < c$ 时, $f(x)$ 不能大于 $f(c)$. 类似地来解释为什么当 $x > c$ 时, $f(x)$ 不能大于 $f(c)$.

(c) 解释为什么 $f(c)$ 是该区间上的最大值.

(d) 修订论证以证明下述结论: 若当 $x < c$ 时, $f'(x) < 0$, 且当 $x > c$ 时, $f'(x) > 0$, 则 f 在 c 点达到最小值.

4.7 利用微分重新做问题 1.10.

4.8 求函数
$$f(x) = 2x^3 - 3x^2 - 12x + 8$$
在以下各个区间上的最大值与最小值.

(a) $[-2.5, 4]$;

(b) $[-2, 3]$;

(c) $[-2.25, 3.75]$.

4.9 假设一个实验是要执行确定两个物理量之间关系的方程
$$y = mx$$
中常数 m 的值. 令 $(x_1, y_1), (x_2, y_2), (x_3, y_3), \cdots, (x_n, y_n)$ 是一组观测值. 在 x_i 和 y_i 使得 E 最小的意义下确定 m 的值, 这里 E 是观测量和线性函数 $y = mx$ 之间误差的平方和
$$E = (y_1 - mx_1)^2 + (y_2 - mx_2)^2 + \cdots + (y_n - mx_n)^2,$$
见图 4.7.

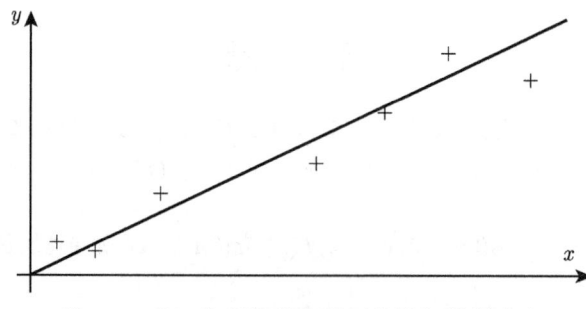

图 4.7 求一条直线使之尽可能地与数据吻合

4.1 中值定理

4.10 考虑一个开口的纸板箱, 它的底是一个边长为 x 的正方形, 高是 y. 这个箱子的体积 V 和表面积 S 由
$$V = x^2 y, \quad S = x^2 + 4xy$$
给出. 在给定体积的所有箱子中找到表面积最小的那个. 证明这个箱子是矮胖形的, 即 $y < x$.

4.11 考虑单位质量的质点在数轴上的运动, 它在时间 t 的位置由 $x(t) = 3t - t^2$ 给出. 找到使得质点位置 x 最大的时间.

4.12 在函数 $y = \frac{1}{2}x^2$ 的图像上求出离点 $(6, 0)$ 最近的点.

4.13 一个正数能超过它的立方的最大值是多少?

4.14 求正数 x, 使得 x 与其倒数之和尽可能地小.
(a) 利用导数;
(b) 利用算术-几何平均值不等式.

4.15 利用微分的方法归纳地证明 n 个正数的算术-几何平均值不等式.

4.16 令 $w_1, w_2, \cdots, w_n$ 是一组和为 1 的正数, $a_1, a_2, \cdots, a_n$ 是任意的正数. 证明推广的算术-几何平均值不等式:
$$a_1^{w_1} a_2^{w_2} \cdots a_n^{w_n} \leqslant w_1 a_1 + w_2 a_2 + \cdots + w_n a_n,$$
等式成立当且仅当 $a_1 = a_2 = \cdots = a_n$. 选取 a_i 中的一个为变量, 用归纳法证明.

4.17 假设 $0 < x$ 时, $g'(x) \leqslant h'(x)$ 并且 $g(0) = h(0)$, 证明当 $0 < x$ 时, $g(x) \leqslant h(x)$.

4.18 这里利用问题 4.17 来找正弦函数和余弦函数的多项式界,
(a) 证明当 $g(x) = \sin x$ 和 $h(x) = x$ 时, $g'(x) \leqslant h'(x)$ 且推导
$$\sin x \leqslant x \quad (x > 0). \tag{4.9}$$
(b) 重写方程 (4.9) 为 $(\cos x)' \leqslant \left(\frac{x^2}{2} - 1\right)'$ 且推导 $1 - \frac{x^2}{2} \leqslant \cos x$.
(c) 沿着这个思想得到
$$1 - \frac{x^2}{2} \leqslant \cos x \leqslant 1 - \frac{x^2}{2} + \frac{x^4}{4!},$$
特别地, 在误差为 0.001 的范围内估计 $\cos(0.2)$.
(d) 推广已有的论证来证明
$$1 - \frac{x^2}{2} + \frac{x^4}{4!} - \frac{x^6}{6!} \leqslant \cos x \leqslant 1 - \frac{x^2}{2} + \frac{x^4}{4!} - \frac{x^6}{6!} + \frac{x^8}{8!}.$$

4.19 记指数函数 e^x 为 $e(x)$. 利用 $e' = e$ 和问题 4.17 证明下面的结论:
(a) 当 $x > 0$ 时, $1 < e(x)$.
(b) 当 $x > 0$ 时, $1 < e'(x)$, 并推出 $1 + x < e(x)$.
(c) 重写为 $1 + x < e'(x)$, 推导当 $x > 0$ 时, $1 + x + \frac{1}{2}x^2 < e(x)$.
(d) 证明对所有的正整数 n 和 $x > 0$, 有 $1 + x + \frac{x^2}{2} + \cdots + \frac{x^n}{n!} < e(x)$.

4.20 求 $\lim\limits_{x\to 0}\dfrac{\sin x}{x}$，首先用中值定理写 $\sin x = \sin x - \sin 0 = \cos(c)x$，再用定理 4.4.

4.21 求 $\lim\limits_{x\to 0}\dfrac{x}{\mathrm{e}^x - 1}$.

4.22 求 $\lim\limits_{x\to 0}\dfrac{\sin x - x\cos x}{x^3}$.

4.23 在定理 4.4 中做替换 $f(x) = F(1/x), g(x) = G(1/x)$ 以证明该定理的下述版本. 假设 $\lim\limits_{y\to\infty} F(y) = 0$, $\lim\limits_{y\to\infty} G(y) = 0$ 且 $\lim\limits_{y\to\infty}\dfrac{F'(y)}{G'(y)}$ 存在. 那么

$$\lim\limits_{y\to\infty}\dfrac{F(y)}{G(y)} = \lim\limits_{y\to\infty}\dfrac{F'(y)}{G'(y)}.$$

你需要在定理中取 $a = 0$. 解释怎么把 f 和 g 延拓成奇函数，使得定理可以应用.

4.24 利用问题 4.23 的结果和指数增长定理来计算下面的极限.

(a) $\lim\limits_{y\to +\infty} \mathrm{e}^{-1/y}$.

(b) $\lim\limits_{y\to +\infty} y^2 \mathrm{e}^{-y}$.

(c) $\lim\limits_{y\to +\infty} \dfrac{\mathrm{e}^{-y}}{1 - \mathrm{e}^{-1/y}}$.

4.2 高阶导数

在我们以前的例子中很多函数 f 都具有它们的导数可以证明还是可微的性质. 这样的函数被叫做二次可微的. 类似地，我们定义三次可微的函数为那些二阶导数可微的函数.

定义 4.2 函数 f 称为在点 x 是 n 次可微的，若它的 $n-1$ 阶导数在 x 是可微的. 它的 $n-1$ 阶导数的导数称为 f 的 n **阶导数**，记为

$$f^{(n)} \quad \text{或} \quad \dfrac{\mathrm{d}^n f}{\mathrm{d}x^n}.$$

定义 4.3 函数 f 称为在区间上**连续可微**的，若 f' 存在并且在区间上是连续的. 函数 f 称为在区间上 n **次连续可微**的，若 $f^{(n)}$ 存在并且在区间上是连续的.

正如我们在第 3 章看到的，若 $x(t)$ 表示质点在时间 t 的位移，那么位移的变化率 $\dfrac{\mathrm{d}x}{\mathrm{d}t}$ 是质点的速度 v. 速度的导数叫做加速度. 因此

$$\text{加速度} = \dfrac{\mathrm{d}v}{\mathrm{d}t} = \dfrac{\mathrm{d}^2 x}{\mathrm{d}t^2};$$

用文字来说，加速度是位移的二阶导数.

二阶导数的几何意义的有趣性不比物理意义小. 我们注意到线性函数 $f(x) = mx + b$ 的二阶导数为零，因此一个函数具有非零的二阶导数，它不是线性的. 因为

4.2 高阶导数

一个线性函数的图可以由直线来刻画, 也就是说如果 $f'' \neq 0$, 那么函数的图像就不是平直的而是弯曲的. 这个事实表明, 在某种意义下, 测量值 f'' 的大小反映出函数的图像与经过 x 的一条直线的偏差.

例 4.10 函数
$$f(x) = r - \sqrt{r^2 - x^2}, \quad -r < x < r,$$
的图像是半径为 r 的半圆, 见图 4.8. 它表明, 当 x 在原点附近的一个固定区间内, r 的值越大, 这个半圆越接近 x 轴. 有

$$f' = \frac{x}{\sqrt{r^2 - x^2}}, \qquad f'' = \frac{1}{\sqrt{r^2 - x^2}} + \frac{x^2}{(r^2 - x^2)^{3/2}} = \frac{r^2}{(r^2 - x^2)^{3/2}}.$$

f'' 在 $x = 0$ 的值是 $f''(0) = \dfrac{r^2}{(r^2)^{3/2}} = \dfrac{1}{r}$. r 的值越大, $f''(0)$ 的值越小, 在这种情形下, $f''(0)$ 越小表明 f 的图像与直线越接近.

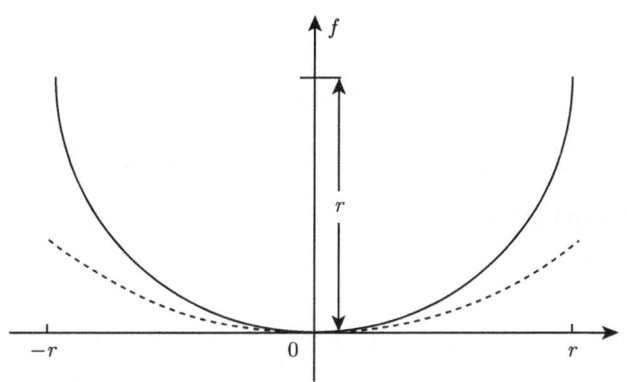

图 4.8 二阶导数表明: 大的 r 对应着小的曲率. 点状的弧值 r 大

f'' 告诉了我们关于 f 的什么信息?

这节的目的是解释下面的结果: 在一小段区间上, 任何二次可微的函数都能由二次多项式很好地近似. 注意这里隐含的简化, 一个复杂的函数有时可以用一个简单的函数来代替.

我们将用单调性判据来联系 f 和 f''. 比方说, 如果 $f'' > 0$, 由单调性判据 f' 是单调递增的. 在图形上意味着你从左到右移动 f 时, 图的切线的斜率是增加的. 类似地, 如果 $f'' < 0$, 由单调性判据 f' 是单调递减的. 在图形上意味着你从左到右移动 f 时, 图的切线的斜率是递减的.

图 4.9 中勾勒的一些斜率递增或递减的切线会提示我们: $f'' > 0$ 就意味着函数图像的开口向上, $f'' < 0$ 就意味着函数图像的开口向下.

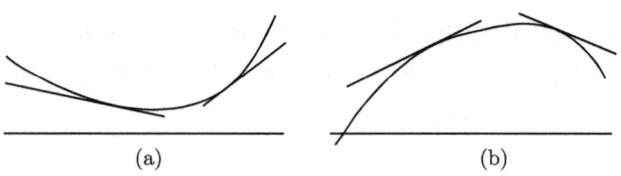

图 4.9　(a) $f'' > 0$ 且斜率增加; (b) $f'' < 0$ 且斜率减少

与其轻信草图, 不如来探究问题: 如果我们有一些关于 f'' 的信息, 关于 f 我们能知道什么? 假设我们有关于 f'' 在 $[a,b]$ 上的估计

$$m \leqslant f'' \leqslant M. \tag{4.10}$$

右边的不等式等价于 $M - f''(x) \geqslant 0$. 注意到 $M - f''(x)$ 是 $Mx - f'(x)$ 的微分. 由单调性判据, $Mx - f'(x)$ 是单调不减的函数, 所以在 $[a,b]$ 上有

$$Ma - f'(a) \leqslant Mx - f'(x).$$

这个不等式又能写为

$$f'(x) - f'(a) \leqslant M(x - a).$$

注意到这个新的不等式的左边是 $f(x) - xf'(a)$ 的导数, 右边是 $\frac{1}{2}M(x-a)^2$ 的导数. 两边作差, 再根据单调性判据可知 $\frac{1}{2}M(x-a)^2 - (f(x) - xf'(a))$ 是单调不减的函数. 因为 $a \leqslant x$, 所以

$$\frac{1}{2}M(a-a)^2 - (f(a) - af'(a)) \leqslant \frac{1}{2}M(x-a)^2 - (f(x) - xf'(a)).$$

将 $f(x)$ 移到不等式的左边, 其他项全部放到不等式的右边, 得到

$$f(x) \leqslant f(a) + f'(a)(x-a) + \frac{M}{2}(x-a)^2.$$

注　这是我们万里长征的第一步, 因为右边的函数是一个二次多项式函数.

由类似的论证, 从 $m \leqslant f''(x)$ 再次使用单调性判据可以推出, 对所有的 $[a,b]$ 中 x, 有

$$f(a) + f'(a)(x-a) + \frac{m}{2}(x-a)^2 \leqslant f(x).$$

我们把上面的两个不等式变成一句话: 如果 $f''(x)$ 在 $[a,b]$ 上以 m 和 M 为上、下界, 那么 $f(x)$ 本身以两个二次多项式为上、下界:

$$f(a) + f'(a)(x-a) + \frac{m}{2}(x-a)^2 \leqslant f(x) \leqslant f(a) + f'(a)(x-a) + \frac{M}{2}(x-a)^2. \tag{4.11}$$

4.2 高阶导数

上、下界不同因为一个包含常数 m 另一个包含 M. 因此在 m 与 M 之间存在数 H 使得

$$f(x) = f(a) + f'(a)(x-a) + \frac{H}{2}(x-a)^2. \tag{4.12}$$

下面假设 f'' 在 $[a,b]$ 上连续, m 和 M 是在这段区间上的最小值与最大值. 在方程 (4.12) 中, 令 $x = b$, 利用介值定理, 存在 a 和 b 之间的点 c 使得

$$f(b) = f(a) + f'(a)(b-a) + \frac{1}{2}f''(c)(b-a)^2.$$

这个方程提供了观察 f 的丰富源泉, 我们得到中值定理的下述推广.

定理 4.5(线性近似) 设在包含 a 和 b 的一段区间上 f 是二次连续可微的函数, 那么在 a 与 b 之间存在一点 c 使得

$$f(b) = f(a) + f'(a)(b-a) + \frac{f''(c)}{2}(b-a)^2. \tag{4.13}$$

我们给出了 $a < b$ 的线性近似定理, 结论对 $a > b$ 也成立, 我们把它列在问题 4.32 中.

例 4.11 我们用定理 4.5 来估计 $\ln(1.1)$. 令 $f(x) = \ln(1+x)$. 那么 $f'(x) = \frac{1}{1+x}$, $f''(x) = -\frac{1}{(1+x)^2}$. 取 $a = 0$, $b = 0.1$, 我们得到 $f(0) = 0$, $f'(0) = 1$ 和

$$\ln(1.1) = 0 + 1(0.1 - 0) - \frac{1}{(1+c)^2}\frac{(0.1)^2}{2},$$

这里 c 是 0 和 0.1 之间的数. 因为 $-\frac{1}{1^2} \leqslant f''(c) \leqslant -\frac{1}{(1.1)^2}$, 得到

$$0.095 = 0.1 - \frac{0.01}{2} \leqslant \ln(1.1) \leqslant 0.1 - \frac{1}{(1.1)^2}\frac{0.01}{2} = 0.0958\cdots < 0.096.$$

看看你的计算器上 $\ln(1.1)$ 的真实值是多少.

例 4.12 令 $f(x) = \ln(1+x)$. 我们在 $[0, 0.5]$ 上通过两个二次多项式近似 f. 由例 4.11, 有 $f(0) = 0$, $f'(0) = 1$, 在 $[0, 0.5]$ 上 f'' 的最小值是 -1, 最大值是 $-\frac{1}{(1+0.5)^2} = -\frac{4}{9}$. 因此 (图 4.10),

$$x - \frac{x^2}{2} \leqslant \ln(1+x) \leqslant x - \frac{4}{9}\frac{x^2}{2} \qquad (0 \leqslant x \leqslant 0.5).$$

在线性近似定理中, 假设 b 和 a 非常接近. 那么 c 和 a 更近, 因为 f'' 是连续的, $f''(c)$ 与 $f''(a)$ 非常接近. 我们把它写成

$$f''(c) = f''(a) + s.$$

这里 s 满足: 当 b 和 a 常接近时, 它是一个非常小的数. 把它们代入 (4.13), 得到

$$f(b) = f(a) + f'(a)(b-a) + \frac{1}{2}f''(a)(b-a)^2 + \frac{1}{2}s(b-a).$$

这个表达式说明当 b 和 a 非常近的时候, 等式右边的前三项是 $f(b)$ 的非常好的近似. 因此, 它符合线性近似定理, 像我们已经声明的: 在一段小的区间上, 任何二次连续可微的函数都能够用二次多项式非常好地逼近.

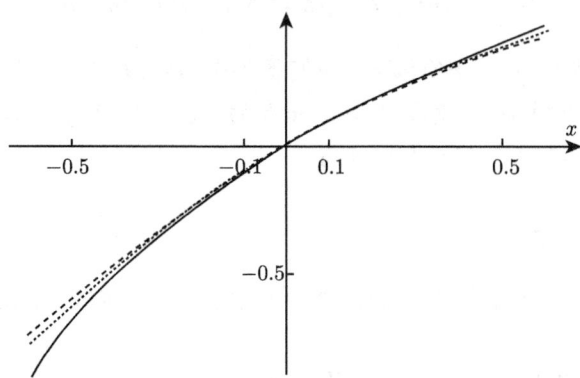

图 4.10　$\ln(1+x)$ 和例 4.12 中两个二次多项式的图像

4.2.1　二阶导数检验

线性近似定理, 定理 4.5 可应用于最优化. 下面两个定理有时也被称为局部极值的二阶导数检验.

定理 4.6 (局部极小值定理)　令 f 为在包含 a 的一个开区间上的二次连续可微的函数, 且假设 $f'(a) = 0$, $f''(a) > 0$. 那么 f 在 a 点取局部极小值, 即对一切与 a 充分接近但不等于 a 的点 b, 有

$$f(a) < f(b).$$

证明　我们有 $f''(a) > 0$, 因此通过 f'' 的连续性知: 对所有和 a 充分近的 x, 有 $f''(x) > 0$. 选择靠近 a 的 b, 使得介于 a 与 b 之间的所有的 c, 满足 $f''(c) > 0$. 通过线性近似定理, 因为 $f'(a) = 0$ 及 $f''(c) > 0$, 有

$$f(b) = f(a) + \frac{f''(c)}{2}(b-a)^2 > f(a).$$

这就完成证明. 　　　　　　　　　　　　　　　　　　　　　　　　证毕.

在问题 4.38 中, 我们提供了一个证明类似的极大值定理的方法.

定理 4.7 (局部极大值定理)　令 f 为在包含 a 的一个开区间上的二次连续可微的函数, 且假设 $f'(a) = 0$, $f''(a) < 0$. 那么 f 在 a 点取局部极大值, 即对一切与

a 充分接近但不等于 a 的点 b，有
$$f(a) > f(b).$$

例 4.13 多项式 $f(x) = x^3 - x^5$ 具有一阶导数 $f'(x) = x^2(3 - 5x^2)$，它在 $x_1 = -\sqrt{\dfrac{3}{5}}, x_2 = 0$ 和 $x_3 = \sqrt{\dfrac{3}{5}}$ 三个点的值为零. 二阶导数为 $f''(x) = 6x - 20x^3 = 2x(3 - 10x^2)$. 因此
$$f''(x_1) = -2\sqrt{\dfrac{3}{5}}(3-6) > 0, \quad f''(x_2) = 0, \quad f''(x_3) = 2\sqrt{\dfrac{3}{5}}(3-6) < 0.$$

我们有下列结论：f 在 x_1 取局部极小值，在 x_3 取局部极大值. 但是 $f''(x_2) = 0$ 没有给出关于在 x_2 取值的任何信息①. f 的图像见图 4.11.

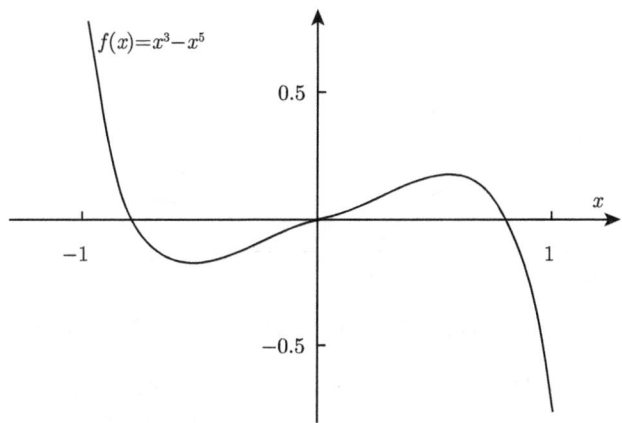

图 4.11　例 4.13 中的极小值与极大值

4.2.2　凸函数

我们进一步给出线性近似定理的应用.

假设 f'' 在包含 a 和 b 的一段区间上是非负的，那么在方程 (4.13) 中右边的最后一项非负，因此略去它就会产生不等式
$$f(b) \geqslant f(a) + f'(a)(b - a).$$
这个不等式有显著的几何解释. 我们注意到不等式的右边是线性函数 $\ell(x) = f(a) + f'(a)(x - a)$ 在 b 点的取值. 这个线性函数的图像是 f 在点 $(a, f(a))$ 的切线的图像. 因此
$$f(b) \geqslant f(a) + f'(a)(b - a)$$

---
① 根据 $f(x) = x^3(1 - x^2)$ 不难判断出，$x_2 = 0$ 不是 f 的极值点. —— 译者注

表明 f 的图像在它的切线的上面.

定义 4.4 如果一个可微函数其图像位于其切线的上方, 我们称它为**凸函数**.

采用这种语言, 上述不等式相当于说: 二阶导数为正的函数为凸函数. 凸函数有另一个有趣的性质.

定理 4.8(凸性定理) 令 f 是一个在 $[a,b]$ 上二次连续可微的函数, 且假设 $f'' > 0$. 那么对任意满足条件 $a < x < b$ 的 x, 有

$$f(x) < f(b)\frac{x-a}{b-a} + f(a)\frac{b-x}{b-a}. \tag{4.14}$$

这个定理具有鲜明的几何解释. 用 $\ell(x)$ 记不等式 (4.14) 的右边的函数. 则 ℓ 是一个线性函数在 $x = a$ 与 $x = b$ 的点和 f 有相同的取值. 因此 $\ell(x)$ 的图像是 f 在 $[a,b]$ 上的割线. 因此不等式 (4.14) 表明, $[a,b]$ 上的凸函数其图像位于其割线的下方 (图 4.12).

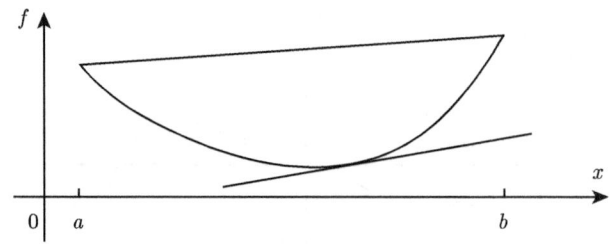

图 4.12 凸函数的图像位于其切线上方、其割线下方

证明 我们将证明在 $[a,b]$ 上 $f(x) - \ell(x) \leqslant 0$. 根据最值定理, 定理 2.6, $f(x) - \ell(x)$ 在 $[a,b]$ 中的某点 c 取得最大值. 点 c 可以在端点或在 (a,b) 之内取得. 下面证明 c 点不能属于开区间 (a,b). 否则 $f(x) - \ell(x)$ 的一阶导数在 c 点是 0. 因为 ℓ 是线性函数 $f(x) - \ell(x)$ 的二阶导数在 c 点是

$$f''(c) - \ell''(c) = f''(c) - 0.$$

我们已经假设 f'' 是正数. 而根据局部最小值定理, 定理 4.6, 函数 $f(x) - \ell(x)$ 在 c 点有极小值. 这就说明最大值点 c 不能在 $[a,b]$ 的内部取得.

c 点只能在其中的一个端点取得, 而在端点上 f 和 ℓ 有相同的值. 这就说明了 $f(x) - \ell(x)$ 的最大值是 0, 且对于 $[a,b]$ 上的除端点之外的点有

$$f(x) - \ell(x) \leqslant 0.$$

这就完成了凸性定理的证明. **证毕**.

定义 4.5 如果一个函数其图像位于其切线的下方, 我们称它为**凹函数**.

下面类似于凸函数的结果也成立: 任何二阶导数为负的函数都是凹函数, 且凹函数的图像位于其割线的上方 (图 4.13).

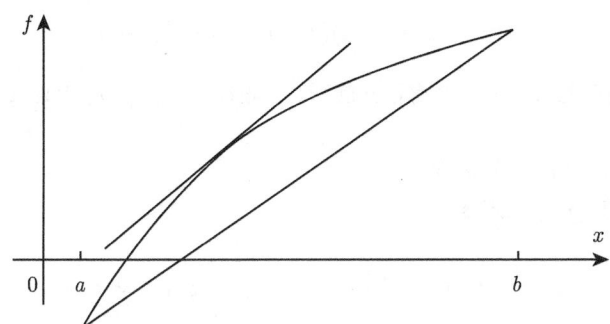

图 4.13 在 $[a,b]$ 上的凹函数的图像位于切线之下、割线之上

例 4.14 我们在例 4.11 中看到 $\ln(1+x)$ 的二阶导数是负的, 所以 $\ln(1+x)$ 是凹函数.

问 题

4.25 一个质点的位置 $x=f(t)$, 在时刻 $t=0$, 位置和速度分别是 0 和 3. 对所有的 t 加速度都位于 9.8 和 9.81 之间. 给出 $f(t)$ 的界.

4.26 回忆链式法则, 如果 f 和 g 的可微函数可逆, $f(g(x))=x$, 那么
$$f'(g(x)) = \frac{1}{g'(x)}.$$
求出二阶导数 $f''(g(x))$ 与 $g''(x)$ 之间的关系.

4.27 求 $f(x) = 2x^3 - 3x^2 + 12x$ 的所有的极值, 在什么区间是凸函数, 在什么区间是凹函数, 依照上面的信息画出函数 f 的图像.

4.28 下列函数在哪段区间上是凸函数?
(a) $f(x) = 5x^4 - 3x^3 + x^2 - 1$;
(b) $f(x) = \dfrac{x+1}{x-1}$;
(c) $f(x) = \sqrt{x}$;
(d) $f(x) = \dfrac{1}{\sqrt{x}}$;
(e) $f(x) = \sqrt{1-x^2}$;
(f) $f(x) = \mathrm{e}^{-x^2}$.

4.29 $f(x) = x^2 - 3x + 5$ 的线性近似函数的图像是在原函数之上还是之下?

4.30 $f(x) = -x^2 - 3x + 5$ 在 $[0,7]$ 上的割线的图像是在原函数之上还是之下?

4.31 求区间 $(0,b)$ 使得 $\mathrm{e}^{-1/x}$ 是凸函数, 画出函数在 $(0,+\infty)$ 上的图像.

4.32 我们已经证明了线性近似定理,定理 4.5,在包含 a 和 b 的一段区间上二次连续可微的函数 f,这里 $a < b$,则在 a 和 b 之间有一点 c,使得

$$f(b) = f(a) + f'(a)(b-a) + \frac{f''(c)}{2}(b-a)^2. \tag{4.15}$$

在这个问题中我们证明 $a > b$ 时也有这样的形式. 假设 f'' 在 $[a, b]$ 上连续,定义函数 $g(x) = f(a + b - x)$.

(a) 证明 g 是定义在区间 $[a, b]$.

(b) 证明 g'' 在 $[a, b]$ 上连续.

(c) 证明
$$g(a) = f(b), \quad g'(a) = -f'(b), \quad g''(a) = f''(b),$$
$$g(b) = f(a), \quad g'(b) = -f'(a), \quad g''(b) = f''(a).$$

(d) 写出函数 g 的方程 (4.15). 然后用 (c) 部分的结果得出方程 (4.15) 对 $b < a$ 也成立.

4.33 当 f 是凸函数时,e^f 是否也是凸函数?

4.34 给出一个 f 和 g 是凸函数,但是 $f \circ g$ 不是凸函数的例子.

4.35 利用线性近似定理证明: 若 f'' 在包含 a 和 b 的区间上连续,则 $\dfrac{f(a) + f(b)}{2}$ 与 $f\left(\dfrac{a+b}{2}\right)$ 的差不会超过 $\dfrac{M}{8}(b-a)^2$,这里 M 是 $|f''|$ 在 $[a, b]$ 上的上界.

4.36 假设 f'' 在包含 a 与 b 的一段区间上连续,利用线性近似定理来解释为什么

$$\frac{f(b) - f(a)}{b - a} = \frac{f'(b) + f'(a)}{2} + s(b - a),$$

这里当 b 与 a 非常接近时, s 是一个非常小的数.

4.37 令 $f(x)$ 在 $a < x < b$ 时有连续的一阶与二阶导数,证明

(a) $f'(x) = \lim\limits_{h \to 0} \dfrac{f(x+h) - f(x-h)}{2h}$;

(b) $f''(x) = \lim\limits_{h \to 0} \dfrac{f(x+h) - 2f(x) + f(x-h)}{h^2}$.

4.38 将定理 4.6 应用于函数 $-f$,以证明定理 4.7.

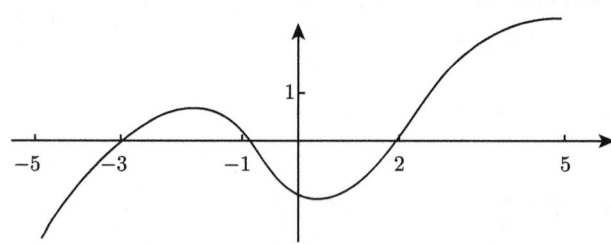

图 4.14 问题 4.39 和问题 4.40 中函数 f 的图像

4.39 函数 f 在 $[-5, 5]$ 上的图像见图 4.14. 利用图形分别近似求使得 $f' > 0$, $f' < 0$, $f'' > 0$, $f'' < 0$ 的区间.

4.40 利用近似值 (见问题 4.37)
$$f'(x) \approx \frac{f(x+h) - f(x-h)}{2h}, \quad f''(x) \approx \frac{f(x+h) - 2f(x) + f(x-h)}{h^2},$$
这里 $h = 1$, 来估计图 4.14 中函数的 $f'(-1)$ 和 $f''(0.5)$ 的值.

4.41 对任意的 x, 令 $f(x) = e^{-\frac{x^2}{2}}$, 对 $x > 0$, 令 $g(x) = e^{-1/x}$.

(a) 利用计算器或计算机画出 f 和 g 的图像.

(b) 通过计算求下列区间: 使得 f 是单调递增、单调递减、凸函数、凹函数, 求出其极值和临界点.

(c) 通过计算求下列区间: 使得 g 是单调递增、单调递减、凸函数、凹函数.

4.3 泰勒定理

在 4.2 节我们看到二阶导数在 $[a, b]$ 上的界, $m \leqslant f''(x) \leqslant M$, 能够使我们找到两个二次多项式函数限制 f.
$$f(a) + f'(a)(x-a) + \frac{m}{2}(x-a)^2 \leqslant f(x) \leqslant f(a) + f'(a)(x-a) + \frac{M}{2}(x-a)^2.$$

现在我们准备处理更一般的问题: 如果我们有 n 阶导数 $f^{(n)}(x)$ 在 $[a, b]$ 上的上、下界, 求 n 次多项式使得它们是 f 的上、下界. 推广二阶导数的结果, 我们猜测下面的结果成立.

定理 4.9 (泰勒不等式) 设函数 f 在 $[a, b]$ 上 n 次连续可微, 用 m 和 M 分别表示 $f^{(n)}$ 在 $[a, b]$ 上的最小值与最大值, 即
$$m \leqslant f^{(n)}(x) \leqslant M \qquad x \in [a, b].$$

则对一切 $x \in [a, b]$ 有泰勒不等式

$$f(a) + f'(a)(x-a) + \frac{f''(a)}{2!}(x-a)^2 + \cdots + \frac{f^{(n-1)}(a)}{(n-1)!}(x-a)^{n-1} + \frac{m}{n!}(x-a)^n$$
$$\leqslant f(x)$$
$$\leqslant f(a) + f'(a)(x-a) + \frac{f''(a)}{2!}(x-a)^2 + \cdots + \frac{f^{(n-1)}(a)}{(n-1)!}(x-a)^{n-1} + \frac{M}{n!}(x-a)^n.$$
(4.16)

泰勒不等式 (4.16) 的左右两边直到倒数第二项都是相同的, 我们称这些相同的部分为**泰勒多项式**.

定义 4.6 如果 f 在 a 点是 n 次可微的, 在 a 点的**泰勒多项式**为

$$t_0(x) = f(a),$$
$$t_1(x) = f(a) + f'(a)(x-a),$$
$$t_2(x) = f(a) + f'(a)(x-a) + f''(a)\frac{(x-a)^2}{2!},$$
$$\cdots,$$
$$t_n(x) = f(a) + f'(a)(x-a) + f''(a)\frac{(x-a)^2}{2!} + \cdots + f^{(n)}(a)\frac{(x-a)^n}{n!},$$
$$\cdots.$$

定理 4.9 的证明如下.

证明 我们用归纳法证明泰勒不等式. 也就是先证明结论对 $n=1$ 正确, 然后证明若对任意的 n 正确, 则对 $n+1$ 也正确. 由中值定理, 我们知道对 a 与 x 之间的某个 c, 有

$$f(x) = f(a) + f'(c)(x-a).$$

因为 f' 在 $[a,b]$ 上连续, 它能在这段区间上取得最大值 M 和最小值 m. 接着因为 $a \leqslant x$, 得到

$$f(a) + m(x-a) \leqslant f(x) \leqslant f(a) + M(x-a) \quad (a \leqslant x \leqslant b).$$

因此定理当 $n=1$ 时是正确的. 下面我们证明结果对 n 成立时, 对 $n+1$ 也成立. 假设泰勒不等式对任何 n 阶导数在 $[a,b]$ 有界的函数都成立. 如果 f 是 $(n+1)$ 次连续可微的, 那么这里有限制

$$m \leqslant f^{(n+1)} \leqslant M \quad (a \leqslant x \leqslant b).$$

因为 $f^{(n+1)}$ 是 f' 的 n 阶导数, 可以对 f' 利用归纳假设得到

$$f'(a)+f''(a)(x-a)+\cdots+\frac{m}{n!}(x-a)^n \leqslant f'(x) \leqslant f'(a)+f''(a)(x-a)+\cdots+\frac{M}{n!}(x-a)^n.$$

右边各项的和是

$$t_n(x) + \frac{M}{(n+1)!}(x-a)^{n+1}$$

的导数. 又因为

$$\left(t_n(x) + \frac{M}{(n+1)!}(x-a)^{n+1}\right)' - f'(x) \geqslant 0,$$

我们得到

$$\left(t_n(x) + \frac{M}{(n+1)!}(x-a)^{n+1}\right) - f(x)$$

在 $[a,b]$ 上是单调不减的函数. 当 $x=a$ 时,

$$\left(t_n(x) + \frac{M}{(n+1)!}(x-a)^{n+1}\right) - f(x) = 0.$$

因此对 $x>a$,

$$0 \leqslant \left(t_n(x) + \frac{M}{(n+1)!}(x-a)^{n+1}\right) - f(x).$$

也就是

$$f(x) \leqslant t_n(x) + \frac{M}{(n+1)!}(x-a)^{n+1},$$

这正是泰勒不等式的右半边, 左半边可以类似的处理. 因此我们就证明了如果泰勒不等式对 n 成立, 则对 $n+1$ 也成立. 因为不等式对 $n=1$ 成立, 由归纳法知对所有的正整数都成立. 证毕.

例 4.15 对 $a=0$ 以及 $n=5$ 写出 $f(x)=\sin x$ 在 $[0,4]$ 上的泰勒不等式. $f(x)$ 的前四阶导数分别为

$$f'(x)=\cos x, \quad f''(x)=-\sin x, \quad f'''(x)=-\cos x, \quad f^{(4)}=\sin x.$$

在 $a=0$ 处有, $f(0)=0, f''(0)=1, f'''(0)=-1, f^{(4)}(0)=0$. 从而四次泰勒多项式为 $t_4=x-\dfrac{x^3}{3!}$. 我们有 $f^{(5)}(x)=\cos x$, 因此在 $[0,4]$ 上有 $-1 \leqslant f^{(5)} \leqslant 1$. 进而

$$x-\frac{x^3}{3!}-\frac{x^5}{5!} \leqslant \sin x \leqslant x-\frac{x^3}{3!}+\frac{x^5}{5!}.$$

图 4.15 是包含这三个函数的图像.

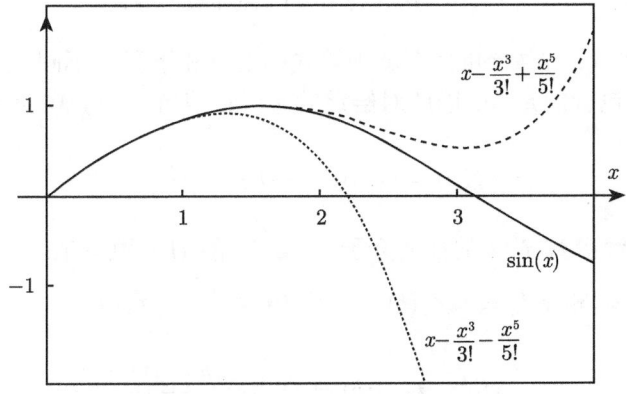

图 4.15 例 4.15 中的泰勒不等式

例 4.16 对 $a=1$ 及 $n=4$ 写出 $f(x)=\ln x$ 在 $[1,3]$ 上的泰勒不等式.

$$f'(x)=\frac{1}{x},\quad f''(x)=-\frac{1}{x^2},\quad f'''(x)=2!\frac{1}{x^3},\quad f^{(4)}(x)=-3!\frac{1}{x^4},$$

从而

$$f(1)=0,\quad f'(1)=1,\quad f''(1)=-1,\quad f'''(1)=2,$$

且 $f^{(4)}(x)$ 是单调递增的, $-3!\leqslant f^{(4)}(x)\leqslant -3!\frac{1}{3^4}$. 由泰勒不等式得 (图 4.16)

$$(x-1)-\frac{1}{2}(x-1)^2+\frac{1}{3}(x-1)^3-\frac{1}{4}(x-1)^4$$
$$\leqslant \ln x$$
$$\leqslant (x-1)-\frac{1}{2}(x-1)^2+\frac{1}{3}(x-1)^3-\frac{1}{3^4\cdot 4}(x-1)^4.$$

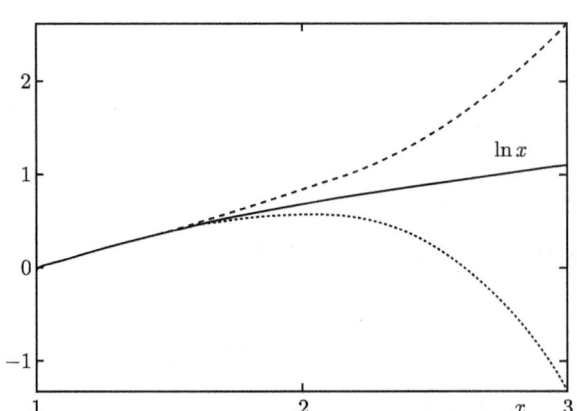

图 4.16 例 4.16 中 $\ln x$ 的泰勒不等式

正如我们在 4.2 节看到的, 泰勒不等式的上界和下界的不同, 在于一个包含常数 M 而另一个包含的是 m. 因此对给定的 $x>a$, 存在 m 与 M 之间的数 H, 使得

$$f(x)=t_{n-1}(x)+H\frac{(x-a)^n}{n!}.$$

由介值定理, 连续函数 $f^{(n)}$ 的任何介于 m 与 M 的 H 都可以在 a 与 b 点间的 c 点取得. 现在当 $x=b$, $f(b)=t_{n-1}(b)+f^{(n)}(c)\frac{(b-a)^n}{n!}$. 差

$$f(b)-t_{n-1}(b)=f^{(n)}(c)\frac{(b-a)^n}{n!}$$

叫做余项. 我们用下面的定理表达我们的结果.

4.3 泰勒定理

定理 4.10(带余项的泰勒公式)　令 f 是一个在包含 a 和 b 的区间上 n 次连续可微的函数，那么

$$f(b) = f(a) + f'(a)(b-a) + \cdots + \frac{f^{(n-1)}(a)}{(n-1)!}(b-a)^{n-1} + \frac{f^{(n)}(c)}{n!}(b-a)^n. \quad (4.17)$$

这里 c 是 a 与 b 之间的数.

这个定理的引出我们采用了 $a<b$ 这个事实. 如果 $a>b$ 这个定理的证明也不困难，我们在问题 4.50 中要求你证明它. 下面是泰勒公式的几个应用.

例 4.17　令 $f(x) = x^m$，m 是正整数. 则 $f^{(k)}(x) = m(m-1)\cdots(m-k+1)x^{m-k}$. 特别的，$f^{(m)}(x) = m!$，而更高阶的导数为 0. 因此，根据泰勒多项式，对 $b=1+y$，$a=1$ 以及任意的 $n \geqslant m$ 有

$$(1+y)^m = 1 + my + \frac{m(m-1)}{2!}y^2 + \cdots + y^m = \sum_{k=0}^{m} \binom{m}{k} y^k.$$

例 4.17 不是别的，正是二项式展开定理，在这里作为泰勒公式的特例.

泰勒不等式

$$t_{n-1}(x) + m\frac{(x-a)^n}{n!} \leqslant f(x) \leqslant t_{n-1}(x) + M\frac{(x-a)^n}{n!}$$

是 f 在 $[a,b]$ 上的近似. 泰勒不等式左右两边的多项式只有最后一项不同，这个不同取决于 $f^{(n)}$ 在 $[a,b]$ 上的最小值与最大值的变化，这导致了下面的定义.

定义 4.7　用 C_n 表示 $f^{(n)}$ 在区间 $[a,b]$ 上的**振幅**，也就是

$$C_n = M_n - m_n,$$

这里 M_n，m_n 分别表示 $f^{(n)}$ 在 $[a,b]$ 上的最大值与最小值.

现在导出泰勒不等式的一个有用的变形. 泰勒公式 (4.17)

$$f(b) = f(a) + f'(a)(b-a) + \cdots + \frac{f^{(n-1)}(a)}{(n-1)!}(b-a)^{n-1} + \frac{f^{(n)}(c)}{n!}(b-a)^n,$$

不同于泰勒多项式

$$t_n(b) = f(a) + f'(a)(b-a) + \cdots + \frac{f^{(n-1)}(a)}{(n-1)!}(b-a)^{n-1} + \frac{f^{(n)}(a)}{n!}(b-a)^n.$$

由于最后一项关于 $f^{(n)}$ 的估计是在 c 点而不是在 a. 因为 $f^{(n)}(c)$ 与 $f^{(n)}(a)$ 的差至多是振幅 C_n，对所有的 $x \in [a,b]$，我们有

$$|f(x) - t_n(x)| \leqslant \frac{C_n}{n!}(x-a)^n \leqslant \frac{C_n}{n!}(b-a)^n. \quad (4.18)$$

假设函数 f 是无限可微的，即它的任意阶导数都存在，进一步假设

$$\lim_{n\to\infty} \frac{C_n}{n!}(b-a)^n = 0. \tag{4.19}$$

那么当 n 越来越大，$t_n(x)$ 趋于 $f(x)$. 我们可以将这个结果表述下面明确的形式.

定理 4.11(泰勒定理) 令 f 为 $[a,b]$ 上的无限可微函数，C_n 为 $f^{(n)}$ 的振幅，再假设 $\lim_{n\to\infty} \frac{C_n}{n!}(b-a)^n = 0$. 那么 f 能用 $[a,b]$ 之间任意点的泰勒级数重新表达

$$f(x) = \lim_{n\to\infty} t_n(x) = \sum_{k=0}^{\infty} \frac{1}{k!} f^{(k)}(a)(x-a)^k,$$

且泰勒多项式在 $[a,b]$ 上一致收敛到 f. 当 $b<a$ 时，对区间 $[b,a]$ 也有相似的结果.

证明 右边无穷和的意义是: 对 f 在 a 点的第 n 个泰勒多项式 $t_n(x)$，取这一系列函数当 n 趋于无穷时的极限. 因为 $|f(x) - t_n(x)| \leqslant \frac{C_n}{n!}(b-a)^n$ 且 $\lim_{n\to\infty} \frac{C_n}{n!}(b-a)^n = 0$，当 n 趋于无穷时，$t_n(x)$ 的数列趋近于 f. 因为对 $|f(x)-t_n(x)|$ 的估计不依赖于 x，所以它们的收敛点在 $[a,b]$ 上是唯一的. **证毕.**

我们在问题 4.50 中要求读者证明在 $b<a$ 情况下的定理成立.

4.3.1 泰勒级数的例子

1. 正弦函数

令 $f(x) = \sin x$, $a = 0$，各阶导数为

$$f(x) = \sin x, \quad f'(x) = \cos x, \quad f''(x) = -\sin x, \quad f'''(x) = -\cos x, \quad f^{(4)} = \sin x, \cdots$$

在 $a=0$ 时计算,

$$f(0) = 0, \quad f''(0) = 1, \quad f'''(0) = -1, \quad f^{(4)}(0) = 0, \quad \cdots.$$

于是 $\sin x$ 在 $a=0$ 点的 n 次泰勒多项式为 (图 4.17)

$$t_n(x) = x - \frac{x^3}{3!} + \frac{x^5}{5!} - \frac{x^7}{7!} + \cdots + \sin^{(n)}(0)\frac{x^n}{n!},$$

这里最后一项的系数是 $0, 1$ 或 -1，取决于 n. 振幅 $C_n = 2$，因为正弦与余弦函数的最大值与最小值是 1 与 -1. 那么在 $[0,b]$ 上,

$$C_n \frac{(b-a)^n}{n!} = 2\frac{b^n}{n!}.$$

对任意的 b，由例 1.17 知，当 n 趋于无穷大时，右边项的值趋于 0. 因此在 $a=0$ 时，$\sin x$ 的泰勒级数

$$\sin x = x - \frac{x^3}{3!} + \frac{x^5}{5!} - \frac{x^7}{7!} + \cdots, \tag{4.20}$$

对任意的 $[0,b]$ 内的 x 都收敛, 且对任意的 b 都成立. 由类似的论证可得, 对任给的 $b<0$, $\sin x$ 对区间 $[b,0]$ 内的 x 也收敛.

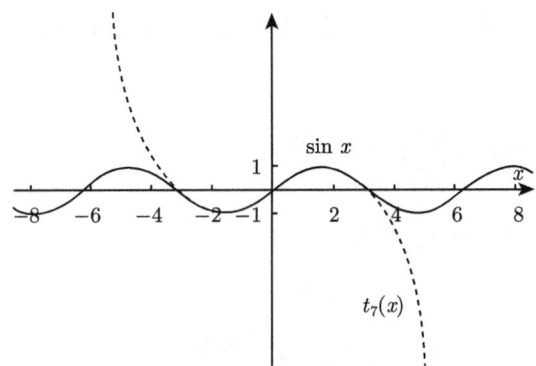

图 4.17　$\sin x$ 与泰勒多项式 $t_7(x) = x - \dfrac{x^3}{3!} + \dfrac{x^5}{5!} - \dfrac{x^7}{7!}$ 的图像

2. 对数函数

令 $f(x) = \ln x$ 和 $a = 1$, 正向我们在例子 4.16 中看到的, 导数

$$f(x) = \ln x, \quad f'(x) = \frac{1}{x}, \quad f''(x) = -\frac{1}{x^2}, \quad f'''(x) = 2!\frac{1}{x^3}, \quad f^{(4)} = -3!\frac{1}{x^4}, \quad \cdots.$$

在 $a = 1$ 处,

$$f(1) = 0, \quad f'(1) = 1, \quad f''(1) = -1, \quad f'''(1) = 2!, \quad f^{(4)}(1) = -3!, \quad \cdots.$$

因此在 $a = 1$ 处, $\ln x$ 的 n 次泰勒多项式是

$$t_n(x) = (x-1) - \frac{1}{2}(x-1)^2 + \frac{1}{3}(x-1)^3 + \cdots + \frac{(-1)^{n-1}}{n}(x-1)^n.$$

对比于正弦函数, $f^{(n)}(x)$ 在 $[1,b]$ 上的振幅依赖于 b. 每一个导数 $f^{(n)}(x) = (-1)^{n-1}(n-1)!x^{-n}$ 都是单调的, 因此

$$C_n = |f^{(n)}(1) - f^{(n)}(b)| = (n-1)!|1-b^{-n}|.$$

在 $[1,b]$ 上,

$$|\ln(x) - t_n(x)| \leqslant C_n \frac{(b-1)^n}{n!} = |1-b^{-n}|\frac{(b-1)^n}{n}. \tag{4.21}$$

因为 $b > 1$, 当 n 趋于无穷大时, 第一个因子 $|1-b^{-n}|$ 趋于 1, 但是 $\dfrac{(b-1)^n}{n}$ 的行为取决于 b: 当 $1 < b \leqslant 2$ 时, 当 n 趋于无穷时, $\dfrac{(b-1)^n}{n}$ 趋于 0. 如果 $b > 2$, 那么

$(b-1) > 1$, 当 n 趋于无穷时, 我们从指数增长定理, 定理 2.10, 知道 $\dfrac{(b-1)^n}{n}$ 趋于无穷. 泰勒级数在 $[1,2]$ 上收敛到 $\ln x$.

在例 7.35 中我们将用另外的方法证明当 $0 < x \leqslant 1$ 时, $|\ln x - t_n(x)|$ 也趋于 0. 先假定这个结果, 就有

$$\ln x = \sum_{n=1}^{\infty} (-1)^{n-1} \frac{(x-1)^n}{n} \qquad (0 < x \leqslant 2).$$

评注 根据比值判别法, 利用

$$\lim_{n \to \infty} \left| \frac{\dfrac{(x-1)^{n+1}}{n+1}}{\dfrac{(x-1)^n}{n}} \right| = |x-1| < 1,$$

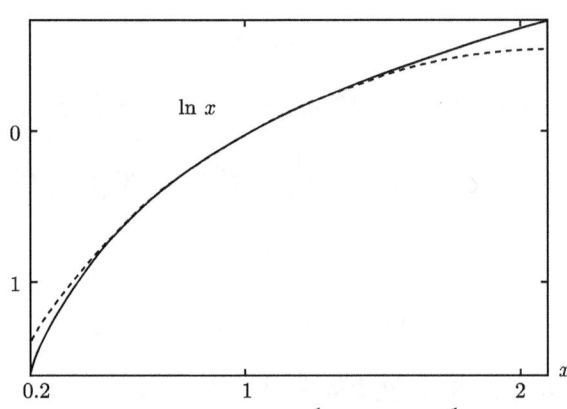

图 4.18 $\ln x$ 与泰勒多项式 $t_4(x) = (x-1) - \dfrac{1}{2}(x-1)^2 + \dfrac{1}{3}(x-1)^3 - \dfrac{1}{4}(x-1)^4$ 的图像

我们看对数函数的泰勒级数, $\lim\limits_{n \to \infty} t_n(x) = \sum\limits_{n=1}^{\infty} (-1)^{n-1} \dfrac{(x-1)^n}{n}$, 在 $(0,2)$ 内的任意闭区间都一致收敛. 检查一下端点, 我们看到幂级数在 $x=2$ 收敛 (交错级数判别法), 而在 $x=0$ 发散 (调和级数). 但是这些并没有说明在 $0 < x \leqslant 2$ 上 $t_n(x)$ 收敛到 $\ln x$. 为了证明泰勒级数 $\sum\limits_{n=0}^{\infty} f^{(n)}(a) \dfrac{(x-a)^n}{n!}$ 收敛到函数 f, 证明当 n 趋于无穷时, $|f(x) - t_n(x)|$ 趋于 0 是必要的. 检测振幅是其中一个方法. 另一个方法是检测泰勒公式余项

$$|f(b) - t_n(b)| = \left| f^{(n+1)}(c) \frac{(b-a)^{n+1}}{(n+1)!} \right|$$

的行为, 像我们在下一个例子中做的. 当我们学习了第 7 章积分后, 我们会有一个积分形式的余项, 它会给我们提供另一种估算余项的方法.

3. 指数函数

令 $f(x) = e^x$, $a = 0$, 因为 $f^{(n)}(x) = e^x$, 得到

$$f(0) = 1, \quad f'(0) = 1, \quad f''(0) = 1, \quad \cdots$$

和 e^x 在 $=0$ 时的 n 次泰勒多项式是

$$t_n(x) = 1 + x + \frac{x^2}{2!} + \cdots + \frac{x^n}{n!}.$$

我们想证明对任意的 x 有 $\lim_{n \to \infty} |e^x - t_n(x)| = 0$. 按照泰勒公式

$$|e^x - t_n(x)| = \left|e^c \frac{x^{n+1}}{(n+1)!}\right|$$

对一些介于 0 与 x 之间的 c. 假设 $x \in [-b, b]$. 那么

$$|e^x - t_n(x)| = e^b \frac{x^{n+1}}{(n+1)!}.$$

根据例 1.17, 对任意的 b, 有 $\lim_{n \to \infty} \frac{b^n}{n!} = 0$. 因此 $e^b \frac{x^{n+1}}{(n+1)!}$ 也趋于 0. 对任意的 $x \in [-b, b]$ 泰勒级数 $\sum_{k=0}^{\infty} \frac{x^k}{k!} = 1 + x + \frac{x^2}{2!} + \frac{x^3}{3!} + \cdots$ 收敛到 e^x. 因为 b 是任意的, 所以级数对任意的 x 都收敛. 图 4.19 显示了 e^x, $t_3(x)$ 和 $t_4(x)$ 的图像.

4. 二项级数

这里我们指出例 4.17 中的二项式展开定理对任意的实指数有推广形式. 我们证明下面的定理.

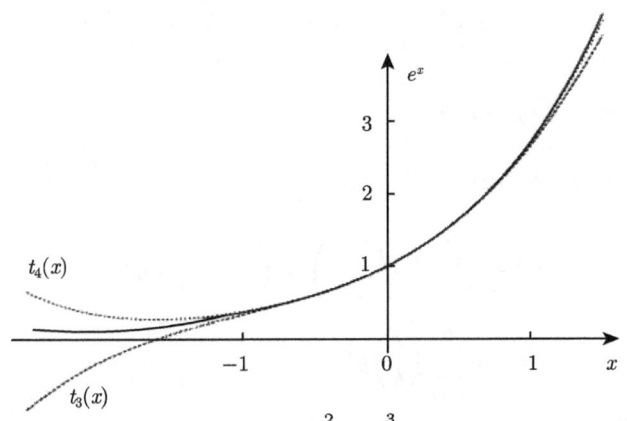

图 4.19　e^x 与泰勒多项式 $t_3(x) = 1 + x + \frac{x^2}{2!} + \frac{x^3}{3!}$ 和 $t_4(x) = t_3(x) + \frac{x^4}{4!}$ 在 $[-2.5, 1.5]$ 上的图像

定理 4.12(二项式定理)　若 ℓ 是任意实数且 $|y|<1$, 那么

$$(1+y)^\ell = \sum_{k=0}^\infty \binom{\ell}{k} y^k,$$

其中广义二项式系数定义为

$$\binom{\ell}{0}=1, \qquad \binom{\ell}{k}=\frac{\ell(\ell-1)\cdots(\ell-k+1)}{k!} \quad (k>0).$$

证明　令 $f(y)=(1+y)^\ell$. 则 f 的 n 阶导数是

$$f^{(n)}(y) = \ell(\ell-1)\cdots(\ell-n+1)(1+y)^{\ell-n}. \tag{4.22}$$

若 $|y|<1$, 用比值判别法可以判断出幂级数

$$g(y) = \sum_{k=0}^\infty \binom{\ell}{k} y^k = \sum_{k=0}^\infty \frac{\ell(\ell-1)\cdots(\ell-k+1)}{k!} y^k$$

收敛. 因为

$$\lim_{k\to\infty}\left|\frac{\binom{\ell}{k+1}y^{k+1}}{\binom{\ell}{k}y^k}\right| = \lim_{k\to\infty}\left|\frac{\frac{\ell(\ell-1)\cdots(\ell-k)}{(k+1)!}y^{k+1}}{\frac{\ell(\ell-1)\cdots(\ell-k+1)}{k!}y^k}\right| = \lim_{k\to\infty}\left|\frac{\ell-k}{k+1}\right||y| = |y|.$$

我们想证明当 $|y|<1$ 时, $g(y)=(1+y)^\ell$. 按照定理 3.17, 我们可以对 $g(y)$ 逐项求导, 得到

$$g'(y) = \sum_{k=1}^\infty \frac{\ell(\ell-1)\cdots(\ell-k+1)}{k!} \cdot ky^{k-1}$$
$$=\ell\sum_{k=1}^\infty \binom{\ell-1}{k-1}y^{k-1} = \ell\sum_{k=0}^\infty \binom{\ell-1}{k}y^k.$$

$g'(y)$ 加上用 y 乘以 $g'(y)$ 得到

$$(1+y)g'(y) = g'(y)+yg'(y) = \ell\sum_{k=0}^\infty \binom{\ell-1}{k}y^k + \ell\sum_{k=1}^\infty \binom{\ell-1}{k-1}y^k$$
$$=\ell+\ell\sum_{k=1}^\infty \left(\binom{\ell-1}{k}+\binom{\ell-1}{k-1}\right)y^k$$
$$=\ell+\ell\sum_{k=1}^\infty \binom{\ell}{k}y^k$$
$$=\ell\sum_{k=0}^\infty \binom{\ell}{k}y^k = \ell g(y).$$

下面我们来看一下

$$\frac{\mathrm{d}}{\mathrm{d}y}\frac{g(y)}{(1+y)^\ell} = \frac{(1+y)^\ell g'(y) - g(y)\ell(1+y)^{\ell-1}}{\left((1+y)^\ell\right)^2}$$

$$= \frac{(1+y)^{\ell-1}}{(1+y)^{2\ell}}\left((1+y)g'(y) - \ell g(y)\right)$$

$$= 0.$$

因此 $\dfrac{g(y)}{(1+y)^\ell}$ 是常数. 对 $y=0$, $\dfrac{g(0)}{1^\ell}=1$, 因此当 $|y|<1$ 时, 幂级数 $g(y)=(1+y)^\ell$.

证毕.

这个二项式定理在非整数幂次的推广是牛顿发现的. 这说明牛顿对泰勒定理已经很熟悉了, 尽管泰勒的书比牛顿的著作晚了 50 多年.

问　　题

4.42 求 $f(x)=1+x+x^2+x^3+x^4$ 的用 x 的幂次表示的泰勒多项式 $t_2(x)$ 和 $t_3(x)$.

4.43 求 $\cos x$ 的以 x 的幂次表达的泰勒级数. x 在什么范围内, 级数收敛到 $\cos x$.

4.44 求 $\cos 3x$ 的以 x 的幂次表达的泰勒级数. x 在什么范围内, 级数收敛到 $\cos 3x$.

4.45 求 $\sin x$ 的以 x 的幂次表达的泰勒多项式 $t_3(x)$ 和 $t_4(x)$. 尽量给出 $|\sin x - t_3(x)|$ 的最好的估计.

4.46 在 $\left[-\dfrac{1}{2},\dfrac{1}{2}\right]$ 上, 求

$$\tan^{-1} x = x - \frac{x^3}{3} + (\text{余项})$$

的 4 次泰勒多项式并且估计余项.

4.47 求 $\cosh x$ 以 x 幂次表达的泰勒级数. 利用带余项的泰勒公式证明这个级数在任意区间 $[-b,b]$ 上一致收敛到 $\cosh x$.

4.48 求 $\sinh(2x)$ 以 x 幂次表达的泰勒级数. 利用带余项的泰勒公式证明这个级数在任意区间 $[-b,b]$ 上一致收敛到 $\sinh(2x)$.

4.49 求 $\cos x$ 在 $a=\dfrac{\pi}{3}$ 点的泰勒级数, 即: 以 $\left(x-\dfrac{\pi}{3}\right)$ 为幂次.

4.50 证明当 $b<a$ 时, 带余项的泰勒定理, 方程 (4.17) 正确.(提示: 在区间 $[b,a]$ 上考虑函数 $g(x)=f(a+b-x)$.)

4.51 求出

$$\sqrt{1+y} = b_0 + b_1 y + b_2 y^2 + \cdots$$

中的前 5 个广义二项式系数 $b_k = \begin{pmatrix} \dfrac{1}{2} \\ k \end{pmatrix}$, $k=0,1,2,3,4$.

4.52 考虑在区间 $[1, 1+d]$ 上的函数 $f(x) = \sqrt{x}$. 求足够小的 d 的值, 使得在 $a = 1$ 时的二阶泰勒多项式 $t_2(x)$ 在 $[1, 1+d]$ 近似 $f(x)$, 使得误差至多为:

(a) 0.1;

(b) 0.01;

(c) 0.001.

4.53 用三阶泰勒多项式 $t_3(x)$ 代替 $t_2(x)$ 回答问题 4.52 提出的问题.

4.54 令 s 是一个具有下列性质的函数:

(a) s 具有任意阶导数;

(b) s 的所有导数都介于 -1 与 1 之间;

(c) $s^{(j)}(0) = \begin{cases} 0, & j \text{ 是偶数}, \\ (-1)^{\frac{(j-1)}{2}}, & j \text{ 是奇数}. \end{cases}$

确定 n 的值使得 n 次泰勒多项式在区间 $[-1, 1]$ 上和 $s(x)$ 的误差在 10^{-3} 以内. 在误差 10^{-3} 以内确定 $s(0.7845)$ 的值. 这个函数的标准名字叫什么?

4.55 令 c 是一个满足问题 4.54 中条件 (a) 和 (b) 及

$$c^{(j)}(0) = \begin{cases} (-1)^{\frac{j}{2}}, & j \text{ 是偶数}, \\ 0, & j \text{ 是奇数} \end{cases}$$

的函数. 利用适当次数的泰勒多项式, 在误差 10^{-3} 的范围内, 确定 $c(0.7845)$ 的值. 这个函数的标准名字叫什么?

4.56 解释为什么没有幂级数 $|t| = \sum_{n=0}^{\infty} a_n t^n$.

4.57 在这个问题中, 我们再研究一下多项式情形下的泰勒定理. 令 f 是一个 n 次多项式, a 是任意的常数, 再设

$$g(x) = f(x+a) - xf'(x+a) + \frac{x^2}{2}f''(x+a) + \cdots + \frac{(-1)^n x^n}{n!}f^{(n)}(x+a).$$

(a) 计算 $g(0)$ 和 $g(-a)$;

(b) 计算 $g'(x)$ 且尽可能的简化结果.

(c) 从 (b) 部分得到比较奇怪的结果 g 是常数;

(d) 用 (c) 的结果来表达你在 (a) 中得到结果间的关系.

4.4 逼近导数

通过 $f'(x)$ 的定义, 我们用到了极限过程. 对人而言这没问题, 但对计算机则不然. 一旦你知道了 f, x 和 h, 就能计算差商

$$f_h(x) = \frac{f(x+h) - f(x)}{h}.$$

但是这些近似值有多好呢? 我们先看几个例子.

4.4 逼近导数

例 4.18 如果 $f(x) = x^2$, 那么

$$f_h(x) = \frac{f(x+h) - f(x)}{h} = \frac{(x+h)^2 - x^2}{h} = \frac{x^2 + 2xh + h^2 - x^2}{h} = 2x + h.$$

对这个函数, 用 $f_h(x)$ 代替 $f'(x)$ 将会只产生误差 h. 如果我们愿意接受误差 0.00001, 那么可以用 $f_{0.00001}(x)$ 估计 $f'(x)$. 图 4.20 表明了 $h = 0.07$ 时的情形.

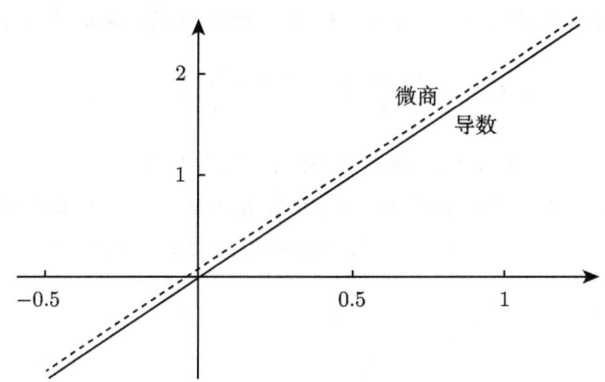

图 4.20 例 4.18 中 $f(x) = x^2$ 的导数及微商, 取 $h = 0.07$

例 4.19 若 $f(x) = x^3$, 那么

$$f_h(x) = \frac{f(x+h) - f(x)}{h} = \frac{(x+h)^3 - x^3}{h}$$

$$= \frac{x^3 + 3x^2h + 3xh^2 + h^3 - x^3}{h} = 3x^2 + 3xh + h^2.$$

对这个函数, 用 $f_h(x)$ 代替 $f'(x)$ 将会产生误差 $3xh + h^2$, 一个依赖于 h 和 x 的量. 如图 4.21 所示.

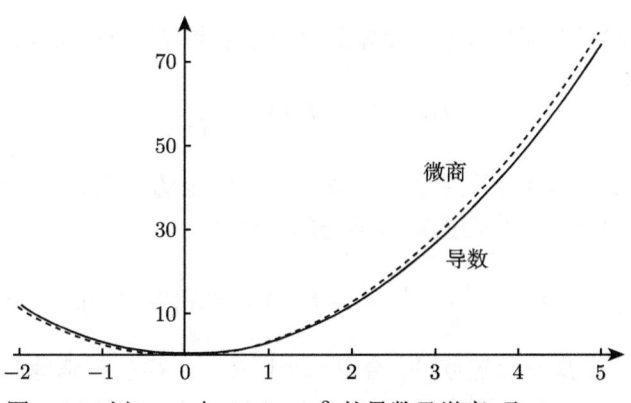

图 4.21 例 4.19 中 $f(x) = x^3$ 的导数及微商, 取 $h = 0.2$

这些例子引出了一致可微的概念.

定义 4.8 定义在区间上的函数 f 称为**一致可微**, 如果对给定一个限度 $\varepsilon > 0$, 存在 δ 使得如果 $|h| < \delta$, 对任意的 x, 有

$$\left| \frac{f(x+h) - f(x)}{h} - f'(x) \right| < \varepsilon.$$

例 4.20 线性函数 $f(x) = mx + b$ 是一致可微的: 导数是 $f'(x) = m$. 差商是

$$f_h(x) = \frac{m(x+h) + b - (mx + b)}{h} = m.$$

因此对所有的 x 和 h, 差商不但趋于 $f'(x)$ 而且等于它.

例 4.21 在 3.3.1 节我们已经证明了指数函数 e^x 在任意点都是可微的. 我们将要证明 e^x 在每一个区间 $[-c, c]$ 上都是一致可微的. 我们有

$$\frac{e^{x+h} - e^x}{h} - e^x = e^x \left(\frac{e^h - 1}{h} - 1 \right).$$

因此, 对区间 $[-c, c]$ 上任意的 x, 这个量不超过 $e^c \left(\frac{e^h - 1}{h} - 1 \right)$, 这个界与 x 无关, 且当 h 趋于零时, 它也趋于零.

我们陈述下面的定理.

定理 4.13 如果 f 在 $[a, b]$ 上是一致可微的, 那么 f' 在 $[a, b]$ 上是一致连续的.

定理的证明将在问题 4.62 中列出. 这个定理有逆命题, 其意义是, 我们很容易逼近导数.

定理 4.14 如果 f' 在 $[a, b]$ 上是一致连续的, 那么 f 在 $[a, b]$ 上是一致可微的.

证明 我们需要证明 $f'(x)$ 和差商 $f_h(x)$ 的差是一个不依赖于 x 的小量. 具体说, 就是考虑

$$\frac{f(x+h) - f(x)}{h} - f'(x).$$

按照中值定理 (定理 4.1), 差商等于某些 $[x, x+h]$ 上的 c 点对应的导数 $f'(c)$. 因此 x 和 c 的差至多是 h, 且我们能重写早先的表达式为

$$\frac{f(x+h) - f(x)}{h} - f'(x) = f'(c) - f'(x).$$

因为 f' 在 $[a, b]$ 上是一致连续的, 给定一个限度 ε, 存在精确地 δ 使得若 x 和 c 都在 $[a, b]$ 且 $|c - x| < \delta$, 那么 $|f'(c) - f'(x)| < \varepsilon$. 这就证明了 f 是一致可微的.

证毕.

4.4 逼近导数

我们用到的很多函数,像多项式函数、正弦函数、余弦函数、指数函数、对数函数,都具有连续的导数,因此在任意闭区间上都是一致可微的. 我们在问题 4.63 中给了一个可微函数 f,它的导数 f' 不连续,因此按照定理 4.13, f 不是一致可微的.

1. 用 $f_h(x)$ 实际逼近 $f'(x)$ 的注意事项

当我们问 $f_h(x) = \dfrac{f(x+h) - f(x)}{h}$ 作为 $f'(x)$ 的近似究竟有多好时, 我们假定了能够精确做减法. 但是当我们减掉跟近似数非常接近的数时, 我们只能得到差的很少几个小数位. 图 4.22 显示了用计算程序计算 $f(x) = x^2$ 和 $x = 1$ 时, 差商与导数的差

$$\frac{f(x+h) - f(x)}{h} - f'(x)$$

的结果. 从代数运算我们知道

$$\frac{f(1+h) - f(1)}{h} - f'(1) = \frac{(1+h)^2 - 1^2}{h} - 2 = \frac{2h + h^2}{h} - 2 = h,$$

因此图像应该是一个直线. 但是我们在图 4.22 中看到了很大的差别.

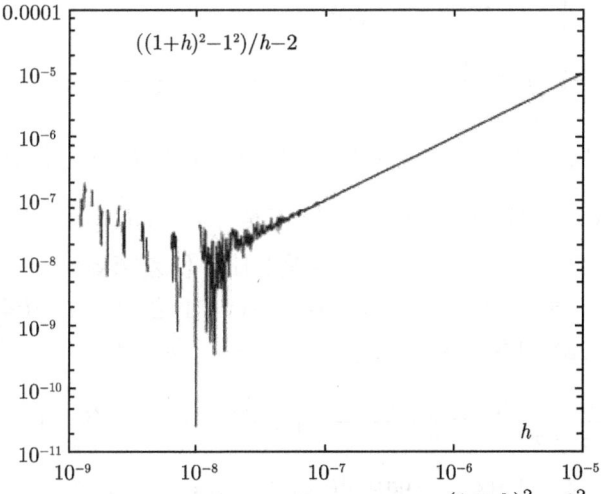

图 4.22 当 $10^{-9} \leqslant h \leqslant 10^{-5}$ 时,计算微商减掉微分 $\dfrac{(1+h)^2 - 1^2}{h} - 2$ 的结果

2. 近似导数与数据

在实验背景下, 函数是由带数据的表格呈现的, 而不是公式. 当我们只知道表格型的数据时, 我们怎么计算 f'? 我们给出一个线性近似定理 (定理 4.5) 在逼近导数方面的应用.

因为差商 $\dfrac{f(x+h) - f(x)}{h}$ 倾向于 x 的一边, 在这个意义下, 它不是对称的. 由

线性近似定理知,
$$f(x+h) = f(x) + f'(x)h + \frac{1}{2}f''(c_1)h^2,$$
$$f(x-h) = f(x) - f'(x)h + \frac{1}{2}f''(c_2)h^2,$$
这里 c_1 位于 x 与 $x+h$ 之间, c_2 位于 x 与 $x-h$ 之间. 作差并除以 $2h$ 得到关于对称差商的一个估计
$$\frac{f(x+h) - f(x-h)}{2h} = f'(x) + \frac{1}{4}(f''(c_1) - f''(c_2))h. \tag{4.23}$$
见图 4.23, 它图示出一个对称差商. c_1 和 c_2 与 x 的差都小于 h. 若 f'' 是连续的, 那么对小的 h, $f''(c_1)$ 和 $f''(c_2)$ 与 $f''(x)$ 的区别就非常小. 因此我们有结论对称差商与 $f'(x)$ 的区别是 sh, 这里当 h 非常小时, $s = \frac{1}{4}(f''(c_1) - f''(c_2))$ 也是非常小的数.

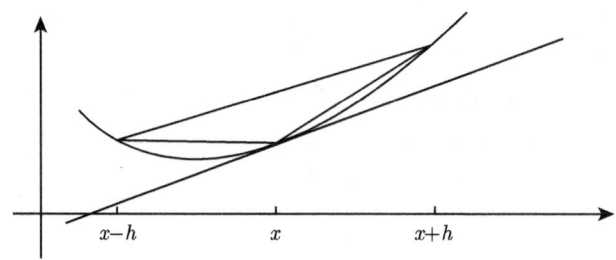

图 4.23　比之于单侧差商, 对称差商是对 f' 的更好近似

但是我们看到, 单侧差商与 $f'(x)$ 的差是 $\frac{1}{2}f''(c_1)h$. 得到结论: 对二次可微的函数和小的数 h, 作为导数的近似, 对称差商比单侧差商更好.

看一个例子, 表 4.1 包含了一个函数在 0 与 1 之间的 11 个等分点的数据. 注意, 若在方程 (4.23) 中令 $x+h = x_2$, $x-h = x_1$, 则得到
$$\frac{f(x_2) - f(x_1)}{x_2 - x_1} = f'\left(\frac{x_2 + x_1}{2}\right) + \frac{1}{4}(f''(c_1) - f''(c_2))\frac{x_2 - x_1}{2}.$$
表 4.1 显示了 f' 在这段区间上的中点 $0.05, 0.15, 0.25, \cdots, 0.95$ 的取值:
$$f'\left(\frac{x_1 + x_2}{2}\right) \approx \frac{f(x_2) - f(x_1)}{x_2 - x_1}.$$
例如:
$$f'(0.35) = f'\left(\frac{0.3 + 0.4}{2}\right) \approx \frac{f(0.4) - f(0.3)}{0.4 - 0.3} = \frac{0.38941 - 0.29552}{0.1} = 0.9389,$$
$$f'(0.45) = f'\left(\frac{0.4 + 0.5}{2}\right) \approx \frac{f(0.5) - f(0.4)}{0.5 - 0.4} = \frac{0.47942 - 0.38941}{0.1} = 0.9001.$$

4.4 逼近导数

现在利用对 0.35 和 0.45 的估计, 可以重复这个过程得到在 $0.1, 0.2, 0.3, \cdots, 0.9$ 关于 f'' 的估计. 例如

$$f''(0.4) \approx \frac{f'(0.45) - f'(0.35)}{0.45 - 0.35} \approx \frac{0.9001 - 0.9389}{0.1} = -0.388.$$

表 4.1 用 $f(x)$ 的数据来逼近其各阶导数

x	$f(x)$	$\approx f'(x)$	$\approx f''(x)$	$\approx f'''(x)$	$\approx f''''(x)$
0	0				
0.05	–	0.9983			
0.1	0.09983	–	−0.100		
0.15	–	0.9883	–	−0.97	
0.2	0.19866	–	−0.197	–	( )
0.25	–	0.9686	–	−1	–
0.3	0.29552	–	−0.297	–	( )
0.35	–	0.9389	–	−0.91	
0.4	0.38941	–	−0.388	–	( )
0.45	–	0.9001	–	−0.91	
0.5	0.47942	–	−0.479	–	( )
0.55	–	0.8522		( )	
0.6	0.56464	–	−0.565	–	( )
0.65	–	0.7957		( )	–
0.7	0.64421	–	−0.643		( )
0.75	–	0.7314		( )	–
0.8	0.71735	–	−0.717	–	( )
0.85	–	0.6597	–	( )	
0.9	0.78332	–	−0.782		
0.95	–	0.5815			
1	0.84147				

在问题 4.60, 我们要求你填空并完成整个表格.

问 题

4.58 考虑图 4.24 中的对称差商的图像, 利用带余项的泰勒定理来证明差

$$\left| \frac{\sin(x+0.1) - \sin(x-0.1)}{0.2} - \cos x \right|$$

对所有的 x 是小于 0.002. 这是为什么余弦函数看起来在图中的原因.

4.59 计算在 $f(x) = x^2$ 和 $f(x) = x^3$ 情形下的单侧差商 $\frac{f(x+h) - f(x)}{h}$ 和对称差商

$\dfrac{f(x+h)-f(x-h)}{2h}$. 如果 $x=10$, $h=0.1$, 这些差商与导数相差多少?

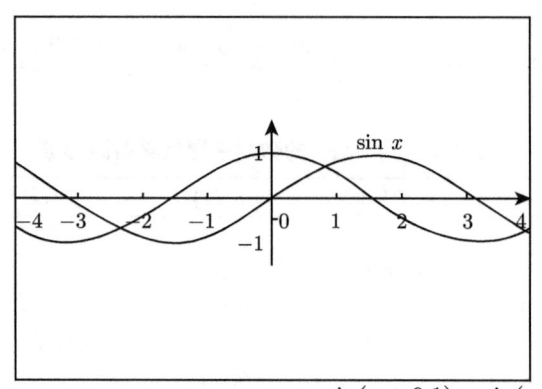

图 4.24 正弦函数和一个对称差商 $\dfrac{\sin(x+0.1)-\sin(x-0.1)}{0.2}$

4.60

(a) 利用近似 $f'''\left(\dfrac{x_1+x_2}{2}\right) \approx \dfrac{f''(x_2)-f''(x_1)}{x_2-x_1}$ 来估计 f''' 在点 $0.55, 0.65, 0.75, 0.85$ 的值, 它们是表 4.1 的空白部分.

(b) 利用近似 $f''''\left(\dfrac{x_1+x_2}{2}\right) \approx \dfrac{f'''(x_2)-f'''(x_1)}{x_2-x_1}$ 来估计 f'''' 在点 $0.2, 0.3, \cdots, 0.7, 0.8$ 的值.

4.61 这里我们用有点不一样的方法来探索怎样使用微分近似: 来检测光滑函数的制表中的孤立错误. 假设呈现在表 4.1 中的函数 $f(x)$ 的数据列, 有个小的错误, 两个数字对换了位置 $f(0.4) = 0.38914$ 代替 $f(0.4) = 0.38941$.

(a) 重新计算表格.

(b) 画表 4.1 中 f, f', f'', f''' 和 f'''' 的图像, 再画一遍重新计算的表格对应的函数的图像, 你注意到了什么?

4.62 假设 f 在 $[a,b]$ 上是一致可微的. 通过执行或证实下面的每个步骤来证明 f' 在 $[a,b]$ 上连续.

(a) 写下在 $[a,b]$ 上一致可微的定义.

(b) 给定任意的限制 ε, 解释为什么存在正整数 n 使得若 $|h| < \dfrac{1}{n}$, 那么对任意的 $x \in [a,b]$, 有

$$\left|\dfrac{f\left(x+\dfrac{1}{n}\right)-f(x)}{\dfrac{1}{n}} - f'(x)\right| < \varepsilon.$$

(c) 定义连续函数数列 $f_n(x) = \dfrac{f\left(x+\dfrac{1}{n}\right)-f(x)}{\dfrac{1}{n}}$. 解释为什么 f_n 在 $[a,b]$ 上连续, 且

证明 f_n 在 $[a,b]$ 上一致收敛到 f'. 并由此下结论: f' 在 $[a,b]$ 上连续.

4.63 定义 $f(x) = x^2 \sin\left(\dfrac{1}{x}\right)$ 且 $f(0) = 0$.

(a) 求 $x \neq 0$ 的所有值 $f'(x)$.

(b) 通过考虑差商 $\dfrac{f(h) - f(0)}{h}$ 证实 f 在 $x = 0$ 也是可微的, 计算 $f'(0)$.

(c) 通过证明当 x 趋于 0 时, $f'(x)$ 不趋于 $f'(0)$ 来证实 f' 在 0 点不连续.

(d) 用定理 4.13 来论证 f 不是一致可微的.

第 5 章 导数的应用

摘要 我们将介绍微积分的如下五种应用:
① 重力场中的气压; ② 重力场中的运动; ③ 求函数零点的牛顿法; ④ 光的反射和折射; ⑤ 经济学中的变化率

5.1 气 压

你若曾穿行于山川之间, 可能会发现, 海拔越高, 气压越低. 当你用力时, 就会觉得难以呼吸; 做饭的时候, 水不到 100℃ 就会沸腾. 我们要介绍的导数的第一个应用, 就是推导出描述作为海拔的气压函数之微分方程.

设 $P(y)$ 是海拔为 y 处的气压 [压力/面积], y 处的气压支撑着海拔 y 以上的气体的重量. 想象一个柱形区域的气体, 设其横截面积为单位面积. 从高度 y 到 $y+h$ 的气体的体积为 h 单位体积 (图 5.1). 这部分气体的重量为 $h\bar{\rho}g$, 其中 h 为该柱形区域的体积, $\bar{\rho}$ 为高度 y 到 $y+h$ 的气体的平均密度 [质量/体积], g 为地表的重力加速度. 这部分气体的重量由高为 y 的气体压力减去高为 $y+h$ 处的气体压力所支撑. 因此

$$h\bar{\rho}g = P(y) - P(y+h).$$

上式两边除以 h 可得

$$\bar{\rho}g = \frac{P(y) - P(y+h)}{h}.$$

当 h 趋于零时, 气体的平均密度 $\bar{\rho}$ 趋于高度为 y 处的气体的密度 $\rho(y)$, 等式右边的差商趋于 $-P'(y)$, 由此可得微分方程

$$\rho(y)g = -P'(y). \tag{5.1}$$

若将气体压缩, 其密度和压强都会增加. 假设气压与密度成比例,

$$\rho = kP, \quad k > 0 \text{ 为某个常数},$$

将此式代入微分方程 (5.1) 可得

$$kgP(y) = -P'(y).$$

5.1 气压

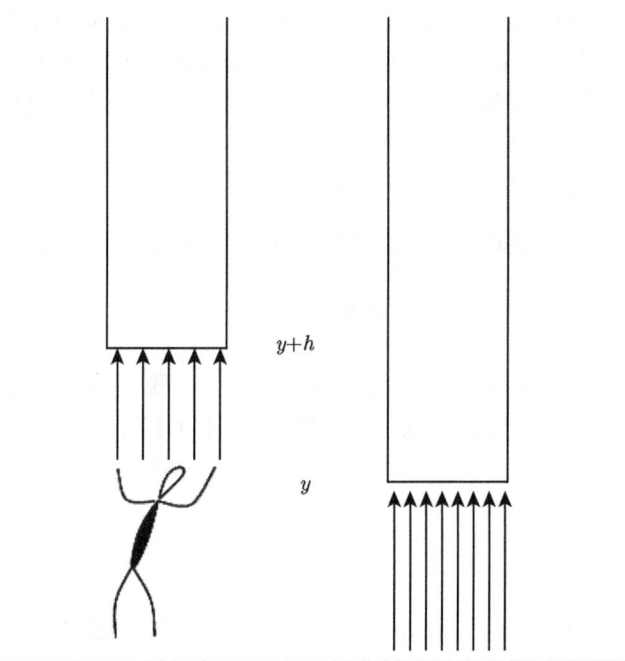

图 5.1 海拔 y 以上的柱形区域的气体比海拔 $y+h$ 以上的柱形区域的气体重

根据定理 3.11, 这个方程的解为指数函数

$$P(y) = P(0)e^{-kgy},$$

其中 $P(0)$ 是海平面的气压.

因此可得气压是关于海拔的指数函数. 另外, 关于常数 k, 我们可以谈些什么呢? 我们可以通过 $k = \dfrac{\rho}{P}$ 来确定其大小. 因此 k 的量纲是

$$\left[\frac{密度}{压强}\right] = \left[\frac{\dfrac{质量}{体积}}{\dfrac{压力}{面积}}\right].$$

由于力等于质量乘以加速度, 因此 k 的量纲是

$$\left[\frac{质量/长度^3}{\dfrac{质量 \times 长度}{时间^2}/长度^2}\right] = \frac{时间^2}{长度^2} = \frac{1}{速度^2}.$$

这里的速度是多少呢? 什么速度与大气相关? 实际上, $1/k$ 是声速的平方. 让我们查一下 k 的值, 并利用 $P(y) = P(0)\mathrm{e}^{-kgy}$ 来计算科罗拉多州丹佛市① 的气压. 丹佛的海拔为 1 英里②. 海平面的声速约为 1000ft/s(英尺/秒)③. 因此,

$$k = 10^{-6}\ (\mathrm{s/ft})^2, \quad g = 32\ \mathrm{ft/s}^2, \quad y = 5280\ \mathrm{ft},$$

于是 $kgy = 10^{-6}(32)(5280) = 0.169$. 而 $\mathrm{e}^{-0.169} = 0.844$, 由压强公式可得

$$P(1\text{英里}) = 0.844 P(0).$$

海平面的气压为 $P(0) = 14.7\ \mathrm{psi}$(磅/平方英尺).④ 由我们的公式可得丹佛的气压为 $0.844 \times 14.7 = 12.4\ \mathrm{psi}$. 丹佛的气压的实际测量值为 12.1 psi, 因此我们的公式是一个很好的近似.

问　　题

5.1 用本节所得公式计算你所在城市的气压近似值, 并与实际的气压值进行比较.

5.2 在估计气压时, 我们假设空气密度与气压成正比. 这个问题中, 我们要考虑海洋上的压强. 海洋中水密度约为一个常数. 不妨忽略海洋表面的气压.

(a) 类似于方程 (5.1), 用两种办法分别推导关于海洋压力的微分方程: 第一, 假设 y 为从海平面往下测量的深度; 第二, 假设 y 为从海底往上测量的高度. 如何对得到的两个方程进行比较? 在两种情况下, $P(0)$ 分别是多少? 是否某个方程比另一个方程更优越?

(b) 解第一个微分方程 (y 为从海平面往下测量的深度).

(c) 设海洋的水密度为 1025(千克/立方米), 气压为 10^5(牛顿/平方米). 潜水者的一个经验是水深每增加 10 米, 水压会增加一个气压. 这是否与 (b) 中得到的由表面向下的压力方程吻合?

5.2　运　动　定　律

本节, 我们将了解如何利用微积分得到理想状态下质点沿直线运动的微分方程. 这些方程之美在于其普适性. 利用这些公式可以推算出我们在地球表面或月球表面能跳多高. 在物理学中, *质点*是一个理想概念, 是空间中一个不可分割的没有大小的点, 因此一个坐标可确定该点的位置. 该质点具有质量, 常记为 m. 在直线

---

① 科罗拉多州 (Colorado) 是位于美国西部的一个州. ——译者注
② 英里 (mile, 又音译为"迈"), 长度单位, 1 英里 =1.609344 公里. ——译者注
③ ft(feet 的缩写) 是英制长度单位——英尺, 1 英尺 =0.3048 米. ——译者注
④ 磅是质量单位, 1 磅 =0.454 千克. 在国内的天气预报中, 我们常用的单位是帕 (牛顿/米^2, Pa, 以纪念法国的全能数学家帕斯卡). 1psi ≈ 6894.8Pa. ——译者注

5.2 运动定律

这种简单情况下, 一个质点的位置完全由其到某个任意选定的固定点 (原点) 的距离 y 所刻画; 任意选定原点的某一侧, 若 y 落在该侧, 则定义 y 是正的, 若落在原点的另一侧, 则是负值.

当质点运动时, y 是 t 的函数, y 的导数 $y'(t)$ 表示质点的**速度**, 常记为 v:

$$v = y' = \frac{dy}{dt}. \tag{5.2}$$

注意, 如果质点运动时 y 的坐标增大, 则速度为正.

当然, 一个质点的速度可能会随着时间而变化, 其变化的速度称为**加速度**, 常用字母 a 表示.

$$a = v' = \frac{dv}{dt} = \frac{d^2 y}{dt^2}. \tag{5.3}$$

牛顿运动定律将一个质点的加速度与其质量和所受的作用力联系起来: 沿 y 轴的力 F 对质量为 m 的质点作用, 产生加速度 a,

$$F = ma. \tag{5.4}$$

根据方程 (5.4), 若一外力对质点作用产生的加速度为负值, 则该力沿 y 轴是负值. 此处负号并无神秘之处, 它只表明力 F 的方向为 y 轴负方向.

若有一些不同的力作用在同一个质点上. 假设所有作用是在最理想的状态下发生, 则该质点所受的有效作用力为各个力的**总和**. 例如, 一个物体可能受到重力 $F_重$, 气流阻力 $F_阻$, 电力 $F_电$ 以及磁力 $F_磁$, 则该物体的有效受力为

$$F = F_重 + F_阻 + F_电 + F_磁 \tag{5.5}$$

在这个合力作用下, 质点的运动方程为

$$y' = v, \quad mv' = F. \tag{5.6}$$

作用在质点上的简单力均可以单独分析. 这些简单力可以合成为一个总的作用力, 这样做具有很大的好处.

尽管, 对任意形如 (5.5) 式的合力, 我们都可以将运动方程表达为 (5.6). 然而, 除某些简单情形以外, 我们无法写出质点的运动轨迹关于时间的函数的具体公式表达. 在这一章, 我们将解决最简单的情况, 即 F 是一个常数 (重力). 在第 10 章, 我们将考虑非常力的情形, 介绍一些具有很高精确度的数值计算办法, 用以刻画质点的位置关于时间的函数. 我们还将研究在合力作用下的质点的运动方程.

1. 重力

我们举例说明，设质点受力为地球表面的重力，在这种特定情况下，牛顿第二定律 (5.4) 如何用来刻画质点的运动. 再根据牛顿运动定律，作用于一个质量为 m 的质点的重力的大小 $F_重$ 与质点的质量成正比：

$$F_重 = gm. \tag{5.7}$$

其中比例常数 g 和力的方向依赖于其他质量作用于该质点上的万有引力. 在地球表面附近的一个点，力的方向指向地心，g 的值约为

$$g = 9.81(\text{米}/\text{秒}^2), \tag{5.8}$$

而在月球表面附近，$g_月$ 的值约为

$$g_月 = 1.6(\text{米}/\text{秒}^2), \tag{5.9}$$

现在，让我们留在地球表面. 记 y 为一个自由降落的物体距离地球表面的距离，记 v 为该物体的垂直速度. 由于我们选择了当物体向上时 y 增加，而重力的方向向下，因此重力为 $-gm$. 将此式代入牛顿定理 (5.4)，可得

$$-gm = ma,$$

其中 a 为自由降落物体的加速度. 等式两边同除以 m，得到

$$-g = a.$$

回忆速度与加速度的定义，可知 $a = y''$. 因此一个自由降落的物体的牛顿运动定律表述为

$$y'' = -g. \tag{5.10}$$

可断言这个方程的解皆为如下形式

$$y = -\frac{1}{2}gt^2 + v_0 t + b, \tag{5.11}$$

其中 b 和 v_0 为常数. 要得到此式，我们将方程 (5.10) 写成 $0 = y'' + g = (y' + gt)'$，由此可得 $y' + gt$ 为常数，设为 v_0. 从而有 $y' + gt - v_0 = 0$. 该方程等价于 $\left(y + \frac{1}{2}gt^2 - v_0 t\right)' = 0$. 于是可得 $y + \frac{1}{2}gt^2 - v_0 t$ 是一个常数，设为 b. 因此可证方程 (5.10) 的所有解均为 (5.11) 的形式.

常数 v_0 的重要性在于：它是质点的初始速度；也就是说，当 $t = 0$ 时，$y' = v_0$. 类似地，b 是质点的初始位置，即当 $t = 0$ 时，$y = b$. 由此可知，质点的初始位置和速度可任意给定，而在该初始条件下，之后的运动是唯一确定的.

2. 你能跳多高?

有一个姑娘,名叫安雅,我们把她理想化为一个质点,假设她垂直蹲跳可以跳 k 米. 她需要使多大的力气?

记 h 为安雅的高度,m 为她的重量. 记 F 为她蹲着起跳时施于地面的压力. 当安雅的脚在地面上的时候, 她身体所受的向上的合力为她脚所受的力减去重力:

$$F - gm.$$

根据牛顿定律, 安雅的运动, 作为一个质点的运动来考虑, 由方程 (5.4) 决定,

$$my'' = F - gm,$$

其中 $y(t)$ 是 t 时刻安雅的头顶到地面的距离. 上式两边同除以 m, 可得

$$y'' = p - g,$$

其中 $p = \dfrac{F}{m}$ 是每单位质量所受的力. 我们已知, 这个方程的所有解均形如 (5.11):

$$y(t) = \frac{1}{2}(p-g)t^2 + v_0 t + b.$$

令 $t = 0$, 可得 $y(0) = b$, 这是安雅在处于蹲姿起跳之时, 她的头顶到地面的距离. 对 y 求微分, 再令 $t = 0$ 可得 $y'(0) = v_0$. 由于在起始时刻, 安雅的身体处于休息状态 (未起跳), 故 $v_0 = 0$. 因此可得

$$y(t) = \frac{1}{2}(p-g)t^2 + b. \tag{5.12}$$

设安雅的脚在 t_1 时刻离开地面, 在此之前, 上式的描述都有效. 此时, 她的头部的位置 $y(t_1)$ 恰好等于其身高 h, 即 $y(t_1) = h$. 将此式代入方程 (5.12), 可得 $\frac{1}{2}(p-g)t_1^2 = h - b$. 记 c 为安雅的头部位置在蹲起和站立时的差值: $c = h - b$. 可解得安雅的双脚离开地面的时刻 t_1,

$$t_1 = \sqrt{\frac{2c}{p-g}}. \tag{5.13}$$

在 t_1 时刻安雅向上的速度 v_1 是多少呢? 由于速度是位置函数关于时间的导数, 我们有 $y'(t) = (p-g)t$. 利用 (5.13) 式可得

$$v_1 = y'(t_1) = \sqrt{2c(p-g)}. \tag{5.14}$$

当她的双脚离开地面以后, 安雅所受的力只有重力. 因此, 当 $t > t_1$ 时, 描述她的头部位置的方程为

$$y'' = -g.$$

这个方程的解为式 (5.11). 我们用 $t - t_1$ 代替 t, 用 b 代替 h, 方程可改写为

$$y(t) = -\frac{1}{2}g(t-t_1)^2 + v_1(t-t_1) + h. \tag{5.15}$$

此处 h 为 t_1 时刻的位置. 由 (5.15) 式决定的轨迹在 t_2 时刻达到最高的高度, 此时速度为零. 对方程 (5.15) 求导得到

$$y'(t_2) = -g(t_2 - t_1) + v_1 = 0,$$

由此可得 $t_2 - t_1 = \dfrac{v_1}{g}$. 将此式代入 $y(t)$ 的公式 (5.15) 中, 得到

$$y(t_2) = -\frac{1}{2}g(t_2-t_1)^2 + v_1(t_2-t_1) + h = -\frac{v_1^2}{2g} + \frac{v_1^2}{g} + h = \frac{v_1^2}{2g} + h.$$

利用 v_1 的公式 (5.14), 可知

$$y(t_2) = c\frac{p-g}{g} + h.$$

故安雅所跳高度 $k = y(t_2) - h$ 为

$$k = c\left(\frac{p}{g} - 1\right). \tag{5.16}$$

利用这个关系式, 我们可以将每个单位质量的起跳压力表示为

$$p = g\left(1 + \frac{k}{c}\right). \tag{5.17}$$

注意, 要成功起跳, 需要每单位质量所受的起跳力大于重力 g.

我们假设安雅很高, 身高为 2m, 而 b 为 1.5 米, 从而 $c = h - b = 0.5$ 米. 她跳的高度 k 为 0.25 米. 由式 (5.17) 可得 $p = 1.5g$ (图 5.2).

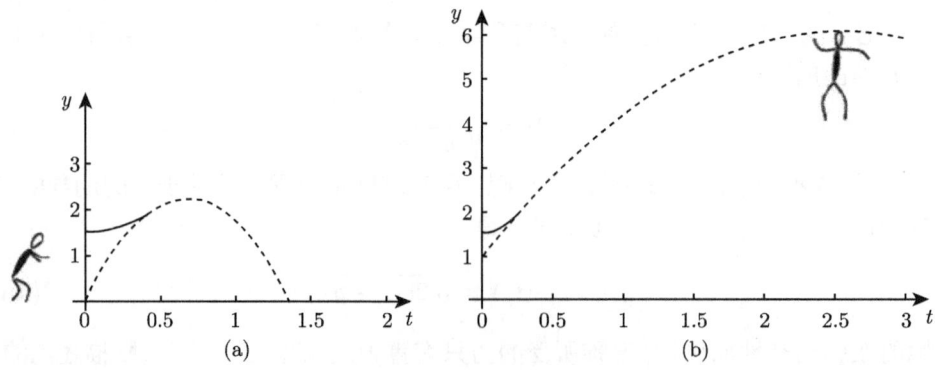

图 5.2 在地球 (a) 和月球; (b) 表面以相同的力起跳, 画出高度关于时间的图像. 凸抛物线描述的是双脚用力蹬时头部的位置

我们来看一下这样的力在月球表面可以跳多高. 在月球表面挑起的距离 $k_{月}$ 由公式 (5.16), 其中的 g 由月球重力产生的加速度 g_m 替代:

$$k_{月} = c\left(\frac{p}{g_m} - 1\right).$$

利用 $p = 1.5g$ 和 $c = 0.5$, 可得

$$k_{月} = \frac{1}{2}\left(1.5\frac{g}{g_{月}} - 1\right). \tag{5.18}$$

由于 $g = 9.8$ 米/秒^2, $g_{月} = 1.6$ 米/秒^2, 两者之比为 6.125. 将这些数值代入方程 (5.18), 我们可知安雅在月球表面可以跳起的高度为

$$k_{月} = \frac{1}{2}\left(1.5 \times 6.125 - 1\right) = 4.1(米).$$

问　　题

5.3 一个质点在地球重力作用下运动, 设其初始时刻的位置为 $y(0) = 0$, 速度为 $y'(0) = 10$(米/秒). 计算 $t = 1$ 时刻和 $t = 2$ 时刻质点的位置和速度.

5.4 问题 5.3 中所描述的运动中 $y(t)$ 的最大值是多少?

5.5 在如下情形, 将牛顿定律写成一个质量为 m 的质点的位置 $y(t)$ 的微分方程: (1) 水平面 $y = 0$ 下方到水平面的距离规定为 $y > 0$. (2) 有两个力作用在质点上, 其中之一为我们讨论过的向下的常重力加速度 g, 另一个为向上的常力 $F_{上}$.

5.6 前面说过力可以相加, 相对而言, 位置却很难求出. 在这个问题中, 一个质量为 m 的质点在 $y(t)$ 点的运动有六种不同情形

$$my'' = F,$$
$$y(0) = 1,$$
$$y'(0) = v,$$

其中 v 为 0 或 3, f 为 5 或 7 或 5+7. 在这六种条件下分别解位置方程 $y(t)$. 当力可以相加时, 位置是否也可以相加?

5.7 在推导出方程 (5.10) 的解都是形如 (5.11), 我们利用了什么定理?

5.3　求函数零点的牛顿法

在前面两节中, 我们将微积分应用于物理学科之中. 在这一节, 我们将应用微积分解决一些数学问题.

有许多问题是如下形式的: 我们要寻找一个未知数, 不妨记为字母 z, 这个未知数在某个方程中具有某种期望性质. 这样的一个方程可以写为

$$f(z) = 0,$$

其中 f 为某个函数. z 经常有一些附加的限制条件. 许多情况下, 要求 z 落在某个特定的区间之中. 因此解方程实际上就是寻找点 z, 使得给定函数 f 在该点的值为零. 这样的数 z 称为函数 f 的一个零点. 在某些问题当中, 我们在某个特定的区间求出 f 的一个零点就可以了, 而在另外一些问题之中, 我们希望寻找一个区间上 f 的所有零点.

"求" 一个函数 f 的零点是什么意思? 我们要设计一个足够好的逼近 f 的零点 z 的过程. 有两种办法测量一个近似值 $z_{近似}$ 的好坏: 第一个是要求 $z_{近似}$ 与 f 的一个零点 z 相差不超过 $\frac{1}{100}$ 或 $\frac{1}{1000}$ 或 10^{-m}. 另外一个办法是要求 f 在 $z_{近似}$ 点的函数值非常小, 譬如说小于 $\frac{1}{100}$ 或 $\frac{1}{1000}$, 或更一般的, 小于 10^{-m}. 当然, 这两个办法是紧密联系的: 假设函数 f 是连续的, 如果 $z_{近似}$ 接近于真正的零点 z, 则 $f(z_{近似})$ 也接近于 $f(z) = 0$.

在这一节, 我们将描述一个方法, 求出函数 f 零点 z 的近似值, 这里函数 f 不仅是连续的, 还是可微的, 最好是二阶可微. 这个方法的基本步骤是: 从 f 的一个零点的足够好的近似值出发, 我们利用导数构造一个更好的近似值. 如果这个近似解还不够好, 我们重复以上基本步骤足够多次, 从而得到一个近似解, 使之在之前所讲的两种测量标准下都足够好. 有两种办法来描述这个基本步骤, 几何办法和解析办法. 我们从几何描述开始.

记 $z_{旧}$ 为初始的近似解. 我们假设 $f'(z_{旧}) \neq 0$, 这一假设对该方法的适用性来讲是必要的, 可以保证与 f 的图像在点 $z_{旧}, f(z_{旧})$ 处相切的直线 (图 5.3) 不平行于 x 轴, 因此一定与 x 轴相交于某一点. 这个交点是新的近似解 $z_{新}$. 现在我们来计算 $z_{新}$. 由于切线的斜率为 $f'(z_{旧})$, 有①

$$f'(z_{旧}) = \frac{f(z_{旧}) - f(z_{新})}{z_{旧} - z_{新}} = \frac{f(z_{旧})}{z_{旧} - z_{新}}.$$

由这个关系式可以确定 $z_{新}$:

$$z_{新} = z_{旧} - \frac{f(z_{旧})}{f'(z_{旧})}. \tag{5.19}$$

这个过程的原理是: 如果 f 的图像是一条直线, $z_{新}$ 恰好就是 f 的零点. 事实上, 若 f 的图像不是一条直线, 但是如果 f 是可微的, 它的图像在足够小的区间上

---

① 这里作者利用了近似假设, 假设 $z_{新}$ 为 f 的零点. ——译者注

几乎是直的, 因而如果区间 $(z, z_旧)$ 足够短, 我们可预知 $z_新$ 为确切零点 z 的一个近似值.

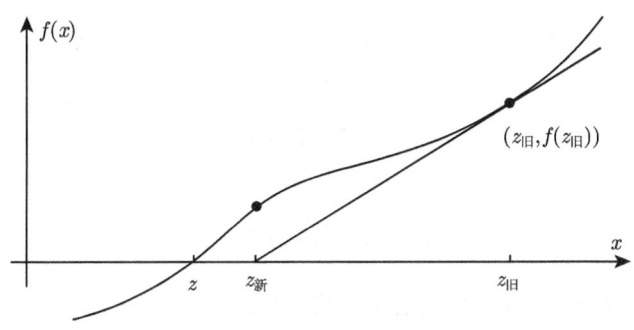

图 5.3　逼近零点 z 的牛顿法

在这一节末尾, 我们将证明如果 $z_旧$ 是 f 的零点 z 的一个足够好的近似值 (在前面两种衡量标准下), 那么 $z_新$ 是一个更好的近似解, 而且如果我们重复这一过程, 得到的近似解数列会快速地收敛到 f 的一个零点. 我们首先看一些例子.

上面所叙述的办法, 与微积分中的其他许多内容一样, 都是牛顿设计的, 故此称为**牛顿法**.

5.3.1　平方根的逼近

令 $f(x) = x^2 - 2$. 我们要寻找方程

$$f(z) = z^2 - 2 = 0$$

的一个正根. 让我们看一下可以多大程度地逼近准确解 $z = \sqrt{2}$. 对于 $f(x) = x^2 - 2$, 我们有 $f'(x) = 2x$, 因此如果 $z_旧$ 接近 $\sqrt{2}$, 由牛顿法 (5.19) 可得

$$z_新 = z_旧 - \frac{z_旧^2 - 2}{2z_旧} = \frac{z_旧}{2} + \frac{1}{z_旧}. \tag{5.20}$$

注意, 这个关系式恰恰是 (1.7) 式. 我们取 $z_旧 = 2$ 作为 $\sqrt{2}$ 的第一个近似值. 由公式 (5.20) 可得

$$z_新 = 1.5.$$

重复这个过程, 此时 $z_新 = 1.5$ 就变为下一步的 $z_旧$. 因此, 我们可构造一个数列 $z_1, z_2, \cdots$, (并期待) 这个数列更好地逼近 $\sqrt{2}$. 我们选择 $z_1 = 2$, 然后令

$$z_{n+1} = \frac{z_n}{2} + \frac{1}{z_n}.$$

前面六个近似值为

$$z_1 = 2.0,$$
$$z_2 = 1.5,$$
$$z_3 = 1.4166\cdots,$$
$$z_4 = 1.414215686\cdots,$$
$$z_5 = 1.414213562\cdots,$$
$$z_6 = 1.414213562\cdots.$$

因为 z_5 和 z_6 小数点后的前八位数都一样, 因此总结可得: z_5 第一个正确给出 $\sqrt{2}$ 的前八位小数. 事实上,

$$(1.41421356)^2 = 1.999999993\cdots$$

非常接近 2 且比 2 只小一点点, 而

$$(1.41421357)^2 = 2.000000021\cdots$$

也非常接近 2, 但比 2 稍大一点点. 由中值定理可知在上面两个数之间某处, $z^2 = 2$, 即

$$1.41421356 < \sqrt{2} < 1.41421357.$$

我们前面得到的数列 $\{z_n\}$, 虽然是以某种特殊的方式构造的, 但是可证明该数列是收敛的.

5.3.2 多项式根的逼近

牛顿法的美妙之处在于其普适性. 除了二次函数之外, 它也可以用于寻找其他各种函数的零点.

例 5.1 令 $f(x) = x^3 - 2$. 我们要找方程

$$z^3 - 2 = 0 \tag{5.21}$$

之解, 即 $\sqrt[3]{2}$ 的一列近似值. 由于 $f'(x) = 3x^2$, 由牛顿法可得下列近似解 (图 5.4):

$$z_{n+1} = z_n - \frac{z_n^3 - 2}{3z_n^2} = \frac{2z_n}{3} + \frac{2}{3z_n^2}. \tag{5.22}$$

从第一个近似解 $z_1 = 2$ 开始, 我们有

$$z_1 = 2.0,$$
$$z_2 = 1.5,$$
$$z_3 = 1.2962962\cdots,$$
$$z_4 = 1.2609322\cdots,$$
$$z_5 = 1.2599218\cdots,$$
$$z_6 = 1.2599210\cdots.$$

因为 z_5 和 z_6 在小数点后前六位都一样, 总结可得

$$\sqrt[3]{2} = 1.259921\cdots.$$

事实上, $(1.259921)^3 = 1.9999997\cdots$, 而 $(1.259922)^3 = 2.000004\cdots$, 因此

$$1.259921 < \sqrt[3]{2} < 1.259922.$$

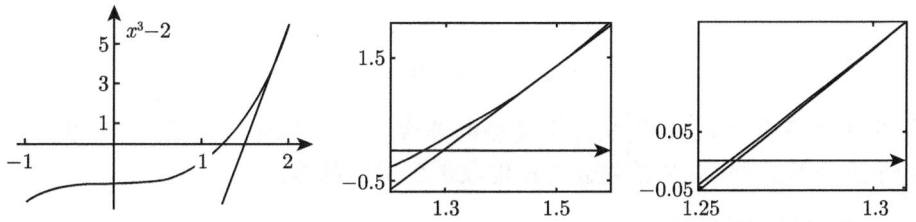

图 5.4 利用牛顿法逼近 $f(x) = x^3 - 2$ 的根的前三步, 以不同的放大率所画. 这三个切线分别为例 5.1 中的 z_1, z_2 和 z_3 处的切线

下面将求函数
$$f(x) = x^3 - 6x^2 - 2x + 12 \tag{5.23}$$
的所有零点. 由于 f 是一个三 (奇数) 次多项式, 当 x 为正数且非常大时, $f(x)$ 也为正数且非常大, 当 x 为负数且非常大时, $f(x)$ 也为负数且非常大. 因此由中值定理知 $f(x)$ 必在某处为零. 为了得到一个更好的办法 (思路) 来确定零点可能的位置, 我们计算 f 在从 $x = -2$ 到 $x = 6$ 之间的整数点的值.

x	-2	-1	0	1	2	3	4	5	6
$f(x)$	-16	7	12	5	-8	-21	-28	-23	0

该表说明 $x = 6$ 是 f 的一个零点, 而且 f 在 $x = -2$ 处为负值, 在 $x = -1$ 处为正值, 因此 f 在区间 $(-2, -1)$ 上有一个零点. 类似地, f 在区间 $(1, 2)$ 上也有一个零点.

根据一个熟知的代数定理①, 如果 z 是多项式 $p(x)$ 的零点, 则 $x-z$ 是该多项式的一个因子. 事实上, 我们可以将 f 因式分解, 如下

$$f(x) = (x-6)(x^2-2).$$

f 的这个形式表明它的零点为 $z = \pm\sqrt{2}$, 而且再没有其他零点.

让我们忽略这个已知的准确零点 (毕竟, 这只是运气好而已). 让我们看看在这种情况, 牛顿的一般方法的效果能有多好. 对于这个特殊函数, 牛顿的迭代公式为

$$z_{n+1} = z_n - \frac{z_n^3 - 6z_n^2 - 2z_n + 12}{3z_n^2 - 12z_n - 2}.$$

令 $z_1 = 5$ 作为准确零点 6 的第一个近似值, 我们可以得到下面的近似解数列:

$$z_1 = 5,$$
$$z_2 = 6.76\cdots,$$
$$z_3 = 6.147\cdots,$$
$$z_4 = 6.007\cdots,$$
$$z_5 = 6.00001\cdots.$$

类似的计算表明, 如果我们从一个猜测的非常接近 $\sqrt{2}$ 或 $-\sqrt{2}$ 的 z 出发, 可以得到一个近似解数列, 这个数列会迅速地收敛到准确的零点.

5.3.3 牛顿法的收敛性

多快是快, 多近算近呢? 在上一个例子中, 从一个猜测的初始值开始, 这个初始值与真实解之间的距离为 1, 利用该方法进行四步, 我们得到了一个与真实的零点 $z = 6$ 相差为 0.007 的近似解.

另外, 仔细研究到目前为止给出的例子, 均表明当 z_n 与零点越接近, 牛顿法得到的结果越快速! 我们来分析牛顿法的非凡效率以及它的局限性.

牛顿法基于一个线性逼近. 如果这个逼近没有误差——即如果 f 是线性函数——则牛顿法只需一步即可得到准确的零点. 因此, 分析牛顿法中的误差时, 我们必须从函数与它的线性逼近之间的偏离程度着手. 偏离程度由线性逼近定理 4.5 刻画:

$$f(x) = f(z_{旧}) + f'(z_{旧})(x - z_{旧}) + \frac{1}{2}f''(c)(x - z_{旧})^2, \tag{5.24}$$

其中 c 为 $z_{旧}$ 和 x 之间的某个数. 为简单起见, 引入下列简化符号,

$$f''(c) = s \quad \text{和} \quad f'(z_{旧}) = m,$$

---
① 这个定理 (称为多项式的余式定理) 的关键在于, 对任意的多项式 $p(x)$ 以及任意的数 r, 总有 $(x-r)|(p(x)-p(r))$, 即存在一个多项式 $q_r(x)$ 使得 $p(x) - p(r) = q_r(x)(x-r)$. ——译者注

并设 z 为 f 的准确零点. 对 $x = z$, 方程 (5.24) 给出

$$f(z) = 0 = f(z_{旧}) + m(z - z_{旧}) + \frac{1}{2}s(z - z_{旧})^2.$$

除以 m, 再利用牛顿法 (5.19) 可得

$$0 = \frac{f(z_{旧})}{m} + (z - z_{旧}) + \frac{1}{2}\frac{s}{m}(z - z_{旧})^2$$
$$= -z_{新} + z_{旧} + (z - z_{旧}) + \frac{1}{2}\frac{s}{m}(x - z_{旧})^2.$$

整理上式可得

$$z_{新} - z = \frac{1}{2}\frac{s}{m}(z_{旧} - z)^2. \tag{5.25}$$

我们的兴趣在于找出在什么条件下, $z_{新}$ 比 $z_{旧}$ 更好地逼近于 z. 要确定这一点, 公式 (5.25) 是理想之选, 因为此式表明 $(z_{新} - z)$ 是 $(z - z_{旧})$ 与 $\frac{1}{2}\frac{s}{m}(z - z_{旧})$ 之积. 牛顿法得到的数列有所改进当且仅当第二个因子的绝对值小于 1, 即

$$\frac{1}{2}\left|\frac{s}{m}\right||z - z_{旧}| < 1. \tag{5.26}$$

现在假设 $f'(z) \neq 0$. 由于 f' 是连续的, 在充分接近 z 的所有点, f' 都不为零, 而且因为 f'' 是连续的, s 的变化也不大. 同时, 如果 $z_{旧}$ 与 z 足够接近, 式 (5.26) 成立. 事实上, 当 $z_{旧}$ 充分接近时, 有

$$\frac{1}{2}\left|\frac{s}{m}\right||z - z_{旧}| < \frac{1}{2}. \tag{5.27}$$

若 (5.27) 式成立, 则从 (5.25) 可得出

$$|z_{新} - z| \leqslant \frac{1}{2}|z_{旧} - z|. \tag{5.28}$$

现在令 $z_1, z_2, \cdots$ 为牛顿法构造所得的一列近似解数列. 假设 z_1 与 z 足够接近, 则 (5.27) 对 $z_{旧} = z_1$ 成立, 而且该式对所有与 z 足够接近, 甚至比 z_1 还接近的 $z_{旧}$ 都成立. 由 (5.28) 可得 z_2 比 z_1 更接近 z, 更一般地, 每个 z_{n+1} 都比 z_n 更接近于 z, 因此 (5.27) 对数列中所有 z_n 都成立. 重复应用 (5.28), 可得

$$|z_{n+1} - z| \leqslant \frac{1}{2}|z_n - z| \leqslant \left(\frac{1}{2}\right)^2|z_{n-1} - z| \leqslant \cdots \leqslant \left(\frac{1}{2}\right)^n|z_1 - z|. \tag{5.29}$$

由此可证得下面的定理.

定理 5.1(牛顿法的收敛性定理) 设 f 是某开区间上的两阶连续可微函数, z 是 f 的零点, 满足

$$f'(z) \neq 0. \tag{5.30}$$

重复应用牛顿法

$$z_{n+1} = z_n - \frac{f(z_n)}{f'(z_n)} \tag{5.31}$$

生成一个近似解数列 $z_1, z_2, \cdots$. 如果初始的近似解 z_1 与 z 足够接近, 则该数列收敛到 z.

下列是几个评注:

评注 1 z_n 收敛于 z 的证明依赖于不等式 (5.29), 由这个不等式可知 $|z_{n+1} - z|$ 小于 $\left(\frac{1}{2}\right)^n$ 乘以某个常数. 这只是一个粗略的估计, 要理解 z_n 趋于 z 的真正速度, 我们还要回到关系式 (5.25). 对于与 z 很近的 $z_旧$, m 和 s 分别与 $f'(z)$ 和 $f''(z)$ 的差别很小, 因此 (5.25) 式表明 $|z_新 - z|$ 实际上是一个常数乘以 $(z_旧 - z)^2$. 如果 $|z_旧 - z|$ 很小, 它的平方特别小. 作为例子, 假设 $\left|\frac{f''(z)}{2f'(z)}\right| \leqslant 1$ 且 $|z_旧 - z| \leqslant 10^{-3}$. 那么由方程 (5.25) 可得

$$|z_新 - z| \approx (z_旧 - z)^2 = 10^{-6}.$$

总体来讲: 如果第一个近似解与某个确切零点的距离不超过千分之一, 且 $\left|\frac{f''(z)}{2f'(z)}\right| \leqslant 1$, 则牛顿法只需一步, 便可得到距离确切零点不到百万分之一的一个近似解.

例 5.2 在例 5.1 中, 我们有 $\frac{1}{2}\frac{s}{m} < 1$, 且

$$z_5 = \underline{1.25992}186056593,$$
$$z_6 = \underline{1.25992104989}539,$$

其中下划线部分的数字是正确的, 准确的位数在一步之内增加了几乎两倍.

评注 2 牛顿法要从距离 z 很近的地方开始, 这是必要的. 这样做不仅为了得到快速的收敛性, 更是为了能够收敛. 图 5.5 给出了一个例子, 其中牛顿法不能得到一个距离零点更近的值. 选择 $z_旧$ 和 $z_新$, 使得 f 的图像在点 $(z_旧, f(z_旧))$ 处的切线与 x 轴相交于 $z_新$, 而 f 的图像在点 $(z_新, f(z_新))$ 处的切线与 x 轴相交于 $z_旧$. 应用牛顿法, 会得到从 $z_旧$ 到 $z_新$, 再回到 $z_旧$, 等等, 并不能逐渐逼近零点.

评注 3 我们分析一下在零点 z 处, 若 $f'(z) = 0$, 牛顿法的困难之处. 举一个例子: 函数 $f(x) = (x-1)^2$ 有双重零点 $z = 1$; 因此 $f'(z) = 0$. 由牛顿法得到下列重复数列

$$z_{n+1} = z_n - \frac{f(z_n)}{f'(z_n)} = z_n - \frac{(z_n - 1)^2}{2(z_n - 1)} = \frac{z_n + 1}{2}.$$

两边同时减去 1 可得 $z_{n+1} - 1 = \frac{z_n - 1}{2}$. 重复利用这个关系式可得

5.3 求函数零点的牛顿法

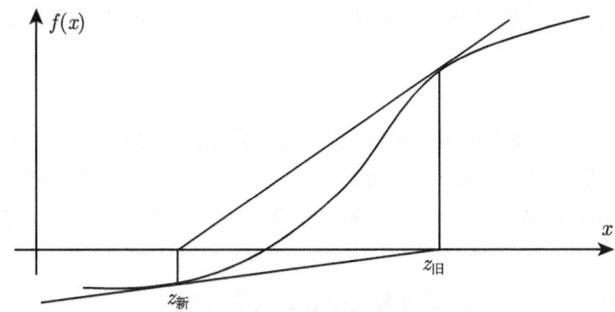

图 5.5 牛顿法因为循环而失效

$$z_{n+1} - 1 = \frac{1}{2}(z_n - 1) = \frac{1}{4}(z_{n-1} - 1) = \cdots = \left(\frac{1}{2}\right)^n (z_1 - 1).$$

因此 z_n 以常速度 2^{-n} 逼近零点 $z = 1$, 不像 $f'(z) \neq 0$ 时收敛的速度那么快.

问 题

5.8 利用牛顿法确定 $3^{1/4}$ 和 $\sqrt[3]{7}$ 的小数点后前四位数.(提示: 计算 $c^{1/q}$ 等价于寻找 $z^q - c$ 的零点.)

5.9 找出下列函数在给定区域的所有零点:

(a) $f(x) = 1 + x^{1/3} - x^{1/2}, x \geqslant 0.$ (提示: 令 $x = y^6$.)

(b) $f(x) = x^3 - 3x^2 + 1, -\infty < x < \infty.$

(c) $f(x) = \dfrac{x}{x^2+1} + 1 - \sqrt{x}, x \geqslant 1.$

5.10 正文中曾断言"如果 f 是线性函数, 则由牛顿法一步可得 f 的准确零点". 证明此断言.

5.11 证明可通过下面的步骤, 找到函数 f 在区间 $[a, b]$ 上的最大值:

(a) 取区间 $[a, b]$ 内部的 N 个点 x_j, 使得相邻两点之间的距离均相等. 其中 N 为某个特定的数. 记 $x_0 = a, x_{N+1} = b$. 计算 f 在这些点上的值.

(b) 如果 $f(x_j)$ 比 $f(x_{j-1})$ 和 $f(x_{j+1})$ 都大, 那么在区间 (x_{j-1}, x_{j+1}) 上, $f'(x)$ 有一个零点. 利用牛顿法找到这个点, 并记为 z_j.

(c) 确定最大的 $f(z_j)$, 并将之与 f 在端点的值进行比较.

为什么选择充分大的 N 这一点至关重要?

5.12 设 z 为 f 的零点, 假设 f'' 与 f' 都不为零. 证明所有由牛顿法生成的近似数列 $z_1, z_2, \cdots$.

(a) 如果 $f'(z)$ 和 $f''(z)$ 同号, 则该数列均比 z 大;

(b) 如果 $f'(z)$ 和 $f''(z)$ 异号, 则该数列均比 z 小.

对本节中的例子说明该断言正确.

5.13 在这个练习中，请设计一个办法得到一个更好地逼近 f 的零点的数列：

$$z_{新} = z_{旧} - af(z_{旧}).$$

这里 a 可以通过适当选择得到的数. 显然，如果 $z_{旧}$ 恰好是一个根，则 $z_{新} = z_{旧}$. 问题是：如果 $z_{旧}$ 是 z 的一个很好的近似值，那么 $z_{新}$ 会是 z 的一个更好的近似值吗？能有多好？

(a) 利用这个办法构造 $f(z) = z^2 - 2 = 0$ 的正根的一个从 $z_1 = 2$ 开始的近似解数列 $z_1, z_2, \cdots$. 观察到

- 若 $a = \dfrac{1}{2}$，则 $z_n \to \sqrt{2}$，但是该数列交替比 $\sqrt{2}$ 大或小.
- 若 $a = \dfrac{1}{3}$，则 $z_n \to \sqrt{2}$，该数列单调收敛.
- 若 $a = 1$，则数列 z_n 发散.

(b) 利用中值定理证明

$$z_{新} - z = (1 - am)(z_{旧} - z), \tag{5.32}$$

其中 m 是 f' 在 z 和 $z_{旧}$ 之间某处的值. 证明如果选择的 a 满足

$$|1 - af'(z)| < 1.$$

如果 z_1 与 z 足够接近，则 $z_n \to z$.

你可以利用公式 (5.32) 来解释 (a) 中的发现吗？

(c) 最好的 a 是什么？即选取什么样的 a 可以得到最快的逼近.

(d) 由于 (c) 中的 a 的理想选择是不实际的，考虑方程 (5.21) 和 (5.23) 中的函数，试用一些 $1/f'$ 的合理的估计，例如在任意一个 f 改变符号的区间，考虑 $1/($割线的斜率$)$.

5.4 光的反射和折射

数学可应用于科学，从一些基本原理出发推导出一些定律. 这一节我们将利用微积分，由费马原理推导出反射和折射定律.

费马原理 通过一面镜子，在所有连接 P, Q 两点的路线 PRQ 中，光的传播路线是耗时最短路线.

1. 平面镜

我们要计算光通过平面镜反射的路线. 这个路线是从 P 到 Q 的一条折线，如图 5.6 所示. 光线包含两个直线段，其一是入射线，从 P 到反射点 R，另一条是反射线，从 R 到 Q.

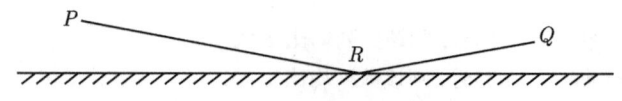

图 5.6 光线从平面镜反射

5.4 光的反射和折射

在一个统一的介质中,例如空气,光线以常速传播. 因此光线沿路径 PRQ 传播的时间等于其长度除以光的速度. 因此光选择的路线是最短路线 PRQ. 我们选取镜面为笛卡儿坐标系的 x 轴,R 点的坐标为 $(x,0)$. 记 P 的坐标为 (a,b),Q 的坐标为 (c,d),根据毕达哥拉斯定理,PR 和 RQ 的距离分别为

$$\ell_1(x) = PR = \sqrt{(x-a)^2 + b^2}, \qquad \ell_2(x) = RQ = \sqrt{(c-x)^2 + d^2}.$$

则该路径的总长度为 ℓ

$$\ell(x) = \ell_1(x) + \ell_2(x) = \sqrt{(x-a)^2 + b^2} + \sqrt{(c-x)^2 + d^2}.$$

根据费马原理,$\ell(x)$ 应在 x 处达到最小. 函数 ℓ 不只对 a 与 c 之间的实数有定义,实际上对所有实数都有定义,而且是可微的. 此外,对充分大的 x,或正或负,$\ell(x)$ 都非常大,这是因为 $\ell(x) > |x-a| + |c-x|$. 因此,取一个非常大的区间,ℓ 在其上的最大值在端点取得,最小值在内部取得,而且在最小值处,$\ell'(x) = 0$.

对 ℓ 求导可得

$$\ell'(x) = \frac{x-a}{\sqrt{(x-a)^2 + b^2}} - \frac{c-x}{\sqrt{(c-px)^2 + d^2}} = \frac{x-a}{\ell_1(x)} - \frac{c-x}{\ell_2(x)}.$$

由 $\ell'(x) = 0$ 可知

$$\frac{x-a}{\ell_1(x)} = \frac{c-x}{\ell_2(x)}. \tag{5.33}$$

验证问题 5.14 中每个满足方程 (5.33) 的 x 都在 a 与 c 之间.

虚线在反射点与镜面垂直,比值 $\dfrac{x-a}{\ell_1(x)}$ 是入射角的正弦,入射角是由入射光线与镜面垂直的线形成的夹角,记为 i (图 5.7). 类似地,比值 $\dfrac{c-x}{\ell_2(x)}$ 是反射角的正弦,反射角是由反射光线与镜面垂直的线形成的夹角,记为 r. 因此

$$\sin i = \sin r.$$

由于这些角都是锐角,这个关系式说明入射角等于反射角,这就是著名的反射定律.

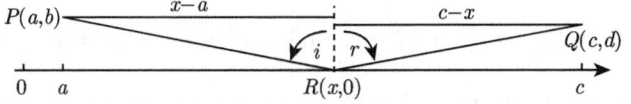

图 5.7 因为两个直角三角形相似,所以 $i = r$

我们现在给出平面镜的反射定律的一个简单的几何证明,见图 5.8. 我们引入点 P 的镜像点 P'. 这个点是当你的眼睛在 Q 点时看到的 P 的像位置,这样解释之

后,这一点就很显然了. 镜面垂直平分区间 PP'. 镜子上的每一点 R 到 P 和 P' 的距离都相等,
$$PR = P'R,$$
因此
$$\ell(x) = PR + RQ = P'R + RQ.$$
等式右边是三角形 $P'RQ$ 两边之和. 根据三角不等式, 三角形两边和大于等于第三边:
$$\ell(x) \geqslant P'Q.$$
等式成立仅当三角形为平三角形时, 即 P', R 和 Q 落在同一条直线上. 在这种情况下, 我们可以从几何角度看出入射角等于反射角.

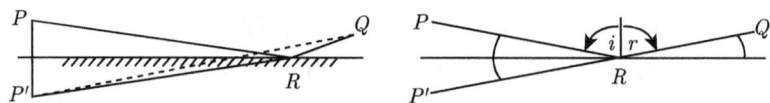

图 5.8 耗时最短路径的几何论证

2. 曲面镜

现在我们转而讨论光线在弯曲镜面的反射. 这种情况, 初等几何是不能够处理的. 然而, 微积分依然可以给出答案, 我们现在就来说明这一点. 依然根据费马的最短时间原理, 反射点可以刻画为镜子上使总长度
$$\ell = PR + RQ$$
最短的点. 我们引入笛卡儿坐标系, 使得 R 为坐标原点, x 轴与镜面相切于 R 点. 见图 5.9. 在这个坐标系下, 镜面可以描述为一个方程的形式
$$y = f(x) \quad \text{满足} \quad f(0) = 0, \quad f'(0) = 0.$$
与之前一样, 记 P 点的坐标为 (a, b), Q 点的坐标为 (c, d), 我们可以看到从 (c, d) 到 $(x, f(x))$ 再到 (a, b) 的距离和 $\ell(x) = \ell_1(x) + \ell_2(x)$ 表达为
$$\ell(x) = \sqrt{(x-a)^2 + (f(x) - b)^2} + \sqrt{(x-c)^2 + (f(x) - d)^2}.$$
假设反射发生在 $x = 0$ 点. 由费马原理, 从 (a, b) 到 $(0, 0)$ 再到 (c, d) 的路径耗时最短, 从而总长度 ℓ 最短. 因此, $\ell'(0) = 0$. 通过求导可得
$$\ell'(x) = \frac{(x-a) + f'(x)(f(x) - b)}{\ell_1(x)} + \frac{(x-c) + f'(x)(f(x) - d)}{\ell_2(x)}.$$

5.4 光的反射和折射

由于在 R 点 $f'(0) = 0$, $\ell'(x)$ 在 $x = 0$ 点的值可以简化为

$$\ell'(0) = \frac{-a}{\ell_1(0)} + \frac{-c}{\ell_2(0)} = \frac{-a}{\sqrt{a^2+b^2}} + \frac{-c}{\sqrt{c^2+d^2}} = 0.$$

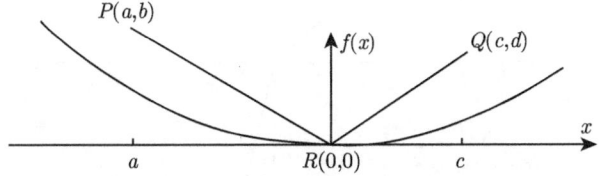

图 5.9　反射定律对曲面镜也成立

这个方程与平面镜的情况是一样的. 与之前一样我们可以总结: 入射角等于反射角, 这里入射角和反射角分别指入射线和反射线与在反射点垂直于镜面的切向的直线形成的夹角.

如果我们选择的坐标系 x 轴并没有与镜面在反射点处相切, 我们就需要用一些三角几何的知识从 $\ell'(x) = 0$ 得到反射定律. 这说明在微积分以及解析几何中, 选取一个明智的坐标系可以使生活更简单一些.

平面镜的反射和曲面镜的反射的一个差别是, 对于曲面镜而言, 一个反射可能有好几个反射点. 其中只有一个是绝对极小的, 这可得出费马原理的一个非常重要的修正: 通过镜面连接 P, Q 两点的所有路径中, 光线会选择那些在所有临近路线中耗时最短的路径.换言之, 我们并不关心哪一条路径是绝对极小的; 光会选择那些局部极小而非绝对极小的路径. 一个在 P 点的观察者, 看向任何一个这样的点 R, 都能看到点 Q; 这种现象可以在哈哈镜中看到, 如图 5.10 所示.

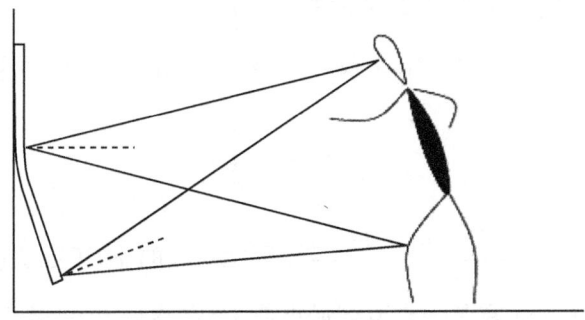

图 5.10　反射定律. 如果镜子是弯曲的, 你可能在两个地方看到你的膝盖

3. 光的折射

我们要研究光线的折射, 即光从一种介质进入另一种介质, 且光在这两种介质中的传播速度不同. 一个常见的例子是光线在空气和水的界面处发生折射; 见

图 5.11.

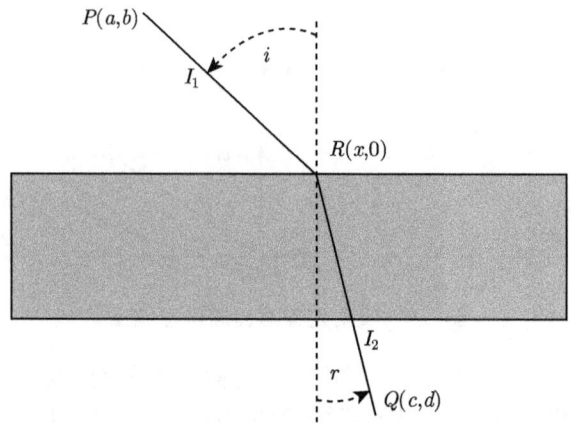

图 5.11 光线从上方的空气进入下方的水中发生折射. 从 P 到 Q 的直线路径中, 光在水中花费的时间更多

与之前一样, 我们应用费马的光学原理: 在所有可能路径 PRQ 中, 光沿耗时最短的路径传播.

分别记 c_1 和 c_2 为光在空气和水中的速度. 光从 P 到 R 用时 $\dfrac{PR}{c_1}$, 从 R 到 Q 用时 $\dfrac{RQ}{c_2}$. 总用时为

$$t = \frac{PR}{c_1} + \frac{RQ}{c_2}.$$

我们引入坐标系, 以分离空气和水的直线为 x 轴. 与之前一样, 记 P 点的坐标为 (a,b), Q 点的坐标为 (c,d), R 点的坐标为 $(x,0)$.

$$PR = \ell_1(x) = \sqrt{(x-a)^2 + b^2}, \qquad RQ = \ell_2(x) = \sqrt{(c-x)^2 + d^2},$$

因此

$$t(x) = \frac{\ell_1(x)}{c_1} + \frac{\ell_2(x)}{c_2}.$$

如前, 我们注意到 $t(x) > \dfrac{|x-a|}{c_1} + \dfrac{|c-x|}{c_2}$. 因此对大的 x (正或负), $t(x)$ 很大. 与之前相同的讨论可得 $t(x)$ 在某一点取到最小值, 且在该点 $t'(x)$ 等于 0. 其导数为

$$t'(x) = \frac{\ell_1'(x)}{c_1} + \frac{\ell_2'(x)}{c_2} = \frac{x-a}{c_1 \ell_1(x)} - \frac{c-x}{c_2 \ell_2(x)}.$$

由关系式 $t'(x) = 0$ 可推知

$$\frac{c_2}{c_1} \frac{x-a}{\ell_1(x)} = \frac{c-x}{\ell_2(x)}.$$

5.4 光的反射和折射

与方程 (5.33) 一样, 比值 $\dfrac{x-a}{\ell_1(x)}$ 和 $\dfrac{c-x}{\ell_2(x)}$ 有几何意义 (图 5.11), 它们分别表示入射角 i 的正弦和折射角 r 的正弦:

$$\frac{c_2}{c_1}\sin i = \sin r. \tag{5.34}$$

这就是折射定律, 以荷兰数学家、天文学家斯涅尔 (Snell) 命名, 常常表述如下: 光在介质 1 和介质 2 中的速度分别为 c_1 和 c_2, 当光从介质 1 进入介质 2 时, 会发生折射, 折射角的正弦与入射角的正弦之比等于速度之比 $\dfrac{c_2}{c_1}$. $I=\dfrac{c_2}{c_1}$ 称为折射率. 由于正弦函数不会超过 1, 从折射定律知 $\sin r$ 不会超过折射率 I, 即, 从 (5.34),

$$\sin r = I\sin i < I. \tag{5.35}$$

光在水中的速度比在空气中小: $I=\dfrac{c_2}{c_1}<1$. 由不等式 (5.35) 知 r 不会超过一个临界角 $r_{临界}$, 这个临界角定义为 $\sin r_{临界}=I$. 对水和空气这两种介质, 折射率约为 $\dfrac{1}{1.33}$, 因此临界角是 $\sin^{-1}\left(\dfrac{1}{1.33}\right)\approx 49°$. 这意味着水下的观察者以和垂直方向夹角大于 $49°$ 的角度看向水面, 不能看到水面以上, 因为这样的折射线将违反折射定律.(见图 5.12.) 这个现象, 对于潜水员来说是熟知的, 这一现象称为内反射.

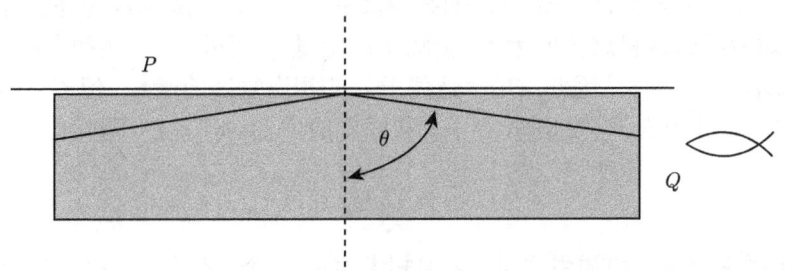

图 5.12 鱼 (或潜水员) 以 $\theta>49°$ 的角度仰视水面, 看不到空中的 P 点

问 题

5.14 在导出反射定律的时候我们证明了, 如果 $\ell(x)$ 是一个极小值, 则 $\dfrac{x-a}{\ell_1(x)}=\dfrac{c-x}{\ell_2(x)}$. 证明如果 x 满足此式, 那么 x 必严格地落在 a 与 c 之间.

5.15 从费马原理导出反射定律利用了微积分, 找出推导过程中何处应用了微积分知识.

5.16 在图 5.13 左侧之图像, 射线在下面一层的斜率为 m_1, 在上面一层的斜率为 m_2.
(a) 如果光速分别为 c_1 和 c_2, 运用斯涅尔定律证明

$$\frac{c_2}{c_1}\frac{1}{\sqrt{m_1^2+1}}=\frac{1}{\sqrt{m_2^2+1}}.$$

(b) 假设有函数 $c(y)$ 和 $y(x)$，满足 $c(y)\sqrt{(y')^2+1}$ 是常数，且 y 的图像为右图中某条向上的路径. 此图画出了光线在底部的镜子经过反射，之后又在顶部发生内部反射，不断重复的过程.

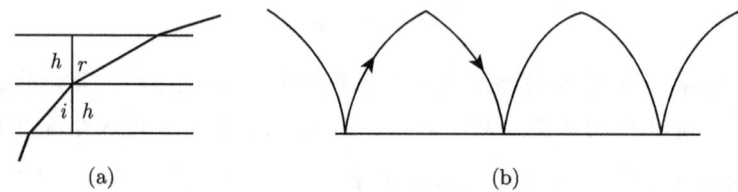

图 5.13　(a) 问题 5.16 中，光线发生折射；(b) 如果有许多薄层，光线会弯曲

5.5　数学与经济学

计量经济学研究可测 (及已测) 的经济量. 与任何一个理论一样，经济学理论的基础，是刻画这些量之间的关系. 微积分可应用于经济学理论中的某些函数，本节包含这些微积分概念的简单描述.

1. 固定成本和可变成本

用 $C(q)$ 来表示生产 q 个单位的某商品的总成本. 总成本包含许多因素，其中一些，例如所需原材料这样的因素，依赖于产出量 q，另外一些，例如车间上的投入，是固定成本，与 q 无关. 因此，$C(q)$ 是关于 q 的相当复杂的函数. 但 $C(q)$ 可以看作两个基本因素的组合：可变成本 $C_v(q)$ 和固定成本 $C_f(q) = F$. 因此

$$C(q) = C_v(q) + F.$$

一个经理要决定是否增加生产量，必须知道增加 h 个单位的货品所需成本是多少. 增加的每单位的货品所需的成本为

$$\frac{C(q+h) - C(q)}{h}.$$

对充分小的 h，这个值非常接近于 $\dfrac{\mathrm{d}C}{\mathrm{d}q}$. 这个称为产品的边际成本. 另外一个利益函数是平均成本函数

$$\mathrm{AC}(q) = \frac{C(q)}{q} = \frac{C_v(q) + F}{q}.$$

2. 生产率

令 $G(L)$ 为 L 个单位生产力所生产的商品的量. 一个经理要决定是否要雇更多的工人，需要知道增加的 h 个劳动力可以生产多少产品. 每个增加的劳动力在生

产过程中的收益为
$$\frac{G(L+h)-G(L)}{h}.$$
对充分小的 h, 这个值与 $\dfrac{\mathrm{d}G}{\mathrm{d}L}$ 非常接近. 这称为**劳动边际生产率**.

3. 需求

消费者对某一产品的需求量 q 是该产品价格 p 的函数. 需求方程的斜率, 称为边际需求, 是需求变化随着价格变化的比率, $\dfrac{\mathrm{d}q}{\mathrm{d}p}$. 边际需求测量当价格发生变化时, 相应的消费者的需求的变化. 由定义可以看出, 边际需求依赖于产品的数量和价格. 例如, 如果你用桶, 而非加仑来测量油的数量, 边际需求有 $\dfrac{1}{42}$ 这么多, 因为一桶等于 42 加仑. 价格的情况是类似的. 将价格的单位从美元变为比索 (阿根廷货币), 则边际需求依赖于货币汇率的变化. 经济学家没有用某种特殊的单位, 他们定义**需求弹性** ε 如下
$$\varepsilon = \frac{p}{q}\frac{\mathrm{d}q}{\mathrm{d}p}.$$
首先我们证明 ε 不依赖于单位的变化. 假设价格为 $P=kp$, 数量为 $Q=cq$. 需求函数为 $q=f(q)$. 于是 $Q=cq=cf\left(\dfrac{P}{k}\right)$. 由链式法则可得
$$\frac{\mathrm{d}Q}{\mathrm{d}P} = \frac{c}{k}f'\left(\frac{P}{k}\right) = \frac{c}{k}\frac{\mathrm{d}q}{\mathrm{d}p}.$$
由此可知 ε 不依赖于单位的选取:
$$\varepsilon = \frac{P}{Q}\frac{\mathrm{d}Q}{\mathrm{d}P} = \frac{kp}{cq}\frac{\mathrm{d}Q}{\mathrm{d}P} = \frac{kp}{cq}\frac{c}{k}\frac{\mathrm{d}q}{\mathrm{d}p} = \frac{p}{q}\frac{\mathrm{d}q}{\mathrm{d}p}.$$
在问题 5.18 中, 利用链式法则, 证明需求弹性的一个等价定义为
$$\varepsilon = \frac{\mathrm{d}\ln q}{\mathrm{d}\ln p}.$$

4. 其他边际

我们再举两个经济学中的导数的例子.

例 5.3 设 $P(e)$ 为花费 e 美元成本的收益. 增加 h 美元成本之后每美元的增收为
$$\frac{P(e+h)-P(e)}{h},$$
当 h 充分小时, 这个值与 $\dfrac{\mathrm{d}P}{\mathrm{d}e}$ 非常逼近, 称为**成本的边际利润**.

例 5.4 令 $T(I)$ 为应纳税收入额 I 的税. 应纳税收入增加 h 美元, 所增加的税对于增加的 h 美元收益而言, 平均每美元的税为

$$\frac{T(I+h)-T(I)}{h}.$$

对合适的 h 以及某个 I, $\dfrac{\mathrm{d}T}{\mathrm{d}I}$ 与这个比值非常接近, 称为边际税率. 不过, 税收 T 只是分段可微函数, 在某些点导数 $\dfrac{\mathrm{d}T}{\mathrm{d}I}$ 不存在.

这些例子阐明了两个事实:

(a) 经济、商业以及金融中的函数的变化的速度与其他可量化描述的函数变化一样有趣.

(b) 在经济学中, 一个函数 $y(x)$ 的变化速度并不称为 y 关于 x 的导数, 而称为 y 关于 x 的边际.

这里是一些导数应用于经济学思考的例子. 当工资现行率超过劳动边际生产率时, 一个公司的经理不会愿意再雇更多的工人, 否则公司会亏损. 生产率下降给出了一个公司的规模的极限.

实际上, 你可以使人信服地提出: 有效经营的公司会在上面情况发生之前停止招人. 对一个公司来讲最有效的模式是使得生产一个单位的商品花费成本达到最小. 每单位商品的成本为

$$\frac{C(q)}{q}.$$

它的导数在最小值处为零. 由商法则, 得到

$$\frac{q\dfrac{\mathrm{d}C}{\mathrm{d}q}-C(q)}{q^2}=0,$$

这意味着在效率最高的点 $q_{\max}$,

$$\frac{\mathrm{d}C}{\mathrm{d}q}(q_{\max})=\frac{C(q_{\max})}{q_{\max}}. \tag{5.36}$$

总而言之: 在效率最高处, 生产边际成本等于商品的平均成本. 该公司如果此时扩大生产, 依然能够挣到更多的钱, 但是不会像之前那么高效率, 因此它的相对位置会减弱.

例 5.5 设成本函数为 $C(q)=q^2+1$, 我们看一下在这种简单情况下, 上面的理论如何应用. 此时可变成本为 $C_v(q)=q^2$, 固定成本为 $C_f(q)=1$. 平均可变成本为 $AC_v(q)=\dfrac{q^2}{q}=q$, 平均固定成本为 $AC_f(q)=\dfrac{1}{q}$, 所以平均成本为 $AC(q)=$

$$\frac{q^2+1}{q} = q + \frac{1}{q},$$ 边际成本为 $C'(q) = 2q$. 平均成本在与边际成本相等时, 平均成本达到最小,

$$q + \frac{1}{q} = 2q,$$

由此可得 $q = 1$.

方程 (5.36) 有如下几何解释: 连接点 $(q_{\max}, C(q_{\max}))$ 和原点的直线与 C 的图像相切于 $(q_{\max}, C(q_{\max}))$. 这样的点并非对所有函数都存在, 但是若当 q 趋于无穷时, $\frac{C(q)}{q}$ 也趋于无穷, 对这样的函数, 这种点是存在的. 这在一个非垄断的资本主义系统中很可能是正确的, 这是因为资本主义生产的成本函数具有此性质. 考察问题 5.19 中的函数是否满足这个性质.

我们对这简短的一节作一总结, 现实一点说, 经济理论必须考虑大量的经济活动的多样性和独立性. 任何部分有用的模型都是典型的处理多变量函数. 这些函数并非从详细的理论考虑出发而得到, 而是由实际情况决定的. 鉴于这个原因, 这些函数的形式一般都非常简单, 线性的或二次的, 其系数由观测数据决定, 使得这些函数与观测数据最贴合. 这种办法得到的模拟函数与选取更复杂的函数形式得到的模拟一样好. 因此没有任何动机和理由去考虑更复杂的函数. 经济学的数学理论实质上利用了统计学技巧, 用来构造多变量的线性函数和二次函数, 使之与已知数据符合, 并且考虑各种变量在实际限制条件下, 这些函数的最大值和最小值.

问 题

5.17 假设你有两种植株, 成本分别为 C_1 和 C_2. 你想种植总量为 Q 个单位的植株.

(a) 解释 (包括 q 的意义) 为什么总成本可以表示为 $C(q) = C_1(q) + C_2(Q - q)$.

(b) 证明当两种植株的生产边际成本相等时, 这两种产物的分配为最佳.

(c) 假设两个成本都是二次函数, $C_1(q) = aq^2, C_2(q) = bq^2$. 画出 C 的草图. 如果植株 2 比植株 1 贵 20%, 证明植株 1 的产出应约为 55%.

如果成本不相等, 那么将一种植物换成另一种植物成本必将增加!

5.18 需求弹性定义为 $\varepsilon = \frac{p}{q}\frac{\mathrm{d}q}{\mathrm{d}p}$. 利用链式法则说明需求弹性的一个等价定义是 $\varepsilon = \frac{\mathrm{d}\ln q}{\mathrm{d}\ln p}$.

5.19 考虑成本函数 $C(q) = aq^k + b$, 其中 a 和 b 是正数. 对什么样的 k, 存在如图 5.14 所示的最有效的生产水平?

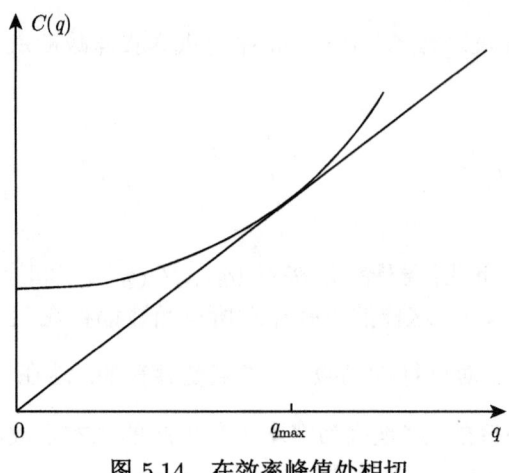

图 5.14　在效率峰值处相切

第6章 积 分

摘要 某个数量的总和是非常重要、有用的概念. 数学上关于总和的精确描述是积分, 这就是本章我们要引入的概念. 微积分基本定理告诉我们量的总和与量的累积速度之间是如何联系的.

6.1 积分的例子

我们通过三个例子说明引入积分的动机. 这个三个例子是路程、质量和面积.

6.1.1 从速度表确定路程

在第 3 章的开始, 我们考察了小汽车的里程表和速度表两者的关系. 即使速度表坏了, 仍可能利用里程表和一个钟表确定汽车的速度. 现在我们考虑相反的问题: 如何根据不同时间的速度表读数确定总路程? 假设我们整个旅程中有速度表读数的所有记录, 也就是说我们知道小汽车的速度 f, 它是时间的函数.

在图 6.1 中, t 以小时为单位, 速度是英里/小时. 我们的问题可以表述如下: 设速度 f 是时间的函数, 确定时间段 $[a,b]$ 上走过的距离.

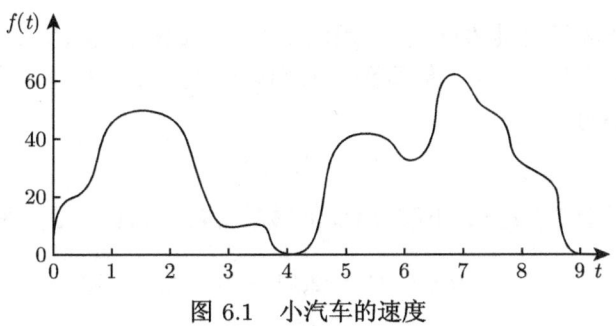

图 6.1 小汽车的速度

我们用
$$D(f,[a,b])$$
表示距离. 这个符号强调 D 依赖于 f 和 $[a,b]$. D 怎样依赖 $[a,b]$ 呢? 假设 $[a,b]$ 分成不重叠的两个子区间 $[a,c]$ 和 $[c,b]$ (图 6.2). 在整个时间段 $[a,b]$ 上行驶的距离等于 $[a,c]$ 和 $[c,b]$ 上的距离之和. 这个性质叫做可加性.

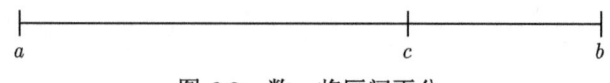

图 6.2 数 c 将区间再分

1. 可加性

对于 a 和 b 之间的每个 c

$$D(f,[a,b]) = D(f,[a,c]) + D(f,[c,b]). \tag{6.1}$$

距离 D 如何依赖于速度 f？一个以恒定速度行驶的汽车所走距离满足

$$\text{距离} = \text{速度} \times \text{时间}.$$

假如时刻 a 和 b 之间的速度 f 介于 m 和 M 之间:

$$m \leqslant f(t) \leqslant M.$$

现设有另外两辆小汽车，一辆速度是 m，一辆速度是 M，它们在时间 $[a,b]$ 行驶的路程分别为 $m(b-a)$ 和 $M(b-a)$。那么速度为 f 的汽车行驶的路程介于两者之间. 这个性质称为上下界性质.

2. 上下界性质

如果当 $a \leqslant t \leqslant b$ 时有 $m \leqslant f(t) \leqslant M$，那么

$$m(b-a) \leqslant D(f,[a,b]) \leqslant M(b-a).$$

为了使这个例子更具体点，我们用图 6.1 中的数据确定 $t=2$ 和 $t=7$ 之间行驶路程的下界和上界. 从图上能看到该时间段速度的最小值是 0 英里/小时，最大值是 60 英里/小时:

$$0 \leqslant f(t) \leqslant 60.$$

因为时间长度等于 $7-2=5$ 小时，所以能够断言行驶路程介于 0 和 300 英里之间,

$$0 = 0 \times 5 \leqslant D(f,[2,7]) \leqslant 60 \times 5 = 300.$$

这不是一个非常精确的估计. 让我们看看怎样做得更好，这需要利用可加性. 我们知道时间段 $[2,7]$ 能分为两部分 $[2,5]$ 和 $[5,7]$，而总路程等于这两个小段上的路程之和:

$$D(f,[a,b]) = D(f,[a,c]) + D(f,[c,b]).$$

$[2,5]$ 上的速度介于 0 和 50 英里/小时,

$$0 \leqslant f(t) \leqslant 50,$$

6.1 积分的例子

而 $[5,7]$ 上的速度介于 30 和 60 英里/小时,

$$30 \leqslant f(t) \leqslant 60.$$

$[2,5]$ 的长度是 $5-2=3$ 小时, $[5,7]$ 的长度是 $7-5=2$ 小时. 在每个子区间上利用上下界性质得到

$$0 \times 3 \leqslant D(f,[2,5]) \leqslant 50 \times 3 \quad 和 \quad 30 \times 2 \leqslant D(f,[5,7]) \leqslant 60 \times 2.$$

将这两个不等式加起来, 得到

$$60 \leqslant D(f,[2,5]) + D(f,[5,7]) \leqslant 270,$$

回忆 $D(f,[2,7]) = D(f,[2,5]) + D(f,[5,7])$, 我们得到更好的估计

$$60 \leqslant D(f,[2,7]) \leqslant 270.$$

6.1.2 细棒的质量

想象一根沿着 x 轴变密度的细棒, 如图 6.3 所示. 用位置 x 的函数 $f(x)$ 表示密度, 单位是克/厘米, 用 $R(f,[a,b])$ 表示介于 a 和 b 之间的质量, 单位是克.

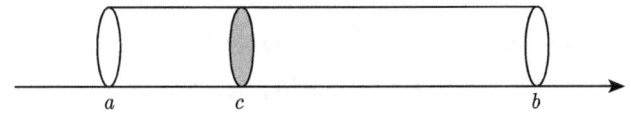

图 6.3　位于 a,b 之间的一根细棒

R 怎样依赖于 $[a,b]$? 如果我们将细棒分成两小段 $[a,c]$ 和 $[c,b]$, 那么整段细棒的质量是两小段细棒质量之和,

$$R(f,[a,b]) = R(f,[a,c]) + R(f,[c,b]).$$

这就是前面我们处理路程问题时遇到的可加性.

质量怎样依赖于 f? 如果密度函数 f 是常值, 那么

$$质量 = 密度 \times 长度.$$

但是我们的细棒是变密度的. 如果 m 和 M 是 $[a,b]$ 上密度的最小值和最大值,

$$m \leqslant f(x) \leqslant M,$$

那么细棒在 $[a,b]$ 上的质量 R 至少是密度最小值乘以细棒长度, 而不超过密度最大值乘以细棒的长度:

$$m(b-a) \leqslant R(f,[a,b]) \leqslant M(b-a).$$

这是前面我们处理路程问题时遇到的上下界性质.

利用可加性和上下界性质, 可以得到关于细棒质量的不同估计. 设细棒沿 x 轴位于 1 到 5 厘米之间, x 处的密度函数 $f(x) = x$ 克/厘米.

最大密度在 $x=5$ 取到，是 $f(5)=5$，而最小密度发生在 $x=1$，是 $f(1)=1$. 细棒的长度是 $5-1=4$ 厘米，所以我们得到

$$4 = 1\times 4 \leqslant R(f,[1,5]) \leqslant 5\times 4 = 20.$$

通过将细棒分割，利用可加性和上下界性质我们能改进以上估计. 这次，将细棒分为三个小段，如图 6.4 所示.

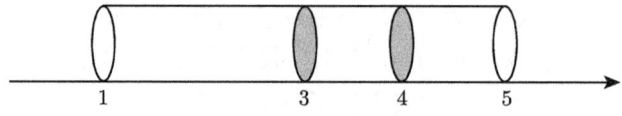

图 6.4　分成三部分的细棒

由可加性，介于 1 和 5 之间的细棒质量等于 $[1,3]$ 的质量和 $[3,5]$ 的质量之和. 如果我们在区间 $[3,5]$ 加入分点 4，那么由可加性得到

$$\begin{aligned}R(f,[1,5]) &= R(f,[1,3]) + R(f,[3,5]) \\ &= R(f,[1,3]) + R(f,[3,4]) + R(f,[4,5]).\end{aligned}$$

下面，在每个小段上我们用上下界性质估计它们的质量. 密度函数 f 在三个小区间的下界是 $1,3,4$，上界是 $3,4,5$. 区间长度是 $2,1,1$. 由上下界性质，三个小段的质量满足

$$\begin{aligned}1\times 2 &\leqslant R(f,[1,3]) \leqslant 3\times 2, \\ 3\times 1 &\leqslant R(f,[3,4]) \leqslant 4\times 1, \\ 4\times 1 &\leqslant R(f,[4,5]) \leqslant 5\times 1.\end{aligned}$$

将这三个不等式相加得到

$$9 \leqslant R(f,[1,3]) + R(f,[3,4]) + R(f,[4,5]) \leqslant 15.$$

回顾质量有可加性质

$$R(f,[1,5]) = R(f,[1,3]) + R(f,[3,4]) + R(f,[4,5]),$$

我们获得更好的估计

$$9 \leqslant R(f,[1,5]) \leqslant 15.$$

6.1.3 正函数下方图的面积

f 是一个函数,其图像如图 6.5 所示. 我们希望计算 f 的图像与 x 轴,$x=a$ 和 $x=b$ 所围成的区域的面积. 记这个面积为

$$A(f,[a,b]).$$

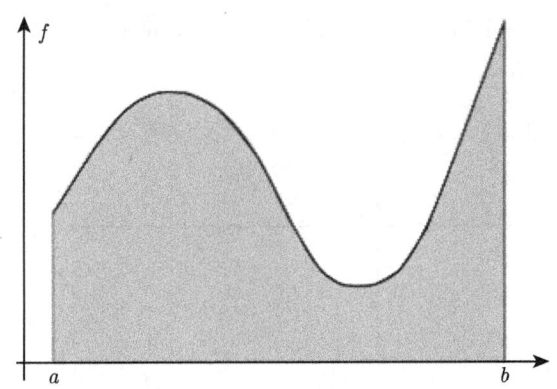

图 6.5　阴影部分的面积是 $A(f,[a,b])$

A 如何依赖于 $[a,b]$ 呢? 任取 a 和 b 之间的数 c, 如图 6.6, 将 $[a,b]$ 分成子区间 $[a,c]$ 和 $[c,b]$, 它们互不重叠. 原区域的面积是各部分区域面积之和. 因此 A 有可加性

$$A(f,[a,b]) = A(f,[a,c]) + A(f,[c,b]).$$

A 怎样依赖于 f? 从图 6.6 右边的图像能看出 f 在区间 $[a,b]$ 上的函数值介于 m 和 M 之间:

$$m \leqslant f(x) \leqslant M, \quad x \in [a,b].$$

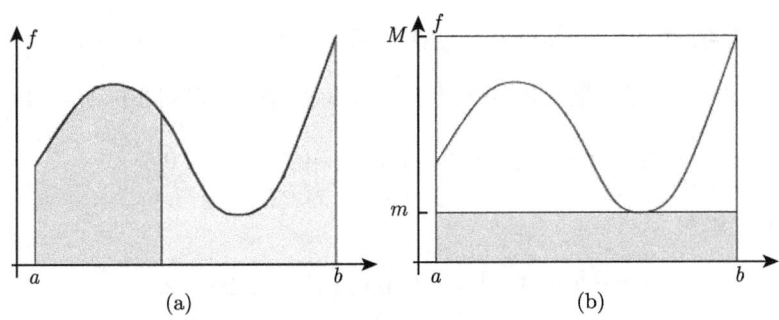

图 6.6　(a) 分割的子区间; (b) 高度为 m 和 M 的矩形

如图 6.6 所示, 问题中的区域包含底为 $[a,b]$ 高为 m 的长方形, 并包含于底为 $[a,b]$ 和高为 M 的长方形中. 因此, 有

$$m(b-a) \leqslant A(f,[a,b]) \leqslant M(b-a). \tag{6.2}$$

亦即上下界性质成立.

正如在路程和质量的例子中那样, 我们考察一个具体的实例. 我们估计由 $f(x) = x^2 + 1$, x 轴以及 $x = -1$ 和 $x = 2$ 所围成的区域之面积, 如图 6.7 所示. 在 $[-1,2]$ 上 f 介于 1 和 5 之间, 所以

$$3 = 1 \times 3 \leqslant A(x^2+1,[-1,2]) \leqslant 5 \times 3 = 15.$$

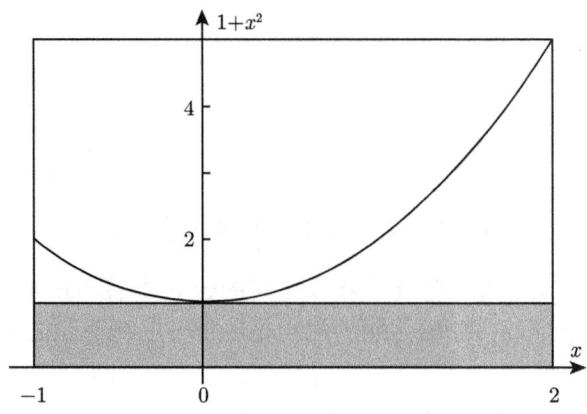

图 6.7　x^2+1 图像下方的面积介于一个小矩形和一个大矩形之间. 小矩形的高度是 1, 大矩形的高度是 5

因为 A 对于区间有可加性, 所以如果将它分成三个子区间 $[-1, -0.5]$, $[-0.5, 1.5]$, $[1.5, 2]$, 我们得到

$$A(x^2+1,[-1,2]) = A(x^2+1,[-1,-0.5]) + A(x^2+1,[-0.5,1.5]) + A(x^2+1,[1.5,2]).$$

在每个子区间上, f 都有最小值和最大值 (图 6.8). 因此在区间 $[-1,-0.5]$ 上有

$$1.25 \times 0.5 \leqslant A(x^2+1,[-1,-0.5]) \leqslant 2 \times 0.5.$$

在 $[-0.5, 1.5]$ 上有

$$1 \times 2 \leqslant A(x^2+1,[-0.5,1.5]) \leqslant 3.25 \times 2.$$

在 $[1.5, 2]$ 上有

$$3.25 \times 0.5 \leqslant A(x^2+1,[1.5,2]) \leqslant 5 \times 0.5.$$

将以上不等式相加得

$$1.25 \times 0.5 + 1 \times 2 + 3.25 \times 0.5 \leqslant A(x^2+1, [-1,2]) \leqslant 2 \times 0.5 + 3.25 \times 2 + 5 \times 0.5,$$

即

$$4.15 \leqslant A(x^2+1, [-1,2]) \leqslant 10.$$

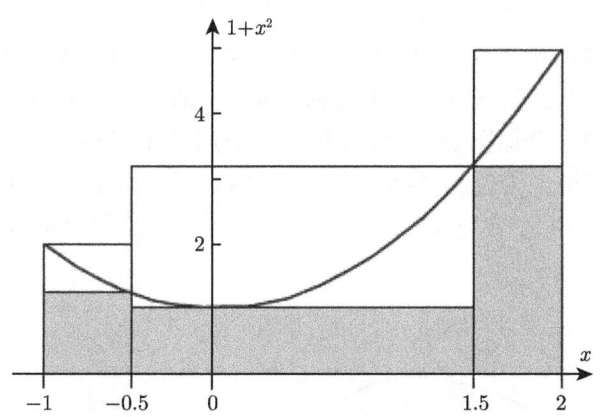

图 6.8　x^2+1 图像下方的面积介于小矩形面积的和与大矩形面积的和之间. 小矩形的高度是 1.25, 1, 3.25, 大矩形的高度是 2, 3.25, 5

这并不是关于 A 的非常精确的估计, 但是比第一个估计 ($3 \leqslant A \leqslant 15$) 要好.

从图像我们能看出, 如果继续将每个子区间划分, 那么关于 A 的估计会更精确.

6.1.4　负函数和净总值

到目前为止, 函数 f 一直是正的, 而且在密度的情形下, 也确实如此. 但是带符号的距离 D 和面积 A 对于取负值的函数也有意义.

汽车沿一条路的正位置和负位置可以像数轴上正数和负数那样定义: 起点将路分成两部分, 其中一部分标记为正. 在正的一侧的位置指定一个离起点的正路程, 而在负的一侧的位置指定离起点的负路程.

速度被定义为路程函数关于 t 的导数. 两个时刻物体位置的改变 (或者说符号距离) 是末位置减去起始位置. 在速度为负的区间, 位置的改变 (或符号距离) 是负的. 完全类似于正速度的论证, 我们能得到符号距离 D 有可加性和上下界性质. 在速度时而正时而负的区间, 我们由可加性能看出 D 是净距离: 从起点开始的符号距离的和. 图 6.9 展示了一个这样的例子.

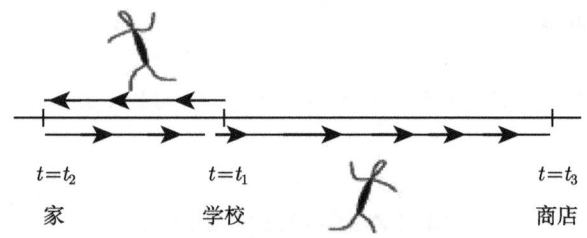

图 6.9　从学校到家再到商店的一次行程

当 f 取负值时 (图 6.10), 应该如何理解面积 $A(f,[a,b])$ 呢? 我们建议把 x 轴上方的面积理解为正, x 轴下方的面积理解为负, A 则定义为这些正量和负量的代数和. 做这样理解的一个原因是: 在许多领域的应用, "水平线以下的" 位置, 即 x 轴下方的点, 必须与地上的位置做相反意义的理解. 只有将正面积和负面积做这样的理解, 上下界性质 (6.2) 才成立. 这在 f 是负的区间是非常清楚的.

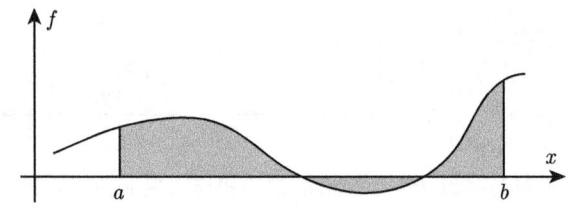

图 6.10　同时有正值和负值的函数 f

我们已经表明, 路程 D、细棒质量 R 和面积 A 三个量关于 $[a,b]$ 有可加性, 关于 f 有上下界性质. 下一节我们将证明这两个性质完全刻画了 D, R 和 A. 说得耸人听闻点, 如果关于 D, R 和 A 你只知道目前所学的, 而且假设你被送到荒岛上, 只有铅笔和纸, 那么对于区间 $[a,b]$ 上的任何连续函数 f 你都可以计算 D, R 和 A 的值. 至于如何做到这一点, 将在下一节解释.

问　题

6.1　通过以下两种分割, 找到 6.1.2 讨论的细棒质量 $R(x,[1,5])$ 更好的估计:
(a) 将细棒四等分,
(b) 将细棒八等分.

6.2　将 $[-1,2]$ 六等分, 找到 6.1.3 讨论的面积 $A(x^2+1,[-1,2])$ 的更好的上界和下界.

6.3　在下面的问题中我们将讨论带符号的面积或 x 轴上方的净面积.
(a) 画出 $f(x) = x^2 - 1$ 在区间 $[-3,2]$ 上的图像.
(b) 记 $A(x^2-1,[a,b])$ 为 6.1.4 节描述的符号面积. 下面哪个是正的、负的或不做计算难以确定其符号:

(i) $A(x^2-1, [-3,-2])$ (ii) $A(x^2-1, [-2,0])$ (iii) $A(x^2-1, [-1,0])$ (iv) $A(x^2-1, [0,2])$.

(c) 将区间五等分, 找出 $A(x^2-1, [-3,2])$ 的上界和下界估计.

6.4 $f(t) = t^2 - 1$ 是物体在时刻 t 的速度. 将区间 $[-3,2]$ 五等分, 找出时刻 $t = -3$ 和 $t = 2$ 之间位置改变的更好的上界和下界.

6.2 积 分

我们已经知道路程 $D(f, [a,b])$、细棒质量 $R(f, [a,b])$ 和面积 $A(f, [a,b])$ 这三个量关于给定的区间是可加的, 且关于 f 有上下界性质. 这一节将展示利用这两个性质, 我们能将 D, R 和 A 计算到任意精度.

换言之, 如果 f 和 $[a,b]$ 在这三种应用中完全一样, 那么 $D(f, [a,b])$、$R(f, [a,b])$ 和 $A(f, [a,b])$ 的值相同, 即使 D, R 和 A 有完全不同的物理和几何背景. 对应该结果, 我们称这个共同的数为 f 在 $[a,b]$ 上的积分, 并把它表示为

$$I(f, [a,b]).$$

惯用的积分符号是

$$I(f, [a,b]) = \int_a^b f(t)\,dt.$$

例 6.1 如图 6.11 所示, 面积 $A(t, [0,b])$ 是大三角形的面积. 用积分符号可写为

$$\int_0^b t\,dt,$$

而且因为它表示一个底为 b 高为 b 的三角形面积, 所以值为 $\frac{1}{2}b^2$. 根据可加性, 如果 $0 < a < b$, 那么

$$\int_0^b t\,dt = \int_0^a t\,dt + \int_a^b t\,dt.$$

作差得到

$$\int_a^b t\,dt = \frac{b^2 - a^2}{2}.$$

这是阴影部分的面积.

我们用符号 $I(f, [a,b])$ 表示积分是为了强调它是一种运算, 输入为函数和区间, 输出是一个数. 积分的基本性质是 (a) 关于积分区间的可加性和 (b) 关于被积函数的上下界性质.

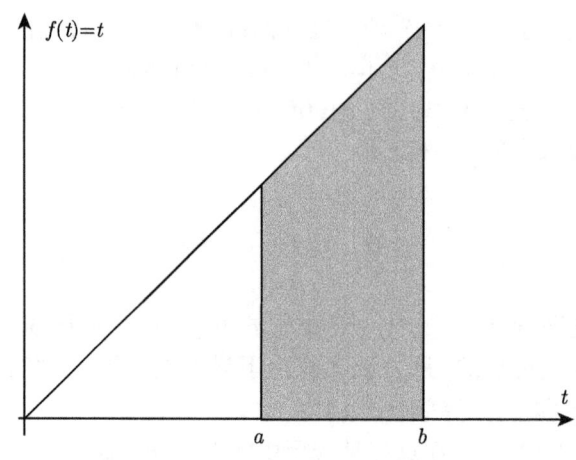

图 6.11 例 6.1 中积分的计算

下面给出一个例子以展示如何仅利用以上基本性质计算积分值.

e^t 在 $[0,1]$ 上的积分: $\int_0^1 e^t \, dt$

首先看一下当我们把 $[0,1]$ 分成三个子区间时会发生什么

$$0 < \frac{1}{3} < \frac{2}{3} < 1.$$

因为 e^t 是增函数, 它在这些区间的下界是

$$e^0, \quad e^{\frac{1}{3}}, \quad e^{\frac{2}{3}}.$$

记 $r = e^{\frac{1}{3}}$, 则下界是 $1, r, r^2$, 上界是 r, r^2, r^3. 上下界性质给出

$$1 \times \frac{1}{3} \leqslant \int_0^{1/3} e^t \, dt \leqslant r \times \frac{1}{3},$$

$$r \times \frac{1}{3} \leqslant \int_{1/3}^{2/3} e^t \, dt \leqslant r^2 \times \frac{1}{3},$$

$$r^2 \times \frac{1}{3} \leqslant \int_{2/3}^1 e^t \, dt \leqslant r^3 \times \frac{1}{3}.$$

将这些不等式相加得到

$$\frac{1 + r^2 + r^3}{3} \leqslant \int_0^{1/3} e^t \, dt + \int_{1/3}^{2/3} e^t \, dt + \int_{2/3}^1 e^t \, dt \leqslant \frac{r + r^2 + r^3}{3}.$$

由可加性得

$$\frac{1 + r^2 + r^3}{3} \leqslant \int_0^1 e^t \, dt \leqslant \frac{r + r^2 + r^3}{3}.$$

6.2 积 分

类似地,如果单位区间分为 n 等份,每段长度是 $\frac{1}{n}$,令 $r = e^{1/n}$. 我们得到

$$\frac{1 + r^2 + \cdots + r^n}{n} \leqslant \int_0^1 e^t \, dt \leqslant \frac{r + r^2 + \cdots + r^n}{n}.$$

不等号左右两边均是 $\frac{1}{n}$ 乘以一个几何级数的部分和 (见 2.6.1 节). 已知这些部分和可写为

$$\frac{1 - r^n}{(1-r)n} \leqslant \int_0^1 e^t \, dt \leqslant r \frac{1 - r^n}{(1-r)n}. \tag{6.3}$$

取 $h = \frac{1}{n}$. 因为 $r = e^{1/n}$, 所以

$$\frac{1 + r^2 + \cdots + r^n}{n} = \frac{e - 1}{\frac{e^h - 1}{h}}.$$

当 n 趋于无穷时, h 趋于 0, 而极限 $\lim\limits_{h \to 0} \frac{e^h - 1}{h}$ 是 e^x 在 $x = 0$ 时的导数, 值为 1. 因此, 当 n 趋于无穷时, 不等式 (6.3) 化为 $e - 1 \leqslant \int_0^1 e^t \, dt \leqslant e - 1$, 所以

$$\int_0^1 e^t \, dt = e - 1. \tag{6.4}$$

6.2.1 积分的近似

现在我们展示如何仅利用以下两个基本性质确定连续函数在闭区间上的积分值:

$$\text{如果 } a < c < b \text{ 那么 } \int_a^b f(t) \, dt = \int_a^c f(t) \, dt + \int_c^b f(t) \, dt \tag{6.5}$$

和

$$\text{如果 } m \leqslant f(t) \leqslant M \text{ 那么 } m(b-a) \leqslant \int_a^b f(t) \, dt \leqslant M(b-a). \tag{6.6}$$

由可加性 (6.5), 我们知道如果

$$a < a_1 < b,$$

那么

$$\int_a^b f(t) \, dt = \int_a^{a_1} f(t) \, dt + \int_{a_1}^b f(t) \, dt.$$

类似地, 将 $[a, b]$ 分成三个区间

$$a < a_1 < a_2 < b.$$

两次应用可加性,我们得到

$$\int_a^b f(t)\,\mathrm{d}t = \int_a^{a_1} f(t)\,\mathrm{d}t + \int_{a_1}^b f(t)\,\mathrm{d}t, \qquad \int_{a_1}^b f(t)\,\mathrm{d}t = \int_{a_1}^{a_2} f(t)\,\mathrm{d}t + \int_{a_2}^b f(t)\,\mathrm{d}t$$

一般地,如果将 $[a,b]$ 分成 n 个区间

$$a < a_1 < a_2 < \cdots < a_{n-1} < b,$$

那么反复应用可加性得到

$$\int_a^b f(t)\,\mathrm{d}t = \int_a^{a_1} f(t)\,\mathrm{d}t + \int_{a_1}^{a_2} f(t)\,\mathrm{d}t + \cdots + \int_{a_{n-1}}^b f(t)\,\mathrm{d}t. \tag{6.7}$$

令 $a_0 = a$ 和 $a_n = b$. 因为 f 在 $[a,b]$ 上连续,由最值定理知道 f 在 $[a,b]$ 有最小值 m 和最大值 M,在每个子区间上有最小值 m_i 和最大值 M_i,从而对每个 i 有,$m \leqslant m_i, M_i \leqslant M$. 我们能利用上下界性质估计 (6.7) 右端的每项积分:

$$m_i(a_i - a_{i-1}) \leqslant \int_{a_{i-1}}^{a_i} f(t)\,\mathrm{d}t \leqslant M_i(a_i - a_{i-1}).$$

将这些估计相加,利用可加性,我们得到

$$\begin{aligned}
& m_1(a_1 - a_0) + m_2(a_2 - a_1) + \cdots + m_n(a_n - a_{n-1}) \\
& \leqslant \int_a^b f(t)\,\mathrm{d}t \\
& \leqslant M_1(a_1 - a_0) + M_2(a_2 - a_1) + \cdots + M_n(a_n - a_{n-1})
\end{aligned} \tag{6.8}$$

因为每个 i 有,$M_i \leqslant M, m \leqslant m_i$,且小区间长度之和为整个区间长度 $b-a$,所以不等式 (6.8) 改进了原估计 $m(b-a) \leqslant \int_a^b f(t)\,\mathrm{d}t \leqslant M(b-a)$. 在路程、质量和面积的例子中我们已见到这种改进.

有更优的估计是好事,但是我们想知道重复利用可加性和上下界性质能否将积分 $\int_a^b f(t)\,\mathrm{d}t$ 计算到任意误差内. 这确实可以做到,只要将等式 (6.8) 左边 (称为下和) 与等式 (6.8) 右边 (称为上和) 作差. 例如,如果它们的差小于 $\dfrac{1}{1000}$,那么我们知道 $\int_a^b f(t)\,\mathrm{d}t$ 可以接受.

我们回顾闭区间上的每个连续函数是一致连续的. 也就是说,给定任意小的 $\varepsilon > 0$,存在 $\delta > 0$ 使得如果 $[a,b]$ 中的两个 c 和 d 的距离小于 δ,那么 $f(c)$ 和 $f(d)$

6.2 积 分

之差小于 ε. 因此若将区间 $[a,b]$ 分为长度小于 δ 的小段 $[a_{i-1},a_i]$, 则 f 在 $[a_{i-1},a_i]$ 上的最小值 m_i 和最大值 M_i 的差小于 ε. 等式 (6.8) 左侧和右侧的差为

$$(M_1-m_1)(a_1-a_0)+(M_2-m_2)(a_2-a_1)+\cdots+(M_n-m_n)(a_n-a_{n-1}),$$

它小于

$$\varepsilon(a_1-a_0)+\varepsilon(a_2-a_1)+\cdots+\varepsilon(a_n-a_{n-1})=\varepsilon(a_n-a_0)=\varepsilon(b-a).$$

这说明对于 $[a,b]$ 的充分好的分割, 等式 (6.8) 中的上和与下和之差小于 $\varepsilon(b-a)$, 因此由 (6.8) 上和、下和与 $\int_a^b f(t)\,\mathrm{d}t$ 之差小于 $\varepsilon(b-a)$. 既然 $b-a$ 是固定的, 我们能选择 ε 使 $\varepsilon(b-a)$ 任意小.

到目前为止, 关于确定 $[a,b]$ 上连续函数积分值的描述严重依赖于找到每个子区间上的最小值和最大值. 一般而言, 找到闭区间上连续函数的绝对最大值和最小值并不容易, 即便我们知道它们存在. 现在我们给出函数积分的估计, 它比计算 (6.8) 的上界、下界更容易, 且能够任意逼近 $\int_a^b f(t)\,\mathrm{d}t$.

定义 6.1 在区间 $[a_{i-1},a_i]$ 任取一点 $t_i, i=1,2,\cdots,n$, 做和式

$$I_{近似}(f,[a,b])=f(t_1)(a_1-a_0)+f(t_2)(a_2-a_1)+\cdots+f(t_n)(a_n-a_{n-1}). \tag{6.9}$$

和式 $I_{近似}$ 被称为 f 在 $[a,b]$ 上的**近似积分**或 f 在 $[a,b]$ 上的**黎曼和**.

例 6.2 为了找到 $f(t)=\sqrt{t}$ 在区间 $[1,2]$ 上的近似积分, 我们用分割

$$1<1.3<1.5<2,$$

且需要在每个小区间取一个数. 我们按下述方式选数以使得它们的平方根容易计算:

$$t_1=1.21=(1.1)^2,\quad t_2=1.44=(1.2)^2,\quad t_3=1.69=(1.3)^2.$$

那么

$$\begin{aligned}I_{近似}(\sqrt{t},[1,2])&=\sqrt{t_1}(1.3-1)+\sqrt{t_2}(1.5-1.5)+\sqrt{t_3}(2-1.5)\\&=1.1\times0.3+1.2\times0.2+1.3\times0.5=1.22.\end{aligned}$$

近似积分容易计算, 但它们与 $\int_a^b f(t)\,\mathrm{d}t$ 相差多少? $f(t_i)$ 介于 f 在区间 $[a_{i-1},a_i]$ 的最小值 m_i 和最大值 M_i 之间. 因此 $I_{近似}$ 介于

$$m_1(a_1-a_0)+m_2(a_2-a_1)+\cdots+m_n(a_n-a_{n-1})$$

和
$$M_1(a_1-a_0)+M_2(a_2-a_1)+\cdots+M_n(a_n-a_{n-1})$$

之间. 换言之, 不论在每个区间如何选 t_i, 每个近似积分都在一个包含 $\int_a^b f(t)\,\mathrm{d}t$ 的区间中. 前面已看到对于连续函数我们能将 $[a,b]$ 分成子区间使得下和与上和之差小于 $\varepsilon(b-a)$. 因此, 准确的积分和近似积分之间的差不超过 $\varepsilon(b-a)$. 我们将这个结果陈述为逼近定理.

定理 6.1(积分的逼近定理) 假设对于 $[a,b]$ 上的连续函数 f, 只要 $|c-d|<\delta$ 就有 $|f(c)-f(d)|<\varepsilon$. 取一个分割

$$a=a_0<a_1<a_2<\cdots<a_{n-1}<a_n=b, \tag{6.10}$$

各个区间 $[a_{i-1},a_i]$ 的长度 (a_i-a_{i-1}) 的长度小于 δ. 那么每个近似积分

$$f(t_1)(a_1-a_0)+\cdots+f(t_n)(a_n-a_{n-1})$$

与准确积分 $\int_a^b f(t)\,\mathrm{d}t$ 之差不超过 $\varepsilon(b-a)$.

有时, (6.10) 中第 i 个区间的长度 a_i-a_{i-1} 用 $\mathrm{d}t_i$ 表示, 这样一来近似积分可写为

$$I_{近似}=f(t_1)(a_1-a_0)+\cdots+f(t_n)(a_n-a_{n-1})=f(t_1)\mathrm{d}t_1+\cdots+f(t_n)\mathrm{d}t_n.$$

这些和的一项在图 6.12 中展示了.

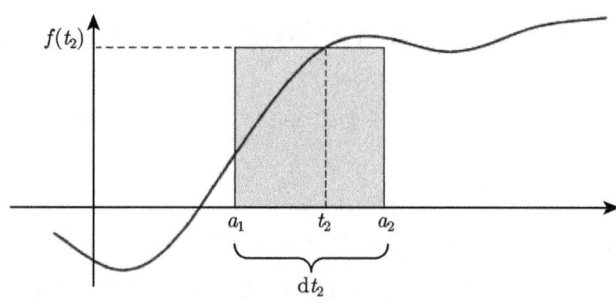

图 6.12 近似积分的单元

如果我们用求和符号, 这个和可以简写为

$$I_{近似}(f,[a,b])=\sum_{i=1}^n f(t_i)\Delta_i. \tag{6.11}$$

6.2 积分

我们用经典符号

$$\int_a^b f(t)\,\mathrm{d}t$$

表示积分是因为它与上面的公式类似.[①]

6.2.2 积分的存在性

前面我们从物理和几何例子开始积分的讨论, 如路程、质量和面积等. 在这些例子中, 假设存在一个我们想估计的数, 称之为积分, 是合理的. 比如, 我们发现有理由相信存在一个数表示具有良好边界的平面区域的面积. 但是怎样在一开始就知道存在一个数, 称为面积, 能够指定给这样的区域?

在这一节, 我们证明对于闭区间上的连续函数, 近似积分将收敛到一个极限, 只要我们加细分割. 我们证明这个极限不依赖于所用的具体分割. 这个极限称为定积分, 记为 $\int_a^b f(t)\,\mathrm{d}t$.

给定 $[a,b]$ 上的连续函数 f 和任意小的 ε, 我们能选取 δ 使得只要 $[a,b]$ 中的两个点 s,t 距离小于 δ, 那么 $f(s)$ 和 $f(t)$ 的差就小于 ε. 将区间 $[a,b]$ 做分割

$$a = a_0 < a_1 < a_2 < \cdots < a_{n-1} < a_n = b.$$

任取第 i 个子区间中的点 t_i, $a_{i-1} \leqslant t_i \leqslant a_i$, 做近似积分 $I = \sum_{i=1}^n f(t_i)(a_i - a_{i-1})$. 用另一个分割

$$a = a'_0 < a'_1 < \cdots < a'_m = b$$

做另一个近似积分 $I' = \sum_{j=1}^m f(t'_j)(a'_j - a'_{j-1})$, 这里 t'_j 属于每个子区间. 下面, 我们将说明如果所有子区间的长度充分小,

$$a_i - a_{i-1} < \tfrac{1}{2}\delta \quad \text{和} \quad a'_j - a'_{j-1} < \tfrac{1}{2}\delta,$$

那么这两个近似积分的差小于 $\varepsilon(b-a)$. 换言之

$$|I - I'| < \varepsilon(b-a).$$

为了看清这点, 我们构造 a 区间和 a' 区间相交长度为正的公共分割. 我们用 s_{ij} 表示 $[a_{i-1}, a_i]$ 和 $[a'_{j-1}, a'_j]$ 相交部分的长度. 图 6.13 展示了一个这样的例子. 许多 s_{ij} 是零, 因为大部分子区间并不重叠.

[①] 莱布尼茨引入的积分号 $\int$ 像一个拉长了的字母 s, 旨在提醒我们积分跟求和 (summation) 类似; 类似地, 微分记号用 d, 旨在提醒我们微分跟差分 (differentation) 很像. ——译者注

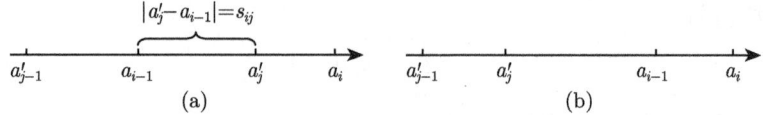

图 6.13 (a) 相交子区间，长度是 s_{ij}; (b) 不相交子区间，$s_{ij}=0$

我们将 I, I' 做如下分解. 长度 $a_i - a_{i-1}$ 等于 s_{ij} 关于 $[a_{i-1}, a_i]$ 和 $[a'_{j-1}, a'_j]$ 相交非空的 j 求和. 因为其他的 s_{ij} 都是 0，我们能将所有 i,j 求和：

$$I = \sum_i f(t_i)(a_i - a_{i-1}) = \sum_{i,j} f(t_i) s_{ij}.$$

类似地，长度 $a'_j - a'_{j-1}$ 等于 s_{ij} 关于 $[a_{i-1}, a_i]$ 和 $[a'_{j-1}, a'_j]$ 相交非空的 i 求和. 因此

$$I' = \sum_j f(t'_j)(a'_j - a'_{j-1}) = \sum_{i,j} f(t'_j) s_{ij}.$$

由此可知 $I - I' = \sum_{i,j}\bigl(f(t_i) - f(t'_j)\bigr)s_{ij}$. 只有 s_{ij} 非零的那些项是需要处理的，也就是说，$[a_{i-1}, a_i]$ 和 $[a'_{j-1}, a'_j]$ 重叠的项. 但是 $[a_{i-1}, a_i]$ 和 $[a'_{j-1}, a'_j]$ 的长度均小于 $\frac{1}{2}\delta$. 因此 t_i 和 t'_j 的距离不超过 δ. 由此得到 $f(t_i)$ 和 $f(t'_j)$ 的差小于 ε. 由三角不等式知

$$|I - I'| \leqslant \sum_{i,j} \varepsilon s_{ij} = \varepsilon(b - a). \tag{6.12}$$

这个结果使我们引入下述定义.

定义 6.2 连续函数在闭区间上的积分　任取一列 $[a,b]$ 的任意具有下述性质的分割：第 k 个分割的最大子区间长度随着 k 趋于无穷而收敛到零. (例如，我们可以将第 k 个分割取为 k 等分.) 用 I_k 表示第 k 个分割的近似积分.

因为 f 是连续函数，给定任意小的 ε，都可以找到 $\delta > 0$ 使得 f 在长度为 δ 的区间上的变化小于 ε. 选 N 足够大使得 $k > N$ 时，第 k 个分割的每个子区间长度均小于 $\frac{1}{2}\delta$. 于是从 (6.12) 知道只要 k, l 大于 N，则 I_k 和 I_l 之差小于 $\varepsilon(b-a)$. 这证明了数列 I_k 的收敛性.

这个极限不依赖于分割数列的选取. 对于任何给定的两个数列，我们可以将它们合并成一个数列，该数列的近似积分构成收敛数列. 这证明了两个数列有相同极限.

这个公共极限值定义为 f 在区间 $[a,b]$ 上的积分，记为 $\int_a^b f(t)\,dt$.

6.2 积分

1. 其他可积函数

如果 f 在区间 $[a,b]$ 上不连续, 但是通过重新定义有限个点可以得到 $[a,b]$ 的连续函数 g. 若如此, 则我们称 f 在 $[a,b]$ 上可积, 记 $\int_a^b f(t)\,\mathrm{d}t = \int_a^b g(t)\,\mathrm{d}t$.

如果 f 在 $[a,b]$ 上不连续, 但是在 $[a,c]$ 和 $[c,b]$ 上可积, 那么我们说 f 在 $[a,b]$ 可积, 记 $\int_a^b f(t)\,\mathrm{d}t = \int_a^c f(t)\,\mathrm{d}t + \int_c^b f(t)\,\mathrm{d}t$.

例 6.3 为了计算 $\int_1^4 \dfrac{t^2-4}{t-2}\,\mathrm{d}t$, 我们注意到 $\dfrac{t^2-4}{t-2}$ 在 $[1,4]$ 上不连续, 但等于 $t+2\,(t\neq 2)$. 因此当 $t=2$ 时定义 $\dfrac{t^2-4}{t-2}$ 的值为 4, 我们得到

$$\int_1^4 \frac{t^2-4}{t-2}\,\mathrm{d}t = \int_1^4 (t+2)\,\mathrm{d}t.$$

例 6.4 为了计算 $\int_0^1 \dfrac{\sin t}{t}\,\mathrm{d}t$, 我们注意到由于在 0 点无定义, $\dfrac{\sin t}{t}$ 在 0 点不连续. 我们知道 $\lim\limits_{t\to 0}\dfrac{\sin t}{t}=1$, 因此定义 $g(0)=1, g(t)=\dfrac{\sin t}{t}, t\neq 0$, 则 g 在任意闭区间 $[a,b]$ 连续. 特别地, $\int_0^1 \dfrac{\sin t}{t}\,\mathrm{d}t = \int_0^1 g(t)\,\mathrm{d}t$ 是一个数. 我们没有一个简单的方法计算这个数, 但是利用十等分区间的各个右端点, 可以看到, 它近似等于

$$\int_0^1 \frac{\sin t}{t}\,\mathrm{d}t \approx \sum_{n=1}^{10} \frac{\sin\left(\dfrac{n}{10}\right)}{\dfrac{n}{10}}\left(\dfrac{1}{10}\right) \approx 0.94.$$

例 6.5 用 $[x]$ 表示不超过 x 的最大整数. 如图 6.14 所示. 那么 $[x]$ 在 $[0,1],[1,2],[2,3]$ 可积, 且

$$\int_0^3 [x]\,\mathrm{d}x = \int_0^1 0\,\mathrm{d}x + \int_1^2 1\,\mathrm{d}x + \int_2^3 2\,\mathrm{d}x = 0 + 1\times(2-1) + 2\times(3-2) = 3.$$

2. 再论积分的性质

我们验证定义 6.2 确实满足下界、上界性质和可加性.

为了验证可加性, 设 $a<c<b$. 用 c 为分点的一个分割逼近 $\int_a^b f(t)\,\mathrm{d}t$. 这是允许的, 因为我们已知道任何分割数列都是可以的, 只要子区间的长度趋于 0, 而将 c 做为分点时显然能做到这点. 对于每个这样的近似积分 $I_{近似}(f,[a,b])$, 我们能将求和项分成两部分, 一部分在 c 的左侧, 另一部分在 c 的右侧, 于是

$$I_{近似}(f,[a,b]) = I_{近似}(f,[a,c]) + I_{近似}(f,[c,b]).$$

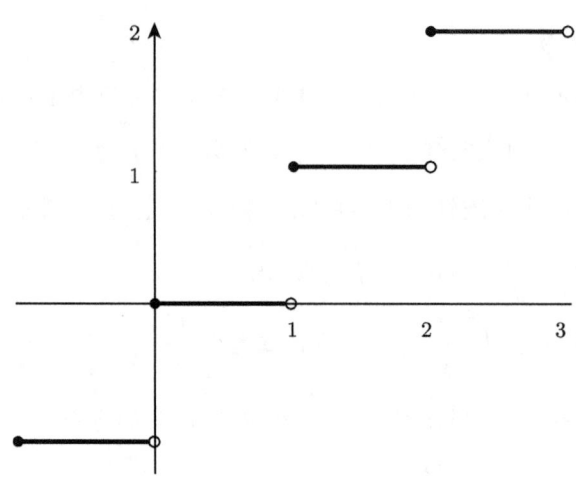

图 6.14 例 6.5 中的取整函数图像

既然最大子区间的长度趋于到零, 那么这两个近似积分之和趋于

$$\int_a^b f(t)\,\mathrm{d}t = \int_a^c f(t)\,\mathrm{d}t + \int_c^b f(t)\,\mathrm{d}t.$$

这证明了性质 (6.5). 至于上下界性质, 设在区间 $[a,b]$ 上 $m \leqslant f(t) \leqslant M$, 则对于每一个近似积分, 有

$$\sum_i m(a_i - a_{i-1}) \leqslant \sum_i f(t_i)(a_i - a_{i-1}) \leqslant \sum_i M(a_i - a_{i-1}),$$

也即 $m(b-a) \leqslant I_{近似}(f,[a,b]) \leqslant M(b-a)$. 取极限得到

$$m(b-a) \leqslant \int_a^b f(t)\,\mathrm{d}t \leqslant M(b-a),$$

这就是上下界性质 (6.6).

6.2.3 积分的进一步的性质

定理 6.2(积分中值定理) 设 f 是 $[a,b]$ 上的连续函数, 则存在数 $c \in [a,b]$ 使得

$$\int_a^b f(t)\,\mathrm{d}t = f(c)(b-a).$$

数 $f(c)$ 称为 f 在 $[a,b]$ 上的**平均值**.

证明 由最值定理知, f 在 $[a,b]$ 上由最小值 m 和最大值 M. 积分的上下界性质给出

$$m \leqslant \frac{1}{b-a}\int_a^b f(t)\,\mathrm{d}t \leqslant M.$$

6.2 积分

因为连续函数可以取到它的最小值和最大值之间的任何一个值, 所以存在 $c \in [a,b]$ 使得

$$f(c) = \frac{1}{b-a} \int_a^b f(t)\,\mathrm{d}t.$$ 证毕.

例 6.6 $f(t) = t$ 在 $[a,b]$ 上的均值是

$$\frac{1}{b-a} \int_a^b t\,\mathrm{d}t = \frac{1}{b-a} \frac{b^2-a^2}{2} = \frac{a+b}{2} = f(c), \quad \text{其中 } c = \frac{a+b}{2}.$$

在问题 6.9 中, 我们鼓励读者研究 f 在 $[a,b]$ 上的均值与一般的 n 个数之均值和加权平均的关系.

例 6.7 取 f 是正函数. 我们将 $\int_a^b f(t)\,\mathrm{d}t$ 理解为图 6.15 中 f 下方图的面积. 定理 6.2 断言至少存在一个 a,b 之间的数 c 使得阴影部分面积等于 f 的下方图面积.

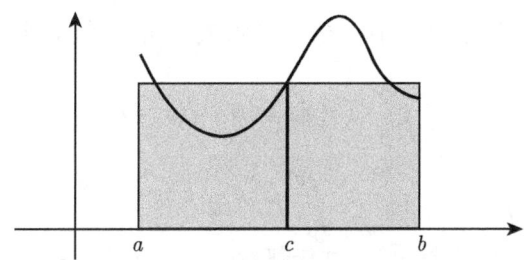

图 6.15 例 6.7 中展示的正函数的平均值

我们引入下面的定义, 它在简化表达方面很有用.

定义 6.3 当 $a > b$ 时我们定义 $\int_a^b f(t)\,\mathrm{d}t = -\int_b^a f(t)\,\mathrm{d}t$, 而当 $a = b$ 时我们定义 $\int_a^b f(t)\,\mathrm{d}t = 0$.

注意到对于 f 连续的区间中的任何数 a,b,c 积分可加性成立.

例 6.8

$$\int_1^3 f(t)\,\mathrm{d}t = \int_1^5 f(t)\,\mathrm{d}t + \int_5^3 f(t)\,\mathrm{d}t,$$

其实这仅仅是下面已知等式的重新排列

$$\int_1^3 f(t)\,\mathrm{d}t + \int_3^5 f(t)\,\mathrm{d}t = \int_1^5 f(t)\,\mathrm{d}t.$$

1. 偶函数和奇函数

奇函数 f (即满足 $f(-x) = -f(x)$ 的函数) 在关于原点对称的区间上的积分是零. 考虑图 6.16 中奇函数积分 $\int_{-a}^{0} f(x)\,\mathrm{d}x$ 和 $\int_{0}^{a} f(x)\,\mathrm{d}x$ 的近似和. 我们得到

$$\int_{-a}^{0} f(x)\,\mathrm{d}x = -\int_{0}^{a} f(x)\,\mathrm{d}x.$$

因此对于奇函数 f, $\int_{-a}^{a} f(x)\,\mathrm{d}x = \int_{-a}^{0} f(x)\,\mathrm{d}x + \int_{0}^{a} f(x)\,\mathrm{d}x = 0.$

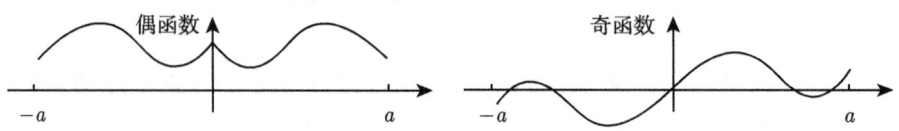

图 6.16　偶函数和奇函数图像

对于偶函数 (即满足 $f(-x) = f(x)$ 的函数), 如图 6.16 所示, 有

$$\int_{-a}^{0} f(x)\,\mathrm{d}x = \int_{0}^{a} f(x)\,\mathrm{d}x.$$

因此对于偶函数 f, $\int_{-a}^{a} f(x)\,\mathrm{d}x = 2\int_{0}^{a} f(x)\,\mathrm{d}x.$

定理 6.3 (积分的线性性质)　对任何数 a, b, c_1, c_2 和连续函数 f_1, f_2, 有

$$\int_{a}^{b} c_1 f_1(t) + c_2 f_2(t)\,\mathrm{d}t = c_1 \int_{a}^{b} f_1(t)\,\mathrm{d}t + c_2 \int_{a}^{b} f_2(t)\,\mathrm{d}t.$$

证明　如果我们用相同的分割和同样的点 t_i, 那么近似积分满足

$$I_{近似}(c_1 f_1 + c_2 f_2, [a, b]) = c_1 I_{近似}(f_1, [a, b]) + c_2 I_{近似}(f_2, [a, b])$$

取极限后得到定理 6.3 的关系.　　　　　　　　　　　　　　　　　证毕.

定理 6.4 (积分的正性)　如果 f 是一个连续函数且在 $[a, b]$ 上 $f(t) \geqslant 0$, 那么 $\int_{a}^{b} f(t)\,\mathrm{d}t \geqslant 0$.

证明　每个近似积分均由非负项组成, 所以极限值非负.　　　　证毕.

例 6.9　若在 $[a, b]$ 上 $f_1(t) \leqslant f_2(t)$ 则 $\int_{a}^{b} f_1(t)\,\mathrm{d}t \leqslant \int_{a}^{b} f_2(t)\,\mathrm{d}t$. 事实上, 在定理 6.4 中取 $f = f_2 - f_1$, 并利用积分的线性性质即得.

问　　题

6.5　对给定的函数, 分割区间和选点 t_i 计算近似积分值. 对每个问题, 画出相应近似积分的函数图像.

(a) 在区间 $[1,3]$ 上, $f(t) = t^2 + t$, 分割为 $1 < 1.5 < 2 < 3$, $t_1 = 1.2, t_2 = 2, t_3 = 2.5$.

(b) 在区间 $[0, \pi]$ 上 $f(t) = \sin t$, 分割为 $0 < \dfrac{\pi}{4} < \dfrac{\pi}{2} < \dfrac{3\pi}{4} < \pi$, t_i 是每个子区间的左端点.

6.6　用积分的面积含义计算下列函数的积分, 该函数的图像如图 6.17 左所示.

(a) $\displaystyle\int_0^1 f(t)\,\mathrm{d}t$;

(b) $\displaystyle\int_1^4 f(t)\,\mathrm{d}t$;

(c) $\displaystyle\int_0^4 f(t)\,\mathrm{d}t$;

(d) $\displaystyle\int_1^6 f(t)\,\mathrm{d}t$.

6.7　如图 6.17 右所示.

(a) 根据 $\displaystyle\int_0^1 \mathrm{e}^t\,\mathrm{d}t = \mathrm{e} - 1$ 求出阴影部分的面积.

(b) 由几何论证计算 $\displaystyle\int_1^{\mathrm{e}} \ln t\,\mathrm{d}t$.

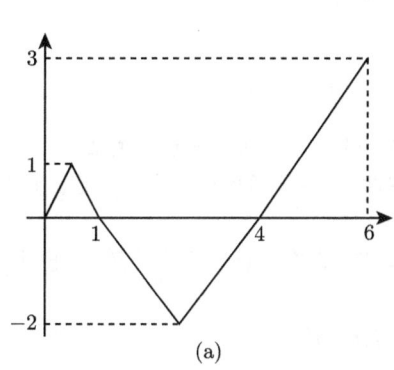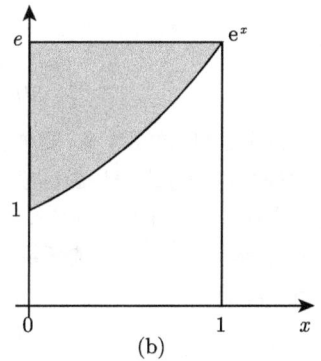

图 6.17　(a) 问题 6.6 中 f 的图像; (b) 问题 6.7 中 e^x 的图像

6.8　用积分的面积解释和性质计算下列积分.

(a) $\displaystyle\int_{-\pi}^{\pi} \sin(x^3)\,\mathrm{d}x$;

(b) $\displaystyle\int_0^2 \sqrt{4 - x^2}\,\mathrm{d}x$;

(c) $\displaystyle\int_{-10}^{10} (\mathrm{e}^{x^3} - \mathrm{e}^{-x^3})\,\mathrm{d}x$.

6.9 令 $T(x)$ 为一根细棒在 x 处的温度,$0 \leqslant x \leqslant 15$.

(a) 如图 6.18 所示,用六个等距点的测量温度,给出关于平均温度的两个估计. 第一个估计用 T 的左端点的值,第二个估计用右端点的值.

(b) 如图 6.18,用不均匀分布点的测量值. 写出两个估计平均温度的表达式,一个用 T 的左端点值,另一个用右端点值.

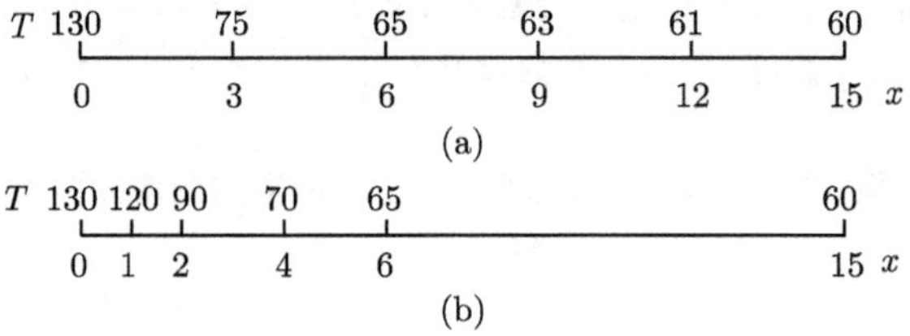

```
T  130    75      65     63     61     60
   0     3       6      9      12     15  x
              (a)

T  130 120 90   70    65              60
   0  1  2   4    6                 15  x
              (b)
```

图 6.18 问题 6.9 中两组沿着细棒测量的温度集合

6.10 将下面数列的极限

$$\lim_{n\to\infty} \frac{1+4+9+\cdots+(n-1)^2}{n^3}$$

表示成某函数的积分,并求出其值.

6.11 记 k 是一个正数. 考虑由 $[a,b]$ 按比例 $1:k$ 伸缩得到的区间 $[ka, kb]$. f 是 $[a,b]$ 上的连续函数,用 f_k 表示定义在 $[ka, kb]$ 上通过伸缩得到的函数

$$f_k(t) = f\left(\frac{t}{k}\right).$$

用近似积分证明

$$\int_{ka}^{kb} f_k(t)\,\mathrm{d}t = k\int_a^b f(t)\,\mathrm{d}t$$

并用草图阐释这个结果. 在 6.3 节,我们将用微积分基本定理证明这个关系.

下面的问题探讨积分进一步的性质. 这些性质可用近似积分证明. 之后,在 6.3 节,我们将要求读者用微积分基本定理证明它们.

6.12 设 f 是 $[a,b]$ 上的连续函数. 用 f_r 表示向右平移 r 得到的函数. 也就是说,f_r 定义在 $[a+r, b+r]$ 且

$$f_r(t) = f(t-r).$$

如图 6.19 所示. 证明

$$\int_a^b f(x)\,\mathrm{d}x = \int_{a+r}^{b+r} f_r(x)\,\mathrm{d}x.$$

这个性质叫做积分的**平移不变性**.(提示:说明近似积分是平移不变的.)

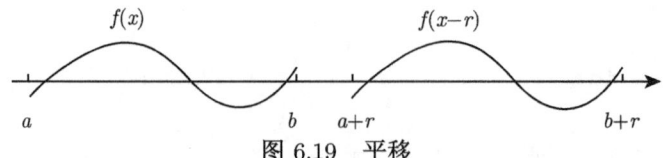

图 6.19 平移

6.13 区间 $[a,b]$ 的反射定义为 $[-b,-a]$. 若 f 是 $[a,b]$ 上的连续函数,它的反射用 f_- 表示,定义如下
$$f_-(t) = f(-t).$$
f_- 的图像与 f 的图像关于纵轴对称,见图 6.20. 证明
$$\int_{-b}^{-a} f_-(t)\,dt = \int_a^b f(t)\,dt.$$
该积分性质被称为积分的反射不变性.(提示: 说明近似积分在反射下不变.)

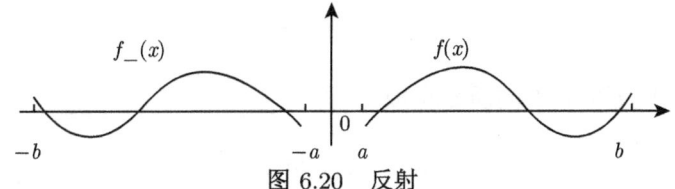

图 6.20 反射

6.14 下面计算 $\int_0^1 \sqrt{t}\,dt = \frac{2}{3}$.

(a) 用 $0 < \frac{1}{4} < \frac{1}{2} < 1$ 验证上和与下和分别是
$$I_\text{上} = \sqrt{\frac{1}{4}} \times \frac{1}{4} + \sqrt{\frac{1}{2}} \times \frac{1}{4} + \sqrt{1} \times \frac{1}{2}$$
和
$$I_\text{下} = \sqrt{0} \times \frac{1}{4} + \sqrt{\frac{1}{4}} \times \frac{1}{4} + \sqrt{\frac{1}{2}} \times \frac{1}{2}.$$

(b) 设 $0 < r < 1$,用分割 $0 < r^3 < r^2 < r < 1$ 验证上和是
$$I_\text{上} = \sqrt{r^3}r^3 + \sqrt{r^2}(r^2-r^3) + \sqrt{r}(r-r^2) + \sqrt{1}(1-r),$$
并找出关于下和的表达式.

(c) 用分割 $0 < r^n < r^{n-1} < \cdots < r^2 < r < 1$ 得到一个几何级数,验证当 $n \to \infty$ 时有
$$I_\text{上} \to \frac{1-r}{1-r^{3/2}}.$$

(d) 证明当 r 趋于 1 时 $\frac{1-r}{1-r^{3/2}}$ 趋于 $\frac{2}{3}$.

6.3 微积分基本定理

前面,我们提出了问题: 根据车辆的速度确定运动汽车在某时间段 $[a,b]$ 的位移或总路程 D. 6.1.4 节给出的解答为: D 是速度函数在时间区间 $[a,b]$ 的积分
$$D = I(f,[a,b]).$$
这个公式表示了整段时间的总路程. 当然,到时刻 t 的总路程也有类似的公式
$$D(t) = I(f,[a,t]).$$

在 3.1 节和 6.1.4 节, 我们讨论了相反的问题: 若已知车辆从起始时刻到 t 时刻的路程 $D(t)$, 怎样确定其速度函数? 我们找到的解答为: 速度是以时间为变量的函数 D 的导数

$$f(t) = D'(t).$$

我们在这章曾提出问题, 根据点 a 和 b 之间的线密度 f 找出细棒的质量 R. 我们得到细棒质量是线密度 f 在区间 $[a,b]$ 上的积分

$$R = I(f, [a,b]).$$

类似的公式对于直到 x 点的质量也成立, 即

$$R(x) = I(f, [a,x]).$$

在 3.1 节我们讨论了相反的问题: 若已知从某端点到点 x 的质量, 怎样确定细棒在 x 的线密度? 我们得到的解答是 x 处线密度 f 是质量的导数

$$f(x) = R'(x).$$

我们将这些观察总结如下

若函数 F 是 f 从 a 到 x 的积分, 则 F 的导数是 f.

上面的论述可以浓缩为一句话:

微分与积分是互逆的.

前面给出的该命题的证明均基于物理启示. 下面给出纯数学的证明.

定理 6.5(微积分基本定理) (a) 若 f 是 $[a,b]$ 上的连续函数, 则 f 是某可导函数的导数. 事实上, 当 $x \in [a,b]$ 时

$$\frac{\mathrm{d}}{\mathrm{d}x}\Big(\int_a^x f(t)\,\mathrm{d}t\Big) = f(x). \tag{6.13}$$

(b) 设 F 是 $[a,b]$ 上的函数, 具有连续导数, 则

$$F(b) - F(a) = \int_a^b F'(t)\,\mathrm{d}t. \tag{6.14}$$

证明 首先证明 (a). 定义函数

$$G(x) = \int_a^x f(t)\,\mathrm{d}t.$$

做差商

$$\frac{G(x+h) - G(x)}{h}.$$

6.3 微积分基本定理

我们必须证明当 h 趋于零时,差商趋于 $f(x)$. 由 G 的定义,有

$$G(x+h) = \int_a^{x+h} f(t)\,\mathrm{d}t, \qquad G(x) = \int_a^x f(t)\,\mathrm{d}t.$$

由积分的可加性知

$$\int_a^{x+h} f(t)\,\mathrm{d}t = \int_a^x f(t)\,\mathrm{d}t + \int_x^{x+h} f(t)\,\mathrm{d}t.$$

即

$$G(x+h) = G(x) + \int_x^{x+h} f(t)\,\mathrm{d}t.$$

于是差商等于

$$\frac{G(x+h) - G(x)}{h} = \frac{1}{h}\int_x^{x+h} f(t)\,\mathrm{d}t.$$

由积分中值定理 (定理 6.2) 知存在 c 介于 x 和 $x+h$ 之间满足

$$\frac{1}{h}\int_x^{x+h} f(t)\,\mathrm{d}t = f(c).$$

亦即,正如图 6.21 所示,带状区域的面积除以它的宽度等于它在某点的高度. 因为 f 连续,当 h 趋于零时 $f(c)$ 趋于 $f(x)$. 这证明了差商的极限是 $f(x)$. 因此,G 的导数是 f.

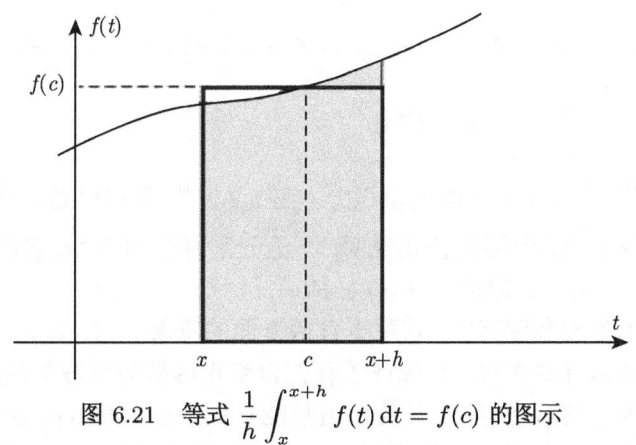

图 6.21 等式 $\dfrac{1}{h}\displaystyle\int_x^{x+h} f(t)\,\mathrm{d}t = f(c)$ 的图示

现在证明 (b). 因为 F' 在 $[a,b]$ 上连续,定义函数 F_a

$$F_a(x) = \int_a^x F'(t)\,\mathrm{d}t, \quad a \leqslant x \leqslant b. \tag{6.15}$$

正如 (a) 所证, F_a 的导数是 F'. 因此, $F - F_a$ 的导数是零. 由中值定理推论 4.1, 在某区间上每点导数为零的函数是常数. 所以

$$F(x) - F_a(x) = 常数.$$

为了计算该常数, 令 $x = a$, 由 F_a 的定义 $F_a(a) = 0$. 从而 $F(a) - F_a(a) = F(a) = $ 常数, 于是

$$F(x) = F_a(x) + F(a), \quad x \in [a, b].$$

取 $x = b$ 得到

$$F(b) - F(a) = F_a(b) = \int_a^b F'(t)\,dt. \tag{6.16}$$

这就完成了微积分基本定理的证明. **证毕**.

下面给出微积分定理 (b) 的另一种证明, 它直接应用微分中值定理. 设

$$a = a_0 < a_1 < a_2 < \cdots < a_n = b$$

是区间 $[a, b]$ 的任意分割. 由微分中值定理, 在每个子区间 $[a_{i-1}, a_i]$ 存在一个点 t_i 使得

$$F'(t_i) = \frac{F(a_i) - F(a_{i-1})}{a_i - a_{i-1}}.$$

因此

$$F'(t_i)(a_i - a_{i-1}) = F(a_i) - F(a_{i-1}).$$

对 i 从 1 到 n 求和得到

$$\sum_{i=1}^n F'(t_i)(a_i - a_{i-1}) = F(a_1) - F(a_0) + F(a_2) - F(a_1) + \cdots + F(a_n) - F(a_{n-1})$$

$$= F(b) - F(a).$$

左侧求和是积分 $\int_a^b F'(t)\,dt$ 的近似积分. 在 6.2.2 节 我们已经证明当分割加细时近似积分趋于积分值. 上面的公式说明, 不论分割有多细, 这些特殊的积分和恰好等于 $F(b) - F(a)$, 因此极限值是 $F(b) - F(a)$.

微积分基本定理名副其实, 它至少有两方面的重要应用. 首先, 也是最重要的, 它是分析学的**基本存在定理**: 它保证了存在以给定函数为导数的函数. 其次, 它提供了计算函数积分的恰当方法, 只要该函数能写成某已知函数的导数.

我们已展示如何从微分中值定理和积分中值定理推导微积分基本定理. 这三者可以统一表述. 若 F' 在区间 $[a, b]$ 连续, 则存在某个数 c

$$F'(c) = \frac{1}{b-a}\int_a^b F'(t)\,dt = \frac{F(b) - F(a)}{b-a}.$$

6.3 微积分基本定理

用语言表示这种关系即: F 在一个区间上瞬时速度改变的平均值等于 F 在该区间上的平均速度.

1. 记号

有时将 $F(b) - F(a)$ 表示为

$$F(b) - F(a) = \Big[F(x)\Big]_a^b = F(x)\Big|_a^b.$$

若 F 的导数是 f, 则称它为 f 的一个原函数. 计算定积分的一个方法是算出某个原函数. 我们用符号 $\int f(x)\,dx$ 表示 f 的原函数. 通常, $\int f(x)\,dx = F(x) + C$ 表示 f 的所有原函数. 这样表示的原函数称为不定积分. 常数 C 叫做积分常数, 它可以是任意数.

2. 一些积分的计算

下面我们展示如何用微积分基本定理计算函数的积分, 只要能把它写成某函数的导数.

例 6.10 因为 $(-\cos t)' = \sin t$, 基本定理给出

$$\int_a^b \sin t\,dt = -\cos t\Big|_a^b = -\cos b + \cos a.$$

例 6.11 已知 $(e^t)' = e^t$, 由基本定理知

$$\int_0^1 e^t\,dt = e^1 - e^0 = e - 1,$$

这与 6.2 节的计算结果一致.

例 6.12 设 $f(t) = t^p$, 这里实数 $p \neq -1$. f 是函数 $F(t) = \dfrac{t^{p+1}}{p+1}$ 的导数. 由基本定理

$$\int_a^b t^p\,dt = F(b) - F(a) = \frac{b^{p+1}}{p+1} - \frac{a^{p+1}}{p+1}.$$

特别地,

$$\int_a^b t\,dt = \frac{t^2}{2}\Big|_a^b = \frac{b^2 - a^2}{2},$$

这与 6.2 节结果相同.

现在你一定注意到用基本定理计算积分的关键在于将被积函数写成已知函数 F 的导数. 那怎样才能找到原函数呢? 这来自于对函数进行微分的经验. 而且, 利用一些基本技巧, 寻找 F 可以系统化. 这是下章将呈现的内容.

3. 特例 $p = -1$

我们在第 3 章证明了对任何不等于 -1 的实数 p, 函数 t^p(定义域为 $t > 0$) 是 $\dfrac{t^{p+1}}{p+1}$ 的导数. 与之对应, t^{-1} 是 $\ln t$ 的导数. 这看起来比较奇怪. 当 p 穿过 -1 时, 函数 t^p 连续依赖于 p. 为什么该函数的原函数却在 $p = -1$ 时有这么大的间断呢?

现在我们说明不连续性仅是表面上的, 不是真的. 记

$$F_p(t) = \int_1^t x^p \, dx.$$

由基本定理得到: 对 $p \neq -1$,

$$F_p(t) = \frac{t^{p+1} - 1}{p + 1};$$

而

$$F_{-1}(t) = \ln t.$$

我们将说明当 p 趋于 -1 时, F_p 趋于 F_{-1}. 如图 6.22 所示.

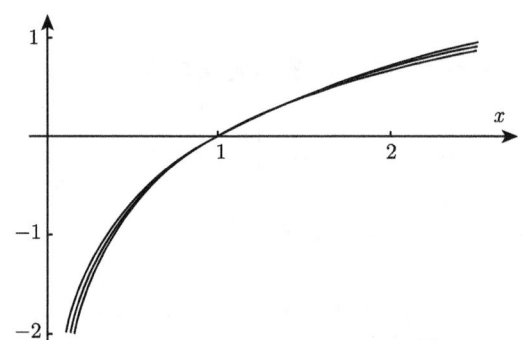

图 6.22　当 $c = -0.9$ 和 $c = -1.1$ 时函数 $\dfrac{x^{c+1}}{c+1}$ 与 $\ln x$ 的图像

为证明这点, 记 $p = -1 + y$, 则

$$F_{y-1}(t) = \frac{t^y - 1}{y}.$$

定义函数 $g(y) = t^y$, 这里 t 是正数. 注意 $g(0) = 1$. 用这个函数我们可以将上面的关系表示为

$$F_{y-1}(t) = \frac{g(y) - g(0)}{y}.$$

当 y 趋于零时该式的极限是 g 在 $y = 0$ 点的导数. 为了计算该导数, 将 g 写成指数形式 $g(y) = e^{y \ln t}$. 由链式法则, 我们有 $\dfrac{dg}{dy} = g(y) \ln t$. 因为 $g(0) = 1$, 所以

$$\frac{dg}{dy} = \ln t.$$

也就是说: 当 y 趋于零时 $F_{y-1}(t)$ 的极限是 $\ln t$. 注意 $F_{-1}(t) = \ln t$, 这说明当 $p = -1$ 时 $F_p(t)$ 连续依赖于 p!

在下面的例子中, 我们将展示如何用微积分基本定理构造具有特定导数的函数.

4. 重新定义对数和指数函数

假设我们并没有像第一、二章那样定义 e^x 和 $\ln x$. 现在利用基本定理 (a) 定义函数 $F(x)$, 它的导数是 $\frac{1}{x}$. 令

$$F(x) = \int_1^x \frac{1}{t}\,dt, \qquad x > 0.$$

如图 6.23 所示.

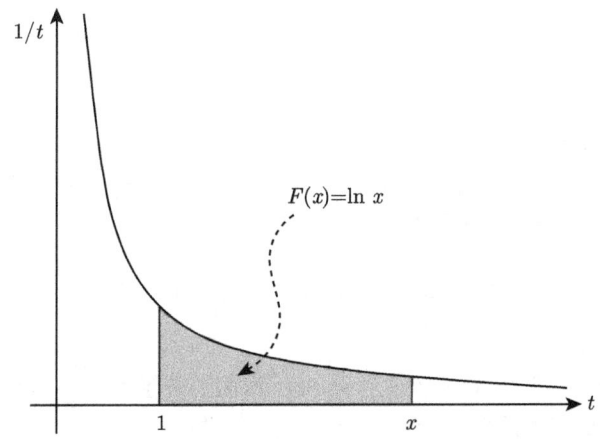

图 6.23 当 $x > 1$ 时, $\ln x$ 可以看成函数 $\frac{1}{t}$ 的图像下方面积

由基本定理

$$F'(x) = \frac{1}{x}.$$

回忆 $\ln x$ 的导数也是 $\frac{1}{x}$. 具有相同导数的函数在公共区间相差一个常数, 而它们在 $x = 1$ 时的值均是 0, 于是

$$\ln x = \int_1^x \frac{1}{t}\,dt, \qquad x > 0. \tag{6.17}$$

下面说明如果以 (6.17) 作为对数函数的定义, 我们仍然能得到对数函数的所有性质. $\ln x$ 的基本性质是

(a) $\ln 1 = 0$.

(b) $\ln x$ 是递增函数.

(c) $\ln(ax) = \ln a + \ln x$.

(a) 由 (6.17) 中的积分下限是 1 可得. (b) 因为当 x 为正时 $\ln x$ 的导数也是正的. 至于 (c), 求 $\ln ax$ 的导数, 由链式法则得到

$$(\ln ax)' = \frac{1}{ax}a = \frac{1}{x}.$$

这说明 $\ln(ax)$ 和 $\ln x$ 在 $(0, +\infty)$ 上有相同导数. 因此, 它们相差一个常数, $\ln(ax) = C + \ln x$. 令 $x = 1$ 得到 $C = \ln a$.

由 $\ln x$ 递增, 可以定义 e^x 是 $\ln x$ 的反函数:

$$\ln e^x = x.$$

e^x 的基本性质是:

(a) $e^0 = 1$,

(b) $(e^x)' = e^x$, 且

(c) $e^{a+x} = e^a e^x$.

(a) 可由对数函数的性质 (a) 得到. 对于 (b), 注意到 $\ln x$ 有连续非零导数, 则它的反函数也可导. 由链式法则

$$1 = x' = (\ln e^x)' = \frac{1}{e^x}(e^x)'.$$

两边同时乘以 e^x 得到 $(e^x)' = e^x$. 至于 (c), 我们首先验证 $\dfrac{e^{a+x}}{e^x}$ 的导数等于零. 由商法则和链式法则, 对所有 x 有

$$\left(\frac{e^{a+x}}{e^x}\right)' = \frac{e^x e^{a+x} - e^{a+x} e^x}{(e^x)^2} = 0$$

这意味着 $\dfrac{e^{a+x}}{e^x}$ 是常数. 取 $x = 0$ 得常数是 e^a.

以 $\ln x$ 的反函数定义 e^x 比第 2 章我们用的定义简单很多: $e^x = \lim\limits_{n \to \infty}\left(1 + \dfrac{x}{n}\right)^n$. 确定 $\ln x$ 的反函数的导数比 3.3.1 节的讨论简单很多.

一旦懂得微积分, 许多论证将变得非常简单. 在问题 6.22 中, 我们要求读者用微积分证明 $\left(1 + \dfrac{1}{n}\right)^n$ 是单调递增数列, 它比 1.4 节不用微积分的证明简单很多.

5. 三角函数的新定义

在 2.4 节, 从几何角度定义了三角函数, 然后根据三角函数定义了反三角函数. 现在我们展示它们的反函数可以用积分给出独立定义. 这样三角函数可以定义为反

6.3 微积分基本定理

三角函数的反函数. 对于 $0 < x < 1$, 定义

$$F(x) = \int_0^x \frac{1}{\sqrt{1-t^2}} \, dt. \tag{6.18}$$

因为 $F'(x) = \dfrac{1}{\sqrt{1-t^2}}$ 是正的, $F(x)$ 是 x 的递增函数 $(0 < x < 1)$, 所以 F 有反函数. 我们定义反函数为 $x = \sin t$, 定义域为 $0 < t < p$, 这里 $p = F(1)$ 定义为当 x 趋于 1 时 $F(x)$ 的极限. 正弦函数的所有性质都可以从这个定义推出. 在 7.3 节, 我们将看到当 x 趋于 1 时, $F(x)$ 确实存在极限. 为了将正弦函数定义到更大的区域, 还有更多的工作要做. 但是我们看到, 不用三角形就可以完全描述三角函数.

问 题

6.15 用微积分基本定理计算导数.

(a) $\dfrac{\mathrm{d}}{\mathrm{d}x} \displaystyle\int_0^x t^3 \, \mathrm{d}t$;

(b) $\dfrac{\mathrm{d}}{\mathrm{d}x} \displaystyle\int_0^x t^3 \mathrm{e}^{-t} \, \mathrm{d}t$;

(c) $\dfrac{\mathrm{d}}{\mathrm{d}s} \displaystyle\int_{-2}^{s^2} x^3 \mathrm{e}^{-x} \, \mathrm{d}x$;

(d) 若 $h(x) = \displaystyle\int_1^x \sqrt{t} \cos\left(\dfrac{\pi}{t}\right) \mathrm{d}t$, 求 $h'(4)$.

6.16 用基本定理计算积分.

(a) $\displaystyle\int_1^2 t^3 \, \mathrm{d}t$;

(b) $\displaystyle\int_0^b (x^3 + 5) \, \mathrm{d}x$;

(c) $\displaystyle\int_0^1 \dfrac{1}{\sqrt{1+t}} \, \mathrm{d}t$;

(d) $\displaystyle\int_0^7 \left(\cos t + (1+t)^{\frac{1}{3}}\right) \mathrm{d}t$;

(e) $\displaystyle\int_a^b (t - \mathrm{e}^t) \, \mathrm{d}t$.

6.17 用基本定理计算积分.

(a) $\displaystyle\int_0^{\frac{\pi}{4}} \dfrac{1}{1+x^2} \, \mathrm{d}x$;

(b) $\displaystyle\int_0^1 (x^2 + 2)^2 \, \mathrm{d}x$;

(c) $\int_1^4 \left(\dfrac{2}{\sqrt{x}} - \sqrt{x}\right) dx$;

(d) $\int_{-2}^{-1} (2 + 4t^{-2} - 8t^{-3}) dt$;

(e) $\int_2^6 \left(2s + \dfrac{1}{s+1}\right) ds$.

6.18 画出区域的图形并求出面积.

(a) 由 $y = \sqrt{x}$ 和 $y = \dfrac{1}{2}x$ 围成的区域.

(b) 由 $y = x^2$ 和 $y = x$ 围成的区域.

(c) 由 $y = e^x, y = -x + 1, x = 1$ 围成的区域.

6.19 对由方程 (6.18) 给出的函数 F,其反函数为 $x(t) = \sin t$ 证明
$$\dfrac{dx}{dt} = \sqrt{1 - x^2}.$$

6.20 设 f 是偶函数,即 $f(t) = f(-t)$,记 $g(x) = \int_0^x f(t) dt$,说明 g 是奇函数,即 $g(x) = -g(-x)$.

6.21 设 g 是可微函数,且
$$F(x) = \int_a^{g(x)} f(t) dt.$$
证明 $F'(x) = f(g(x))g'(x)$.

6.22 证明以下论断, 它们表明 $\left(1 + \dfrac{1}{n}\right)^n$ 是递增数列.

(a) 当 $x > 0$ 时,$\left(1 + \dfrac{1}{x}\right)^x = e^{x \ln\left(1 + \frac{1}{x}\right)}$;

(b) $\int_1^{1 + \frac{1}{x}} \dfrac{1}{t} dt - \dfrac{1}{x+1} > 0$;

(c) $\dfrac{d}{dx}\left(1 + \dfrac{1}{x}\right)^x > 0$;

(d) 当 n 是正整数时,$\left(1 + \dfrac{1}{n}\right)^n$ 是递增数列.

6.23 用基本定理证明以下事实.

(a) $\dfrac{1}{4}((1 + 3^3)^4 - (1 + 2^3)^4) = \int_2^3 3t^2(1 + t^3)^3 dt$;

(b) $v(t_2) - v(t_1) = \int_{t_1}^{t_2} a(t) dt$,这里 $v(t)$ 是速度,$a(t)$ 是加速度.

6.24 用基本定理重新解决问题 6.11,问题 6.12,问题 6.13.

6.4 积分的应用

6.4.1 体积

三维空间中大部分区域的体积需要用多于一个变量的函数积分表示, 这是多变量微积分的课题. 但是一些特殊区域, 如旋转体和将薄板堆积成的柱体的体积可用单变量函数的积分表示. 例如旋转体的体积可以表示为具有可加性和上下界性质的量.

用 $V(A,[a,b])$ 表示旋转体在区域 $a \leqslant x \leqslant b$ 的体积. 这里 $A(x)$ 是在 x 处的截面积. 这个柱体是由平面区域沿着 x 轴旋转得到的, 每个截面都是圆, 如图 6.24 所示.

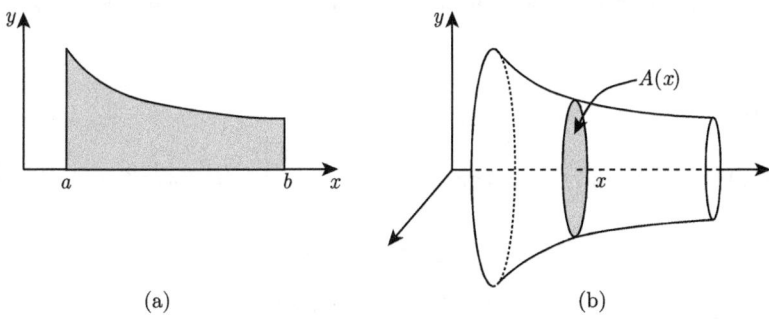

图 6.24 (a) 绕 x 轴旋转的二维区域; (b) 旋转体. $A(x)$ 表示旋转体在 x 处的截面积

若 M 和 m 是截面积的最大值和最小值

$$m \leqslant A(x) \leqslant M,$$

则该柱体介于截面面积为 m 和 M 的两个圆柱体之间, 这三个柱体的体积满足 (图 6.25)

$$m(b-a) \leqslant V(A,[a,b]) \leqslant M(b-a).$$

类似地, 若将该柱体在介于 a 和 b 之间的 c 处截断, 则两者的体积相加应该是总体积:

$$V(A,[a,b]) = V(A,[a,c]) + V(A,[c,b]).$$

这两个性质就是可加性和上下界性质. 因此旋转体体积为

$$V(A,[a,b]) = \int_a^b A(x)\,\mathrm{d}x. \tag{6.19}$$

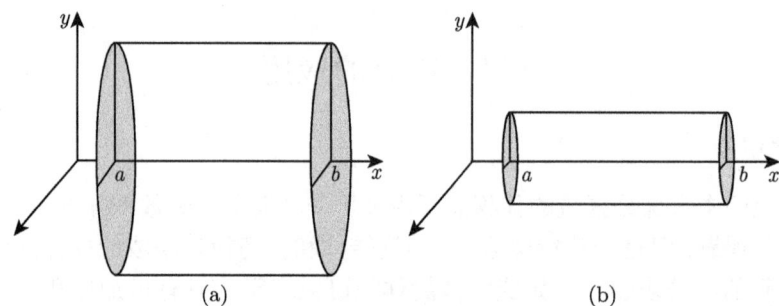

图 6.25　如果 $m \leqslant A(x) \leqslant M$，那么图 6.24 的柱体介于体积为 $M(b-a)$ 和 $m(b-a)$ 的圆柱之间

例 6.13　取一个中心在原点半径为 r 的球，想象将它沿垂直于横轴的平面切开. 如图 6.26 所示，在 x 处的截面是半径为 $\sqrt{r^2 - x^2}$ 的圆盘，因此截面积为

$$A(x) = \pi(r^2 - x^2).$$

因此体积为

$$\int_{-r}^{r} A(x)\,\mathrm{d}x = \int_{-r}^{r} \pi(r^2 - x^2)\,\mathrm{d}x = \pi\left[r^2 x - \frac{x^3}{3}\right]_{-r}^{r} = 2\pi\left(r^3 - \frac{r^3}{3}\right) = \frac{4}{3}\pi r^3.$$

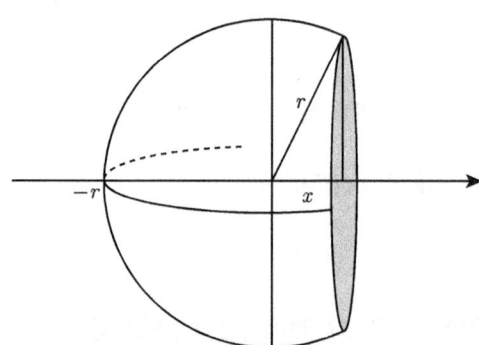

图 6.26　在例 6.13 中，由毕达哥拉斯定理知球体的截面是半径为 $\sqrt{r^2 - x^2}$ 的圆盘

例 6.14　考虑由 $y = \dfrac{1}{x}$，x 轴和 $x = 1, x = 2$ 围成的区域. 将它沿 x 轴旋转得到柱体，如图 6.27 所示，则体积是

$$\int_{1}^{2} A(x)\,\mathrm{d}x,$$

这里 $A(x)$ 是 x 处的截面积. 截面是半径为 $\dfrac{1}{x}$ 的圆盘，所以 $A(x) = \pi x^{-2}$. 体积为

$$\int_{1}^{2} \pi x^{-2}\,\mathrm{d}x = -\pi x^{-1}\Big|_{1}^{2} = \pi\left(-\frac{1}{2} + 1\right) = \frac{\pi}{2}.$$

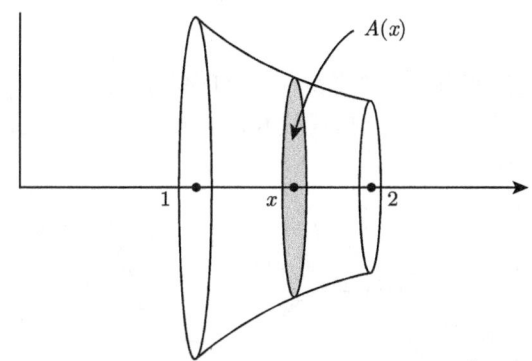

图 6.27　在例 6.14 中，柱体的截面是半径为 $\dfrac{1}{x}$ 的圆盘

6.4.2　累积量

微积分基本定理有两个重要结论. 一是区间上的连续函数都是某个函数的变化率：

$$f(x) = \frac{\mathrm{d}}{\mathrm{d}x} \int_a^x f(t)\,\mathrm{d}t.$$

另一个是变化率 F' 的积分等于 F 在 a 和 b 的改变量：

$$F(b) - F(a) = \int_a^b F'(t)\,\mathrm{d}t.$$

在这一节，我们将展示如何利用积分回答关于量的多少的问题.

设水流以速度 $f(t)$ 流入水池，f 连续依赖于 t. 在时刻 a 和 b 之间有多少水流入水池？我们将时间区间分为 n 个很小的子区间

$$a = a_0 < a_1 < \cdots < a_n = b,$$

对每个小区间，选取时刻 t_i 的速度，$f(t_i)$ 和 $(a_i - a_{i-1})$ 的乘积是水在时刻 t_{i-1} 和 t_i 之间流量的很好的估计. 将这些估计求和，我们得到近似积分 $\sum_{i=1}^{n} f(t_i)(a_i - a_{i-1})$. 我们已经知道近似积分的极限是 $\int_a^b f(t)\,\mathrm{d}t$，所以时刻 a 和 b 之间水在水池的累积量是

$$\int_a^b f(t)\,\mathrm{d}t.$$

函数 $F(t) = \int_a^t f(\tau)\,\mathrm{d}\tau$ 表示水在时刻 a 和时刻 t 之间的累积量. 注意到若想知道水池内有多少水，我们需要知道时刻 a 时的水量，然后

$$(t\text{ 时刻的水量}) = \int_a^t f(\tau)\,\mathrm{d}\tau + (a\text{ 时刻的水量}).$$

6.4.3 弧长

下面是另一个用微积分回答"多少"问题的例子. f 在 $[a,b]$ 上连续可导. f 从 a 到 b 的 **弧长** 是连接起点和终点折线段长度的最小上界. 下面我们将看到如何用积分计算弧长 (图 6.28).

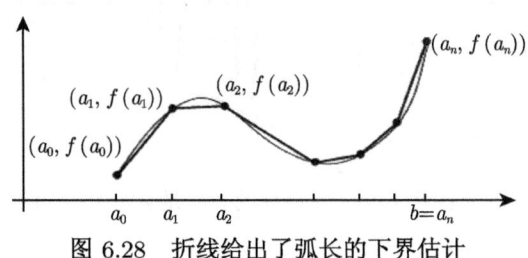

图 6.28　折线给出了弧长的下界估计

设
$$a = a_0 < a_1 < \cdots < a_{n-1} < a_n = b$$
是 $[a,b]$ 的一个分割. 由勾股定理, 第 i 个线段的长度是
$$\sqrt{(a_i - a_{i-1})^2 + (f(a_i) - f(a_{i-1}))^2}.$$
由微分中值定理知存在点 t_i 介于 a_{i-1} 和 a_i 之间满足
$$f(a_i) - f(a_{i-1}) = f'(t_i)(a_i - a_{i-1})$$
且
$$\sqrt{(a_i - a_{i-1})^2 + (f(a_i) - f(a_{i-1}))^2} = \sqrt{1 + (f'(t_i))^2}(a_i - a_{i-1}).$$
曲线的长度大约是线段长度之和:
$$L \approx \sum_{i=1}^{n} \sqrt{1 + (f'(t_i))^2}(a_i - a_{i-1}).$$
由 f' 在 $[a,b]$ 连续知 $\sqrt{1 + (f')^2}$ 也连续, 且近似积分 $\sum_{i=1}^{n} \sqrt{1 + (f'(t_i))^2}(a_i - a_{i-1})$ 趋于
$$\int_a^b \sqrt{1 + (f'(t))^2}\, dt,$$
即曲线从 a 到 b 的弧长.

接下来看如何用这个公式解决下面的问题. 对该问题, 我们已经知道弧长了.

例 6.15 根据反正弦函数的定义, 图 6.29 中单位圆周加粗的弧的长度应该是 $a = \sin^{-1} s$. 我们来验证一下这个公式. 我们有

$$f(x) = \sqrt{1-x^2}, \qquad f'(x) = \frac{-x}{\sqrt{1-x^2}},$$

且

$$\sqrt{1+(f')^2} = \sqrt{1 + \frac{x^2}{1-x^2}} = \frac{1}{\sqrt{1-x^2}}.$$

弧长公式给出

$$\int_0^s \frac{1}{\sqrt{1-x^2}}\,\mathrm{d}x = \sin^{-1} s,$$

这与 3.4.3 节的结果一致.

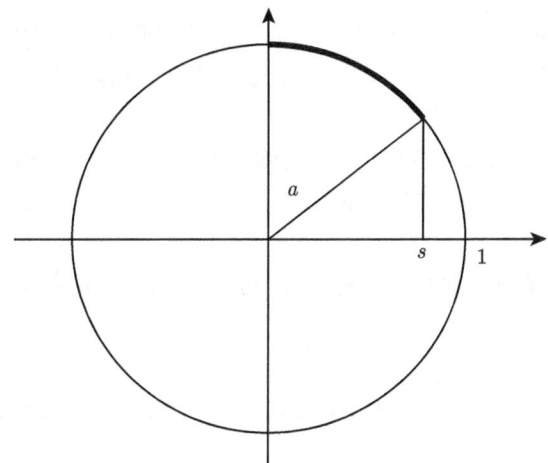

图 6.29 在第一象限, $f(x) = \sqrt{1-x^2}$ 的图像是单位圆的一部分. 见例 6.15

下面计算一个弧长, 它无法通过几何方法获得.

例 6.16 $f(x) = \frac{2}{3} x^{3/2}$ 从 0 到 1 的图像的弧长. 我们有 $f'(x) = x^{1/2}$, 则

$$L = \int_0^1 \sqrt{1+(x^{1/2})^2}\,\mathrm{d}x = \int_0^1 \sqrt{1+x}\,\mathrm{d}x = \frac{2}{3}(1+x)^{3/2}\Big|_0^1 = \frac{2}{3}(2^{3/2}-1).$$

6.4.4 功

用一根绳子通过滑轮提升重物很好地展示了功的概念. 需要多少功决定于重物的重量和初始位置与终点位置的差. 以下事实由功的直观性给出:

(a) 所做功的多少与外力作用的距离成比例.
(b) 所做功的总量与重量或力的成比例.

相应地, 我们定义将重量为 F 的重物升高垂直距离 h 的功 W 为

$$W = Fh.$$

由牛顿定律, 力的动力效应是相同的. 取 $W = Fh$ 作为任何力 F 沿着力的方向作用距离 h 所做的功 (图 6.30).

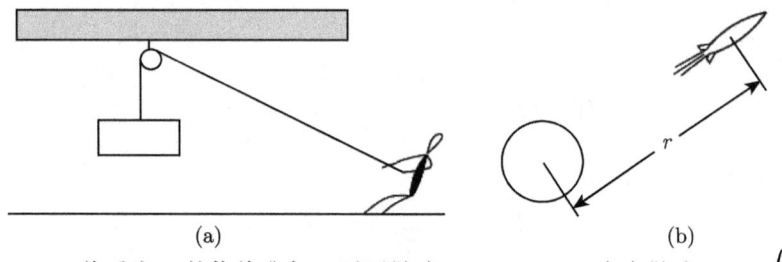

图 6.30 (a) 将重为 f 的物体升高 h 需要做功 $W = Fh$; (b) 变力做功 $W = \int F\,\mathrm{d}r$

现在我们将表明该公式当 h 是负值时有意义, 即位移和力的方向相反. 让我们把重物放回起始位置. 重物的总能量没有改变, 因此降低重物所做的功抵消了它升高时获得的能量, 所以它是负值.

用变力 F 在区间 $[a, b]$ 上移动一个物体要做多少功? 变力指力的大小随 $[a, b]$ 的点改变, 方向也可以反向. 在这种情况下, F 是定义在 $[a, b]$ 的函数, 我们用 $W(F, [a, b])$ 表示所做的功.

W 是 $[a, b]$ 的哪种函数呢? 设将 $[a, b]$ 分成不相交的两部分

$$a < c < b.$$

将物体移动区间 $[a, b]$ 意味着先移动 $[a, c]$ 再移动 $[c, b]$, 因此功的总量等于完成各段所做功的和:

$$W(F, [a, b]) = W(F, [a, c]) + W(F, [c, b]).$$

W 怎样依赖于 F 呢? 显然, 若再 $[a, b]$ 的每一点, F 的值都小于某个值 M, 则 F 做的功小于大小为 M 的恒力所做的功. 类似地, 若力 F 在 $[a, b]$ 每点的值都大于 m, 则 F 做的功大于大小为 m 的恒力所做的功. 恒力所做的功为 $W = Fh$. 因此, 若 F 介于两个界之间

$$m \leqslant F(x) \leqslant M, \qquad x \in [a, b],$$

则

$$m(b - a) \leqslant W(F, [a, b]) \leqslant M(b - a).$$

我们知道这是可加性和上下界性质. 这两个性质表明 W 是积分

$$W(F, [a, b]) = \int_a^b F(x)\,\mathrm{d}x.$$

问　　题

6.25 一根弹簧拉伸或压缩距离 x，需要压力 kx，k 是反映弹簧物理性质的常数，称为弹性系数. 设一根弹簧需要 2000 牛顿才能压缩 4 毫米，证明弹性系数为 500000 牛顿/米，且计算将其压缩 0.004 米所做的功.

6.26 若 t 时刻邮箱漏油的速度是 $R(t)$ 升/分钟，那么 $\int_3^5 R(t)\,dt$ 表示什么？

6.27 以 $2t+10$ 升/分钟的速度将水从贮水池中抽出，要取 200 升水需要多长时间？

6.28 求将函数 $\dfrac{2}{3}x^{3/2}(0\leqslant x\leqslant 1)$ 绕 x 轴旋转一周得到柱体的体积.

6.29 考虑 $\dfrac{1}{x}$ 在 $[1,2]$ 上的图像.

(a) 建立弧长的积分表达式.

(b) 利用十个子区间，取 t_i 为左端点和右端点，计算弧长积分的近似积分 $I_{近似}$.

6.30 在一个航天飞机计划中，航天飞机的质量是 10^5 千克.

(a) 质量为 m 的物体靠近地表时，重力 $F=mg$ 基本上是常数，这里重力常数为 g = 9.8 米/秒^2. 用恒力假设 $W=mgh$ 计算将航天飞机升高 50 米克服重力所做的功.

(b) 质量为 m 的物体距离地球很远，重力和它离地心的距离 r 的关系是

$$F=\frac{GMm}{r^2}.$$

地球的半径是 6.4×10^6 米. 对质量为 m 的地面物体，将上面两个表达式等同，确定 GM.

(c) 计算将航天飞机升高到海拔 3.2×10^5 米克服重力做的功.

6.31 我们已知旋转体的体积为 $\int_a^b A(x)\,dx$，这里 $A(x)$ 是 x 处的截面积. 我们知道每个积分都可以用近似积分以任意精度逼近，只要分割充分小：

$$\int_a^b A(x)\,dx\approx \sum_{i=1}^n A(x_i)\,\Delta x_i.$$

我们能观察到每项 $A(x_i)\,\Delta x_i$ 是厚度为 Δx_i 的细圆柱的体积. 画一个草图说明该柱体的体积能够被一叠细圆柱的体积逼近.

6.32 海水的密度 ρ 随深度变化. 它在海面大约是 1025 千克/米^3，在 500 米深是 1027 千克/米^3.

(a) 假如密度在 0 到 500 米之间是线性函数，确定截面积为 1 平方米，位置介于 100 和 500 米的水柱的质量.

(b) 假设从 500 到 800 米密度 $\rho=1027$ 千克/米^3，确定介于 100 和 700 米之间的截面积为 1 平方米的水柱的质量.

第7章 积分方法

摘要 本章我们将介绍积分的计算方法并举例说明.

7.1 分部积分

在 3.2 节中我们介绍了两个函数之和以及两个函数乘积的求导法则, 利用微积分基本定理, 我们将这些运算法则运用到积分中.

1. 积分的线性性质

令 f 和 g 分别为 F 和 G 的导数. 两个函数作和的求导法则为

$$(F+G)' = F' + G' = f + g.$$

利用微积分基本定理, 可得

$$\int_a^b (f(t) + g(t))\,\mathrm{d}t = (F(b) + G(b)) - (F(a) + G(a)).$$

另一方面,

$$\int_a^b f(t)\,\mathrm{d}t = F(b) - F(a) \quad \text{和} \quad \int_a^b g(t)\,\mathrm{d}t = G(b) - G(a).$$

将第二个表达式中的两式求和并与第一个表达式作比较, 可得两个函数之和的积分公式:

$$\int_a^b (f(t) + g(t))\,\mathrm{d}t = \int_a^b f(t)\,\mathrm{d}t + \int_a^b g(t)\,\mathrm{d}t.$$

类似地, 如果 c 是任意常数, 由常数与函数相乘的求导法则 $(cF)' = cF' = cf$. 利用微积分基本定理, 得到

$$\int_a^b cf(t)\,\mathrm{d}t = \int_a^b (cF)'(t)\,\mathrm{d}t = cF(b) - cF(a) = c(F(b) - F(a)) = c\int_a^b f(t)\,\mathrm{d}t.$$

利用上述结果, 可得

$$\int_a^b (c_1 f(t) + c_2 g(t))\,\mathrm{d}t = c_1 \int_a^b f(t)\,\mathrm{d}t + c_2 \int_a^b g(t)\,\mathrm{d}t.$$

上式在定理 6.3 中称之为线性性质, 可由近似求和的线性性质推出.

7.1 分部积分

2. 分部积分

回顾函数乘积求导的莱布尼兹法则:

$$(fg)' = f'g + fg'.$$

对上式两边在区间 $[a,b]$ 积分, f', g' 在 $[a,b]$ 连续, 由线性性质得到

$$\int_a^b (fg)'(t)\,\mathrm{d}t = \int_a^b f'(t)g(t)\,\mathrm{d}t + \int_a^b f(t)g'(t)\,\mathrm{d}t.$$

由微积分基本定理

$$\int_a^b (fg)'(t)\,\mathrm{d}t = f(b)g(b) - f(a)g(a).$$

两式作差得到以下结果.

定理 7.1 (分部积分公式) 如果 f', g' 在 $[a,b]$ 连续, 则

$$\int_a^b f'(t)g(t)\,\mathrm{d}t = \int_a^b (fg)'(t)\,\mathrm{d}t - \int_a^b f(t)g'(t)\,\mathrm{d}t$$
$$= f(b)g(b) - f(a)g(a) - \int_a^b f(t)g'(t)\,\mathrm{d}t.$$

对于不定积分, 当 f', g' 在某区间连续时, 可得不定积分的分部积分公式:

$$\int f'(t)g(t)\,\mathrm{d}t = f(t)g(t) - \int f(t)g'(t)\,\mathrm{d}t.$$

当等式右边的积分比左边好算时, 分部积分公式显得尤为重要. 所谓 "好算", 就是右边具有精确的积分值, 或右边比左边更容易估算出近似值. 我们举例说明.

例 7.1 求

$$\int_a^b t\mathrm{e}^t\,\mathrm{d}t.$$

考虑乘积 $t\mathrm{e}^t = f'(t)g(t)$, 则 $f'(t) = t$ 或 $f'(t) = \mathrm{e}^t$, 如果

$$f'(t) = t, \qquad g(t) = \mathrm{e}^t,$$

则有 $f(t) = \dfrac{t^2}{2}$. 由分部积分公式

$$\int_a^b t\mathrm{e}^t\,\mathrm{d}t = \left[\frac{1}{2}t^2\mathrm{e}^t\right]_a^b - \int_a^b \frac{1}{2}t^2\mathrm{e}^t\,\mathrm{d}t.$$

等式右边的积分比原题中的积分难. 转而考虑另外一种情况,

$$f'(t) = \mathrm{e}^t, \qquad g(t) = t,$$

则有 $f(t) = e^t$, $g'(t) = 1$, 由分部积分公式

$$\int_a^b t e^t \, dt = e^b b - e^a a - \int_a^b e^t \, dt = e^b b - e^a a - e^b + e^a.$$

可见第二种情况选定的 f' 和 g 使得积分易于计算. 利用分部积分公式的关键在于, 选定 f' 和 g 以保证积分易于计算.

例 7.2 求 $\int_2^3 \ln x \, dx$, 分解被积函数

$$\ln x = f'(x) g(x),$$

其中 $f'(x) = 1$, $g(x) = \ln x$. 利用 $f(x) = x$, $g'(x) = \dfrac{1}{x}$, 由分部积分公式得到

$$\int_2^3 \ln x \, dx = 3\ln 3 - 2\ln 2 - \int_2^3 x \frac{1}{x} \, dx$$
$$= \ln\left(\frac{3^3}{2^2}\right) - x\Big|_2^3 = \ln\left(\frac{27}{4}\right) - 1.$$

例 7.3 求 $\int_0^1 \sqrt{x^2 - x^3} \, dx$, 分解被积函数:

$$\sqrt{x^2 - x^3} = x\sqrt{1-x} = f'(x) g(x),$$

设 $f'(x) = (1-x)^{\frac{1}{2}}$, $g(x) = x$. 利用 $f(x) = -\dfrac{2}{3}(1-x)^{\frac{3}{2}}$, $g'(x) = 1$, 由分部积分公式得

$$\int_0^1 \sqrt{x^2 - x^3} \, dx = x\left(-\frac{2}{3}(1-x)^{\frac{3}{2}}\right)\Big|_0^1 - \int_0^1 -\frac{2}{3}(1-x)^{\frac{3}{2}} \, dx.$$

计算 $f(x)g(x)\big|_0^1$ 时, 注意到 $f(1) = 0$ 且 $g(0) = 0$. 因此 $f(1)g(1) = 0$, $f(0)g(0) = 0$, 则

$$\int_0^1 x\sqrt{1-x} \, dx = -\int_0^1 -\frac{2}{3}(1-x)^{\frac{3}{2}} \, dx.$$

由 $-\dfrac{2}{3}(1-x)^{\frac{3}{2}}$ 是 $\dfrac{4}{15}(1-x)^{\frac{5}{2}}$ 的导数, 利用微积分基本定理得到 $\int_0^1 -\dfrac{2}{3}(1-x)^{\frac{3}{2}} \, dx = -\dfrac{4}{15}$. 因此, $\int_0^1 \sqrt{x^2 - x^3} \, dx = \dfrac{4}{15}$.

例 7.4 求 $\int e^x \sin x \, dx$, 分解因式 $e^x \sin x = f'(x) g(x)$, 其中 $f'(x) = e^x$, $g(x) = \sin x$. 利用 $f(x) = e^x$, $g'(x) = \cos x$, 以及分部积分公式得到

$$\int e^x \sin x \, dx = e^x \sin x - \int e^x \cos x \, dx.$$

7.1 分部积分

新积分与原积分相比并未简单. 继续利用分部积分, 做分解 $e^x \cos x = f'(x)g(x)$, 其中 $f'(x) = e^x$, $g(x) = \cos x$. 利用 $f(x) = e^x$, $g'(x) = -\sin x$, 再次分部积分得到

$$\int e^x \sin x \, dx = e^x \sin x - \left(e^x \cos x - \int e^x (-\sin x) \, dx \right)$$
$$= e^x \sin x - e^x \cos x - \int e^x \sin x \, dx.$$

注意到上式最后一项是题目要求的积分. 因此可得

$$\int e^x \sin x \, dx = \frac{1}{2} e^x (\sin x - \cos x).$$

例 7.5 求 $\int_a^b \sin^2 t \, dt$, 利用分部积分. 取 $f'(t) = \sin t$, $g(t) = \sin t$. 由 $f(t) = -\cos t$, $g'(t) = \cos t$, 则

$$\int_a^b \sin t \sin t \, dt = \Big[-\cos t \sin t\Big]_a^b - \int_a^b (-\cos t)(\cos t) \, dt$$
$$= \Big[-\cos t \sin t\Big]_a^b + \int_a^b (1 - \sin^2 t) \, dt$$
$$= \Big[-\cos t \sin t + t\Big]_a^b - \int_a^b \sin^2 t \, dt.$$

解得

$$\int_a^b \sin^2 t \, dt = \frac{1}{2}\Big[-\cos t \sin t + t\Big]_a^b.$$

事实上, 将例 7.5 推广, 当 $\sin x$ 的次数更高, 即 $m = 3, 4, \cdots$ 时, 利用分部积分可得递推公式, 取 $f'(t) = \sin t$, $g(t) = \sin^{m-1} t$:

$$\int_a^b \sin^m t \, dt$$
$$= \int_a^b \sin t \sin^{m-1} t \, dt$$
$$= \Big[-\cos t \sin^{m-1} t\Big]_a^b - \int_a^b (-\cos t)((m-1)\sin^{m-2} t \cos t) \, dt$$
$$= \Big[-\cos t \sin^{m-1} t\Big]_a^b + (m-1)\int_a^b (1 - \sin^2 t) \sin^{m-2} t \, dt$$
$$= \Big[-\cos t \sin^{m-1} t\Big]_a^b + (m-1)\int_a^b \sin^{m-2} t \, dt - (m-1)\int_a^b \sin^m t \, dt.$$

求 $\sin^m t$ 的积分, 得到

$$\int_a^b \sin^m t \, dt = \frac{1}{m}\Big[-\cos t \sin^{m-1} t\Big]_a^b + \frac{m-1}{m} \int_a^b \sin^{m-2} t \, dt. \tag{7.1}$$

例 7.6 计算 $\sin^4 t$ 的积分, 利用公式 (7.1) 得到

$$\int_a^b \sin^4 t\, dt = \frac{1}{4}\Big[-\cos t \sin^3 t\Big]_a^b + \frac{3}{4}\cdot\frac{1}{2}\Big[-\cos t \sin t + t\Big]_a^b.$$

用类似的方法解决课后问题 7.8, 要求利用分部积分公式给出关于余弦函数高阶积分的递推公式.

分部积分具有重要作用, 因为分部积分可以巧妙地计算积分, 下面我们将给出分部积分的另外一个应用.

7.1.1 带积分形式余项的泰勒公式

第 4 章中我们提到如果 f 在 a 的某个开区间内 n 阶连续可微, 则在点 a 处的 n 阶泰勒多项式 $t_n(x)$ 为

$$t_n(x) = \sum_{k=0}^n f^{(k)}(a)\frac{(x-a)^k}{k!},$$

其中 x 是区间中任意一点. 定理 4.10 中的泰勒公式的余项为

$$f(x) - t_n(x) = f^{(n+1)}(c)\frac{(x-a)^{n+1}}{(n+1)!},$$

c 是介于 a 和 x 之间的数. 利用分部积分可以将余项写成

$$f(x) - t_n(x) = \frac{1}{n!}\int_a^x (x-t)^n f^{(n+1)}(t)\, dt, \tag{7.2}$$

上式称为余项的积分形式. 当 $n=0$ 时, 公式化为

$$f(x) - f(a) = \int_a^x f'(t)\, dt, \tag{7.3}$$

上述公式再现了微积分基本定理. 对被积函数做分解, $f'(t) = 1 \cdot f'(t) = g'(t)f'(t)$, 其中 $g(t) = t - x$. 由分部积分得

$$\int_a^x f'(t)\, dt = \Big[(t-x)f'(t)\Big]_{t=a}^x - \int_a^x (t-x)f''(t)\, dt$$
$$= f'(a)(x-a) + \int_a^x (x-t)f''(t)\, dt.$$

结合公式 (7.3), 可得

$$f(x) = f(a) + f'(a)(x-a) + \int_a^x (x-t)f''(t)\, dt, \tag{7.4}$$

(7.4) 恰为 (7.2) 中当 $n=1$ 的情形. 对方程 (7.4) 运用分部积分, 得到

$$\int_a^x (x-t)f''(t)\,dt = \left[-\frac{1}{2}(x-t)^2 f''(t)\right]_a^x + \int_a^x \frac{1}{2}(x-t)^2 f'''(t)\,dt$$
$$= f''(a)\frac{(x-a)^2}{2} + \int_a^x \frac{1}{2}(x-t)^2 f'''(t)\,dt.$$

将上式结合方程 (7.4) 可得

$$f(x) = f(a) + f'(a)(x-a) + f''(a)\frac{(x-a)^2}{2} + \int_a^x \frac{1}{2}(x-t)^2 f'''(t)\,dt,$$

该式恰好为 (7.2) 中 $n=2$ 时情形. 继续该步骤, 由数学归纳法得到 (7.2) 对任意 n 都成立.

下面考虑函数 $f(x) = \ln(1+x)$, 其导数为

$$f'(x) = \frac{1}{1+x}, \quad f''(x) = \frac{-1}{(1+x)^2}, \quad f'''(x) = \frac{2}{(1+x)^3}, \quad f''''(x) = \frac{-3!}{(1+x)^4}, \quad \cdots,$$

对于 $n \geqslant 1$,

$$f^{(n)}(x) = (-1)^{(n+1)}\frac{(n-1)!}{(1+x)^n}, \quad f^{(n)}(0) = (-1)^{(n+1)}(n-1)!,$$

$a=0$ 处的 n 阶泰勒多项式为

$$t_n(x) = \sum_{k=1}^n (-1)^{k+1}\frac{x^k}{k}.$$

当 x 取何值时, $|\ln(1+x) - t_n(x)|$ 趋于零? 余项的积分形式 (7.2) 为

$$\ln(1+x) - t_n(x) = \frac{1}{n!}\int_0^x (x-t)^n (-1)^{n+2} \frac{n!}{(1+t)^{n+1}}\,dt = (-1)^{n+2}\int_0^x \frac{(x-t)^n}{(1+t)^{n+1}}\,dt.$$

当 $0 \leqslant x \leqslant 1$ 时, $0 \leqslant t \leqslant x \leqslant 1$ 且 $1 \leqslant 1+t$. 因此

$$\left|(-1)^{n+2}\int_0^x \frac{(x-t)^n}{(1+t)^{n+1}}\,dt\right| \leqslant \int_0^x (x-t)^n\,dt = \frac{x^{n+1}}{n+1} \leqslant \frac{1}{n+1},$$

当 n 趋于无穷时, 上式一致收敛于零. 因此当 $0 \leqslant x \leqslant 1$ 时,

$$\ln(1+x) = x - \frac{x^2}{2} + \frac{x^3}{3} - \frac{x^4}{4} + \cdots,$$

该式为 $\ln(1+x)$ 的泰勒级数. 特别地, 当 $x=1$ 时,

$$\ln 2 = 1 - \frac{1}{2} + \frac{1}{3} - \frac{1}{4} + \cdots.$$

在问题 7.4 中, 要求读者证明当 $-1 < x < 0$ 时泰勒级数的收敛性.

7.1.2 优化数值近似

考虑积分

$$\int_0^1 x^2\sqrt{1-x^2}\,\mathrm{d}x. \tag{7.5}$$

将被积函数分解因式:

$$x^2\sqrt{1-x^2} = (x\sqrt{1-x^2})x = f'g,$$

其中

$$f(x) = -\frac{1}{3}(1-x^2)^{\frac{3}{2}}, \quad g(x) = x.$$

当 $x=1$ 时, $f=0$, 当 $x=0$ 时, $g=0$, 利用分部积分可得

$$\int_0^1 x^2\sqrt{1-x^2}\,\mathrm{d}x = \int_0^1 \frac{1}{3}(1-x^2)^{\frac{3}{2}}\,\mathrm{d}x. \tag{7.6}$$

分部积分的关键是将一个积分转化为另一个积分, 下面将对给出的结果进行分析. 第二个积分比第一个积分更容易求解. 图 7.1 给出两个被积函数的图像.

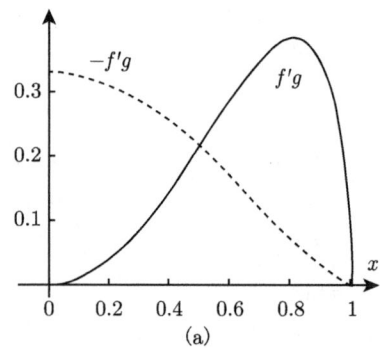

图 7.1 (a) 方程 (7.6) 中 $f'(x)g(x) = x^2\sqrt{1-x^2}$ 与 $-f(x)g'(x) = \frac{1}{3}(1-x^2)^{3/2}$; (b) 利用 n 个子区间中点得到的积分近似值

第一个函数 $x^2\sqrt{1-x^2}$ 的导数为

$$2x\sqrt{1-x^2} - \frac{x^3}{\sqrt{1-x^2}},$$

当 $x \to 1$ 时, 上述极限趋于 $-\infty$, 这说明函数图像在 $x=1$ 时有垂直切线. 导数非常大的函数变化非常快. 相反, 第二个函数 $\frac{1}{3}(1-x^2)^{\frac{3}{2}}$ 的导数为 $-x\sqrt{1-x^2}$, 该导

数在区间 [0, 1] 有界. 具有这样导数的函数变化非常慢. 在第 8 章中我们将看到, 变化慢的函数比变化快的函数更容易估算积分.

图 7.1 中的表, 将 [0, 1] 区间 n 等分, 在每一个子区间求近似积分值

$$I_{中}(x^2\sqrt{1-x^2}, [0, 1]) \quad \text{和} \quad I_{中}(\frac{1}{3}(1-x^2)^{\frac{3}{2}}, [0, 1]).$$

由例 7.13 可得积分值为 $\dfrac{\pi}{16} = 0.19634\cdots$, 由表可得当 $n = 10$ 时, 第二个积分值比第一个积分值更接近实际函数的积分值.

7.1.3 微分方程的应用

令 $x(t)$ 为二阶连续可微函数, $x(t)$ 在区间 $[a, b]$ 端点处取值为零. 如何计算关于 xx'' 的积分呢, 即 $\int_a^b x(t)x''(t)\,\mathrm{d}t$. 为了回答这个问题, 我们先来做分解 $x''(t)x(t) = f'(t)g(t)$, 其中 $f(t) = x'(t)$ 且 $g(t) = x(t)$. 由于 $g(t)$ 在任一端点都为零, 由分部积分得

$$\int_a^b x''(t)x(t)\,\mathrm{d}t = -\int_a^b x'(t)x'(t)\,\mathrm{d}t = \int_a^b -(x'(t))^2\,\mathrm{d}t. \tag{7.7}$$

由于等式右边被积函数为负, 则右边的积分值也为负, 因此等式左边的积分值为负. 这说明分部积分可以用来反映积分的某种性质如正负性.

例 7.7 假设 f_1 和 f_2 是方程

$$f'' - f = 0$$

的解, 且在区间端点值相同, 即 $f_1(a) = f_2(a)$ 且 $f_1(b) = f_2(b)$. 令 $x(t) = f_1(t) - f_2(t)$. 则 $x'' - x = 0$, $x(a) = 0$ 且 $x(b) = 0$. 则方程 (7.7) 变为

$$\int_a^b (x(t))^2\,\mathrm{d}t = -\int_a^b (x'(t))^2\,\mathrm{d}t.$$

左边是一个函数平方的积分, 因此非负, 右边是 -1 乘以平方数因此非正. 这说明左右必须同时为零, 则对任意 t, $x = f_1 - f_2 = 0$. 因此 $f_1 = f_2$. 本题给出了 3.4.4 节定理 3.16 一种新的证明方法.

7.1.4 的 Wallis 乘积公式

令

$$W_n = \int_0^{\frac{\pi}{2}} \sin^n x\,\mathrm{d}x.$$

其中 $W_0 = \dfrac{\pi}{2}$ 且 $W_1 = 1$. 利用递推公式 (7.1) 可得

$$W_n = \int_0^{\frac{\pi}{2}} \sin^n x\, \mathrm{d}x = \frac{1}{n}\Big[-\cos x \sin x\Big]_0^{\frac{\pi}{2}} + \frac{n-1}{n}\int_0^{\frac{\pi}{2}} \sin^{n-2} x\, \mathrm{d}x,$$

因此

$$W_n = \frac{n-1}{n} W_{n-2} \quad (n \geqslant 2). \tag{7.8}$$

照此计算, 当 $n = 2m$ 为偶数时, 得到

$$W_{2m} = \frac{2m-1}{2m}\frac{2m-3}{2m-2}\cdots\frac{1}{2} W_0,$$

当 $n = 2m+1$ 为奇数时, 则有

$$W_{2m+1} = \frac{2m}{2m+1}\frac{2m-2}{2m-1}\cdots\frac{2}{3} W_1.$$

由 $W_0 = \dfrac{\pi}{2}$, 可以得到偶数 W_{2m} 与 π 的关系. 接下来, 用偶数部分除以奇数部分并由 $W_1 = 1$, 可得

$$\frac{W_{2m}}{W_{2m+1}} = \frac{(2m+1)(2m-1)(2m-1)(2m-3)\cdots(3)(1)}{(2m)(2m)(2m-2)(2m-2)\cdots(2)(2)}\frac{\pi}{2}.$$

因此,

$$\frac{\pi}{2} = \frac{(2m)(2m)(2m-2)(2m-2)\cdots(2)(2)}{(2m+1)(2m-1)(2m-1)(2m-3)\cdots(3)(1)}\frac{W_{2m}}{W_{2m+1}}.$$

因为

$$0 \leqslant \sin^{2m+1} x \leqslant \sin^{2m} x \leqslant \sin^{2m-1} x, \quad \text{其中} 0 \leqslant x \leqslant \frac{\pi}{2},$$

从而有 $W_{2m+1} \leqslant W_{2m} \leqslant W_{2m-1}$, 在 (7.8) 式中令 $n = 2m+1$, 得到

$$1 = \frac{W_{2m+1}}{W_{2m+1}} \leqslant \frac{W_{2m}}{W_{2m+1}} \leqslant \frac{W_{2m-1}}{W_{2m+1}} = \frac{2m+1}{2m},$$

当 m 趋于无穷时, 上式右端极限趋于 1. 因此, 我们证明了 Wallis 乘积公式

$$\frac{\pi}{2} = \lim_{m \to \infty} \frac{(2m)(2m)(2m-2)(2m-2)\cdots(4)(4)(2)(2)}{(2m+1)(2m-1)(2m-1)(2m-3)\cdots(5)(3)(3)(1)} = \frac{2}{1}\frac{2}{3}\frac{4}{3}\frac{4}{5}\frac{6}{5}\frac{6}{7}\cdots.$$

7.1 分部积分

问　　题

7.1 计算下列积分.

(a) $\int_0^1 t^2 e^t \, dt$;

(b) $\int_0^{\frac{\pi}{2}} t \cos t \, dt$;

(c) $\int_0^{\frac{\pi}{2}} t^2 \cos t \, dt$;

(d) $\int_0^1 t^3 (1+t^2)^{\frac{1}{2}} \, dt$.

7.2 计算下列积分.

(a) $\int_0^1 \sin^{-1} x \, dx$;

(b) $\int_2^5 x \ln x \, dx$.

7.3 计算下列定积分和不定积分.

(a) $\int_0^1 x \tan^{-1} x \, dx$;

(b) $\int (\sin u + u \cos u) \, du$.

7.4 证明: 当 $-1 < x < 0$ 时, $\ln(1+x)$ 的泰勒级数收敛.

7.5 假设 f_1 和 f_2 是方程
$$f'' - v(t)f = 0$$
的两个解, 其中 v 是一个恒正函数, 假设 $f_1(a) = f_2(a)$, $f_1(b) = f_2(b)$. 仿照例 7.7, 应用分部积分方法证明 f_1, f_2 在区间 $[a, b]$ 上两函数相等.

7.6 求下列不定积分.

(a) $\int x e^{-x} \, dx$;

(b) $\int x e^{-x^2} \, dx$;

(c) $\int x^3 e^{-x} \, dx$;

(d) 利用 $\int e^{-x^2} \, dx$ 表示 $\int x^2 e^{-x^2} \, dx$.

7.7 计算:

(a) $\int_0^{\frac{\pi}{2}} \sin^2 t \, dt$.

(b) $\int_0^{\frac{\pi}{2}} \sin^3 t \, dt$.

7.8 推导公式

$$\int_a^b \cos^n t \, dt = \frac{1}{n}\left[\sin t \cos^{n-1} t\right]_a^b + \frac{n-1}{n}\int_a^b \cos^{n-2} t \, dt \quad \text{其中} n = 2, 3, 4, \cdots.$$

利用上述公式计算 $\int_0^{\frac{\pi}{4}} \cos^2 t \, dt$ 和 $\int_0^{\frac{\pi}{4}} \cos^4 t \, dt$.

7.9 求下列不定积分 $(x > 0)$.

(a) $\int x^{-2} e^{-\frac{1}{x}} \, dx$;

(b) 利用 $\int e^{-\frac{1}{x}} \, dx$ 表示 $\int x^{-1} e^{-\frac{1}{x}} \, dx$;

(c) $\int x^{-3} e^{-\frac{1}{x}} \, dx$;

(d) $\int (x^{-2} e^{-\frac{1}{x}} + x^2 e^{-x}) \, dx$.

7.10 $\mathrm{B}(n, m)$ 定义为如下积分

$$\mathrm{B}(n, m) = \int_0^1 x^n (1-x)^m \, dx, \quad n > 0, \quad m > 0.$$

(a) 利用分部积分, 证明

$$\mathrm{B}(n, m) = \frac{n}{m+1} \mathrm{B}(n-1, m+1);$$

(b) 反复利用 (a) 中的递推公式, 证明对于任意的正整数 n 和 m, $\mathrm{B}(n, m)$ 满足

$$\mathrm{B}(n, m) = \frac{n! m!}{(n+m+1)!}.$$

7.11 已知 $K_m = \int x^m \sin x \, dx$, 其中 $m = 0, 1, 2, \cdots$.

(a) 计算 $K_1(x)$;

(b) 利用两次分部积分证明

$$K_m(x) = -x^m \cos x + m x^{m-1} \sin x - m(m-1) K_{m-2};$$

(c) 计算 $K_0(x)$, $K_2(x)$, $K_4(x)$ 和 $\int_0^{\frac{\pi}{4}} x^4 \sin x \, dx$;

(d) 计算 $K_3(x)$.

7.2 换元法

回顾 3.2.2 节中的链式法则

$$(F(g(t)))' = F'(g(t))g'(t).$$

两边作不定积分

$$\int (F(g(t)))' \, dt = \int F'(g(t))g'(t) \, dt.$$

下面推导定积分的一个重要公式.

定理 7.2(换元法) 令 g 为 $[a, b]$ 上的连续可微函数, f 在 g 的值域上连续且

$$\int_{g(a)}^{g(b)} f(u) \, du = \int_a^b f(g(t))g'(t) \, dt.$$

证明 由微积分基本定理, f 的原函数为 F, 即 $\dfrac{dF(u)}{du} = f(u)$. 由链式法则,

$$\frac{d}{dt}(F(g(t))) = \frac{dF}{du}(g)\frac{dg}{dt} = f(g(t))g'(t).$$

由微积分基本定理

$$\int f(g(t))g'(t) \, dt = F(g(b)) - F(g(a)).$$

另一边利用基本定理得

$$\int_{g(a)}^{g(b)} f(u) \, du = \int_{g(a)}^{g(b)} F'(u) \, du = F(g(b)) - F(g(a)).$$

因此

$$\int_{g(a)}^{g(b)} f(u) \, du = \int_a^b f(g(t))g'(t) \, dt. \qquad \text{证毕.}$$

下面举例说明如何使用换元法 (也称为变量替换法).

例 7.8 考虑积分

$$\int_0^{2\pi} 2t \cos(t^2) \, dt.$$

令 $u = g(t) = t^2$, 如图 7.2 所示.

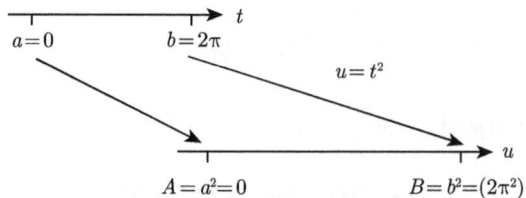

图 7.2 例 7.8 中作变量替换 $u = t^2$

则 $g'(t) = 2t$. 当 $t = 0$, $u = g(0) = 0$. 当 $t = 2\pi$, $u = g(2\pi) = 4\pi^2$. 利用换元法, 可以得到

$$\int_0^{2\pi} 2t\cos(t^2)\,\mathrm{d}t = \int_0^{4\pi^2} \cos u\,\mathrm{d}u = \sin\Big|_0^{4\pi^2} = \sin(4\pi^2).$$

利用换元法求原函数, 记 $g(t) = u$, $g'(t) = \dfrac{\mathrm{d}u}{\mathrm{d}t}$, 则有

$$\int f(g(t))g'(t)\,\mathrm{d}t = \int f(u)\frac{\mathrm{d}u}{\mathrm{d}t}\,\mathrm{d}t = \int f(u)\,\mathrm{d}u.$$

例 7.9 求 $\int \dfrac{\ln t}{t}\,\mathrm{d}t\,(t>0)$. 令 $u = \ln t$, 则 $\dfrac{\mathrm{d}u}{\mathrm{d}t} = \dfrac{1}{t}$, 且

$$\int \frac{\ln t}{t}\,\mathrm{d}t = \int u\frac{\mathrm{d}u}{\mathrm{d}t}\,\mathrm{d}t = \int u\,\mathrm{d}u = \frac{1}{2}u^2 + C = \frac{1}{2}(\ln t)^2 + C.$$

其中 C 为任意常数. 下面验证上述结果的正确性

$$\left(\frac{1}{2}(\ln t)^2 + C\right)' = \frac{1}{2}2(\ln t)\frac{1}{t}.$$

例 7.10 求 $\int \dfrac{x}{3}(x^2+3)^{\frac{1}{2}}\,\mathrm{d}x$. 令 $u = x^2 + 3$, 则 $\dfrac{\mathrm{d}u}{\mathrm{d}t} = 2x$ 且 $\mathrm{d}u = 2x\,\mathrm{d}x$. 反解得 $x\,\mathrm{d}x = \dfrac{1}{2}\,\mathrm{d}u$, 且 $\dfrac{1}{3}x\,\mathrm{d}x = \dfrac{1}{6}\,\mathrm{d}u$. 则

$$\int \frac{x}{3}(x^2+3)^{\frac{1}{2}}\,\mathrm{d}x = \int \frac{1}{6}u^{\frac{1}{2}}\,\mathrm{d}u = \frac{1}{6}\cdot\frac{2}{3}u^{\frac{3}{2}} + C = \frac{1}{9}(x^2+3)^{\frac{3}{2}} + C.$$

验证结果的正确性

$$\left(\frac{1}{9}(x^2+3)^{\frac{3}{2}} + C\right)' = \frac{1}{9}\cdot\frac{3}{2}(x^2+3)^{\frac{1}{2}}(2x) = \frac{x}{3}(x^2+3)^{\frac{1}{2}}.$$

例 7.11 求原函数 $\int \cos(2t)\,\mathrm{d}t$. 令 $u = 2t$, 则 $\dfrac{\mathrm{d}u}{\mathrm{d}t} = 2$ 且 $\mathrm{d}u = 2\,\mathrm{d}t$, 且 $\dfrac{1}{2}\,\mathrm{d}u = \mathrm{d}t$. 则

$$\int \cos(2t)\,\mathrm{d}t = \frac{1}{2}\int \cos u\,\mathrm{d}u = \frac{1}{2}\sin u + C = \frac{1}{2}\sin(2t) + C.$$

7.2 换元法

通常倒过来利用换元公式, 即将积分变量 u 替换为 t 的一个函数, 如下例所示.

例 7.12   半径为 r 的圆的面积由以下积分表示

$$4\int_0^r \sqrt{r^2-u^2}\,\mathrm{d}u.$$

利用变量替换 $u=g(t)=r\sin t$, 可得 $g'(t)=r\cos t$. 见图 7.3.

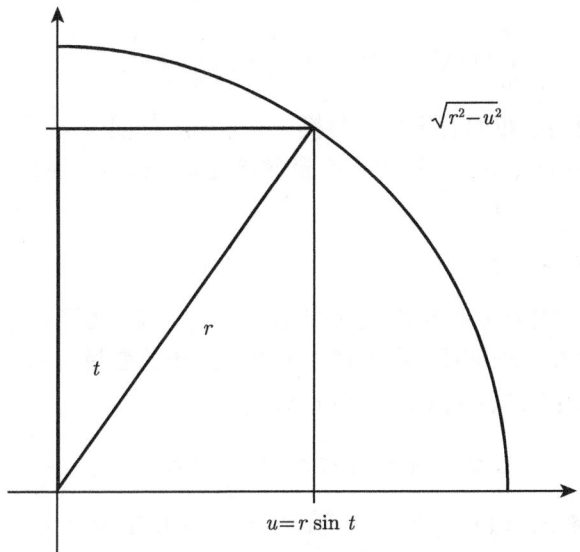

图 7.3   例 7.12 中利用换元 $u=r\sin t$, $\sqrt{r^2-u^2}$ 在区间 $[0,r]$ 上的图像

首先确定积分的上下限, 当 $u=r$ 时 $t=\dfrac{\pi}{2}$, $u=0$ 时 $t=0$. 利用换元公式, 可得

$$4\int_0^r \sqrt{r^2-u^2}\,\mathrm{d}u = 4\int_0^{\frac{\pi}{2}} \sqrt{r^2-r^2\sin^2 t}\cdot r\cos t\,\mathrm{d}t = 4\int_0^{\frac{\pi}{2}} r^2\cos^2 t\,\mathrm{d}t.$$

利用三角恒等式 $\cos^2 t = \dfrac{1}{2}(1+\cos(2t))$. 则可推出

$$4r^2\int_0^{\frac{\pi}{2}} \frac{1}{2}(1+\cos(2t))\,\mathrm{d}t = 2r^2\left[t+\frac{1}{2}\sin(2t)\right]_0^{\frac{\pi}{2}} = \pi r^2.$$

例 7.13   前面求解了积分 (7.5) $\int_0^1 x^2\sqrt{1-x^2}\,\mathrm{d}x = \dfrac{\pi}{16}$. 利用变换 $x=$

$\sin t$, $0 \leqslant t \leqslant \frac{\pi}{2}$, 可得

$$\int_0^1 x^2\sqrt{1-x^2}\,\mathrm{d}x = \int_0^{\frac{\pi}{2}} \sin^2 t\sqrt{1-\sin^2 t}(\cos t)\,\mathrm{d}t = \int_0^{\frac{\pi}{2}} \sin^2 t(1-\sin^2 t)\,\mathrm{d}t$$
$$= \int_0^{\frac{\pi}{2}} \sin^2 t\,\mathrm{d}t - \int_0^{\frac{\pi}{2}} \sin^4 t\,\mathrm{d}t = W_2 - W_4,$$

其中 W_n 由 7.1.4 节定义. 由 $W_2 = \dfrac{\pi}{4}$ 和 $W_4 = \dfrac{3}{4}W_2$, 可得

$$\int_0^1 x^2\sqrt{1-x^2}\,\mathrm{d}x = \frac{\pi}{4} - \frac{3}{4}\frac{\pi}{4} = \frac{\pi}{16}.$$

最后两个例子中, 我们利用变量替换 $x = a\sin t$ 化简 $\sqrt{a^2-x^2}$, 称为三角换元. 在问题 7.14 中, 积分 $\sqrt{a^2+x^2}$, 可作变量替换 $x = a\tan t$; 而积分 $\sqrt{x^2-a^2}$, 可以采用变量替换 $x = a\sec t$.

1. 换元法的几何含义

利用换元法公式的证明我们无法得出其几何含义. 为了揭示换元法的几何含义, 以下将给出另外一种证明. 在定理 7.2 中引入新的变量 $u = g(t)$.

证明 将 t 轴上的区间 $[a, b]$ 进行分割

$$a = a_0 < a_1 < a_2 < \cdots < a_n = b.$$

映射 g 将区间 t 轴上的 $[a, b]$ 映到 u 轴上的 $[A, B]$, 生成一个子分割

$$A = u_0 < u_1 < u_2 < \cdots < u_n = B,$$

其中 $u_i = g(a_i)$. 图 7.4 中示意出一个典型的子区间. 利用中值定理, 子区间 $[u_{j-1}, u_j]$ 的长度 $u_j - u_{j-1}$ 与 $[a_j, a_{j-1}]$ 的长度 $a_j - a_{j-1}$ 之间的关系由下式给出

$$u_j - u_{j-1} = g(a_j) - g(a_{j-1}) = g'(t_j)(a_j - a_{j-1}),$$

对某些 t_j (见 3.1.3 节, 那里将导数解释为 "伸缩因子").

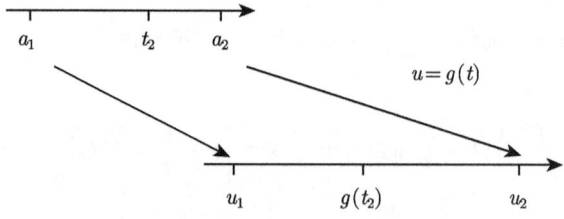

图 7.4 利用变量替换将区间 $[a_1, a_2]$ 映射到 $[u_1, u_2]$

7.2 换元法

为了得到

$$\int_A^B f(u)\,\mathrm{d}u = \int_a^b f(g(t))g'(t)\,\mathrm{d}t,$$

下面近似求和. 等式左边 f 在 $g(t_j)$ 处的近似值为

$$\sum_{j=1}^n f(g(t_j))(u_j - u_{j-1}).$$

等式右边 $f \circ g$ 在点 t_j 的近似值为

$$\sum_{j=1}^n f(g(t_j))g'(t_j)(a_j - a_{j-1}).$$

由于 g 是增函数, t_j 在 a_{j-1} 和 a_j 之间, 从而推出 $g(t_j)$ 在 u_{j-1} 和 u_j 之间. 因此两式相等. 由于两个近似和取极限后相等, 因此两个积分相等. 证毕.

换元公式将未知积分变换成另外一个可求的积分. 这一公式也让我们对积分有了更一般的认识.

例 7.14 令 f 为任意连续函数, g 是线性函数

$$g(t) = kt + c,$$

其中 k 和 c 是常数. 利用变量替换

$$\int_{ka+c}^{kb+c} f(x)\,\mathrm{d}x = \int_a^b f(kt+c)\,k\mathrm{d}t = k\int_a^b f(kt+c)\,\mathrm{d}t.$$

注意两条法则:

(a) 令 $k = 1$, 可得积分的平移变换;

(b) 令 $c = 0$, 可得积分的伸缩变换.

因此, 我们看到, 换元法是我们常用的简单方法的推广.

2. 利用换元法改进估算

通常在换元后, 所得的积分无法显示计算, 但是比原来的积分更容易估算. 例如: 以下积分可求

$$I = \int_1^4 \frac{1}{1+x}\,\mathrm{d}x,$$

$[\ln(1+x)]_1^4 = \ln\left(\frac{5}{2}\right) = 0.9162\cdots$. 假设我们无法求出原函数, 但需要快速地进行估算. 当 $x \in [1, 4]$ 时, $\frac{1}{5} \leqslant \frac{1}{1+x} \leqslant \frac{1}{2}$. 利用积分的最大值最小值定理

$$0.6 = \frac{1}{5}(4-1) \leqslant \int_1^4 \frac{1}{1+x}\,\mathrm{d}x \leqslant \frac{1}{2}(4-1) = 1.5.$$

令 $x = t^2$, 则有
$$I = \int_1^4 \frac{1}{1+x}\,dx = \int_1^4 \frac{1}{1+t^2}\frac{dx}{dt}\,dt = \int_1^2 \frac{2t}{1+t^2}\,dt.$$

区间长度为 $2-1=1$. 新的积分是以 t 为变量的减函数. 在 $t=1$ 处取得最大值 1, $t=2$ 处取得最小值 0.8. 因此利用最大最小值定理, I 有以下范围

$$0.8 \leqslant I \leqslant 1.$$

这个范围比前面得到的范围小了很多.

换元法经常被用于一些常见积分, 其被积函数并非凭空而来, 这些积分常常出现在某个较大问题中的一部分. 通常, 如有必要或为了方便, 我们需要利用换元法.

问　题

7.12 利用与例 7.12 相似的变量替换 $t = 2\sin\theta$ 计算
$$\int_0^1 \sqrt{4-t^2}\,dt,$$
并用类似的方法得到积分的极限.

7.13 利用变量替换 $u = 1+x^2$ 计算积分
$$\int_1^2 (1+x^2)^{\frac{3}{2}} x\,dx.$$

7.14 利用变量替换 $x = 3\tan t$ 计算积分 $\int_0^3 \frac{1}{9+x^2}\,dx$.

7.15 利用变量替换求下列积分.

(a) $\int_0^1 \frac{t}{t^2+1}\,dt$;

(b) $\int_0^1 \frac{t}{(t^2+1)^2}\,dt$;

(c) $\int_0^1 \frac{1}{(t^2+1)^2}\,dt$ (提示: 令 $t = \tan u$);

(d) $\int_{-1}^1 x^2 e^{x^3}\,dx$;

(e) $\int_{-1}^1 \frac{2t+3}{t^2+9}\,dt$;

(f) $\int_0^1 \sqrt{2+t^2}\,dt$. (提示: 令 $t = \sqrt{2}\sinh u$. 参照问题 3.66.)

7.16 利用积分表示椭圆
$$\frac{x^2}{a^2} + \frac{y^2}{b^2} = 1$$

所围面积. 利用变量替换将该积分表示圆的面积, 并进行计算.

7.17 计算
$$\int_0^1 \sqrt{1+\sqrt{x}}\,dx.$$
(提示: 令 $\sqrt{x} = t$.)

7.18
(a) 求 $\dfrac{d}{dx}\ln(\sec x + \tan x)$, 对哪些 x, 你的结果成立?

(b) 以下积分哪些有定义?
$$\int_0^{\frac{3}{2}} \sec x\,dx, \quad \int_1^{\frac{\pi}{2}} \sec x\,dx, \quad \int_{\frac{\pi}{2}}^2 \sec x\,dx, \quad \int_1^2 \sec x\,dx.$$

7.19 函数 g 的导数在区间 $[a,b]$ 上为负. 利用换元法, 证明以下公式成立:
$$\int_{g(b)}^{g(a)} f(x)\,dx = \int_a^b f(g(t))|g'(t)|\,dt.$$

7.20 利用变量替换 $x = \sin^2(\theta)$, 将积分
$$\int_0^{\frac{\pi}{2}} \sin^{2n+1}(\theta)\cos^{2m+1}(\theta)\,d\theta.$$
利用问题 7.10 中 $B(n,m)$ 表示.

7.21 利用变量替换定理证明

(a) f 为区间 $[a,b]$ 上的任意函数, $f_r(x)$ 是定义在 $[a+r, b+r]$ 的函数且 $f_r(x) = f(x-r)$, 则
$$\int_a^b f(x)\,dx = \int_{a+r}^{b+r} f_r(x)\,dx;$$

(b) 如果 f 为区间 $[a,b]$ 上的任意函数, f_- 是其反射函数, 定义在区间 $[-b,-a]$, 且 $f_-(x) = f(-x)$, 则
$$\int_a^b f(x)\,dx = \int_{-b}^{-a} f_-(x)\,dx.$$

7.3 广 义 积 分

本章我们将学习广义积分. 积分区间无限的广义积分称为无穷积分, 例如区间 $[a,b]$ 端点有一个或两个等于 $+\infty$ 或 $-\infty$. 而被积函数在积分区间上无界的广义积分称作瑕积分. 我们将介绍包含一种或两种类型的广义积分.

1. 无穷积分

例 7.15 考虑积分 $\int_1^b \dfrac{1}{x^2}\,dx$. 函数 $\dfrac{1}{x^2}$ 在 $(0, +\infty)$ 连续, 其导数为 $-\dfrac{1}{x}$, 对 $b > 0$, 利用微积分基本定理可得
$$\int_1^b \frac{1}{x^2}\,dx = -\frac{1}{b} - (-1) = -\frac{1}{b} + 1.$$

令 b 趋于正无穷, 则 $\frac{1}{b}$ 趋于 0, 因此可得:

$$\lim_{b\to+\infty}\int_1^b \frac{1}{x^2}\,\mathrm{d}x = \lim_{b\to+\infty}\left(-\frac{1}{b}+1\right) = 1.$$

记左边极限为 $\int_1^{+\infty} \frac{1}{x^2}\,\mathrm{d}x.$

更一般地, 我们给出以下定义.

定义 7.1 f 在区间 $[a, b]$ 连续且当 b 趋于 $+\infty$ 时 $\int_a^b f(x)\,\mathrm{d}x$ 极限存在, 即

$$\lim_{b\to+\infty}\int_a^b f(x)\,\mathrm{d}x$$

存在, 记该极限为

$$\int_a^{+\infty} f(x)\,\mathrm{d}x.$$

称该积分为**无穷积分**, 若极限存在, 称 f 为区间 $[a, +\infty)$ 上的**可积函数**, 并且积分**收敛**, 如果极限不存在, 称 f 在区间 $[a, +\infty)$ 上不可积, 并称积分**发散**.

例 7.16 令 $n > 1$ 且 $b > 0$. 由微积分基本定理:

$$\int_1^b \frac{1}{x^n}\,\mathrm{d}x = -\frac{1}{n-1}\frac{1}{b^{n-1}} + \frac{1}{n-1}.$$

令 $b \to +\infty$, 则 $\frac{1}{b^{n-1}} \to 0$, 且

$$\int_1^{+\infty} \frac{1}{x^n}\,\mathrm{d}x = \frac{1}{n-1} \quad (n > 1).$$

因此积分收敛.

例 7.17 对于 $n < 1$ 当 $b \to +\infty$ 时, $\frac{1}{b^{n-1}} \to +\infty$, 因此

$$\int_1^{+\infty} \frac{1}{x^n}\,\mathrm{d}x = \lim_{b\to+\infty}\int_1^b \frac{1}{x^n}\,\mathrm{d}x = \lim_{b\to+\infty}\left(-\frac{1}{n-1}\frac{1}{b^{n-1}} + \frac{1}{n-1}\right)$$

不存在. 因此,

$$\int_1^{+\infty} \frac{1}{x^n}\,\mathrm{d}x$$

当 $n < 1$ 时发散.

例 7.18 判断无穷积分 $\int_1^{+\infty} \frac{1}{x}$ 的敛散性. 当 $b > 1$ 时, 有 $\int_1^b \frac{1}{x}\,\mathrm{d}x = \ln b - \ln 1 = \ln b$. 由对数函数无界, 极限 $\lim\limits_{b\to+\infty} \ln b$ 不存在, 并且

$$\int_1^{+\infty} \frac{1}{x}\,\mathrm{d}x \ \ 发散.$$

7.3 广义积分

下面我们将给出另外一种证明积分 $\int_1^{+\infty} \frac{1}{x}\,\mathrm{d}x$ 发散的方法, 该方法不需要用到对数函数. 考虑积分 $\int_b^a f(x)\,\mathrm{d}x \geqslant (b-a)m$, 其中 m 是 f 在 $[a,b]$ 上的最小值. 运用该性质计算积分 $\int_a^{2a} \frac{1}{x}\,\mathrm{d}x$. $\frac{1}{x}$ 的最小值在积分区间右端点取到, 则

$$\int_1^2 \frac{1}{x}\,\mathrm{d}x > (2-1) \times \frac{1}{2} = \frac{1}{2}, \qquad \int_2^4 \frac{1}{x}\,\mathrm{d}x > (4-2) \times \frac{1}{4} = \frac{1}{2}, \cdots,$$

$\frac{1}{x}$ 在区间 $[1, 2^k]$ 的积分有如下形式

$$\begin{aligned}\int_1^{2^k} \frac{1}{x}\,\mathrm{d}x &= \int_1^2 \frac{1}{x}\,\mathrm{d}x + \int_2^4 \frac{1}{x}\,\mathrm{d}x + \int_4^8 \frac{1}{x}\,\mathrm{d}x + \cdots + \int_{2^{k-1}}^{2^k} \frac{1}{x}\,\mathrm{d}x \\ &> \frac{1}{2} + \frac{1}{2} + \frac{1}{2} + \cdots + \frac{1}{2} = \frac{k}{2}.\end{aligned}$$

由图 7.5 可得, 当 k 趋于无穷, $\int_1^{2^k} \frac{1}{x}\,\mathrm{d}x$ 趋于无穷, 极限不存在. 因此函数 $\frac{1}{x}$ 在区间 $[1, +\infty)$ 不可积.

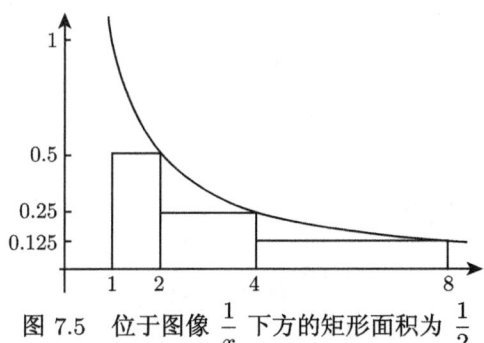

图 7.5 位于图像 $\frac{1}{x}$ 下方的矩形面积为 $\frac{1}{2}$

2. 比较定理

下面我们将讨论在区间 $[a, +\infty)$, 哪些函数是可积的, 哪些不可积, 这依赖于积分的单调性, 即函数值越大积分值越大. 首先考虑以下极限

$$\lim_{b \to +\infty} \int_a^b f(x)\,\mathrm{d}x$$

存在的含义. 当 b 足够大时, $[a, b]$ 区间的积分值对于 b 的依赖非常小. 更精确地描述, 对于任意 $\varepsilon > 0$, 存在依赖于 ε 的 N, 使得

$$\left| \int_a^{b_1} f(x)\,\mathrm{d}x - \int_a^{b_2} f(x)\,\mathrm{d}x \right| < \varepsilon,$$

其中 $b_1, b_2 > N$, 即对于足够大的 N. 当 $a < b_1 < b_2$, 有

$$\int_a^{b_2} f(x)\,\mathrm{d}x = \int_a^{b_1} f(x)\,\mathrm{d}x + \int_{b_1}^{b_2} f(x)\,\mathrm{d}x.$$

因此上述积分作差后可以写作

$$\left|\int_{b_1}^{b_2} f(x)\,\mathrm{d}x\right| < \varepsilon, \tag{7.9}$$

其中 b_1 和 b_2 充分大.

定理 7.3(广义积分比较定理) 假设 f, g 是连续函数并且在区间 $[a, +\infty)$ 满足

$$|f(x)| \leqslant g(x).$$

如果 g 在 $[a, +\infty)$ 可积, 则 f 也可积. 将 $[a, +\infty)$ 换为 $(-\infty, a]$ 可得同样的结论.

证明 由 $|f(x)| \leqslant g(x)$,

$$\left|\int_{b_1}^{b_2} f(x)\,\mathrm{d}x\right| \leqslant \int_{b_1}^{b_2} |f(x)|\,\mathrm{d}x \leqslant \int_{b_1}^{b_2} g(x)\,\mathrm{d}x.$$

由 g 在 $[a, +\infty)$ 可积, 则由 (7.9) 可得

$$\int_{b_1}^{b_2} g(x)\,\mathrm{d}x < \varepsilon.$$

其中 b_1 和 b_2 足够大. 则有

$$\left|\int_{b_1}^{b_2} f(x)\,\mathrm{d}x\right| < \varepsilon.$$

则 f 在 $[a, +\infty)$ 可积. **证毕.**

对于区间 $(-\infty, a]$ 可以得到同样的结论. 该定理可以作为判断函数 f 可积以及 g 不可积的准则. 下面我们将举例说明比较定理.

例 7.19 函数 $\dfrac{1}{1+x^2}$ 在区间 $[1, +\infty)$ 可积吗? 注意到

$$\frac{1}{1+x^2} < \frac{1}{x^2}.$$

由于函数 $\dfrac{1}{x^2}$ 在区间 $[1, +\infty)$ 可积, 利用比较定理可得 $\dfrac{1}{1+x^2}$ 在区间 $[1, +\infty)$ 可积.

前面已经介绍了如何估计 $\displaystyle\int_1^{+\infty} \dfrac{1}{1+x^2}\,\mathrm{d}x$ 的值, 下面将计算这个积分.

7.3 广义积分

例 7.20
$$\int_1^{+\infty} \frac{1}{1+x^2} \, dx = \lim_{t \to +\infty} \int_1^t \frac{1}{1+x^2} \, dx$$
$$= \lim_{t \to +\infty} [\tan^{-1} x]_1^t$$
$$= \lim_{t \to +\infty} (\arctan t - \arctan 1)$$
$$= \frac{\pi}{2} - \frac{\pi}{4}$$
$$= \frac{\pi}{4}.$$

比较定理是判别广义积分收敛还是发散的重要方法,但是这个定理无法给出积分的收敛值.

例 7.21 $\frac{x}{1+x^2}$ 在区间 $[1, +\infty)$ 可积吗? 当 $x \geqslant 1$ 时,有 $x^2 \geqslant 1$,从而有以下不等式

$$\frac{x}{1+x^2} \geqslant \frac{x}{x^2+x^2} = \frac{1}{2x}.$$

$\frac{1}{2x}$ 是 $\frac{1}{x}$ 的一半,当 $b \to +\infty$ 时,$\int_1^b \frac{1}{x} \, dx$ 趋于无穷. 因此由比较定理可得

$$\int_1^b \frac{x}{1+x^2} \, dx \geqslant \frac{1}{2} \int_1^b \frac{1}{x} \, dx,$$

则可得 $\int_1^{+\infty} \frac{x}{1+x^2} \, dx$ 发散.

例 7.22 利用变量替换 $u = 1+x^2$, 计算

$$\int_1^b \frac{x}{1+x^2} \, dx = \frac{1}{2} \int_2^{1+b^2} \frac{1}{u} \, du = \frac{1}{2} \left(\ln(1+b^2) - \ln 2 \right),$$

当 b 趋于无穷时,上述积分无界. 这说明 $\int_1^{+\infty} \frac{x}{1+x^2} \, dx$ 发散,与例 7.21 结果相一致.

某些情况下,通过估值放缩后再利用比较定理可以简化问题.

例 7.23 $\frac{\sin x}{x^2}$ 在区间 $(-\infty, -1]$ 可积吗? 由 $\left| \frac{\sin x}{x^2} \right| \leqslant \frac{1}{x^2}$,且 $\frac{1}{x^2}$ 在区间 $(-\infty, -1]$ 可积,因此 $\frac{\sin x}{x^2}$ 可积.

例 7.24 e^{-x^2} 在区间 $[1, +\infty)$ 上可积吗? 当 $x > 1$ 时,$x^2 > x$,从而有 $0 \leqslant e^{-x^2} < e^{-x}$. 由 $\int_1^b e^{-x} \, dx = e^{-1} - e^{-b}$,则函数 e^{-x} 在区间 $[1, +\infty)$ 可积,当

b 趋于无穷时, 该积分趋于 e^{-1}. 利用比较定理可得

$$\int_1^{+\infty} e^{-x^2} dx \quad \text{收敛}.$$

我们可以证明 (此处从略)

$$\int_0^{+\infty} e^{-x^2} dx = \frac{1}{2}\sqrt{\pi}. \tag{7.10}$$

广义积分的敛散性可以用来判别无穷级数的敛散性.

定理 7.4(级数收敛的积分判别法) 设 $f(x)$ 在 $[1, +\infty)$ 恒正, 且为单调递减的连续函数.

(a) 令 $f(x)$ 在 $[1, +\infty)$ 上可积, $\sum_{n=1}^{\infty} a_n$ 为无穷级数且系数满足不等式

$$|a_n| \leqslant f(n).$$

则级数 $\sum_{n=1}^{\infty} a_n$ 收敛.

(b) 令 $\sum_{n=1}^{\infty} a_n$ 为收敛的无穷级数且系数满足不等式

$$a_n \geqslant f(n).$$

则 f 在 $[1, +\infty)$ 可积.

证明 设 $f(x)$ 单调递减, 则在区间 $[n-1, n]$ 上的最小值在 n 处取到. 利用积分的有界性 (图 7.6) 可得

$$f(n) \leqslant \int_{n-1}^{n} f(x) dx.$$

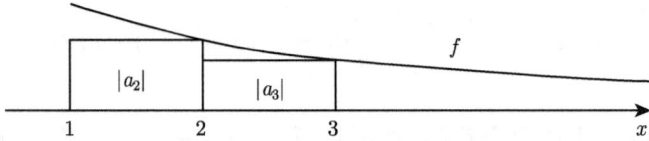

图 7.6 定理 7.4(a) 的证明思路, 将 $|a_n|$ 看作面积

利用条件 $|a_n| \leqslant f(n)$, 可得

$$|a_n| \leqslant \int_{n-1}^{n} f(x) dx.$$

对所有介于 j 与 k 之间的 n 利用不等式, 并利用积分的可加性

$$|a_{j+1}| + \cdots + |a_k| \leqslant \int_j^{j+1} f(x) dx + \cdots + \int_{k-1}^{k} f(x) dx = \int_j^k f(x) dx.$$

函数 f 在 $[1, +\infty)$ 上可积, 当 j 和 k 足够大时, 等式右端小于 ε, 即

$$|a_{j+1} + \cdots + a_k| \leqslant |a_{j+1}| + \cdots + |a_k| \leqslant \varepsilon.$$

这表明当 j 和 k 足够大时, $\sum\limits_{n=1}^{\infty} a_n$ 的第 j 项和第 k 项之间的部分和相差非常小, 因此级数 $\sum\limits_{n=1}^{\infty}$ 收敛 (见定理 1.20). (a) 证毕.

下面来证明 (b). 由于 f 单调递减, 在区间 $[n, n+1]$ 的最大值在 n 处取到. 利用积分的有界性 (图 7.7) 可得

$$f(n) \geqslant \int_n^{n+1} f(x)\,dx.$$

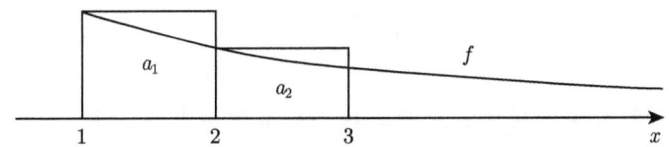

图 7.7 定理 7.4 (b) 的证明思想: 将 $|a_n|$ 看成面积

利用假设 $a_n \geqslant f(n) \geqslant 0$, 可得

$$a_n \geqslant \int_n^{n+1} f(x)\,dx \geqslant 0.$$

对所有介于 j 与 k 之间的 n 利用不等式, 并且利用积分的可加性可得

$$a_j + \cdots + a_{k-1} \geqslant \int_j^{j+1} f(x)\,dx + \cdots + \int_{k-1}^k f(x)\,dx = \int_j^k f(x)\,dx \geqslant 0.$$

由 $\sum\limits_{n=1}^{\infty} a_n$ 收敛, 因此第 j 项和第 k 项之间的部分和相差非常小, 即对于任意的 ε, 有

$$a_j + \cdots + a_{k-1} \leqslant \varepsilon.$$

其中 j 和 k 足够大. 从而有

$$\left| \int_j^k f(x)\,dx \right| \leqslant \varepsilon.$$

这表明 f 在 $[1, +\infty)$ 上可积. 证毕.

积分判别法具有非常重要的应用, 下面举例说明.

例 7.25 $f(x) = \dfrac{1}{x^p}$，其中 $p > 1$. 下面证明 f 在区间 $[1, +\infty)$ 可积. 令

$$a_n = f(n) = \dfrac{1}{n^p}.$$

由级数收敛的积分判别法 (a) 可得，当 $p > 1$ 时，

$$\sum_{n=1}^{+\infty} \dfrac{1}{n^p} = 1 + \dfrac{1}{2^p} + \dfrac{1}{3^p} + \cdots$$

收敛. 这个无穷和即为数论中著名的黎曼 zeta 函数 $\zeta(p)$. 从而由积分判别法可得 f 在区间 $[1, +\infty)$ 可积.

例 7.26 前面已经证明了例 1.21 中级数

$$\sum_{n=1}^{+\infty} \dfrac{1}{n}$$

发散. 下面我们利用积分判别法来判断这个级数的敛散性. 设 $f(x) = \dfrac{1}{x}$，且 $a_n = f(n) = \dfrac{1}{n}$. 如果级数收敛，则利用积分判别定理 (b) 可得函数 $f(x) = \dfrac{1}{x}$ 在 $[1, +\infty)$ 可积，这与已有结论矛盾.

3. 瑕积分

另一种广义积分的特点是被积函数在闭区间上无界，也称为瑕积分.

例 7.27 考虑瑕积分 $\displaystyle\int_a^1 \dfrac{1}{\sqrt{x}}$ 的敛散性，其中 $a > 0$. $\dfrac{1}{\sqrt{x}}$ 是 $2\sqrt{x}$ 的导数，利用微积分基本定理可得 $\displaystyle\int_a^1 \dfrac{1}{\sqrt{x}}\,\mathrm{d}x = 2 - 2\sqrt{a}$. 当 $a \to 0$ 时，$\sqrt{a} \to 0$，并且

$$\lim_{a \to 0} \int_a^1 \dfrac{1}{\sqrt{x}}\,\mathrm{d}x = 2.$$

记等式左边为 $\displaystyle\int_0^1 \dfrac{1}{\sqrt{x}}\,\mathrm{d}x$.

当 $x \to 0$ 时，$\dfrac{1}{\sqrt{x}}$ 无界，但该函数在区间 $[0, 1]$ 上的积分存在. 更一般地，我们给出如下定义.

定义 7.2 函数 f 定义在区间 $(a, b]$ 上，并且在任何子区间 $[a+h, b]$，$h > 0$ 上连续，但在区间 $[a, b]$ 不连续. 如果极限

$$\lim_{h \to 0} \int_{a+h}^b f(x)\,\mathrm{d}x$$

7.3 广义积分

存在, 则称 f 在区间 $(a, b]$ **上可积**. 记该极限为 $\int_a^b f(x)\,\mathrm{d}x$, 称该积分为**瑕积分**. 如果极限不存在, 则称 f 在区间 $(a, b]$ **上不可积**或**发散**.

例 7.28 考虑瑕积分 $\int_0^1 \dfrac{1}{\sqrt{x}}\,\mathrm{d}x$. $\dfrac{1}{x}$ 在积分区间的左端点 0 处无定义. 在左端点加一个很小的数 h, 其中 $0 < h < 1$, 则积分区间变为 $[h, 1]$. 由微积分积分定理

$$\int_h^1 \frac{1}{x}\,\mathrm{d}x = \ln 1 - \ln h = \ln\left(\frac{1}{h}\right).$$

当 $h \to 0$ 时, $\ln\left(\dfrac{1}{h}\right)$ 趋于无穷, 从而积分发散. 见图 7.8.

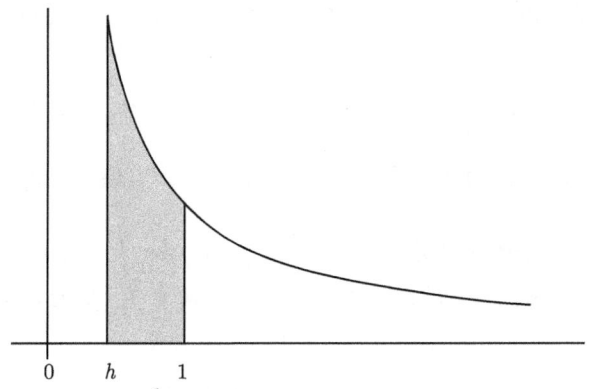

图 7.8 例 7.28 中 $\dfrac{1}{x}$ 的图像. 当 $h \to 0$ 时, 阴影区域面积趋于无穷

例 7.29 考虑积分 $\int_0^1 \dfrac{1}{x^p}\,\mathrm{d}x$, 其中 $p \neq 1$. 图 7.9 给出被积函数的图像. $\dfrac{1}{x^p}$ 是 $\dfrac{x^{1-p}}{1-p}$ 的导数, 当 $h > 0$ 时, 由微积分基本定理

$$\int_h^1 \frac{1}{x^p}\,\mathrm{d}x = \frac{1}{1-p} - \frac{h^{1-p}}{1-p}.$$

当 $0 < p < 1$ 时, $h \to 0$ 时 h^{1-p} 趋于 0, 因此广义积分

$$\int_0^1 \frac{1}{x^p}\,\mathrm{d}x = \frac{1}{1-p}, \quad \text{当 } 0 < p < 1 \text{ 时}.$$

当 $p > 1$ 时, h^{1-p} 趋于无穷. 因此

$$\int_0^1 \frac{1}{x^p}\,\mathrm{d}x \text{ 发散}, \quad \text{当 } p > 1 \text{ 时}.$$

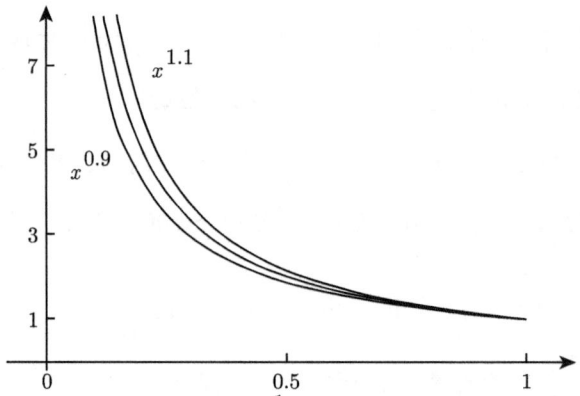

图 7.9 例 7.29 中当 $p = 0.9, 1, 1.1$ 时 $\dfrac{1}{x^p}$ 的图像. 若 $p < 1$, 当 $h \to 0$ 时, 区间 $[h, 1]$ 上方的面积收敛; 若 $p \geqslant 1$, 当 $h \to 0$ 时, 区间 $[h, 1]$ 上方的面积发散

例 7.30 计算积分 $\int_{-1}^{1} \dfrac{-1}{x^2} \mathrm{d}x$. 由于被积函数是 $\dfrac{1}{x}$ 的导数, 利用微积分基本定理可得 $\left[\dfrac{1}{x}\right]_{-1}^{1} = 2$. 但由于 $\dfrac{-1}{x^2}$ 在区间 $[-1, 1]$ 上不连续, 因此不能直接利用定理计算. 正确的方法是分别计算暇积分 $\int_{-1}^{0} \dfrac{-1}{x^2} \mathrm{d}x$ 和 $\int_{0}^{1} \dfrac{-1}{x^2} \mathrm{d}x$, 如果两个积分存在, 则题目所求积分为二者的和. 否则积分发散. 事实上, 第二个积分发散, 从而积分

$$\int_{-1}^{1} \dfrac{-1}{x^2} \mathrm{d}x \text{ 不存在}.$$

比较定理也同样适用于暇积分. 如果 $|f(x)| \leqslant g(x)$, 其中 $x \in (a, b)$ 并且 g 在区间 (a, b) 上可积, 则 f 在区间 (a, b) 上可积.

例 7.31 计算暇积分
$$\int_{0}^{1} \dfrac{1}{\sqrt{x + x^2}} \mathrm{d}x$$
被积函数满足不等式 $\dfrac{1}{\sqrt{x + x^2}} < \dfrac{1}{\sqrt{x}} = \dfrac{1}{x^{\frac{1}{2}}}$. 由例 7.29 可得 $x^{\frac{1}{2}}$ 在区间 $[0, 1]$ 上可积, 从而积分收敛.

例 7.32 函数 $f(x) = \dfrac{\sin x}{x}$ 在 $x = 0$ 处无定义. 由
$$\lim_{x \to 0} \dfrac{\sin x}{x} = 1,$$
当 $x = 0$ 时, 定义函数 $f = 1$. 则 f 在 0 处连续. (图 7.10). 这称为 f 的一个连续扩充. 由于这个扩充函数作为连续函数是可积的, 所以暇积分
$$\int_{0}^{1} \dfrac{\sin x}{x} \mathrm{d}x$$

7.3 广义积分

可积.

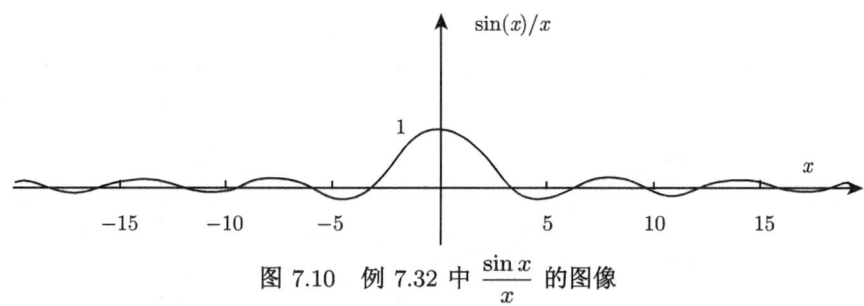

图 7.10 例 7.32 中 $\dfrac{\sin x}{x}$ 的图像

4. 换元法

通过换元 $z = \dfrac{1}{x}$,可将广义积分转换为普通积分,或将无界区间上的积分转化为有界区间上的积分. 无限的积分区间转换为有限个区间的来解决. 由积分的换元公式,

$$\int_a^b f(x)\,\mathrm{d}x = \int_{\frac{1}{b}}^{\frac{1}{a}} f\left(\frac{1}{z}\right)\frac{1}{z^2}\,\mathrm{d}z.$$

当 $x \to +\infty$ 时,$x^2 f(x)$ 趋于有限值 L. 利用变量替换,当 $z \to +\infty$ 时,$f\left(\dfrac{1}{z}\right)\dfrac{1}{z^2}$ 趋于有限值 L. 当 $z = 0$ 时,定义 $f\left(\dfrac{1}{z}\right)\dfrac{1}{z^2}$ 的函数值为 L. 从而当 $b \to +\infty$ 时,积分 $\int_a^b f(x)\,\mathrm{d}x$ 转换为普通积分

$$\int_0^{\frac{1}{a}} f\left(\frac{1}{z}\right)\frac{1}{z^2}\,\mathrm{d}z.$$

以下例题同样可以利用上述换元法.

例 7.33 计算 $\int_1^{+\infty} \dfrac{1}{1+x^2}\,\mathrm{d}x$. 利用变量替换 $x = \dfrac{1}{z}$ 可得

$$\lim_{b\to+\infty} \int_1^b \frac{1}{1+x^2}\,\mathrm{d}x = \lim_{b\to+\infty} \int_{\frac{1}{b}}^1 \frac{1}{1+\left(\frac{1}{z}\right)^2}\frac{1}{z^2}\,\mathrm{d}z = \lim_{b\to+\infty}\int_{\frac{1}{b}}^1 \frac{1}{1+z^2}\,\mathrm{d}z.$$

当 $b \to +\infty$ 时,积分化为普通积分 (图 7.11)

$$\int_0^1 \frac{1}{1+z^2}\,\mathrm{d}z = \arctan 1 - \arctan 0 = \frac{\pi}{4}.$$

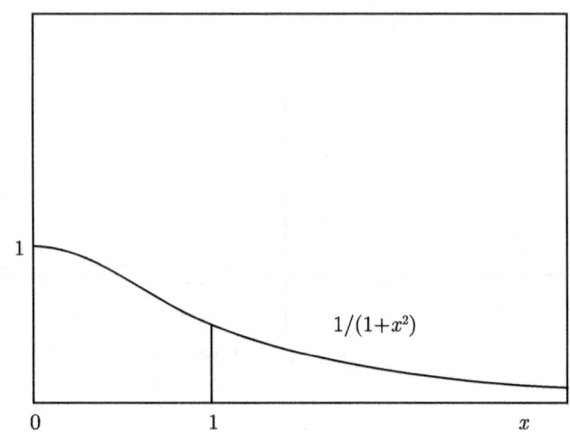

图 7.11　$\dfrac{1}{1+x^2}$ 的图像. $[0,1]$ 之间的面积等于 $[1,+\infty]$ 之间的面积. 见例 7.33

5. 估算 $n!$

在 4.1 节中我们已经介绍当 $x \to +\infty$ 时, e^x 趋于无穷的速度比 x 的任意次幂都要快. 因此对于任意 n, $x^n e^{-x}$ 趋于 0 的速度比任何 x 的负幂次都快, 因此 $x^n e^{-x}$ 在 $[0, +\infty)$ 上可积 (见图 7.12).

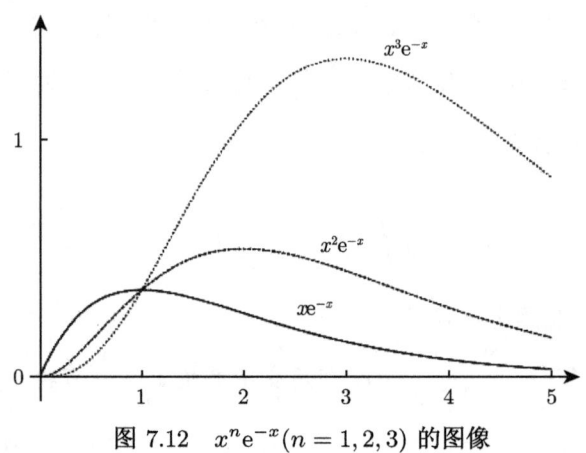

图 7.12　$x^n e^{-x}(n=1,2,3)$ 的图像

下面我们将利用分部积分计算广义积分

$$\int_0^{+\infty} x^n e^{-x}\, dx,$$

其中 n 是正整数. 将被积函数写作 $f'(x)g(x)$, 其中 $f(x) = -e^{-x}$ 并且 $g(x) = x^n$. 在 0 到 b 上积分, 其中 $b \to +\infty$. 当 $x = 0$ 时, $f(x)g(x) = 0$, 当 $b \to +\infty$ 时, $f'(x)g(x)$ 在 $x = b$ 处的值趋于 0. 由 $g'(x) = nx^{n-1}$, 可得

7.3 广义积分

$$\int_0^{+\infty} x^n \mathrm{e}^{-x}\,\mathrm{d}x = \lim_{b\to+\infty}\left(\left[-\mathrm{e}^{-x}x^n\right]_0^b + \int_0^b n x^{n-1}\mathrm{e}^{-x}\,\mathrm{d}x\right) = n\int_0^{+\infty} x^{n-1}\mathrm{e}^{-x}\,\mathrm{d}x.$$

重复该步骤, 可得 $\int_0^{+\infty} x^n \mathrm{e}^{-x}\,\mathrm{d}x = n(n-1)\int_0^{+\infty} x^{n-2}\mathrm{e}^{-x}\,\mathrm{d}x$. 进行 n 次分部积分, 可得

$$\int_0^{+\infty} x^n \mathrm{e}^{-x}\,\mathrm{d}x = n!\int_0^{+\infty} \mathrm{e}^{-x}\,\mathrm{d}x.$$

对任意 t, 当 $t\to+\infty$ 时, $\int_0^t \mathrm{e}^{-x}\,\mathrm{d}x = -\mathrm{e}^{-t} - (-1)$ 趋于 1, 因此有

$$\int_0^{+\infty} x^n \mathrm{e}^{-x}\,\mathrm{d}x = n!. \tag{7.11}$$

公式 (7.11) 说明等式左边复杂的积分可由右边简单的表达为 $n!$, 反之, 等式右端复杂的表达式 $n!$ 可用左端简单的积分来表达! 为何说 $n!$ 是复杂的表达式呢? 因为当 n 足够大时, $n!$ 很难计算. 将每一个因子 $1, 2, 3, \cdots$ 都用 n 来代替, 则有

$$n! < n^n,$$

但这只是个粗略的放缩. 利用算术-几何平均值不等式放缩配对因子 k 和 $n-k$ 的乘积, 可以得到更精确的值

$$\sqrt{k(n-k)} \leqslant \frac{k+(n-k)}{2} = \frac{n}{2}.$$

两边平方可得 $k(n-k) \leqslant \left(\frac{n}{2}\right)^2$. 在 $n!$ 中作为 k 和 $n-k$ 配对共有 $\frac{n}{2}$ 对, 对所有的配对利用不等式, 可得

$$n! < \left(\frac{n}{2}\right)^n. \tag{7.12}$$

这比前面的放缩更精确, 但这仍然是粗略的估计.

由方程 (7.11) 可得积分的最大值在等式左端更容易估计, 首先求出 $x^n \mathrm{e}^{-x}$ 的最大值. 对函数求导

$$\frac{\mathrm{d}}{\mathrm{d}x}(x^n \mathrm{e}^{-x}) = n x^{n-1}\mathrm{e}^{-x} - x^n \mathrm{e}^{-x}.$$

因此右边可以写作

$$(n-x)x^{n-1}\mathrm{e}^{-x}.$$

这表明当 $x < n$ 时, $x^n \mathrm{e}^{-x}$ 为正, 当 $x > n$ 时, $x^n \mathrm{e}^{-x}$ 为负, 因此当 $x = n$ 时, $x^n \mathrm{e}^{-x}$ 取到最大值, 最大值为 $n^n \mathrm{e}^{-n}$. 下面分解因式

$$x^n \mathrm{e}^{-x} = \left(\frac{n}{\mathrm{e}}\right)^n \left(\frac{x}{n}\right)^n \mathrm{e}^{n-x}.$$

因此可以将 $n!$ 写作

$$n! = \left(\frac{n}{\mathrm{e}}\right)^n \int_0^{+\infty} \left(\frac{x}{n}\right)^n \mathrm{e}^{n-x}\, \mathrm{d}x.$$

利用变量替换 $x = ny$, $\mathrm{d}x = n\, \mathrm{d}y$ 可得

$$n! = \left(\frac{n}{\mathrm{e}}\right)^n \int_0^{+\infty} y^n \mathrm{e}^{n(1-y)} n\, \mathrm{d}y = n \left(\frac{n}{\mathrm{e}}\right)^n \int_0^{+\infty} (y\mathrm{e}^{1-y})^n\, \mathrm{d}y. \tag{7.13}$$

记 (7.13) 等式右端的积分为 $d(n)$ 并且改写为

$$n! = \frac{n^{n+1}}{\mathrm{e}^n} d(n), \tag{7.14}$$

其中

$$d(n) = \int_0^{+\infty} (y\mathrm{e}^{1-y})^n\, \mathrm{d}y.$$

该积分的被积函数是 $y\mathrm{e}^{1-y}$ 的 n 次幂, 当 $y = 1$ 时该被积函数等于 1, 其他情况小于 1, 则被积函数对于任意 y 关于 n 是递减函数, 即 $d(n)$ 也是递减函数. 这说明由 (7.14) 所给出的 $n!$ 的上界比 (7.12) 更精确.

随着 n 的增大, $d(n)$ 是如何递减呢? 当 $n \to \infty$ 时, $d(n)$ 渐近于 $\sqrt{\frac{2\pi}{n}}$, 也就是说, 当 n 趋于无穷大时, $d(n)$ 与 $\sqrt{\frac{2\pi}{n}}$ 的比值趋于 1. 这个断言的证明是初等的, 但并没有初等到适合在一本微积分入门书中介绍, 因此我们不加证明地给出以下定理:

定理 7.5 (斯特林公式) 当 $n \to \infty$ 时, $n!$ 渐近于

$$\sqrt{2\pi n} \left(\frac{n}{\mathrm{e}}\right)^n.$$

问　题

7.22 若 $n \to \infty$ 时有 $\frac{a_n}{b_n} \to 1$, 则称数列 a_n 渐近于 b_n. 如果 a_n 渐近于 b_n, $a_n - b_n$ 是否趋于 0 呢?

7.23 设 a_n 和 b_n 是两个正的渐近数列.
(a) na_n 是否渐近于 nb_n? na_n 是否渐近于 $\sqrt{1 + n^2 b_n}$?
(b) 求极限 $\lim\limits_{n \to \infty} (\ln a_n - \ln b_n)$.

7.3 广义积分

7.24 利用斯特林公式 $\sqrt{2\pi n}\left(\dfrac{n}{e}\right)^n \sim n!$ 计算极限

$$\lim_{n\to\infty}\left(\ln(n!)-\left(n+\dfrac{1}{2}\right)\ln n+n\right).$$

7.25 利用积分判别法判断下列级数是否收敛.

(a) $\displaystyle\sum_{n=1}^{\infty}\dfrac{1}{n^2}$;

(b) $\displaystyle\sum_{n=1}^{\infty}\dfrac{1}{n^{1.2}}$;

(c) $\displaystyle\sum_{n=2}^{\infty}\dfrac{1}{n\ln n}$;

(d) $\displaystyle\sum_{n=1}^{\infty}\dfrac{1}{n^{\frac{9}{10}}}$.

7.26 判断下列哪些函数在区间 $[0,+\infty)$ 上可积.(提示: 利用比较判别法. 将区间两个端点分开考虑.)

(a) $\dfrac{1}{\sqrt{x}(1+x)}$;

(b) $\dfrac{x}{1+x^2}$;

(c) $\dfrac{\sqrt{1+x}-\sqrt{x}}{1+x}$;

(d) $\dfrac{1}{x+x^4}$.

7.27 令 $f(x)=\dfrac{p(x)}{q(x)}$, 其中 $q(x)$ 是次数 $\geqslant 2$ 的多项式, 当 $x \geqslant 1$ 时, $q(x)$ 非零. 令 $p(x)$ 是次数 $\leqslant n-2$ 的多项式.

(a) 引入变量 $z=x^{-1}$ 将广义积分 $\displaystyle\int_1^{+\infty}f(x)\,\mathrm{d}x$ 变换为普通积分.

(b) 利用这个方法证明 $\displaystyle\int_1^{+\infty}\dfrac{1}{1+x^3}\,\mathrm{d}x=\int_0^1\dfrac{z}{z^3+1}\,\mathrm{d}z$.

7.28 利用分部积分将广义积分 $\displaystyle\int_0^1\dfrac{1}{\sqrt{x+x^2}}\,\mathrm{d}x$ 转化为普通积分.

7.29 利用分部积分证明广义积分 $\displaystyle\int_1^{+\infty}\dfrac{\sin x}{x}\,\mathrm{d}x$ 收敛. 利用以下步骤证明 $\displaystyle\int_1^{+\infty}\dfrac{|\sin x|}{x}\,\mathrm{d}x$ 发散:

(a) 证明 $\displaystyle\int_1^{n\pi}\dfrac{|\sin x|}{x}\,\mathrm{d}x \geqslant \sum_{k=2}^{n}\int_{(k-1)\pi}^{k\pi}\dfrac{|\sin x|}{x}\,\mathrm{d}x$;

(b) 证明 $\displaystyle\int_{(k-1)\pi}^{k\pi}\dfrac{|\sin x|}{x}\,\mathrm{d}x \geqslant \dfrac{1}{k\pi}\int_{(k-1)\pi}^{k\pi}|\sin x|\,\mathrm{d}x$;

(c) 证明 $\int_{(k-1)\pi}^{k\pi} |\sin x|\, dx = 2$;

(d) 为什么以上三条说明 $\int_1^{+\infty} \frac{|\sin x|}{x}\, dx$ 发散?

7.30 证明下面广义积分存在并求出其值.

(a) $\int_1^{+\infty} \frac{1}{x^{1.0001}}\, dx$;

(b) $\int_0^4 \frac{1}{\sqrt{4-x}}\, dx$;

(c) $\int_0^1 \frac{1}{x^{0.9999}}\, dx$;

(d) $\int_0^1 \frac{1}{x^{\frac{2}{3}}}\, dx$.

7.31 证明积分 $\int_s^{+\infty} \frac{1}{x \ln x}\, dx$ 发散, 其中 $s > 1$.

下面两个问题指引一个对某些积分有用的代数方法 (部分分式分解).

7.32 (a) 通分 $\frac{A}{x+2} + \frac{B}{x-2}$;

(b) 将 $\frac{3x-4}{x^2-4}$ 化为 $\frac{A}{x+2} + \frac{B}{x-2}$, 其中 A, B 是常数;

(c) 计算 $\int_3^4 \frac{3x-4}{x^2-4}\, dx$.

7.33 计算积分 $\int_2^{+\infty} \frac{1}{y-y^2}\, dy$.

7.34 利用分部积分方法证明 $\int_0^{+\infty} t^n e^{-pt}\, dt = \frac{n!}{p^{n+1}}$, 其中 $p > 0$.

7.35 利用两次分部积分证明

$$\int_0^{+\infty} \sin(at) e^{-pt}\, dt = \frac{a}{a^2+p^2} \quad \text{与} \quad \int_0^{+\infty} \cos(at) e^{-pt}\, dt = \frac{p}{a^2+p^2}.$$

7.4 积分的其他性质

7.4.1 函数列的积分

多项式函数容易积分, 许多重要的函数可以用泰勒级数来表示. 下面我们将利用 f 的泰勒级数来研究该函数在区间 $[a, b]$ 上的积分.

定理 7.6(积分收敛定理) 设函数列 f_n 在某一区间上一致收敛于 f, 则对该

7.4 积分的其他性质

区间上的任何数 a, b, f_n 的积分值收敛于 f 的积分值

$$\lim_{n\to\infty}\int_a^b f_n(t)\,\mathrm{d}t = \int_a^b f(t)\,\mathrm{d}t.$$

证明 设 f_n 在区间 $[a, b]$ 上一致收敛于 f, 即对每一个 $\varepsilon > 0$, 存在 N, 使得当 $n \geqslant N$ 时, $|f_n(t) - f(t)| < \varepsilon$, 由积分的性质可得

$$\left|\int_a^b f_n(t)\,\mathrm{d}t - \int_a^b f(t)\,\mathrm{d}t\right| \leqslant \int_a^b |f_n(t) - f(t)|\,\mathrm{d}t \leqslant \varepsilon(b-a),$$

因此 $\lim_{n\to\infty}\int_a^b f_n(t)\,\mathrm{d}t = \int_a^b f(t)\,\mathrm{d}t.$ 证毕.

例 7.34 由 $\sum_{n=0}^{\infty} \dfrac{x^{2n+1}}{(2n+1)!} = x - \dfrac{x^3}{3!} + \dfrac{x^5}{5!} - \cdots$ 在区间 $[-c, c]$ 上一致收敛于 $\sin x$, 因此级数

$$\sum_{n=0}^{\infty} \frac{(x^2)^{2n+1}}{(2n+1)!} = x^2 - \frac{x^6}{3!} + \frac{x^{10}}{5!} - \cdots$$

在区间 $[a, b]$ 上一致收敛于 $\sin(x^2)$, 由定理 7.6 可得

$$\int_0^1 \sin(x^2)\,\mathrm{d}x = \left[\frac{x^3}{3} - \frac{x^7}{3!\,7} + \frac{x^{11}}{5!\,11} - \cdots\right]_0^1 = \frac{1}{3} - \frac{1}{3!\,7} + \frac{1}{5!\,11} - \cdots.$$

定理 7.6 还可用于计算收敛级数的和函数.

例 7.35 由 2.6.1 节可得以下几何级数

$$1 - t + t^2 - t^3 + \cdots$$

在区间 $[-c, c]$ 上一致收敛到函数 $\dfrac{1}{1+t}$, 其中. 利用定理 7.6, 从 0 到 x 上积分, 其中 $x \in (-1, 1)$, 可得函数 $\ln(1+x)$:

$$x - \frac{x^2}{2} + \frac{x^3}{3} - \frac{x^4}{4} + \cdots = \ln(1+x),$$

对任意的 $0 < c < 1$, 上述级数在 $[-c, c]$ 上一致收敛.

例 7.36 多项式函数列

$$f_n(t) = \sum_{k=0}^{n} (-1)^k t^{2k} = 1 - t^2 + t^4 - t^6 + \cdots + (-1)^n t^{2n}$$

一致收敛于 $\dfrac{1}{1-(-t^2)} = \dfrac{1}{1+t^2}$ 在区间 $[-c, c]$, 其中 $0 < c < 1$. 当 $a = 0$ 时, $f_n(t)$

为泰勒多项式 $f(t) = \dfrac{1}{1+t^2}$，利用定理 7.6，对于任意 $-1 < x < 1$ 有

$$\int_0^x \frac{1}{1+t^2}\,\mathrm{d}t = \lim_{n\to\infty} \int_0^x (1 - t^2 + t^4 - t^6 + \cdots + (-1)^n t^{2n})\,\mathrm{d}t$$

$$= \lim_{n\to\infty}\left(x - \frac{x^3}{3} + \frac{x^5}{5} + \cdots + (-1)^n \frac{x^{2n+1}}{2n+1}\right)$$

$$= \sum_{n=0}^{\infty} (-1)^n \frac{x^{2n+1}}{2n+1}.$$

利用微积分基本定理可得 $\int_0^x \dfrac{1}{1+t^2}\,\mathrm{d}t = \tan^{-1} x$，可得 $\arctan x = \sum_{n=0}^{\infty}(-1)^n \dfrac{x^{2n+1}}{2n+1}$，其中 $|x| < 1$。

第 2 章中已经介绍，如果泰勒级数收敛，则在 $[a,b]$ 上一致收敛，满足定理 7.6 的条件。下面的例子说明如果一个函数在 $[a,b]$ 上逐点收敛而非一致收敛，则结论不一定成立。

例 7.37 令 $f_n(x) = nx(1-x^2)^n$，其中 $x \in [0, 1]$。对于 $n = 1, 2, 3, \cdots$，f_n 连续且

$$\int_0^1 f_n(x)\,\mathrm{d}x = n\int_0^1 x(1-x^2)^n\,\mathrm{d}x = \frac{n}{n+1}\left(-\frac{1}{2}\right)\left[(1-x^2)^{n+1}\right]_0^1 = \frac{1}{2}\frac{n}{n+1}.$$

因此

$$\lim_{n\to\infty}\int_0^1 f_n(x)\,\mathrm{d}x = \frac{1}{2}\lim_{n\to\infty}\frac{n}{n+1} = \frac{1}{2}.$$

当 $n \to \infty$ 时，我们来分析函数列 $f_n(x)$，$x \in [0, 1]$。当 $x = 0$ 时，$f_n(0) = 0$。对于 $0 < x \leqslant 1$，$b = 1 - x^2 < 1$，因此有 $\lim_{n\to\infty} f_n(x) = x \lim_{n\to\infty} nb^n$。该极限为 0，利用定理 2.10，$\dfrac{b^{-n}}{n}$ 趋于无穷。因此，对一切 $x \in [0, 1]$ 有 $f_n(x) \to 0$，但是

$$\int_0^1 \lim_{n\to\infty} f_n(x)\,\mathrm{d}x = \int_0^1 0\,\mathrm{d}x = 0 \neq \frac{1}{2}.$$

积分的极限不等于极限的积分，由图 7.13 可以看出这个例子与定理 7.6 并不矛盾。

7.4 积分的其他性质 · 295 ·

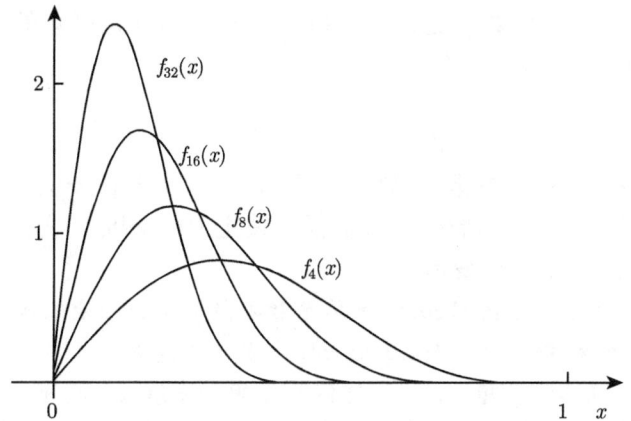

图 7.13 例 7.37 中的函数 $f_n(x)$ 逐点收敛到 0, 但是其积分不收敛到 0

7.4.2 含参变量的积分

首先介绍含参变量积分的例子.

考虑通过单位管道横截面的气体, 设管道所在方向为 x 轴, 气体在 x 处的线密度为 $\rho(x)$. 气体在 $[a, b]$ 之间的质量 M 由下式给出

$$M = \int_a^b \rho(x)\,\mathrm{d}x.$$

由于气体具有流动性, 则线密度 ρ 随时间改变. 从而管道中气体的质量是时间的函数. 令 $\rho[t](x)$ 为当 t 时刻在 x 处的线密度. 则 t 时刻管道中气体的质量为

$$M[t] = \int_a^b \rho[t](x)\,\mathrm{d}x.$$

假设线密度在每一点处均为时间的连续函数, 则气体质量也是关于时间的连续函数. 下面分别引出一个定义和定理 (图 7.14).

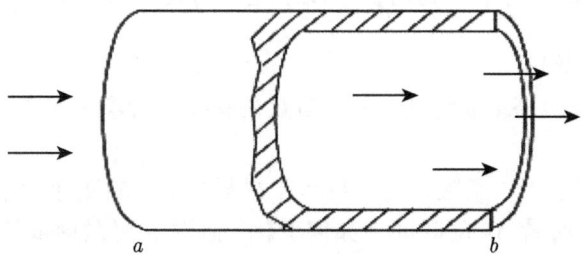

图 7.14 流经管道的气体密度为 ρ, M 是位于 a 和 b 之间气体的质量

我们称 $[a, b]$ 上的函数 ρ 连续地依赖于参量 t，如果对任意的 $x \in [a, b]$，存在 $\delta > 0$，使得当 $|t - s| < \delta$ 时，有

$$\left| \rho[t](x) - \rho[s](x) \right| < \varepsilon.$$

如果函数 ρ 依赖于参量 t，则在区间 $[a, b]$ 上的积分也依赖于参量 t. 记 $I(\rho[t], [a, b]) = I(t)$. 在很多情况下，我们需要关注 $I(t)$ 随时间变化的情况. 下面的定理是收敛定理 7.6 的一个变形.

定理 7.7 设定义在区间 $[a,b]$ 上单参数函数 $\rho[t]$ 连续地依赖于参量 t，则 $\rho[t]$ 在区间 $[a, b]$ 上的积分 $I(t) = I(\rho[t], [a, b])$ 也关于 t 连续.

对于管道中气体的质量，上述定理说明如果线密度 ρ 在 x 点处关于 t 连续，则气体质量也关于 t 连续. 下面我们考虑已知 x 处的线密度关于时间的变化率时，如何求质量关于时间的变化率. 为了解决这个问题，我们先引入如下定义.

定义 7.3 我们称函数 $\rho[t]$ **可微地依赖于参量** t，如果 $h \to 0$ 时，微商

$$\frac{\rho[t+h](x) - \rho[t](x)}{h}$$

一致收敛于某个极限函数. 我们把这个极限函数记为 $\dfrac{\mathrm{d}\rho}{\mathrm{d}t}$.

以下定理给出如何对 $M(t)$ 关于 t 求导.

定理 7.8（含参变量积分的求导） 假设 $\rho(t)$ 可微地依赖于参量 t. 则 $\int_a^b \rho[t] \,\mathrm{d}x$ 可微地依赖于参量 t，且满足

$$\frac{\mathrm{d}}{\mathrm{d}t} \int_a^b \rho[t](x) \,\mathrm{d}x = \int_a^b \frac{\mathrm{d}\rho}{\mathrm{d}t}(x) \,\mathrm{d}x.$$

证明 上述结论可以利用积分的线性性质推导

$$\frac{1}{h} \left(\int_a^b \rho[t+h](x) \,\mathrm{d}x - \int_a^b \rho[t](x) \,\mathrm{d}x \right) = \int_a^b \left(\frac{\rho[t+h](x) - \rho[t](x)}{h} \right) \mathrm{d}x.$$

上述微商一致收敛于 $\dfrac{\mathrm{d}\rho}{\mathrm{d}t}$，则利用积分收敛定理可得，等式右端收敛于 $\dfrac{\mathrm{d}\rho}{\mathrm{d}t}$. 等式左端收敛到 $\dfrac{\mathrm{d}}{\mathrm{d}t} \int_a^b \rho[t](x) \,\mathrm{d}x$. 证毕.

定理 7.8 可以通俗地表达为：含参函数先积分再对参数求导，等于先对参数求导再积分.

定理 7.8 可以视为"函数和的求导等于求导之和"的变形. 这一结论非常有用. 以气体为例，质量 M 随时间 t 如何变化？假设 ρ 可微地依赖于参量 t，则

$$\frac{\mathrm{d}M}{\mathrm{d}t} = \int_a^b \frac{\mathrm{d}\rho}{\mathrm{d}t} \,\mathrm{d}x.$$

非整数的阶乘

在 7.3 节中，$n!$ 可以表示为积分

$$n! = \int_0^{+\infty} x^n e^{-x} \, dx.$$

对正的非整数的 n，上述公式同样适用于作为 $n!$ 的定义.

问　　题

7.36 利用定理 4.12 将积分

$$\sin^{-1} x = \int_0^x (1-t^2)^{-\frac{1}{2}} \, dt$$

中的被积函数 $(1-t^2)^{-\frac{1}{2}}$ 表达为二项式级数，对该级数逐项积分从而可得反正弦函数的级数.

7.37 证明对于所有的正数 n 有，$n! = n(n-1)!$.

7.38 利用换元法将方程 (7.10) 改写为

$$\int_0^{+\infty} e^{-ty^2} \, dy = \frac{1}{2}\sqrt{\frac{\pi}{t}}.$$

上述两边关于变量 t 求导，并计算以下积分

$$\int_0^{+\infty} y^2 e^{-y^2} \, dy, \quad \int_0^{+\infty} y^4 e^{-y^2} \, dy.$$

7.39 对问题 7.38 中的一个积分换元，计算出 $\left(\dfrac{1}{2}\right)!$.

7.40 考虑函数列 $g_n(x) = n^2 x(1-x^2)^n$，其中 $x \in [0, 1]$，证明 $g_n(x)$ 逐点收敛到 0，但是积分 $\int_0^1 g_n(x) \, dx$ 趋于无穷. 画出 $g_n(x)$ 的草图，并与图 7.13 做比较.

7.41 管道中单位截面内气体的密度 $\rho(t) = 1 + x^2 + t$，其中 $0 < x < 1$, 计算

(a) 管道中气体质量 $M = \int_0^{10} \rho(x) \, dx$;

(b) 利用 $\dfrac{d}{dt} \int_0^{10} \rho(x) \, dx$ 计算变化率 $\dfrac{dM}{dt}$;

(c) 利用 $\int_0^{10} \dfrac{d\rho}{dt} \, dx$ 计算变化率 $\dfrac{dM}{dt}$;

(d) 如果气体在左端点 $x = 0$ 处以速度 R(质量/时间) 穿入管道，其他点处没有气体流过，则 R 与 $\int_0^{10} \dfrac{d\rho}{dt} \, dx$ 有何关系？

第 8 章 积分的近似数值计算

摘要 本章我们采用不同的方法近似计算 $\int_a^b f(t)\,dt$, 并追问: "这些方法究竟好到何种程度?"

8.1 近 似 积 分

在 6.2 节, 我们定义了积分 $\int_a^b f(t)\,dt$ 的近似和为 $\sum_{j=1}^n f(t_j)(a_j - a_{j-1})$, 其中 $a = a_0 < a_1 < a_2 < \cdots < a_n = b$ 为区间 $[a,b]$ 的分割, t_j 是 $[a_{j-1}, a_j]$ 中的一点. 从这个近似我们看到, 如果区间 $[a,b]$ 很短, t 是 $[a,b]$ 中的一点, 那么 $f(t)(b-a)$ 是 f 在 $[a,b]$ 上积分的一个较好近似值.

现在我们来看看这个近似理论的实际应用, 也就是用这个方法近似计算积分. 在所有可行的近似公式中, 我们选出三类: 使用子区间左端点、中间点、右端点的值作近似, 分别标记为 $I_{左}(f,[a,b])$, $I_{中}(f,[a,b])$, $I_{右}(f,[a,b])$. 在图 8.1 中我们给出了一个子区间的情形.

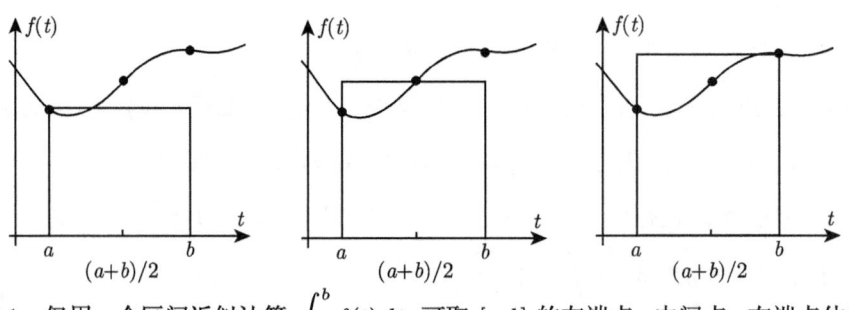

图 8.1 仅用一个区间近似计算 $\int_a^b f(t)\,dt$, 可取 $[a,b]$ 的左端点、中间点、右端点估值 f

例 8.1 我们知道 $\int_0^1 t\,dt = \dfrac{1}{2}$. 让我们用 $f(t) = t$ 在 $[0,1]$ 上的近似积分与精确值作比较. 在 $n = 2$ 的情形下有两个子区间 (图 8.2), 得到

$$I_{左}(t,[0,1]) = f(0) \times 0.5 + f(0.5) \times 0.5 = 0 + 0.5 \times 0.5 = 0.25,$$

$$I_{中}(t,[0,1]) = f\left(\frac{0+0.5}{2}\right) \times 0.5 + f\left(\frac{0.5+1}{2}\right) \times 0.5 = 0.25 \times 0.5 + 0.75 \times 0.5 = 0.5,$$

8.1 近似积分

$I_右(t, [0,1]) = f(0.5) \times 0.5 + f(1) \times 0.5 = 0.5 \times 0.5 + 1 \times 0.5 = 0.75.$

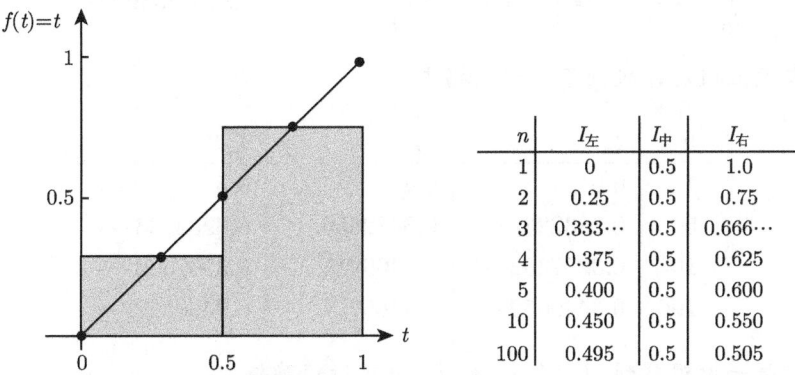

图 8.2 在 $[0,1]$ 上对 $f(t) = t$ 作近似积分. 矩形给出了相应的中点法则

在表格中我们给出了子区间个数 n 为其他值的类似结果. 我们建议你使用计算器或计算机自己生成这样一个表. 注意到 $I_中$ 给出了 $\int_0^1 t\,dt$ 的精确值, 而 $I_左$ 和 $I_右$ 偏离精确值.

n	$I_左$	$I_中$	$I_右$
1	0	0.5	1.0
2	0.25	0.5	0.75
3	0.333⋯	0.5	0.666⋯
4	0.375	0.5	0.625
5	0.400	0.5	0.600
10	0.450	0.5	0.550
100	0.495	0.5	0.505

例 8.2 $\int_0^1 t^2\,dt$ 的精确值是 $\dfrac{1}{3}$. 我们再一次使用相等的子区间, 比较表中的近似积分值. 你可以使用计算机或计算器建立自己的表格.

n	$I_左$	$I_中$	$I_右$
1	0.0000000	0.2500000	1.0000000
5	0.2400000	0.3300000	0.4400000
10	0.2850000	0.3325000	0.3850000
100	0.3283500	0.3333250	0.3383500

注意到, 对列出的所有 n, $I_中$ 比 $I_左$ 或 $I_右$ 更接近精确值.

例 8.3 我们可以计算出精确值

$$\int_0^1 \frac{t}{1+t^2}\,dt = \left[\frac{1}{2}\ln(1+t^2)\right]_0^1 = \frac{1}{2}\ln 2 = 0.34657359027\cdots$$

精确值与近似值的比较列于下述表格中.

n	$I_{右}$	$I_{中}$	$I_{左}$
1	0.0	0.4	0.5
5	0.2932233$\cdots$	0.3482550$\cdots$	0.3932233$\cdots$
10	0.3207392$\cdots$	0.3469911$\cdots$	0.3707392$\cdots$
100	0.3440652$\cdots$	0.3465777$\cdots$	0.3490652$\cdots$

我们再一次观察到, $I_{中}$ 比 $I_{左}$ 或 $I_{右}$ 更接近精确值.

8.1.1 中点法则

在例 8.1–例 8.3 中, 我们看到点 t 取在中点比取在端点之一要好. 我们重复一下这个定义:

定义 8.1 中点法则为近似积分

$$I_{中}(f,[a,b]) = f\left(\frac{a+b}{2}\right)(b-a).$$

当区间分为子区间时, 我们在每个子区间上使用这样一些项的和.

现在我们来展示一下, 当 f 为线性函数时, 中点法则给出积分的精确值. 首先, 对于常值函数 $f(t) = k$ 有 $f\left(\frac{a+b}{2}\right)(b-a) = k(b-a)$, 中点法则给出的值为 f 在区间 $[a,b]$ 积分的精确值. 当 $f(t) = t$ 时情况会怎样呢? 由微积分基本定理,

$$\int_a^b t\,dt = \left[\frac{1}{2}t^2\right]_a^b = \frac{b^2-a^2}{2} = \frac{a+b}{2}(b-a).$$

这恰是中点法则, 因为对于 $f(t) = t$ 来说, $f\left(\frac{a+b}{2}\right) = \frac{a+b}{2}$.

对任意线性函数 $f(t) = mt + k$, 由积分的线性性质有

$$\int_a^b (mt+k)\,dt = m\int_a^b t\,dt + \int_a^b k\,dt,$$
$$= m\frac{a+b}{2}(b-a) + k(b-a)$$
$$= \left(m\frac{a+b}{2} + k\right)(b-a).$$

这就证明了对任意线性函数的积分, 中点法则给出精确值.

8.1.2 梯形法则

本章一开头介绍的例子表明,在端点处的近似积分不如中点法则得到的结果准确. 如果使用 f 在两端点的平均值,结果会怎样呢? 我们称这种计算方式为**梯形法则**. 图 8.3 表明了这个名称的起源.

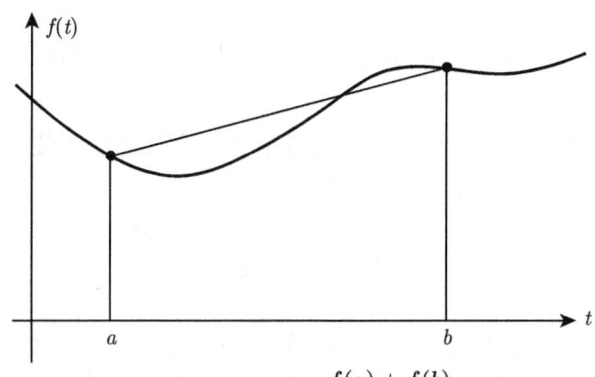

图 8.3 梯形的面积为 $\dfrac{f(a)+f(b)}{2}(b-a)$

定义 8.2 **梯形法则**为近似积分

$$I_{梯}(f,[a,b]) = \frac{1}{2}\big(f(a)+f(b)\big)(b-a).$$

当区间分为子区间时,我们在每个子区间上使用这样一些项的和.

现在我们来展示一下,当 $f(t)=mt+k$,即 f 为线性函数时,跟中点法则一样,梯形法则也给出积分的精确值. 由积分的线性性质有

$$\int_a^b (mt+k)\,\mathrm{d}t = m\int_a^b t\,\mathrm{d}t + k\int_a^b 1\,\mathrm{d}t.$$

因此,只要检验 $f(t)=t$ 和常数函数 $f(t)=1$ 就足够了. 令 $f(t)=t$,由梯形法则得到 $\dfrac{1}{2}(a+b)(b-a)$,这恰好是积分 $\int_a^b t\,\mathrm{d}t$ 的精确值. 令 $f(t)=1$,由梯形法则得到 $\dfrac{1}{2}(1+1)(b-a)=b-a$,这恰好是积分 $\int_a^b 1\,\mathrm{d}t$ 的精确值. 因此,梯形法则对线性函数 $f(t)=mt+k$ 来说是精确的.

让我们看看这些法则用于函数 $f(t)=t^2$ 效果如何. 为了使公式看上去不太乱,我们令 $a=0$. 由于 t^2 是 $\dfrac{1}{3}t^3$ 的导数,t^2 在 $[0,b]$ 的积分为 $\dfrac{1}{3}b^3$. 中点法则和梯形法则分别给出如下结果

$$I_{中}(t^2,[0,b]) = \left(\frac{1}{2}b\right)^2 b = \frac{1}{4}b^3$$

和

$$I_{梯}(t^2,[0,b]) = \frac{1}{2}(0^2+b^2)b = \frac{1}{2}b^3.$$

它们均不是精确值. 它们与精确值相差多少呢?

$$\int_0^b t^2 \, dt - I_中(t^2, [0, b]) = b^3\left(\frac{1}{3} - \frac{1}{4}\right) = \frac{1}{12}b^3$$

和

$$\int_0^b t^2 \, dt - I_梯(t^2, [0, b]) = b^3\left(\frac{1}{3} - \frac{1}{2}\right) = -\frac{1}{6}b^3.$$

总结一下, 对函数 t^2 来说, 梯形法则近似结果距精确值的偏差是中点法则的两倍, 并且方向相反. 对于 $f(t) = t^2$, 组合

$$\frac{2}{3}I_中(f, [a, b]) + \frac{1}{3}I_梯(f, [a, b]) \tag{8.1}$$

给出了积分的精确值. 对于线性函数, $I_中$ 与 $I_梯$ 均给出积分的精确值, 由积分的线性性质 (定理 6.3), 这个新的组合精确地计算了在 $[0, b]$ 上的所有二次函数积分. 在问题 8.4 中, 请写出详细过程. 这个新的近似公式称作辛普森法则, 记为 $I_辛(f, [a, b])$.

到目前为止, 我们假定积分区间较小的端点为零. 像我们在问题 6.12 中指出的那样, $f(t)$ 在任何积分区间 $[a, c]$ 上的积分可以化为 $f(t + a)$ 在区间 $[0, c - a]$ 上的积分来进行计算. 我们在问题 8.6 中指出, 无需假定左端点为零, $\frac{2}{3}I_中(t^2, [a, b]) + \frac{1}{3}I_梯(t^2, [a, b])$ 恰是 $\int_a^b t^2 \, dt$ 的精确值.

问　题

8.1 计算下列函数的 $I_左$, $I_右$ 和 $I_中$:
(a) $f(x) = x^3, [1, 2], n = 1, 2, 4$.
(b) $f(x) = \sqrt{1 - x^2}, \left[0, \frac{1}{\sqrt{2}}\right], n = 1, 2, 4$.
(c) $f(x) = \dfrac{1}{1 + x^2}, [0, 1], n = 1, 2, 4$.

8.2 某种药物每 24 小时服用一次, 血液中的药物浓度 $c(t)$(微克每毫升) 随时间变化. 从第 72 小时到第 96 小时这 24 小时中, 对药物浓度进行了几次测量, 使用梯形法则得到的平均值为

$$\frac{1}{24}\int_{72}^{96} c(t) \, dt \approx \frac{1}{24}I_梯.$$

一些临床决策基于这个平均值. 在多次给药后, 我们期望这个平均值为稳定浓度的较好估计值. 假定测量数据如图 8.4 所示, 计算这个平均值的近似值.

8.1 近似积分

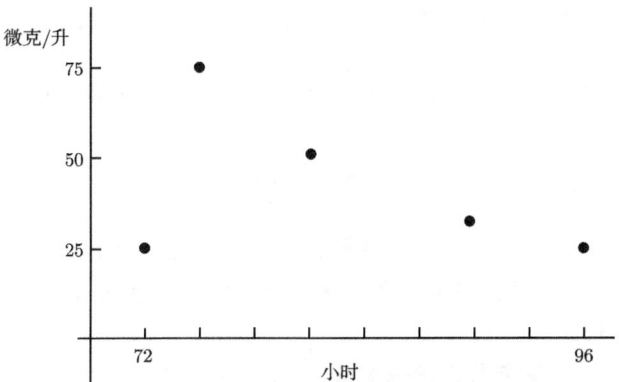

图 8.4　问题 8.2 中药物浓度的测量值

8.3 使用计算器或计算机, 由中点法则计算下列积分在子区间个数 $n=1,5,10,100$ 时的近似值. 将你的结果与积分的准确值比较.

(a) $\int_0^1 \dfrac{x}{\sqrt{1+x^2}}\,dx$;　　(b) $\int_0^1 \dfrac{1}{1+x^2}\,dx$;　　(c) $\int_0^2 \dfrac{1}{(1+x)^2}\,dx$.

8.4 证明辛普森法则对于 $f(t)=t^2$ 是精确的, 中点法则和梯形法则对于 $t(t)=mt+k$ 是精确的.

(a) 证明 $I_{辛}(kt^2,[a,b])=\int_a^b kt^2\,dt$ 对任意 k 成立.

(b) 对每个二次函数, 辛普森法则是精确的.

8.5 假设 f 在 $[a,b]$ 上是凸的, 即它的二阶导数是正的. 证明

(a) $\int_a^b f(x)\,dx \geqslant I_{中}(f,[a,b])$;　　(b) $\int_a^b f(x)\,dx \leqslant I_{梯}(f,[a,b])$.

你能给出这两个不等式的几何解释吗?

8.6 利用一个子区间 $[a,b]$, 给出下列问题的解答过程. 这证明了辛普森法则给出 $\int_a^b t^2\,dt$ 的精确值.

(a) $I_{中}(t^2,[a,b])=\dfrac{1}{4}(-a^2b+ab^2+b^3-a^3)$.

(b) $I_{梯}(t^2,[a,b])=\dfrac{1}{2}(a^2b-ab^2+b^3-a^3)$.

(c) 证明 $\int_a^b t^2\,dt = \dfrac{2}{3}I_{中}(t^2,[a,b])+\dfrac{1}{3}I_{梯}(t^2,[a,b])$.

(d) 为什么这也同时证明了多个子区间的情形?

8.7 解释下面的每一个步骤. 下面的步骤给出了中点法则的误差估计.

(a) $I_{中}(f,[-h,h])-\int_{-h}^h f(x)\,dx = K(h)-K(-h)$, 其中 $K(h)=hf(0)-\int_0^h f(x)\,dx$.

(b) $K(h)-K(-h)$ 为奇函数, 由泰勒定理得到

$$K(h)-K(-h)=0+0+0+\bigl(K'''(c_2)+K'''(-c_2)\bigr)\dfrac{h^3}{3!}=\bigl(-f''(c_2)-f''(-c_2)\bigr)\dfrac{h^3}{6},$$

其中 c_2 依赖 h, 为区间 $[-h,h]$ 上的某值.

(c) 因此,如果将 $[a,b]$ 进行 n 等分且 M_2 为 $|f''|$ 在区间 $[a,b]$ 的上界,则

$$\left| I_{中}(f,[a,b]) - \int_a^b f(x)\,\mathrm{d}x \right| \leqslant n\frac{2}{6}M_2\left(\frac{b-a}{2n}\right)^3 = \frac{1}{24}M_2(b-a)\left(\frac{b-a}{n}\right)^2.$$

8.2 辛普森法则

辛普森法则是中点法则与梯形法则的组合. 在上一节的末尾我们看到, 辛普森法则给出了二次被积函数 f 的准确值. 在本节中, 我们研究将辛普森法则应用于任意光滑函数的情形.

定义 8.3 辛普森法则为近似积分 $\frac{2}{3}I_{中} + \frac{1}{3}I_{梯}$, 即

$$I_{辛}(f,[a,b]) = \left(\frac{1}{6}f(a) + \frac{2}{3}f\left(\frac{a+b}{2}\right) + \frac{1}{6}f(b)\right)(b-a).$$

当区间分为子区间时, 我们在每个子区间上使用这样一些项的和.

当被积函数 f 为二次多项式时, 辛普森法则给出了积分的精确值. 让我们来看看被积函数为其他形式时, 辛普森法则的近似效果如何.

例 8.4 令 $f(t) = t^3$. 由于 t^3 是 $\frac{1}{4}t^4$ 的导数, t^3 在区间 $[a,b]$ 上的积分为 $\frac{1}{4}(b^4 - a^4)$. 将辛普森法则应用于单个子区间有

$$\left(\frac{1}{6}a^3 + \frac{2}{3}\left(\frac{a+b}{2}\right)^3 + \frac{1}{6}b^3\right)(b-a)$$
$$= \left(\frac{1}{6}a^3 + \frac{a^3 + 3a^2b + 3ab^2 + b^3}{12} + \frac{1}{6}b^3\right)(b-a)$$
$$= \frac{1}{4}(a^3 + a^2b + ab^2 + b^3)(b-a) = \frac{1}{4}(b^4 - a^4).$$

注意, 这是精确值.

更神奇是, 辛普森法则给出了 $f(t) = t^3$ 积分的精确值. 原因是: 对于定义在区间 $[a,b]$ 上的函数 $f(t)$, 我们定义 $g(t) = f(a+b-t)$, f 与 g 的图像关于中点 $\frac{a+b}{2}$ 对称, 如图 8.5 所示,

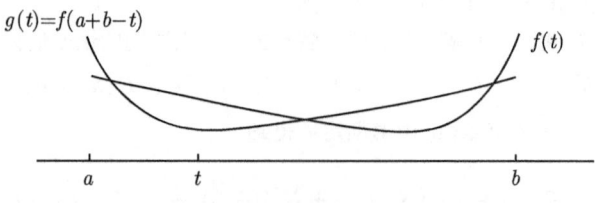

图 8.5 函数 f 与其反射 $g(t) = f(a+b-t)$

8.2 辛普森法则

因此, f 与 g 在区间 $[a,b]$ 上的积分相等:

$$\int_a^b g(t)\,\mathrm{d}t = \int_a^b f(t)\,\mathrm{d}t.$$

由积分的线性性质有

$$\int_a^b (f(t)+g(t))\,\mathrm{d}t = 2\int_a^b f(t)\,\mathrm{d}t. \tag{8.2}$$

由反射性 $g(a)=f(b)$, $g(b)=f(a)$, $g\left(\frac{a+b}{2}\right)=f\left(\frac{a+b}{2}\right)$, 有

$$I_\ast(f,[a,b]) = \left[\frac{1}{6}f(a) + \frac{2}{3}f\left(\frac{a+b}{2}\right) + \frac{1}{6}f(b)\right](b-a)$$

$$= \left[\frac{1}{6}g(b) + \frac{2}{3}g\left(\frac{a+b}{2}\right) + \frac{1}{6}g(a)\right](b-a)$$

$$= I_\ast(g,[a,b]).$$

由于辛普森法则线性地依赖于 f, 从而

$$I_\ast(f+g,[a,b]) = 2I_\ast(f,[a,b]). \tag{8.3}$$

现在取 f 为 t^3, 那么 $g(t)=(a+b-t)^3$. 其和

$$f(t)+g(t) = t^3 + (a+b-t)^3$$

为二次函数, 因为三次项抵消了. 由于辛普森法则给出二次函数积分的精确值, 所以当 $f(t)=t^3$ 时, (8.2) 的左边等于 (8.3) 的左边. 因此, (8.2) 与 (8.3) 的右边也相等:

$$2\int_a^b t^3\,\mathrm{d}t = 2I_\ast(t^3,[a,b]).$$

由线性性质知, 辛普森法则给出每个三次多项式积分的精确值.

定理 8.1 (三次多项式的辛普森法则) 对任意三次多项式 $f(t)$ 和对 $[a,b]$ 的任意划分, 辛普森法则给出了 $\int_a^b f(t)\,\mathrm{d}t$ 的精确值.

例 8.5 对于 $f(t)=t^4$ 在 $[0,c]$ 上积分, 有精确值 $\int_0^c t^4\,\mathrm{d}t = \frac{1}{5}c^5$. 然而, 由辛普森法则得到

$$\left(\frac{1}{6}\times 0 + \frac{2}{3}\times\left(\frac{c}{2}\right)^4 + \frac{1}{6}\times c^4\right)c = \left(\frac{1}{24}+\frac{1}{6}\right)c^5 = \frac{5}{24}c^5.$$

我们终于找到了这个法则不能给出精确值的例子. 误差还不算太大, 相对误差 $\dfrac{\frac{5}{24}-\frac{1}{5}}{\frac{1}{5}}$ 只有大约 4.1%.

将辛普森法则用于其他函数效果怎样呢? 这取决于这些函数在多大程度上能用三次多项式近似. 泰勒定理 4.10 给出下面的估计

$$f(b) = f(a) + f'(a)(b-a) + f''(a)\frac{(b-a)^2}{2} + f'''(a)\frac{(b-a)^3}{6} + R,$$

其中 $R = f''''(c)\dfrac{(b-a)^4}{24}$, c 为 a 与 b 之间的某个数. 当函数为 4 次可微函数时, 这个估计式可以用来判断辛普森法则的准确度.

前面我们在单个区间 $[a,b]$ 上考虑辛普森方法. 为了得到更准确的结果, 将给定区间 $[a,b]$ 划分成长度为 $h = \dfrac{b-a}{n}$ 的 n 个子区间. 定义 $a_j = a + j\dfrac{b-a}{2n}$ 并且使用分割

$$a_0 < a_2 < a_4 < \cdots < a_{2n}.$$

指标 j 为奇数的 a_j 为各区间的中点. 将辛普森法则应用于每个区间 $[a_{2(j-1)}, a_{2j}]$, $j = 1, \cdots, n$, 再将近似值相加, 得到

$$\begin{aligned}I_{\ast}(f,[a,b]) &= \sum_{j=1}^{n}\left(\frac{1}{6}f(a_{2(j-1)}) + \frac{2}{3}f(a_{2j-1}) + \frac{1}{6}f(a_{2j})\right)h \\ &= \left(\frac{1}{6}f(a_0) + \frac{2}{3}f(a_1) + \frac{1}{3}f(a_2) + \frac{2}{3}f(a_3) + \cdots \right. \\ &\left. + \frac{2}{3}f(a_{2n-1}) + \frac{1}{6}f(a_{2n})\right)\frac{b-a}{n}.\end{aligned}$$

例 8.6 我们将辛普森法则应用于单个区间, 得到积分 $\displaystyle\int_0^1 \frac{s}{1+s^2}\,\mathrm{d}s$ 的近似值

$$\left(\frac{1}{6}\times 0 + \frac{2}{3}\times\frac{\frac{1}{2}}{1+\frac{1}{4}} + \frac{1}{6}\times\frac{1}{2}\right)(1-0) = \frac{7}{20} = 0.35.$$

当把区间 n 等分时, 我们得到下面的表格.

n	1	5	10	100
$I_{\ast}$	$0.35\cdots$	$0.346577\cdots$	$0.3465738\cdots$	$0.3465735903\cdots$

积分的精确值为 $\dfrac{1}{2}\ln 2 = 0.34657359027\cdots$; $n = 5$ 时辛普森法则的数值结果精确到前 5 位小数.

8.2 辛普森法则

例 8.7 令 $f(s) = \sqrt{1-s^2}$, 设 $I = \int_0^{\frac{1}{\sqrt{2}}} \sqrt{1-s^2}\,\mathrm{d}s$. 积分 I 的几何意义为图 8.6 中阴影区域的面积, 即边长为 $\dfrac{1}{\sqrt{2}}$ 的正方形 A 与标有字母 B 的区域面积之和.

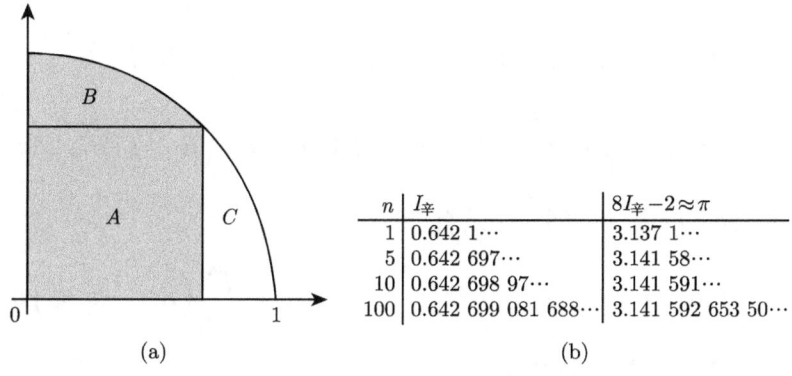

图 8.6 (a) 阴影区为例 8.7 中的积分; (b) 辛普森法则的数值结果

四分之一圆, 即 A, B, C 的并集. 由于 B 与 C 全等, A 的面积为 $S(A) = \dfrac{1}{2}$, 有

$$S(\text{四分之一圆}) = \frac{\pi}{4} = S(A) + S(B) + S(C) = \frac{1}{2} + 2S(B)$$

因此, $\pi = 2 + 8S(B)$. 又 $I = S(A) + S(B) = \dfrac{1}{2} + S(B)$, 于是 $S(B) = I - \dfrac{1}{2}$. 所以, $\pi = 2 + 8\left(I - \dfrac{1}{2}\right) = 8I - 2$. 图 8.6 中的表格列出了 I 与 $8I - 2$ 使用辛普森法则计算出的近似值, 其中 n 为子区间个数. 注意到, 当 $n = 10$ 时, 我们得到了 π 的前 6 位准确数字.

8.2.1 辛普森法则的替代方法

对于具有四阶连续导数的函数, 在这里给出一个与辛普森法则一样好的近似算法. 先将 f 泰勒展开到四阶导数,

$$f(x) = f(0) + f'(0)x + \frac{1}{2}f''(0)x^2 + \frac{1}{6}f'''(0)x^3 + R,$$

其中, 余项 $R = \dfrac{1}{24}f''''(c)x^4$, c 为 0 和 x 之间的某数. 在 $[-h, h]$ 上对 x 积分:

$$\int_{-h}^{h} f(x)\,\mathrm{d}x = 2f(0)h + \frac{1}{3}f''(0)h^3 + \int_{-h}^{h} R(x)\,\mathrm{d}x. \tag{8.4}$$

用泰勒公式将 f'' 展开到二阶, 有

$$f''(x) = f''(0) + f'''(0)x + R_2,$$

其中 $R_2 = \frac{1}{2}f''''(c_2)x^2$, c 为 0 和 x 之间的某数. 在 $[-h, h]$ 上对 x 积分:

$$\int_{-h}^{h} f''(x)\,\mathrm{d}x = 2f''(0)h + \int_{-h}^{h} R_2\,\mathrm{d}x. \tag{8.5}$$

为了消去 (8.4) 中的 $f''(0)$, (8.4) 减去 (8.5) 乘以 $\frac{1}{6}h^2$, 得到

$$\int_{-h}^{h} f(x)\,\mathrm{d}x - \frac{1}{6}h^2 \int_{-h}^{h} f''(x)\,\mathrm{d}x = 2f(0)h + \int_{-h}^{h}\left(R - \frac{1}{6}h^2 R_2\right)\mathrm{d}x.$$

f'' 的积分可以由 f' 表示, 于是有

$$\int_{-h}^{h} f(x)\,\mathrm{d}x = 2f(0)h + \frac{1}{6}\bigl(f'(h) - f'(-h)\bigr)h^2 + \int_{-h}^{h}\left(R - \frac{1}{6}h^2 R_2\right)\mathrm{d}x.$$

右端的积分小于一个常数乘以 h^5.

将区间 $[a, b]$ n 等分, 每个区间长 $w = 2h = \dfrac{b-a}{n}$, 在每个子区间上应用前面的公式. 为了在除 $[-h, h]$ 以外的区间上使用公式, 我们利用积分平移不变性 (见问题 6.12). 在任意区间 $[c, d]$ 上有

$$\int_{c}^{d} f(x)\,\mathrm{d}x = f\Bigl(\frac{c+d}{2}\Bigr)(d-c) + \frac{1}{6}\Bigl(\frac{d-c}{2}\Bigr)^2\bigl(f'(d) - f'(c)\bigr) + 误差项.$$

如果我们将区间 $[a, b]$ 的划分记为 $a_0 < m_1 < a_2 < m_2 < a_4 < \cdots < a_n$, 并且在每个子区间 $[a_{2(j-1)}, a_{2j}]$ 上使用近似值, 那么 f 仅在中点 m_j 处作估算. 当我们将所有子区间上的计算值相加, f' 项除端点 $a_0 = a$ 和 $a_n = b$ 处, 全部抵消. 这样就得到了下面的近似公式:

$$\int_{a}^{b} f(x)\,\mathrm{d}x = w \sum_{j=1}^{n} f(m_j) + \frac{1}{24}w^2\bigl(f'(b) - f'(a)\bigr) + 误差项,$$

其中误差项由一个常数乘以 $w^4(b-a)$ 控制.

定义 8.4 我们将这个辛普森法则的替代方法记为

$$I_替(f, [a, b]) = w \sum_{j=1}^{n} f(m_j) + \frac{1}{24}w^2\bigl(f'(b) - f'(a)\bigr),$$

其中 m_j 是 n 个长度为 $w = \dfrac{b-a}{n}$ 的子区间中点.

例 8.8 用辛普森法则及其替代方法估计

$$\int_{0}^{1} \sqrt{2+s^2}\,\mathrm{d}s.$$

8.2 辛普森法则

像我们在问题 7.15 中提出的那样, 这个积分的精确值可以用双曲函数表示. 积分的前 8 位数字是

$$1.5245043\cdots.$$

下面的表格给出了将区间 n 等分后的近似计算值. "计数"为估值函数的个数.

n	$I_{辛}$	$I_{辛}$计数	$I_{替}$	$I_{替}$计数	误差$(I - I_{替})$
1	$1.5243773\cdots$	3	$1.5240562\cdots$	3	$0.0004480\cdots$
2	$1.5244959\cdots$	5	$1.5244749\cdots$	4	$0.0000294\cdots$
4	$1.5245038\cdots$	9	$1.5245025\cdots$	6	$0.0000018\cdots$
8	$1.5245043\cdots$	17	$1.5245042\cdots$	10	$0.0000001\cdots$

我们看到仅仅分成四个子区间, 两个方法均能正确地给出积分的前 6 位数字. 最后一列与 h^4 的误差预测一致, 因为 n 每次翻倍使误差减小, 误差大约缩小为 $\frac{1}{2^4}$.

问 题

8.8 基于辛普森法则, 用计算器或计算机估计下列积分的近似值, 子区间个数 $n = 1, 5, 10, 100$. 将此计算结果与积分的准确值、问题 8.3 中的结果比较.

(a) $\int_0^1 \frac{x}{\sqrt{1+x^2}} \, dx$;

(b) $\int_0^1 \frac{1}{1+x^2} \, dx$;

(c) $\int_0^2 \frac{1}{(1+x)^2} \, dx$.

8.9 使用两个子区间计算 $\int_0^1 t^4 \, dt$ 的 $I_{替}$. 证实计算结果比准确值大 0.1% 左右.

8.10 通过变量替换 $z = \frac{1}{x}$ 证明 $\int_1^{+\infty} \frac{1}{1+x^2} \, dx = \int_0^1 \frac{1}{1+z^2} \, dz$.

(a) 使用辛普森法则取 $n = 2$, 估计等号右边的积分.

(b) 用上面的等式估算 $\int_{-\infty}^{+\infty} \frac{1}{1+x^2} \, dx = \pi$. 你的结果有多接近?

8.11 由图 8.6, 我们看到 $\int_0^1 \sqrt{1-s^2} \, ds = \frac{\pi}{4}$. 用辛普森法则估计等号左边的积分. 你将观察到, 即使将整个区间分成许多子区间, 近似计算结果与精确值 $\frac{\pi}{4}$ 之间的误差仍然较大. 你能解释为什么辛普森法则在计算这个积分时表现如此糟糕吗?

第 9 章 复 数

这一章我们介绍复数系的性质以及复函数的微分和积分.

9.1 复 数

在求解一元二次方程 $x^2 + bx + c = 0$ 时, 如果判别式 $\Delta = b^2 - 4c < 0$, 就会出现虚根. 这使得我们有必要引入复数.

例 9.1 例如方程 $x^2 + 1 = 0$. 利用求根公式给出 $z = \pm\sqrt{-1}$. 由于实数中没有 $\sqrt{-1}$, 我们引入一个新的数[①] $i = \sqrt{-1}$.

定义 9.1 **复数** z 定义为实数 x 与实数 y 与 i 的乘积之和

$$z = x + iy,$$

其中 i 为 -1 的平方根, 即 $i^2 = -1$. 实数 $x = \mathrm{Re}(z)$ 称为 z 的**实部**, 实数 $y = \mathrm{Im}(z)$ 称为 z 的**虚部**. 如果一个复数的虚部为零, 它就是实数; 如果一个复数实部为零, 我们就称之为**纯虚数**[②]. 复数 z 的**共轭复数**为 $\bar{z} = x - iy$[③].

我们或许会疑惑, 求解方程 $r^2 + 1 = 0$ 的问题, 为什么会出现在微积分中. 考虑这样的微分方程

$$y'' + y = 0,$$

我们知道 $\sin x$ 和 $\cos x$ 是方程的解, 那么 e^{rx} 呢? $y = e^{rx}$ 的二阶导数是 $r^2 y$, 把 $y = e^{rx}$ 代入方程中得

$$y'' + y = (r^2 + 1)e^{rx} = 0.$$

因此如果 r 是 $r^2 + 1 = 0$ 的解, $y = e^{rx}$ 就是微分方程的解. 在这一章中, 我们会发现, e^{ix} 与 $\sin x$ 和 $\cos x$ 有关. 在第 10 章, 我们将会发现, 复变量的函数对许多微分方程的求解非常有用. 复数也有许多实际的应用, 包括对交流电路的分析.[④]

[①] i 是英文单词 "imaginary" 的首字母. ——译者注
[②] 在国内, 我们将实部为零而虚部不等于零的复数称为纯虚数, 这里我们遵循原著. ——译者注
[③] 物理学家常用 $(u + iv)^* = u - iv$ 表示复数 $u + iv$ 的共轭复数. ——原注
[④] 在电子工程中, 字母 i 代表电流, 所以常用字母 j 来表示 $\sqrt{-1}$. ——原注

9.1 复数

9.1.1 复数的运算

下面我们介绍复数的运算. 两个复数的和的实部等于它们的实部的和, 和的虚部等于虚部的和:

$$(x+\mathrm{i}y) + (u+\mathrm{i}v) = (x+u) + \mathrm{i}(y+v).$$

类似地, $(x+\mathrm{i}y) - (u+\mathrm{i}v) = (x-u) + \mathrm{i}(y-v)$. 利用分配律, 两个复数的乘积满足:

$$(x+\mathrm{i}y)(u+\mathrm{i}v) = xu + \mathrm{i}yu + x\mathrm{i}v + \mathrm{i}y\mathrm{i}v.$$

由于实数与 i 相乘满足交换律, 所以可把 $x\mathrm{i}$ 写成 $\mathrm{i}x$, $y\mathrm{i}$ 写成 $\mathrm{i}y$. 再利用 $\mathrm{i}^2 = -1$, 上面的乘积可写成

$$(xu - yv) + \mathrm{i}(yu + xv).$$

例 9.2 下列各复数的平方为

$$(-\mathrm{i})^2 = -1, \quad (3-\mathrm{i})^2 = 9 - 6\mathrm{i} + \mathrm{i}^2 = 8 - 6\mathrm{i}, \quad (5\mathrm{i})^2 = -25.$$

一个复数与一个实数 r 的商: $\dfrac{x+\mathrm{i}y}{r} = \dfrac{x}{r} + \mathrm{i}\dfrac{y}{r}$. 对于两个复数的商 $\dfrac{x+\mathrm{i}y}{u+\mathrm{i}v}$, 为把其表示成 $s+\mathrm{i}t$ 的形式, 分子和分母同乘以分母的共轭复数 $(u-\mathrm{i}v)$ 可得

$$\frac{x+\mathrm{i}y}{u+\mathrm{i}v} = \frac{(x+\mathrm{i}y)(u-\mathrm{i}v)}{(u+\mathrm{i}v)(u-\mathrm{i}v)} = \frac{(xu+yv) + \mathrm{i}(yu-xv)}{u^2+v^2} = \frac{xu+yv}{u^2+v^2} + \mathrm{i}\frac{yu-xv}{u^2+v^2}.$$

上式表明只有在 $u^2 + v^2 \neq 0$ 时, 才可以进行上面的运算, 否则, 如果 $u^2 + v^2 = 0$, 分母 $u + \mathrm{i}v$ 就等于 0 了.

例 9.3 常见的一个关于商的例子即 i 的倒数,

$$\frac{1}{\mathrm{i}} = \frac{1}{\mathrm{i}} \frac{-\mathrm{i}}{-\mathrm{i}} = \frac{-\mathrm{i}}{1} = -\mathrm{i}.$$

例 9.4 在解方程时常常要用到除法. 例如求解下述关于 a 的方程

$$\mathrm{i}(\mathrm{i} + a) = 2a + 1.$$

利用复数运算的性质, 合并同类项得 $(2-\mathrm{i})a = \mathrm{i}^2 - 1$. 两边再同除以 $2-\mathrm{i}$, 有:

$$a = \frac{-2}{2-\mathrm{i}} = \frac{-2}{2-\mathrm{i}} \frac{2+\mathrm{i}}{2+\mathrm{i}} = \frac{-4-2\mathrm{i}}{4+1} = -\frac{4}{5} - \frac{2\mathrm{i}}{5}.$$

根据复数的加法和乘法运算的定义, 复数的运算满足结合律、交换律和分配律. 即对三个复数 u, v 和 w, 其运算满足:

- 结合律: $(u+v) + w = u + (v+w)$ 和 $(uv)w = u(vw)$;
- 交换律: $u + v = v + u$ 和 $uv = vu$;
- 分配律: $(u+v)w = uw + vw$;
- 复数 $0 = 0 + 0\mathrm{i}$ 和 $1 = 1 + 0\mathrm{i}$ 是两个特殊的数, 对任意复数 z, 满足 $z + 0 = 0 + z = z$ 以及 $1z = z1 = z$.

1. 共轭复数的运算法则

与实数运算相比, 复数多了共轭运算. 关于复数共轭运算的下述规则非常有用. 这些性质利用复数的运算规则, 并不难得到. 在前面我们介绍复数的除法运算时, 就用到了共轭复数的一些运算法则.

- 对称性: 一个复数取两次共轭是它自身: $\overline{\overline{z}} = z$;
- 可加性: 两个复数的和的共轭复数等于其共轭复数的和: $\overline{z+w} = \overline{z} + \overline{w}$;
- 复数与其共轭复数之和为实数:

$$z + \overline{z} = 2\mathrm{Re}(z); \tag{9.1}$$

- 两个复数乘积的共轭复数等于其共轭复数的乘积: $\overline{z \cdot w} = \overline{z} \cdot \overline{w}$;
- 一个复数 $z = x + \mathrm{i}y$ 与其自身的共轭复数之积是

$$z\overline{z} = x^2 + y^2. \tag{9.2}$$

- 数 $z\overline{z}$ 是实数并且是非负的.

2. 复数的绝对值

既然 $z\overline{z}$ 是非负实数, 我们可作如下定义.

定义 9.2 复数 $z = x + \mathrm{i}y$ 的**绝对值** $|z|$ 定义为 $z\overline{z}$ 的非负平方根:

$$|z| = \sqrt{z\overline{z}} = \sqrt{x^2 + y^2}. \tag{9.3}$$

如果 z 是实数, 那么 $|z|$ 就是它的绝对值. 另外, 复数 z 的实部或虚部的绝对值总小于或等于 $|z|$.

$$|\mathrm{Re}(z)| = |x| = \sqrt{x^2} \leqslant |z|;$$
$$|\mathrm{Im}(z)| = |y| = \sqrt{y^2} \leqslant |z|. \tag{9.4}$$

例 9.5 复数 $z = 3 + 4\mathrm{i}$, 求 $|z|$. 我们有

$$|z| = \sqrt{3^2 + 4^2} = \sqrt{25} = 5.$$

复数 z 的绝对值又称为 z 的模或 z 的长度.

例 9.6 具有相同绝对值的复数有无穷多个. 令

$$z = \cos\theta + \mathrm{i}\sin\theta,$$

其中 θ 为实数, 则 $z\overline{z} = \cos^2\theta + \sin^2\theta = 1$. 所以

$$|z| = \sqrt{1} = 1.$$

9.1 复 数

把绝对值的概念扩充到复数域之后，也会满足一些原来在实数域中我们所熟悉的性质.

定理 9.1 复数的绝对值有以下性质.
(a) 正定性: $|z| \geqslant 0$，等号成立当且仅当 $z = 0$;
(b) 对称性: $|\overline{z}| = |z|$;
(c) 可乘性: $|wz| = |w||z|$;
(d) 三角不等式: $|w + z| \leqslant |w| + |z|$.

证明 正定性和对称性直接利用绝对值的定义可证.
对于可乘性，利用复数和共轭复数的性质以及绝对值的定义可得

$$|wz|^2 = wz\overline{wz} = wz\overline{w}\overline{z} = w\overline{w}z\overline{z} = |w|^2|z|^2 = (|w||z|)^2,$$

所以有 $|wz| = |w||z|$.

三角不等式的证明先利用绝对值的定义，再由可加性和分配律可得

$$|w + z|^2 = (w + z)\overline{(w + z)} = (w + z)(\overline{w} + \overline{z})$$
$$= w\overline{w} + w\overline{z} + z\overline{w} + z\overline{z} = |w|^2 + w\overline{z} + z\overline{w} + |z|^2.$$

注意到 $w\overline{z}$ 和 $z\overline{w}$ 互为共轭复数. 根据 (9.1)，其和为实部的两倍，即

$$w\overline{z} + z\overline{w} = 2\text{Re}(w\overline{z}).$$

由 (9.4) 可见，一个复数的实部小于等于其绝对值. 因此，

$$w\overline{z} + z\overline{w} \leqslant 2|w\overline{z}|.$$

利用可乘性和对称性, $2|w\overline{z}| = 2|w||\overline{z}| = 2|w||z|$. 因此,

$$|w + z|^2 = |w|^2 + 2\text{Re}(w\overline{z}) + |z|^2 \leqslant |w|^2 + 2|w||z| + |z|^2 = (|w| + |z|)^2.$$

所以

$$|w + z| \leqslant |w| + |z|. \qquad \text{证毕}.$$

例 9.7 对复数 $w = 1 - 2\text{i}$ 和 $z = 3 + 4\text{i}$，我们验证一下三角不等式. 两复数相加，得 $w + z = 4 + 2\text{i}$. 取绝对值，可得

$$|w| = \sqrt{5}, \quad |z| = \sqrt{25}, \quad |w + z| = \sqrt{20},$$

且 $\sqrt{20} \leqslant \sqrt{5} + \sqrt{25}$. 所以有 $|w + z| \leqslant |w| + |z|$.

3. 绝对值和收敛数列

在研究实数列时,我们用绝对值定义了什么叫做一个数列是收敛的,对于复数列的收敛性,也采用相同的定义. 对于一个复数列 $\{z_n\} = \{z_1, z_2, \cdots, z_n, \cdots\}$,如果存在复数 z, 对任意的 $\varepsilon > 0$, 当 n 充分大时, $|z_n - z| < \varepsilon$ 都成立,我们就称复数列 $\{z_n\}$ 收敛于 z.

一个复数列 $\{z_n\}$ 如果满足对任意 $\varepsilon > 0$, 当 n, m 充分大时,都有 $|z_n - z_m| < \varepsilon$, 就称 $\{z_n\}$ 是一个柯西列. 一个复数列 $z_n = x_n + \mathrm{i} y_n$ 给出两个实数列:实部 $x_1, x_2, \cdots$ 和虚部 $y_1, y_2, \cdots$. 数列 $\{z_n\}$ 的收敛性与实部列 $\{x_n\}$ 和虚部列 $\{y_n\}$ 的收敛性有什么关系呢? 例如,假定 $\{z_n\}$ 是柯西列,利用 (9.4),

$$|x_n - x_m| = |\mathrm{Re}(z_n - z_m)| \leqslant |z_n - z_m|$$

和

$$|y_n - y_m| = |\mathrm{Im}(z_n - z_m)| \leqslant |z_n - z_m|$$

都成立. 这表明 $\{x_n\}$ 和 $\{y_n\}$ 都是实柯西列,假设它们分别收敛于 x 和 y. 根据三角不等式

$$|z - z_n| = |x - x_n + \mathrm{i}(y - y_n)| \leqslant |x - x_n| + |y - y_n|,$$

只要 n 充分大,右边的和就可以充分小,所以复数列 $\{z_n\}$ 收敛于 $z = x + \mathrm{i} y$.

另一方面,假定 $\{x_n\}$ 和 $\{y_n\}$ 是实柯西列,则复数列

$$z_n = x_n + \mathrm{i} y_n$$

是复柯西列. 这是因为

$$|z_n - z_m| = \sqrt{(x_n - x_m)^2 + (y_n - y_m)^2},$$

只要 n, m 充分大,上式右边就可以充分小. 取 n, m 充分大,使得 $|x_n - x_m|$ 和 $|y_n - y_m|$ 都小于 ε, 则

$$|z_n - z_m| < \sqrt{\varepsilon^2 + \varepsilon^2} = \sqrt{2}\varepsilon.$$

总之,一个复数列收敛当且仅当其实部和虚部都收敛. 于是,第 1 章中关于数列收敛的很多定理都可以推广到复数列.

例 9.8 假定 $z_n = x_n + \mathrm{i} y_n$ 是收敛于 $z = x + \mathrm{i} y$ 的一个柯西列,则 $x_n \to x$ 且 $y_n \to y$. 因此,数列

$$z_n^2 = x_n^2 - y_n^2 + 2\mathrm{i} x_n y_n \quad \text{收敛于} \quad x^2 - y^2 + 2\mathrm{i} xy,$$

即 $z_n^2 \to z^2$.

9.1 复　　数

或, 不考虑 x_n 与 y_n, 利用

$$|z^2 - z_n^2| = |z + z_n||z - z_n|.$$

当 n 充分大时, 上式中因子 $|z + z_n|$ 趋于 $|z + z|$, $|z - z_n|$ 趋于零. 所以 z_n^2 趋于 z^2.

9.1.2 复数的几何

下面我们给出复数的几何表示. 正如把实数看做数轴上的点一样, 复数的几何表示在考虑复数问题时非常有用. 复数可以很方便地用平面上的点来表示, 我们称这个平面为复平面.

复数 $x + \mathrm{i}y$ 与笛卡儿平面上的点 (x, y) 一一对应. 水平方向的轴包含所有实数, 称为实轴. 垂直方向的轴包含所有纯虚数, 称为虚轴. 如图 9.1 所示.

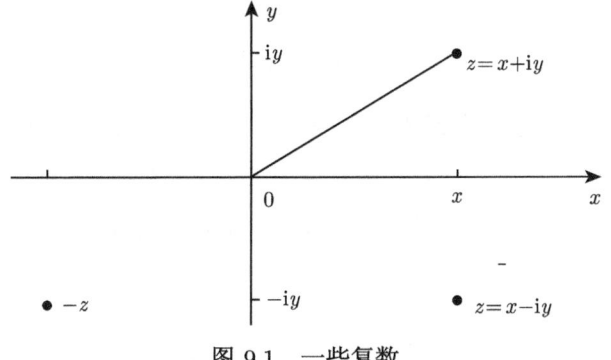

图 9.1　一些复数

在复平面上, 共轭复数有简单的几何解释. $x + \mathrm{i}y$ 的共轭复数 $x - \mathrm{i}y$ 是 $x + \mathrm{i}y$ 关于 x 轴的对称点. $x + \mathrm{i}y$ 的绝对值 $\sqrt{x^2 + y^2}$ 是 $x + \mathrm{i}y$ 到原点的距离. 为使两个复数的和在视觉上更直观, 我们做一个坐标平移, 选取新坐标系的坐标原点为 z 点, 在新坐标系下的 w 就和原坐标系下的 $z + w$ 重合了. 这样, $0, z, w$ 和 $z + w$ 四点构成一个平行四边形; 特别地, w 到 $w + z$ 的距离等于 0 到 z 的距离. 见图 9.2.

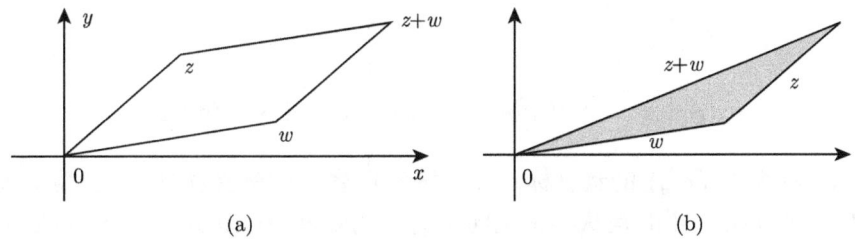

图 9.2　(a) 复数的加法; (b) 三角不等式图示

现在, 我们再看看图 9.2 中以 $0, w, w + z$ 为顶点的三角形. 0 到 $w + z$ 的边长为 $|w + z|$, 0 到 w 的边长为 $|w|$, 利用平行四边形, w 到 $w + z$ 的边长为 $|z|$. 根据

著名的几何不等式, 三角形两边之和不超过第三边; 因此

$$|w+z| \leqslant |w| + |z|$$

这就是我们称之为三角不等式的原因了. 上面关于这个不等式的证明与几何没有关系, 所以我们利用复数证明了三角不等式. 在问题 9.16 和问题 9.17 中, 我们将进一步给出一些利用复数来证明几何问题的例子.

复数的加法运算在直角坐标系下很直观. 下面我们给出复数的乘法在极坐标系下的表示.

假设 p 是一个绝对值为 1 的复数. 在复平面上, 绝对值为 1 的复数位于单位圆周上. p 的直角坐标为 $(\cos\theta, \sin\theta)$, 其中 θ 是 x 轴到 p 的有向角. 所以绝对值为 1 的复数 p 为

$$p = \cos\theta + \mathrm{i}\sin\theta. \tag{9.5}$$

如果 z 是一个非零复数, 设其绝对值为 $r = |z|$. 取 $p = \dfrac{z}{r}$, 则 $|p| = 1$, 所以可以表示为 (9.5) 形式. 因此

$$z = r(\cos\theta + \mathrm{i}\sin\theta), \quad \text{其中} \quad r = |z|. \tag{9.6}$$

见图 9.3.

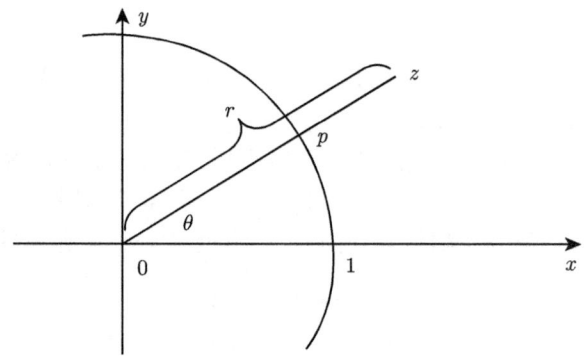

图 9.3 z 的极坐标 (r, θ). 画出的是 $|z| > 1$ 的情况

(r, θ) 称为点 (x, y) 的极坐标, (9.6) 称为复数 z 的极坐标形式. 角度 θ 称为 z 的辐角, 记作 $\arg z$; 指的是从实轴正向指向 z 的角度. 在 (9.6) 中, 我们可以用 θ 加上 2π 的整数倍来代替 θ.

z 和 w 为两个复数. 写成极坐标形式为

$$z = r(\cos\theta + \mathrm{i}\sin\theta), \quad w = s(\cos\phi + \mathrm{i}\sin\phi).$$

9.1 复数

二者相乘, 得

$$zw = rs(\cos\theta + \mathrm{i}\sin\theta)(\cos\phi + \mathrm{i}\sin\phi)$$
$$= rs((\cos\theta\cos\phi - \sin\theta\sin\phi) + \mathrm{i}(\cos\theta\sin\phi + \sin\theta\cos\phi)). \tag{9.7}$$

利用两角和的正弦以及余弦公式 (3.17), 注意到 $r = |z|$ 和 $s = |w|$, (9.7) 可以写成简单的形式

$$zw = |z||w|[\cos(\theta + \phi) + \mathrm{i}\sin(\theta + \phi)]. \tag{9.8}$$

这一公式给出了两个复数之积 zw 的极坐标形式. 总结一下, 得到下面的定理.

定理 9.2 极坐标下, 两个复数的乘积满足下面两条:

(a) 两个复数乘积的绝对值等于绝对值的乘积;

(b) 两个复数乘积的辐角等于辐角的和.

用数学符号来写, 即

$$|zw| = |z||w|, \tag{9.9}$$

$$\arg(zw) = \arg z + \arg w + 2n\pi, \tag{9.10}$$

其中 n 等于 0 或 -1.

例 9.9 令 $z = w = -\mathrm{i}$, 其中 $\arg z = \arg w = \dfrac{3\pi}{2}$. 则 $zw = -1$, $\arg(zw) = \arg(-1) = \pi$ 且 $\arg z + \arg w = 3\pi$. 因此, 这种情况下有

$$\arg(zw) = \arg z + \arg w - 2\pi.$$

1. 复数的平方根

复数 z^2 的辐角是 z 的辐角的两倍, 其绝对值是 $|z|^2$. 这提示我们, 一个复数 z 的平方根的辐角是 z 的辐角的 $\dfrac{1}{2}$, 其绝对值是 z 的绝对值的平方根.

我们利用这个性质来求 i 的平方根. 1 的正平方根是 1, $\dfrac{\pi}{2}$ 的一半是 $\dfrac{\pi}{4}$. 所以这个数是

$$z = \cos\left(\dfrac{\pi}{4}\right) + \mathrm{i}\sin\left(\dfrac{\pi}{4}\right) = \dfrac{1}{\sqrt{2}} + \mathrm{i}\dfrac{1}{\sqrt{2}} = \dfrac{1+\mathrm{i}}{\sqrt{2}}.$$

我们来验证 $z^2 = \mathrm{i}$:

$$\left(\dfrac{1+\mathrm{i}}{\sqrt{2}}\right)^2 = \dfrac{1 + 2\mathrm{i} + \mathrm{i}^2}{2} = \mathrm{i}.$$

下面我们来说明当 z 写成极坐标的时, 乘方和开方都比较容易.

2. 棣莫弗定理

如果 $z = r(\cos\theta + \mathrm{i}\sin\theta)$，由复数乘法的运算规律，有

$$z^2 = r^2(\cos 2\theta + \mathrm{i}\sin 2\theta),$$
$$z^3 = r^3(\cos 3\theta + \mathrm{i}\sin 3\theta),$$

一般地，对每个正整数 n，

$$(r(\cos\theta + \mathrm{i}\sin\theta))^n = r^n(\cos(n\theta) + \mathrm{i}\sin(n\theta)). \tag{9.11}$$

这就是著名的棣莫弗定理．由于 $r(\cos\theta + \mathrm{i}\sin\theta)\dfrac{1}{r}(\cos\theta - \mathrm{i}\sin\theta) = \dfrac{r}{r}(\cos^2\theta + \sin^2\theta) = 1$，所以 z 的倒数为

$$\frac{1}{r(\cos\theta + \mathrm{i}\sin\theta)} = r^{-1}(\cos\theta - \mathrm{i}\sin\theta).$$

类似地，在问题 9.10 中，对于 $n = 1, 2, 3, \cdots$，可以验证

若 $z = r(\cos\theta + \mathrm{i}\sin\theta)$，则 $z^{-n} = r^{-n}(\cos(n\theta) - \mathrm{i}\sin(n\theta))$．

复数 z 的整数次幂的极坐标表示已经有了，下面我们来解决复数 z 的有理数幂 $z^{\frac{p}{q}}$．由于 $z^{\frac{p}{q}} = (z^{\frac{1}{q}})^p$，对于 $q = 2, 3, 4, \cdots$，先来求 z 的 q 次方根．

类比 (9.11)，我们先假设 q 次方根等于

$$w_1 = r^{\frac{1}{q}}\left(\cos\left(\frac{\theta}{q}\right) + \mathrm{i}\sin\left(\frac{\theta}{q}\right)\right).$$

事实上，这确实是 z 的一个 q 次方根，因为

$$(w_1)^q = (r^{\frac{1}{q}})^q\left(\cos\left(q\frac{\theta}{q}\right) + \mathrm{i}\sin\left(q\frac{\theta}{q}\right)\right) = r(\cos\theta + \mathrm{i}\sin\theta) = z,$$

但 q 次根 z 并不唯一．另外一个不同于 w_1 的根为

$$w_2 = r^{\frac{1}{q}}\left(\cos\left(\frac{\theta + 2\pi}{q}\right) + \mathrm{i}\sin\left(\frac{\theta + 2\pi}{q}\right)\right).$$

利用正余弦函数的周期性，当 $z \neq 0$ 时，我们可以验证下面 q 个复数

$$w_{k+1} = r^{\frac{1}{q}}\left(\cos\left(\frac{\theta + 2k\pi}{q}\right) + \mathrm{i}\sin\left(\frac{\theta + 2k\pi}{q}\right)\right), \quad k = 0, 1, \cdots, q-1, \tag{9.12}$$

是 z 的 q 个不同的 q 次方根．如果 $z = 0$，这些数全是零．

9.1 复 数

例 9.10 $1 = \cos 0 + \mathrm{i}\sin 0$ 的三个立方根为

$$\cos\frac{0}{3}+\mathrm{i}\sin\frac{0}{3}=1,\quad \cos\frac{2\pi}{3}+\mathrm{i}\sin\frac{2\pi}{3}=-\frac{1}{2}+\mathrm{i}\frac{\sqrt{3}}{2},\quad \cos\frac{4\pi}{3}+\mathrm{i}\sin\frac{4\pi}{3}=-\frac{1}{2}-\mathrm{i}\frac{\sqrt{3}}{2},$$

分别对应于 (9.12) 中 $k=0,1,$ 和 2. 见图 9.4.

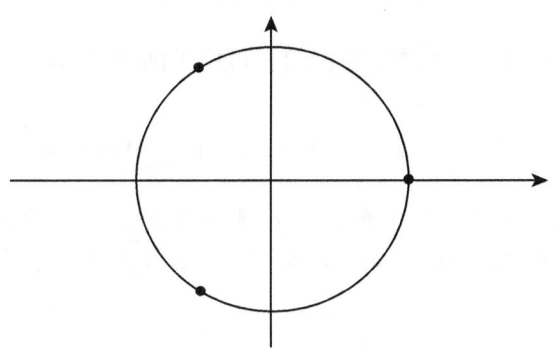

图 9.4　1 的立方根, 都在单位圆周上, 见例 9.10

最后, 我们介绍一下如何利用复数的乘积来求以三个复数为顶点的三角形的面积 A. 由于以复数 p,q,r 为顶点的三角形的面积与其平移后以 $0, q-p, r-p$ 为顶点的三角形面积相等, 所以不妨假设其中有一个顶点是原点.

假定 a 是一个正实数, w 是一个复数. 以 $0, a, w$ 为顶点的三角形底边长为 a, 高是 w 的虚部的绝对值. 见图 9.5.

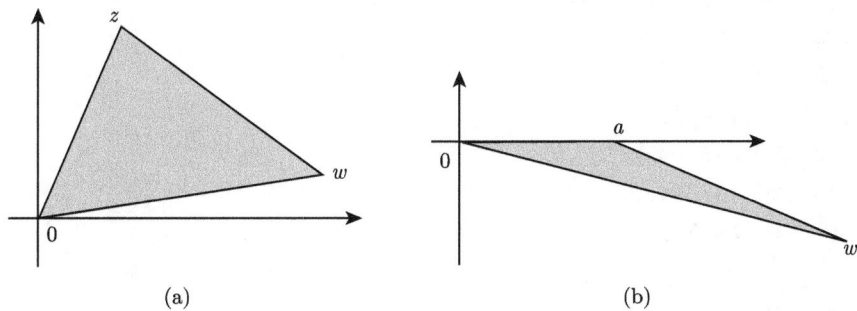

图 9.5　(a) 我们证明三角形的面积是 $\frac{1}{2}|\mathrm{Im}(aw)|$; (b) 三角形的高是 $|\mathrm{Im}(w)|$

因此, 这个三角形的面积为

$$A(0,a,w) = \frac{1}{2}a|\mathrm{Im}(w)| = \frac{1}{2}|\mathrm{Im}(aw)|.$$

现在取 z 和 w 为任意复数. 可以证明以 $0, z, w$ 为顶点的三角形的面积为

$$A(0,z,w) = \frac{1}{2}|\mathrm{Im}(\overline{z}w)|. \tag{9.13}$$

当 z 是正实数时,这与第一种情形相同. 现在考虑任意 $z \neq 0$ 的情形. 取 p 是一个绝对值等于 1 的复数. 一个复数乘以 p 等价于把这个复数绕原点旋转; 因此, 以 $0, pz, pw$ 为顶点的三角形与以 $0, z, w$ 为顶点的三角形有相同的面积:

$$A(0, z, w) = A(0, pz, pw).$$

取 $p = \dfrac{\overline{z}}{|z|}$. 则 $pz = |z|$ 为正实数, 所以面积可由下面公式给出

$$A(0, pz, pw) = \frac{1}{2}|\mathrm{Im}(\overline{pz}pw)| = \frac{1}{2}|\mathrm{Im}(\overline{z}w)|.$$

例 9.11 求以 $(0,1), (2,3)$ 和 $(-5,7)$ 为顶点的三角形的面积. 把第一个顶点平移到原点, 可得到三点 $(0,0), (2,2)$ 和 $(-5,6)$, 对应的复数为 $0, z = 2+2\mathrm{i}$ 和 $w = -5+6\mathrm{i}$. 所以有

$$A(0, z, w) = \frac{1}{2}|\mathrm{Im}(\overline{z}w)| = \frac{1}{2}|\mathrm{Im}(2-2\mathrm{i})(-5+6\mathrm{i})| = 11.$$

问　　题

9.1 对复数 $z = 2 + 3\mathrm{i}$ 和 $z = 4 - \mathrm{i}$, 求

(a) $|z|$;

(b) $\overline{z}$;

(c) 把 $\dfrac{1}{z}$ 和 $\dfrac{1}{\overline{z}}$ 写成 $a + b\mathrm{i}$ 的形式;

(d) 验证 $z + \overline{z} = 2\mathrm{Re}(z)$;

(e) 验证 $z\overline{z} = |z|^2$.

9.2 求下列各复数:

(a) $(2 + 3\mathrm{i}) + (5 - 4\mathrm{i})$;

(b) $(3 - 2\mathrm{i}) - (8 - 7\mathrm{i})$;

(c) $(3 - 2\mathrm{i})(4 + 5\mathrm{i})$;

(d) $\dfrac{3 - 2\mathrm{i}}{4 + 5\mathrm{i}}$;

(e) 解方程 $2\mathrm{i}z = \mathrm{i} - 4z$.

9.3 把 $z = 4 + (2 + \mathrm{i})\mathrm{i}$ 写成 $x + \mathrm{i}y$ 的形式, 并求其共轭复数 $\overline{z}$, 其中 x, y 是实数.

9.4 举例说明当 $z \neq 0$ 时, 把 0 到 z 的射线逆时针旋转 90 度, 得到从 0 到 $\mathrm{i}z$ 的射线.

9.5 求下列复数的绝对值.

(a) $3 + 4\mathrm{i}$;

(b) $5 + 6\mathrm{i}$;

(c) $\dfrac{3 + 4\mathrm{i}}{5 + 6\mathrm{i}}$;

(d) $\dfrac{1 + \mathrm{i}}{1 - \mathrm{i}}$.

9.1 复　　数

9.6 画出下列复数集合的几何图形.
(a) $\mathrm{Im}(z) = 3$;
(b) $\mathrm{Re}(z) = 2$;
(c) $2 < \mathrm{Im} z \leqslant 3$;
(d) $|z| = 1$;
(e) $|z| = 0$;
(f) $1 < |z| < 2$.

9.7 证明 $\mathrm{Im} z = \dfrac{z - \overline{z}}{2\mathrm{i}}$ 和 $\mathrm{Re} z = \dfrac{z + \overline{z}}{2}$.

9.8 验证定理 9.1 中关于 $|z|$ 的正定性和对称性.

9.9 证明等式 $(a^2 + b^2)(c^2 + d^2) = (ac - bd)^2 + (ad + bc)^2$, 并利用这一等式证明绝对值的性质 $|z||w| = |zw|$.

9.10 证明 $z^n = r^n(\cos\theta + \mathrm{i}\sin\theta)^n$ 的倒数是

$$z^{-n} = r^{-n}(\cos(n\theta) - \mathrm{i}\sin(n\theta)).$$

9.11 对复数 z_1 和 z_2 证明下列关系式
(a) $|z_1 - z_2|^2 = |z_1|^2 + |z_2|^2 - 2\mathrm{Re}(z_1\overline{z_2})$,
(b) $||z_1| - |z_2|| \leqslant |z_1 - z_2|$.

9.12
(a) 证明对任意复数 z 和 w, 下式成立

$$|z + w|^2 + |z - w|^2 = 2|z|^2 + 2|w|^2.$$

(b) 用平行四边形解释复数的加法运算, 并利用 (a) 说明平行四边形对角线长度的平方和等于其四条边长度的平方和.

9.13 求 -1 的所有三次方根, 并在复平面上把它们表示出来.

9.14 (a) 证明 i 的平方根为

$$\frac{1 + \mathrm{i}}{\sqrt{2}} \text{ 和 } -\frac{1 + \mathrm{i}}{\sqrt{2}},$$

并在复平面上画出这两个复数.

(b) 验证 i 的平方根是 -1 的四次方根. 找出 -1 的另外两个四次方根. 在复平面上画出这四个复数.

9.15 设三角形的三个顶点为 $0, a = a_1 + \mathrm{i} a_2$ 和 $b = b_1 + \mathrm{i} b_2$. 利用面积公式 (9.13) 证明这个三角形的面积为

$$\frac{1}{2}|a_1 b_2 - a_2 b_1|.$$

9.16 证明下列结论.
(a) $\overline{w}$ 的辐角是 w 的辐角的相反数;
(b) $z\overline{w}$ 的辐角是 z 的辐角与 w 的辐角的差;
(c) $\dfrac{z}{w}$ 的辐角是 z 的辐角与 w 的辐角的差;

(d) 从 0 到 z 的射线垂直于从 0 到 w 的射线当且仅当 $z\overline{w}$ 是纯虚数;

(e) p 是单位圆周上的一点. 证明连接 p 与 1 的射线垂直于来连接 p 与 -1 的射线.

9.17 p 和 q 是绝对值为 1 的复数. 证明下列结论.

(a) $(p-1)^2\overline{p}$ 是实数;

(b) $((p-1)(\overline{q}-1))^2\overline{p}q$ 是实数;

(c) 证明倍角定理: 如果 p, q 是单位圆周上的点, 那么从原点到 p 的射线指向从原点到 q 的射线的角度 β 是从 1 到 p 的射线指向从 1 到 q 的射线的角度 α 的二倍, 即如图 9.6 所示, $\beta = 2\alpha$.

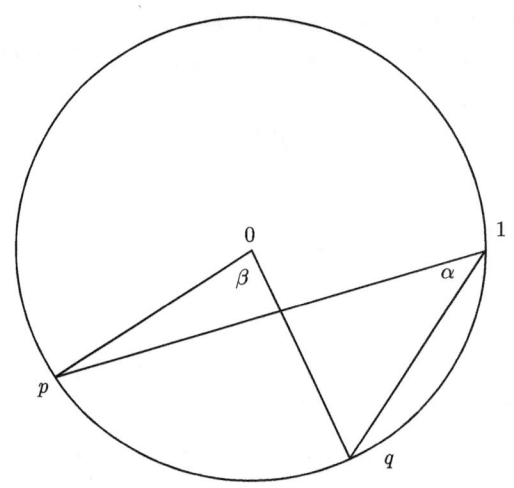

图 9.6 问题 9.17 中, $\beta = 2\alpha$

9.18 证明当 $|z| < 1$ 时, 复数列

$$1, 1+z, 1+z+z^2, 1+z+z^2+z^3, \cdots$$

是一个柯西列. 并求这个数列的极限.

9.19 我们研究一下 1 的 n 次方根.

(a) 求函数 $w(x) = x^4 + x^3 + x^2 + x + 1$ 的所有零点. 注意到只要函数 $w(x)$ 等于零, 函数 $(x-1)w(x) = x^5 - 1$ 也等于零.

(b) 在复平面上画出 n 个 1 的 n 次方根.

(c) 令 r 为 1 的 n 次方根中辐角最小且辐角不等于零的复数. 验证其余的根分别为 $r^2, r^3, \cdots, r^n$. 解释为什么这 $n-1$ 个复数

$$r, r^2, r^3, \cdots, r^{n-1}$$

是方程 $x^{n-1} + x^{n-2} + \cdots + x + 1 = 0$ 的根.

9.20 推广问题 1.56 关于几何级数的结论, 证明对每个复数 z, 部分和

$$s_n = 1 + z + \frac{z^2}{2!} + \cdots + \frac{z^n}{n!}$$

是一个柯西列.

9.2 复值函数

这一节我们把函数的概念推广到复数域. 数以两种方式进入到一个函数的概念中: 作为输入或输出. 在本节第一部分中, 我们将会看到如果定义域保持实的, 用复数代替实数作为函数值这一问题很简单; 这样的函数称为定义在实数域上的复值函数. 第二部分中, 我们讨论一些很特殊也很重要的函数, 其定义域是复的, 值域也是复的, 即定义在复数域上的复值函数.

定义 9.3 一个实变量的复值函数, 即一个形如

$$f(t) = p(t) + \mathrm{i}q(t)$$

的函数, 其中 p 和 q 是实变量 t 的实值函数. $f(t)$ 定义在函数 p, q 的公共定义域上.

复值函数理论可归结为实值函数理论. 有两种方法来研究复值函数. 首先, 可以看到, 实值函数的几乎所有概念都可以推广到复值函数. 这里"所有"包括:

(a) 函数的概念.
(b) 函数的加法和乘法运算, 以及倒数的运算 (函数不等于零时).
(c) 连续函数的概念.
(d) 函数的导数和导函数的概念.
(e) 高阶导数.
(f) 函数在一个区间上的积分.

9.2.1 连续性

回顾一下连续的概念. 一个函数 f 连续性的直观意义是当自变量充分接近 t 时, 函数值充分接近 $f(t)$. 连续性的准确定义见定义 2.3. 直观意义和准确定义对复值函数都有意义.

• 直观意义: 一个复值函数 f, 如果当自变量充分接近 t 时, 函数值充分接近 $f(t)$, 则称 f 在 t 是连续的.

• 准确定义: 函数 f 在一个区间 I 上有定义. 如果对任意 $\varepsilon > 0$, 存在 $\delta > 0$, 对任意 $t, s \in I$ 且 $|t-s| < \delta$, 都有 $|f(t) - f(s)| < \varepsilon$, 则称复值函数 f 在区间 I 上一致连续.

一致连续函数的和与积仍然是一致连续的, 当一致连续函数不等于零时, 其倒数也是一致连续的.

例 9.12 函数 $f(t) = 3 + \mathrm{i}t$ 是一致连续的. 为验证 f 的一致连续性, 先求

$$f(t) - f(s) = (3 + \mathrm{i}t) - (3 + \mathrm{i}s) = \mathrm{i}(t-s).$$

所以有
$$|f(t) - f(s)| = |\mathrm{i}(t-s)| = |t-s|.$$

如果 $|t-s| < \delta$, 则 $|f(t) - f(s)| < \delta$. 所以 f 在任意区间上是一致连续的.

9.2.2 导数

接着来看导数概念. 如果当 h 趋于零时, 极限
$$f_h(t) = \frac{f(t+h) - f(t)}{h}$$
存在, 则称函数 $f(t)$ 在点 t 可导. 这个极限称为 f 在点 t 的导数, 记作 $f'(t)$. 可把上面的商分成实部和虚部:
$$\frac{p(t+h) + \mathrm{i}\, q(t+h) - p(t) - \mathrm{i}\, q(t)}{h} = p_h(t) + \mathrm{i}\, q_h(t).$$

可见 $f = p + \mathrm{i} q$ 在点 t 可导当且仅当其实部和虚部在点 t 是可导的.

两个函数的和、积以及倒数的求导原则仍然成立, 即
$$(f+g)' = f' + g',$$
$$(fg)' = f'g + fg',$$
$$\left(\frac{1}{f}\right)' = -\frac{f'}{f^2}.$$

证明方法与第 3 章中的方法相同.

例 9.13 设 $f(t) = z_1 t + \mathrm{i}\, z_2$, 其中 z_1, z_2 是任意复数, 则 $f'(t) = z_1$.

例 9.14 函数 $f(x) = \dfrac{1}{x + \mathrm{i}}$, 利用对函数倒数的求导法则, 可得
$$f'(x) = -\frac{1}{(x+\mathrm{i})^2}.$$

例 9.15 对函数 $f(x) = \dfrac{1}{x+\mathrm{i}}$ 换一种求导方法. 把 $f(x)$ 分成实部和虚部:
$$f(x) = \frac{1}{x+\mathrm{i}} = \frac{1}{x+\mathrm{i}} \frac{x-\mathrm{i}}{x-\mathrm{i}} = \frac{x-\mathrm{i}}{x^2+1} = \frac{x}{x^2+1} - \frac{\mathrm{i}}{x^2+1} = a(x) + \mathrm{i}\, b(x).$$

求导后, 得
$$a'(x) = \frac{(x^2+1)1 - x(2x)}{(x^2+1)^2} = \frac{1-x^2}{(x^2+1)^2}, \quad b'(x) = \left(-\frac{1}{x^2+1}\right)' = \frac{2x}{(x^2+1)^2}.$$

计算一下, 例 9.14 中 $f'(x)$ 的实部和虚部正是例 9.15 中的 $a'(x)$ 和 $b'(x)$, 即
$$f'(x) = -\frac{1}{(x+\mathrm{i})^2} = \frac{-1}{(x+\mathrm{i})^2} \frac{(x-\mathrm{i})^2}{(x-\mathrm{i})^2} = \frac{-x^2 + 2x\mathrm{i} + 1}{(x^2+1)^2} = \frac{1-x^2}{(x^2+1)^2} + \mathrm{i}\, \frac{2x}{(x^2+1)^2}.$$

例 9.16 对函数 $f(x) = \dfrac{x}{x^2 + \mathrm{i}}$ 利用商的求导法则,可得

$$f'(x) = \frac{(x^2+\mathrm{i})x' - x(x^2+\mathrm{i})'}{(x^2+\mathrm{i})^2} = \frac{\mathrm{i} - x^2}{(x^2+\mathrm{i})^2}.$$

例 9.17 考虑函数 $f(x) = (x+\mathrm{i})^2$. 平方展开,把 $f(x)$ 分成实部和虚部:

$$f(x) = x^2 + 2\mathrm{i}\,x - 1 = x^2 - 1 + 2\mathrm{i}\,x = a(x) + \mathrm{i}\,b(x).$$

分别对 $a(x)$ 和 $b(x)$ 求导,得 $a'(x) = 2x$ 和 $b'(x) = 2$,所以

$$f'(x) = a'(x) + \mathrm{i}\,b'(x) = 2x + 2\mathrm{i}.$$

对函数 $f(x) = (x+\mathrm{i})^2 = (x+\mathrm{i})(x+\mathrm{i})$ 利用积的求导法则,可得

$$f'(x) = 1(x+\mathrm{i}) + (x+\mathrm{i})1 = 2x + 2\mathrm{i},$$

两种方法得到的结果一致.

接下来我们考虑求导的链式法则. 假定 $g(t)$ 是一个实值函数,f 是一个定义在 g 的值域上的复值函数. 那么这两个函数可以复合 $f \circ g$,记作 $f(g(t))$. 如果 f 和 g 都是可导的,复合之后仍然可导,复合函数的导数满足链式法则. 证明与实值函数证明方法类似.

例 9.18 令 $f(x) = \dfrac{1}{x+\mathrm{i}}$, $g(t) = t^2$. 利用 9.14, $f'(x) = -(x+\mathrm{i})^{-2}$. $f \circ g$ 的导数可用链式法则计算:

$$\left(\frac{1}{t^2+\mathrm{i}}\right)' = (f \circ g)'(t) = f'(g(t))g'(t) = -(g(t)+\mathrm{i})^{-2}g'(t) = -\frac{1}{(t^2+\mathrm{i})^2}2t.$$

9.2.3 复值函数的积分

在定义复值函数积分时,也可以把它分成实部和虚部.

定义 9.4 函数 $f = p + \mathrm{i}q$,其中 p, q 是 $[a, b]$ 上的连续的实值函数,令

$$\int_a^b f(t)\,\mathrm{d}t = \int_a^b p(t)\,\mathrm{d}t + \mathrm{i}\int_a^b q(t)\,\mathrm{d}t.$$

当实部和虚部在积分区间上连续时,复值函数也连续. 利用复值函数积分的定义,可得到积分的性质:

- 可加性: $\int_a^c f(t)\,\mathrm{d}t + \int_c^b f(t)\,\mathrm{d}t = \int_a^b f(t)\,\mathrm{d}t.$
- 线性性质: 对任意复常数 k,都有 $\int_a^b kf(t)\,\mathrm{d}t = k\int_a^b f(t)\,\mathrm{d}t$, 以及

$$\int_a^b (f(t) + g(t))\,\mathrm{d}t = \int_a^b f(t)\,\mathrm{d}t + \int_a^b g(t)\,\mathrm{d}t.$$

- 基本定理：$\dfrac{\mathrm{d}}{\mathrm{d}x}\displaystyle\int_a^x f(t)\,\mathrm{d}t = f(x)$， $\displaystyle\int_a^b F'(t)\,\mathrm{d}t = F(b) - F(a)$.

回顾定义 9.4 中, p 和 q 的积分定义为近似和 $I_{近似}(p, [a, b])$ 和 $I_{近似}(q, [a, b])$ 的极限. 我们对 $[a, b]$ 做相同的分割, 取同样的 t_j, 并且定义

$$I_{近似}(f, [a, b]) = I_{近似}(p, [a, b]) + \mathrm{i}\, I_{近似}(q, [a, b]).$$

可以推出 $I_{近似}(f, [a, b])$ 趋于 $\displaystyle\int_a^b f(t)\,\mathrm{d}t$. 也就是说, 复值函数的积分可以用近似和来定义. 这证实了前面所得到的关于实值函数的结论几乎都可以平移到复值函数上, 这也正是我们最初的目标. 实值函数的积分还有下面的性质.

- 上下界性质：如果对所有 $t \in [a, b]$, 都有 $|f(t)| \leqslant M$, 则 $\left|\displaystyle\int_a^b f(t)\,\mathrm{d}t\right| \leqslant M(b-a)$. 这一不等式对复值函数也成立. 原因在于：对近似和的类似估计式成立, 其中绝对值理解为复数的绝对值.

9.2.4 复变量的函数

下面我们考虑复变量 z 的复值函数. 这样的函数有导数吗？在第 3 章, 我们用两种方法引入了导数的概念：

- 导数是函数值的变化率；
- 导数是函数曲线的切线的斜率.

对复变量的函数, 导数的几何定义, 即导数是函数所对应的曲线的切线的斜率不再成立, 但导数作为函数值的变化率仍然有意义.

定义 9.5 如果差商

$$\frac{f(z+h) - f(z)}{h}$$

在 h 趋于零时极限存在, 就称复变量的复值函数 $f(z)$ 在点 z 是**可导的**. 极限值称为 f 在点 z 的**导数**, 记作 $f'(z)$.

例 9.19 令 $f(z) = z^2$. 则

$$\frac{f(z+h) - f(z)}{h} = \frac{(z+h)^2 - z^2}{h} = \frac{2zh + h^2}{h} = 2z + h.$$

当 h 趋于零时, $2z + h$ 趋于 $2z$. 所以 $f'(z) = 2z$.

定理 9.3 z 的任意正整数幂

$$z^m \quad (m = 1, 2, 3, \cdots)$$

都是复变量 z 的可导函数, 且导数为 mz^{m-1}.

9.2 复值函数

证明 根据二项式定理,

$$(z+h)^m = z^m + mz^{m-1}h + \cdots + h^m. \tag{9.14}$$

第三项往后的项中 h 的次数都高于 2. 因而

$$\frac{(z+h)^m - z^m}{h} = mz^{m-1} + \cdots,$$

省略的项都含有 h 作为因子. 所以当 h 趋于零时, 差商趋于 mz^{m-1}. **证毕**.

由于可导函数之和以及常数与可导函数之积仍然可导, 所以多项式函数 $p(z)$ 都是复变量 z 的可导函数. 为解决求多项式的复根问题, 下面我们把牛顿法 (见第 5 章) 做推广.

复根的牛顿法

牛顿法是对一个实函数实根的估计, 是 f 的实根的线性近似, 方法是寻找比前一个估计根更接近于实根的近似根. 我们把这一思想应用于求复根.

假定 $z_旧$ 是 $p(z) = 0$ 的近似根. 定义 h 是 $p(z)$ 的根 z 与 $z_旧$ 的差:

$$h = z - z_旧.$$

利用方程 (9.14), 可得

$$0 = p(z) = p(z_旧 + h) = p(z_旧) + p'(z_旧)h + 误差, \tag{9.15}$$

其中误差是 $|h|^2$ 的高阶无穷小. 与 5.3.1 节 一样, 取新的近似为

$$z_新 = z_旧 - \frac{p(z_旧)}{p'(z_旧)}. \tag{9.16}$$

由 (9.15) 可得

$$p(z_旧) = -p'(z_旧)h - 误差.$$

上式代入 (9.16), 得

$$z_新 = z_旧 + h + \frac{误差}{p'(z_旧)}.$$

注意到 $h = z - z_旧$, 上式可写为

$$z_新 - z = \frac{误差}{p'(z_旧)}.$$

如果 $p'(z_{旧})$ 有界且不等于零 (这是牛顿法可行的一个基本假设), 这一关系式可写为

$$|z - z_{新}| < Ch^2 = C|z - z_{旧}|^2,$$

其中 C 为常数. 如果 $C|z - z_{旧}| < 1$, 那么 $z_{新}$ 就比 $z_{旧}$ 更接近与实际的根. 重复以上过程, 就生成一个快速收敛于实际根的近似根数列.

例 9.20 1 的立方根是 $1, \dfrac{1+\sqrt{3}\mathrm{i}}{2}, \dfrac{1-\sqrt{3}\mathrm{i}}{2}$. 我们试着用牛顿法来求根. 对函数 $f(z) = z^3 - 1$, 新的迭代为

$$z_{新} = z - \frac{f(z)}{f'(z)} = z - \frac{z^3 - 1}{3z^2}.$$

表 9.1 给出了以三个不同初值进行迭代的结果, 见图 9.7.

表 9.1 例 9.20 中用牛顿法逼近 $z^3 - 1 = 0$ 的三个根

n	a_n	b_n	c_n
0	i	-1	$-0.1 - \mathrm{i}$
1	$-0.33333 + 0.66667\mathrm{i}$	-0.33333	$-0.39016 - 0.73202\mathrm{i}$
2	$-0.58222 + 0.92444\mathrm{i}$	2.7778	$-0.53020 - 0.89017\mathrm{i}$
3	$-0.50879 + 0.86817\mathrm{i}$	1.8951	$-0.50135 - 0.86647\mathrm{i}$
4	$-0.50007 + 0.86598\mathrm{i}$	1.3562	$-0.50000 - 0.86602\mathrm{i}$
5	$-0.50000 + 0.86603\mathrm{i}$	1.0854	$-0.50000 - 0.86603\mathrm{i}$
6	$-0.50000 + 0.86603\mathrm{i}$	1.0065	$-0.50000 - 0.86603\mathrm{i}$
7	$-0.50000 + 0.86603\mathrm{i}$	1.0000	$-0.50000 - 0.86603\mathrm{i}$

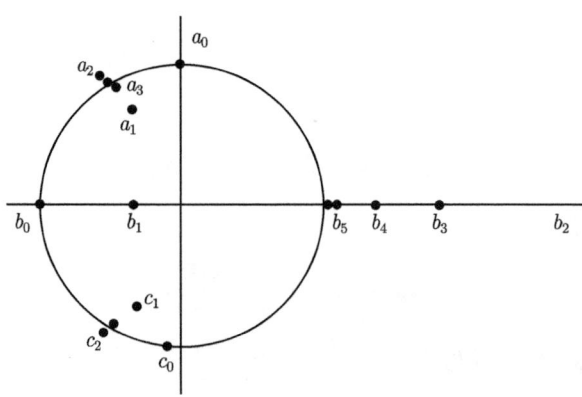

图 9.7 用牛顿法逼近 $z^3 - 1 = 0$ 的三个根, 分别以 $a_0 = \mathrm{i}, b_0 = -1, c_0 = -0.1 - \mathrm{i}$ 为起点

9.2 复值函数

9.2.5 复指数函数

现在我们研究函数 $C(t) = \cos t + \mathrm{i}\sin t$，它在复平面上的图像是单位圆周. 函数 C 是可导的，且 $C'(t) = -\sin t + \mathrm{i}\cos t$. 立即看到

$$C'(t) = \mathrm{i}\,C(t).$$

对于实函数 $\mathrm{e}^{at} = P(t)$，它满足微分方程

$$P' = aP.$$

这提示我们怎样定义 $\mathrm{e}^{\mathrm{i}t}$.

定义 9.6 对于实数 t，定义复值函数 $\mathrm{e}^{\mathrm{i}t}$ 为

$$\mathrm{e}^{\mathrm{i}t} = \cos t + \mathrm{i}\sin t.$$

指数函数的函数方程表明

$$\mathrm{e}^{x+\mathrm{i}y} = \mathrm{e}^x \mathrm{e}^{\mathrm{i}y};$$

结合定义 9.6，我们给出复指数函数的定义.

定义 9.7 x,y 是实数，定义

$$\mathrm{e}^{x+\mathrm{i}y} = \mathrm{e}^x(\cos y + \mathrm{i}\sin y).$$

如上定义的指数函数，自变量是复的，函数值也是复的，我们将会看到，它也有指数函数通常所具有的性质.

定理 9.4 对任意复数 z, w，都有

$$\mathrm{e}^{z+w} = \mathrm{e}^z \mathrm{e}^w.$$

证明 设 $z = x + \mathrm{i}y$，$w = u + \mathrm{i}v$. 由定义可得

$$\mathrm{e}^z \mathrm{e}^w = \mathrm{e}^x(\cos y + \mathrm{i}\sin y)\mathrm{e}^u(\cos v + \mathrm{i}\sin v).$$

利用实变量指数函数以及复数运算的性质可得

$$\begin{aligned}\mathrm{e}^z \mathrm{e}^w &= \mathrm{e}^{x+u}(\cos y + \mathrm{i}\sin y)(\cos v + \mathrm{i}\sin v) \\ &= \mathrm{e}^{x+u}\big((\cos y\cos v - \sin y\sin v) + \mathrm{i}(\cos y\sin v + \sin y\cos v)\big).\end{aligned}$$

类似地，利用正余弦函数的两角和公式，得

$$\mathrm{e}^z \mathrm{e}^w = \mathrm{e}^{x+u}\big(\cos(y+v) + \mathrm{i}\sin(y+v)\big) = \mathrm{e}^{x+u+\mathrm{i}(y+v)}.$$

即 $\mathrm{e}^z \mathrm{e}^w = \mathrm{e}^{z+w}$. 证毕.

定理 9.5(微分方程) 对任意复数 c,
$$P(t) = e^{ct}$$
满足
$$P'(t) = cP(t).$$

证明 令 $c = a + ib$, 其中 a, b 是实数. 利用复指数函数的定义,
$$e^{ct} = e^{at}\big(\cos(bt) + i\sin(bt)\big).$$

由积的求导法则, 上式的导数为
$$ae^{at}\big(\cos(bt) + i\sin(bt)\big) + e^{at}\big(-b\sin(bt) + ib\cos(bt)\big).$$

这等于 $ae^{ct} + ibe^{ct} = (a+ib)e^{ct} = ce^{ct}$. 得证. **证毕**.

例 9.21 证明 $y = e^{it}$ 满足微分方程
$$y'' + y = 0.$$

直接计算 $y' = ie^{it}$, $y'' = i^2 e^{it} = -e^{it} = -y$, 所以有 $y'' + y = 0$.

定理 9.6(级数表示) 对任意复数 z,
$$e^z = 1 + z + \frac{z^2}{2!} + \cdots + \frac{z^n}{n!} + \cdots.$$

证明 根据问题 1.55, 这一结论在 $z = 1$ 时成立. 显然 $z = 0$ 时也成立. 在 4.3.1 节中, 我们证明了这一结论对任意实数 z 成立, 问题 9.20 给出证明这个级数的部分和是柯西列的方法. 简单起见, 这里我们仅对 z 是纯虚数的情形予以证明. 假定 $z = ib$, 其中 b 是实数. 把 $z = ib$ 代入右边级数中, 得
$$1 + ib - \frac{b^2}{2} + \cdots + \frac{(ib)^n}{n!} + \cdots.$$

i^n 周期为 4, 即
$$i^0 = 1, \quad i^1 = i, \quad i^2 = -1, \quad i^3 = -i,$$

后面的幂次都是这四个数的重复. 所以偶数次的都是实数, 奇数次的都是纯虚数. 假定级数重排后不改变其收敛的和, 则

$$1 + ib - \frac{b^2}{2} + \cdots + \frac{(ib)^n}{n!} + \cdots$$
$$= \Big(1 - \frac{b^2}{2} + \frac{b^4}{24} - \cdots + \frac{(-1)^m b^{2m}}{(2m)!} + \cdots\Big) + i\Big(b - \frac{b^3}{6} + \frac{b^5}{120} + \cdots + \frac{(-1)^m b^{2m+1}}{(2m+1)!} + \cdots\Big).$$

9.2 复值函数

实部和虚部分别是 $\cos b$ 和 $\sin b$; 见 4.3.1 节 以及方程 (4.20). 所以级数为

$$1 + \mathrm{i} b - \frac{b^2}{2} + \cdots + \frac{(\mathrm{i} b)^n}{n!} + \cdots = \cos b + \mathrm{i} \sin b,$$

正是 $\mathrm{e}^{\mathrm{i} b}$.   证毕.

在指数函数的定义式中令 $t = 2\pi$, 得

$$\mathrm{e}^{\mathrm{i} 2\pi} = \cos(2\pi) + \mathrm{i} \sin(2\pi) = 1.$$

更一般地, 由于 $\cos(2n\pi) = 1$, $\sin(2n\pi) = 0$, 所以对任意整数 n, 都有

$$\mathrm{e}^{\mathrm{i} 2\pi n} = \cos(2\pi n) + \mathrm{i} \sin(2\pi n) = 1.$$

再令 $t = \pi$. 由于 $\cos \pi = -1$, $\sin \pi = 0$, 可得

$$\mathrm{e}^{\mathrm{i} \pi} = \cos \pi + \mathrm{i} \sin \pi = -1.$$

也可以写成[①]

$$\mathrm{e}^{\mathrm{i} \pi} + 1 = 0.$$

复指数函数的导数

在定理 9.3 中已经证明了复变量 z 的多项式函数 $p(z)$ 是可导的. 下面我们证明函数 e^z 也是可导的.

定理 9.7 函数 e^z 是可导的, 且它的导数为 e^z.

证明 只需证明 h 趋于零时, 差商

$$\frac{\mathrm{e}^{z+h} - \mathrm{e}^z}{h}$$

趋于 e^z. 利用指数函数的函数方程 $\mathrm{e}^{z+h} = \mathrm{e}^z \mathrm{e}^h$, 差商可写成

$$\mathrm{e}^z \frac{\mathrm{e}^h - 1}{h}.$$

所以只需证明 h 趋于零时, $\dfrac{\mathrm{e}^h - 1}{h}$ 趋于 1. 把 h 分成实部和虚部: $h = x + \mathrm{i} y$. 则

$$\mathrm{e}^h - 1 = \mathrm{e}^x (\cos y + \mathrm{i} \sin y) - 1.$$

h 趋于零时, x 和 y 都趋于零. 指数函数和三角函数在零的邻域内有如下的线性近似式:

$$\mathrm{e}^x = 1 + x + r_1, \quad \cos y = 1 + r_2, \quad \sin y = y + r_3,$$

[①] 对那些数字神秘主义者, 值得指出的是, 这个关系式 (称为欧拉公式) 包含了数学中最重要的常数与记号: $0, 1, \mathrm{i}, \pi, \mathrm{e}, +, =$. ——原注

其中 r_1, r_2 和 r_3 都是比 $|h|^2$ 高阶的无穷小. 利用这些近似式, 可得

$$\begin{aligned} \mathrm{e}^h - 1 &= (1 + x + r_1)(1 + r_2 + \mathrm{i}(y + r_3)) - 1 \\ &= x + \mathrm{i}y + x\mathrm{i}y + 余项 \\ &= h + \mathrm{i}xy + 余项, \end{aligned}$$

其中余项的绝对值是比 $|h|^2$ 高阶的无穷小. 应用算术-几何平均值不等式,

$$|\mathrm{i}xy| = |x||y| \leqslant \frac{1}{2}(|x|^2 + |y|^2) = \frac{1}{2}|h|^2.$$

因此, $\mathrm{e}^h - 1 = h + 余项$, 其中余项的绝对值是比 $|h|^2$ 高阶的无穷小. 从而可得

$$\frac{\mathrm{e}^h - 1}{h} = 1 + \frac{余项}{h}$$

趋于 1. 证毕.

至此, 我们所研究的函数 $f(z)$, 即多项式函数 $p(z)$ 和指数函数 e^z 关于变量 z 都是可导的. 然而, 也有一些简单的函数是不可导的. 下面给出一个这样的例子.

例 9.22 令 $f(z) = \overline{z}$. 则

$$\lim_{h \to 0} \frac{f(z+h) - f(z)}{h} = \lim_{h \to 0} \frac{\overline{z+h} - \overline{z}}{h} = \lim_{h \to 0} \frac{\overline{h}}{h}.$$

如果极限存在, 对实数 $h = x + \mathrm{i}0 \neq 0$, 有 $\overline{h} = h$, 所以 $\frac{\overline{h}}{h} = 1$. 对虚数 $h = 0 + \mathrm{i}y \neq 0$, 有 $\overline{h} = -\mathrm{i}y$ 且 $\frac{\overline{h}}{h} = -1$. 所以极限不存在, 从而 f 不可导.

问 题

9.21 求下列实变量 t 的复值函数的导数.

(a) $\mathrm{e}^t + \mathrm{i}\sin t$;
(b) $\dfrac{1}{t - \mathrm{i}} + \dfrac{1}{t + \mathrm{i}}$;
(c) $\mathrm{i}\mathrm{e}^{t^2}$;
(d) $\mathrm{i}\sin t + \dfrac{1}{t + 3 + \mathrm{i}}$.

9.22 求下列复变量 z 的复值函数的导数.

(a) $2\mathrm{i} - z^2$;
(b) $z^3 - z + 5\mathrm{e}^z$.

9.23 把 $\cos t$ 和 $\sin t$ 用 $\mathrm{e}^{\mathrm{i}t}$ 表示出来.

9.24 求复积分.

9.2 复值函数

(a) $\int_0^1 e^{i t} dt$;

(b) $\int_0^{\frac{\pi}{2}} (\cos t + i \sin t) dt$.

9.25 请根据复指数函数 e^z 的定义, 把双曲余弦函数的定义推广的复数域上. 并证明对任意的实数 t, 都有 $\cosh(i t) = \cos t$.

9.26 a 是正实数, z 是复数, 把 a 表示成 $e^{\ln a}$, 写出 a^z 的定义. 并证明 $a^{z+w} = a^z a^w$.

9.27 求积分 $\int_0^{+\infty} e^{i k x - x} dx$, 其中 k 是实数.

9.28 多项式 $p(z) = z^3 + z^2 + z - i$. 利用牛顿法 (9.16) 求代数方程 $p(z) = 0$ 的复根.

(a) 根据牛顿法构造一个数列 $z_1, z_2, \cdots$, 写出计算程序, 当 $z_{n+1} - z_n$ 的实部和虚部的绝对值都小于 10^{-6} 或 $n \geqslant 30$ 时终止运算.

(b) 证明当 $|z| > 2$ 或 $|z| < \dfrac{1}{2}$ 时, $p(z) \neq 0$.

(提示: 利用三角不等式

$$|a - b| > |a| - |b|$$

可证得当 $|z| < \dfrac{1}{2}$ 时, $|z^3 + z^2 + z - i| \geqslant 1 - |z^3| - |z^2| - |z|$ 是正的. 类似地, 可证明当 $|z| > 2$ 时, z^3 的绝对值大于其他三项的绝对值的和.)

(c) 从第一个近似

$$z_0 = 0.35 + 0.35i$$

开始, 利用牛顿法构造数列 z_n, 并判断它是否收敛于 $p(z) = 0$ 的一个根.

(d) 从不同的 z_0 开始, 找出 $p(z) = 0$ 的所有根.

第10章 微分方程

摘要 在高等科学中,各种定律往往可以用微分方程的形式表达出来,更确切地说,方程联系函数及其导数.在这一章,我们将从机械振动、种群演化和化学反应三个不同的领域给出实例.

10.1 用微积分描述振动

大多数人认识到,声波的形成、传播和感知是一种振动.基于这个原因,振动是一个非常重要的课题.但是,振动是比单纯的声音更加全面和普遍的,它们构成物理学的一个基本现象.主要原因是,钟和喇叭以及物质的基本成份是机械稳定的.力学稳定性意味着当一个对象被外力破坏,释放时弹回到原来的形状.这是通过物体内在的恢复力来实现的.恢复力以一种特殊的方式工作:它们使对象返回到其原来的形状,而且倾向于过度矫正,于是在相反的方向产生扭曲.然后再作矫枉过正,如此循环往复,形成围绕平衡态的振动.在本节中,作为微积分应用的一个例子,我们通过简单的情况来解释这个过程.

10.1.1 力学系统的振动

一维力学的基本概念是质点及其质量、位置、速度、加速度和力.沿一条线运动的质点的位置是由一个单一的实数 x 决定的.因为质点的位置随时间而改变,所以它是时间的函数.位置关于时间 t 的导数就是物质的速度,通常记为 $v(t)$.速度关于时间的导数称为加速度,记为 $a(t)$:

$$x' = v, \quad v' = x'' = a.$$

用 m 表示物质的质量,其在整个运动中不发生变化.牛顿运动定律告诉我们,

$$F = ma,$$

其中 F 是作用于质点上的总力,m 是质量,a 是加速度.为了运用牛顿定律,我们必须能够计算作用在质点上的总力.根据牛顿力学,作用于质点上的总力(在 x 增加的方向)就是作用在其上的所有各种力的总和.在本节中,我们将处理两类力:恢复力和摩擦力.我们将在下面的具体背景下来描述它们.

10.1 用微积分描述振动

将一块端点固定的弹性串 (橡皮筋、弹簧) 垂直放置并将一质量块放在中间. 在这个位置的质量块是不动的. 现在将质量块移到一边 (图 10.1). 在这个位置上, 该弹性弦对质量块施加了力. 显然, 玩过弹弓的人都知道恢复力取决于位置, 并且

(a1) 力作用在位移相反的方向上, 趋于恢复质量块到其先前的位置;
(b1) 位移改变的越多, 力就越大;

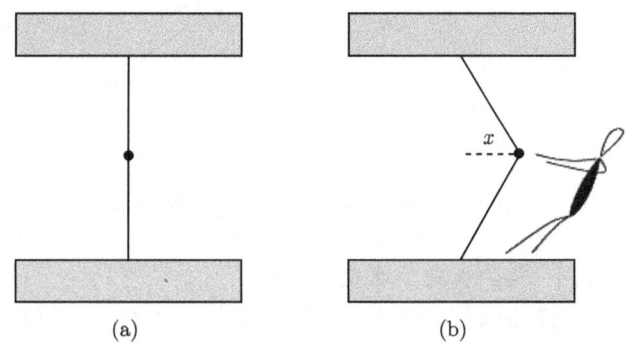

图 10.1　(a) 静态平衡的位置; (b) 被拉伸了距离 x 的质点

具有这两种属性的力称为恢复力, 记为 $F_{恢复}$. 一个典型的恢复力的曲线图示于图 10.2. 许多恢复力 (如橡皮筋所产生的), 还有第三个属性, 对称性.

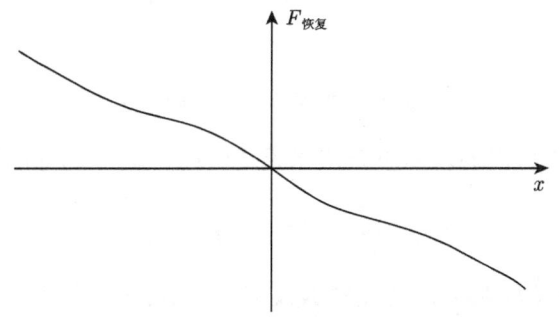

图 10.2　恢复力 $F_{恢复}$ 作为位移的函数

(c1) 由相同的幅度, 但方向相反的位移产生的恢复力大小相等而方向相反.

我们接下来描述摩擦力. 摩擦是由多种机制引起的, 其中之一是空气阻力所引起的. 对于骑过高速自行车的人知道, 摩擦力取决于速度, 并且

(a2) 空气阻力作用在运动的方向相反的方向上;
(b2) 速度越大, 阻力越大.

具有这两个性质的力称为摩擦力, 记为 $F_{摩擦}$. 一个典型的摩擦力其图像如图 10.3 所示. 此图显示了另一个共同的属性 (大多数的摩擦力), 它们的对称性.

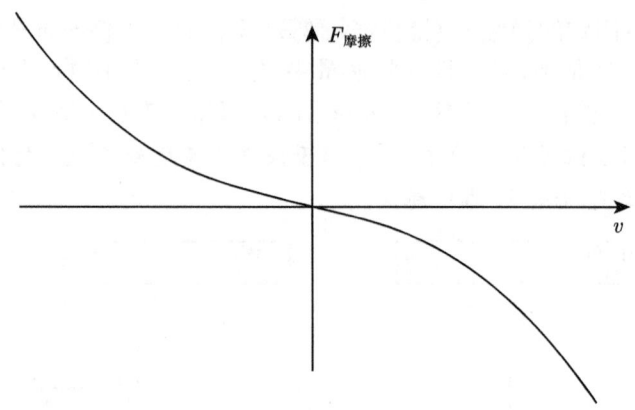

图 10.3 摩擦力 $F_{摩擦}$ 作为速度的函数

(c) 摩擦力的大小 $F_{摩擦}$ 取决于速度的大小.

为了把这两种力描述成数学语言, 我们认为恢复力 $F_{恢复}$ 是位置 x 的函数. 性质 (a1)–(c1) 可以表示为如下的函数语言:

$$F_{恢复}(x) \begin{cases} < 0, & x > 0, \\ = 0, & x = 0, \\ > 0. & x < 0, \end{cases}$$

并且

$$F_{恢复}(x) \text{ 是关于 } x \text{ 的减函数}.$$

函数 $F_{恢复}$ 的对称性可以通过以下方式来表达: $F_{恢复}$ 是 x 的奇函数, 即

$$F_{恢复}(-x) = -F_{恢复}(x).$$

我们认为, 摩擦力 $F_{摩擦}$ 是速度的函数. 其特性可表示如下:

$$F_{摩擦}(v) \begin{cases} < 0, & v > 0, \\ = 0, & v = 0, \\ > 0, & v < 0, \end{cases}$$

并且

$$F_{摩擦}(v) \text{ 是关于 } v \text{ 的减函数}.$$

假设 (c2) 中, 该摩擦的大小只取决于速度的大小, 假设 (a2) 意味着 $F_{摩擦}$ 是 v 的奇函数, 即

$$F_{摩擦}(-v) = -F_{摩擦}(v).$$

10.1 用微积分描述振动

总力 F 是每个力的总和:

$$f = F_{摩擦} + F_{恢复}.$$

力的叠加是实验事实. 根据这个力的分解, 牛顿定律可写成

$$ma = F_{摩擦}(v) + F_{恢复}(x). \tag{10.1}$$

因为速度 v 和加速度 a 分别是 x 的一阶和二阶导数, 于是有微分方程

$$mx'' - F_{摩擦}(x') - F_{恢复}(x) = 0, \tag{10.2}$$

其中 x 是 t 的函数. 这个微分方程的解描述一个质点受到的恢复力和摩擦力的所有可能的运动. 在 10.1 节接下来的部分, 对于各种不同的摩擦力和恢复力, 我们将研究方程 (10.2) 解的行为. 一个基本的事实是, 如果我们规定的质点的初始位置和速度, 那么该质点在任意时刻的运动可由微分方程完全确定. 我们称这一基本结果为唯一性定理:

定理 10.1(唯一性) 假设 $x(t)$ 和 $y(t)$ 是方程 (10.2) 的两个解. 并且存在某一时刻 s 使得

$$x(s) = y(s), \quad x'(s) = y'(s).$$

那么, 对于所有的 $t \geqslant s$, 我们有 $x(t) = y(t)$.

这个定理的证明步骤将在问题 10.21 列出, 并且会要求你核实每一步.

例 10.1 我们在前面的章节中曾遇到下列微分方程:

$$\text{(a) } x' = x, \quad \text{(b) } x'' - x = 0, \quad \text{(c) } x'' + x = 0.$$

其中哪些是方程 (10.2) 所描述的简单力学系统振动的例子?

(a) 方程 $x' = x$ 可表示为 $x' - x = 0$, 但不是方程 (10.2) 的一个例子. 原因在于这里没有二阶项 mx''.

(b) 方程 $x'' - x = 0$ 看起来很有希望. 取质量 $m = 1$, 我们发现摩擦力 $F_{摩擦}(x') = 0$ 和恢复力 $F_{恢复}(x) = x$. 从形式上看似乎是没有问题的. 然而, 在我们的模型中我们对 $F_{恢复}$ 做了单调递减和奇函数假设. 因为 $F_{恢复}(x)$ 不是单调递减的, 所以方程 $x'' - x = 0$ 不是 (10.2) 的例子.

(c) 方程 $x'' + x = 0$, 看起来与情形 (b) 很像. 除了恢复力 $F_{恢复}(x) = -x$ 单调递减, 且为奇函数. 因此, 方程 $x'' + x = 0$ 是描述一个简单力学系统振动方程 $mx'' - F_{摩擦}(x') - F_{恢复}(x) = 0$ 的一个例子.

10.1.2 耗散和能量守恒

本节将致力于研究有关微分方程 $mx'' - F_{摩擦}(x') - F_{恢复}(x) = 0$ 解的数学问题. 值得注意的是, 在不知道确切摩擦力或恢复力, 但是至少知道他们两个是单调递减的奇函数时, 我们可以推导出解. 我们从一个技巧开始. 方程两边乘以 v, 有

$$mva - vF_{摩擦}(v) - vF_{恢复}(x) = 0.$$

因为 $F_{摩擦}(v)$ 的符号和 v 的符号恰好相反, 所以我们不难发现, 除了当 $v = 0$ 时, $F_{摩擦}(v)$ 是正的. 通过去掉正项, 将等式转化为如下不等式

$$mva - vF_{恢复}(x) \leqslant 0. \tag{10.3}$$

注意到加速度是速度的导数, 于是 mva 可写为 mvv'. 我们可将它视为 $\frac{1}{2}mv^2$ 的导数:

$$mva = \frac{\mathrm{d}}{\mathrm{d}t}\left(\frac{1}{2}mv^2\right). \tag{10.4}$$

注意到 v 是 x 的导数, 我们将 $vF_{恢复}(x)$ 改写为 $x'F_{恢复}(x)$.

我们引入函数 $p(x)$, 它可视为 $-F_{恢复}$ 的积分,

$$p(x) = -\int_0^x F_{恢复}(y)\ \mathrm{d}y.$$

由基本的微积分定理, 我们知道 p 的导数是 $-F_{恢复}$,

$$\frac{\mathrm{d}}{\mathrm{d}x}p(x) = -F_{恢复}, \tag{10.5}$$

并且由定义可知

$$p(0) = 0.$$

$-F_{恢复}$ 是 p 关于 x 的导数, 并且满足当 x 是正的, 它也是正的; 当 x 是负的, 它也是负的. (图 10.2 和图 10.4) 根据单调性判据, 我们知道当 $x > 0$ 时 p 是严格单调递增的; 当 $x < 0$ 时 p 是严格单调递减的. 又因为 $p(0) = 0$, 所以对于任意的 $x \neq 0$ 我们有 $p(x) > 0$. 由链式法则和等式 (10.5), $p(x(t))$ 关于 t 的导数可表示为

$$\frac{\mathrm{d}}{\mathrm{d}t}p(x(t)) = x'(t)\frac{\mathrm{d}p}{\mathrm{d}t} = -x'(t)F_{恢复}(x(t)) = -vF_{恢复}(x(t)). \tag{10.6}$$

将这一等式和 (10.4) 代入到 (10.3), 有

$$\frac{\mathrm{d}}{\mathrm{d}t}\left(\frac{1}{2}mv^2 + p(x)\right) \leqslant 0. \tag{10.7}$$

根据单调性判据,导数小于等于 0 的函数是不增函数. 于是我们可推出函数
$$\frac{1}{2}mv^2 + p(x)$$
关于时间是不增的. 这个函数中的两项有很强的物理意义: $\frac{1}{2}mv^2$ 称为动能, p 称为势能. 动能与势能之和称为总能量. 采用这一术语, 我们可推出下面的结论.

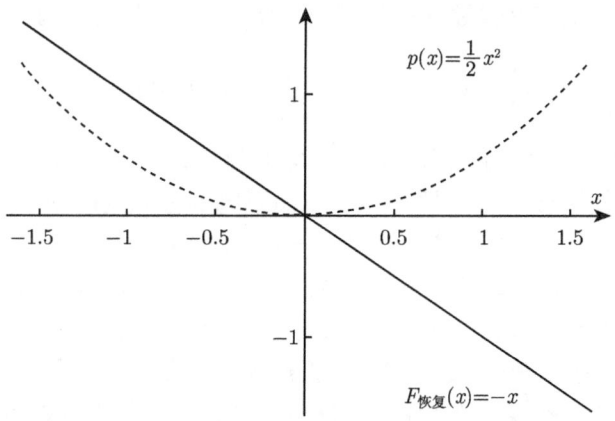

图 10.4 例 10.1 方程 $x'' + x = 0$ 中, 恢复力 $F_{恢复}(x) = -x$ 和势能 $p(x) = \frac{1}{2}x^2$ 的曲线图

能量不增定律 在恢复力和摩擦力的作用下, 运动质点的总能量随时间不增. 假设没有摩擦力, 即 $F_{摩擦} = 0$. 那么能量不等式 (10.7) 变成一个等式:
$$\frac{\mathrm{d}}{\mathrm{d}t}\left(\frac{1}{2}mv^2 + p(x)\right) = 0.$$
导数恒等于 0 的函数是常数 E, 因此得出如下结论.

能量守恒定律 在没有摩擦力的情况下, 移动质点在恢复力的作用下的总能量守恒, 即不随时间而改变.
$$\frac{1}{2}mv^2 + p(x) = E.$$
从一个描述简单力学系统振动的等式 (10.2), 我们已经得出在有或没有摩擦力的影响的两种情况下的质点能量定律. 当没有摩擦力时, 总机械能不随时间而改变. 当有摩擦力时, 总机械能减小. 该能量并没有消失, 而是转化为热能.

10.1.3 没有摩擦力时的振动

接下来, 我们将注意力集中研究在没有摩擦力但有恢复力作用下质点的运动. 也就是外力满足
$$mx'' - F_{恢复}(x) = 0. \tag{10.8}$$

在例 10.1 中, 我们发现微分方程 $x'' - (-x) = x'' + x = 0$ 是上述方程的一个特例, 并且在 3.4.2 节中证明了微分方程 $x'' + x = 0$ 所有的解都具有形式 $x(t) = u\cos t + v\sin t$, 其中 u 和 v 是两个任意的常数. 这些函数具有周期 2π:

$$x(t + 2\pi) = x(t).$$

现在我们证明每个满足方程 (10.8) 的函数 $x(t)$ 是周期的. 我们先从由公式 (10.8) 所确定运动的定性描述和能量守恒开始, 上一节我们得到

$$\frac{\mathrm{d}}{\mathrm{d}t}\left(\frac{1}{2}mv^2 + p(x)\right) = 0, \quad p(x) = -\int_0^x F_{恢复}(y)\,\mathrm{d}y, \quad \frac{1}{2}mv^2 + p(x) = E.$$

通过移动质点的位置到 $x = -b$, $b > 0$, 并保持在那里直到我们放手, 假如在初始时刻 $t = 0$ 其初速度为零. 见图 10.5. 从而系统的总能量是 $p(-b) = E$. 在被释放时, 在恢复力作用下, 质点开始向位置 $x = 0$ 移动. 对于非负的 x, $p(x)$ 关于 x 是递减的. 由能量守恒可知动能 $\frac{1}{2}mv^2$ 增加. 由于 v^2 的增加, 质点在这一阶段的运动过程中加速. 势能在 $x = 0$ 这一点达到最小值. 只要质点摆动过去 $x = 0$, 其势能开始增加, 而其动能相应减小. 这种状况一直持续到质点到达的位置 $x = b$. 在这一点, 势能达到 $p(b)$. 由于 p 是一个奇函数的积分, 故 p 是一个偶函数, $p(b) = p(-b) = E$ 是总能量. 因此, 动能 $\frac{1}{2}mv^2$ 在点 b 是零, 并且 b 是质点移动区间的右端点. 到达 $x = b$, 质点被恢复力的转动并且描述了一个类似从右到左, 直到它返回到原来的位置 $x = -b$ 的运动. 因为速度在 $t = T$ 时刻为零, 所以每一件质点都正如在运动的开始. 因此, 根据定理 10.1, 完全相同的模式被重复. 这种运动被称为周期性运动, 而质点经过时间 T 返回到它的初始位置被称为运动的周期 T. 周期性的数学表达式是

$$x(t + T) = x(t),$$

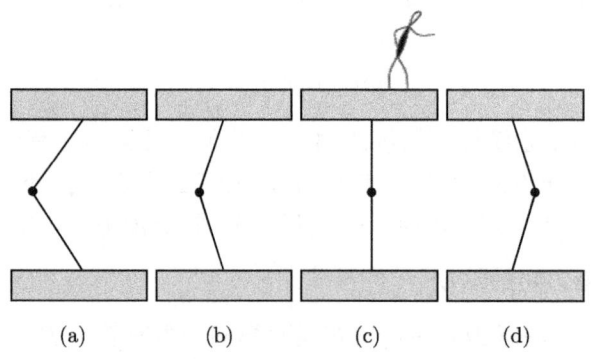

图 10.5 (a) $x = -b$, $v = 0$, 以及 $p = E$; (b) x 在 $-b$ 和 0 之间, v 为正以及 $p < E$; (c) $x = 0$, $p = 0$ 以及 $\frac{1}{2}mv^2 = E$; (d) 质点几乎达到了 $x = b$ 的一半

10.1 用微积分描述振动

并且这样一个周期函数的图示于图 10.6. 由于假设 $F_{恢复}$ 是奇函数, 位置 $x=b$ 完全发生在 $t=\frac{1}{2}T$, 因为对于向左和向右的运动是彼此的镜像.

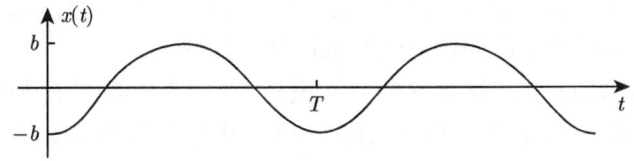

图 10.6　运动以周期 T 重复

我们现在把这一定性描述转向定量描述, 而这也将从能量守恒定律中推导出. 利用能量方程 $\frac{1}{2}mv^2 + p(x) = E$, 将 v 表示成 x 的函数:

$$v = \sqrt{\frac{2}{m}\bigl(E - p(x)\bigr)}.$$

在第一阶段 $0 \leqslant t \leqslant \frac{1}{2}T$ 的运动, x 关于时间是一个单调递增函数. 因此, $v = x'$ 是正的, 从而可取正的平方根. 因为 $x(t)$ 在此区间上是严格单调的, 我们可以将 t 表示成 x 的函数. 根据隐函数的求导准则, t 关于 x 的导数可表示为

$$\frac{\mathrm{d}t}{\mathrm{d}x} = \frac{1}{\dfrac{\mathrm{d}x}{\mathrm{d}t}} = \frac{1}{v}.$$

再利用上面关于 v 的公式, 可推出

$$\frac{\mathrm{d}t}{\mathrm{d}x} = \sqrt{\frac{m}{2(E-p(x))}}.$$

根据微积分基本定理, 我们可知 t 是 $\dfrac{\mathrm{d}t}{\mathrm{d}x}$ 关于 x 的积分:

$$t(y_2) - t(y_1) = \int_{y_1}^{y_2} \sqrt{\frac{m}{2(E-p(x))}}\ \mathrm{d}x. \tag{10.9}$$

右边的积分表示质点在运动的第一阶段从位置 y_1 移动到位置 y_2 的时间. 特别地, 我们取 $y_1 = -b$ 和 $y_2 = b$. 这两个位置分别在 $t = 0$ 和 $t = \frac{1}{2}T$ 达到. 因此, $\frac{1}{2}T - 0 = \int_{-b}^{b} \sqrt{\dfrac{m}{2(E-p(x))}}\ \mathrm{d}x$. 两边乘以 2, 有

$$T = \int_{-b}^{b} \sqrt{\frac{2m}{E-p(x)}}\ \mathrm{d}x. \tag{10.10}$$

我们看到，在 $t=0$ 和 $t=\frac{1}{2}T$ 能量守恒 $\frac{1}{2}mv^2+p(x)=E$ 意味着 $E=p(-b)=p(b)$. 这就说明当 x 靠近 $-b$ 或 b 时，$E-p(x)$ 趋近于零. 这使得被积函数在 x 靠近终点时趋于无穷大. 用 7.3 节的专业术语，这个积分是反常的，因此可通过估计定义在子区间的积分，然后让子区间趋近最初的区间来实现.

我们现在证明 (10.10) 所定义的广义积分，在一个周期 T 内是收敛的. 根据中值定理，存在夹在 b 和 x 之间的 c 使得 (10.10) 中分母的函数满足

$$E-p(x)=E-p(b)-p'(c)(x-b).$$

因为 $E=p(b)$, 我们有

$$E-p(x)=-F_{恢复}(c)(b-x).$$

对于比 b 稍微小一点的 x, 也就是说离 (10.10) 积分的上极限很近，因为 $-F_{恢复}(b)$ 几乎等于 $-F_{恢复}(c)>0$, 这是 $b-x$ 的一个正倍数. 所以

$$\sqrt{\frac{2m}{E-p(x)}}\leqslant \frac{C}{\sqrt{b-x}}.$$

其中 C 是常数，被积函数在积分下限 $-b$ 附近同样是有界的. 正如我们在例 7.27 中所看到的，这样的函数是可积的. 换句话说，用积分 (10.10) 给出的周期 T 定义良好.

我们已经能够从它满足 $mx''-F_{恢复}(x)=0$ 的事实中推断出关于函数 $x(t)$ 的许多性质. 首先，因为 $p(x)=-\int_0^x F_{恢复}(y)\,\mathrm{d}y$, 我们证明 $x(t)$ 是周期的. 其次，可以证明周期依赖于质点初始位移 b 和恢复力 $F_{恢复}$, 因为 $T=\int_{-b}^b\sqrt{\frac{2m}{E-p(x)}}\,\mathrm{d}x$. 接下来我们考察恢复力是线性函数的具体情形.

10.1.4 没有摩擦力的线性振动

假设恢复力是关于 x 的可微函数. 根据微分学的基本教义，在一个很短的区间上，一个可微函数可以由一个线性函数很好地逼近. 前面我们已经看到，运动局限于区间 $-b\leqslant x\leqslant b$, 其中 $-b$ 是初始位移. 对于小的 b, $F_{恢复}(x)$ 在区间 $[-b,b]$ 上可以很好地用线性函数逼近 (图 10.7). 据此，我们可以期待如果我们在小区间 $[-b,b]$ 上用线性逼近代替真实的恢复力，在小位移范围内，运动的特性不会有剧烈变化. 在本节中，我们研究具有线性恢复力的振动

$$F_{恢复}(x)=-kx.$$

10.1 用微积分描述振动

k 是衡量弹性介质施加力劲度的正常数, 即 k 越大, 位移的阻力就越大. 出于这个原因, k 称为劲度系数. 相应的势能

$$p(x) = -\int_0^x F_{恢复}(s)\ \mathrm{d}s = -\int_0^x -ks\ \mathrm{d}s = \frac{1}{2}kx^2$$

是二次的. 在运动的一个周期中, 我们将它代入到 (10.10). 由 $E = p(b)$ 可知

$$T = \int_{-b}^{b} \sqrt{\frac{2m}{E - p(x)}}\ \mathrm{d}x = \int_{-b}^{b} \sqrt{\frac{4m}{kb^2 - kx^2}}\ \mathrm{d}x.$$

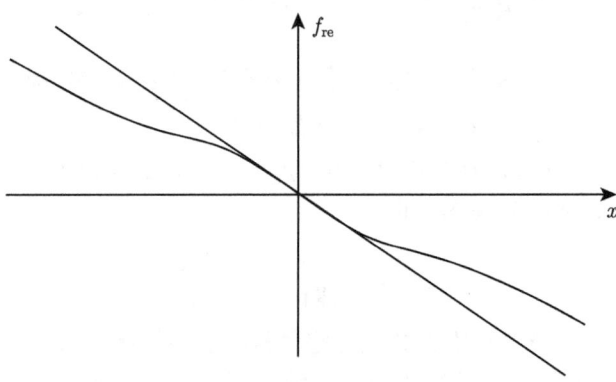

图 10.7 线性化的恢复力

作变量替换 $x = by$, 有

$$T = \int_{-b}^{b} \sqrt{\frac{4m}{kb^2 - kx^2}}\ \mathrm{d}x = \int_{-1}^{1} \sqrt{\frac{4m}{kb^2 - k(by)^2}}b\ \mathrm{d}y = 2\sqrt{\frac{m}{k}}\int_{-1}^{1}\frac{\mathrm{d}y}{\sqrt{1-y^2}}.$$

我们知道, 函数 $\dfrac{1}{\sqrt{1-y^2}}$ 是 $\arcsin y$ 的导数, 因此

$$\int_{-1}^{1}\frac{1}{\sqrt{1-y^2}}\ \mathrm{d}y = \arcsin 1 - \arcsin(-1) = \frac{\pi}{2} - \left(-\frac{\pi}{2}\right) = \pi.$$

将这一等式代入到上述关于 T 的公式中, 我们有

$$T = 2\pi\sqrt{\frac{m}{k}}. \tag{10.11}$$

这一引人注目的公式说明了周期是如何依赖参数的:

(a) 假设初始位移充分小以保证 $F_{恢复}$ 可用线性函数逼近, 那么周期与初始位移的大小无关.

(b) 周期 T 与 $\sqrt{\dfrac{m}{k}}$ 成正比.

物理直觉告诉我们什么? 增加质量使运动减速, 加强弹性 (这对应于增加劲度系数 k) 使运动加速. 因此周期是一个关于 m 递增、关于 k 递减的函数; 由公式 (10.11) 可知这是显然的.

我们现在说明如何由量纲分析推导公式 (10.11). 在一个线性恢复力 $F_{恢复}(x) = -kx$ 作用下, 数 k 的量纲是单位长度的力, 它等于

$$\frac{(质量)(加速度)}{长度} = \frac{(质量)\dfrac{长度}{(时间)^2}}{长度} = \frac{质量}{(时间)^2}.$$

由参数 m 和 k 构造出一量纲是时间的唯一方式是 $\sqrt{\dfrac{m}{k}}$. 因此, 周期 T 必须是 $\sqrt{\dfrac{m}{k}}$ 的常数倍. 只需要微积分就可以推定该常量为 2π.

周期性运动通常称为振动. 在这种运动中, 一个周期内的运动称为一个循环. 单位时间的循环次数被称为频率, 即

$$频率 = \frac{1}{周期} = \frac{1}{2\pi}\sqrt{\frac{k}{m}}.$$

振动的最显著的表现是压力波通过空气传播到附近旁听者的耳朵, 他们感知它是声音. 声音的音调是由每单位时间压力脉冲到达耳膜的数量决定的, 这个数字是声音振源的频率. 用锤子敲击金属片时, 金属片就会振动. 我们从日常观察中知道, 虽然声音的大小依赖于金属所承受的力度, 但音调不依赖于力度的大小. 另一方面, 通过弹拨橡皮筋产生的声音有和弦的味道, 表明音调随位移变化. 由此我们得到, 当金属略微偏移平衡态时, 作用在金属片上的弹性力是位移的线性函数, 而施加在橡皮筋的力是一个关于位移的非线性函数.

10.1.5 带摩擦力的线性振动

我们现在研究带摩擦的运动. 我们将注意力集中在研究具有相对小的位移 x 和速度 v 的运动, 从而 $F_{恢复}, F_{摩擦}$ 可以用线性函数很好地逼近, 从而我们可以把它们取为线性的, 即, $F_{恢复} = -kx$ 和 $F_{摩擦} = -hv$, 其中 $k > 0$ 和 $h > 0$. 牛顿方程变为

$$mx'' + hx' + kx = 0, \tag{10.12}$$

其中常数 h 称为摩擦系数. 这个常微分方程有一个形如 e^{rt} 的解, 其中 r 是常数. 将 e^{rt} 及其一阶导数 $r\mathrm{e}^{rt}$ 和二阶导数 $r^2\mathrm{e}^{rt}$ 代入到 (10.12), 我们有 $mr^2\mathrm{e}^{rt} + hr\mathrm{e}^{rt} + k\mathrm{e}^{rt} = 0$, 并且提出指数因子就得到 $(mr^2 + hr + k)\mathrm{e}^{rt} = 0$. 由于指数因子不等于 0, 括弧中的总和必须为零:

$$mr^2 + hr + k = 0. \tag{10.13}$$

10.1 用微积分描述振动

我们可推出, 方程 (10.13) 的根就诱导了方程 (10.2) 的一个解 e^{rt}. 这是一个关于 r 的二次方程, 其解是

$$r_\pm = -\frac{h}{2m} \pm \frac{\sqrt{h^2 - 4mk}}{2m}.$$

根据被开方表达式的符号, 我们分两种情况.

- 情形 I: $h^2 - 4mk < 0$ 或 $h < 2\sqrt{mk}$.
- 情形 II: $h^2 - 4mk \geqslant 0$ 或 $2\sqrt{mk} \leqslant h$.

在情形 I, 两个根是复数, 而在情形 II, 两根是实的. 我们首先考虑情形 I.

情形 I $h < 2\sqrt{mk}$. 用 ω 表示

$$\frac{1}{2m}\sqrt{4mk - h^2} = \omega.$$

那么, 根可以写为

$$r_\pm = -\frac{h}{2m} \pm i\omega.$$

这里给出两个复根,

$$x_+(t) = e^{r_+ t} = e^{(-\frac{h}{2m} + i\omega)t} \quad \text{和} \quad x_-(t) = e^{r_- t} = e^{(-\frac{h}{2m} - i\omega)t}.$$

我们在第 9 章知道 $e^{a+ib} = e^a(\cos b + i\sin b)$. 使用这个等式并令 $a = -\frac{h}{2m}$ 和 $b = \pm\omega$, 我们可以得到

$$x_\pm(t) = e^{r_\pm t} = e^{-\frac{h}{2m}t}\big(\cos\omega t \pm i\sin\omega t\big).$$

在定理 9.3 中我们已经证明复指数函数 e^{rt} 满足 $(e^{rt})' = re^{rt}$, 因此函数 x_+ 和 x_- 是方程 (10.12) 的解. 我们要求读者在问题 10.11 中, 验证这些解的和以及复倍数仍然是方程的解. 这就导致

$$\frac{1}{2}\big(x_+(t) + x_-(t)\big) = e^{-\frac{h}{2m}t}\cos\omega t \quad \text{和} \quad \frac{1}{2i}\big(x_+(t) - x_-(t)\big) = e^{-\frac{h}{2m}t}\sin\omega t$$

是解. 这些函数是三角函数和指数函数的乘积. 三角函数是周期性的, 周期为 $\frac{2\pi}{\omega}$, 并且指数函数当 t 趋于无穷时趋于零. 指数函数在单位时间内减少的量为 $e^{-\frac{h}{2m}}$. 这就是所谓的 $x(t)$ 的衰减率. 该运动被称为阻尼振动. 利用微分方程实解的线性原理 (见问题 10.9), 我们看到如下形式的每一个线性组合

$$x(t) = e^{-\frac{h}{2m}t}\big(A\cos\omega t + B\sin\omega t\big),$$

仍然是解, 其中 A 和 B 是常数.

例 10.2 考虑方程
$$x'' + \frac{1}{2}x' + \frac{17}{16}x = 0. \tag{10.14}$$

通过解方程 $r^2 + \frac{1}{2}r + \frac{17}{16} = 0$, 我们可得 $r = -\frac{1}{4} + \mathrm{i}$, 因此 $\mathrm{e}^{-\frac{1}{4}t}(\cos t + \mathrm{i}\sin t)$ 是一个复根. 函数 $\mathrm{e}^{-\frac{1}{4}t}\cos t$ 和 $\mathrm{e}^{-\frac{1}{4}t}\sin t$ 是两个线性无关的实解, 并且它们的线性组合仍然是解. 特定的线性组合

$$x(t) = -\mathrm{e}^{-\frac{1}{4}t}\left(\cos t + \frac{1}{4}\sin t\right),$$

如图 10.8 所示, 该解具有初值 $x(0) = 1$ 和 $x'(0) = 0$.

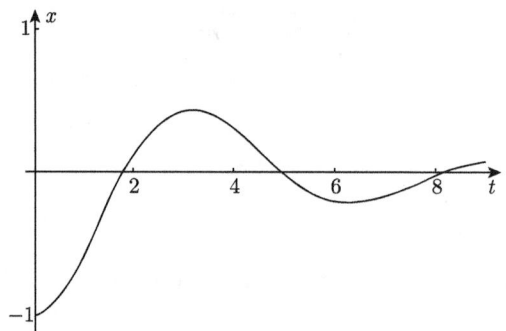

图 10.8 例 10.2 中阻尼振动 $x(t) = -\mathrm{e}^{-\frac{t}{4}}\left(\cos t + \frac{1}{4}\sin t\right)$ 的图像

情形 II $h \geqslant 2\sqrt{mk}$. 等根的情况, $h = 2\sqrt{mk}$, 将在问题 10.13 中讨论. 对于 $h > 2\sqrt{mk}$, 其根

$$r_\pm = -\frac{h}{2m} \pm \frac{\sqrt{h^2 - 4mk}}{2m}$$

是实的, 并且它们提供了两个不同的实指数解, $\mathrm{e}^{r_+ t}$ 和 $\mathrm{e}^{r_- t}$. 根据线性原理, 它们的每一种组合

$$x(t) = A_+ \mathrm{e}^{r_+ t} + A_- \mathrm{e}^{r_- t}$$

仍然是解. 选择常数 A_+ 和 A_- 使得初始位移 $x(0) = b$ 和初始速度 $x'(0) = v(0) = 0$. A_+ 和 A_- 的期望值必须满足

$$x(0) = A_+ + A_- = -b,$$
$$v(0) = r_+ A_+ + r_- A_- = 0.$$

由于 $r_+ \neq r_-$, 利用这一关系很容易解出 A_+ 和 A_-.

例 10.3 我们考虑方程
$$x'' + \frac{3}{2}x' + \frac{1}{2}x = 0$$

10.1 用微积分描述振动

具有初始位移 $x(0) = -1$. 方程 $r^2 + \frac{3}{2}r + \frac{1}{2} = 0$ 的两个根是 $r_- = -1$ 和 $r_+ = -\frac{1}{2}$. 我们需要解 $x(0) = A_+ + A_-$ 和 $-\frac{1}{2}A_+ - A_- = 0$. 两式相加可得 $A_+ = -2$, 并由此推出 $A_- = 1$. 我们解得

$$x(t) = -2e^{-\frac{1}{2}t} + e^{-t}.$$

$t > 0$ 的部分如图 10.9 所示.

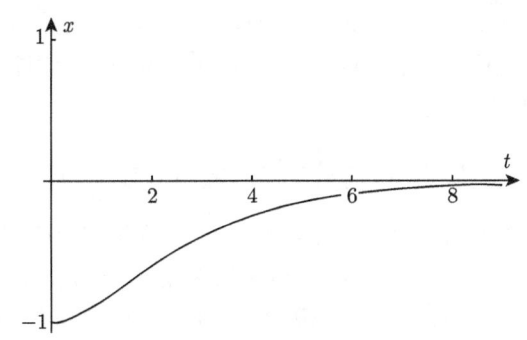

图 10.9 例 10.3 中过阻尼振动 $x(t) = e^{-t} - 2e^{-t/2}$

在情形 II 中的两个根 r_+ 和 r_- 都是负的. 因此, 当 t 趋于无穷时两个指数均趋于零. 关于这两负根, r_- 有较大绝对值

$$|r_-| > |r_+|.$$

而且 $|A_+| > |A_-|$, 并且对于 $t > 0$, 我们有 $e^{r_+ t} > e^{r_- t}$. 因此 $|A_+ e^{r_+ t}|$ 总是大于 $|A_- e^{r_- t}|$. 当 t 趋于无穷时, 第一项远大于第二项. 这表明 $x(t)$ 的衰减率是由第一项决定的. 其衰减率为 e^{r_+}.

衰减率

情形 I 与情形 II 的区别在于, 在情形 I, 摩擦力的力量不足以阻止质点来回摆动, 尽管它确实减小了连续摆动的幅度. 而在情形 II, 与恢复力相比, 摩擦力较大从而减缓了质点的运动, 以至于质点不能到达另一边 (除了罕见的情形 $h = 2\sqrt{mk}$). 这种运动称为过阻尼振动.

在情形 I 和情形 II 两种情形下, 当 t 趋于无穷时运动趋于零. 我们现在研究这种衰减率, 分别为 $e^{-\frac{h}{2m}}$ 和 e^{r_+}. 这些衰变率的对数称为衰减系数, 用符号 ℓ 表示. 我们有以下关于 ℓ 的公式

$$\ell(h) = \begin{cases} -\dfrac{h}{2m}, & h < 2\sqrt{mk} \quad \text{(阻尼, 情形 I)}, \\ \dfrac{-h + \sqrt{h^2 - 4mk}}{2m}, & h > 2\sqrt{mk} \quad \text{(过阻尼, 情形 II)}. \end{cases}$$

我们下一步研究在 m 和 k 保持不变的情形下, ℓ 是如何随着摩擦系数 h 的变化而变化的? 衰减系数 ℓ 的性质:

(a) 对于 $h \geqslant 0$, $\ell(h)$ 是连续函数. 这是因为在情形 I 和情形 II, 的结合点 $h = 2\sqrt{mk}$ 处, 两个关于 ℓ 的公式有相同的值.

(b) 对于 $0 \leqslant h < 2\sqrt{mk}$, $\ell(h)$ 是关于 h 的递减函数. 这是因为对于 $0 \leqslant h < 2\sqrt{mk}$, ℓ 的导数是 $-\dfrac{1}{2m} < 0$.

(c) 对于 $h > 2\sqrt{mk}$, $\ell(h)$ 是关于 h 的递增函数. 这是因为对于 $h > 2\sqrt{mk}$, ℓ 的导数是正的. 为了说明这一点, 由于 $h > \sqrt{h^2 - 4mk}$, 我们注意到在下面 $\ell(h)$ 的大括号中的分数大于 1:

$$\ell'(h) = \frac{1}{2m}\left(-1 + \frac{h}{\sqrt{h^2 - 4mk}}\right).$$

(d) $\ell(h)$ 在临界阻尼 $h = 2\sqrt{mk}$ 达到最小值. 这是 (b)(c) 的推论.

注意到函数 $\ell(h)$ 是连续的且它的绝对值在 $h = 2\sqrt{mk}$ 是最大的. 从图 10.10 中我们可看出, 在 $h = 2\sqrt{mk}$ 是不可微的. 正如此图所显示的, $\ell(h)$ 趋于零当 h 趋于无穷时. 知道使 $|\ell|$ 达到最大值的 h 值是很重要的. 例如, 在汽车碰撞后反弹, 弹簧提供了一种恢复力, 减震器提供摩擦阻尼. 事实上, 冲击是由弹簧吸收的, 减震器的作用是使突然产生位移的能量消散.

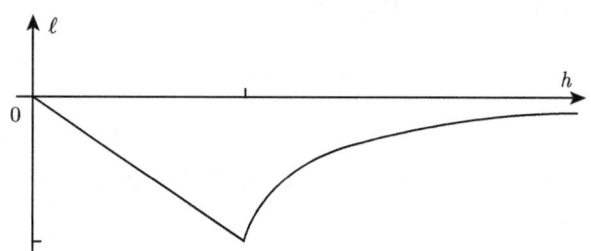

图 10.10　衰减系数 ℓ 在 $h = 2\sqrt{mk}$ 达到最小

10.1.6　外力驱动的线性系统

接下来, 我们研究质点在恢复摩擦力和驱动力 $F_{\text{驱动}}$ 的作用下的运动, 其中 $F_{\text{驱动}} = F_{\text{驱动}}(t)$ 为时间 t 的已知函数. 这是一个经常发生的情况, 它的例子是

(a) 空气中的压力膜冲驱动耳膜的运动;

(b) 电磁力作用下的磁力膜片的运动;

(c) 在振动弦作用下, 小提琴共鸣腔中空气的运动;

(d) 在风或地震作用力下地面上一个建筑物的运动.

当然, 这些例子比我们所要研究的单一质点的例子要复杂得多. 单个质点的牛顿运动定律告诉我们

10.1 用微积分描述振动

$$mx'' = F_{恢复}(x) + F_{摩擦}(v) + F_{驱动}(t).$$

我们将讨论的情况如下，恢复力 $F_{恢复}(x) = kx$ 和摩擦力 $F_{摩擦}(v) = hv = hx'$ 是其参数的线性函数，而驱动力是简单的周期函数

$$F_{驱动}(t) = F\cos(qt),$$

其中 F 是一个正常数. 将这些力代入牛顿定律，得到方程

$$mx'' + hx' + kx = F\cos(qt). \tag{10.15}$$

见图 10.11.

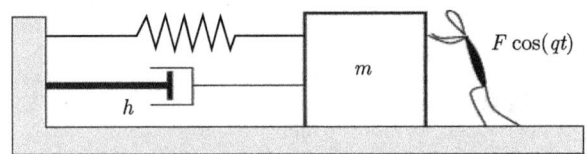

图 10.11　方程 (10.15) 中，在质量为 m 的物体的位置函数 $x(t)$，受到以下外力作用：线性恢复力 $-kx$，线性摩擦力 $-hx'$，驱动力 $F\cos(qt)$

首先，我们建立这个方程的任意两个解之间的简单关系. 设 x_0 是另一个解：

$$mx_0'' + hx_0' + kx_0 = F\cos(qt).$$

与 (10.15) 相减，得到

$$m(x - x_0)'' + h(x - x_0)' + k(x - x_0) = 0, \tag{10.16}$$

即，方程 (10.15) 两个解的差是方程 (10.16) 的解. 但这是一个描述只受恢复力和摩擦力质点运动的方程. 在上一节中，我们证明了方程 (10.16) 的所有解当 t 趋于无穷时趋于零 (图 10.8 和 10.9). 这表明，对于较大的 t，方程 (10.15) 任何两个解相差很小. 因此我们可以研究任一解的长时间行为.

我们将通过以下技巧来寻找方程 (10.15) 的一个解. 我们寻找复方程的复值解 z

$$mz'' + hz' + kz' = Fe^{iqt}. \tag{10.17}$$

在问题 10.16 中，我们让读者去验证如果 z 是方程 (10.17) 的一个复值函数解，那么 $x = \text{Re}\, z$ 是方程 (10.15) 的一个实值函数解. 复值函数解 z 的优势是，与指数函数运算时方便.

我们取与驱动力有相同形式的 z，

$$z(t) = Ae^{iqt}.$$

由定理 9.5,
$$z' = A\mathrm{i}q\mathrm{e}^{\mathrm{i}qt} \quad \text{和} \quad z'' = -Aq^2\mathrm{e}^{\mathrm{i}qt}.$$

将此代入 (10.17), 提取并消去 $\mathrm{e}^{\mathrm{i}qt}$, 我们有
$$A\left(-mq^2 + \mathrm{i}hq + k\right) = F.$$

从这个方程解出 A, 由此得到
$$z(t) = \frac{F}{-mq^2 + \mathrm{i}hq + k}\mathrm{e}^{\mathrm{i}qt}$$

是方程 (10.17) 的解. z 的实部是复方程实部方程 (10.15) 的一个解, 这也是我们最初想解的方程.

响应曲线

复根 $z(t)$ 的绝对值是
$$\frac{F}{|-mq^2 + \mathrm{i}hq + k|},$$

这是实部 $x(t)$ 最大的绝对值, 且当 $z(t)$ 为实值的时刻达到. 这种最大值被称为振动的振幅. 此外, F 是所施加力的最大绝对值; 它被称为力的振幅. 两个振幅的比率为
$$R(q) = \frac{\max|x|}{F} = \frac{1}{|-mq^2 + \mathrm{i}hq + k|}.$$

在很多方面, 最有趣的问题是这样的: 对于 q 的什么值, $R(q)$ 取最大值? 显然, 当 q 趋于无穷时, $R(q)$ 趋于零, 所以 $R(q)$ 具有最大值. 我们将计算这个最大值. 它出现在与 $R(q)$ 的倒数被最小化的相同频率上:
$$\frac{1}{(R(q))^2} = |-mq^2 + \mathrm{i}hq + k|^2 = (k-mq^2)^2 + h^2q^2.$$

其关于 q 的导数是
$$4mq(mq^2 - k) + 2h^2q = 2q\left(2m^2q^2 - 2mk + h^2\right),$$

且在 $q = 0$ 等于零. 为了找到其他可能的零点, 我们令另一个因子等于零: $2m^2q^2 - 2mk + h^2 = 0$. 化简后, 得到
$$q^2 = \frac{2mk - h^2}{2m^2} = \frac{k}{m} - \frac{h^2}{2m^2}.$$

如果右边的值是负数, 这是过阻尼情形 II, $h > \sqrt{2mk}$, 等式不能满足, 我们可推出在 $q = 0$ 处 R 达到最大值. 然而, 如果右边的量是正的, 即情形 I 中, 我们知
$$q_r = \sqrt{\frac{k}{m} - \frac{h^2}{2m^2}}$$

10.1 用微积分描述振动

是可能使 $R(q)$ 的值达到最大. 直接计算表明,

$$R(q_r) = \frac{1}{h}\frac{1}{\sqrt{\dfrac{k}{m}-\dfrac{h^2}{4m^2}}}.$$

在问题 10.19 中, 我们要求读者证明 $R(q_r)$ 大于 $R(0) = \dfrac{1}{k}$. 因此, 对于 $h < \sqrt{2mk}$, $R(q)$ 的图像类似于图 10.12. R 的图形称为振动系统的响应曲线.

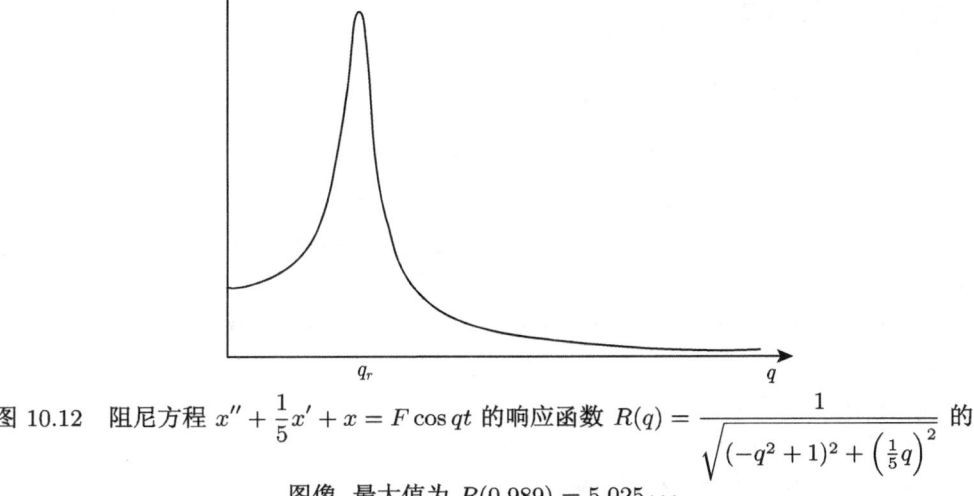

图 10.12 阻尼方程 $x'' + \dfrac{1}{5}x' + x = F\cos qt$ 的响应函数 $R(q) = \dfrac{1}{\sqrt{(-q^2+1)^2 + \left(\frac{1}{5}q\right)^2}}$ 的图像. 最大值为 $R(0.989) = 5.025\cdots$

在 q_r 取得最大值的意义在于: 所有具有形如 $F\cos qt$ 的驱动力中, 带有 $q = q_r$ 的那个导致振幅最大的运动. 这种现象被称为共振或共鸣. $\dfrac{q_r}{2\pi}$ 称为共振频率. 如果摩擦力 h 很小时, 共振是显著的, 因为此时即便驱动力的振幅很小, 共振频率 $R(q_r)$ 也会很大, 这意味着将导致大幅度的振动. 这种共鸣的一个众所周知的戏剧性的例子是, 一个酒杯在音符达到玻璃的共振频率时而被击碎.

现在我们对本节的主要结果做个小结:

对于没有摩擦力而在恢复力作用下的运动:
   (a) 总能量是守恒的.
   (b) 所有的运动都是周期性的.
   (c) 所有相对较小幅度的运动有大致相同的周期.

对于带摩擦作用的恢复力下的运动:
   (d) 总能量减少.
   (e) 所有运动以指数速度衰减到零.
   (f) 有一个临界值的摩擦系数, 以最大速度使解衰减到 0.

我们仅对于线性恢复力和线性摩擦力的情形证明了 (e) 和 (f).

对于线性恢复力, 线性摩擦力, 以及一个正弦驱动力下的运动:

(g) 所有的运动趋于与驱动力有相同频率的正弦运动.

(h) 如果摩擦力不是太大, 那么存在一个共振频率.

问　题

10.1 下列哪个微分方程是我们研究的力学系统的振动模型 (10.2) 的例子. 注意检查摩擦力和恢复力的性质要求.

(a) $2x'' - x = 0$;

(b) $x'' + x' + x + x^3 = 0$;

(c) $x'' + x' = 0$;

(d) $x'' - x^2 = 0$;

(e) $x'' - 0.07x' - 3x = 0$.

10.2 如果我们假定恢复力 $F_{恢复}(x)$ 是一个奇函数, 验证势能 $p(x) = -\int_0^x F_{恢复}(y)\,\mathrm{d}y$ 是偶函数.

10.3 在以下两种情形, 通过试探指数解 $x(t) = \mathrm{e}^{rt}$ 的组合, 求解无恢复力的微分方程 $x'' + x' = 0$

(a) $x(0) = 5$, $x'(0) = 7$;

(b) $x(0) = 5$, $x'(0) = -7$.

当 t 趋于无穷时, 解是否存在极限?

10.4 如果方程 $mr^2 + hr + k = 0$ 的根是 $r_\pm = -\dfrac{1}{10} \pm \mathrm{i}$, 求方程 $mx'' + hx' + kx = 0$ 的解?

10.5 求方程 $2x'' + 7x' + 3x = 0$ 的指数解 e^{rt}?

10.6 求方程 $2y'' + 3y = 0$ 的三角函数解?

10.7 如图 10.10 中衰减系数 ℓ 图像所表明的, 当 h 非常小或非常大时, 微分方程 $mx'' + hx' + kx = 0$ 的某些解 $x(t)$ 趋于零的速度很慢. 对这两种情形, 画出典型的解的曲线.

10.8 求方程 $z'' + 4z' + 5z = 0$ 的复指数解 $z(t)$, 并且验证此解的实部 $x(t) = \mathrm{Re}z(t)$ 是方程 $x'' + 4x' + 5x = 0$ 的解.

10.9 设实值函数 $x_1(t)$ 和 $x_2(t)$ 是如下 n 阶微分方程

$$A_n x^{(n)}(t) + \cdots + A_2 x''(t) + A_1 x'(t) + A_0 x(t) = 0$$

的解, 其中 A_i 是实值常数.

(a) 证明, 如果 c 是任意实常数, 则 $cx_1(t)$ 也是一个解.

(b) 证明, $y(t) = x_1(t) + x_2(t)$ 也是一个解.

把这两个观察结合在一起, 我们得到结论: 若 x_1 和 x_2 是方程的解, c_1, c_2 是常数, 则 $c_1 x_1(t) + c_2 x_2(t)$ 也是方程的解. 这是这个微分方程的线性性质的一个例子.

10.1 用微积分描述振动

10.10 假设问题 10.9 中微分方程的系数 $A_0, A_1, \cdots, A_n$ 是 t 的函数. 那么问题 10.9 中的结论是否仍然成立? 如果方程为

$$A_n x^{(n)}(t) + \cdots + A_2 x''(t) + A_1 x'(t) + A_0 x(t) = \cos t,$$

结论是否仍然成立?

10.11 假设复值函数 $x_1(t) = p_1(t) + \mathrm{i} q_1(t), x_2(t) = p_2(t) + \mathrm{i} q_2(t)$ 是方程

$$mx'' + hx' + kx = 0$$

的解, 且 c_1, c_2 是复数. 证明 $c_1 x_1(t) + c_2 x_2(t)$ 是方程的解.

10.12 函数 $x(t) = \mathrm{e}^{-bt}\cos(\omega t)$ 代表了一个在线性恢复力和线性摩擦力下的运动.
(a) 证明满足 $x(t) = 0$ 的两个相继时刻之间的间隔为 $\dfrac{\pi}{\omega}$.
(b) 证明 $x(t)$ 的两个相继的局部极大值点之间的间隔是 $\dfrac{2\pi}{\omega}$.

10.13 考虑运动方程 $mx'' + hx' + kx = 0$, 并且假设 h 具有临界值 $2\sqrt{mk}$.
(a) 证明形如 e^{rt} 的解是唯一的, 并且满足 $r = -\sqrt{\dfrac{k}{m}}$.
(b) 证明 $t\mathrm{e}^{-\sqrt{\frac{k}{m}}t}$ 是解.

10.14 求运动方程 $x'' + x' + x = 0$ 的所有解 $x(t)$.

10.15 求方程 $z'' + z' + 6z = 52\mathrm{e}^{6\mathrm{i} t}$ 的复指数解, 并且验证实部 $x(t) = \mathrm{Re}\, z(t)$ 是方程 $x'' + x' + 6x = 52\cos(6t)$ 的一个解.

10.16 证明如果 $z(t)$ 是方程 $mx'' + hx' + kx = F\mathrm{e}^{\mathrm{i} q t}$ 的一个解, 那么它的实部 $x(t) = \mathrm{Re}\, z(t)$ 是方程 $mx'' + hx' + kx = F\cos(qt)$ 的一个解.

10.17 求方程 $x'' + x' + x = \cos t$ 的一个解 $x_1(t)$. 并验证, 若 y 满足方程 $y'' + y' + y = 0$ 则 $x_2 = y + x_1$ 满足方程 $x'' + x' + x = \cos t$.

10.18 一重电机以每分钟 1800 转运行, 可引起地面振动并在垂直方向上产生小的位移 $y(t) = A\cos(\omega t)$. 如果 t 是按分钟计, 求 ω.

10.19 证明在阻尼情形 $h < \sqrt{2mk}$ 中, 响应的最大值 $R(q_r)$ 严格大于 $R(0) = \dfrac{1}{k}$, 即

$$\frac{1}{h}\frac{1}{\sqrt{\dfrac{k}{m} - \dfrac{h^2}{4m^2}}} > \frac{1}{k}.$$

10.20 在弹力、摩擦力、恢复力和重力所施加的力的作用下垂直弹簧底部的质点的运动 (图 10.13) 所描述的牛顿运动方程是

$$my'' + hy' + ky = mg,$$

这里位移 y 是正向下测量的, 且 m, h, k 和 g 是正常数.
(a) 证明任意两个解的差满足无重力的方程 $mx'' + hx' + kx = 0$.
(b) 求一个常数解 y.
(c) 证明任意一个解都可以表示为 $y(t) = \dfrac{gm}{k} + x(t)$, 其中 x 满足无重力情形的方程.

(d) 证明当 t 趋于无穷时，每一个解 $y(t)$ 趋于一个常数解.

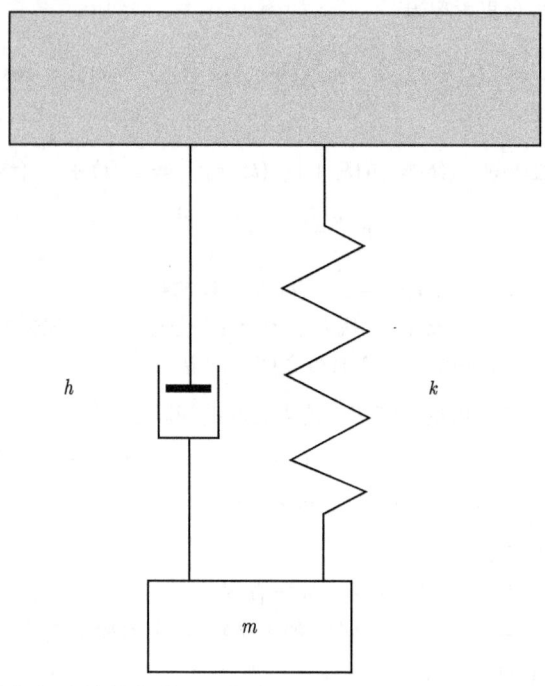

图 10.13 弹簧与带摩擦的物体. 重力作用之前, $y = 0$ 是平衡点. $F_{恢复}(y) = -ky$, $F_{摩擦}(v) = -hv$. 见问题 10.20

10.21 证明下列各款, 这证明了在 10.1.1 节中最后陈述的唯一性定理 10.1.

(a) 若 $mx'' - F_{摩擦}(x') - F_{恢复}(x) = 0$ 和 $my'' - F_{摩擦}(y') - F_{恢复}(y) = 0$，且记 w 为差 $w(t) = y(t) - x(t)$. 那么
$$mw'' - \big(F_{摩擦}(w' + x') - F_{摩擦}(x')\big) - \big(F_{恢复}(w + x) - F_{恢复}(x)\big) = 0.$$

(b) 对于每一个 t，在 $x'(t)$ 和 $y'(t)$ 之间存在 u 且在 $x(t)$ 和 $y(t)$ 之间存在 v 使得
$$mw'' - F'_{摩擦}(u)w' - F'_{恢复}(v)w = 0.$$

(c) 因而，$mw''w' - F'_{恢复}(v)ww' \leqslant 0$.

(d) 某一常数 $-k \leqslant 0$ 是 $F'_{恢复}$ 的上界. 因此 $mw''w' + kww' \leqslant 0$，且
$$\frac{1}{2}m(w')^2 + \frac{1}{2}kw^2$$
是非增的.

(e) 如果一个非负的非增函数在 s 处等于 0，那么当 $t > s$ 恒等于 0. 解释为什么这意味着当 $t > s$ 时 $w(t) = 0$.

10.2 种群动力学

在本节中,微积分是用于研究种群——动物、植物或矿物——的演化. 大约有一半的内容是专门研究如何提出关于种群变化的微分方程, 而另一半去研究它们的解. 只有在最简单的情况下, 才能通过获得解的显式表示来实现这一问题. 当显式解不可行, 解的相关的定性和定量性质仍然可以直接从方程中推出, 我们将从接下来的例子说明这一点. 使用我们在 10.4 节中扩展的数值方法, 可以产生微分方程的一个非常精确的近似解. 这些方法有助于我们察觉所寻求的答案或趋势, 它们通常可以利用微分方程从逻辑上推导出来. 理论人口模型在流行病和遗传性状的分布的研究等众多领域越来越有用. 然而, 最重要的应用, 为了作出明智的决策而公之于众的, 是种群、人类群体的研究. 事实上, 正如亚历山大·蒲柏 (Alexander Pope) 说的那样, "人类最应该研究的, 是人类自己".

在 10.2.1 节, 我们探究与人口增长有关的微分方程理论. 在 10.2.2 节, 我们描述一个种群组成的单一物种的动力系统和在 10.2.3 节中, 由两个物种组成群体的动力系统.

10.2.1 微分方程 $\dfrac{dN}{dt} = R(N)$

在这一节, 我们分析支配人口增长和化学反应微分方程的类型, 但不涉及其应用. 我们考虑方程

$$\frac{dN}{dt} = R(N), \qquad (10.18)$$

其中 $R(N)$ 是一个已知的函数. 在 3.3 节中, 我们已经求解过这种类型的方程, $\dfrac{dN}{dt} = kN$. 我们已看到解 $N(t) = N(0)e^{kt}$ 是常数函数, 并包含常值函数 $N(t) = 0$. 在图 10.14 中, 对于五个不同的初值 $N_0 = N(0) = 3, 1, 0, -1, -2$, 我们画出它们对应于方程 $\dfrac{dN}{dt} = -N$ 的解. 我们知道, 当 t 趋于无穷时, 每个解 $N(t) = N(0)e^{-t}$ 表明, 无论初始条件, 都趋近于常数解 $N = 0$. 在人群的背景下, $N_0 < 0$ 可能没有意义, 但对应于此初始条件的微分方程有解, 所以我们的分析包含它们.

方程 $\dfrac{dN}{dt} = 2N - N^2 = N(2-N)$ 是微分方程 $\dfrac{dN}{dt} = R(N)$ 的另外一个特例. 在 10.2.2 节, 你可以看到, 我们会发现这个方程的显式解, 其中一些我们已绘制在图 10.16 的右侧.

以上两个微分方程是关于种群相对增长率 $\dfrac{\frac{dN}{dt}}{N}$ 的陈述. 第一个方程, 相对增长率 $\dfrac{\frac{dN}{dt}}{N} = -1$ 是一个常数. 第二个方程, 相对增长率 $\dfrac{\frac{dN}{dt}}{N} = 2 - N$ 关于 N 在

$[0,2]$ 递减, 或许是由于缺乏资源所致.

具有 (10.18) 这种形式的第三个微分方程是 $\dfrac{\mathrm{d}N}{\mathrm{d}t} = -N(N-1)(N-2)$. 这个方程的解已经在图 10.15 中画出. 这种类型方程的第四个例子在例 10.7 中给出, 它的解已在图 10.22 中画出.

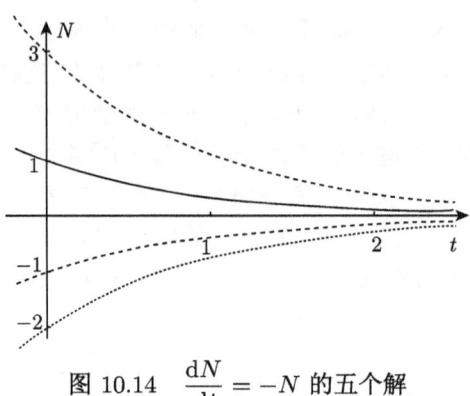

图 10.14 $\dfrac{\mathrm{d}N}{\mathrm{d}t} = -N$ 的五个解

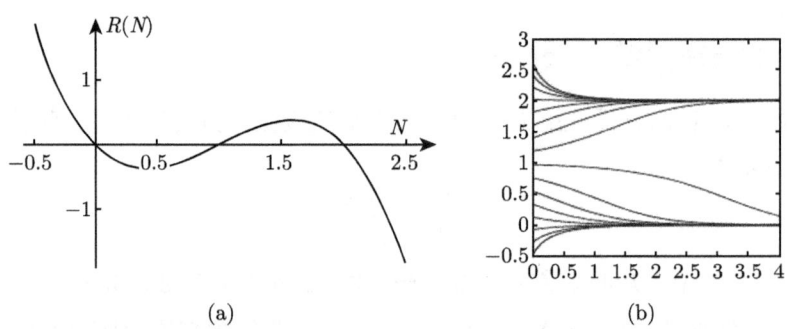

图 10.15 (a) $R(N) = -N(N-1)(N-2)$; (b) $\dfrac{\mathrm{d}N}{\mathrm{d}t} = -N(N-1)(N-2)$ 的一些数值解

您可能已经开始察觉到一种模式. 看起来, 常值解 ($R(N) = 0$ 的情形) 在描述其他解的长时间行为中起到了关键作用. 我们的首要任务是确定解的存在性条件, 并通过初始条件确定解的唯一性条件. 然后, 将表明 $R(N)$ 的零点如何与解的长时间行为有关.

首先, 我们假设 $R(N)$ 是连续函数, 不取零值. 对方程

$$\frac{\mathrm{d}N}{\mathrm{d}t} = R(N)$$

两边同除以 $R(N)$, 有

$$\frac{1}{R(N)} \frac{\mathrm{d}N}{\mathrm{d}t} = 1.$$

10.2 种群动力学

由于 $\dfrac{1}{R(N)}$ 是连续函数, 根据微积分基本定理, 存在一个函数 $Q(N)$ 使得

$$\frac{dQ}{dN} = \frac{1}{R(N)}. \tag{10.19}$$

如果 $N(t)$ 满足 $\dfrac{dN}{dt} = R(N)$, 由链式法则可知

$$\frac{dQ}{dt} = \frac{dQ}{dN}\frac{dN}{dt} = \frac{1}{R(N)}\frac{dN}{dt} = 1.$$

导数是常数的函数是线性的, 因此

$$Q\big(N(t)\big) = t + c, \quad c \text{ 是常数}.$$

由 $\dfrac{dQ}{dN} = \dfrac{1}{R(N)}$ 可知 $\dfrac{dQ}{dt}$ 是非零的. 再由 R 的连续性可知 $\dfrac{dQ}{dN}$ 不变号, 从而 $Q(N)$ 严格单调, 因此可逆. 这就意味着, 可从 $Q(N(t)) = t + c$ 解出

$$N(t) = Q^{-1}(t + c).$$

其中常数 c 可通过初始值 $N(0) = N_0$ 确定:

$$N(0) = Q^{-1}(c) \quad \text{或} \quad Q(N_0) = c.$$

由此确定的 c, 我们知道函数

$$N(t) = Q^{-1}\big(t + Q(N_0)\big) \tag{10.20}$$

是微分方程 $\dfrac{dN}{dt} = R(N)$ 对应于初值 N_0 的解. 因此, 我们证明了以下定理.

定理 10.2(解的存在性定理) 若 $R(N)$ 是一个关于 N 连续的非零函数, 则微分方程

$$\frac{dN}{dt} = R(N), \quad N(0) = N_0,$$

在一个可能是无限的时间区间 (r, s) 上存在一个唯一解. 如果端点 r, s 中之一是有限的, 那么当 t 趋于该端点时, 解 $N(t)$ 趋于正无穷或负无穷.

我们来看一个有启发的例子 $\dfrac{dN}{dt} = N^2 + 1$, 其初值为 $N(0) = 0$. 方程两边除以 $N^2 + 1$, 我们有 $\dfrac{1}{N^2+1}\dfrac{dN}{dt} = 1$. 此等式左边是 $\arctan N$ 的导数, 于是积分可得 $\arctan N = t + c$. 因为我们指定的 $N(0) = 0$, 因此, $c = 0$, 所以在区间 $\left(-\dfrac{\pi}{2}, \dfrac{\pi}{2}\right)$ 上

$N(t) = \tan t$. 当 t 趋于趋于区间的左端点或右端点时,$N(t)$ 趋于负无穷或正无穷.

我们现在转向更有趣的情况,$R(N)$ 在某些点上等于零. 为了得到初始值问题解,公式 (10.20) 的推导远远超出了定理 10.2. 结果表明,即使 $R(N)$ 在某些点等于 0,只要 $R(N_0) \neq 0$,那么利用求解初值问题的方法就可以在很短的时间区间 $(-d, d)$ 上生成一个解.

定理 10.3 设函数 $R(N)$ 可微,且 $N(t)$ 是如下微分方程

$$\frac{\mathrm{d}N}{\mathrm{d}t} = R(N)$$

的一个解. 若 $N(0)$ 不是函数 $R(N)$ 的零点,即,$R(N(0)) \neq 0$. 则对于任意的时刻 t,$N(t)$ 不是函数 $R(N)$ 的零点.

证明 我们采用反证法. 假设结论不成立,那么在某些点 s,$N(s)$ 是 $R(N)$ 的零点. 把这个零点记为 Z:

$$N(s) = Z, \quad R(Z) = 0.$$

我们将要证明对于所有的 t,$R(N(t))$ 都是零.

因为 $R(Z) = 0$,所以 $R(N) = R(N) - R(Z)$. 由微分中值定理,我们可得 $R(N) = k(N - Z)$,其中 k 是函数 R 在 N 和 Z 之间某一点的导数值. 由于 N 是常数,从而可以把关于 N 的微分方程重写为

$$\frac{\mathrm{d}(N-Z)}{\mathrm{d}t} = R(N) = k(N - Z).$$

用 $M(t)$ 表示 $N(t) - Z$,则关于 $N - Z$ 的方程可写为 $\frac{\mathrm{d}M}{\mathrm{d}t} = kM$. 此方程两边乘以 $2M$,有 $2M \frac{\mathrm{d}M}{\mathrm{d}t} = 2kM^2$. 我们用 P 表示 M^2,于是上述方程可重写为

$$\frac{\mathrm{d}P}{\mathrm{d}t} = kP.$$

记 m 为函数 $k(N)$ 的上界. 根据这个微分方程,我们可以推出

$$\frac{\mathrm{d}P}{\mathrm{d}t} \leqslant mP.$$

因此不等式可写为 $\frac{\mathrm{d}P}{\mathrm{d}t} - mP \leqslant 0$,且在此不等式两边乘以 e^{-mt},有

$$\mathrm{e}^{-mt} \frac{\mathrm{d}P}{\mathrm{d}t} - m\mathrm{e}^{-mt} P \leqslant 0.$$

左边是 $e^{-mt}P$ 的导数，又因为它是非正的，所以 $e^{-mt}P$ 关于 t 是非增的。函数 P 被定义为 M^2，且函数 M 被定义为 $N-Z$。因为 Z 是函数 N 在点 s 的函数值，所以 $M(s)=0$，进而 $P(s)=0$。由于函数 P 是一个平方函数，它的值都是非负的，所以是 $e^{-mt}P$ 的值也是非负的。在前面我们已经证明 $e^{-mt}P$ 关于 t 是非增函数。因为 $e^{-mt}P$ 在点 s 是零，于是对于一切 $t>s$，我们有 $e^{-mt}P(t)$ 都是零。进而，对于一切 $t>s$，有 $P(t)$ 都是零。利用函数 $k(N)$ 的下界，通过类似的讨论，可推出对于一切 $t<s$，$P(t)$ 都是零。

因为 $P(t)$ 是 $M(t)$ 的平方，$M(t)$ 是 $N(t)-Z$，这样就证明了对于所有的 t，$N(t)=Z$。这就与假设 $N(0)$ 不是 $R(N)$ 的零点相矛盾。因为我们通过否定定理 10.3 导出了矛盾，这样就证明了定理。 **证毕**。

接下来，我们看 $R(N)$ 的零点和方程 $\dfrac{\mathrm{d}N}{\mathrm{d}t}=R(N)$ 解的长时间行为是如何相关的。由定理 10.3，我们将要推出方程 (10.18) 解的下列性质：

定理 10.4 设 $N(t)$ 满足方程 $\dfrac{\mathrm{d}N}{\mathrm{d}t}=R(N)$，并具有初值 $N(0)=N_0$。假设 $R(N)$ 是可微的，且其导数是有界的。进一步假设，$R(N)$ 对于充分小的负 N 是正的，对于充分大的正 N 是负的。

(a) 如果 $R(N_0)<0$，那么解 $N(t)$ 是 t 的递减函数，且当 t 趋于无穷时，$N(t)$ 趋于 $R(N)$ 的小于 N_0 的最大零点。

(b) 类似地，如果 $R(N_0)>0$，那么解 $N(t)$ 是 t 的递增函数，且当 t 趋于无穷时，$N(t)$ 趋于 $R(N)$ 的大于 N_0 的最小零点。

在给出定理 10.4 的证明之前，我们先看看两个例子。

- $\dfrac{\mathrm{d}N}{\mathrm{d}t}=N(2-N)$。如果 $0<N_0<2$，那么 $R(N_0)$ 是正的。根据定理 10.4，当 t 趋于无穷时，解 $N(t)$ 增加到 $N=2$。如果 $2<N_0$，$R(N_0)$ 是负的，解递减到 2，其为 $R(N)$ 小于 N_0 的零点中的最大一个。

- $\dfrac{\mathrm{d}N}{\mathrm{d}t}=-N(N-1)(N-2)$。在图 10.15 左侧的 $R(N)$ 的图像将帮助我们辨别在哪里 $R(N_0)$ 是正的或负的。如果 $N_0<0$，$R(N_0)$ 是正的，因此由定理 10.14 可知 $N(t)$ 递增到 $N=0$。如果 $0<N_0<1$，那么 $R(N_0)$ 是负的，因此 $N(t)$ 递减到 $N=0$。如果 $1<N_0<2$，那么 $R(N_0)$ 是正的，因此递增到大于 N_0 的零点中最小的零点，即，$N=2$。如果 $2<N_0$，那么 $R(N_0)$ 是负的，因此当 t 趋于无穷时 $N(t)$ 递减到 $N=2$。这与图 10.15 中计算出的近似解是一致的。

现在我们来证明定理 10.4，它保证我们可以得到关于解的许多定性信息。

证明 我们证明 (a)：假设 $R(N_0)<0$。因为对于负的比较大的 N，$R(N)$ 是正的，因此 $R(N)$ 有一个小于 N_0 的零点。记 M 为 $R(N)$ 的小于 N_0 的零点中的最大

一个.[①]根据定理 10.3, 对任意的 $t > 0$, $N(t)$ 不是 $R(N)$ 的零点. 因此, 对一切 $t > 0$, $N(t) \neq M$. 由于 $N(0) = N_0 > M$, 所以对一切 $t > 0$, $N(t) > M$. 又 M 为 $R(N)$ 的小于 N_0 的最大零点, 所以对一切 t, $R(N(t)) \neq 0$, 由于 $R(N(0)) = R(N_0) < 0$, 所以对一切 t 都有 $R(N(t)) < 0$, 根据微分方程有 $\dfrac{\mathrm{d}N}{\mathrm{d}t} = R(N(t)) < 0$, 因此 $N(t)$ 关于 t 严格单调递减.

我们现在证明当 t 趋于无穷时, $N(t)$ 趋于 M. 我们再次使用反证法. 相反的假设对于所有的 t, $N(t)$ 大于 $M + p$, 其中 p 是某一正常数. 函数 $R(N)$ 在区间 $[M+p, N_0]$ 上是负的. 我们用 m 表示 $R(N)$ 在此区间上的最大值; m 是一个负数. 对函数 $N(t)$ 应用微分中值定理:

$$\frac{N(t) - N(0)}{t} = \frac{\mathrm{d}N}{\mathrm{d}t}(c),$$

其中 c 是 0 和 t 之间的某一常数. 因为 $N(t)$ 是微分方程的一个解, 于是有

$$\frac{N(t) - N(0)}{t} = \frac{\mathrm{d}N}{\mathrm{d}t}(c) = R(N(c)) \leqslant m.$$

由此我们推出对于所有正的 t, $N(t) \leqslant N_0 + mt$. 因为 m 是负的, 这就意味着当 t 趋向无穷时, $N(t)$ 趋于负无穷. 这就与我们先前的假设对于所有的 t, $N(t)$ 大于 M 相矛盾. 因此, 我们的假设对所有 t, $N(t)$ 大于 $M + p$ 为错误的.

这样就完成对 $R(N_0) < 0$ 情形的证明. $R(N_0) > 0$ 情形的证明是类似的. **证毕**.

评注 我们称 $R(N)$ 的零点 M 为单零点, 如果它满足 $\dfrac{\mathrm{d}R}{\mathrm{d}N}(M) \neq 0$. 定理 10.4 可以如下表述: $R(N)$ 的那些满足导数 $\dfrac{\mathrm{d}R}{\mathrm{d}N} < 0$ 的零点吸引方程 $\dfrac{\mathrm{d}N}{\mathrm{d}t} = R(N)$ 的解. 原因在于: 证明表明, 对充分接近 M 的初值 N_0, 若满足 $R(N_0) > 0$ 且 $N_0 < M$, 则解将递增趋于 M; 若满足 $R(N_0) < 0$ 且 $N_0 > M$, 则解将递减趋于 M. 另一方面,

---

[①] 若我们补充条件 $R(N)$ 的每一个不超过 N_0 的零点都是单零点, 即对任意的满足 $R(M) = 0$ 且 $M \leqslant N_0$ 的 M, 都有 $R'(M) \neq 0$, 则可以保证 $R(N)$ 的小于 N_0 的最大零点总是存在的. 证明如下. 如果小于 N_0 的零点只有有限多个, 则最大的一个即是. 如果小于 N_0 的零点有无限多个且没有一个最大的, 那就意味着, 我们可以找到一个由零点构成的单调递增数列 $\{r_n\}$, 它以 N_0 为上界. 根据单调有界原理, 该数列收敛到 r, 且根据保号性有 $r \leqslant N_0$, 并且由 R 的连续性知, r 是 $R(N)$ 的零点. 另一方面根据导数的定义, 不难证明 $R'(r) = 0$, 这就与补充的假设矛盾. 从而当小于 N_0 的零点有无限多个时, 也必定有一个最大的. 另一方面, 若不补充这样的假定, 那么以下反例表明, $R(N)$ 的小于 N_0 的最大零点可以不存在. 这个反例是

$$R(N) = -\mathrm{e}^{-(N-r)^2}(N-r)^2 \sin\left(\frac{1}{N-r}\right),$$

其中 r 是给定的常数, 注意其中 $R(r)$ 的值通过极限定义出 $R(r) = \lim\limits_{N \to r} R(N) = 0$. 我们容易看到, $R(N)$ 满足定理所述的一切条件. 但由于 $R(N)$ 的所有零点为 r 与 $r + \dfrac{1}{k\pi}, k = \pm 1, \pm 2, \cdots$, 故对 $N_0 = r$, 既不存在小于 N_0 的最大零点, 也不存在大于 N_0 的最小零点. 注意, 在这个反例中, r 作为 $R(N)$ 的零点恰好不是单重 (而是二重) 的. ——译者注

若对充分接近 M 的初值 N_0 满足 $R(N_0) > 0$ 且 $N_0 > M$ 或 $R(N_0) < 0$ 且 $N_0 < M$, 则必定有 $\dfrac{\mathrm{d}R}{\mathrm{d}N}(M) \geqslant 0$. $R(N)$ 的零点被称为**平衡解**. 一个吸引附近解的零点被称为稳定的平衡. 排斥附近某些解的零点被称为不稳定的, 如图 10.15 中 $N=1$ 的情形.

10.2.2 人口增长与涨落

人口及其发展的算术

人口增长率本身就阻碍着社会和经济的发展. 举例来说, 若一个发展中国家的国民生产总值以 5% 的增长率增长, 这个数字非常可观了, 其实很少有国家能在这样的基础上持续增长. 假定其人口的年增长率为 3%. 因此, 其国民人均收入的年增长率为 2% 增长, 从而需要 35 年才能翻一番. 而在此期间, 其人口将增加近三倍, 造成的后果是, 大量增加的人口仅能勉强生活. 人口增长速度的压制不是社会和经济发展的充分条件 —— 其他举措, 如工业化, 必须同时进行 —— 但很明显, 它是一个必要条件, 缺了它, 发展将受到严重阻碍.

约翰·迈尔博士 (Dr. John Maier)

洛克菲勒基金会 (The Rockefeller Foundation) 卫生科学主任

在本节中, 我们将研究一个单一物种的人口增长和生活在一个共享环境中的几个物种的增长. 人口增长率与出生率和死亡率有关. 描述单一种群的人口数量 $N(t)$ 随时间 t 增长的基本方程是

$$\frac{\mathrm{d}N}{\mathrm{d}t} = B - D,$$

其中 B 和 D 分别是总人口的**出生率**(birth rate) 和**死亡率**(death rate). 那么 B 和 D 依赖于什么? 它们当然取决于人口中的年龄分布; 在人口规模相同的情况下, 与具有低比例老年人人口相比, 具有高比例的老年人口将有较高的死亡率和较低的出生率. 然而在本节中将忽略这种年龄分布与出生率和死亡率依赖关系. 我们将推导的结果是与年龄分布随时间变化相当小是相关的. 如果我们进一步假设, 人口自身的基本生物学功能是不受人口规模的影响, 那么出生率和死亡率都与人口规模成比例. 这个想法的数学表达式是

$$B = cN, \quad D = dN,$$

其中 c 和 d 是常数. 代入微分方程可得

$$\frac{\mathrm{d}N}{\mathrm{d}t} = aN,$$

其中 $a = c - d$. 则此方程的解是

$$N(t) = N_0 \mathrm{e}^{at},$$

其中 $N_0 = N(0)$ 是初始人口规模. 对于正的 a, 这就是关于人口爆炸的著名的马尔萨斯定律.

1. 韦赫斯特模型

如果人口的增长超出了一定的规模, 则人口的庞大规模将降低出生率和增加死亡率. 我们将其归结为

$$\frac{dN}{dt} = aN - 人口过剩的影响.$$

我们如何量化人口过剩的影响? 让我们假设人口过剩的影响与社会成员之间接触的数目成正比, 且这些成员的相遇是偶然的, 也就是不存在有预谋的碰面. 对于每个个体, 碰面的次数与人口规模成比例. 在第 11 章, 我们将发现, 独立事件的概率需要成倍增加, 因此, 这样的见面的总数量和人口的平方成正比. 因此, 人口过剩的作用是以 bN^2 来抑制人口的增长, 其中 b 是某一正常数. 由此产生的增长方程是

$$\frac{dN}{dt} = aN - bN^2, \quad a, b > 0. \tag{10.21}$$

这个方程是由韦赫斯特 (Verhulst) 引入的人口增长理论模型得出的. 它是 10.2.1 节中考虑的微分方程 $\frac{dN}{dt} = R(N)$ 的一个特例.

例 10.4 考虑图 10.16 中的模型 $\frac{dN}{dt} = 2N - N^2 = N(2-N)$. 注意, 当人口 N 在 0 和 2 之间时, 它肯定递增, 因为 N 的变化率 $N(2-N)$ 是正的.

现在, 我们来求韦赫斯特模型 (10.21) 的解. 假设方程 (10.21) 的右边不等于零. 两边同除以 $aN - bN^2$, 有

$$1 = \frac{1}{aN - bN^2} \frac{dN}{dt}.$$

把右边写成导数形式:

$$1 = \frac{1}{\frac{a}{N} - b} \frac{1}{N^2} \frac{dN}{dt} = \frac{1}{\frac{a}{N} - b} \frac{d}{dt}\left(-\frac{1}{N}\right) = -\frac{1}{a} \frac{d}{dt}\left(\ln\left(\frac{a}{N} - b\right)\right).$$

两边积分可知存在一个常数 c 使得 $\ln\left(\frac{a}{N} - b\right) = c - at$. 如果用 N_0 表示 N 的初值, 那么 $\ln\left(\frac{a}{N_0} - b\right) = c$. 因此,

$$\ln\left(\frac{a}{N} - b\right) = \ln\left(\frac{a}{N_0} - b\right) - at.$$

根据对数的运算, 有

$$\ln\left(\frac{\frac{a}{N}-b}{\frac{a}{N_0}-b}\right) = -at.$$

两边作用指数函数可得 $\dfrac{\frac{a}{N}-b}{\frac{a}{N_0}-b} = \mathrm{e}^{-at}$, 进而我们有

$$N(t) = \frac{\frac{a}{b}N_0}{N_0 - \left(N_0 - \frac{a}{b}\right)\mathrm{e}^{-at}}.$$

$N(t)$ 的许多有趣的性质可以从这个公式推导出.

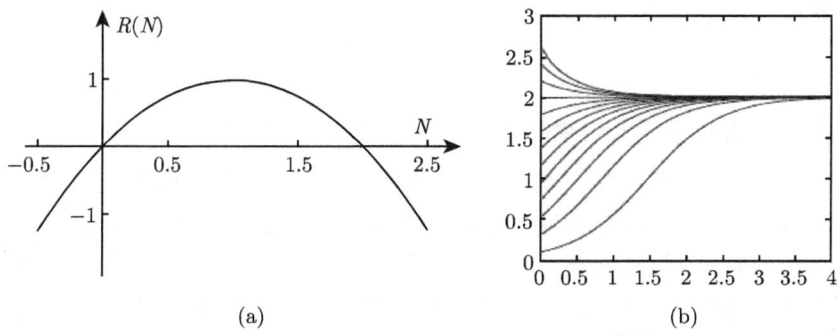

图 10.16　(a) 例 10.4 中的 $R(N) = N(2-N)$; (b) $\dfrac{\mathrm{d}N}{\mathrm{d}t}$ 的一些数值解

定理 10.5　假设在韦赫斯特模型

$$\frac{\mathrm{d}N}{\mathrm{d}t} = aN - bN^2$$

中, 初值 $N(0) = N_0 > 0$. 则

(a) 如果 $N_0 > \dfrac{a}{b}$, 那么对于所有的 t, $N(t) > \dfrac{a}{b}$, 且 $N(t)$ 是 t 的递减函数.

(b) 如果 $N_0 = \dfrac{a}{b}$, 那么对于所有的 t, $N(t) = \dfrac{a}{b}$.

(c) 如果 $N_0 < \dfrac{a}{b}$, 那么对于所有的 t, $N(t) < \dfrac{a}{b}$, 且 $N(t)$ 是 t 的递增函数.

在所有情况下, 当 t 趋于正无穷时 $N(t)$ 都趋于 $\dfrac{a}{b}$.

这些发现与定理 10.4 完全吻合. 根据该定理, 方程 $\dfrac{\mathrm{d}N}{\mathrm{d}t} = R(N)$ 的每一个解都趋于最近的稳定的稳态. 如手头上的方程, $R(N) = aN - bN^2 = bN\left(\dfrac{a}{b}-N\right)$. 在 $N = 0$ 或者 $N = \dfrac{a}{b}$ 这种情况下, 稳态是 R 的零点. R 的导数是 $\dfrac{\mathrm{d}R}{\mathrm{d}N} = a - 2bN$, 因

此, 它在 R 的零点的值是

$$\frac{\mathrm{d}R}{\mathrm{d}N}(0) = a \quad \text{或} \quad \frac{\mathrm{d}N}{\mathrm{d}t}\left(\frac{a}{b}\right) = -a.$$

因为 a 是正的, 我们知道两个零点都是单的, 并且 $\frac{\mathrm{d}R}{\mathrm{d}N}$ 在 $N=0$ 是正的, 在 $N=\frac{a}{b}$ 是负的. 所以, 0 不是稳定的, $\frac{a}{b}$ 是稳定的, 并且初值是 $N_0 > 0$ 的所有解当 t 趋于无穷时趋于稳定态 $\frac{a}{b}$. 这正是我们通过研究解的显式公式发现的. 令人欣慰的是, 解的性质可以直接从它们满足的微分方程导出, 不需要借助解的显式表示. 事实上, 也有极少数微分方程的解可以通过明确的表示公式来描述.

我们刚才所获得的结果, 即韦赫斯特模型 (10.21) 的所有解 当 t 趋于无穷时趋于 $\frac{a}{b}$, 具有重要的人口统计学意义, 因为它可以预测任何由这种形式的方程所描述的人口的最终稳定状态.

2. 灭绝模型

我们再次回到描述人口增长的基本方程 $\frac{\mathrm{d}N}{\mathrm{d}t} = R(N)$ 并假定死亡率与人口规模成正比. 这相当于假设死亡是出于"自然"的原因, 而不是因为人口中一个成员吃另一个成员所需的食物, 或吃掉另一个成员. 另一方面, 我们质疑出生率和人口规模成正比的假设. 这种假设适用于非常原始的生物, 如变形虫, 其通过分裂繁殖. 对于有组织的物种这也是真实的, 如人类, 寻找一个伴侣, 并着手生产由生物学或社会学所确定的后代数量. 但也有重要的生物种类, 其生殖方式不像变形虫和人类, 它们必须依靠偶遇来寻求繁殖的伴侣. 偶遇的期望数目与雄性和雌性的数量的乘积成正比. 如果这些均匀分布在人口的数量上, 由偶遇数量所决定的出生率与 N^2 成正比. 在另一方面, 死亡率和人口规模 N 成正比. 由于人口的增长速度是人口出生率和死亡率之间的差, 所以相应的人口增长方程为

$$\frac{\mathrm{d}N}{\mathrm{d}t} = bN^2 - aN, \quad a, b > 0.$$

这个方程的形式为 $\frac{\mathrm{d}N}{\mathrm{d}t} = R(N)$, 其中

$$R(N) = bN^2 - aN = bN\left(N - \frac{a}{b}\right), \quad a, b > 0.$$

这个函数有两个零点, 0 和 $\frac{a}{b}$. $\frac{\mathrm{d}R}{\mathrm{d}N}$ 的导数是 $\frac{\mathrm{d}R}{\mathrm{d}N} = 2bN - a$, 它在两个零点的取值是

$$\frac{\mathrm{d}R}{\mathrm{d}N}(0) = -a \quad \text{和} \quad \frac{\mathrm{d}R}{\mathrm{d}N}\left(\frac{a}{b}\right) = a.$$

因为 a 是正的,所以两个零点都是单的,并且 $R'(N)$ 在 $N=0$ 是负的,在 $N=\frac{a}{b}$ 是正的. 因此,0 是稳定的,$\frac{a}{b}$ 是不稳定的. 所以,当 t 趋于无穷时,所有初值满足 $N_0 < \frac{a}{b}$ 的解趋于零.

例 10.5 情形 $\frac{\mathrm{d}N}{\mathrm{d}t} = N^2 - 2N$ 在时间逆转下可以在图 10.16 中看到,我们认为 t 从右到左沿水平轴增加. 我们要求你在问题 10.24 中探索这个想法.

0 的稳定性是死亡的稳定性;通过我们的分析我们的发现是一个非常有趣和非常显著的阈值效应. 一旦人口数量 N_0 低于临界数量 $\frac{a}{b}$,人口就趋于灭绝. 临界尺度的这个概念对保存一个物种很重要. 如果一个物种非常地接近其临界尺度,那么这一个物种就被划归为濒危物种.

10.2.3 两个物种

我们现在转向涉及两种物种的情况,一种是营养供应充足,另一种是以第一种为食的. 我们定义这两个物种的数量分别是 N 和 P,N 表示被捕食者的数量,P 表示捕食者的数量. N 和 P 都是时间 t 的函数,它们的增长可描述为微分方程 $\frac{\mathrm{d}N}{\mathrm{d}t} = B - D$. 首要的任务是选择合适的函数 B 和 D 来描述每个物种的出生率和死亡率. 我们假设这两个物种是以与两个种群规模大小的乘积成正比的速度邂逅的. 如果我们假设第一个物种死亡的主要原因是由于被第二个物种的一员吃掉,那么死亡率 N 和乘积 NP 成正比. 我们假设捕食者的出生率与种群规模 P 成正比,而这部分的年轻人的数量是和可用的粮食供应 N 成正比. 因此,有效的出生率正比于 NP. 最后,我们假定被捕食者的出生率和捕食者的死亡率与各自种群的规模大小成正比. 因此,描述这些物种生长的方程被称为洛特卡-沃尔泰拉方程,见表 10.1.

表 10.1 洛特卡-沃尔泰拉方程

物种	增长率		出生率		死亡率
被捕食者	$\frac{\mathrm{d}N}{\mathrm{d}t}$	=	aN	−	bNP
捕食者	$\frac{\mathrm{d}P}{\mathrm{d}t}$	=	hNP	−	cP

在洛特卡-沃尔泰拉方程中,a,b,c 和 h 都是正常数. 这些方程最初是由沃尔泰拉(Volterra)和洛特卡(Lotka)各自独立地建立和分析的. 洛特卡对这个以及其他人口模型的工作在他的书中有描述,其书名为《物理生物学基础》(*Elements of Physical Biology*),最早出版于 1925 年并在 1956 年在纽约由多佛重印. 沃尔泰拉的工作是受亚得里亚海鱼的捕捞数据的启发,可见《科学研究会议记录》,第一

卷. VII, 高塞尔-维拉尔, 巴黎, 1931 年 (Cahier vol. Paris, 1931), 并配以浪漫的标题 "为生存而战的数学理论课" (Lessons on the mathematical theory of the fight for survival). 我们先举一个里面没有捕食者的例子. 这是转载其论文集, 由罗马林奈科学院 (Accademia dei) 出版.

例 10.6 考虑捕食者和被捕食者之间没有相互作用的情况, 所以 $b = h = 0$, $a = 2$ 和 $c = 3$. 那么此系统显示为

$$\begin{cases} \dfrac{\mathrm{d}N}{\mathrm{d}t} = 2N \\ \dfrac{\mathrm{d}P}{\mathrm{d}t} = -3P \end{cases}$$

其解为指数函数:

$$N(t) = N_0 \mathrm{e}^{2t}, \quad P(t) = P_0 \mathrm{e}^{-3t}.$$

注意到指数函数的性质, $(\mathrm{e}^{2t})^{-\frac{3}{2}} = \mathrm{e}^{-3t}$, 所以

$$\frac{P(t)}{P_0} = \left(\frac{N(t)}{N_0}\right)^{-\frac{3}{2}}.$$

在图 10.17 中, 我们在 (N, P) 平面中绘制了这两个关系.

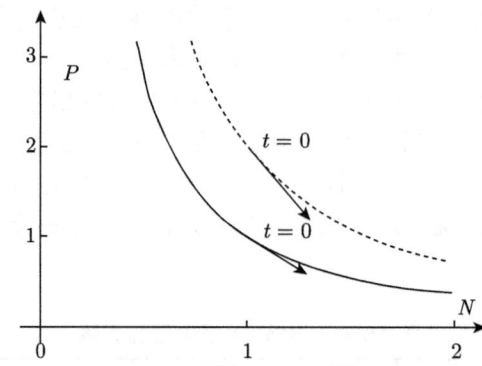

图 10.17 无捕食情况的 (N, p) 相平面, $\dfrac{\mathrm{d}N}{\mathrm{d}t} = 2N$, $\dfrac{\mathrm{d}P}{\mathrm{d}t} = -3P$. 图示两个时间历程, 一个从 $(N_0, P_0) = (1, 1)$ 开始, 另一个从 $(N_0, P_0) = (1, 2)$ 开始. 见例 10.6

接下来, 我们考虑更一般情况, a, b, c 和 h 都是正的. 首先要做的就是说明这些增长规律和初始人口规模, 足以确定未来两个种群的大小. 我们提出这个唯一性定理.

定理 10.6(解的唯一性定理) 洛特卡-沃尔泰拉方程

$$\begin{cases} \dfrac{\mathrm{d}N}{\mathrm{d}t} = aN - bNP, \\ \dfrac{\mathrm{d}P}{\mathrm{d}t} = hNP - cP \end{cases}$$

在任意时间的解都是由 N, P 的初值 N_0, P_0 唯一确定的. 也就是说, 如果解 N, P 和解 n, p 具有相同的初值, 那么, 对于所有的 t, $N(t) = n(t)$ 和 $P(t) = p(t)$.

我们要求读者在问题 10.26 中给出这个唯一性定理的证明. 我们省略解的存在性的证明, 而是探讨研究解的性质. 考虑这两个物种都存在的情况, 即 $N > 0$, $P > 0$. 分离洛特卡-沃尔泰拉方程的 N 和 P, 有

$$\begin{cases} \dfrac{1}{N}\dfrac{\mathrm{d}N}{\mathrm{d}t} = a - bP, \\ \dfrac{1}{P}\dfrac{\mathrm{d}P}{\mathrm{d}t} = hN - c. \end{cases}$$

因此, $P = \dfrac{a}{b}$ 和 $N = \dfrac{c}{h}$ 是方程的稳态解. 也就是说, 如果初值满足 $P_0 = \dfrac{a}{b}$ 和 $N_0 = \dfrac{c}{h}$, 那么, 对于所有的 t, 我们有 $P = \dfrac{a}{b}$ 和 $N = \dfrac{c}{h}$. 为了研究非稳态解, 第一个方程乘以 $hN - c$, 第二个方程乘以 $bP - a$, 然后相加. 因为相加后右边是零, 所以有

$$\left(h - \dfrac{c}{N}\right)\dfrac{\mathrm{d}N}{\mathrm{d}t} + \left(b - \dfrac{a}{P}\right)\dfrac{\mathrm{d}P}{\mathrm{d}t} = 0.$$

由链式法则, 这个关系可以重写为

$$\dfrac{\mathrm{d}}{\mathrm{d}t}(hN - c\ln N + bP - a\ln P) = 0.$$

令 (图 10.18)

$$H(N) = hN - c\ln N, \quad K(P) = bP - a\ln P.$$

则 $\dfrac{\mathrm{d}(H + K)}{\mathrm{d}t} = 0$. 我们从微积分基本定理得出以下结论.

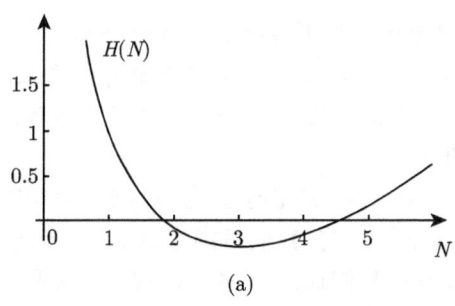
(a)

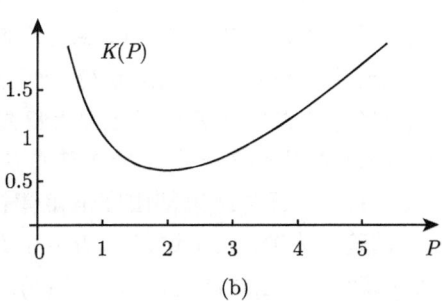
(b)

图 10.18 $H(N) = N - 3\ln N$ 及 $K(P) = P - 2\ln P$ 的图像, 其中 N, P 满足系统 $\dfrac{\mathrm{d}N}{\mathrm{d}t} = 2N - NP$, $\dfrac{\mathrm{d}P}{\mathrm{d}t} = -3P + NP$

定理 10.7 对于洛特卡-沃尔泰拉方程

$$\begin{cases} \dfrac{\mathrm{d}N}{\mathrm{d}t} = aN - bNP, \\ \dfrac{\mathrm{d}P}{\mathrm{d}t} = hNP - cP. \end{cases}$$

的任意一个解 $N(t), P(t)$, 量

$$H(N) + K(P) = hN - c\ln N + bP - a\ln P$$

不依赖于时间 t.

H 与 K 的和是常数使我们联想到力学中的能量守恒定律, 如我们可利用能量守恒定律获得有关解的定性和定量信息. 为了这个目的, 我们注意到函数 H 和 K 有以下性质. 由它们的定义表明, 当 N 和 P 趋于无穷或零时, $H(N)$ 和 $K(P)$ 都趋于无穷. 因为 $H(N)$ 和 $K(P)$ 都是连续函数, 它们有最小值, 并且可以用微积分求出. 这些函数的导数是

$$\frac{dH}{dN} = h - \frac{c}{N}, \quad \frac{dK}{dP} = b - \frac{a}{P},$$

并且它们在

$$N_m = \frac{c}{h} \quad \text{和} \quad P_m = \frac{a}{b}$$

等于零. 注意到这些都是洛特卡-沃尔泰拉方程的稳态值.

定理 10.8 考虑满足洛特卡-沃尔泰拉方程(表 10.1)

$$\begin{cases} \dfrac{dN}{dt} = aN - bNP, \\ \dfrac{dP}{dt} = hNP - cP \end{cases}$$

的物种 N 和 P. 则

(a) 两个物种都不灭绝, 即, 在整个历史中每一个种群其数量都有一个正的下界.

(b) 两个物种都不会无限繁衍, 即, 在整个历史中每个种群其数量都有一个上限.

(c) 稳态值在以下意义下是中性稳定的: 如果初始状态 N_0, P_0 是接近稳态值, 则 $N(t), P(t)$ 在整个历史中保持在稳态值的附近.

证明 这三个结果都由守恒定律得到: 当 N 和 P 趋于无穷或零时, $H(N) + K(P)$ 都趋于无穷. 由于这是和 $H+K$ 是常数不相容的, 我们可推出 N 和 P 都无法接近 0 或无穷. 这就证明了 (a) 和 (b). 对于 (c), 我们通过下述点集 G_s 来说明"在稳态值附近"的含义. 设 $H(N)$ 在 N_m 达到最小值, $K(P)$ 在 P_m 达到最小值. 令 s 是一个小的正常数. G_s 表示 N–P 平面上满足 $H(N)+K(P) < H(N_m)+K(P_m)+s$ 的点的集合. 对于小的 s, G_s 是围绕点 (N_m, P_m) 的一个小区域[①], 如图 10.19 所示. 选取 G_s 中的一点 $(N(0), P(0))$. 因为, 对于所有的 t, $H(N) + K(P)$ 具有相同的值,

---

[①] 这里作者省略了一些微妙的论证, 对本定理以及定理 10.9 的严格论证, 有兴趣的读者可以参见下列著作 11.2 节: Morris W. Hirsch, Stephen Smale, Robert L. Devaney,《微分方程、动力系统与混沌导论》, 甘少波译, 人民邮电出版社, 2008 年.——译者注

所以, 对于所有的 t, $H(N)+K(P)$ 小于 $H(N_m)+K(P_m)+s$. 这表明, 对于所有的 t, $(N(t),P(t))$ 仍然属于 G_s. 这样就完成 (c) 的证明.   证毕.

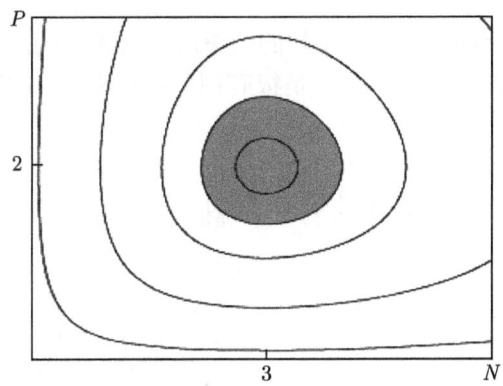

图 10.19 稳定性: 从区域 G_s 开始的解仍在该区域, 证明见定理 10.8. 灰色区域是 $G_{1/10}$, 即 $N-3\ln N+P-2\ln P$ 超过其最小值不到 $\frac{1}{10}$

下一个结果, 定理 10.9, 既有趣又令人惊讶. 它是受一些数值解启发, 如图 10.20 所示.

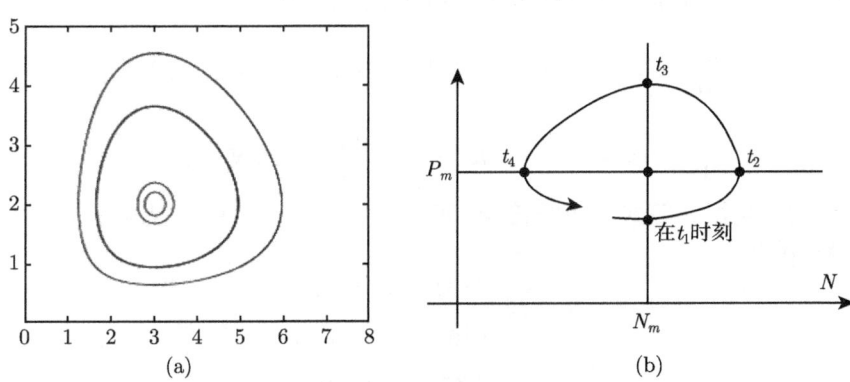

图 10.20 (a) 四个计算时间历程重叠在 (N,P) 相平面, 与图 10.20 为同一个系统; (b) 定理 10.9 证明中所使用符号的一个草图

定理 10.9 每段历史都是周期性的, 即, 对于洛特卡-沃尔泰拉方程

$$\begin{cases} \dfrac{\mathrm{d}N}{\mathrm{d}t}=aN-bNP,\\ \dfrac{\mathrm{d}P}{\mathrm{d}t}=hNP-cP \end{cases}$$

的任一解 $N(t)$, $P(t)$, 存在一个时间 T 使得

$$N(T) = N(0), \quad P(T) = P(0).$$

T 被称为该特定历史的周期. 不同的历史时期有不同的周期. 在图 10.20 上刻画 (P,N) 平面上的曲线 $N(t)$, $P(t)$ 是很有用, 并在图 10.21 中表明周期性意味着这些曲线接近.

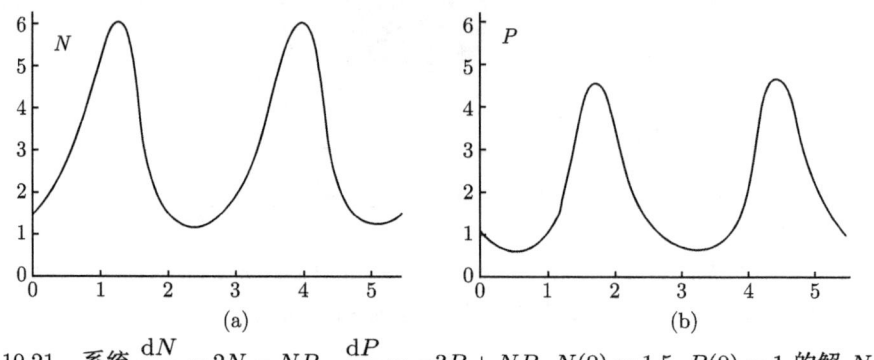

图 10.21 系统 $\dfrac{\mathrm{d}N}{\mathrm{d}t} = 2N - NP$, $\dfrac{\mathrm{d}P}{\mathrm{d}t} = -3P + NP$, $N(0) = 1.5$, $P(0) = 1$ 的解 $N(t)$ 和 $P(t)$ 的计算图形. 图示两个周期

证明 利用稳态值, 把洛特卡-沃尔泰拉方程写成

$$\frac{\mathrm{d}N}{\mathrm{d}t} = aN - bNP = bN\left(\frac{a}{b} - P\right) = bN(P_m - P),$$

$$\frac{\mathrm{d}P}{\mathrm{d}t} = hNP - cP = hP\left(N - \frac{c}{h}\right) = hP(N - N_m),$$

并利用单调性判据和等式右边的符号, 我们可推出 $N(t)$, $P(t)$ 是关于 t 的递增或递减函数. 因此

$$N(t) \begin{cases} \text{递增}, & P < P_m, \\ \text{递减}, & P > P_m, \end{cases}$$

$$P(t) \begin{cases} \text{递减}, & N < N_m, \\ \text{递增}, & N > N_m. \end{cases}$$

我们将利用这些关系来定性追踪 $N(t)$ 和 $P(t)$ 的历程. 参照图 10.21.

初始值 N_0, P_0 可以任意选取. 为确定起见, 选择 $N_0 < N_m$, $P_0 < P_m$. N 开始增加, P 下降, 直到 t_1 时刻, 当 N 达到 N_m. 在 t_1 时刻, P 开始增加, 并且 N 继续增加, 直到 t_2 时刻, 当 P 达到 P_m. 这时, N 开始减少, 并且 P 继续增加, 直到 t_3 时刻, 当 N 达到 N_m. 这时, P 开始减少, 并且 N 继续减少, 直到 t_4 时刻, 当 P 达到 P_m. 接下来, N 开始增加, 并且 P 继续减少, 直到 t_5 时刻, 当 N 达到 N_m. 我们

10.2 种群动力学

认为, P 的值在 t_5 时刻和在 t_1 时刻是相同的. 为了说服你, 我们需要求助于守恒定律. 用下标 1 和 5 表示 N 和 P 在 t_1 和 t_5 的值, 由守恒定律可得

$$H(N_5) + K(P_5) = H(N_1) + K(P_1).$$

被选择的 t_1 和 t_5 使得 N_1 和 N_5 等于 N_m. 由守恒定律可知

$$K(P_5) = K(P_1).$$

对于 $P < P_m$, $K(P)$ 的值是递减的. 我们知道一个递减函数的每个值仅出现一次. 因为被选择的 t_1 和 t_5 满足 P_1 和 P_5 小于 P_m, 再结合 $K(P_5) = K(P_1)$ 可知

$$P_5 = P_1.$$

由唯一性定理 10.6, t_5 时刻关于 $N(t)$, $P(t)$ 的时间进程是 t_1 后时间进程的重复. 因此, 周期性断言被证明, 周期为 $T = t_5 - t_1$. 证毕.

在不求解常微分方程的情形下来确定 (N, P) 平面的封闭曲线. 根据能量守恒定律, 在每一条曲线上, 函数

$$H(N) + K(P) = hN - c\ln N + bP - a\ln P$$

是常数, 这主要因为函数是不依赖于时间 t 的. 这个常数 C 的值是由如下的初始条件来决定的

$$H(N_0) + K(P_0) = C.$$

正如前面说过, 每一个解都是周期的, 但是不同的解有不同的周期. 值得注意的是, 对于所有的解, 如下的量都是相同的.

定理 10.10 洛特卡-沃尔泰拉方程的所有解 P 和 N 在其周期上的平均都是相同的, 并且它们分别等于它们的稳态值 $P_m = \dfrac{a}{b}$ 和 $N_m = \dfrac{c}{h}$.

$$\frac{1}{T}\int_0^T N(t)\ \mathrm{d}t = N_m, \qquad \frac{1}{T}\int_0^T P(t)\ \mathrm{d}t = P_m,$$

其中 T 是 N 和 P 的周期.

证明 写洛特卡-沃尔泰拉方程为

$$\frac{1}{N}\frac{\mathrm{d}N}{\mathrm{d}t} = a - bP, \qquad \frac{1}{P}\frac{\mathrm{d}P}{\mathrm{d}t} = hN - c.$$

从 0 到 T 积分上边两个方程, 其中 T 是这个问题解的周期. 利用链式法则可得

$$\ln N(T) - \ln N(0) = \int_0^T \frac{1}{N}\frac{\mathrm{d}N}{\mathrm{d}t}\ \mathrm{d}t = \int_0^T (a - bP)\ \mathrm{d}t,$$

$$\ln P(T) - \ln P(0) = \int_0^T \frac{1}{P}\frac{\mathrm{d}P}{\mathrm{d}t}\ \mathrm{d}t = \int_0^T (hN - c)\ \mathrm{d}t.$$

因为 T 是 N 和 P 的周期,所以两式左边等于 0. 由此我们获得如下关系

$$0 = aT - b\int_0^T P(t)\ \mathrm{d}t, \qquad 0 = h\int_0^T N(t)\ \mathrm{d}t - cT.$$

第一方程除以 bT,第二方程除以 hT,有

$$\frac{1}{T}\int_0^T P(t)\ \mathrm{d}t = \frac{a}{b}, \qquad \frac{1}{T}\int_0^T N(t)\ \mathrm{d}t = \frac{c}{h}.$$

左边的表达式是 P 和 N 在其周期上的平均值,而在右边的是其稳态值. 这样就完成了证明. **证毕**.

这个结果包含了几个有意义的特征;我们提到两项. 确定稳态的常数 a, b, c, h 是和我们人口的初始值 P_0, N_0 是无关的. 因此,P 和 N 的平均值不依赖于初始值. 因此,如果我们要增加初始种群 N_0,例如向湖中放养鱼,这不会影响到 $N(t)$ 在一段时间内的平均大小,但是会导致 $N(t)$ 大小不同的振荡. 我们请你在问题 10.28 中探讨湖中放养是如何影响 $N(t)$ 更大或更小震荡的.

对于另一个应用,假设我们在模型中引入捕捞. 假设捕食者被捕食者因为捕捞而减少的速率,都以同一个常数因子 f 成正比于各自的数量. 从而我们有以下的修正方程:

$$\frac{\mathrm{d}N}{\mathrm{d}t} = aN - bNP - fN, \qquad \frac{\mathrm{d}P}{\mathrm{d}t} = -cP + hNP - fP.$$

我们可以把这些方程写成如下形式:

$$\begin{cases} \dfrac{\mathrm{d}N}{\mathrm{d}t} = (a-f)N - bNP, \\ \dfrac{\mathrm{d}P}{\mathrm{d}t} = hNP - (c+f)P, \end{cases}$$

注意到,这不同于原来的系统,第一个方程 $N(t)$ 的系数 a 被 $a-f$ 所取代,且在第二个方程中 P 的系数 $-c$ 被 $-(c+f)$ 所取代. 由定理 10.10,我们可知 P 和 N 的平均值分别是 $\dfrac{a-f}{b}$ 和 $\dfrac{c+f}{h}$. 换句话说,*增加捕捞抑制了捕食者的平均数量,但增加被捕食者的平均数量*. 在第一次世界大战期间,意大利的捕鱼业报道了鲨鱼与食用鱼的比例显著增加. 因为战争期间捕鱼减少了,这个观察与沃尔泰拉的结果惊人地一致. 在更复杂的模型中,数值计算是必不可少的. 它们不仅提供了无法用其他方法求出的数值解,而且往往揭示经得起数学分析的解的行为模式. 例如,在图 10.20 中的数值解揭示了解是周期性的,并且我们证明了它们的确是周期的. 最后,我们指出在本节介绍的模型中所做的简化:

- 我们忽略考虑了种群的年龄分布. 由于出生率和死亡率都都是敏感的,所以我们的模型存在缺陷,不能正确地描述种群变化伴随着育龄种群的变化. 这一现象在人口统计学研究人群中尤为重要.

- 我们假设种群是均匀分布在其环境中的. 在许多情况下, 并不是这个样子, 种群分布随地点改变而改变.

如流行病的地域传播和外来物种的入侵问题, 这一有趣的现象正是种群的变化可视为时间和地点的函数. 种群数量是取决于年龄、地点和时间的多个变量的函数原型. 多元函数的微积分是制定人口增长规律的自然语言.

也许你已经注意到, 在本节中, 我们始终假定种群数量是 t 的可微函数, 而实际上种群大小按整数改变, 甚至不是 t 的连续函数. 我们只能说这些模型只是模型, 即, 近似现实, 一些不是很重要的特性为了简单起见作出了牺牲. 我们知道, 连续情形有时比离散情形简单, 因为它允许我们使用微积分这一强大的概念和工具. 类似的简化是在处理其他问题上也有, 例如, 对可视为时间或空间函数的压力或密度应用微积分. 事实上, 根据物质的原子理论, 这些函数并非连续地发生变化.

问 题

10.22 以方程 (10.19) 为例, 取 $Q(N) = N^{\frac{4}{3}}$ 和 $N_0 = 1000$.
(a) 求方程 $Q(N) = t + c$ 的解, 其中 N 是关于 t 的函数.
(b) 求 c 的数值.
(c) 求 $R(N)$ 并验证 $N(t)$ 是方程 $\dfrac{\mathrm{d}N}{\mathrm{d}t} = R(N)$ 的解.

10.23 证明对于任意的 $t \geqslant 0$, $N(t) = 0$ 和 $N(t) = \dfrac{1}{4}t^2$ 满足微分方程

$$\frac{\mathrm{d}N}{\mathrm{d}t} = \sqrt{N}.$$

注意到这两个函数在 $t = 0$ 都等于 0, 这和唯一性定理 10.3 矛盾吗?

10.24 验证: 通过变量替换 $n(t) = N(-t)$ 将例 10.4 中的韦赫斯特模型 $\dfrac{\mathrm{d}N}{\mathrm{d}t} = 2N - N^2$ 变成例 10.5 灭绝模型 $\dfrac{\mathrm{d}n}{\mathrm{d}t} = n^2 - 2n$.

10.25 考虑微分方程

$$\frac{\mathrm{d}N}{\mathrm{d}t} = N^2 - N,$$

其中 $0 < N < 1$. 推导出解的一个公式. 用这个公式来验证, 如果初始值 N_0 在 0 和 1 之间, 那么当 t 趋于无穷时 $N(t)$ 趋于零.

10.26 设 p 和 n 是 t 的函数, 并满足以下的微分方程:

$$n' = f(p), \qquad p' = g(n),$$

其中求导符号表示关于时间 t 求导, f 和 g 是可微函数.
(a) 设 n_1, p_1 和 n_2, p_2 是两对解. 证明它们的差

$$n_1 - n_2 = m, \quad p_1 - p_2 = q$$

满足不等式
$$|m'| \leqslant k|q|, \quad |q'| \leqslant k|m|,$$
其中 k 是函数 f 和 g 的导数绝对值的公共上界.

(b) 推出
$$mm' + qq' \leqslant 2k|m||q| \leqslant k(m^2 + q^2).$$

(c) 令 $E = \frac{1}{2}m^2 + \frac{1}{2}q^2$. 证明 $E' \leqslant 2kE$.

(d) 推出 $\mathrm{e}^{-2kt}E$ 为 t 的非增函数. 从这个推出如果 $E(0) = 0$, 那么对于所有 $t \geqslant 0$ 有 $E(t) = 0$. 并且证明初值相同的两个解 n_1, p_1 和 n_2, p_2 永远相等.

10.27 考虑由方程给出的数 N 与数 P 之间的关系
$$H(N) + K(P) = 常数. \tag{10.22}$$

其中 H 和 K 是凸函数, 并假设 $K(P)$ 当 P 小于数 P_m 时是关于 P 的递减函数, 当 P 大于数 P_m 时是关于 P 的一个增函数.

(a) 证明: 当 $P \geqslant P_m$ 时方程 (10.22) 的解可表示为 P 关于 N 的一个函数. 证明: 当 $P \leqslant P_m$ 时有相似的表达. 这些解被记为 $P_+(N)$ 和 $P_-(N)$.

(b) 设 $P(N) = P_+(N)$ 或 $P(N) = P_-(N)$. 对于方程 (10.22) 微分两次证明
$$\frac{\mathrm{d}H}{\mathrm{d}N} + \frac{\mathrm{d}K}{\mathrm{d}P}\frac{\mathrm{d}P}{\mathrm{d}N} = 0$$
和
$$\frac{\mathrm{d}^2 H}{\mathrm{d}N^2} + \frac{\mathrm{d}^2 K}{\mathrm{d}P^2}\left(\frac{\mathrm{d}P}{\mathrm{d}N}\right)^2 + \frac{\mathrm{d}K}{\mathrm{d}P}\frac{\mathrm{d}^2 P}{\mathrm{d}N^2} = 0.$$

(c) 使用 (b) 的结果将二阶导数表示为
$$\frac{\mathrm{d}^2 P}{\mathrm{d}N^2} = -\frac{\dfrac{\mathrm{d}^2 H}{\mathrm{d}N^2} + \dfrac{\mathrm{d}^2 K}{\mathrm{d}P}\left(\dfrac{\mathrm{d}P}{\mathrm{d}N}\right)^2}{\dfrac{\mathrm{d}K}{\mathrm{d}P}}.$$

由这个公式和关于 H 和 K 的信息可推出 $P_+(N)$ 是凹函数, $P_-(N)$ 是凸函数.

评注 这证实了在图 10.21 中计算的卵形的形状定性上看是对的.

10.28 在图 10.21 中的所有卵形线的共同点是什么?

10.3 化 学 反 应

我们将对化学反应的理论进行初步的介绍. 化学工程师和理论化学家对这一课题都有极大的兴趣. 它对于最近公共争议中心的两个主题也起着核心作用: 汽车发动机排放以及对大气平流层中氟碳化合物积累的有害影响.

10.3 化学反应

在高中化学中,我们学习过化学反应的概念: 由一个或多个称为反应物的化合物形成一个或多个化合物的*产物* 的过程. 这里有一个常见的例子:

$$2H_2 + O_2 \to 2H_2O.$$

用语言描述: 两个氢分子和一个氧分子形成两个水分子. 另一个例子是

$$H_2 + I_2 \to 2HI.$$

用语言描述: 一个氢分子和一个碘分子形成碘化氢的分子.

化学反应可能需要能量, 或以热的形式释放能量: 专业术语是*吸热*和*放热*. 我们熟悉的例子, 释放能量的反应如煤或石油的燃烧, 而更令人关注的是, 爆炸性的燃烧. 事实上, 这些化学反应的整个目的是获得它们能量的释放; 对这些反应的产物是不感兴趣的. 事实上, 它们可能是一个严重的公害, 即污染. 另一方面, 在化学工业中, 所需的商品是反应或一系列反应的最终产物.

关于化学反应的上述描述完全在于其初始状态和最终状态. 在这一节中, 我们将研究化学反应的时程. 化学的这一分支被称为*反应动力学*. 对动力学的理解在化学工业中是必不可少的, 这是因为在某些生产过程中必须建立许多必要的反应, 以便它们在指定的时间间隔内以正确的顺序发生. 同样, 为了知道什么是最终产品, 必须了解燃烧动力学. 因为释放到大气中的这些化学物质会影响全球变暖. 碳氟化合物对平流层臭氧消耗的影响必须通过计算涉及这些分子的各种反应的速率来判断. 最后, 反应动力学也是研究的分子结构的有价值的实验工具.

在本节中, 我们将介绍相当简单的反应动力学, 特别是, 那些反应物和生成物都是气体的反应. 此外, 我们假设所有的组件都均匀地分布在该反应发生的容器中. 也就是说, 我们假设, 在任何给定的时间内的所有成分的浓度, 温度和压力在容器中的所有点是相同的.

反应物的浓度是单位体积的该反应物的分子的数量. 注意到如果容器中的两个成分具有相同的浓度, 那么容器中含有相同数量的每个成分的分子.

在下文中, 我们将用不同的大写字母表示不同的分子, 以及原子, 离子和在化学反应中发挥重要作用的原子团, 如 A, B, C, 我们并用相应的小写表示其浓度, 如 a, b, c (在化学文献中, A 分子的浓度将由 $[A]$ 表示). 这些浓度随时间变化. 浓度的变化率, 即, 浓度关于时间的的导数称为*反应速率*. 反应动力学的一个基本原理说, 反应速率是完全由压强、温度以及所有成分的浓度确定. 数学上, 这可以通过指定速度的压强、温度和浓度的函数来表示; 于是反应动力学的定律具有微分方程的形式:

$$\frac{da}{dt} = f(a, b; T, p), \quad \frac{db}{dt} = g(a, b; T, p).$$

其中 f, g 是每一个特定反应所确定的函数. 在这里我们考虑简单的反应, 我们暂不考虑 f, g 对温度 T 和压力 p 的依赖性. 这些函数的确定是理论家和实验者的任务. 我们将从理论上的观察开始; 当然, 理论上的观察属于实验者.

化学反应的产物是由与反应物相同的基本成分构成的, 即, 有相同的原子核和相同数量的电子, 但各个基本成分排列不同. 换句话说, 化学反应是它的基本组成部分发生重排的过程. 人们可以把这一重排过程作为一个连续的变形, 以最初的成分配置开始并在最后一节结束. 存在一个与每个瞬态配置相关联的能量; 初始和最终状态是稳定的, 这意味着, 能量是在这些配置中的一个局部最小值. 由此可见, 在一个状态到另一个状态的连续变形过程中, 能量一直增加到它的峰值, 然后为达到最终配置而减小. 存在许多路径使得这种变形会沿着它发生; 该反应主要是沿其中峰值为最小的路径. 这种能量的最小峰值与初始构型的能量之差被称为活化能. 它是一种能量的障碍, 必须大于它, 反应才能发生.

在上面, 把化学反应描述为一步到位的重排是过于简单化; 它仅适用于少数情况下, 被称为*基本反应*. 在绝大多数情况下, 反应是*复杂的*, 这意味着它发生在若干阶段, 导致了一些中间状态的形成. 当反应完成时, 中间状态 (原子、自由基和激活态) 消失. 从初始状态到中间状态的过渡, 从一个中间状态到另一个中间状态, 从一个中间状态到最后一个状态都是基本的反应. 因此, 一个复杂的反应可以被认为是一个基本反应的网络.

我们现在研究如下形式的基本反应

$$A_2 + B_2 \to 2AB,$$

的速度, 其中一个由两个 A 原子的分子 A_2 和由两个 B 原子组成的分子 B_2 结合, 以形成化合物 AB. 当且仅当两个分子碰撞并有足够的活力该反应才会发生. 在容器中, 分子的动能是不均匀的, 但服从麦克斯韦概率分布 (见 11.4 节). 因此, 当它们碰撞时一些分子总是有足够的动能来反应, 以提供反应所需的活化能. 这种情况发生的频率正比于 A_2 和 B_2 分子浓度的乘积, 即, 等于

$$kab, \quad k \text{ 是一个正数}.$$

这里 a 和 b 分别表示 A_2 和 B_2 的浓度, k 为*速率常数*. 这就是所谓的质量作用定律. 用 $x(t)$ 表示的反应产物 AB 在时间 t 的浓度. 通过质量作用定律, x 满足以下微分方程

$$\frac{\mathrm{d}x}{\mathrm{d}t} = kab.$$

由 a_0 和 b_0 表示 A_2 和 B_2 的初始浓度. 因为每个分子 A_2 和 B_2 会产生两个 AB 分

子, 在 t 时刻的浓度是

$$a(t) = a_0 - \frac{x(t)}{2}, \quad b(t) = b_0 - \frac{x(t)}{2}.$$

将此代入到微分方程得

$$\frac{dx}{dt} = k\left(a_0 - \frac{x}{2}\right)\left(b_0 - \frac{x}{2}\right).$$

这个方程具有 (10.8) 中我们的人口模型 $\frac{dN}{dt} = R(N)$ 的形式, 用 x 代替 N 的位置

$$\frac{dx}{dt} = R(x), \quad R(x) = k\left(a_0 - \frac{x}{2}\right)\left(b_0 - \frac{x}{2}\right).$$

如果 AB 的初始浓度是零, 那么 $x(0) = x_0 = 0$. 因为 $R(0) = ka_0b_0 > 0$, 满足初值 $x(0) = 0$ 的解 $x(t)$ 开始增加. 根据定理 10.4, 当 x 趋于 0 时, 这个解趋于 $R(x)$ 的最小正零点. 零点. $R(x)$ 的零点是 $x = 2a_0$ 和 $x = 2b_0$. 最小最正零点是其中较小的一个. 记为 x_∞:

$$x_\infty = \min\{2a_0,\ 2b_0\}.$$

因此, 当 t 趋于无穷时, x 趋于 x_∞. 观察到的数量 x_∞ 是 AB 最大的量, 这些 AB 是由可以由 A_2 和 B_2 给定初值数量 a_0 和 b_0 产生. 因此, 我们的结果表明, 当 t 趋于无穷大, A_2 和 B_2 将完全耗尽.

例 10.7 考虑

$$\frac{dx}{dt} = (1-x)(3-x).$$

最小的根是 $x_\infty = 1$. 一些数值解绘制在图 10.22. 我们看到, 解的初值在 0 和 3 之间并趋于 1.

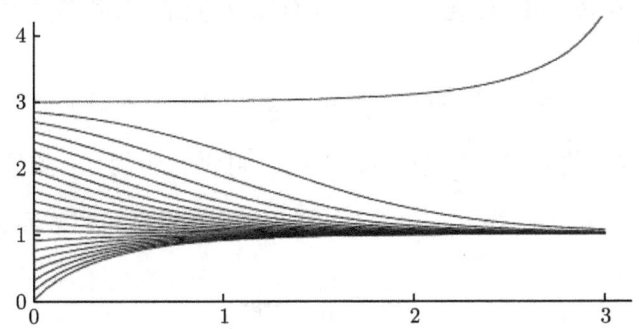

图 10.22　例 10.7 中 $x' = R(x) = (1-x)(3-x)$ 的部分解. 函数 R 见图 10.23

我们的第二个观察是, 虽然 $x(t)$ 趋于 x_∞, 但是 $x(t)$ 达不到 x_∞. 所以严格地说, 反应是永恒的. 然而, 当 $x(t)$ 和 x_∞ 之间的差很小, 以至于没有实际的区别时,

反应就几乎结束了. 使用线性速度代替二次增长 $R(x)$, 即可估计出反应完成所需的时间, 分析如下.

函数 $R(x) = k\left(a_0 - \dfrac{x}{2}\right)\left(b_0 - \dfrac{x}{2}\right)$ 是二次的. 因此, 它的图像是一个抛物线. $R(x)$ 的两阶导数是一个正量 $\dfrac{1}{2}k$. 因此, 正如 4.2.2 节 解释的那样, 它的图是一个凸曲线. 这意味着曲线的点位于它的切线上方. 特别地, 它们位于点 x_∞ 切线的上方, 如图 10.23 所示.

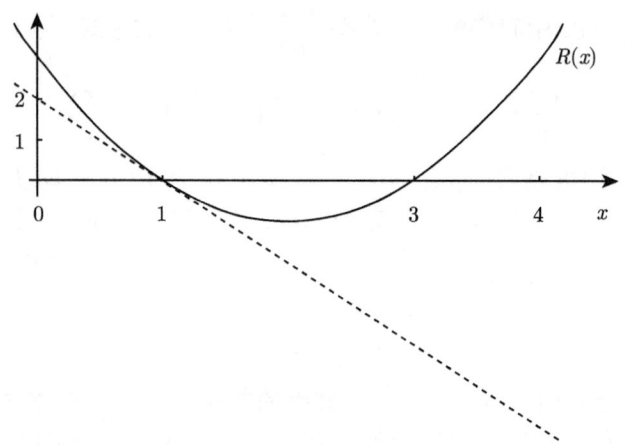

图 10.23　凸函数 $R(x) = (1-x)(3-x)$ 位于切线 $x_\infty = 1$ 的上方: $(1-x)(3-x) \geqslant 2 - 2x$. 见例 10.7

用 $n = \dfrac{\mathrm{d}R}{\mathrm{d}x}$ 表示切线的斜率. 所以我们推断出, 当 $x \neq x_\infty$ 有,

$$R(x) > n(x - x_\infty).$$

由于 x_∞ 是 $R(x)$ 最小零点, 由图 10.23 可知 n 是负的. 我们将这个不等式代入速率方程, 于是有

$$\frac{\mathrm{d}x}{\mathrm{d}t} = k\left(a_0 - \frac{x}{2}\right)\left(b_0 - \frac{x}{2}\right) \geqslant n(x - x_\infty).$$

因为 x_∞ 是常数, 关系式 $\dfrac{\mathrm{d}x}{\mathrm{d}t} \geqslant n(x - x_\infty)$ 可进一步简化, 如果我们将它写成 $\dfrac{\mathrm{d}(x - x_\infty)}{\mathrm{d}t} \geqslant n(x - x_\infty)$. 令 $y = x_\infty - x$, 那么这个不等式可以表示为

$$0 \geqslant \frac{\mathrm{d}y}{\mathrm{d}t} - ny.$$

请记住, 我们想估计 $x(t)$ 接近 x_∞ 需要多长时间, 即, 对于 $y(t)$ 趋近于 0 所需时间. 我们在这个不等式两边同乘以 e^{-nt}:

$$0 \geqslant \mathrm{e}^{-nt}\frac{\mathrm{d}y}{\mathrm{d}t} - \mathrm{e}^{-nt}ny.$$

10.3 化学反应

我们注意到不等式右边的函数是 $e^{-nt}y$ 的导数,

$$0 \geqslant \frac{\mathrm{d}}{\mathrm{d}t}(y(t)e^{-nt}).$$

因为导数是非正的, 所以 $y(t)e^{-nt}$ 是非增函数. 因此, 对于 $t > 0$, 有 $y(t)e^{-nt} \leqslant y(0)$, 两边乘以 e^{nt} 得

$$y(t) \leqslant y(0)e^{nt}.$$

因为 n 是一个负数, 它表明 $y(t)$ 按指数衰减趋于零.

例 10.8 对于方程的例子 10.7, 有

$$\frac{\mathrm{d}x}{\mathrm{d}t} = (1-x)(3-x) \geqslant 2 - 2x,$$

$x_\infty = 1$, $n = -2$, 并且 $y(t) = 1 - x(t)$ 以速度

$$|1 - x(t)| \leqslant |1 - x(0)|e^{-2t}$$

趋于 0.

我们计算二次反应速率的衰减率 n. 由于

$$R(x) = \frac{k}{4}x^2 - \frac{k}{2}(a_0 + b_0)x + ka_0b_0.$$

微分可得:

$$\frac{\mathrm{d}R}{\mathrm{d}x} = \frac{k}{2}x - \frac{k}{2}(a_0 + b_0).$$

假设 a_0 小于 b_0. 那么 $x_\infty = 2a_0$ 并且

$$n = \frac{\mathrm{d}R}{\mathrm{d}t}(2a_0) = ka_0 - \frac{k}{2}(a_0 + b_0) = \frac{k}{2}(a_0 - b_0).$$

注意到, 当 a_0 和 b_0 几乎相等时, n 是非常小的. 因此, 在这种情况下, $x(t)$ 趋于 x_∞ 相当慢. 当 a_0 和 b_0 相等时, $n = 0$ 并且我们的方法并没有说明 $x(t)$ 接近于 x_∞.

我们证明, a_0 和 b_0 相等的情况下, $x(t)$ 趋于 x_∞, 但速度不是很快. 在这种情况下, $R(x) = \frac{k}{4}(x - x_\infty)^2$, 所以微分方程变为

$$\frac{\mathrm{d}x}{\mathrm{d}t} = \frac{k}{4}(x - x_\infty)^2.$$

将 $y = x_\infty - x > 0$ 作为新的变量, 可以把微分方程重写为

$$\frac{\mathrm{d}y}{\mathrm{d}t} = -\frac{k}{4}y^2.$$

两边同除以 y^2, 得到

$$\frac{1}{y^2}\frac{\mathrm{d}y}{\mathrm{d}t} = -\frac{k}{4},$$

其可以写为
$$\frac{d}{dt}\left(\frac{1}{y}\right) = \frac{k}{4}.$$

从 0 到 t 积分, 有 $\frac{1}{y(t)} = \frac{1}{y(0)} + \frac{k}{4}t$. 取倒数, 得到

$$y(t) = \frac{y(0)}{1 + \frac{1}{4}ky(0)t}.$$

因为 k 和 $y(0)$ 是正的, 所以对于所有的 $t \geqslant 0$, $y(t)$ 有定义, 并且 $\lim_{t\to\infty} y(t) = 0$. 这证明 $x(t) = x_\infty - y(t)$ 趋向于 x_∞, 但是很慢. 见图 10.24.

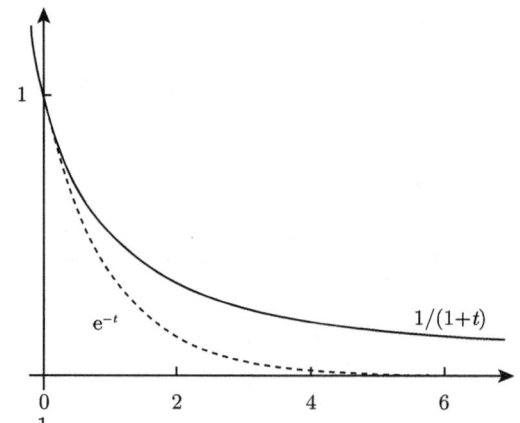

图 10.24　用函数 $\frac{1}{1+t}$ 和 e^{-t} 以说明 A_2 和 B_2 以相等或不等的浓度开始的反应的完成率的差异

这有一个很好的化学解释关于为什么当配料 a_0 和 b_0 达到完美的平衡且使得化学反应会缓慢地完成. 两种分子都短缺的情形下, 有碰撞导致反应的可能性低于一种分子短缺而另一种分子充足情形下发生反应的可能性.

复杂反应

我们考虑一个典型的复杂反应, 比如一些分子的自发分解, 例如 N_2H_4. 分解发生在两个阶段; 第一阶段形成分子群的活化分子B, 其次是自发分裂的活化分子. 活性分子 B 的形成机制是通过两个足够能量分子的碰撞. 见图 10.25. 这些碰撞中每单位体积单位时间的数量与 A 的浓度的平方 a^2 成正比. 活化的和非活化分子的碰撞是由于存在失活的逆过程. 单位时间单位体积内碰撞次数正比于 A 和 B 的浓度乘积 AB. 最后, 分子 B 自发分解成最终产品 C. 每单位时间的这些分解在一个单位体积的数目与 B 的浓度成比例. 如果我们用 k 表示活化分子形成的速率常数,

10.3 化学反应

逆向过程的速度为 r, 自发分解速度为 d, 得到如下的速度方程:

$$\begin{cases} \dfrac{\mathrm{d}a}{\mathrm{d}t} = -ka^2 + rab, \\ \dfrac{\mathrm{d}b}{\mathrm{d}t} = ka^2 - rab - db \end{cases} \tag{10.23}$$

和 $\dfrac{\mathrm{d}c}{\mathrm{d}t} = db$, 它在确定 $b(t)$ 之后使用. 它表明了当 t 趋于无穷时, $a(t)$ 和 $b(t)$ 趋于零, 但方法超出了本章的范围.

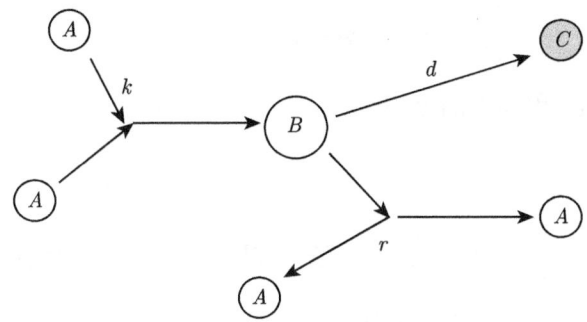

图 10.25 从 A 到 C 的复杂分解的图示. 这里 k 是活化 B 到两个 A 的形成速度, r 为逆向速度, d 为从 B 到 C 的自发分解速度

最后, 我们再次注意到反映化学反应中的化学物质浓度变化的微分方程和动物物种间相互影响的发展规律之间的惊人相似. 这说明了数学思想的普遍性.

问 题

10.29 考虑微分方程

$$(a) \frac{\mathrm{d}y}{\mathrm{d}t} = -y^2, \qquad (b) \frac{\mathrm{d}y}{\mathrm{d}t} = -y.$$

令 $y(0) > 0$. 当 t 趋于正无穷时, 哪个方程的解 $y(t)$ 趋于零的速度更快?

10.30 证明如果正函数 $a(t)$ 和 $b(t)$ 满足微分方程 (10.23), 那么 $a + b$ 是关于 t 的递减函数.

10.31 在方程 (10.23) 中, 令 $p(t) = rb(t) - ka(t)$ 使得

$$\frac{\mathrm{d}a}{\mathrm{d}t} = ap, \quad \frac{\mathrm{d}b}{\mathrm{d}t} = -ap - db.$$

证明: 沿射线 $rb = ka$ 划分 (a, b) 平面的正的象限分为两部分. 在 $p(t) < 0$ 的一侧, $a(t)$ 是递减函数; 在 $p(t) > 0$ 一侧, $b(t)$ 是递减函数.

10.4 微分方程的数值求解

在 10.2 节中,我们证明了如何用积分和逆函数来求关于 N 和其一阶导数微分方程的解. 这种方法不再适用于求解高阶微分方程或由多个未知函数构成的微分方程组. 这样的方程只有通过数值方法求解. 在这一节中,用一个非常简单的例子来展示如何求解.

用数值方法求微分方程

$$\frac{\mathrm{d}N}{\mathrm{d}t} = N' = R(N,t), \qquad N(0) = N_0,$$

的近似解的基础是,用如下的差商

$$\frac{N(t+h) - N(t)}{h}$$

取代微分方程中的 $\frac{\mathrm{d}N}{\mathrm{d}t}$. 换言之,代替微分方程,来求解*差分方程*

$$\frac{N(t+h) - N(t)}{h} = R(N,t), \qquad N(0) = N_0,$$

它可以写为

$$N(t+h) = N(t) + hR(N(t),t).$$

这就是所谓的求逼近解的欧拉方法.

我们用 $N_h(t)$ 表示差分方程的解,定义 t 的值是 h 的整数倍即 nh. 一个由差分方程的近似理论的结果是,当 h 趋于 0 时, $N_h(nh)$ 趋于 $N(t)$ 并且 nh 趋于 t. 证明超出了这本书的范围. 然而,我们将证明,在 $N' = N$ 的情况下该方法收敛. 在这个过程中,我们会遇到第 1 章中一些熟悉的数列.

1. **方程 $N' = N$**

微分方程

$$N' = N, \quad \text{附初值条件} \quad N(0) = 1 \tag{10.24}$$

的解是我们的老朋友 $N(t) = \mathrm{e}^t$. 函数 $e_h(t)$ 表示 (10.24) 中导数被差商取代的方程的解

$$\frac{e_h(t+h) - e_h(t)}{h} = e_h(t), \quad e_h(0) = 1. \tag{10.25}$$

对于小的 h, 差商和导数没有太多的区别,所以说可以合理地认为方程 (10.25) 的解和方程 (10.24) 的解 e^t 差别不大. 由方程 (10.25),我们可以用 $e_h(t)$ 表示 $e_h(t+h)$:

$$e_h(t+h) = (1+h)e_h(t), \quad e_h(0) = 1. \tag{10.26}$$

10.4 微分方程的数值求解

在方程 (10.26) 中令 $t = 0$. 因为 $e_h(0) = 1$, 有 $e_h(h) = 1$. 在方程 (10.26) 中令 $t = h$, 有 $e_h(2h) = (1+h)e_h(h) = (1+h)^2$. 重复该步骤, 我们得到了任何正整数 k, $e_h(kh) = (1+h)^k$. 当 $h = \dfrac{1}{n}$ 且 $t = kh$, $k = nt$ 时, 有 (图 10.26)

$$e_h(t) = e_{1/n}\left(k\frac{1}{n}\right) = \left(1 + \frac{1}{n}\right)^k = \left(1 + \frac{1}{n}\right)^{nt} = \left(\left(1 + \frac{1}{n}\right)^n\right)^t.$$

注意到在 1.4 节中的 e_n 即为 $\left(1 + \dfrac{1}{n}\right)^n$. 因此, 对于每一个正有理数 t, 有

$$e_{1/n}(t) = (e_n)^t.$$

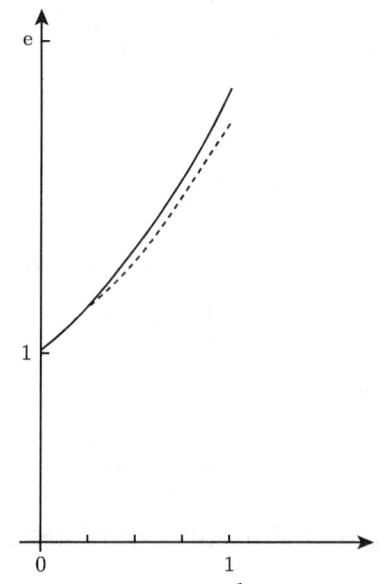

图 10.26 用方程 (10.26) 中的近似 $e_h(kh)$, $h = \dfrac{1}{n}$. 值由线段连接. 虚线: $n = 2$, $h = 0.5$. 实线: $n = 4$, $h = 0.25$. 最高点是 $\left(1 + \dfrac{1}{2}\right)^2$ 和 $\left(1 + \dfrac{1}{4}\right)^4$

我们现在研究另一种方法, 以差分方程取代微分方程 (10.24). 用 $f_h(t)$ 表示这个近似解. 跟之前一样, 我们用相同的差商取代导数, 但我们令这个差商等于 $f_h(t+h)$:

$$\frac{f_h(t+h) - f_h(t)}{h} = f_h(t+h), \quad f_h(0) = 1. \tag{10.27}$$

这个方程可以用 $f_h(t)$ 来表达 $f_h(t+h)$:

$$f_h(t+h) = \frac{1}{1-h} f_h(t).$$

因为 $f_h(0) = 1$, 我们从这个方程推断 $f_h(h) = \dfrac{1}{1-h}$. 与前面的讨论类似, 令 $t = kh$, 对于每一个正整数 k, 我们推出 $f_h(kh) = \left(\dfrac{1}{1-h}\right)^k$. 令 $h = \dfrac{1}{n+1}$, 那么

$$f_h(kh) = \left(\dfrac{1}{1 - \dfrac{1}{n+1}}\right)^k = \left(\dfrac{n+1}{n}\right)^k = \left(1 + \dfrac{1}{n}\right)^{t(n+1)}.$$

注意到在 1.4 节中, $\left(1 + \dfrac{1}{n}\right)^{n+1}$ 被记为 f_n. 因此, $f_{1/(n+1)}(t) = (f_n)^t$. 接下来, 对于 $t = 1$ 的情形, 我们使用微积分来比较差分方程的解和微分方程 (10.24) 的精确解.

定理 10.11 对于每一个正整数 n,

$$\left(1 + \dfrac{1}{n}\right)^n < e < \left(1 + \dfrac{1}{n}\right)^{n+1}. \tag{10.28}$$

证明 我们用中值定理来表示差商

$$\dfrac{e^{t+h} - e^h}{h} = e^c.$$

其中 c 位于 t 和 $t+h$ 之间. 因为 e^t 是一个单调递增函数, 那么如果 $h > 0$, 有

$$e^t < e^c = \dfrac{e^{t+h} - e^h}{h} < e^{t+h}.$$

两边乘以 h 整理后可得

$$(1+h)e^t < e^{t+h} < \dfrac{1}{1-h}e^t. \tag{10.29}$$

首先选择 $t = 0$, 然后 $t = h$, 从不等式 (10.29) 左侧可推出

$$1 + h < e^h, \quad (1+h)e^h < e^{2h}.$$

对第一个不等式两边同乘以 $(1+h)$ 并使用第二个不等式, 有 $(1+h)^2 < e^{2h}$. 同样, 对于每一个正整数 n, $(1+h)^n < e^{nh}$. 选择 $h = \dfrac{1}{n}$, 有

$$\left(1 + \dfrac{1}{n}\right)^n < e. \tag{10.30}$$

在等式 (10.29) 右边用类似的不等式, 得到 $e^h < \dfrac{1}{1-h}$. 于是

$$e^{2h} < \dfrac{1}{1-h}e^h < \left(\dfrac{1}{1-h}\right)^2,$$

取 $n+1$ 步和 $h = \dfrac{1}{n+1}$, 我们有

$$\mathrm{e} = (\mathrm{e}^{\frac{1}{n+1}})^{n+1} < \left(\dfrac{1}{1-\dfrac{1}{n+1}}\right)^{n+1} = \left(1 + \dfrac{1}{n}\right)^{n+1}.$$

这样就完成了证明. **证毕**.

在 1.4 节, 我们用算术-几何平均值不等式证明了不等式 (10.28); 在这里, 我们给了一个完全不同的证明.

由定理 10.11, 我们很容易地推出, 当 n 趋于无穷时, $\left(1+\dfrac{1}{n}\right)^n$ 和 $\left(1+\dfrac{1}{n}\right)^{n+1}$ 都趋于 e. 对它们作差:

$$\left(1+\dfrac{1}{n}\right)^{n+1} - \left(1+\dfrac{1}{n}\right)^n = \left(1+\dfrac{1}{n}\right)^n \dfrac{1}{n} < \dfrac{\mathrm{e}}{n}.$$

从我们刚刚证明的不等式可知, 它们的差是趋于零的. 因为 e 位于这两个数之间, 因此它们的差从 e 趋于零. 这证明了两种差分格式 (10.25) 和 (10.27) 的收敛性.

2. 收敛速度

在 1.4 节中, 我们看到, e_n 和 f_n 收敛到极限 e 速度很慢. 例如, 当 $n = 1000$ 时, 有 $e_{1000} = 2.717\cdots$ 和 $f_{1000} = 2.719\cdots$, 小数点后只有前两位吻合. 现在, 我们来揭示为什么这些 e 的近似是如此粗糙. e_n 和 f_n 都是从单边得到的近似导数. 在 4.4 节中我们看到, 对于两次可微函数 g, 使用非对称差商近似的误差

$$g'(t) - \dfrac{g(t+h) - g(t)}{h}$$

当 h 趋于零时趋于零; 而使用对称差商近似的误差

$$g'(t) - \dfrac{g(t+h) - g(t-h)}{2h}$$

等于 sh, 其中 s 当 h 趋于零时趋于零, 这给出了一个更好的逼近. 我们可以利用这一观察来改进方程 $y' = y$ 的近似解. 利用方程

$$\dfrac{g(t+h) - g(t-h)}{2h} = \dfrac{g(t+h) - g(t-h)}{2},$$

在这里我们使用左边的对称差商来近似 y, 而在右边, 用 g 在 $t+h$ 和 t 的平均值作为 $y(t)$ 的近似. 求解 $g(t+h)$, 得到 $g(t+h) = \dfrac{1+h}{1-h} g(t-h)$. 用 $t+h$ 取代 t 可得到

$$g(t+2h) = \dfrac{1+h}{1-h} g(t).$$

取 $g(0) = 1$, 这意味着

$$g(2h) = \frac{1+h}{1-h}, \quad g(4h) = \frac{1+h}{1-h}g(2h) = \left(\frac{1+h}{1-h}\right)^2, \quad \cdots, \quad g(2nh) = \left(\frac{1+h}{1-h}\right)^n.$$

取 $h = \dfrac{1}{2n}$, 有

$$g(1) = \left(\frac{1+\frac{1}{2n}}{1-\frac{1}{2n}}\right)^n.$$

对于 $n = 10$ 和 20, 这给了估计

$$\left(\frac{1.05}{0.95}\right)^{10} = 2.7205\cdots \text{ 和 } \left(\frac{1.025}{0.975}\right)^{20} = 2.7188\cdots,$$

它们比 e_n 和 f_n 更接近 e.

问　　题

10.32 用 $h = 0,1$ 的欧拉数值方法 (只取几步) 求方程

$$\frac{\mathrm{d}y}{\mathrm{d}t} = -1 - t, \quad y(0) = 1,$$

的近似解. 充分估计在 y 变为 0 的时间 t. 并与精确解做比较.

10.33 验证对于任意微分方程 $y'(t) = f(t)$, 其中 $y(0) = 0$, 具有 n 个细分的欧拉数值方法恰好给出了近似积分

$$y_n = I_{\text{左}}(f, [0, nh]).$$

10.34 考虑微分方程 $y' = a - y$, 其中 a 是一个常数.

(a) 验证常数 $y(t) = a$ 是方程的解.

(b) 假设 y 是一个解, 以及在 t 的某一区间, 我们有 $y(t) > a$. 那么 y 是递增的还是递减的?

(c) 考虑两个数值方法. 首先, 我们使用欧拉方法, 根据下面的关系生成的数列 y_n

$$y_{n+1} = y_n + h(a - y_n).$$

其次, 我们使用类似的方法, 根据如下关系由式 (10.27) 产生数列 Y_n

$$Y_{n+1} = Y_n + h(a - Y_{n+1}).$$

证明, 如果某一个 $y_n = a$, 那么 $y_{n+1} = a$, 同样地, 某一个 $Y_n = a$, 那么 $Y_{n+1} = a$.

(d) 证明: 如果某一个 $Y_n > a$, 那么 $Y_{n+1} > a$.

(e) 求 h 的一个值, 使得数列 y_n 在小于 a 和大于 a 之间交替.

第 11 章 概　　率

摘要　概率论是一门研究事件在每一次的结果无法预测、而平均意义下可以预测的数学分支. 本章我们将讲述概率的规则, 并在一些特定的情形下给出这些规则的应用. 读者将看到, 在这些应用中, 微积分的概念和方法起着特别重要的作用. 尤其是, 指数函数和对数函数随处可见. 因此, 这部分内容也包含在本书中.

微积分起源于牛顿力学, 简要介绍可参见 10.1 节, 考虑质点在恢复力和摩擦力合力作用下的运动. 一旦确定了作用在质点上的力, 并给定初始位置和速度, 则质点未来的整个路径是可预测的. 这种可预测的运动被称为确定性的. 实际上, 任一给定作用力且按照牛顿定律运动的质点系都具有可预测的运动路径. 另一方面, 若质点所受的力无法精确地确定、甚至无法近似确定, 或质点的初始位置和速度无法控制乃至无法观测时, 那么质点的路径就是远非可预测的. 在日常生活中观察到的很多现象, 甚至可说几乎所有的, 都是这一类的. 典型的例子如烟的飘荡、天空中云的漂移、掷骰子、洗牌和发牌. 这种不可预测的运动被称作不确定性的或随机的.

尽管单独掷一次骰子的结果无法预测, 但一系列掷骰子的平均结果则是可预测的, 至少对标准的骰子而言: 在大量掷骰子的结果中, 每一个点数的出现大概占六分之一. 类似地, 如果我们重复的洗牌并且发出一副 52 张纸牌中最上面的那张牌, 那么每张牌出现的次数大约为发牌次数的 $1/52$ 次. 根据某些类型云的形成, 经验告诉我们, 平均来说, 五次成云会有三次降雨.

11.1　离 散 概 率

我们考虑一些简单试验, 其中最简单的如掷一颗骰子, 洗一副牌并发出最上面的一张牌, 掷一枚硬币. 更实际的例子是做一个物理实验. 一个实验有两个阶段, 设计实验和观测结果. 许多情况下, 如气象学、地质学、海洋学, 我们没有办法设计实验, 只能观测这些由大自然设计的实验的结果.

我们将讨论可重复的且不确定性的试验. 可重复的意味着试验可重复的设计任意次. 不确定性的含义是试验的任何一次实现都可能产生不同的结果. 本节开头提到的简单例子中, 可能的结果分别是: 1 和 6 中间的任一整数, 52 张牌中的任意一张, 硬币的正面和反面. 本节我们讨论的试验, 如前所述, 只有有限多个可能的结果. 我们用 n 表示可能结果的个数, 并用 1 到 n 来标号.

最后, 我们假定试验的每一次结果是不可预测的, 但平均意义下是可预测的. 这也就是说我们可以重复试验任意多次. 用 S_j 表示在前 N 次试验中第 j 种结果出现的次数. 那么第 j 种结果出现的频率 $\dfrac{S_j}{N}$ 当 N 趋于无穷时趋向一个极限. 我们称这个极限为第 j 种结果的概率, 并记为 p_j:

$$p_j = \lim_{N\to\infty} \frac{S_j}{N}. \tag{11.1}$$

这些概率具有如下性质:

(a) 每个概率 p_j 是在 0 和 1 之间的一个实数:

$$0 \leqslant p_j \leqslant 1.$$

(b) 所有概率之和等于 1:

$$p_1 + p_2 + \cdots + p_n = 1.$$

这两个性质都可以从 (11.1) 导出. 因为 $\dfrac{S_j}{N}$ 位于 0 和 1 之间, 因此其极限 p_j 也是, 这就证明了第一个论断. 另一方面, 一共有 n 种可能的结果, 因此试验数列的前 N 次结果的每一个都属于 n 种情形之一. 因为 S_j 是前 N 次试验中第 j 种结果观测到的次数, 所以

$$S_1 + S_2 + \cdots + S_n = N.$$

除以 N, 可以得到

$$\frac{S_1}{N} + \frac{S_2}{N} + \cdots + \frac{S_n}{N} = 1.$$

令 N 趋于无穷大, $\dfrac{S_1}{N}$ 极限为 p_1, $\dfrac{S_2}{N}$ 极限为 p_2, 如此等等, 因此取极限即有 $p_1 + p_2 + \cdots + p_n = 1$.

我们有时——实际上是经常——不关心试验结果的所有细节, 而只关心其某一特定方面. 例如, 抽取一张纸牌时我们只关心它所属的花色; 掷一个骰子时, 我们只关心结果是偶数点还是奇数点. 像这样抽出的一张牌是黑桃, 或掷出的点数是偶数这样的结果称为一个事件. 一般地, 我们定义可能结果的任一集合为一个事件 E. 因此抽出一张黑桃就是抽出一张黑桃二、黑桃三, 等等, 直至黑桃 A 的集合. 类似地, 掷骰子的点数为偶数是掷出二点、四点或六点的集合.

类似于一个结果概率的定义, 我们给出一个事件 E 的概率的定义:

$$p(E) = \lim_{N\to\infty} \frac{S(E)}{N},$$

其中 $S(E)$ 是前 N 次试验中事件 E 出现的次数. 容易证明该极限是存在的. 实际上, 可以很容易给出 $p(E)$ 的一个计算公式. 根据定义, 当试验结果属于组成事件 E

的所有可能结果的集合时, 事件 E 发生. 因此, 事件 E 发生的次数 $S(E)$, 是组成 E 的所有 j 相应的 S_j 之和:

$$S(E) = \sum_{j \in E} S_j.$$

除以 N 得到:

$$\frac{S(E)}{N} = \sum_{j \in E} \frac{S_j}{N}.$$

这个关系式表明 $\frac{S(E)}{N}$ 是在 E 中的 j 的频率 $\frac{S_j}{N}$ 之和. 我们推出当 N 趋于无穷时,

$$p(E) = \sum_{j \in E} p_j. \tag{11.2}$$

如果两个事件 E_1 和 E_2 不能同时发生, 则称它们是互斥的. 即构成事件 E_1 结果的集合与构成事件 E_2 结果的集合没有公共元素. 下面是一些互斥事件的例子.

例 11.1 在抽取一张纸牌的试验中, 令 E_1 表示抽出一张黑桃, E_2 表示抽出一张红心: $E_1 = \{2♠, 3♠, \cdots, 10♠, J♠, Q♠, K♠, A♠\}$, $E_2 = \{2♡, 3♡, \cdots, A♡\}$. 每一个事件都包含 13 个结果, 但它们之间没有公共结果; E_1 和 E_2 是互斥事件.

例 11.2 掷骰子的试验中, 令 E_1 表示投掷的点数为偶数, E_2 表示投掷的点数为 3. 则 E_1 包含的点数有 2, 4 和 6, 而 E_2 只包含 3 点. 它们是互斥的.

我们定义两个事件 E_1 和 E_2 的并为事件 E_1 或 E_2(抑或两个同时) 发生的事件, 记作 $E_1 \cup E_2$. 也就是说, $E_1 \cup E_2$ 的结果是由 E_1 的结果加上 E_2 的结果构成.

例 11.3 例 11.1 抽牌的试验中, $E_1 \cup E_2$ 包含整副牌的一半: 所有的黑桃和红心. 在例 11.2 掷骰子的试验中, $E_1 \cup E_2$ 包括结果的点数有 2, 3, 4, 6.

下面的结论简单而重要: 两个互斥事件之并的概率等于两个事件概率之和:

$$p(E_1 \cup E_2) = p(E_1) + p(E_2).$$

这称为互斥事件的加法原理. 这一结论可由单个事件概率的公式 (11.2) 导出, 利用事件和的定义,

$$p(E_1 \cup E_2) = \sum_{j \in E_1 或 E_2} p_j.$$

另一方面, 互斥意味着任一结果 j 属于 E_1 或 E_2, 但不同时属于 E_1 和 E_2. 因此,

$$p(E_1 \cup E_2) = \sum_{j \in E_1 \cup E_2} p_j = \sum_{j \in E_1} p_j + \sum_{j \in E_2} p_j = p(E_1) + p(E_2).$$

下面我们来看概率论中另一个重要的概念: 两个试验的独立性. 做两个试验, 如① 掷骰子, ② 洗一副牌并发出最上面的那张牌. 我们的常识以及对自然规律的了

解告诉我们，这些试验之间完全相互独立，是说一个试验的结果不可能影响另外一个试验的结果，而且两个试验的结果也不会受到某个共同原因的影响. 现在我们用概率论的语言确切描述独立的一个重要结论.

给定两个试验，我们可以通过同时做这两个试验将它们复合成一个联合试验. 设 E 为其中一个试验框架下的任一事件，F 为另一个试验框架下的任一事件. 两个事件都发生的联合事件记作 $E \cap F$.

例 11.4   例如，E 是掷出的点数为偶数，F 为抽出一张黑桃，则 $E \cap F$ 是掷出偶数点并抽出黑桃这一事件.

我们断言，如果两个试验相互独立，那么联合事件 $E \cap F$ 的概率等于事件 E 和 F 各自概率的乘积:

$$p(E \cap F) = p(E)p(F). \tag{11.3}$$

我们把这个关系式称作独立试验的乘法原理.

我们现在给出如何推导乘法原理. 试想重复联合试验任意次，我们考察数列中前 N 个试验. 数出前 N 次试验中，E 发生的次数，F 发生的次数，$E \cap F$ 发生的次数. 我们分别把它们记作 $S(E)$，$S(F)$ 和 $S(E \cap F)$. 根据单个事件概率的定义，

$$p(E) = \lim_{N \to \infty} \frac{S(E)}{N},$$

$$p(F) = \lim_{N \to \infty} \frac{S(F)}{N},$$

$$p(E \cap F) = \lim_{N \to \infty} \frac{S(E \cap F)}{N}.$$

假设我们从联合试验数列中挑选出 E 出现的一个子数列. 在这个子数列中 F 出现的频率是 $\dfrac{S(E \cap F)}{S(E)}$. 如果两个事件 E 和 F 实际上相互独立，那么这个子数列中 F 出现的频率和 F 在原数列中出现的频率应是一样的. 因此，

$$\lim_{N \to \infty} \frac{S(E \cap F)}{S(E)} = \lim_{N \to \infty} \frac{S(F)}{N} = p(F).$$

现在我们把频率 $\dfrac{S(E \cap F)}{N}$ 写成乘积的形式

$$\frac{S(E \cap F)}{N} = \frac{S(E \cap F)}{S(E)} \cdot \frac{S(E)}{N},$$

于是，

$$\lim_{N \to \infty} \frac{S(E \cap F)}{N} = \lim_{N \to \infty} \frac{S(E \cap F)}{S(E)} \lim_{N \to \infty} \frac{S(E)}{N}.$$

因此, $p(E \cap F) = p(E)p(F)$.

假设一个试验有 m 种结果, 并标号为 $1, 2, \cdots, j, \cdots, m$, 而另一个试验有 n 种结果, 并标号为 $1, 2, \cdots, k, \cdots, n$. 它们各自的概率分别记为 $p_1, \cdots, p_m$ 和 $q_1, \cdots, q_n$. 那么联合试验有 mn 种可能的结果, 即所有的结果对 (j, k). 若试验是相互独立的, 则乘法原理告诉我们联合试验的结果 (j, k) 的概率为

$$p_j q_k.$$

这个公式在概率论中起着非常重要的作用. 下面我们阐述它的应用.

假设我们现在要讨论的两个试验都是掷一枚骰子, 那么联合试验就是掷一对骰子. 每一个试验都有六种可能的结果, 概率均为 $\dfrac{1}{6}$. 联合试验包括从 $(1,1)$ 到 $(6,6)$ 共 36 种结果. 根据相互独立事件的乘法原理, $p(E \cap F) = p(E)p(F)$, 因此每一个联合结果的概率都是 $\dfrac{1}{36}$. 现在我们问如下问题: 掷得 7 点的概率是多少? 一共有六种方法可掷得 7 点:

$$(1,6),\ (2,5),\ (3,4),\ (4,3),\ (5,2),\ (6,1).$$

掷得 7 点的概率是构成事件的六种结果的概率之和. 这个和数为

$$\frac{1}{36} + \frac{1}{36} + \frac{1}{36} + \frac{1}{36} + \frac{1}{36} + \frac{1}{36} = \frac{1}{6}.$$

类似地, 我们可以计算出投掷结果为 2 到 12 之间任一点数的概率. 我们请读者在问题 11.6 中完成投掷点数为 $2, 3, \cdots, 12$ 相应概率的计算. 结果在表 11.1 中给出.

表 11.1 投掷两个相互独立骰子点数和的概率

点数和	2	3	4	5	6	7	8	9	10	11	12
概率	$\dfrac{1}{36}$	$\dfrac{1}{18}$	$\dfrac{1}{12}$	$\dfrac{1}{9}$	$\dfrac{5}{36}$	$\dfrac{1}{6}$	$\dfrac{5}{36}$	$\dfrac{1}{9}$	$\dfrac{1}{12}$	$\dfrac{1}{18}$	$\dfrac{1}{36}$

1. 数值结果

我们现在来看概率论中的另一个重要概念, 试验的数值结果. 在测量单个物理量的物理试验中, 数值结果就是所考虑物理量的测量值. 对于掷一对骰子的简单例子来说, 数值结果可以是每个骰子面上的点数之和. 对于发一手桥牌的试验来说, 数值结果可以是这手桥牌的点数. 一般地, 一个试验的数值结果意味着对每一个可能的结果指派一个实数 x_j, $j = 1, 2, \cdots, n$.

注意不同的结果可能会指派同一个数, 如掷骰子的情形: 数值结果 7 指派给六种不同的结果 $(1,6), (2,5), (3,4), (4,3), (5,2), (6,1)$.

2. 数学期望

现在我们给出,对概率为 p_j 和数值结果为 $x_j(j=1,2,\cdots,n)$ 的有 n 个可能结果的随机试验,其平均数值结果,即 x 的均值,或 x 的期望,记作 $\bar{x}$ 或 $E(x)$,由下式给出

$$\bar{x} = E(x) = p_1 x_1 + \cdots + p_n x_n. \tag{11.4}$$

为证明该式,记 S_j 为前 N 次试验中第 j 种结果被观测到的次数. 因此,前 N 次试验中,平均数值结果为

$$\frac{S_1 x_1 + S_2 x_2 + \cdots + S_n x_n}{N}.$$

我们可以重写为

$$\frac{S_1}{N} x_1 + \frac{S_2}{N} x_2 + \cdots + \frac{S_n}{N} x_n.$$

根据假设,各个比值 $\dfrac{S_j}{N}$ 趋于极限 p_j. 由此得出结论平均数值结果趋于 $\bar{x}$.

现在我们来给出平均数值结果的公式 (11.4) 的一个例子. 对投掷一对骰子的试验,将结果按照点数为 $2,3,\cdots,12$ 进行分类. 取这些数字为试验的数值结果. 每种结果的概率在表 11.1 中给出. 我们可以得到投掷一对骰子的平均数值结果的值为 ①

$$\bar{x} = \frac{1}{36} \times 2 + \frac{1}{18} \times 3 + \frac{1}{12} \times 4 + \frac{1}{9} \times 5 + \frac{5}{36} \times 6 + \frac{1}{6} \times 7$$
$$+ \frac{5}{36} \times 8 + \frac{1}{9} \times 9 + \frac{1}{12} \times 10 + \frac{1}{18} \times 11 + \frac{1}{36} \times 12$$
$$= 7.$$

3. 方差

我们已经给出,若重复一个随机试验许多次,则其数值结果的平均值将趋于式 (11.4) 给出的均值. 一个自然的问题是: 平均而言,数值结果偏离均值有多远? 平均的偏差为

$$\sum_{i=1}^{n}(x_i - \bar{x}) p_i = \sum_{i=1}^{n} p_i x_i - \left(\sum_{i=1}^{n} p_i\right) \bar{x} = \bar{x} - \bar{x} = 0,$$

并没有包含什么有用信息. 一个相关的概念,**方差**,则具有较好的数学性质.

定义 11.1 **方差**为结果与期望值之差的平方的平均值,记作 V:

$$V = \overline{(x - \bar{x})^2} = E((x - E(X))^2).$$

我们将给出如何将方差用数值结果及其概率来表示. 数值结果 x_j 与均值 $\bar{x}$ 的偏差为 $x_j - \bar{x}$. 它的平方为 $(x_j - \bar{x})^2$,即

---

①容易看出,这与直观吻合. ——译者注

$$x_j^2 - 2x_j\bar{x} + (\bar{x})^2. \tag{11.5}$$

如前所述, 记 S_j 为前 N 次试验中第 j 种结果出现的次数. (11.5) 式给出的量的期望值为

$$\frac{S_1 x_1^2 + \cdots + S_n x_n^2}{N} - 2\frac{S_1 x_1 + \cdots + S_n x_n}{N}\bar{x} + (\bar{x})^2.$$

当 N 趋于无穷时, $\frac{S_j}{N}$ 趋于 p_j. 因此, 上面的期望值趋于

$$V = p_1 x_1^2 + \cdots + p_n x_n^2 - 2(p_1 x_1 + \cdots + p_n x_n)\bar{x} + (\bar{x})^2 = \overline{x^2} - (\bar{x})^2.$$

我们记结果平方的期望值为 $\overline{x^2} = E(x^2)$. 这给出了计算方差的另一种方法:

$$V = E\big((x - E(x))^2\big) = E(x^2) - \big(E(x)\big)^2. \tag{11.6}$$

定义 11.2 *方差的非负平方根被称作***标准差**.

4. 二项分布

假设一个随机试验有两种可能结果 A 和 B, 概率分别为 p 和 q, 且 $p + q = 1$. 例如, 考虑投掷一枚硬币, 或一个有两种结果的试验, A 表示成功, B 表示失败. 选择任一正整数 N, 重复试验 N 次. 假设重复的试验直接是相互独立的. 这种新的复合试验的结果是由成功和失败构成的数列. 例如, 若 $N = 5$, 则 $ABAAB$ 是一个可能的结果, 而 $BABBB$ 是另一个可能的结果. 如果令 (x) 表示重复试验中 A 恰好出现 x 次的数值结果, 则 x 的可能取值为

$$x = 0, 1, \cdots, N.$$

结果 A 恰好发生 k 次及结果 B 恰好发生 $N - k$ 的概率由以下表达式给出

$$b_k(N) = \binom{N}{k} p^k q^{N-k}.$$

既然试验的结果之间是相互独立的, 那么对 $(k)A$ 和 $(N-k)B$ 的特定数列的概率为 $p^k q^{N-k}$. 而 $(k)A$ 和 $(N-k)B$ 的排列共有 $\binom{N}{k}$ 种, 这也就证明了结果. 我们给出下面的定义.

定义 11.3 *我们称*

$$b_k(N) = \binom{N}{k} p^k q^{N-k} \tag{11.7}$$

*的概率为***二项分布**. $b_k(N)$ 为 N 次独立重复试验中 k 次成功的概率, 其中 p 为一次试验中成功的概率, $q = 1 - p$ 为失败的概率.

所有可能结果的概率之和为

$$\sum_{k=0}^{N}\binom{N}{k}p^k q^{N-k} = \sum_{k=0}^{N}\binom{N}{k}p^k(1-p)^{N-k}.$$

根据二项式定理, 该求和等于 $(p+1-p)^N = 1^N = 1$.

例 11.5 假设投掷一枚公平的硬币 10 次, x 为正面朝上的次数. 那么 7 次正面朝上及 3 次反面朝上的概率是多少?"公平"意味着一次投掷结果中正面或反面朝上的概率都是 $\frac{1}{2}$. 取 $k=10$, 则 10 次投掷中 7 次正面朝上有 $\binom{10}{7}=120$ 种方式. 每种方式的概率都是 $\left(\frac{1}{2}\right)^{10}$. 因此,

$$p(x=7) = \binom{10}{7}\left(\frac{1}{2}\right)^7\left(\frac{1}{2}\right)^3 = \frac{10\times 9\times 8}{3!}\left(\frac{1}{2}\right)^{10} = 120\cdot\frac{1}{1024} = 0.1171875.$$

我们现在来计算 N 次独立试验中结果 A 出现次数的期望. 令 $(x=k)$ 表示 A 恰好出现 k 次的数值结果, 概率为 $p(x=k)$. 从上面可以看出 $p(x=k) = \binom{N}{k}p^k(1-p)^{N-k}$, 相应于每一个可能的 $x=0,1,2,\cdots,k,\cdots,N$. 根据期望的定义,

$$E(x) = \sum_{k=0}^{N} kp(x=k) = \sum_{k=0}^{N} k\binom{N}{k}p^k q^{N-k} = \sum_{k=1}^{N} k\binom{N}{k}p^k q^{N-k}.$$

利用二项式系数的表达式, 可以把期望的表达式写成

$$E(x) = \sum_{k=0}^{N}\frac{kN!}{k!(N-k)!}p^k q^{N-k} = Np\sum_{k=1}^{N}\frac{(N-1)!}{(k-1)!(N-k)!}p^{k-1}q^{N-k}.$$

利用二项式定理, 最后一个求和式可化简为

$$Np(p+q)^{N-1} = Np.$$

因此我们就证明了, 对二项分布, 成功次数的期望为 $E(x)=Np$.

注意到单次试验中结果 A 的概率为 p, 试验进行 N 次结果, 期望 A 出现 Np 次是非常合理的.

5. 泊松分布

假设我们知道, 一周之内有许多车辆通过一个繁忙的十字路口, 并且平均有 u 起事故. 我们假定每一车辆发生事故的概率与前一起事故的发生是相互独立的. 我们使用二项分布来决定一周之内发生 k 起事故的概率为

11.1 离散概率

$$b_k(N) = \binom{N}{k} p^k (1-p)^{N-k} = \frac{N(N-1)\cdots(N-k+1)}{k!} p^k (1-p)^{N-k}$$
$$= \left(1 - \frac{1}{N}\right) \cdots \left(1 - \frac{k-1}{N}\right) \frac{N^k p^k (1-p)^{N-k}}{k!}.$$

记 $p = \dfrac{u}{N}$, 上式可写作

$$b_k(N) = \left[\frac{\left(1 - \dfrac{1}{N}\right) \cdots \left(1 - \dfrac{k-1}{N}\right)}{(1-p)^k} \right] \frac{u^k}{k!} \left(1 - \frac{u}{N}\right)^N.$$

随着 N 趋于无穷大, p 趋于 0, 则上式括号中的因子趋于 1, 根据分子分母都趋于 1. 正如在 1.4 节中所述, 第三项趋于 e^{-u}. 因而,

$$\lim_{\substack{N\to\infty \\ u=Np}} b_k(N) = \frac{u^k}{k!} \mathrm{e}^{-u}.$$

这给我们提供了一个关于 $b_k(N)$ 的估计, 若 N 很大 p 很小, 且 $Np = u$ 时.

定义 11.4 **泊松分布**是概率为

$$p_k(u) = \frac{u^k}{k!} \mathrm{e}^{-u} \tag{11.8}$$

的集合, 其中 u 为参数. 数字 p_k 是 k 次有利结果的概率, 其中 $k = 0, 1, 2, \cdots$.

注意 $p_k(u)$ 的和等于 1:

$$\sum_{k=0}^{\infty} p_k(u) = \mathrm{e}^{-u} \sum_{k=0}^{\infty} \frac{u^k}{k!} = \mathrm{e}^{-u} \mathrm{e}^{u} = 1.$$

此处我们使用了指数函数的泰勒级数表达式. 泊松过程是一个具有无限可能结果的离散概率.

下面, 我们说明两个泊松过程的复合过程也是一个泊松过程. 记 $p_k(u)$ 和 $p_k(v)$ 为过程中有 k 次有利结果出现的概率, 其中 p_k 由 (11.8) 给出. 我们断言两个试验中出现 k 次有利结果的概率为 $p_k(u+v)$, 假定两个试验间相互独立.

证明 设两个试验的复合试验有 k 次有利结果出现. 若第一个试验有 j 次而第二个试验有 $k-j$ 次有利结果. 若试验间相互独立, 则这样的复合结果出现的概率为各自概率的乘积,

$$p_j(u) p_{k-j}(v),$$

因此, 复合试验中有 k 次有利结果出现的概率为和式

$$\sum_j p_j(u) p_{k-j}(v) = \sum_j \frac{u^j}{j!} \mathrm{e}^{-u} \frac{v^{k-j}}{(k-j)!} \mathrm{e}^{-v}.$$

我们将和式重写为

$$\frac{1}{k!}e^{-(u+v)}\sum_j \frac{k!}{j!(k-j)!}u^j v^{k-j}.$$

该和式为 $(u+v)^k$ 的二项展开式. 因此, 复合试验中有 k 次有利结果的概率为

$$\frac{1}{k!}(u+v)^k e^{-(u+v)},$$

这正是泊松过程 $p_k(u+v)$. 证毕.

问 题

11.1 计算掷一个骰子结果的方差.

11.2 试求独立投掷一个公平的硬币六次中恰出现三次正面朝上的概率.

11.3 设 E 是由一试验中某些结果构成的事件. 从我们感兴趣的角度看, 称这些结果是有利的. 那些不利事件的全体, 即, 不属于 E 结果的集合, 称为 E 的对立事件, 记作 E'. 证明
$$p(E) + p(E') = 1.$$

11.4 如前所述, 两个独立试验的复合结果 (j,k) 的概率为 $p_j q_k$, 若一个试验结果概率为 p_j 而另一试验结果概率为 q_k, 其中 $j = 1, 2, \cdots, n$ 而 $k = 1, 2, \cdots, m$. 证明所有这些概率之和为 1.

11.5 若 E 发生时 F 也发生, 则称 E 包含于 F. 另一种表述这种关系的方式是构成 E 的结果构成 F 的结果的一个子集. 论断 "事件 E 包含于事件 F" 用符号记作 $E \subset F$. 例如, 抽得一张黑桃的事件 E 包含于抽取一张黑牌的事件 F 中. 证明: 若 $E \subset F$, 则 $p(E) \leqslant p(F)$.

11.6 验证表 11.1 中给出的独立掷两个骰子的概率.

11.7 设 $E_1, E_2, \cdots, E_m$ 是 m 个事件的集合, 它们是互斥的, 即没有结果能同属于一个以上事件. 记事件 E_j 的集合为

$$E = E_1 \cup E_2 \cup \cdots \cup E_m.$$

证明加法规则成立:

$$p(E) = p(E_1) + p(E_2) + \cdots + p(E_m).$$

11.8 证明在二项分布中成功次数的方差为 $Np(1-p)$.

11.9 令 x 表示泊松分布 (11.8) 中成功事件的次数. 证明其期望值

$$E(x) = \sum_{k=0}^{\infty} k p_k(u)$$

等于 u.

11.2 信息论: 感兴趣的事有多有趣?

人们的普遍经验是, 某些信息是乏味的, 而某些是有趣的. 人咬狗是奇闻, 而狗咬人则不足为怪. 本节我们给出一种方法对度量信息的价值进行度量.

此处讨论的"有趣", 表示当得知某一随机事件 E 发生时的惊奇程度. 一个事件是一试验可能结果的集合. 在大量的试验中事件 E 出现的频率就是它的概率 $p(E)$. 此理论中, 我们假定知道从一事件已经发生所得的信息只依赖于该事件的概率 p. 我们用 $f(p)$ 表示得到的信息. 换句话说, 我们可把 $f(p)$ 看做对事件发生引起的惊奇程度的一种度量.

这个函数 f 会有哪些性质呢? 我们说以下四个性质必然成立:

(a) $f(p)$ 随着 p 的减小而增大.
(b) $f(1) = 0$.
(c) $f(p)$ 随着 p 趋于 0 而趋于无穷大.
(d) $f(pq) = f(p) + f(q)$.

性质 (a) 表达了一事实: 小概率事件的发生比大概率事件的发生更为意外, 因而具有更多的信息. 性质 (b) 说明一个几乎必然事件的发生没有给出新的信息, 而性质 (c) 说明一个稀有事件的发生具有极大的意外且提供大量的新信息.

性质 (d) 表达了相互独立事件的一个性质. 假设两个事件 E 和 F 相互独立. 既然两个事件完全不相关, 当得知两个事件都发生时并不能比它们分别发生时了解到更多的信息, 即两个都发生时得到的信息, 是分别得知两个事件发生所得的信息之和. 记 p 和 q 分别为事件 E 和 F 的概率. 根据乘法原理 (11.3), 复合事件 $E \cap F$ 的概率是它们的乘积 pq. 不难证明满足性质 (d) 的唯一的连续函数为 $\ln p$ 的常数倍. 因此我们可得出结论

$$f(p) = k \ln p. \tag{11.9}$$

这个常数的值是什么呢? 根据性质 (a), $f(p)$ 随 p 的减少而增加. 由于 $\ln p$ 随 p 递增, 我们可推出常数一定为负数. 它的大小呢? 不首先采用信息的任一种单位的话, 是无法确定它的大小的. 为简便起见, 选取该常数为 -1, 因而

$$f(p) = -\ln p.$$

我们留给读者在问题 11.10 中证明性质 (b) 和 (c).

现在考虑有 n 个可能结果, 概率分别为 $p_1, p_2, \cdots, p_n$ 的一个试验. 若在单独的一次试验中, 第 j 个结果出现, 我们获得的信息量为 $-\ln p_j$. 我们现在问如下问题: 若我们重复做多次试验, 则平均信息量是多少? 该问题的答案蕴涵在关于一系列试验平均数值结果的 (11.4) 式中. 根据公式, 若第 j 个数值结果为 x_j, 则平均数

值结果为 $p_1x_1 + \cdots + p_nx_n$. 在现在的情形中, 用第 j 个数值结果所得信息量作为数值结果为
$$x_j = -\ln p_j.$$
因此平均信息量 I 为 $I = -(p_1 \ln p_1 + p_2 \ln p_2 + \cdots + p_n \ln p_n)$. 为表明 I 依赖于概率, 我们写成
$$I = I(p_1, \cdots, p_n) = -p_1 \ln p_1 - p_2 \ln p_2 - \cdots - p_n \ln p_n. \tag{11.10}$$
信息的这种定义归功于物理学家希拉德 (Léo Szilárd), 由香农 (Claude Shannon) 在数学文献中首次引入.

我们来考虑最简单情形, 只有两种可能结果, 概率分别为 p 和 $1-p$. 我们可以把信息量写成如下形式:
$$I = -p \ln p + (p-1) \ln(1-p).$$

I 如何依赖于 p 呢? 为研究 I 如何随 p 变化, 我们利用微积分: 对 I 关于 p 求导得
$$\frac{dI}{dp} = -\ln p - 1 + \ln(1-p) + 1 = -\ln p + \ln(1-p).$$

利用对数函数的函数方程, 可改写为
$$\frac{dI}{dp} = \ln\left(\frac{1-p}{p}\right).$$

我们知道, 当 $x > 1$ 时 $\ln x > 0$, 当 $0 < x < 1$ 时 $\ln x < 0$. 另外,
$$\frac{1-p}{p} \begin{cases} > 1, & 0 < p < \frac{1}{2}, \\ < 1, & \frac{1}{2} < p < 1. \end{cases}$$

因此,
$$\frac{dI}{dp} \begin{cases} > 0, & 0 < p < \frac{1}{2}, \\ < 0, & \frac{1}{2} < p < 1. \end{cases}$$

从而当 p 从 0 到 $\frac{1}{2}$ 时, $I(p)$ 是关于 p 的增函数; 当 p 从 $\frac{1}{2}$ 到 1 时, $I(p)$ 是 p 的减函数. 因此, 当 $p = \frac{1}{2}$ 时, I 取最大值. 换句话说: 在具有两种可能结果的试验中, 当两结果概率相等时, 平均意义下该实验得到的信息最多.

现在我们把这一结论推广到具有 n 个可能结果的试验中.

11.2 信息论: 感兴趣的事有多有趣?

定理 11.1 *设函数*

$$I(p_1,\cdots,p_n) = -p_1 \ln p_1 - p_2 \ln p_2 - \cdots - p_n \ln p_n,$$

其中 $p_1, p_2, \cdots, p_n \in [0,1]$ 且满足 $p_1 + p_2 + \cdots + p_n = 1$. 则当 $p_1 = p_2 = \cdots = p_n = \dfrac{1}{n}$ 时, 函数达到最大值.

证明 我们要证明

$$I(p_1,\cdots,p_n) < I\left(\frac{1}{n},\cdots,\frac{1}{n}\right)$$

除非所有的 p_j 都等于 $\dfrac{1}{n}$. 为利用微积分的方法来证明该不等式, 我们考虑如下函数 $r_j(s)$:

$$r_j(s) = s p_j + (1-s)\frac{1}{n}, \qquad j = 1,\cdots,n.$$

这些函数 r_j 满足:

$$r_j(0) = \frac{1}{n}, \qquad r_j(1) = p_j \quad (j = 1,\cdots,n).$$

因此, 如果我们定义函数 $J(s) = I(r_1(s),\cdots,r_n(s))$, 则

$$J(0) = I\left(\frac{1}{n},\cdots,\frac{1}{n}\right), \qquad J(1) = I(p_1,\cdots,p_n).$$

因此, 需证明的不等式可简化为 $J(1) < J(0)$. 我们将证明 $J(s)$ 是关于 s 的减函数来证明此结论. 我们利用单调性的准则来证明 $J(s)$ 的递减特性, 通过验证它的导数为负. 为计算 $J(s)$ 的导数, 我们需知道每一个 r_j 关于 s 的导数. 这很容易计算出:

$$\frac{\mathrm{d}r_j(s)}{\mathrm{d}s} = p_j - \frac{1}{n}. \tag{11.11}$$

注意到每一个 r_j 的导数为常数, 因为每一个 r_j 是 s 的线性函数. 利用 I 的定义可得

$$J(s) = -r_1 \ln r_1 - \cdots - r_n \ln r_n.$$

根据链式法则和 (11.11) 式 可计算得 J 的导数为

$$\begin{aligned}
\frac{\mathrm{d}J}{\mathrm{d}s} &= -(1+\ln r_1)\frac{\mathrm{d}r_1}{\mathrm{d}s} - \cdots - (1+\ln r_n)\frac{\mathrm{d}r_n}{\mathrm{d}s} \\
&= -(1+\ln r_1)\left(p_1 - \frac{1}{n}\right) - \cdots - (1+\ln r_n)\left(p_n - \frac{1}{n}\right).
\end{aligned} \tag{11.12}$$

由于 $r_j(0) = \dfrac{1}{n}$, 可得 $s = 0$ 时

$$\frac{\mathrm{d}J}{\mathrm{d}s}(0) = -\left(1+\ln\left(\frac{1}{n}\right)\right)\left(p_1 - \frac{1}{n}\right) - \cdots - \left(1+\ln\left(\frac{1}{n}\right)\right)\left(p_n - \frac{1}{n}\right).$$

根据 p_j 之和为 1, 得到

$$\frac{\mathrm{d}J}{\mathrm{d}s}(0) = -\left(1+\ln\left(\frac{1}{n}\right)\right)\left(1 - n\frac{1}{n}\right) = 0.$$

换成 J' 的记号, 我们有 $J'(0) = 0$. 我们断言对所有的正数 s, 有

$$J'(s) < 0. \tag{11.13}$$

如能证明这一点, 则 J 是减函数的证明也就完成了. 为证明 (11.13), 我们将证明 $J'(s)$ 自身是关于 s 的一减函数. 因为 $J'(0) = 0$, 所以 J' 对所有的正值 s 都是负的.

为证明 J' 是减函数, 我们再次应用单调性判据, 此次对 J' 应用, 可证明 J'' 是负的. 对 (11.12) 式微分并结合 (11.11) 式, 可得

$$J''(s) = -\frac{1}{r_1}r_1'\left(p_1 - \frac{1}{n}\right) - \cdots - \frac{1}{r_n}r_n'\left(p_n - \frac{1}{n}\right)$$

$$= -\frac{1}{r_1}\left(p_1 - \frac{1}{n}\right)^2 - \cdots - \frac{1}{r_n}\left(p_n - \frac{1}{n}\right)^2.$$

此和式中每一项都是负的或为零. 因为并非所有的 p_j 都等于 $\frac{1}{n}$, 所以至少某些项为负, 这便证明了 $J'' < 0$, 并完成了定理的证明. 证毕.

问　　题

11.10 证明函数 $f(p) = -k\ln p$ 具有 11.2 节中列出的性质 (b) 和 (c).

11.11 假设一试验有三个可能结果, 概率分别为 p, q, r, 且 $p+q+r=1$. 假设把后两种情况看做一起以简化对试验的描述, 即, 我们把试验看做只有两个可能的结果, 一个概率为 p, 而另一个概率为 $1-p$. 在完整地描述试验时平均的信息量为

$$-p\ln p - q\ln q - r\ln r.$$

当考虑简化的描述时, 平均的信息量为

$$-p\ln p - (1-p)\ln(1-p).$$

证明: 由完整的试验得到的信息量大于由简化的描述所得的平均信息量. 可预料的结果是: 如果我们把数据放在一起考虑, 将会损失信息.

11.12 设一试验的 n 个可能结果的概率为 $p_1,\cdots,p_n$, 且另一试验结果的概率为 $q_1,\cdots,q_m$. 假设这两个试验间相互独立, 即, 若我们将两个试验复合, 那么第一个试验为第 j 种结果而第二个试验为第 k 种结果的概率为乘积

$$r_{jk} = p_j q_k.$$

证明在此种情形下, 复合试验得到的平均信息量为各自分别做试验时的平均信息量之和:

$$I(r_{11},\cdots,r_{mn}) = I(p_1,\cdots,p_n) + I(q_1,\cdots,q_m).$$

11.13 假设一试验有 n 种可能结果, 第 j 种结果的概率为 $p_j, j = 1,\cdots,n$. 由这个试验所得的平均信息量为

$$-p_1 \ln p_1 - \cdots - p_n \ln p_n.$$

假设我们把后 $n-1$ 个结果放在一起看成第一种结果不成立而简化试验的描述. 这样的描述所得的平均信息量为

$$-p_1 \ln p_1 - (1-p_1)\ln(1-p_1).$$

试证明, 有完整描述得到的平均信息量比由简化模型得到的要多.

11.3 连续概率

11.1 节阐述的概率理论处理具有有限多个可能结果的试验. 这对于掷硬币 (数值结果记为 0 或 1) 或掷骰子来说, 是一个好的模型. 但对于像使用受到虽可减轻但无法消除随机干扰的仪器, 进行物理测量的试验, 那个模型就不自然了. 这种试验中任一实数都是一可能结果. 本节主要阐述这种情形下的概率理论. 我们研究的试验, 如同前面章节中, 也是可重复的、非确定性的但平均意义下又是可预测的.

"平均意义下可预测"的含义是: 重复试验无穷多次, 记 $S(x)$ 为前 N 次试验中, 数值结果小于 x 情形的次数. 那么这个事件发生的频率 $\dfrac{S(x)}{N}$ 随 N 趋于无穷而收敛到一个极限. 这个极限称为试验结果小于 x 的概率, 并记作 $P(x)$:

$$P(x) = \lim_{N\to\infty} \frac{S(x)}{N}.$$

概率 $P(x)$ 具有下列性质:

(i) 每个概率都在 0 和 1 之间:

$$0 \leqslant P(x) \leqslant 1.$$

(ii) $P(x)$ 是 x 的非减函数.

性质 (i) 和 (ii) 是定义的推论: 因为数 $S(x)$ 在 0 和 N 之间, 因此比值 $\dfrac{S(x)}{N}$ 位于 0 和 1 之间, 因而极限 $P(x)$ 也是如此. 其次, $S(x)$ 是 x 的不减函数, 所以 $\dfrac{S(x)}{N}$

是 x 的不减函数, 因而极限 $P(x)$ 也是如此. 我们再假设 $P(x)$ 的两个进一步的性质:

(iii) 当 x 趋于负无穷时, $P(x)$ 趋于 0.

(iv) 当 x 趋于正无穷时, $P(x)$ 趋于 1.

性质 (iii) 说明一个非常大的负数值结果的概率非常小. 性质 (iv) 意味着很大的正数值结果是不大可能的, 正如我们在问题 11.14 中要求大家给出解答的. 如 11.1 节, 我们关心结果所组成的集合, 并将其称之为事件.

例 11.6 事件的例子有:

(a) 那些小于 x 的结果.

(b) 那些位于区间 I 之内的结果.

(c) 那些在一列给定的区间之内的结果.

事件 E 的概率, 记作 $P(E)$, 同 11.1 节中定义为频率的极限:

$$\lim_{N \to \infty} \frac{S(E)}{N} = P(E),$$

其中 $S(E)$ 为无穷多次试验所得数列前 N 次中事件 E 发生的次数. 在 11.1 节中给出的推理现在可用于证明互斥事件的加法法则: 设 E 和 F 为概率分别为 $P(E)$ 和 $P(F)$ 的两个事件, 并设它们之间互斥, 即一个事件排斥另一个, 没有结果能同时属于 E 和 F. 在这种情形下, 事件的并 $E \cup F$, 由 E 或 F 中结果所构成, 它的概率为 E 和 F 的概率之和:

$$P(E \cup F) = P(E) + P(F),$$

我们将此结论应用到事件

$$E : 结果\ x < a$$

及

$$F : 结果\ a \leqslant x < b.$$

这两个事件的并为

$$E \cup F : 结果\ x < b.$$

因此,

$$P(E) = P(a), \quad P(E \cup F) = P(b).$$

我们可得出下述结论: 结果小于 b 但大于等于 a 的概率为

$$P(F) = P(b) - P(a).$$

现在我们做如下假定:

(v) $P(x)$ 为连续可微函数.

11.3 连续概率

该假定在在很多重要的情形中都成立，并且能让我们利用微积分的方法. 记 P 的导数为 p:

$$\frac{\mathrm{d}P(x)}{\mathrm{d}x} = p(x).$$

函数 $p(x)$ 称为**概率密度**. 根据中值定理, 对于任意 a 和 b, 存在一个位于 a 和 b 之间的 c 使得

$$P(b) - P(a) = p(c)(b-a). \tag{11.14}$$

根据微积分基本定理,

$$P(b) - P(a) = \int_a^b p(x)\,\mathrm{d}x. \tag{11.15}$$

根据假定 (iii), 当 a 趋于负无穷时 $P(a)$ 趋于 0, 由此推出

$$P(b) = \int_{-\infty}^b p(x)\,\mathrm{d}x.$$

根据假定 (iv), 当 b 趋于正无穷时 $P(b)$ 趋于 1, 可以推出

$$1 = \int_{-\infty}^{+\infty} p(x)\,\mathrm{d}x.$$

这是离散概率中 $p_1 + p_2 + \cdots + p_n = 1$ 相对应的连续情形. 根据性质 (ii), $P(x)$ 是 x 的非减函数. 由于非减函数的导数无处为负, 我们得出结论 $p(x)$ 对所有的 x 都是非负的:

$$p(x) \geqslant 0.$$

类似于离散情形, 我们现在定义试验的期望或均值 $\bar{x}$. 设想试验做了无穷多次, 所得结果数列记为

$$a_1, a_2, \cdots, a_N, \cdots.$$

定理 11.2 如果一个试验平均意义下是可预测的, 且它的结果限定在一有限区间之内, 则

$$\bar{x} = \lim_{N \to \infty} \frac{a_1 + a_2 + \cdots + a_N}{N}$$

存在且等于

$$\bar{x} = \int_{-\infty}^{+\infty} xp(x)\,\mathrm{d}x. \tag{11.16}$$

如果我们把试验看做测量的话, 试验结果都限定在有限区间内的假设是符合实际的, 每种测量装置终究有一个有限的范围. 然而具有重要理论意义的概率密度,

如我们将要在 11.4 节中要讨论的密度函数, 它们对所有的实数 x 都是正的. 当定义 $\bar{x}$ 的广义积分存在时, 定理 11.2 依然成立.

证明 将所有结果所在的区间划分成 n 个小区间 $I_1,\cdots,I_n$. 区间的端点记作

$$e_0 < e_1 < \cdots < e_n.$$

一个结果落在区间 I_j 中的概率为 P 的值在区间 I_j 端点处的差值. 根据公式 (11.14), 这个差值等于

$$P_j = P(e_j) - P(e_{j-1}) = p(x_j)(e_j - e_{j-1}), \tag{11.17}$$

中值定理保证了 x_j 为区间 I_j 中的点, 而 $e_j - e_{j-1}$ 为区间 I_j 的长度. 现在我们将原试验简化, 只记录有结果落入的区间, 并把出现在 (11.17) 中 I_j 中的点 x_j 称作试验的数值结果. 原试验的实际结果与简化试验的数值结果总属于我们划分的同一个子区间. 因此, 这两种结果的差至多为 w, 即子区间 I_j 的最大长度.

我们现在考虑原试验的结果数列 $a_1, a_2, \cdots$. 简化试验的相应结果记作 $b_1, b_2, \cdots$. 简化试验有有限多个结果. 对这样的离散试验, 我们在 11.1 节已证明其数值结果的平均值趋于一极限, 称其为**数学期望**, 记作 $\bar{x}_n$:

$$\bar{x}_n = \lim_{N\to\infty} \frac{b_1 + \cdots + b_N}{N}, \tag{11.18}$$

其中 n 是 I 的子区间的个数. 简化试验的数学期望 $\bar{x}_n$ 根据公式 (11.4) 计算:

$$\bar{x}_n = P_1 x_1 + \cdots + P_n x_n. \tag{11.19}$$

根据式 (11.17), 这可写作

$$\bar{x}_n = p(x_1)x_1(e_1 - e_0) + \cdots + p(x_n)x_n(e_n - e_{n-1}).$$

我们把它视作 $xp(x)$ 在 I 上积分的一个近似和. 如果划分充分细, 那么近似和 $\bar{x}_n$ 与积分

$$\int_{e_0}^{e_n} xp(x)\,\mathrm{d}x \tag{11.20}$$

相差很小. 我们知道, 简化试验与完全试验结果之差少于 w, 即子区间长度 I_j 的最大值. 因此, 当子区间的长度趋于 0 时, 简化试验的数学期望趋于完全试验的数学期望. 这就证实了完全试验的数学期望由积分 (11.20) 给出. 由于 $p(x)$ 在区间 I 之外为零, 积分 (11.20) 和 (11.16) 是相等的. 这就证明了定理 11.2. **证毕**.

现在给出数学期望的一些例子.

11.3 连续概率

例 11.7 设 A 为正数, 定义 $p(x)$ 为

$$p(x) = \begin{cases} 0, & x < 0, \\ 1/A, & 0 \leqslant x < A, \\ 0, & x \geqslant A. \end{cases}$$

这意味着数值结果 x 在 $[0, A]$ 中是等概率出现的. p 的选择满足 $\int_{-\infty}^{+\infty} p(x)\,\mathrm{d}x = \int_0^A \dfrac{\mathrm{d}x}{A} = 1$. 我们现在计算期望值

$$\overline{x} = \int_{-\infty}^{+\infty} x p(x)\,\mathrm{d}x = \int_0^A \frac{x}{A}\,\mathrm{d}x = \left[\frac{x^2}{2A}\right]_0^A = \frac{A}{2}.$$

例 11.8 设 A 为正数, 令

$$p(x) = \begin{cases} 0, & x < 0, \\ A\mathrm{e}^{-Ax}, & x \geqslant 0. \end{cases}$$

我们可验证 p 满足 $\int_{-\infty}^{+\infty} p(x)\,\mathrm{d}x = 1$. 利用微积分基本定理有

$$\int_{-\infty}^{+\infty} p(x)\,\mathrm{d}x = \int_0^{+\infty} A\mathrm{e}^{-Ax}\,\mathrm{d}x = -\mathrm{e}^{-Ax}\Big|_0^{+\infty} = 1.$$

现在计算 $\overline{x}$. 根据分部积分与微积分基本定理, 可以得到

$$\overline{x} = \int_{-\infty}^{+\infty} x p(x)\,\mathrm{d}x = \int_0^{+\infty} x A\mathrm{e}^{-Ax}\,\mathrm{d}x = \int_0^{+\infty} \mathrm{e}^{-Ax}\,\mathrm{d}x = \left[\frac{-\mathrm{e}^{-Ax}}{A}\right]_0^{+\infty} = \frac{1}{A}.$$

例 11.9 设 $p(x)$ 为偶函数. 则 $xp(x)$ 为一奇函数, 因此

$$\overline{x} = \int_{-\infty}^{+\infty} x p(x)\,\mathrm{d}x = 0.$$

令 $f(x)$ 为 x 的任一函数. 我们定义 f 关于概率密度 $p(x)$ 的期望值为

$$\overline{f} = \int_{-\infty}^{+\infty} f(x) p(x)\,\mathrm{d}x.$$

类似于前面的讨论, 可以证明, 如果 $a_1, \cdots, a_N, \cdots$ 为结果数列, 则

$$\lim_{N \to \infty} \frac{f(a_1) + \cdots + f(a_N)}{N} = \overline{f}.$$

独立性

现在我们转到独立性的重要概念. 直观的想法类似于 11.1 节中讨论的离散模型: 两个试验称为相互独立的, 若任一试验的结果对另一个试验结果没有任何影响, 且二者也都不受某共同因子所影响. 利用前面讲过的方法, 即构造一个包含两个试验的复合试验, 来分析独立性的影响.

我们首先分析这样的情形, 第一个试验结果可为任一实数, 而第二个试验结果只有有限个结果. 如前, 用 $P(a)$ 表示第一个试验的数值结果小于 a 的概率. 第二个试验有 n 个可能的数值结果 $a_1, \cdots, a_n$, 以概率 $Q_1, Q_2, \cdots, Q_n$ 出现. 我们定义复合试验的数值结果为构成它的两个试验的各自数值结果之和.

我们现在来导出复合试验数值结果小于 x 的概率的一个有用且重要的公式. 记 $E(x)$ 为这一事件, $U(x)$ 为它的概率. 我们将证明

$$U(x) = Q_1 P(x - a_1) + \cdots + Q_n P(x - a_n). \tag{11.21}$$

证明 第二个试验的数值结果为 n 个数 a_j 之一. 复合试验的数值结果小于 x 当且仅当第一个试验的结果小于 $x - a_j$. 我们把这个事件记作 $E_j(x)$. 因此事件 $E(x)$ 为各个事件 $E_j(x)$ 的并

$$E(x) = E_1(x) \cup \cdots \cup E_n(x).$$

事件 E_j 是互斥的, 即, 一个结果不能属于两个不同的事件 $E_j(x)$ 和 $E_k(x)$. 于是由互斥事件的可加性可得到, 它们的并 $E(x)$ 的概率为事件 $E_j(x)$ 的概率之和.

由于两个试验是相互独立的, $E_j(x)$ 的概率由两个试验各自的概率乘积给出,

$$Q_j P(x - a_j).$$

$E_j(x)$ 的概率之和为 $E(x)$ 的概率 $U(x)$. 这就完成了等式 (11.21) 的证明. **证毕**.

我们现在转到两个试验的结果都可以是任意实数的情形. 用 $P(a)$ 和 $Q(a)$ 分别表示两个试验数值结果小于 a 的概率.

我们将证明下面的类似于 (11.21) 的公式: 假设 $Q(x)$ 连续可微, 导数记为 $q(x)$. 则复合试验结果小于 x 的概率 $U(x)$ 为

$$U(x) = \int_{-\infty}^{+\infty} q(a) P(x - a) \mathrm{d}a. \tag{11.22}$$

根据 (11.21) 导出 (11.22) 的证明. 我们假定第二个试验的结果位于某个有限区间 I 之内. 把 I 划分成有限的 n 个子区间 $I_j = [e_{j-1}, e_j]$. 记 Q_j 为试验结果位于 I_j 中的概率. 根据中值定理,

$$Q_j = Q(e_j) - Q(e_{j-1}) = q(a_j)(e_j - e_{j-1}), \tag{11.23}$$

其中 a_j 为 I_j 中的某一点.

我们将第二个试验离散化: 将位于同一区间 I_j 中的结果放在一起, 且重新定义其数值结果为 a_j, 它的存在由等式 (11.23) 中的中值定理保证. 结果 a_j 的概率是其位于区间 I_j 中的概率 Q_j.

将 (11.23) 中每个 Q_j 代入 (11.21), 就得到, 离散化的试验结果小于 x 的概率为

$$U_n(x) = q(a_1)P(x-a_1)(e_1-e_0) + \cdots + q(a_n)P(x-a_n)(e_n-e_{n-1}).$$

右边的和是积分

$$\int_{-\infty}^{+\infty} q(a)P(x-a)\mathrm{d}a$$

的一个近似和. 这一函数在公式 (11.22) 被记作 $U(x)$. 由于当划分越来越细时近似和趋于积分, 我们可以推出对任意的 x, $U_n(x)$ 趋于 $U(x)$. 这就证实了我们的结论.

现假设 $P(x)$ 连续可微, 其导数记为 $p(x)$. 根据定理 7.8 可得, 由等式 (11.22) 定义的 $U(x)$ 可微, 且它的导数 $u(x)$ 可通过被积函数对 x 求导数求得

$$u(x) = \int_{-\infty}^{+\infty} q(a)p(x-a)\mathrm{d}a. \tag{11.24}$$

现将我们证明的结论总结如下.

定理 11.3 考虑结果位于有限区间内, 概率密度分别为 p 和 q 的两个试验. 假设试验相互独立. 在由两个试验组成的联合试验中, 定义联合试验的结果为各自试验结果之和. 则联合试验的概率密度为 $u(x) = \int_{-\infty}^{+\infty} q(t)p(x-t)\,\mathrm{d}t$.

要求两个试验的结果都在有限的区间之内对很多重要的应用来讲太过限制. 庆幸的是, 尽管我们并未证明, 但定理在更一般的条件下也成立.

定义 11.5 定义函数 u 为 $u(x) = \int_{-\infty}^{+\infty} q(t)p(x-t)\mathrm{d}a$, 称作函数 q 和 p 的**卷积**. 这一关系记作

$$u = q * p. \tag{11.25}$$

例 11.10 考虑下面的计算两个函数卷积的例子, 其中 A, B 为正数.

$$p(t) = \begin{cases} 0, & t < 0, \\ \mathrm{e}^{-At}, & t \geqslant 0, \end{cases} \qquad q(a) = \begin{cases} 0, & t < 0, \\ \mathrm{e}^{-Bt}, & t \geqslant 0. \end{cases}$$

将这些 p 和 q 的表达式代入到卷积的定义中:

$$u(x) = (p*q)(x) = \int_{-\infty}^{+\infty} p(t)q(x-t)\,\mathrm{d}t.$$

$p(t)$ 和 $q(t)$ 在 $t < 0$ 时都定义为 0. 由此知被积函数的第一个因子 $p(t)$ 当 t 为负时为零. 若 $x < 0$, 第二个因子 $q(x - t)$ 当 t 为正时为零. 因此当 x 为负时, 被积函数对所有的 t 为零, 因此积分也为零. 这就证明了对 $x < 0$ 时 $u(x) = 0$. 当 $x > 0$ 时, 同样的分析可证明被积函数只在 $0 \leqslant t \leqslant x$ 范围内非零. 因此, 对 $x \geqslant 0$ 有

$$u(x) = \int_0^x e^{-At - B(x-t)} dt$$

$$= e^{-Bx} \int_0^x e^{(B-A)t} dt$$

$$= \left[e^{-Bx} \frac{e^{(B-A)t}}{B-A} \right]_{t=0}^{t=x}$$

$$= \frac{1}{B-A}(e^{-Ax} - e^{-Bx}).$$

卷积是函数中的一种重要运算, 有很多的用途. 现在我们不涉及任何概率理论, 来讲述并证明一些它的基本性质.

定理 11.4 设 $q_1(x), q_2(x)$ 和 $p(x)$ 为关于任一实数 x 的连续函数, 并且假设函数在一有限区间之外均为零.

(a) 卷积是可分配的: $(q_1 + q_2) * p = q_1 * p + q_2 * p$.

(b) 设 k 为任一常数, 则 $(kq) * p = k(q * p)$.

(c) 卷积是可交换的: $q * p = p * q$.

证明 第一个结论由积分的可加性得到

$$(q_1 + q_2) * p(x) = \int_{-\infty}^{+\infty} (q_1(a) + q_2(a)) p(x - a) da$$

$$= \int_{-\infty}^{+\infty} q_1(a) p(x - a) da + \int_{-\infty}^{+\infty} q_2(a) p(x - a) da$$

$$= q_1 * p(x) + q_2 * p(x).$$

第二个结论可得到

$$(kq) * p(x) = \int_{-\infty}^{+\infty} kq(a) p(x - a) da = k \int_{-\infty}^{+\infty} q(a) p(x - a) da = k(q * p)(x).$$

第三个结论可通过变量代换 $b = x - a$ 得到:

$$q * p(x) = \int_{-\infty}^{+\infty} q(a) p(x - a) da = \int_{-\infty}^{+\infty} q(x - b) p(b) db = p * q(x).$$

下面的结果是卷积的另一个基本性质.

11.3 连续概率

定理 11.5 假设 p 和 q 为连续函数，在某有限区间外均为零，则它们的卷积 $u = p * q$ 的积分等于两个因子积分的乘积：

$$\int_{-\infty}^{+\infty} u(x)\,dx = \int_{-\infty}^{+\infty} p(x)\,dx \int_{-\infty}^{+\infty} q(a)\,da. \tag{11.26}$$

证明 根据卷积的定义 $u = p * q$，

$$u(x) = \int_{-\infty}^{+\infty} p(x-a) q(a)\,da. \tag{11.27}$$

假设函数 $p(a)$ 在区间 $I = [-b, b]$ 之外为零，因此 $\int_{-\infty}^{+\infty} p(x)\,dx = \int_{-b}^{b} p(x)\,dx$，且 $q(a)$ 在区间 J 之外为零. 因此，若 x 位于区间 $I \cup J$ 之外，$u(x)$ 为零.

估计积分 (11.27) 通过和式

$$u_n(x) = \sum_{j=1}^{n} p(x-a_j) q(a_j)(a_{j+1} - a_j), \tag{11.28}$$

其中 $a_1, \cdots, a_n$ 为积分区间 J 的 n 等分点. 根据积分为近似和的定义可知，$u_n(x)$ 对区间 $I \cup J$ 内的所有 x 一致收敛于 $u(x)$. 因此得到，$u_n(x)$ 在 $I \cup J$ 上关于 x 的积分趋于 $u(x)$ 的积分. 根据公式 (11.28)，$u_n(x)$ 在 $I \cup J$ 上的积分为

$$\left(\int_{-b}^{b} p(x)\,dx \right) \left(\sum_{j=1}^{n} q(a_j)(a_{j+1} - a_j) \right).$$

当 $n \to \infty$ 时，后一和式即为 q 的积分. 这就证明了定理 11.5 中的等式 (11.26). **证毕**.

两个试验的联合试验的数值结果被定义为组成它的两个试验的数值结果之和. 现在我们给出一些实例来说明为何这样的定义是有意义的.

假设两个试验的结果代表两个不同来源的收入. 它们的和为总收入；它的概率分布是值得考虑的有意义的对象.

另一个例子是：假设两个结果代表一定时间内从两个不同来源流入水库的水量. 它们的和表示总流入量，也是一个值得考虑的量.

问 题

11.14 前面讲述过当 x 趋于无穷时 $P(x)$ 趋于 1 意味着，非常大的正值结果 x 是不大可能的. 证明此结论.

11.15 定义 p 为

$$p(x) = \begin{cases} 0, & x < 0, \\ \dfrac{2}{A}\left(1 - \dfrac{x}{A}\right), & 0 \leqslant x \leqslant A, \\ 0, & A < x. \end{cases}$$

(a) 证明 $\int_{-\infty}^{+\infty} p(x)\,dx = 1$.

(b) 计算 x 的数学期望值，即求 $\overline{x} = \int_{-\infty}^{+\infty} xp(x)\,dx$.

(c) 计算期望 $\overline{x^2} = \int_{-\infty}^{+\infty} x^2 p(x)\,dx$.

(d) 给出此情形下标准差的定义，并计算此例中它的值.

11.16 定义 p 为

$$p(x) = k|x|e^{-kx^2} \quad (k > 0).$$

证明 p 是一概率密度，即

$$\int_{-\infty}^{+\infty} p(x)\,dx = 1.$$

11.17 设 A 和 B 为两个正数. 定义 p 和 q 为

$$p(t) = \begin{cases} 0, & t < 0, \\ \dfrac{1}{A}, & 0 \leqslant t \leqslant A, \\ 0, & t > A, \end{cases} \qquad q(t) = \begin{cases} 0, & t < 0, \\ \dfrac{1}{B}, & 0 \leqslant t \leqslant B, \\ 0, & t > B. \end{cases}$$

(a) 证明 p 和 q 为概率密度，即它们满足对一切实数 t 有 $p(t) \geqslant 0, q(t) \geqslant 0$, 且

$$\int_{-\infty}^{+\infty} p(t)\,dt = 1, \qquad \int_{-\infty}^{+\infty} q(t)\,dt = 1.$$

(b) 令 u 表示 p 和 q 的卷积. 证明当 $x < 0$ 和 $x > A + B$ 时 $u(x) = 0$.

(c) 证明当 $B < x < A$ 时, $u(x)$ 为常数.

(d) 在 $B < A$ 情形下确定 $u(x)$.

11.18 该问题的目的是给出定理 11.5 的另一种证法. 设 p 和 q 为一对函数，在某个有限区间 J 之外均为零. 设 u 为 p 与 q 的卷积.

(a) 设 h 为一个小的数. 证明下列和数为定义 $u(x)$ 积分的近似和

$$\sum_i p(ih) q(x - ih) h. \tag{11.29}$$

(b) 证明

$$\sum_j u(jh) h \tag{11.30}$$

是积分 $\int_{-\infty}^{+\infty} u(x)\,\mathrm{d}x$ 的一个近似和.

(c) 将 $u(x)$ 的近似式 (11.29) 在 $x = jh$ 的结果代入等式 (11.30). 证明这一结果为双重求和 $\sum_{i,j} p(ih)q((j-i)h)h^2$.

(d) 定义 $j - i = \ell$ 且将上面的双重求和改写为 $\sum_{i,\ell} p(ih)q(\ell h)h^2$.

(e) 证明这一双重求和可写作两个单重求和的乘积:

$$\left(\sum_i p(ih)h\right)\left(\sum_\ell q(\ell h)h\right).$$

(f) 证明上面的单重和分别为下面两个积分的近似和

$$\int_{-\infty}^{+\infty} p(x)\,\mathrm{d}x \quad \text{和} \quad \int_{-\infty}^{+\infty} q(x)\,\mathrm{d}x.$$

(g) 证明当 h 趋于零时, 我们可得到定理 11.5 中的等式.

11.19 定义

$$|u|_1 = \int_{-\infty}^{+\infty} |u(x)|\,\mathrm{d}x$$

为函数 u 的 L_1 范数, 用于度量在某一有限区间外为零的函数 $u(x)$ 的大小.

(a) 设 $u(x) = 5$ 在 $[a,b]$ 之内, 而在 $[a,b]$ 之外为零. 计算 $|u|_1$.
(b) 证明性质: 当 c 为常数时 $|cu|_1 = |c||u|_1$, 且有 $|u+v|_1 \leqslant |u|_1 + |v|_1$.
(c) 证明对卷积有 $|u * v|_1 \leqslant |u|_1 |v|_1$.

11.4 误 差 律

本节我们将分析一类特殊的试验. 这个试验是让小球从一定高度的某固定点落到水平面上. 如果投放小球的手完全的静止不动, 而且若没有气流使小球在下落过程中转向, 那么我们能准确地预测出小球将落在投放点的正下方. 但是即使最稳健的手也会有稍微抖动, 并且即使在最宁静的日子细微的气流在小球下落过程中也会以随机的方式冲击球. 这些影响将会放大且很可观, 若小球从非常高处, 如十层楼高处落下. 在这种环境中, 试验表现出随机性, 即无法预测小球将落在何处. ①

---

① 英国著名应用数学家泰勒 (G. I. Taylor) 曾描述过下述发生在第一次世界大战期间的经历: 泰勒参与空投的研发项目, 他的任务是记录从飞机上投下的大量投掷物形成的模式. 他是这么干的: 在每一个投掷物的落地位置放一张纸, 然后计划从空中来拍照. 当泰勒刚刚完成这一单调的放纸任务时, 一位骑兵士官由此经过, 他想知道泰勒在做什么. 泰勒解释了空投研发的项目, 之后士官惊呼道: "你们要拿它们当靶子, 从飞机上打中所有的纸片, 好枪法!" ——原注.

尽管无法预测任一小球将落在哪里, 但在平均意义下它的结果能够被很好的预测. 即是说, 设 G 为任一区域, 如正方形、矩形、三角形、或圆. 用 $S(G)$ 表示在一系列试验的前 N 次中小球落在 G 中的次数. 则频率 $\dfrac{S(G)}{N}$ 趋于一极限, 称之为落在 G 中的概率, 记为 $C(G)$:

$$\lim_{N\to\infty} \frac{S(G)}{N} = C(G).$$

本节中, 我们将研究这种概率的特性.

假设 G 为一非常小的区域, 那么我们可以期望落在 G 中的概率近似的正比于 G 的面积 $A(G)$. 我们可以更确切的表达这一猜测如下: 设 g 为平面内任一点, 则存在数 $c = c(g)$, 称作在 g 处的概率密度, 使得对于包含 g 的任一区域 G

$$C(G) = \bigl(c(g) + \text{无穷小量}\bigr) A(G),$$

其中 "无穷小量" 意为一个当区域 G 收缩至点 g 时趋于零的量.

关于概率密度 $c(g)$ 我们能谈论些什么呢? 它依赖于 g 靠近靶心的程度, 即投球处正下方的那个点. g 越靠近靶心, 命中点靠近 g 的概率越大. 特别地, 当 g 为靶心时 c 取得最大值. 关于手的不可控制的抖动及不可预测的阵风对命中与未中的分布影响的情形, 我们现采用下列两个假设:

(i) $c(g)$ 仅依赖于 g 到靶心的距离, 而不依赖于 g 所在的方向.

(ii) 设 x 和 y 为垂直方向, 各小球在 x 方向的位移与在 y 方向的位移相独立.

例 11.11 刻画假设 (ii) 的一个特例为由通过原点的两条垂直的直线为边界的两个半平面. 小球落入每一个半平面的概率均为 $\dfrac{1}{2}$. 落入两个半平面相交成的四分之一平面内的概率为 $\dfrac{1}{2} \times \dfrac{1}{2} = \dfrac{1}{4}$.

为了使用数学形式表示这些假设, 引入一直角坐标系, 其原点自然取在靶心处. 用 (a, d) 表示 g 点的坐标, 如图 11.1 所示. 用 $P(a)$ 表示小球落入半平面

$$x < a$$

中的概率. 小球落入带状区域 $a \leqslant x < b$ 的概率为

$$P(b) - P(a).$$

假设 $P(a)$ 对所有的 a 有连续导数, 记其为 $p(a)$. 根据中值定理, 差值

$$P(b) - P(a) = p(a_1)(b - a),$$

其中 a_1 位于 a 与 b 之间.

11.4 误 差 律

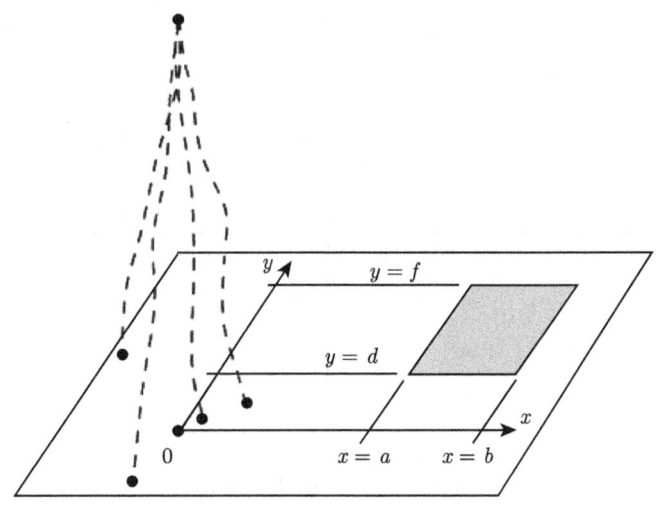

图 11.1 从原点正上方直接投下的小球可能落入阴影矩形中

那么小球落入矩形
$$a \leqslant x < b, \quad d \leqslant y < f$$
中的概率呢? 这一事件发生当小球落入带状区域 $a \leqslant x < b$ 且落入区域 $c \leqslant y < f$ 时. 根据假设 (ii), 这两个事件是相互独立的, 因此, 根据**乘法法则**, 联合试验的概率为两个同时发生的构成联合试验的两个事件各自概率的乘积. 因此小球落入矩形的概率为乘积
$$p(a_1)(b-a)p(d_1)(f-d).$$

由于乘积 $(b-a)(f-d)$ 为矩形的面积 A, 可以将它改写为
$$p(a_1)p(d_1)A.$$

现考虑一系列矩形, 它们在 b 趋于 a 且 f 趋于 d 时趋于点 $g=(a,d)$. 因为 a_1 位于 a 与 b 之间, d_1 位于 d 与 f 之间, 且 p 是连续函数, 故得知 $p(a_1)$ 趋于 $p(a)$ 而 $p(d_1)$ 趋于 $p(d)$. 因此, 这种情形下, 我们可以将小球落入矩形中的概率表示为
$$(p(a)p(d) + \text{无穷小量})A.$$

我们可以推出 c 在点 $g=(a,d)$ 的概率密度为
$$c(g) = p(a)p(d). \tag{11.31}$$

其次, 我们利用在靶心周围试验设置的对称性, 引入另一坐标系, 如图 11.2 所示, 原点仍在靶心但其一坐标轴经过旧坐标系中坐标为 (a,d) 的点 g.

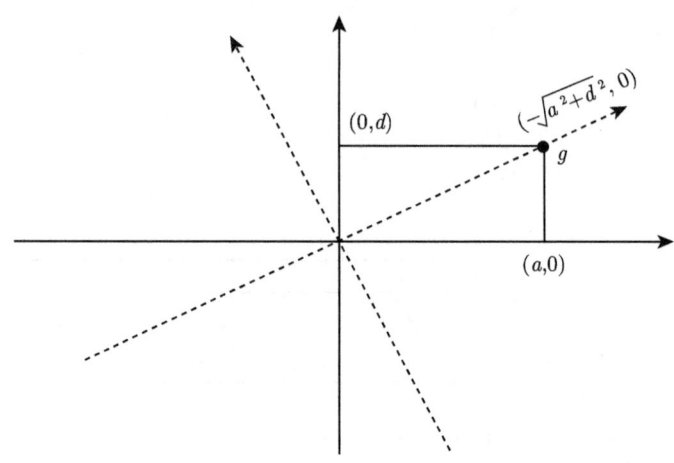

图 11.2　一旋转坐标系

在新坐标系中 g 的坐标为

$$(0, \sqrt{a^2 + d^2}).$$

根据假设 (i), 我们在任一坐标系中应用 (11.31) 式. 则 c 在新坐标系中为

$$c(g) = p(0)p(\sqrt{a^2 + d^2}). \tag{11.32}$$

由于 $c(g)$ 在两个不同的坐标系的值, (11.31) 和 (11.32) 两式相等, 我们可得出结论

$$p(a)p(d) = p(0)p(\sqrt{a^2 + d^2}). \tag{11.33}$$

这是一个关于 $p(x)$ 的函数方程. 它可以通过将函数 $p(x)$ 写成另一个函数 $f(x) = \dfrac{p(\sqrt{x})}{p(0)}$ 来求解. 在 (11.33) 式中令 $x = a^2$ 和 $y = d^2$, 可得到

$$f(x)f(y) = f(x + y).$$

这是一个熟悉的函数方程, 仅有的解为指数函数, 如 2.5.c 节中所阐述. 因此我们可以得出 $f(x) = e^{Kx}$. 利用关系式 $f(x) = \dfrac{p(\sqrt{x})}{p(0)}$, 我们可得出 $p(a) = p(0)e^{Ka^2}$. 我们可断言常数 K 为负数. 因为当 a 趋于正无穷时, 概率密度 $p(a)$ 趋于零, 而这只有 K 为负时才成立. 考虑这一点, 我们将 K 重新记为 $-k$, 并改写为

$$p(x) = p(0)e^{-k\sqrt{a^2+d^2}}. \tag{11.34}$$

11.4 误差律

由于 p 是概率密度, 满足 $\int_{-\infty}^{+\infty} p(x)\,\mathrm{d}x = 1$. 把等式 (11.34) 代入这一关系式得到

$$p(0)\int_{-\infty}^{+\infty} \mathrm{e}^{-kx^2}\,\mathrm{d}x = 1. \tag{11.35}$$

引入 $y = \sqrt{2k}x$ 作为新的积分变量, 可以得到

$$\int_{-\infty}^{+\infty} \mathrm{e}^{-kx^2}\,\mathrm{d}x = \frac{1}{\sqrt{2k}}\int_{-\infty}^{+\infty} \mathrm{e}^{-\frac{y^2}{2}}\,\mathrm{d}y. \tag{11.36}$$

根据 (7.10) 式可知, $\int_{-\infty}^{+\infty} \mathrm{e}^{-\frac{y^2}{2}}\,\mathrm{d}y = \sqrt{2\pi}$. 因此,

$$\int_{-\infty}^{+\infty} \mathrm{e}^{-kx^2}\,\mathrm{d}x = \sqrt{\frac{\pi}{k}}.$$

将这一结果代入 (11.35) 有 $p(0) = \sqrt{\frac{k}{\pi}}$. 因此, 我们可以利用等式 (11.34) 得到

$$p(x) = \sqrt{\frac{k}{\pi}}\mathrm{e}^{-kx^2}. \tag{11.37}$$

代入 $c(g) = p(a)p(d)$, 可以导出

$$c(x,y) = \frac{k}{\pi}\mathrm{e}^{-k(x^2+y^2)}. \tag{11.38}$$

上述误差律的推导是由物理学家麦克斯韦 (James Clerk Maxwell, 1831–1879) 给出的, 他对形如 (11.37) 和 (11.38) 的概率密度在物理上的含义做了很深入的研究. 由于这个原因在物理学中这种密度被称为**麦克斯韦密度**. 实际上在麦克斯韦之前, 高斯 (Carl Friedrich Gauss, 1777–1855) 就已研究过形如 (11.37) 的概率. 数学家称这种密度为高斯密度, 另一个名称是**正态密度**.

图 11.3 中, 我们看到三个不同 k 值: $k = 0.5$, $k = 1$, $k = 2$ 的正态分布 $p(x)$ 的形状. 这些图形表明 k 值越大, 靠近靶心的概率越集中. 本节的剩余部分给出正态分布的一些基本性质.

定理 11.6 两个正态分布的卷积仍是正态分布.

证明 记两个正态分布为

$$p(x) = \sqrt{\frac{k}{\pi}}\mathrm{e}^{-kx^2} \qquad \text{与} \qquad q(x) = \sqrt{\frac{m}{\pi}}\mathrm{e}^{-mx^2}. \tag{11.39}$$

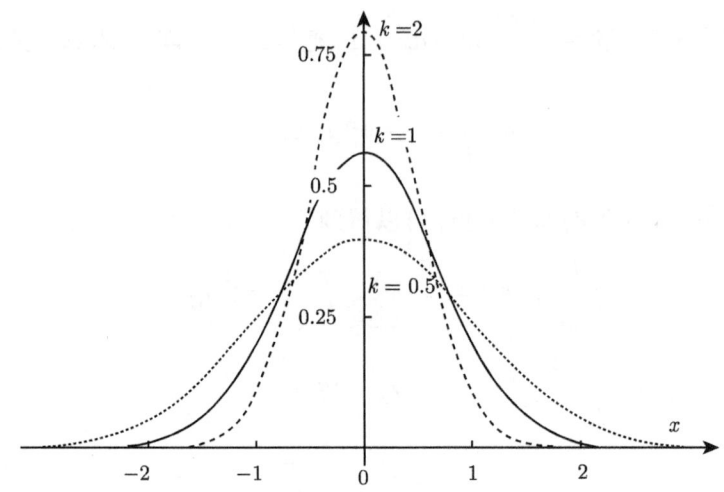

图 11.3 $k = 0.5, k = 1$ 和 $k = 2$ 的正态分布

它们的卷积为

$$(q * p)(x) = \int_{-\infty}^{+\infty} q(a) p(x - a) \mathrm{d}a$$

$$= \frac{\sqrt{mk}}{\pi} \int_{-\infty}^{+\infty} \mathrm{e}^{-ma^2 - k(x-a)^2} \mathrm{d}a$$

$$= \frac{\sqrt{mk}}{\pi} \mathrm{e}^{-kx^2} \int_{-\infty}^{+\infty} \mathrm{e}^{-((m+k)a^2 - 2akx)} \mathrm{d}a.$$

为计算这一积分，我们将积分号中的指数配方：

$$((m+k)a^2 - 2akx) = (m+k)\left(a - \frac{kx}{m+k}\right)^2 - \frac{k^2}{m+k}x^2.$$

把它代入到上面的积分中，令 $a - \dfrac{kx}{m+k} = b$ 作为新的积分变量，我们可以得到

$$(q * p)(x) = \frac{\sqrt{mk}}{\pi} \mathrm{e}^{-(k - \frac{k^2}{m+k})x^2} \int_{-\infty}^{+\infty} \mathrm{e}^{-(m+k)b^2} \mathrm{d}b.$$

这一积分与 (11.36) 有相同的形式，其中用 $m+k$ 代替 k. 因此，积分的值为 $\sqrt{\dfrac{\pi}{m+k}}$. 这就得出

$$(q * p)(x) = \sqrt{\frac{1}{\pi}} \sqrt{\frac{mk}{m+k}} \mathrm{e}^{-\left(k - \frac{k^2}{m+k}\right)x^2} = \sqrt{\frac{1}{\pi}} \sqrt{\frac{mk}{m+k}} \mathrm{e}^{-\frac{km}{m+k}x^2}.$$

我们总结为：对等式 (11.39) 给出的 p 和 q,

11.4 误　差　律

$$q * p = \sqrt{\frac{\ell}{\pi}} e^{-\ell x^2}, \quad \text{其中} \quad \ell = \frac{km}{k+m}. \tag{11.40}$$

证毕.

我们现在转到类似于离散概率中定理 11.1 的连续情形.

定理 11.7 所有满足

$$\int_{-\infty}^{+\infty} x^2 q(x)\, dx = \frac{1}{2k}$$

的概率密度中, 对高斯密度, 即 $q = p(x) = \sqrt{\frac{k}{\pi}} e^{-kx^2}$ 时, 物理量 $I(q) = -\int_{-\infty}^{+\infty} q(x) \ln q(x)\, dx$ 达到最大.

1. 几个评注

(i) 这个结果是定理 11.1 在连续情形的对应版本. 定理 11.1 断言, 在 n 个事件的概率分布中, $-\sum_{1}^{n} p_j \ln p_j$ 当 p_j 相等时达到最大. 我们的证明类似于离散情形下的过程.

(ii) 函数 $I(q)$ 是关于 $q(x)$ 的熵, 是一个重要的量.

(iii) 定理隐含了下述结论

$$\int_{-\infty}^{+\infty} x^2 p(x)\, dx = \frac{1}{2k} \quad \text{其中} \quad p(x) = \sqrt{\frac{k}{\pi}} e^{-kx^2},$$

我们留给读者在问题 11.20 中给出证明.

证明 在区间 $0 \leqslant s \leqslant 1$ 上我们构造下面的单参数概率密度族 $r(s)$:

$$r(s) = sq + (1-s)p. \tag{11.41}$$

这样设定的函数满足 $r(0) = p$ 和 $r(1) = q$. 要证明 $I(p) \geqslant I(q)$, 我们只需证明 $I(r(s))$——简记为 $F(s)$, 是关于 s 的减函数. 根据单调性判据, $F(s)$ 的递减特性可通过验证 $F(s)$ 的导数为负来说明. 为此, 我们计算 $F(s) = -\int_{-\infty}^{+\infty} r(s) \ln r(s)\, dx$ 的导数, 利用关于积分的求导定理 7.8. 对 $r(s) \ln r(s)$ 关于 s 求导可得

$$\frac{d}{ds}(r(s) \ln r(s)) = (1 + \ln r(s)) \frac{dr}{ds} = -(1 + \ln r(s))(p - q).$$

因此,

$$\frac{dF(s)}{ds} = -\int_{-\infty}^{+\infty} (1 + \ln r(s))(p(x) - q(x))\, dx. \tag{11.42}$$

当 $s=0$ 时, $r(0)=p(x)$ 及 $\ln p(x)=\ln\sqrt{\dfrac{k}{\pi}}-kx^2$. 因此如果我们在导数中令 $s=0$, 则可以得到

$$\dfrac{\mathrm{d}F}{\mathrm{d}s}(0)=-\int_{-\infty}^{+\infty}\left(1+\ln\sqrt{\dfrac{k}{\pi}}-kx^2\right)(p(x)-q(x))\,\mathrm{d}x$$

$$=\left(1+\ln\sqrt{\dfrac{k}{\pi}}\right)\int_{-\infty}^{+\infty}(p(x)-q(x))\,\mathrm{d}x-k\int_{-\infty}^{+\infty}x^2(p(x)-q(x))\,\mathrm{d}x.$$

由于 p 和 q 都是概率密度, 所以 $\displaystyle\int_{-\infty}^{+\infty}p(x)\,\mathrm{d}x=\int_{-\infty}^{+\infty}q(x)\,\mathrm{d}x=1$. 再者, $\displaystyle\int_{-\infty}^{+\infty}x^2\,p(x)\,\mathrm{d}x=\int_{-\infty}^{+\infty}x^2q(x)\,\mathrm{d}x=\dfrac{1}{2k}$. 因此, $\displaystyle\int_{-\infty}^{+\infty}(p(x)-q(x))\,\mathrm{d}x$ 和 $\displaystyle\int_{-\infty}^{+\infty}x^2(p(x)-q(x))\,\mathrm{d}x$ 都为零, 且 $\dfrac{\mathrm{d}F}{\mathrm{d}s}(0)=0$. 为证明 s 在 0 和 1 之间时都有 $\dfrac{\mathrm{d}F}{\mathrm{d}s}(s)<0$, 只需证明 $\dfrac{\mathrm{d}^2F}{\mathrm{d}s^2}<0$. 我们现在再次对 (11.42) 式应用对积分求微分的定理, 可以计算出 f 的两阶导数,

$$\dfrac{\mathrm{d}^2F(s)}{\mathrm{d}s^2}=\int_{-\infty}^{+\infty}(p(x)-q(x))\dfrac{1}{r(s)}\dfrac{\mathrm{d}r}{\mathrm{d}s}\,\mathrm{d}x=\int_{-\infty}^{+\infty}-\dfrac{(p(x)-q(x))^2}{r(s)}\,\mathrm{d}x.$$

最后的积分是负的, 除非 q 和 p 相等; 因此 F 的两阶导数为负.   证毕.

评注 我们在证明过程中, 对无穷区间 $(-\infty,+\infty)$ 上的广义积分应用了求导的定理, 而之前的定理我们只对常义积分做出过证明. 为克服这个困难, 我们假设在充分大的区间 (a,b) 之外 $q(x)$ 等于 $p(x)$, 并对 q 的子族推出不等式 $I(q)\leqslant I(p)$. 从这些不等式中我们可以用属于这些子族的 q 的数列逼近任意的 q 来导出对于任意 q 的不等式. 在证明中我们省略了这一步骤.

2. 二项分布的极限

我们定义过二项分布为 $b_k(n)=\dbinom{n}{k}p^kq^{n-k}$. 为讨论方便, 我们取 $p=q=\dfrac{1}{2}$. 在这种情形下,

$$b_k(n)=2^{-n}\dbinom{n}{k}.$$

我们在图 11.4 中给出了 $n=100$ 的二项分布, 以及正态分布的一个倍数的函数 $\dfrac{1}{10}\sqrt{\dfrac{2}{\pi}}\mathrm{e}^{-2y^2}$. 注意到点 b_k (近似) 落在正态分布的图形上. 这些图形表明了当 n 很大时, 二项分布趋于正态分布. 确切地表述为如下的定理.

11.4 误差律

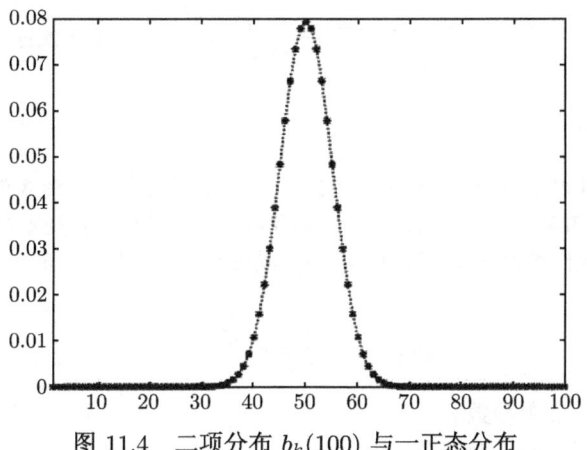

图 11.4 二项分布 $b_k(100)$ 与一正态分布

定理 11.8 *二项分布*

$$b_k(n) = 2^{-n} \binom{n}{k}.$$

在取 $y = \dfrac{k - \dfrac{1}{2}n}{\sqrt{n}}$ 的意义下是一渐近正态分布, 即

$$b_k(n) \sim \frac{1}{\sqrt{n}} \sqrt{\frac{2}{\pi}} \mathrm{e}^{-2y^2},$$

其中 $\sim$ 表示当 n 和 k 趋于无穷且 y 固定时的渐近.

在问题 11.23 中, 我们引导读者给出一个该定理的证明. 证明过程基于斯特林定理 (定理 7.5),

$$m! \sim \sqrt{2\pi m} \left(\frac{m}{e}\right)^m,$$

也即是说, 左右两边的比值随 m 趋于无穷而趋于 1.

问 题

11.20 利用分部积分证明 $\int_{-\infty}^{+\infty} x^2 p(x)\,\mathrm{d}x = \dfrac{1}{2k}$, 其中 $p(x) = \sqrt{\dfrac{k}{\pi}} \mathrm{e}^{-kx^2}$.

11.21 本问题的目的是对 $\int_{-\infty}^{+\infty} \mathrm{e}^{-y^2}\,\mathrm{d}y$ 做数值计算. 由于积分区间是无穷的, 我们截取足够大的 N, 子区间的长度为 h 的近似积分为

$$I_{\oplus}\left(\mathrm{e}^{-y^2}, \left[-\left(N+\frac{1}{2}\right)h, \left(N+\frac{1}{2}\right)h\right]\right) = h \sum_{n=-N}^{N} \mathrm{e}^{-(nh)^2}.$$

(a) 证明 $\sum_{n=K}^{\infty} e^{-(nh)^2} \leqslant \sum_{n=K}^{\infty} e^{-Knh^2} = \dfrac{e^{-K^2h^2}}{1-e^{-Knh^2}}$. 利用该式证明 $h=1$ 时,和式 $\sum_{n=4}^{\infty} e^{-(nh)^2}$ 小于 10^{-6}.

(b) 数值上估计得 $I_{\text{中}} \approx 1.77263\cdots$, 对 $h=1$ 只需要用从 -3 到 3 的和式即可.
(注意 积分的值为 $\sqrt{\pi} = 1.77245\cdots$. 因此我们可以知道中点规则给出了积分值的一个很好的估计,尽管我们将积分区间很粗糙的划分成长度 $h=1$ 的子区间.)

11.22 令
$$p(x,t) = \dfrac{1}{\sqrt{4\pi t}} e^{-\frac{x^2}{4t}}.$$

(a) 确定 p 关于 x 的导数 p_x.
(b) 确定 p 关于 x 的二阶导数 p_{xx}.
(c) 确定 p 关于 t 的导数 p_t.
(d) 验证 $p_t = p_{xx}$.
(e) 一个实例为,p 可解释为一个金属棒的随位置和时间变化的温度. 假设把 $p(x,t)$ 画成关于 x 的函数,在图形为凸的区间内,根据 (d),温度会随着时间递增或递减吗?

11.23 证实以下证明定理 11.8 的各步.

(a) 对 $2^{-n}\binom{n}{k}$ 中的每一个因子使用斯特林公式来证明

$$2^{-n}\binom{n}{k} \sim \dfrac{1}{\sqrt{2\pi}} \sqrt{\dfrac{n}{k(n-k)}} \dfrac{n^n}{2^n k^k (n-k)^{n-k}}.$$

(b) 代入 $k = \dfrac{n}{2} + \sqrt{n}y$ 以及重新排列之前的表达式来证明

$$2^{-n}\binom{n}{k} \sim \dfrac{1}{\sqrt{2\pi}} \sqrt{\dfrac{n}{\frac{n^2}{4}-ny^2}} \left(1-\dfrac{4y^2}{n}\right)^{\frac{n}{2}} \left(\dfrac{n}{2}+\sqrt{n}y\right)^{\sqrt{n}y} \left(\dfrac{n}{2}-\sqrt{n}y\right)^{-\sqrt{n}y}.$$

(c) 我们在 2.6 节中已证明当 m 趋于无穷时 $\left(1+\dfrac{x}{m}\right)^m$ 趋于 e^x. 根据这个结果证明 (b) 的右端渐近为

$$\dfrac{1}{\sqrt{2\pi}} \sqrt{\dfrac{n}{\frac{n^2}{4}-ny^2}} e^{-2y^2} e^{2y^2} e^{2y^2}.$$

(d) 证明最后的表达式渐近为 $\dfrac{1}{\sqrt{n}}\sqrt{\dfrac{2}{\pi}} e^{-2y^2}$.

部分问题的答案

第 1 章

1.1 (a) $[-1, 7]$.
(b) $[-52, -48]$.
(c) $y < 6$ 或 $y > 8$.
(d) 由于 $|3 - x| = |x - 3|$,所以答案跟 (a) 一样,都是 $[-1, 7]$.

1.3 (a) $|x| \leqslant 3$.
(b) $-3 \leqslant x \leqslant 3$.

1.5 $\dfrac{2+4+8}{3} = \dfrac{14}{3}$, $(2 \cdot 4 \cdot 8)^{\frac{1}{3}} = (2^6)^{\frac{1}{3}} = 2^2 = 4 < \dfrac{14}{3}$.

1.7 (a) 由于 $(\sqrt{x} - \sqrt{y})(\sqrt{x} + \sqrt{y}) = x - y$ 且 $0 < \dfrac{1}{\sqrt{x} + \sqrt{y}} \leqslant \dfrac{1}{4}$,所以 $\sqrt{x} - \sqrt{y} \leqslant \dfrac{1}{4}(x - y)$.
(b) 由于 $|\sqrt{x} - \sqrt{y}| \leqslant \dfrac{1}{4}|x - y|$,所以当 $|x - y| \leqslant 0.02$ 时有,$|\sqrt{x} - \sqrt{y}| \leqslant \dfrac{1}{4}(0.02) = 0.005$.

1.9 $|x| < m$ 意味着 $-m < x < m$. 因此,若 $|b - a| < \varepsilon$,则
(a) $b - a \geqslant 0$ 或 $-(b - a) \geqslant 0$ 之一至少成立. 根据假设,$\pm(b - a)$ 都以 ε 为上界.
(b) $-\varepsilon < b - a < \varepsilon$ 是 $|b - a| < \varepsilon$ 的重新表述.
(c) 在 (b) 中的不等式两边同时加上 a.
(d) 由于 $|a - b| = |b - a|$,所以 $-\varepsilon < a - b < \varepsilon$ 是 $|b - a| < \varepsilon$ 的重新表述.
(e) 在 (d) 中的不等式两边同时加上 b.

1.11 $5/3$.

1.13 (a) $(1 \cdot 1 \cdot x)^{\frac{1}{3}} \leqslant \dfrac{1 + 1 + x}{3}$.
(b) $(1 \cdots 1 \cdot x)^{\frac{1}{n}} \leqslant \dfrac{1 + \cdots + 1 + x}{n} = \dfrac{x + n - 1}{n}$.
(c) $\dfrac{2n - 1}{n} = 2 - \dfrac{1}{n} < 2$.

1.15 (a) 因为 $1 \leqslant 2 \leqslant \cdots \leqslant n$,有 $n! < n^n$. 开 n 次方,得到 $(n!)^{\frac{1}{n}} \leqslant n$.
(b) 根据算术-几何均值不等式,$(1 \cdot 2 \cdot 3 \cdots n)^{\frac{1}{n}} \leqslant \dfrac{1 + 2 + 3 + \cdots + n}{n}$. 因此 $(n!)^{\frac{1}{n}} \leqslant \dfrac{\frac{1}{2}n(n+1)}{n} = \dfrac{n+1}{2}$.

1.16 (a) 我们有 $ab - a_0 b_0 = ab - a b_0 + a b_0 - a_0 b_0 = a(b - b_0) + (a - a_0)b_0$. 根据三角不等

式, 有

$$|ab - a_0 b_0| = |a(b-b_0) + (a-a_0)b_0| \leqslant |a(b-b_0)| + |(a-a_0)b_0| = |a||b-b_0| + |a-a_0||b_0|.$$

(b) $|a| \leqslant 10$, $|b_0| \leqslant 10.001$, 因此 $|ab - a_0 b_0| \leqslant 10 \times 0.001 + 10.001 \times 0.001$.

1.19 $m = 1$, 因为 $\sqrt{3} = 1.732\cdots = 1.7 + (0.032\cdots)$ 而 $(0.032\cdots) < 10^{-1}$.

1.21 (a) 因为 a_n 是单位正方形一部分的面积, 所以 $a_n < 1$.

(b) S 有上界 1, 因此有上确界, 必定是直角扇形的面积, 即 $\frac{\pi}{4}$.

1.27 $s_1 = 1$, $s_2 = \frac{1}{2}\left(s_1 + \frac{3}{s_1}\right) = 2$, $s_3 = \frac{1}{2}\left(2 + \frac{3}{2}\right) = \frac{7}{4} = 1.75$,

$s_4 = \frac{1}{2}\left(\frac{7}{4} + \frac{12}{7}\right) = \frac{97}{56} = 1.7321\cdots$ 若另从 $s_1' = 2$ 出发迭代, 则由于 $2 = s_2$ 是上述迭代序列的第二项, 所以最终得到的序列 $s_n' = s_{n+1}$ 仅仅是 s_n 从第 2 项开始得到的一个子序列.

1.29 若 $s > \sqrt{2}$, 则 $\frac{1}{s} < \frac{1}{\sqrt{2}}$. 在该不等式两端同时乘以 2 得 $\frac{2}{s} < \frac{2}{\sqrt{2}} = \sqrt{2}$.

1.31 假设对某些 q 有 $s \geqslant \sqrt{2} + q$, 则当 $p > 2\sqrt{2}q$ 时, 有

$$2 + p > s^2 \geqslant 2 + 2\sqrt{2}q + q^2 \geqslant 2 + 2\sqrt{2}q.$$

因此, 令 $q = \frac{p}{2^{3/2}}$ 可得 $s < \sqrt{2} + q$.

1.35 (a) 当 n 充分大时, A_n 无限趋于 a, 所以存在 N 使得对所有的 $n > N$, 有 $|a_n - a| < 1$.

(b) $|a_n| = |a + (a_n - a)| \leqslant |a| + |a_n - a| < |a| + 1$.

(c) 用 α 的定义.

1.37 $a_1 = s_1 = \frac{1}{3}$, $a_2 = s_2 - a_1 = \frac{2}{4} - \frac{1}{3} = \frac{1}{6}$, 无穷和为 s_n 的极限, 即 1.

1.39 $\dfrac{1}{1 - \dfrac{5}{7}}$.

1.41 $\left|\dfrac{(n+1)a_{n+1}}{na_n}\right| = \dfrac{n+1}{n} \left|\dfrac{a_{n+1}}{a_n}\right|$ 与 $\left|\dfrac{a_{n+1}}{a_n}\right|$ 具有相同的极限. 若可以从比值判别法推出级数 $\sum_{n=0}^{\infty} a_n$ 绝对收敛, 则也可以由该判别法推出级数 $\sum_{n=0}^{\infty} (-1)^n n^5 a_n$ 绝对收敛.

1.47 (a) 由级数 $\sum_{n=1}^{\infty} \left(\dfrac{2}{3}\right)^n$ 绝对收敛以及极限比较判别定理知绝对收敛.

(b) 由调和级数发散以及比较判别法知发散.

(c) 由交错级数定理知收敛.

(d) 由于通项不趋于零, 故发散.

(e) 由调和级数发散以及极限比较判别定理知发散.

(f) 由比值判别法知收敛.

1.49 (a) 各项加绝对值后是个收敛的级数, 故原级数绝对收敛.

(b) 与几何级数 $\sum_{n=1}^{\infty} 10^{-n}$ 作比较, 可知收敛.

(c) 由比值判别法可知, 对任意的 b, 级数都绝对收敛.

(d) 与几何级数 $\sum_{n=1}^{\infty} \frac{2}{3^n}$ 作比较, 可知收敛.

(e) 两个收敛级数的和收敛.

(f) 由于通项不趋于零, 故发散.

1.51 该数列收敛到 x, 故其为柯西列 (由于收敛数列必为柯西列). 特别地, $|a_n - x| < 10^{-n}$, 所以当 n 和 m 都大于 N 时, 有 $|a_n - a_m| = |a_n - x + x - a_m| \leqslant |a_n - x| + |x - a_m| < 2 \cdot 10^{-N}$.

1.53 (a) $\left(1 + \frac{1}{n-1}\right)^n = e_{n-1}\left(1 + \frac{1}{n-1}\right) < 3 \cdot 2 = 6.$

(b) 这是 $\left(\frac{n}{n-1}\right)^n < 6$, 即 $n^n < 6(n-1)^n$. 于是当 $n \geqslant 6$ 时有, $n^{n-1} < \frac{6}{n}(n-1)^n \leqslant (n-1)^n$, 两边开 $n(n-1)$ 次方, 进而有 $n^{1/n} < (n-1)^{1/(n-1)}$.

(c) 若 $n^{1/n}$ 小于 1, 则它的 n 次幂也小于 1. 于是, 我们得到一个单调递减且以 1 为下界的数列, 其存在极限 r, 且 $r \geqslant 1$.

(d) 对 $(2n)^{1/(2n)} = 2^{1/(2n)}\sqrt{n^{1/n}}$ 两边取极限, 得到 $r = \sqrt{r}$, 故 $r = 1$.

第 2 章

2.1 (a) 无界, 不与零有距离: 由一元二次方程求根公式可知, 存在 $x_0 \neq 0$, 使得 $f(x_0) = 0$.

(b) 无界, 但与零有距离: $|f(x)| \geqslant 1$.

(c) 有界: $|f(x)| \leqslant 1$, 但不与零有距离: 当 x 充分大时, $f(x)$ 可以任意小.

(d) 无界, 不与零有距离.

2.3 (a) 消去公因子.

(b) f 的定义域是 $\{x \mid x \neq 0, -3\}$, g 的定义域是 $\{x \mid x \neq -3\}$, h 的定义域是全体实数.

2.5 税额为 $8375 \times 0.1 + (34000 - 8375) \times 0.15 + (82400 - 34000) \times 0.25 + (171850 - 82400) \times 0.28 + (200000 - 171850) \times 0.33 = 51116.75.$

2.7 这是关于周长 l 与半径 r 的线性函数的问题: $l(r) = 2\pi r$. 设地球半径为 R, 则绳子原长为 $2\pi R$. 加长后的绳长为 $2\pi R + 20$, 围成圆周后对应的半径增加为 $\frac{2\pi R + 20}{2\pi} - R = \frac{10}{\pi}$. 所以, 当你的身高低于 $\frac{10}{\pi} \approx 3.18$ 米时, 不会碰到绳子. 由此可见, 绳长若增加 20 米, 一般情况下, 人们都不会碰到绳子.

2.8 (a) 145. (b) $-\frac{7}{2}$. (c) 10.

2.9 (a) -3. (b) -6. (c) -2.

2.13 有界. 理由是: 分子是定义域闭区间上的连续函数从而有界, 而 $\left|\frac{1}{x^2 + 2}\right| \leqslant \frac{1}{2}$, 于是二

者的乘积有界.

2.15 约为 $(-0.4, 0.4)$.

2.17 不可以. 从第八位截断, 则精确值 x 与近似值 $x_{近似}$ 的误差小于 10^{-7}, 但其平方的误差为
$$|x^2 - x_{近似}^2| = |x + x_{近似}||x - x_{近似}| < 20 \times 10^{-7}.$$

事实上, 若选取 a_9 足够大, 则
$$(9.000000009)^2 - 9^2 = 0.000000162\cdots > 10^{-7}.$$

2.18 任给定 $M > 0$, 由于当 x 趋于 a 或 b 时, $f(x)$ 趋于正无穷, 所以存在 $\delta > 0$, 使得 $a + \delta < b - \delta$, 且当 $x \in (a, a+\delta)$ 和 $x \in (b-\delta, b)$ 时, $f(x) > M$. 另一方面, $f(x)$ 在闭区间 $[a+\delta, b-\delta]$ 上连续, 从而有最小值, 记为 m, 且有 $m \leqslant M$, 从而 m 为 $f(x)$ 在 (a, b) 内的最小值.

2.20 (a) $\dfrac{3}{10^m}$. (b) $\dfrac{1}{3 \times 10^7}$. (c) 一切 x.

2.25 $f(x) = x^a$ 的反函数是 $f^{-1}(x) = x^{1/a}$, 解方程 $a = 1/a$ 易知 $a = 1, -1$.

2.27 (a) $k \circ k$. (b) $g \circ k$. (c) $k \circ g$.

2.29 令 $f(x) = \sqrt{x^2+1} - \sqrt[3]{x^5+2}$, 则 $f(0)f(-1) < 0$.

2.31 (a) 结论成立: 任给 $x_1 < x_2$, 由 f 递增, 有 $f(x_1) < f(x_2)$, 再次利用 f 递增, 有 $f(f(x_1)) < f(f(x_2))$, 即 $(f \circ f)(x_1) < (f \circ f)(x_2)$.

(b) 结论不对, 应为"假设 f 是递减函数, 则 $f \circ f$ 是递增函数": 任给 $x_1 < x_2$, 有 $f(x_1) > f(x_2)$, 进而 $f(f(x_1)) < f(f(x_2))$. 例如, $f(x) = -x$ 递减, 但 $(f \circ f)(x) = x$ 递增.

2.33 (a) 用到 $\lim\limits_{z \to L} f(z) = f(L)$, 即 $f(z)$ 在 $z = L$ 的连续性.

(b) 用到 $\lim\limits_{x \to c} g(x) = g(c) = L$, 即 $g(x)$ 在 $x = c$ 的连续性

(c) 联合应用 (a) (b).

(d) 重新表述 (c).

2.35 平方和为 1, 选 (b).

2.37 横坐标轴发生变化, 比如原来 $\dfrac{\pi}{2}$ 的位置变更为 90 度, π 的位置变更为 180 度, 等.

2.39 最大高度为 1.2, 在满足 $3t = \dfrac{\pi}{2}$ 的时刻 $t_1 = \dfrac{\pi}{6}$ 以及 $3t = \dfrac{\pi}{2} + 2\pi$ 的时刻 $t_2 = \dfrac{5\pi}{6}$ 取得. 其间隔为 $\Delta t = t_2 - t_1 = \dfrac{2\pi}{3}$.

2.43 (a) 当 $s > 0$ 时, 根据 $z = \tan s$ 作一直角三角形, 其中一个锐角为 s, 其对边长为 z, 邻边长为 1, 从而斜边长为 $\sqrt{1+z^2}$. 当 $s < 0$ 时, 令 $t = -s$ 用上述方法.

(b) 思路同 (a).

2.45 $g(x+y) = f(c(x+y)) = f(cx+cy) = f(cx)f(cy) = g(x)g(y)$.

2.47 倍增时间: $1600 = 800(1.023)^d \Rightarrow d = \ln_{1.023} 2 = 87.95\cdots$, 翻四番的时间: $4\ln_{1.023} 2$.

2.51 $f(1/2) = 3f(0) = 3 = m$, 因此 $f(1) = 3f(1/2) = 9 = ma$, 从而 $a = 3$.

2.53 $P(N) = P(1 + (N-1)) = P(1)P(N-1) = \cdots = (P(1))^N$.

2.55 (a) $e > 2 \Rightarrow e^{10} > 2^{10} = 1024 > 1000$.

(b) 在 (a) 中不等式的两侧取对数.

(c) 与 (b) 同理.

2.57 存在 $M > 0$, 使得当 $x > M$ 时, $\dfrac{e^x}{x^2} > 1$, 即 $e^x > x^2$. 将 $y = x^2$ 代入, 得 $e^{\sqrt{y}} > y$, 取对数得 $\sqrt{y} > \ln y$.

2.59 $\left|1 + x + x^2 + x^3 + x^4 - \dfrac{1}{1-x}\right| = \left|\dfrac{1-x^5}{1-x} - \dfrac{1}{1-x}\right| = \left|\dfrac{x^5}{1-x}\right| \leqslant \dfrac{1}{2^4}$.

2.63 收敛半径至少是 2, 于是所求开区间为 $(0, 4)$.

2.65 采用反证法证明 $a - m = M - a$. 容易看出 $m < a < M$. 如果 $a - m \neq M - a$, 不妨假设 $a - m > M - a$, 则存在 $x_1 \in (m, 2a - M)$, 使得级数在 x_1 点收敛. 注意到 $|x_1 - a| = a - x_1 > a - (2a - M) = M - a$, 且所有与 a 的距离比 x_1 与 a 距离近的点应在 S 中, 所以在 M 点外比存在使级数收敛的点. 这与 M 是全体收敛点的上确界矛盾.

2.67 (a) 由极限的保号性, 存在充分大的 N, 使得当 $n > N$ 时, $p_n^{1/n} < r$, 即 $p_n < r^n$. 注意到 $0 < r < 1$, 所以级数 $\sum\limits_{n=0}^{\infty} r^n$ 收敛, 于是 $\sum\limits_{n=0}^{\infty} p_n$ 收敛.

(b) 由极限的保号性, 存在充分大的 N, 使得当 $n > N$ 时, $p_n^{1/n} > r$, 即 $p_n > r^n$. 注意到 $r > 1$, 所以级数 $\sum\limits_{n=0}^{\infty} r^n$ 发散, 于是 $\sum\limits_{n=0}^{\infty} p_n$ 发散.

(c) 由于 $p_n^{1/n} = |a_n x^n|^{1/n} \to L|x|$, 所以根据 (a) 和 (b) 知, 当 $L|x| < 1$ 即 $|x| < \dfrac{1}{L}$ 时级数收敛, 当 $L|x| > 1$ 即 $|x| > \dfrac{1}{L}$ 时级数发散, 从而 $\dfrac{1}{L}$ 是收敛半径.

2.69 由条件知 $\lim\limits_{n\to\infty} \sqrt[n]{a_n} = \dfrac{1}{R}$. 注意到 $\lim\limits_{n\to\infty} \sqrt[n]{n} = 1$, 从而 $\lim\limits_{n\to\infty} \sqrt[n]{na_n} = \dfrac{1}{R}$.

2.71 (a) 在 $(-1, 1)$ 内收敛, 和函数为 $s(t) = \dfrac{1}{1+t^2}$.

(b) 在 $(-1, 1)$ 内收敛, 和函数为 $s(x) = \dfrac{x^3}{1-x}$.

(c) 在 $(-1, 1)$ 内收敛. 对这个极限函数, 写不出代数表达式.

(d) 在 $\left(-\dfrac{1}{\sqrt{3}}, \dfrac{1}{\sqrt{3}}\right)$ 内收敛, 和函数为 $s(t) = \dfrac{4 - t - 6t^2}{(2-t)(1-3t^2)}$.

2.73 选取 $n+1$ 个数, 其中有 n 个是 $1 + \dfrac{x}{n}$, 另一个是 1. 对这些数应用算术-几何平均值不等式, 就有

$$\left(1 + \dfrac{x}{n}\right)^{n/n+1} < \dfrac{n\left(1 + \dfrac{x}{n}\right) + 1}{n+1} = 1 + 1 + \dfrac{x}{n+1}.$$

两边 $n+1$ 次方, 即得所求的不等式 $e_{n+1}(x) > e_n(x)$, 即序列 $e_n(x)$ 单调递增.

2.75 所求函数列为 $e_n(-x) = \left(1 + \dfrac{-x}{n}\right)^n$, 在任一区间 $[a, b]$ 上收敛到 e^{-x}.

第 3 章

3.1 线性函数的切线是其自身.

3.3 由线性近似 $\ell(x) = 5(x-2) + 6 = f(2) + f'(2)(x-2)$ 可得 $\ell(2) = f(2) = 6$, $\ell(2) = 5 = f'(2)$.

3.5 (c) 因为 $\dfrac{f(a+h) - f(a)}{h} = \dfrac{1}{h}(a^3 + 3a^2 h + 3ah^2 + h^3 - a^3)$, 其极限 $3a^2 = 3 \times (-1)^2 = 3$. 所以切线方程为 $y = -1 + 3(x+1)$.

3.7 直线 $y = -x - \dfrac{1}{4}$ 与已知函数图像分别切于点 $-\dfrac{1}{2}$ 和 $\dfrac{1}{2}$.

3.9 温度的平均变化率为 $\dfrac{T(a+h) - T(a)}{h}$; 如果 $T'(a)$ 为正, 则 $T(x)$ 在 A 点局部递增, 因此在 A 点右侧更热; 如果在 A 点左侧更冷, 则 $T'(a)$ 为正; 如果温度为常数 $T(a+h) - T(a) = 0$, 则 $T'(a) = 0$.

3.11 因为 $f'(3) = 5$, $g'(3) = 6$, 所以 g 在 3 附近更灵敏.

3.15 当 h 趋向于 0 时, $(f(h) - f(0))/h = h^{-1/3}$ 的极限不存在. 因为单侧导数不存在, 因此 f 在 $[0, 1]$ 不可导.

3.17 (a) $\dfrac{1}{2}(x^3 + 1)^{-1/2}(3x^2)$.

(b) $3\left(x + \dfrac{1}{x}\right)^2 \left(1 - \dfrac{1}{x^2}\right)$.

(c) $\dfrac{1}{2}(1 + \sqrt{x})^{1/2} \left(\dfrac{1}{2} x^{-1/2}\right)$.

(d) 1.

3.19 (a) 位置 $f(0) = 0$, $f(2) = -6$.

(b) 速度 $f'(0) = 0$, $f'(2) = -11$.

(c) 假设水平轴向右为正, 则运动方向分别为向右和向左.

3.21 只有 (a), (b), (c) 高阶导数为零.

(a) $f(x) = x^3$, $f'(x) = 3x^2$, $f''(x) = 6x$, $f'''(x) = 6, 0, 0, 0$.

(b) $t^3 + 5t^2$, $3t^2 + 10t$, $6t + 10$, $6, 0, 0, 0$.

(c) r^6, $6r^5$, $6 \times 5 r^4$, $6 \times 5 \times 4 r^3$, $6 \times 5 \times 4 \times 3 r^2$, $6 \times 5 \times 4 \times 3 \times 2r$, $6!$.

(d) x^{-1}, $-x^{-2}$, $2x^{-3}$, $-3!x^{-4}$, $4!x^{-5}$, $-5!x^{-6}$, $6!x^{-7}$.

(e) $t^{-3} + t^3$, $-3t^{-4} + 3t^2$, $12t^{-5} + 6t$, $-60t^{-6} + 6$, $360t^{-7}$, $-2520t^{-8}$, $20160t^{-9}$.

3.23 (a) $(f^2)' = 2ff' = 2(1 + t + t^2)(1 + 2t)$.

(b) 0.

(c) $6 \times 5^5 \times 4$.

3.25 (a) $2GMmr^{-3}$.

(b) $2GMmr^{-3} r'(t) = 2 \times 1000 GMm(2000000 + 1000t)^{-3}$.

(c) $\dfrac{\mathrm{d}F}{\mathrm{d}t} = \dfrac{\mathrm{d}F}{\mathrm{d}r} \dfrac{\mathrm{d}r}{\mathrm{d}t} = 2GMmr^{-3} \dfrac{\mathrm{d}r}{\mathrm{d}t}$.

3.27 $V(t) = \frac{4}{3}\pi(r(t))^3$, 并且对于某常数 k 有, $V'(t) = 4\pi(r(t))^2 r'(t) = k \cdot 4\pi(r(t))^2$. 因此 $r'(t) = k$.

3.29 $\frac{dP}{dt} = \frac{7}{5}k\rho^{2/5}\frac{d\rho}{dt}$.

3.31 $f(1) = 1+2+3+1 = 7$, $f'(1) = 3+4+3 = 10$, 因此 $g'(7) = (f^{-1})'(7) = \frac{1}{f'(1)} = \frac{1}{10}$.

3.33 当 $ab = 1$ 时, $(x^a)^b = x^{ab} = x$, 式 $1/p + 1/q = 1$ 两边同乘以 pq 得 $q+p = pq$, 或 $(p-1)(q-1) = 1$.

3.35 (a) $f(x+h) = k + f(x) = k+y$, 因此 $x+h = g(k+y)$.
(b) f 严格单调, 说明当 $h \neq 0$ 时, $f(x+h) \neq f(x)$.
(c) 只要所给式子分母不为 0, 则代数关系成立. 下面证明: 假设 $k \neq 0$, 当 k 趋向于 0 时, 等式左边趋向于 $g'(y)$. 但当 k 趋向于 0 时, 由于 g 的连续性 (定理 2.9). $h = g(k+y) - g(y)$ 趋向于 0, 因此右边趋向于 $1/f'(x)$.

3.37 $(-1/10)^n e^{-t/10}$.

3.39 $2x + 0 + 0 + \ln 2 \cdot 2^x + e^x + ex^{e-1}$.

3.41 (a) $1/x$.
(b) $2/x$.
(c) 0.
(d) $-e^x e^{-e^x}$.
(e) $\frac{1-e^{-x}}{1+e^{-x}}$.

3.43 $y = x-1$.

3.45 由于增长速度是个数的 1.5 倍, $p'(t) = 1.5p(t)$. 其解为 $p(t) = ce^{1.5t}$. 因此 $p(1) = 100 = ce^{1.5}$, $p(3) = ce^{4.5} = 100e^{-1.5}e^{4.5}$.

3.47 $(\ln(fg))' = \frac{(fg)'}{fg} = (\ln f + \ln g)' = \frac{f'}{f} + \frac{g'}{g}$. 两边同乘以 fg, 得 $(fg)' = f'g + fg'$.

3.49 $\left(\frac{1}{2}\ln(x^2+1) + \frac{1}{3}\ln(x^4-1) - \frac{1}{5}\ln(x^2-1)\right)' = \frac{1}{2}\frac{2x}{x^2+1} + \frac{1}{3}\frac{4x^3}{x^4-1} - \frac{1}{5}\frac{2x}{x^2-1}$.

3.53 (a) $\cot x$.
(b) $\frac{e^{\tan^{-1}(x)}}{x^2+1}$.
(c) $\frac{10x}{25x^4+1}$.
(d) $\frac{2e^{2x}}{e^{2x}+1}$.
(e) $e^{(\ln x)(\cos x)}\left(\frac{\cos x}{x} - \sin x \ln x\right)$.

3.55 (a) $(\sec x)' = -(\cos x)^{-2}(-\sin x)$.
(b) $(\csc x)' = -(\sin x)^{-2}(\cos x)$.

(c) $(\cot x)' = \dfrac{(\sin x)(-\sin x) - (\cos x)(\cos x)}{\sin^2 x}$.

3.57 $y(x) = u\cos x + v\sin x$, $y(0) = -2 = u$, $y'(0) = 3 = v$, $y(x) = -2\cos x + 3\sin x$.

3.59 (a) 当 $y > 1$ 时, 画一个底和腰分别为 1, $\sqrt{y^2-1}$ 的三角形, 可得 $\cos(\sec^{-1} y) = 1/y$. 其导数 $-\sin(\mathrm{arcsec}\, y)(\mathrm{arcsec}\, y)' = -y^{-2}$. 因此

$$(\mathrm{arcsec}\, y)' = \frac{1}{\sin(\mathrm{arcsec}\, y)} \frac{1}{y^2} = \frac{1}{\sqrt{1-y^{-2}}} \frac{1}{y^2} = \frac{1}{y\sqrt{y^2-1}}.$$

当 $y < -1$ 时, 画一个余弦和余切的图像, 可知其对称性 $\mathrm{arcsec}\, y = \pi - \sec \pi^{-1}(-y)$. 由链式法则 $(\mathrm{arcsec})'(y) = (\mathrm{arcsec})'(-y)$. 因此 $(\mathrm{arcsec}\, y)' = \dfrac{1}{|y|\sqrt{y^2-1}}$.

(b) $(\mathrm{arccos}\, x)' = -(\mathrm{arcsin}\, x)' = -\dfrac{1}{\sqrt{1-x^2}}$.

(c) $(\mathrm{arccsc}\, x)' = -(\mathrm{arcsec}\, x)' = -\dfrac{1}{|x|\sqrt{1-x^2}}$.

(d) $(\arctan \dfrac{1}{x})' = -(\arctan x)' = -\dfrac{1}{1+x^2}$ 由链式法则得 $\dfrac{1}{1+(x^{-1})^2} \dfrac{-1}{x^2} = -\dfrac{1}{1+x^2}$.

3.61 $\sinh' x = \dfrac{1}{2}(\mathrm{e}^x - \mathrm{e}^{-x})' = \dfrac{1}{2}(\mathrm{e}^x + \mathrm{e}^{-x}) = \cosh x$, $\cosh$ 的导数类似.

3.63 $\cosh^2 x - \sinh^2 x = \dfrac{1}{4}(2\mathrm{e}^x \mathrm{e}^{-x}) - \dfrac{1}{4}(-2\mathrm{e}^x \mathrm{e}^{-x}) = 1$.

3.65 (a) $0 + 0^5 + \sin 0 = 3 \times 1^2 - 3$.

(b) 对 $y(x) + y(x)^5 + \sin(y(x)) = 3x^2 - 3$ 应用链式法则.

(c) $\dfrac{\mathrm{d}y}{\mathrm{d}x} = \dfrac{6x}{1+5y^4+\cos y} = 6/2 = 3$.

(d) 切线方程为 $y = 3(x-1)$.

(e) $y(1.01) \approx 3 \cdot (0.01) = 0.03$

3.67 $y(x) = u\cosh x + v\sinh x$, $y(0) = -1 = u$, $y'(0) = 3 = v$, $y(x) = -\cosh x + 3\sinh x$.

3.69 令 $x = 0$ 得 $u = 0$, 估计在 0 点的导数值可得 $0 = v$.

3.71 (a) 对 $(x+h)^n$ 应用二项式定理即得.

(b) 对 (a) 式右边运用三角不等式. 二项式中每一项系数均为正, 并且 $|x^{n-k}h^k| = |x|^{n-k}|h|^k$, 用 $\dfrac{|h|}{H}H$ 代替 $|h|$ 得到,

$$\left| \binom{n}{2} x^{n-2} h^2 + \binom{n}{3} x^{n-3} h^3 + \cdots + h^n \right|$$

$$\leqslant \left| \binom{n}{2} x^{n-2} h^2 \right| + \cdots + |h^n|$$

$$\leqslant \binom{n}{2} |x|^{n-2} |h|^2 + \cdots + |h|^n$$

$$= \binom{n}{2} |x|^{n-2} \dfrac{|h|^2}{H^2} H^2 + \cdots + \dfrac{|h|^n}{H^n} H^n.$$

(c) 提出 $\dfrac{|h|^2}{H^2}$.

(d) 因子 $\binom{n}{2}|x|^{n-2}H^2 + \cdots + H^n$ 加上两个正项刚好是二项式展开：
$$(|x|+H)^n = |x|^n + h|x|^{n-1}H + \left(\binom{n}{2}|x|^{n-2}H^2 + \binom{n}{3}|x|^{n-3}H^3 + \cdots + H^n\right),$$
因此小于 $(|x|+H)^n$.

3.73 对于所有的 $|x| < 1$, 两边都等于 $\left(\dfrac{1}{1-x}\right)^2$.

第 4 章

4.1 由 $0.4 \leqslant f'(c) = \dfrac{f(2.1) - 6}{0.1} \leqslant 0.5$ 得到 $6.04 \leqslant f(2.1) \leqslant 0.05$.

4.3 $h(x) = \dfrac{2}{3}\sin(3x) + \dfrac{3}{2}\cos(2x) + c$, $h(x) = \dfrac{2}{3}\sin(3x) + \dfrac{3}{2}\cos(2x) - \dfrac{3}{2}$.

4.5 $f'(x) = \dfrac{1-x^2}{1+x^2}$. f 在 $(-1, 1)$ 上递增, 在 $(-\infty, -1)$ 与 $(1, \infty)$ 上递减. 在 $[-10, 10]$ 上, 最小值应该在 $f(-1) = -\dfrac{1}{2}$ 与 $f(10) = \dfrac{10}{101}$ 之中, 所以是 $-\dfrac{1}{2}$. 在 $[-10, 10]$ 上, 最大值应该在 $f(-10) = -\dfrac{10}{101}$ 与 $f(1) = \dfrac{1}{2}$ 之中, 所以是 $\dfrac{1}{2}$.

4.7 (a) 对宽为 $x \in [0, 8]$ 上的长方形, 其面积 $A(x) = x(16-2x)/2 = 8x - x^2$. 当 $x = 4$ 时, $A'(x) = 8 - 2x$ 为零. 而 $A(0) = A(8) = 0$, 所以 $A(4) = 16$ 是最大值.

(b) 这时面积 $A(x) = x(16-2x) = 16x - 2x^2$ 定义在 $[0, 16]$ 上. 当 $x = 4$ 时, $A'(x) = 16 - 4x$ 为零. 而 $A(0) = A(16) = 0$, 所以 $A(4) = 32$ 是最大值.

4.9 当 $m = \dfrac{\sum x_i y_i}{\sum x_i^2}$ 时,
$$E'(m) = 2(y_1 - mx_1)(-x_1) + \cdots + 2(y_n - mx_n)(-x_n) = -2\sum_{i=1}^{n} x_i y_i + 2\left(\sum_{i=1}^{n} x_i^2\right)m$$
是零. 这给出了一个最小值, 因为当 $m < \dfrac{\sum x_i y_i}{\sum x_i^2}$ 时, $E'(m) < 0$; 当 $m > \dfrac{\sum x_i y_i}{\sum x_i^2}$ 时, $E'(m) > 0$.

4.11 $x'(3/2) = 0$ 和 x'' 对所有的 t 都取负值. 所以 $x(3/2) = 9/4$ 是最大值.

4.13 令 $c(x) = x - x^3$. 则当 $x = \sqrt{1/3}$ 时 $c'(x) = 1 - 3x^2$ 是零, 对所有的 $x > 0$ $c''(x) = -6x$ 是负的, 因此 $c(\sqrt{1/3}) = \sqrt{1/3}(2/3) = 0.384\cdots$ 是最大值.

4.17 令 $f(x) = h(x) - g(x)$, 当 $x > 0$ 时, 我们有 $f'(x) \geqslant 0$, $f(0) = 0$, 因此当 $x > 0$ 时 f 不减, 因此当 $x > 0$ 时, 有 $f(x) \geqslant f(0) = 0$, 进而 $h(x) - g(x) \geqslant 0$, 故 $h(x) \geqslant g(x)$.

4.21 因为 $e^0 = 1$, e^x 在 0 点的微分 $\lim\limits_{x \to 0} \dfrac{e^x - 1}{x}$ 是 1. 倒数 $\dfrac{x}{e^x - 1}$ 因此应该也趋于 1.

4.25 对于介于 0 与 t 之间的一些 c, 线性逼近定理给出 $f(t) = 0 + 3t + \dfrac{1}{2}f''(c)t^2$, 因此 $3t + 4.9t^2 \leqslant f(t) \leqslant 3t + 4.905t^2$.

4.26 $f''(g(x)) = \dfrac{-1}{(g'(x))^3}g''(x)$.

4.27 $f'(x) = 6x^2 - 6x + 12 = 6(x-2)(x+1)$ 在 $(-1, 2)$ 上取负值，否则取正值。由凹性知 $f'(-1) = f'(2) = 0$. $f(-1) = -17$ 是局部极小值，$f(2) = 28$ 是局部极大值。当 $x < 1/2$ 时，$f''(x) = 12x - 6$ 是取负值的，所以是凹的，当 $x > 1/2$ 时是凸函数。

4.29 切线在图像的下方，因为函数是凸函数。

4.31 设 $g(x) = e^{-1/x}$. 那么 $g(x) > 0$, $g'(x) = x^{-2}g(x)$, $g''(x) = (-2x^{-3} + x^{-4})g(x)$, 因此在 $\left(0, \frac{1}{2}\right)$ 上 g 是凸函数。

4.33 对的。$(e^f)' = f'e^f$, $(e^f)'' = f''e^f + (f')^2 e^f$, 因此若 $f'' > 0$, 则 $(e^f)'' > 0$.

4.35 记 $h = \frac{1}{2}(b-a)$, $c = \frac{1}{2(a+b)}$. 则 $c = a + h = b - h$, 那么由线性近似知道

$$f(a) = f(c) + f'(c)h + \frac{1}{2}f''(c_1)h^2,$$

$$f(b) = f(c) - f'(c)h + \frac{1}{2}f''(c_2)h^2,$$

这里 c_1, c_2 是 $[a, b]$ 之间的数。对它们取平均得 $\frac{1}{2}(f(a)+f(b)) = f(c) + \frac{1}{4}(f''(c_1) + f''(c_2))h^2$. 最后一项满足 $\frac{1}{4}(f''(c_1) + f''(c_2))h^2 \leqslant \frac{1}{4}2Mh^2 = \frac{M}{8}(b-a)^2$.

4.39 在 $[-5, -1.8]$ 和 $[0.5, 5]$ 上 $f' > 0$, 在 $[-1.8, 0.5]$ 上 $f' < 0$. 在 $[-1.8, 2.5]$ 上 $f'' > 0$, 在 $[-5, -1.8]$ 和 $[2.5, 5]$ 上 $f'' < 0$.

4.41 (a) 见下两图。

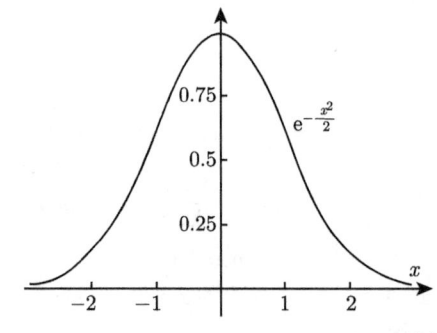 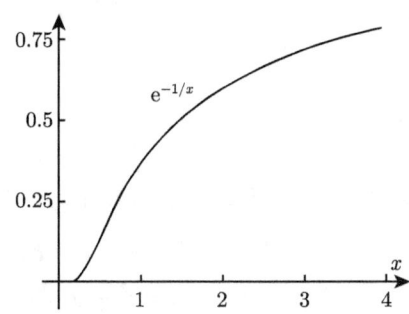

问题 4.41 图

(b) 当 x 是负值时，$f'(x) = -xe^{-\frac{x^2}{2}}$ 取正值，因此 f 在 $(-\infty, 0)$ 上单调递增，在 $(0, \infty)$ 上单调递减。$f''(x) = (-1 + x^2)e^{-\frac{x^2}{2}}$ 在 $-1 < x < 1$ 时是取负值的，所以在 $(-1, 1)$ 上 f 是凹函数。

(c) $g'(x) = x^{-2}e^{-1/x}$ 是取正数的，g 在 $(0, +\infty)$ 上是单调递增的。$g''(x) = (-2x^{-3} + x^{-4})e^{-1/x}$ 在 $(0, 1/2)$ 上取负值，在 $(1/2, +\infty)$ 上取正值，因此 g 在 $(0, 1/2)$ 上是凸函数，在 $(1/2, +\infty)$ 上是凹函数。

4.43 $\cos x = 1 - \frac{x^2}{2!} + \frac{x^4}{4!} - \frac{x^6}{6!} + \cdots$ 对所有的 x 收敛。 **4.45** 因为 $\sin''''(0) = 0$, 所以

$t_3 = t_4$. 在余量中用 t_4 去取代 $5!$ 是有优势的. 这样得到 $|\sin x - t_3(x)| = |\sin x - t_4(x)| \leqslant \dfrac{x^5}{120}$.

4.47 $\cosh'(x) = \sinh'(x)$, $\sinh'(x) = \cosh^x$, 得到泰勒多项式 $t_n(x) = 1 + \dfrac{x^2}{2!} + \dfrac{x^4}{4!} + \alpha\dfrac{x^n}{n!}$, 这里当 n 是偶数时, $\alpha = 1$; 当 n 是奇数时, $\alpha = 0$. 余项是 $\cosh^{(n+1)}(c)\dfrac{x^{n+1}}{(n+1)!}$, 这里 c 是介于 0 与 x 之间的数. 由定义, $\sinh b$ 和 $\cosh b$ 都小于 e^b. 因此, 当 $x \in [-b, b]$ 时,

$$|t_n(x) - \cosh x| \leqslant \mathrm{e}^b \dfrac{b^{n+1}}{(n+1)!},$$

且当 b 趋于无穷大时这个量趋于 0. 在 $[-b, b]$ 上是一致收敛的.

4.49 令 $f(x) = \cos x$, 则 $f(\pi/3) = \dfrac{1}{2}$, $f'(\pi/3) = -\dfrac{\sqrt{3}}{2}$, $f''(\pi/3) = -\dfrac{1}{2}$, $f'''(\pi/3) = \dfrac{\sqrt{3}}{2}$, $\cdots$, 有 $\cos x = \dfrac{1}{2} - \dfrac{\sqrt{3}}{2}\left(x - \dfrac{\pi}{3}\right) - \dfrac{1}{2}\dfrac{1}{2!}\left(x - \dfrac{\pi}{3}\right)^2 + \dfrac{\sqrt{3}}{2}\dfrac{1}{3!}\left(x - \dfrac{\pi}{3}\right)^3 - \dfrac{1}{2}\dfrac{1}{4!}\left(x - \dfrac{\pi}{3}\right)^4 + \cdots$.

4.51

$$\sqrt{1+y} = 1 + \dfrac{1}{2}y + \dfrac{\dfrac{1}{2}\left(\dfrac{1}{2}-1\right)}{2!}y^2 + \dfrac{\dfrac{1}{2}\left(\dfrac{1}{2}-1\right)\left(\dfrac{1}{2}-2\right)}{3!}y^3 + \cdots$$
$$= 1 + \dfrac{1}{2}y - \dfrac{1}{8}y^2 + \dfrac{1}{16}y^3 - \dfrac{8}{125}y^4 + \cdots.$$

4.53 $\sqrt{x} = 1 + \dfrac{1}{2}(x-1) - \dfrac{1}{8}(x-1)^2 + \dfrac{1}{16}(x-1)^3 - \dfrac{15}{16}c^{-7/2}\dfrac{(x-1)^4}{4!}$.

当 $x \in [1, 1+d]$, $c \geqslant 1$, $|x-1| \leqslant d$ 时, 有 $|\sqrt{x} - t_3(x)| \leqslant \dfrac{15}{16}\dfrac{d^4}{4!} = \dfrac{5d^4}{128}$, 它不超过

(a) 0.1, 当 $d \leqslant ((0.1)128/5)^{1/4} = 1.26\cdots$.

(b) 0.01, 当 $d \leqslant ((0.01)128/5)^{1/4} = 0.71\cdots$.

(c) 0.001, 当 $d \leqslant ((0.001)128/5)^{1/4} = 0.4$.

4.55 $t_6(0.7854) = 1 - 0.308427 + 0.0158545 - 0.000325996 = 0.70710\cdots$, 接近于 $\cos\left(\dfrac{\pi}{4}\right) = \dfrac{1}{\sqrt{2}}$.

4.57 (a) $g(0) = f(a)$, $g(-a) = f(0) + af'(0) + \dfrac{a^2}{2}f''(0) + \cdots + \dfrac{a^n}{n!}f^{(n)}(0)$.

(b) $g'(x) = f'(x+a) - f'(x+a) - xf''(x+a) + xf''(x+a) - \cdots + \dfrac{(-1)^n x^{n-1}}{(n-1)!}f^{(n)}(x+a)$, 它的最后一项与 $f^{(n+1)}$ 有关, 但是它是零, 因为 f 是 n 次的. 所有项抵消, 对所有的 x, $g'(x) = 0$.

(c) 因为对所有的 x 有 $g'(x) = 0$, $g(x)$ 是常值函数.

(d) 因为 g 是常数, $g(0) = g(-a)$, 得到 $f(a) = f(0) + af'(0) + \cdots + \dfrac{a^n}{n!}f^{(n)}(0)$.

4.59 对 $f(x) = x^2$, $f'(x) = 2x$, 而差商与对称差商分别为

$$\dfrac{(x+h)^2 - x^2}{h} = 2x + h, \qquad \dfrac{(x+h)^2 - (x-h)^2}{2h} = 2x,$$

在 $x=10$, $h=0.1$ 处, $f'(10)=20$, 而

$$\frac{(10.1)^2-10^2}{0.1}=20.1=(\text{导数})+0.1, \qquad \frac{(10.1)^2-(9.9)^2}{0.2}=20=(\text{导数})+0.$$

对 $f(x)=x^3$, $f'(x)=3x^2$, 而差商与对称差商分别为

$$\frac{(x+h)^3-x^3}{h}=3x^2+3xh+h^2, \qquad \frac{(x+h)^3-(x-h)^3}{2h}=3x^2+h^2,$$

在 $x=10$, $h=0.1$ 处, $f'(10)=300$, 而

$$\frac{(10.1)^3-10^3}{0.1}=303.01=(\text{导数})+3.01, \qquad \frac{(10.1)^3-(9.9)^3}{0.2}=300.01=(\text{导数})+0.01.$$

4.63 (a) 当 $x\neq 0$ 时, $f'(x)=2x\sin\left(\dfrac{1}{x}\right)-\cos\left(\dfrac{1}{x}\right)$.

(b) 由两边夹定理知当 x 趋近于 0 时, $\dfrac{h^2\sin\left(\dfrac{1}{h}\right)-0}{h}=h\sin\left(\dfrac{1}{h}\right)$ 趋近于 0, 因为 $|\sin|\leqslant 1$.

(c) 当 n 趋近于无穷时, $f'\left(\dfrac{1}{n\pi}\right)=-\cos(n\pi)$ 没有极限, 所以当 x 趋近于 0 时, $f'(x)$ 没有极限.

第 5 章

5.3 $y(t)=-4.9t^2+10t+0$, $y(1)=-4.9+10=5.1$, $y'(1)=-9.8+10=0.2$, $y(2)=-4.9(4)+10(2)=0.4$, $y'(2)=-9.8(2)+10=-9.6$.

5.5 $my''=mg-F_{\text{上}}$.

5.7 一个区间上具有相同导数的函数相差一个常数. 这是中值定理的一个推论.

5.9 (a) 令 $x=y^6$, $f(x)=1+x^{1/3}-x^{1/2}$ 变为 $g(y)=1+y^2-y^3$. 由于 $g(1)>0$, $g(2)<0$, 在 1 和 2 之间存在一个根. 从 $y_1=1$ 出发, 重复下列过程

$$y_{\text{新}}=y-\frac{1+y^2-y^3}{2y-3y^2}$$

得到 $2, 1.625, 1.4858, 1.4660, 1.4656, 1.4656$. 因此 $x=(1.4656)^6=9.9093$.

(b) 由实验得到 $f(-1)=-3$, $f(0)=1$, $f(2)=-3$, $f(3)=1$. 因为这些数的符号是 $-+-+$, 故有三个根, 分别落于区间 $[-1,0]$, $[0,2]$ 和 $[2,3]$ 之中.

(c) $f(x)=\dfrac{x}{x^2+1}+1-\sqrt{x}$ 的导数为 $f'(x)=\dfrac{1-x^2}{1+x^2}-\dfrac{1}{2\sqrt{x}}$. 这个导数在 $[1,\infty)$ 上是负值, 因此至多有一个零点; 由于 $f(1)=1/2$, $f(3)=0.3+1-\sqrt{3}<0$, 这个根落在 $[1,3]$ 之中.

5.11 有两个声明需要解释, 其一, 这样可以找到最大值, 其二是 (b) 中关于 f' 的零点的表述.

在 (b) 中, 因为在闭子区间 $[x_{j-1}, x_{j+1}]$ 上是连续的, 且在端点该函数不能取得最大值, 所以 f' 在该区间上有零点.

至于为什么需要 N 充分大，以及为什么这样可以找到最大值，这是因为只有两件事情会发生错误: (1) 如果在一个子区间上 f' 有两个零点，那么牛顿法可能收敛到错误的一个点，(2) f 可能在某个 x_j 上取得最大值.

取 N 充分大，使得 f 在每个子区间都有一个很好的二阶逼近函数. 这就解决了 (1). 用 $N+1$ 代替 N, 这样可以解决 (2) 中的问题.

5.13 (a) 取 $z_1 = 2$, 则 $z_2 = z_1 - \frac{1}{2}(z_1^2 - 2) = 1.5$, $z_3 = 1.375$, $z_4 = 1.42969$, $z_5 = 1.40768$, $z_6 = 1.4169$. 一般地, $z_{n+1} - \sqrt{2} = (z_n - \sqrt{2})\left(1 - \frac{1}{2}(z_n + \sqrt{2})\right)$; 由于第二个因子是负的, 因此 z_n 交替地出现在 $\sqrt{2}$ 的两侧.

(b) 取 $z_1 = 1$, 则 $z_2 = z_1 - \frac{1}{2}(z_1^2 - 2) = 1.33333$, $z_3 = 1.40741$, $z_4 = 1.41381$, $z_5 = 1.41381$, $z_6 = 1.41419$. 一般地, $z_{n+1} - \sqrt{2} = (z_n - \sqrt{2})\left(1 - \frac{1}{3}(z_n + \sqrt{2})\right)$; 由于第二个因子是正的, $z_n - \sqrt{2}$ 的符号均相同.

5.17 (a) Q 是固定的, 因此种植 q 个植株 1 的成本加上种植 $Q - q$ 个植株 2 的成本为 $C_1(q) + C_2(Q - q)$.

(b) 如果 C 在 q 点取得最小值, 则由 $C'(q) = 0$ 可得 $C'_1(q) = C'_2(Q - q)$.

(c) $2aq = 2b(Q - q)$, $q = \frac{b}{a+b}Q = \frac{1.2a}{a+1.2a}Q = 0.545Q$.

5.19 边际成本为 $C'(q) = akq^{k-1}$, 平均成本为 $\frac{C(q)}{q} = aq^{k-1} + \frac{b}{q}$. 如果存在 q 使得 $a(k-1)q^k = b$, 则边际成本和平均成本相等. 因为 a 和 b 都是正数, 只要 $k > 1$, 这就是可实现的.

第 6 章

6.1 (a) 四等分: $1 < 2 < 3 < 4 < 5$.

$$1 \times 1 + 2 \times 1 + 3 \times 1 + 4 \times 1 \leqslant R(x, [1, 5]) \leqslant 2 \times 1 + 3 \times 1 + 4 \times 1 + 5 \times 1$$

得到 $10 \leqslant R(x, [1, 5]) \leqslant 14$.

(b) 八等分: $1 < 1.5 < 2 < 2.5 < 3 < 3.5 < 4 < 4.5 < 5$

$$1 \times 0.5 + 1.5 \times 0.5 + 2 \times 0.5 + 2.5 \times 0.5 + 3 \times 0.5 + 3.5 \times 0.5 + 4 \times 0.5 + 4.5 \times 0.5$$
$$\leqslant R(x, [1, 5])$$

$$\leqslant 1.5 \times 0.5 + 2 \times 0.5 + 2.5 \times 0.5 + 3 \times 0.5 + 3.5 \times 0.5 + 4 \times 0.5 + 4.5 \times 0.5 + 5 \times 0.5$$

得到 $11 \leqslant R(x, [1, 5]) \leqslant 13$.

6.3 (a) 见下图.

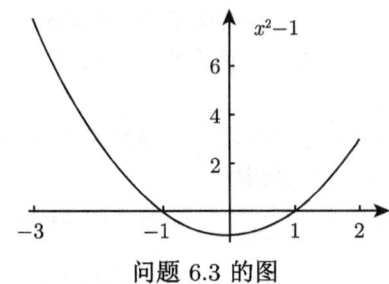

问题 6.3 的图

(b) 因为 f 只在 $(-1, 1)$ 是负值，我们可知 $A(x^2 - 1, [-3, -2])$ 是正值，$A(x^2 - 1, [-1, 0])$ 是负值．其他两个需要更细致地分析．

(c) $I_{上和} = ((-3)^2 - 1 + (-2)^2 - 1 + (-1)^2 - 1 + 1^2 - 1 + 2^2 - 1) \times 1 = 14.$
$I_{下和} = ((-2)^2 - 1 + (-1)^2 - 1 + 0^2 - 1 + 0^2 - 1 + 1^2 - 1) \times 1 = 1.$

6.5 (a) $I_{近似}(f, [1, 3]) = f(1.2) \times 0.5 + f(2) \times 0.5 + f(2.5) \times 1 = 12.57.$

(b) $I_{近似}(\sin, [0, \pi]) = \left(\sin(0) + \sin\left(\frac{\pi}{4}\right) + \sin\left(\frac{\pi}{2}\right) + \sin\left(\frac{3\pi}{4}\right)\right)\frac{\pi}{4} = 1.896.$

6.7 (a) 大正方形的面积是 e，因此阴影部分面积是 1．

(b) 若沿着角平分线翻转图像，则阴影部分是 $\ln t$ 从 $t = 1$ 到 $t = e$ 的图像下方区域，因此积分是 1．

6.9 (a) 左：$(130 + 75 + 65 + 63 + 61)(3)/15 = 78.8.$
右：$(75 + 65 + 63 + 61 + 60)(3)/15 = 64.8.$

(b) 左：$(130 \times 1 + 120 \times 1 + 90 \times 2 + 70 \times 2 + 65 \times 9)/15.$
右：$(120 \times 1 + 90 \times 1 + 70 \times 2 + 65 \times 2 + 60 \times 9)/15.$

6.11 f_k 的图像是 f 沿水平方向按因子 k 伸缩得到的图像．若用一族矩形以误差 ε 逼近 f "曲线下方面积" A，以因子 k 拉伸它们将得到一系列矩形，以误差 $k\varepsilon$ 逼近 f_k "曲线下方面积" kA．既然利用更窄的矩形能使得 ε 任意小，我们也能使 $k\varepsilon$ 任意小．新的区域面积是 kA．

6.13 用 $a_0 \leqslant t_1 \leqslant a_1 < \cdots < a_n$ 得到的 f 的近似积分变成了用 $a_n < \cdots < a_1 < t_1 < a_0$ 的 f_- 的近似积分．

6.15 (a) $x^3.$

(b) $x^3 \mathrm{e}^{-x}.$

(c) $s^6 \mathrm{e}^{-s^2}(2s).$

(d) $2\cos\left(\frac{\pi}{2}\right) = 0.$

6.17 (a) $\arctan\left(\frac{\pi}{4}\right) = 1$

(b) $\left[\frac{1}{5}x^5 + \frac{4}{3}x^3 + 4x\right]_0^1 = \frac{8}{3}15.$

(c) $[4\sqrt{x} - \frac{2}{3}x^{3/2}]_1^4 = -\frac{2}{3}.$

(d) $[2t - 4t^{-1} + 4t^{-2}]_{-2}^{-1} = 7.$

(e) $[s^2 + \ln(s+1)]_2^6 = 32 + \ln 7 - \ln 3$.

6.19 由基本定理, $F'(x) = \dfrac{1}{\sqrt{1-x^2}}$. 用链式法则计算 $t = F(\sin t)$ 得到 $1 = F'(\sin t)(\sin t)' = \dfrac{1}{\sqrt{1-(\sin t)^2}}(\sin t)'$ 或 $(\sin t)' = \sqrt{1-(\sin t)^2}$.

6.21 这是基本定理和链式法则的综合.

6.23 (a) $3t^2(1+t^3)^3 = \left(\dfrac{1}{4}(1+t^3)^4\right)'$, 这是基本定理的一个例子.

(b) $a(t) = (v(t))'$, 这是基本定理的一个例子.

6.25 $k = \dfrac{2000}{0.004} = 500000$. $W = \displaystyle\int_0^{0.004} kx\,\mathrm{d}x = k\dfrac{1}{2}x^2\Big|_0^{0.004} = 4$ 焦耳.

6.27 若泵从 $t = 0$ 开始, T 分钟内排水体积为 $\displaystyle\int_0^T (2t+10)\,\mathrm{d}t = T^2 + 10T$. $T = 10$ 时是 200.

6.29 因为被积函数递减, 所以 $I_{左} = 1.237 > \displaystyle\int_1^2 \sqrt{1+x^{-2}}\,\mathrm{d}x > I_{右} = 1.207$.

6.31 见下图.

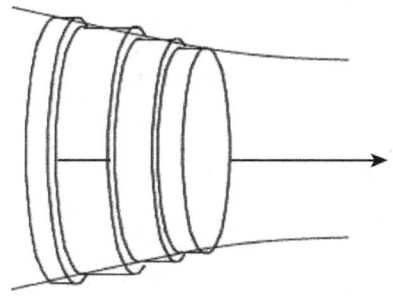

一排圆柱逼近问题 6.31 中的体积

第 7 章

7.1 (a) $\displaystyle\int_0^1 t^2(\mathrm{e}^t)'\,\mathrm{d}t = [t^2\mathrm{e}^t]_0^1 - \displaystyle\int_0^1 2t(\mathrm{e}^t)'\,\mathrm{d}t = [t^2\mathrm{e}^t - 2t\mathrm{e}^t]_0^1 + 2\displaystyle\int_0^1 \mathrm{e}^t\,\mathrm{d}t = \mathrm{e} - 2\mathrm{e} + 2(\mathrm{e}-1) = \mathrm{e} - 1$.

(b) $\dfrac{\pi}{2} - 1$.

(c) $\dfrac{\pi^2}{4} - 2$, 利用两次分部积分.

(d)
$$\int_0^1 x^3(1+x^2)^{\frac{1}{2}}\,\mathrm{d}x = \int_0^1 \dfrac{x^2}{2}\left(\dfrac{2}{3}(1+x^2)^{\frac{3}{2}}\right)'\,\mathrm{d}x$$

$$= \left[\frac{x^2}{2}\frac{2}{3}(1+x^2)^{\frac{3}{2}}\right]_0^1 - \frac{1}{3}\int_0^1 2x(1+x^2)^{\frac{3}{2}}\,dx$$

$$= \left[\frac{x^2}{2}\frac{2}{3}(1+x^2)^{\frac{3}{2}}\right]_0^1 - \frac{1}{3}\left[\frac{2}{5}(1+x^2)^{\frac{5}{2}}\right]_0^1$$

$$= \frac{1}{3}2^{\frac{3}{2}} - \frac{2}{15}(2^{\frac{5}{2}} - 1)$$

$$= \frac{2}{15}(1+\sqrt{2}).$$

7.3 (a) 利用分部积分, 对 $\tan^{-1} x$ 微分. 答案为 $\frac{1}{4}\pi - \frac{1}{2}$.
(b) $u\sin u$.

7.5 令 $f = f_1 - f_2$. 则 $f'' - vf = 0$, $f(a) = 0$, $f(b) = 0$. 利用分部积分

$$0 \leqslant \int_a^b v(t)f(t)f(t)\,dt = \int_a^b f''(t)f(t)\,dt = -\int_a^b f'(t)f'(t)\,dt \leqslant 0.$$

因此 $\int_a^b v(t)(f(t))^2\,dt = 0$. 因为 $v > 0$, f 在区间 $[a, b]$ 上恒为 0, 因此 $f_1 = f_2$.

7.7 (a) $\int_0^{\frac{\pi}{2}} \sin^2 t\,dt = \int_0^{\frac{\pi}{2}} \frac{1}{2}(1 - \cos(2t))\,dt = \frac{\pi}{4}$.

(b) $\int_0^{\frac{\pi}{2}} \sin^3 t\,dt = \int_0^1 (1 - u^2)\,du = \frac{2}{3}$ (令 $u = \cos t$).

7.9 (a) $e^{-\frac{1}{x}} + C$.

(b) $\int x^{-1}e^{-\frac{1}{x}}\,dx = xe^{-\frac{1}{x}} - \int e^{-\frac{1}{x}}\,dx$.

(c) $(x^{-1} + 1)e^{-\frac{1}{x}} + C$.

(d) $e^{-\frac{1}{x}} - (x^2 + 2x + 1)e^{-x} + C$.

7.11 (a) $\sin x - x\cos x + C$.
(b)
$$K_m(x) = -x^m \cos x + \int mx^{m-1} \cos x\,dx$$
$$= -x^m \cos x + mx^{m-1} \sin x - m(m-1)K_{m-2}(x).$$

(c) $K_0(x) = C - \cos x$, $\quad K_2(x) = -x^2 \cos x + 2x \sin x - 2K_0(x)$,
$K_4(x) = -x^4 \cos x + 4x^3 \sin x - 12K_2(x)$. 于是

$$\int_0^\pi x^4 \sin x\,dx = K_4(x)\Big|_0^\pi = \pi^4 - 12\pi^2 + 48$$

(d) $K_3(x) = -x^3 \cos x + 3x^2 \sin x - 6K_1(x)$.

7.15 (a) 令 $u = t^2 + 1$, 则 $\int_0^1 \frac{t}{t^2 + 1}\,dt = \int_1^2 \frac{1}{2u}\,du = \frac{\ln 2}{2}$.

(b) $\frac{1}{4}$.

(c) 令 $t = \tan u$, 则 $\int_0^1 \frac{1}{(t^2+1)^2} \, dt = \int_0^{\frac{\pi}{4}} \frac{\sec^2 u}{\tan^2 u + 1} \, du = \int_0^{\frac{\pi}{4}} \cos^2 u \, du = \int_0^{\frac{\pi}{4}} \frac{1}{2}(1 + \cos 2u) \, du = \left[\frac{1}{2}u + \frac{1}{4}\sin 2u \right]_0^{\frac{\pi}{4}} = \frac{\pi}{8} + \frac{1}{4}$.

(d) $\int_{-1}^1 x^2 e^{x^3} \, dx = \frac{1}{3} \int_{-1}^1 (e^{x^3})' \, dx = \frac{1}{3}(e - e^{-1})$.

(e) $\int_{-1}^1 \frac{2t+3}{t^2+9} \, dt = 2\tan^{-1}\left(\frac{1}{3}\right)$. (将被积函数写作 $\frac{2t}{t^2+9} + \frac{3}{t^2+9}$, 第一项做变量替换 $u = t^2 + 9$, 第二项做变量替换 $v = \frac{t}{3}$).

(f) 令 $t = \sqrt{2}\sinh u$, 有 $2 + t^2 = 2 + 2\sinh^2 u = 2 + 2(\cosh^2 u - 1) = 2\cosh^2 u$. 可得
$$\int_0^1 \sqrt{2+t^2} \, dt = \int_0^b \sqrt{2}\cosh u \sqrt{2}\cosh u \, du,$$
其中 $1 = \sqrt{2}\sinh b$. 但是 $\cosh^2 u = \frac{1}{4}(e^{2u} + 2 + e^{-2u})$, 因此可得积分
$$\frac{2}{4}\left[\frac{e^{2u}}{2} + 2u + \frac{e^{-2u}}{-2}\right]_0^b = \frac{e^{2b}}{4} + b - \frac{e^{-2b}}{4}.$$
由于 $b = \operatorname{arcsinh}\frac{1}{\sqrt{2}} = \ln\left(\frac{1}{\sqrt{2}} + \sqrt{1 + \frac{1}{2}}\right)$, 于是定积分
$$\frac{1}{4}\left(\frac{1}{\sqrt{2}} + \sqrt{\frac{3}{2}}\right)^2 + \ln\left(\frac{1}{\sqrt{2}} + \sqrt{1+\sqrt{2}}\right) - \frac{1}{4}\left(\frac{1}{\sqrt{2}} + \sqrt{\frac{3}{2}}\right) = 1.5245043\cdots.$$

7.17 令 $x = t^2$, $0 \leqslant t \leqslant 1$, 利用变量替换 $\int_0^1 \sqrt{1+\sqrt{x}} \, dx = \int_0^1 \sqrt{1+t} \cdot 2t \, dt$. 利用分部积分可得
$$\left[\frac{2}{3}(1+t)^{3/2} 2t\right]_0^1 - \int_0^1 \frac{2}{3}(1+t)^{3/2} 2 \, dt = \frac{4}{3} 2^{3/2} - \frac{4}{15}\left[(1+t)^{5/2}\right]_0^1 = \frac{4}{3} 2^{3/2} - \frac{4}{15} 2^{7/2}.$$

7.19 设 f 的原函数是 F, 则
$$\int_a^b f(g(t))|g'(t)| \, dt = -\int_a^b F'(g(t))g'(t) \, dt = -F \circ g \Big|_a^b = -\int_{g(a)}^{g(b)} F'(u) \, du = \int_{g(b)}^{g(a)} F'(u) \, du.$$

7.21 (a) 令 $u = x - r$. 当 $x = a + r$ 时, $u = a$, 当 $x = b + r$ 时, $u = b$, 则
$$\int_a^b f(u) \, du = \int_{a+r}^{b+r} f(x-r) \, dx.$$

(b) 令 $u = -x$. 当 $x = a$ 时, $u = -a$, 当 $x = b$ 时, $u = -b$, 则
$$\int_a^b f(u) \, du = \int_{-a}^{-b} f(-x)(-1) \, dx = \int_{-b}^{-a} f(-x) \, dx.$$

7.23 (a) 是：$\dfrac{na_n}{nb_n} = \dfrac{a_n}{b_n}$ 趋于 1. 是：$\dfrac{na_n}{\sqrt{1+n^2}b_n} = \dfrac{n}{\sqrt{1+n^2}}\dfrac{a_n}{b_n}$ 趋于 1.

(b) $\lim\limits_{n\to\infty}(\ln a_n - \ln b_n) = \ln 1 = 0.$

7.25 (a) $\sum\limits_{n=1}^{\infty}\dfrac{1}{n^2} \leqslant 1 + \int_{1}^{+\infty} x^{-2}\,\mathrm{d}x = -x^{-1}\big|_{1}^{+\infty} = 1.$ 级数收敛.

(b) $\sum\limits_{n=1}^{\infty}\dfrac{1}{n^{1.2}} \leqslant 1 + \int_{1}^{+\infty} x^{-1.2}\,\mathrm{d}x = \dfrac{x^{-0.2}}{-0.2}\bigg|_{1}^{+\infty}.$ 级数收敛.

(c) $\sum\limits_{n=2}^{\infty}\dfrac{1}{n\ln n} \geqslant \int_{2}^{+\infty}\dfrac{1}{x\ln x}\,\mathrm{d}x = \ln(\ln x)\big|_{2}^{+\infty}.$ 极限不存在,级数发散.

(d) $\sum\limits_{n=1}^{\infty}\dfrac{1}{n^{0.9}} \geqslant \int_{1}^{+\infty} x^{-0.9}\,\mathrm{d}x = 10x^{0.1}\big|_{1}^{+\infty}.$ 极限不存在,级数发散.

7.27 (a)
$$\int_{1}^{b} \dfrac{p_0 + \cdots + p_{n-2}x^{n-2}}{q_0 + \cdots + q_n x^n}\,\mathrm{d}x = \int_{\frac{1}{b}}^{1} \dfrac{p_0 + \cdots + p_{n-2}z^{-(n-2)}}{q_0 + \cdots + q_n z^{-n}}\Big| - z^{-2}\Big|\dfrac{z^n}{z^n}\,\mathrm{d}z$$
$$= \int_{\frac{1}{b}}^{1} \dfrac{p_0 z^{n-2} + \cdots + p_{n-2}}{q_0 z^{n+2} + \cdots + q_n}\,\mathrm{d}z.$$

趋于 $[0, 1]$ 上的正常积分. 当 $b\to +\infty$,由于分母在 $[0, 1]$ 非 0,该积分是正常积分.
$$\int_{1}^{+\infty} f(x)\,\mathrm{d}x = \int_{0}^{1} f(z^{-1})z^{-2}\,\mathrm{d}z.$$

(b) $f(x) = \dfrac{1}{1+x^3}$ 分母阶数为 $n = 3$,分子阶数为 $3 - 2 \geqslant 0$,且当 $x \geqslant 1$ 时,$1 + x^3 \neq 0$,因此利用 (a). 由 $x = z^{-1}$ 可得 $f(x) = \dfrac{1}{1 + z^{-3}}$, $\mathrm{d}x = -z^{-2}\,\mathrm{d}z$,因此
$$\int_{1}^{+\infty}\dfrac{1}{1+x^3}\,\mathrm{d}x = -\int_{1}^{0}\dfrac{1}{1+z^{-3}}z^{-2}\,\mathrm{d}z = \int_{0}^{1}\dfrac{z}{z^3 + 1}\,\mathrm{d}z.$$

7.29 $\lim\limits_{b\to +\infty}\int_{1}^{b}\dfrac{\sin x}{x}\,\mathrm{d}x = \lim\limits_{b\to +\infty}\left(-\dfrac{1}{x}\cos x\Big|_{1}^{b} - \int_{1}^{b}\dfrac{\cos x}{x^2}\,\mathrm{d}x\right)$,第一部分极限为 $\cos 1$,与 $\int_{1}^{+\infty}\dfrac{1}{x^2}\,\mathrm{d}x$ 比较,$\dfrac{\cos x}{x^2}$ 的积分收敛. 积分 $\lim\limits_{b\to +\infty}\int_{1}^{b}\dfrac{|\sin x|}{x}\,\mathrm{d}x$ 满足

(a) 忽略从 1 到 π 的积分,

(b) 在每一个子区间 $\dfrac{1}{x} \geqslant \dfrac{1}{k\pi}$,

(c) 每一个积分等于 $\int_{0}^{\pi} \sin x\,\mathrm{d}x = 2,$

(d) 该积分比发散的调和级数的部分和大.

7.31 $\int_{s}^{b}\dfrac{1}{x\ln x}\,\mathrm{d}x = [\ln(\ln x)]_{s}^{b}.$ 由于 $\ln(\ln b)$ 趋于无穷,因此该积分趋于无穷.

7.33 $\dfrac{1}{y-y^2} = \dfrac{1}{y} + \dfrac{1}{1-y}$ 的原函数是 $\ln|y| - \ln|1-y|$. 因此,

$$\int_2^b \dfrac{1}{y-y^2}\,\mathrm{d}y = \ln\left|\dfrac{b}{1-b}\right| - \ln\left|\dfrac{2}{1-2}\right|.$$

当 $b \to +\infty$ 时, $\dfrac{b}{1-b}$ 趋于 -1, 积分趋于 $-\ln 2$.

7.35 分别记两个积分为 I_1, I_2, 则

$$I_1 = \int_0^{+\infty} \sin(at)\mathrm{e}^{-pt}\,\mathrm{d}t = -\dfrac{1}{p}\sin(at)\mathrm{e}^{-pt}\Big|_0^{+\infty} + \dfrac{1}{p}\int_0^{+\infty} a\cos(at)\mathrm{e}^{-pt}\,\mathrm{d}t = \dfrac{a}{p}I_2,$$

$$I_1 = \int_0^{+\infty} \sin(at)\mathrm{e}^{-pt}\,\mathrm{d}t = -\dfrac{1}{a}\cos(at)\mathrm{e}^{-pt}\Big|_0^{+\infty} - \dfrac{p}{a}\int_0^{+\infty} a\cos(at)\mathrm{e}^{-pt}\,\mathrm{d}t = \dfrac{1}{a} - \dfrac{p}{a}I_2.$$

由上式可解出 I_1, I_2.

7.37 $(x^n)' = nx^{n-1}$, 其中 n 为任意正数. 由分部积分

$$\int_0^b x^n \mathrm{e}^{-x}\,\mathrm{d}x = [-\mathrm{e}^{-x}x^n]_0^b - \int_0^b (-\mathrm{e}^{-x})nx^{n-1}\,\mathrm{d}x.$$

当 $b \to +\infty$, $n! = 0 + n(n-1)! = n(n-1)!$.

7.39 换元 $x = y^2$, $\left(\dfrac{1}{2}\right)! = \int_0^{+\infty} x^{1/2}\,\mathrm{d}x = \int_0^{+\infty} y\mathrm{e}^{-y^2}2y\,\mathrm{d}y = 2\int_0^{+\infty} y^2 \mathrm{e}^{-y^2}\,\mathrm{d}y = \dfrac{1}{2}\sqrt{\pi}$.

7.41 (a) $10 + \dfrac{1000}{3} + 10t$. (b) 10. (c) 10. (d) 相等.

第 8 章

8.1 (a)

$$I_{\text{左}}(x^3, [1, 2]) = \begin{cases} 1^3(2-1) = 1, & n = 1, \\ (1^3 + (1.5)^3)(2-1)/2 = 2.1875, & n = 2, \\ (1^3 + (1.25)^3 + (1.5)^3 + (1.75)^3)(2-1)/4 = 2.92188, & n = 4, \end{cases}$$

$$I_{\text{右}}(x^3, [1, 2]) = \begin{cases} 2^3(2-1) = 8, & n = 1, \\ ((1.5)^3 + 2^3)(2-1)/2 = 5.6875, & n = 2, \\ ((1.25)^3 + (1.5)^3 + (1.75)^3 + 2^3)(2-1)/4 = 4.67188, & n = 4, \end{cases}$$

$$I_{\text{中}}(x^3, [1, 2]) = \begin{cases} (1.5)^3(2-1) = 3.375, & n = 1, \\ ((1.25)^3 + (1.75)^3)(2-1)/2 = 3.35625, & n = 2, \\ ((1.125)^3 + (1.375)^3 + (1.625)^3 + (1.875)^3)(2-1)/4 = 3.72656, & n = 4. \end{cases}$$

(b) 用于计算 $I_{\text{中}}(f, [a, b])$ (分成 n 个区间) 的伪代码如下:

```
function iapprox = Imid(a,~b,~n)
h = (b-a)/n; [ width of subinterval ]
x = a+h/2; [ midpoint of 1st subinterval ]
iapprox = f(x);
for k = 2 up to n
x = x+h; [ move to next midpoint ]
iapprox = iapprox+f(x); [ add value of f there ]
endfor
iapprox = iapprox*h; [ multiply by width h last ]
function y = f(x)
y = sqrt(1-x*x);
```

$$I_{左}\left(\sqrt{1-x^2}, \left[0, \frac{1}{\sqrt{2}}\right]\right) = 0.70711, \quad 0.68427, \quad 0.66600$$

$$I_{右}\left(\sqrt{1-x^2}, \left[0, \frac{1}{\sqrt{2}}\right]\right) = 0.5, \quad 0.58072, \quad 0.61422$$

$$I_{中}\left(\sqrt{1-x^2}, \left[0, \frac{1}{\sqrt{2}}\right]\right) = 0.66144, \quad 0.66722, \quad 0.66399$$

(c)

$$I_{左}\left(\frac{1}{1+x^2}, [0, 1]\right) = 1.00000, \quad 0.90000, \quad 0.84529$$

$$I_{右}\left(\frac{1}{1+x^2}, [0, 1]\right) = 0.5, \quad 0.65000, \quad 0.72079$$

$$I_{中}\left(\frac{1}{1+x^2}, [0, 1]\right) = 0.80000, \quad 0.79059, \quad 0.78670$$

8.3 (a) $n = 1 : 0.447214$, $n = 5 : 0.415298$, $n = 10 : 0.414483$, $n = 100 : 0.414216$, 实际值 $\sqrt{2} - 1 \approx 0.414214$.

(b) $n = 1 : 0.8$, $n = 5 : 0.78623$, $n = 10 : 0.78561$, $n = 100 : 0.78540$, 实际值 $\tan^{-1} 1 = \frac{\pi}{4} \approx 0.78540$.

(c) $n = 1 : 0.5$, $n = 5 : 0.65449$, $n = 10 : 0.66350$, $n = 100 : 0.66663$, 实际值 $\frac{2}{3} \approx 0.66666$.

8.5 (a) 凸函数的图像在每一条切线的上方, 特别地, 在每一个子区间 $[c, d]$ 的中点的切线 ℓ 的上方. 于是, 在该子区间上有 $f \geqslant \ell$, 从而 $\int_c^d f(x)\,\mathrm{d}x \geqslant \int_c^d \ell(x)\,\mathrm{d}x$. 但对 ℓ 的积分恰好就是计算 f 的积分的中点法则.

(b) 凸函数的图像在每一条割线的下方, 特别地, 在子区间 $[c, d]$ 所对应的割线 ℓ 的下方. 于是, 在该子区间上有 $f \leqslant \ell$, 从而 $\int_c^d f(x)\,\mathrm{d}x \leqslant \int_c^d \ell(x)\,\mathrm{d}x$. 但对 ℓ 的积分恰好就是计算 f 的积分的梯形法则.

8.7 (a) 对区间 $[-h, h]$ 的中点法则给出 $2h \cdot f(0)$.

(b) $K(h) - K(-h)$ 的泰勒展开中的各个系数的计算归结为求它在原点 $h = 0$ 处的各阶导数.
0 阶导是它本身 $K(h) - K(-h)$, 在 $h = 0$ 的值是 0.
1 阶导是 $K'(h) + K'(-h) = f(0) - f(h) + (f(0) - f(-h))$, 在 $h = 0$ 的值为 0.
二 阶导是 $K''(h) - K''(-h)$, 在 $h = 0$ 的值是 0.
三 阶导是 $K'''(h) + K'''(-h) = -f''(h) - f''(-h)$.
(c) 在最后一步认出子区间的长度是 $2h = (b-a)/n$, 利用三角不等式 $|-f''(c_1) - f''(-c_2)| \leqslant 2M_2$.

8.9 $(1/2)((1/4)^2 + (3/4)^2) + (1/24)(1/2)^2(4-0) = 0.2002\cdots$.

8.11 $n = 100: 0.7853575$, $n = 1000: 0.7853968$, $\dfrac{\pi}{4} = 0.7853981$. 误差项取决于 $|f^{(4)}(x)|$ 在区间上的最大值, 当 $x \to 1$ 时, 它是无界的.

第 9 章

9.1 (a) $\sqrt{(2^2) + (3^2)} = \sqrt{13}$, $\sqrt{4^2 + (-1)^2} = \sqrt{17}$.
(b) $2 - 3\mathrm{i}, 4 + \mathrm{i}$.
(c) $\dfrac{1}{2+3\mathrm{i}} = \dfrac{1}{2+3\mathrm{i}} \dfrac{2-3\mathrm{i}}{2-3\mathrm{i}} = \dfrac{2-3\mathrm{i}}{13} = \dfrac{2}{13} - \dfrac{3}{13}\mathrm{i}$, 共轭复数的倒数是倒数的共轭复数: $\dfrac{2}{13} + \dfrac{3}{13}\mathrm{i}$. $\dfrac{1}{4-\mathrm{i}} = \dfrac{1}{4-\mathrm{i}} \dfrac{4+\mathrm{i}}{4+\mathrm{i}} = \dfrac{4+\mathrm{i}}{17} = \dfrac{4}{17} + \dfrac{1}{17}\mathrm{i}$, 它的共轭复数为以及 $\dfrac{4}{17} - \dfrac{1}{17}\mathrm{i}$.
(d) $(2+3\mathrm{i}) + (2-3\mathrm{i}) = 4 = 2(2)$, $(4-\mathrm{i}) + (4+\mathrm{i}) = 8 = 2(4)$.
(e) $(2+3\mathrm{i})(2-3\mathrm{i}) = (4+9) = (\sqrt{13})^2$, $(4-\mathrm{i})(4+\mathrm{i}) = (16+1) = (\sqrt{17})^2$.

9.3 $z = (4-1) + 2\mathrm{i} = 3 + 2\mathrm{i}$, $\overline{z} = 3 - 2\mathrm{i}$.

9.5 (a) 5. (b) $\sqrt{61}$. (c) $5/\sqrt{61}$. (d) 1.

9.7 如果 $z = x + \mathrm{i}y$ 那么有 $y = \dfrac{x + \mathrm{i}y - (x - \mathrm{i}y)}{2\mathrm{i}}$ 以及 $x = \dfrac{x + \mathrm{i}y + (x - \mathrm{i}y)}{2}$, 它们都是对的.

9.9 $(a^2 + b^2)(c^2 + d^2) = a^2c^2 + a^2d^2 + b^2c^2 + b^2d^2$ 且
$$(ac - bd)^2 + (ad + bc)^2 = (ac)^2 - 2acbd + (bd)^2 + (ad)^2 + 2adbc + (bc)^2$$
$$= a^2c^2 + a^2d^2 + b^2c^2 + b^2d^2.$$
如果 $z = a + b\mathrm{i}$, $w = c + d\mathrm{i}$, 等式左边是 $|z|^2|w|^2$ 而 $zw = (ac-bd) + (ad+bc)\mathrm{i}$, 所以这个等式右边是 $|zw|^2$. 两边同时开平方 $|z||w| = \pm|zw|$. 由于绝对值是正数, $|z||w| = |zw|$.

9.11 (a) $|z_1 - z_2|^2 = (z_1 - z_2)\overline{(z_1 - z_2)} = (z_1 - z_2)(\overline{z_1} - \overline{z_2}) = z_1\overline{z_1} - z_1\overline{z_2} - z_2\overline{z_1} + z_2\overline{z_2}$
$= |z_1|^2 + |z_2|^2 - (z_1\overline{z_2} + \overline{z_1\overline{z_2}}) = |z_1|^2 + |z_2|^2 - 2\mathrm{Re}\,(z_1\overline{z_2})$.
(b) 由三角不等式可知, $|z_1| = |z_2 + (z_1 - z_2)| \leqslant |z_2| + |z_1 - z_2|$. 因此, $|z_1| - |z_2| \leqslant |z_1 - z_2|$. 相似地, $|z_2| - |z_1| \leqslant |z_2 - z_1| = |z_1 - z_2|$. 这些给予了我们所需要的不等式.

9.13 $-1 = \cos(\pi)$ 有三个立方根 $\cos\left(\dfrac{\pi + 2k\pi}{3}\right) + \mathrm{i}\sin\left(\dfrac{\pi + 2k\pi}{3}\right)$, $k = 0, 1, 2$. 分别是: $\dfrac{1}{2} + \dfrac{\sqrt{3}}{2}\mathrm{i}$, -1, 以及 $\dfrac{1}{2} - \dfrac{\sqrt{3}}{2}\mathrm{i}$. 它们将单位圆周三等分.

9.15 三角形面积公式告诉我们三角形 $(0, a, b)$ 有面积 $A(0, a, b) = \frac{1}{2}|\text{Im}(\bar{a}b)|$. 如果 $a = a_1 + \mathrm{i}\, a_2$, $b = b_1 + \mathrm{i}\, b_2$, 可以得到
$$\bar{a}b = (a_1 - \mathrm{i}\, a_2)(b_1 + \mathrm{i}\, b_2) = a_1 b_1 + a_2 b_2 + \mathrm{i}\,(a_1 b_2 - a_2 b_1).$$
因此, 它的面积为 $\frac{1}{2}|a_1 b_2 - a_2 b_1|$.

9.17 在单位圆上, $\bar{p} = \dfrac{1}{p}$. 因此

(a) $(p-1)^2 \bar{p} = (p^2 - 2p + 1)\bar{p} = p - 2 + \bar{p}$. 它是实数, 因为 $z + \bar{z}$ 是 z 的实部的两倍.

(b) 当 q 在单位圆上时, $\bar{q}$ 也在单位圆上, 由 (a) 可知, $(\bar{q}-1)^2 q$ 是实数. 那么 $((p-1)(\bar{q}-1))^2 \bar{p}q$ 是两个实数的乘积, 它也是实数.

(c) 观察图形, 并使用问题 9.16 的 (b) 的结论, β 是 $q\bar{p}$ 的辐角, $\overline{(q-1)}(p-1)$ 的辐角 α 是负的, 但是由于 $((p-1)(\bar{q}-1))^2 \bar{p}q$ 是实数, 它的辐角 $-2\alpha + \beta$ 一定是 0.

9.19 (a) 因为恒等式 $(x-1)w(x) = x^5 - 1$, $w(1) = 5 \neq 0$, 从而 5 次单位根中 (除了 1 以外) 的四个都是 w 的根.

(b) 1 的 n 个根将单位圆 n 等分, 并且其中的一个根是 1.

(c) 如果 $r^n = 1$, 那么 r 的每一个整数次幂都是一个根: $(r^p)^n = r^{np} = (r^n)^p = 1$. 问题在于, 是否这些幂指数是所有的根. (例如, i^2 的次幂并没有给出 1 的所有 4 次方根). 取一个最小的辐角使得
$$r = \cos\left(\frac{2\pi}{n}\right) + \mathrm{i}\sin\left(\frac{2\pi}{n}\right)$$
这个幂指数的辐角有: $\dfrac{2\pi}{n}, 2\dfrac{2\pi}{n}, \cdots$, 所以它给出了所有的根. 这个恒等式 $(x-1)(x^{n-1} + \cdots + x^2 + x + 1) = x^n - 1$, 用与 (a) 相同的论证可以证明 $r, \cdots, r^{n-1}$ 是 w 的根, 而 $r^n = 1$ 则是 $x^n = 1$ 的另一个根.

9.21 (a) $\mathrm{e}^t + \mathrm{i}\cos t$.

(b) $-\dfrac{1}{(t-\mathrm{i})^2} - \dfrac{1}{(t+\mathrm{i})^2}$.

(c) $\mathrm{i}\,\mathrm{e}^{t^2} 2t$.

(d) $\mathrm{i}\cos t - (t + 3 + \mathrm{i})^{-2}$.

9.23 由于 $\overline{\mathrm{e}^{\mathrm{i}t}} = \mathrm{e}^{-\mathrm{i}t}$, $\cos t = \text{Re}\ \mathrm{e}^{\mathrm{i}t} = \dfrac{\mathrm{e}^{\mathrm{i}t} + \mathrm{e}^{-\mathrm{i}t}}{2}$ 并且有 $\sin t = \text{Im}\ \mathrm{e}^{\mathrm{i}t} = \dfrac{\mathrm{e}^{\mathrm{i}t} - \mathrm{e}^{-\mathrm{i}t}}{2}$.

9.25 定义 $\cosh z = \dfrac{1}{2}(\mathrm{e}^z + \mathrm{e}^{-z})$. 那么 $\cosh(\mathrm{i}t) = \dfrac{1}{2}(\mathrm{e}^{\mathrm{i}t} + \mathrm{e}^{-\mathrm{i}t}) = \cos t$.

9.27 $\displaystyle\int_0^b \mathrm{e}^{\mathrm{i}kx - x}\, \mathrm{d}x = \dfrac{\mathrm{e}^{\mathrm{i}kb} - 1}{\mathrm{i}k - 1}$ 趋于 $\dfrac{1}{1 - \mathrm{i}k}$. (当 b 趋于 $+\infty$ 时, e^{-b} 趋近于 0, $|\mathrm{e}^{\mathrm{i}kb}| = 1$.)

第 10 章

10.1 只有 (b), 但如果允许 $F_{\text{恢复}} = 0$, 则还有 (c). 其他都与摩擦力和恢复力不匹配.

10.3 我们需要 $r^2 + r = 0$, 因此 $r = 0$ 或 -1. 则代入 $x(t) = c_1 \mathrm{e}^0 + c_2 \mathrm{e}^{-t}$, 我们有:

(a) $x(t) = 12 - 7\mathrm{e}^{-t}$ 趋于 12;

(b) $x(t) = -2 + 7e^{-t}$ 趋于 -2.

10.5 $2r^2 + 7r + 3 = 0$ 得到 $r = (-7 \pm \sqrt{49-24})/4 = -\frac{1}{2}, -3$. 因此解是 $e^{-\frac{1}{2}t}$ 和 e^{-3t}.

10.7 研究解 e^{rt}, 其中 $mr^2 + hr + k = 0$, $r = \dfrac{-h \pm \sqrt{h^2 - 4km}}{2m}$. 当 h 很小时, 粗略的有 $r \approx -\dfrac{h}{2m} \pm i\sqrt{\dfrac{k}{m}}$, 因此你有个解 $x \approx e^{-\frac{h}{2k}} \cos\left(\sqrt{\dfrac{k}{m}}\right)$, 它的振幅逐渐减小. 当 h 很大时, 根据二项式定理

$$-h + \sqrt{h^2 - 4km} = -h + h\sqrt{1 - \frac{4km}{h^2}} \approx -h + h\left(1 - \frac{2km}{h^2}\right),$$

r 是很接近于 0 的负数, 因此你有个解 $x \approx e^{-(小正数)t}$, 它是递减的指数函数.

10.9 我们反复使用 $(cf)' = cf'$ 和 $(f+g)' = f' + g'$.
(a) 令 $x = cx_1$, 则 $A_n x^{(n)} + \cdots = A_n c x_1^{(n)} + \cdots = c(A_n x_1^{(n)} + \cdots) = c(0) = 0$;
(b) $A_n y^{(n)} + \cdots = (A_n x_1^{(n)} + \cdots) + (A_n x_2^{(n)} + \cdots) = 0 + 0 = 0$.

10.11
$$m(c_1 x_1 + c_2 x_2)'' + h(c_1 x_1 + c_2 x_2)' + k(c_1 x_1 + c_2 x_2)$$
$$= m(c_1 x_1'' + c_2 x_2'') + h(c_1 x_1' + c_2 x_2') + k(c_1 x_1 + c_2 x_2)$$
$$= c_1(mx_1'' + hx_1' + kx_1) + c_2(mx_2'' + hx_2' + kx_2) = 0 + 0 = 0.$$

10.13 (a) $mr^2 + 2\sqrt{mk}r + k = (\sqrt{m}r + \sqrt{k})^2$, 因此 $r = -\sqrt{\dfrac{k}{m}}$;
(b) $x' = (1 + rt)e^{rt}$, $x'' = (2r + r^2 t)e^{rt}$. 则
$mx'' + 2\sqrt{mk}x' + kx = (2mr + mr^2 t + 2\sqrt{km}(1 + rt) + kt)e^{rt} = (-2\sqrt{mk} + 0t + 2\sqrt{km})e^{rt} = 0.$

10.15 假设 $z(t) = ae^{6it}$. 若 $a = \dfrac{52}{-30 + 6i} = \dfrac{52}{6} \cdot \dfrac{-5-i}{26} = \dfrac{-5-i}{3}$, 则 $z'' + z' + 6z - 52e^{6it} = (a(-36 + 6i + 6) - 52)e^{6it} = 0$. 因此 $z(t) = \dfrac{-5-i}{3}e^{6it}$ 的实部是 $x(t) = -\dfrac{5}{3}\cos(6t) + \dfrac{1}{3}\sin(6t)$.

10.17 用 $x = \operatorname{Re} z$ 其中 $z = ae^{it}$ 来试探 $z'' + z' + z = e^{it}$. 为此, 我们须有 $(-1 + i + 1)ae^{it} = e^{it}$, 即 $a = -i$. 则 $z = i\cos t + \sin t$, $x_1(t) = \sin t$. 令 $x_2 = y + x_1$, 则 $x_2'' + x_2' + x_2 = y'' + y' + y + x_1'' + x_1' + x_1 = 0 + \cos t$.

10.19 对不等式两边平方 $\dfrac{1}{h^2} \dfrac{1}{\frac{k}{m} - \frac{h^2}{4m^2}} > \dfrac{1}{k^2}$, 取倒数 $k^2 > h^2\left(\dfrac{k}{m} - \dfrac{h^2}{4m^2}\right)$, 两边乘 $4m^2$ 有 $4m^2 k^2 > h^2(4mk - h^2)$. 下证这是对的, 由于 $h < \sqrt{2mk}$, 得 $h^2 < 2mk$, $4m^2 k^2 - 2mkh^2 < 0$, $4m^2 k^2 > 8m^2 k^2 - 2mkh^2 = 2mk(4mk - h^2) > h^2(4mk - h^2)$.

10.21 (a) 利用 $w'' = y'' - x''$ 并将微分方程作差;
(b) 利用中值定理;
(c) 使用 (b), 因为 $F_{摩擦}$ 是递减的,

$$mw''w' - F'_{恢复}(v)ww' = F'_{摩擦}(u)(w')^2 \leqslant 0$$

(d) 由于能量的衰减, 在某个区间 $[-M, M]$ 上, $x(t)$, $y(t)$ 都有界. 令 k 是 $|F_{恢复}|$ 在 $[-M, M]$ 上的界. 由于 v 在 x, y 之间, 故 $v \in [-M, M]$, 因此 $F'_{恢复}(v)$ 有下界 $-k$. 进而,

$$mw''w' + kww' \leqslant mw''w' - F_{恢复}(v)ww' \leqslant 0,$$

因此它的导数 $\frac{1}{2}m(w')^2 + \frac{1}{2}kw^2$ 是递减的.

10.23 对于 $N(t) = 0$, 则 $N' = 0 = \sqrt{0}$, 故是一个解. 对于 $N(t) = \frac{1}{4}t^2$, 如果 $t \geqslant 0$, 则 $\sqrt{N} = \frac{1}{2}t$, $N' = \frac{2}{4}t = \sqrt{N}$, 故是一个解. (注意: 当 $t < 0$ 时 $\frac{1}{4}t^2$ 不是一个解, 因为它的导数具有相反的符号).

这并不矛盾: 存在性定理不能应用于带初值条件 $N(0) = 0$ 的方程 $N' = \sqrt{N}$, 因为函数 $\sqrt{N}$ 在包含 $N(0)$ 的区间上没有定义.

10.25 $N' = N^2 - N$, $\dfrac{1}{N^2 - N}N' = 1$, $\ln(N^{-1} - 1) = t + c$, $N^{-1} - 1 = \mathrm{e}^{t+c}$, $N_0^{-1} = \mathrm{e}^c$.

因此 $N(t) = \dfrac{1}{1 + \mathrm{e}^{t+c}} = \dfrac{1}{1 + (N_0^{-1} - 1)\mathrm{e}^t} = \dfrac{N_0}{N_0 + (1 - N_0)\mathrm{e}^t}$. 其中 N_0 在 0 和 1 之间, 分母大于 1 并趋于无穷, 因此 $N(t)$ 小于 $N(0)$ 并趋于 0.

10.27 (a) 当 $P > P_m$ 时, K 是单调递增的, 因此可逆. 那么 $P = K^{-1}(c - H(N))$ 定义了函数 P_+. 同样地, P_- 的值小于 P_m.

(b) 利用链式法则.

(c) 对于 P_+ 而言, K 是单调递增的, 因此在方程中对于 $\dfrac{\mathrm{d}^2 P_+}{\mathrm{d}N^2}$, 分母为正. 因为 H 和 K 是凸的, 因此所有分子中的数都是正的, 从而 $\dfrac{\mathrm{d}^2 P_+}{\mathrm{d}N^2}$ 是非负的.

10.29 (a) 如果 $y(0)$ 是正的, 那么由 $y(t)$ 连续有, 在一段时间区间内仍为正. 除以 $y(t)$ 得到 $-y^{-2}y' = 1$, 然后从 0 到 t 积分得到 $y^{-1}(t) - y^{-1}(0) = t$. 整理得

$$y(t) = \frac{1}{t + y^{-1}(0)} = \frac{y(0)}{y(0)t + 1}.$$

注意到对所有的 t, $y(t)$ 为正.

(b) 我们知道这个方程; 答案是 $y(t) = y(0)\mathrm{e}^{-t}$. 对于第二个方程, y 呈指数型衰减到 0, 比第一个 $\dfrac{1}{t}$ 衰减更快.

10.31 $\dfrac{\mathrm{d}a}{\mathrm{d}t} = ap$, 当 $a > 0$ 和 $p < 0$ 时为负. $\dfrac{\mathrm{d}b}{\mathrm{d}t} = -ap - db$, 当 $a > 0$, $b > 0$, $p > 0$ 时为负.

10.33 利用长度为 h 的子区间, 以及 $y_{n+1} = y_n + hf(nh)$ 我们得到

$$y_1 = y_0 + f(0)h = I_{左}(f, [0, h]),$$
$$y_2 = y_1 + f(h)h = (f(0) + f(h))h = I_{左}(f, [0, 2h]),$$
$$y_3 = y_2 + f(2h)h = (f(0) + f(h) + f(2h))h = I_{左}(f, [0, 3h]),$$
$$\cdots = \cdots$$

第 11 章

11.1 掷骰子的期望值为 $\frac{1}{6}(1+2+3+4+5+6) = 3.5$. 3.5 与投掷结果差值平方的期望为:
$\frac{1}{6}(2.5^2 + 1.5^2 + 0.5^2 + 0.5^2 + 1.5^2 + 2.5^2) = \frac{35}{12}$, 即为方差的值.

11.3 设 $S(E)$ 前 N 次试验中 E 发生的次数. 则 $S(E') = N - S(E)$. 因此 $p(E) + p(E') = \lim_{N\to\infty}\left(\frac{S(E)}{N} + \frac{S(E')}{N}\right) = \lim_{N\to\infty} 1 = 1$.

11.5 每次 E 的结果发生时, 它也是 F 的结果, 因此 $S(E) \leqslant S(F)$.

11.7 由于每次试验的结果仅属于某一事件, $S(E_1 \cup \cdots \cup E_m)$ 随着每次在某个 E_j 中事件的发生而增加, 并且仅有一个 $S(E_j)$ 增加 1. 因此 $S(E_1 \cup \cdots \cup E_m) = S(E_1) + \cdots + S(E_m)$.

11.9 $\sum_{k=0}^{\infty} k \frac{u^k}{k!} e^{-u} = \sum_{k=1}^{\infty} u \frac{u^{k-1}}{(k-1)!} e^{-u} = u \sum_{k=0}^{\infty} \frac{u^k}{k!} e^{-u} = u e^u e^{-u} = u$.

11.11 只需证明

$$q \ln q + r \ln r < (1-p)\ln(1-p) = (q+r)\ln(q+r) = q\ln(q+r) + r\ln(q+r).$$

该式成立是根据 $\ln$ 是增函数, 即 $\ln q < \ln(q+r)$ 及 $\ln r < \ln(q+r)$.

11.13 只需利用 $\ln$ 函数为增函数的性质证明 $p_2 \ln p_2 + \cdots + p_n \ln p_n < (1-p_1)\ln(1-p_1) = (p_2 + \cdots + p_n)\ln(p_2 + \cdots + p_n) = p_2 \ln(p_2 + \cdots + p_n) + \cdots + p_n \ln(p_2 + \cdots + p_n)$.

11.15 (a) $\int_{-\infty}^{+\infty} p(x)\,dx = \int_0^A \frac{2}{A}\left(1 - \frac{x}{A}\right) dx = \frac{2}{A}\left(A - \frac{A^2}{2A}\right) = 1$

(b) $\overline{x} = \int_{-\infty}^{+\infty} xp(x)\,dx = \int_0^A \frac{2}{A}\left(x - \frac{x^2}{A}\right) dx = \frac{2}{A}\left(\frac{A^2}{2} - \frac{A^3}{3A}\right) = \frac{A}{3}$

(c) $\overline{x^2} = \int_{-\infty}^{+\infty} x^2 p(x)\,dx = \int_0^A \frac{2}{A}\left(x^2 - \frac{x^3}{A}\right) dx = \frac{2}{A}\left(\frac{A^3}{3} - \frac{A^4}{4A}\right) = \frac{A^2}{6}$

(d) 利用 $\sqrt{\overline{x^2} - (\overline{x})^2}$ 可以得到 $\sqrt{\frac{A^2}{6} - \left(\frac{A}{3}\right)^2} = \frac{1}{\sqrt{18}} A$.

11.17 (a) $\int_0^A \frac{1}{A}\,dx = 1$, 类似的对 p 也成立.

(b) $u(x) = \int_{-\infty}^{+\infty} p(t)q(x-t)\,dt = \int_0^A p(t)q(x-t)\,dt$, 其中 $-A \leqslant -t \leqslant 0$. 若 $x < 0$, 则 $x - t < 0$, 因此 $q(x-t) = 0$. 所以当 $x < 0$ 时 $u(x) = 0$. 当 $x > A+B$ 时, $x - t > A+B-A = B$, 再次有 $q(x-t) = 0$, 这就证明了当 $x > A+B$ 时 $u(x) = 0$.

(c) 若画出 $q(x-t)$ 关于 t 的图像, 我们可以看到卷积的积分就是一个矩形的面积, 这一矩形在 $B < x < A$ 时尺寸是固定的. 宽为 B, 高为 $\frac{1}{AB}$, 因此 $u = 1/A$.

(d) $u(x) = \frac{x}{AB}$ 在 $[0, B]$ 上, 为 $\frac{1}{A}$ 在 $[B, A]$ 上, $\frac{1}{A} - \frac{x}{AB}(x-A)$ 在 $[A, A+B]$.

11.19 (a) $|w|_1 = \int_a^b 5\,\mathrm{d}x = 5(b-a)$.

(b) $|cu|_1 = \int_{-\infty}^{+\infty} |cu(x)|\,\mathrm{d}x = \int_{-\infty}^{+\infty} |c||u(x)|\,\mathrm{d}x = |c||u|_1$,

$|u+v|_1 = \int_{-\infty}^{+\infty} |u(x)+v(x)|\,\mathrm{d}x \leqslant \int_{-\infty}^{+\infty} (|u(x)|+|v(x)|)\,\mathrm{d}x = |u|_1 + |v|_1$.

(c) $|u*v|_1 = \int_{-\infty}^{+\infty} |u*v(x)|\,\mathrm{d}x$

$= \int_{-\infty}^{+\infty} \left| \int_{-\infty}^{+\infty} u(y)v(x-y)\,\mathrm{d}y \right|\,\mathrm{d}x$

$\leqslant \int_{-\infty}^{+\infty} \int_{-\infty}^{+\infty} \left| u(y)v(x-y) \right|\,\mathrm{d}y\,\mathrm{d}x$

$= \int_{-\infty}^{+\infty} \int_{-\infty}^{+\infty} |u(y)||v(x-y)|\,\mathrm{d}y\,\mathrm{d}x,$

$= \int_{-\infty}^{+\infty} |u|*|v|\,\mathrm{d}x$

$= \int_{-\infty}^{+\infty} |u(x)|\,\mathrm{d}x \cdot \int_{-\infty}^{+\infty} |v(x)|\,\mathrm{d}x$

$= |u|_1 \cdot |v|_1,$

这里的积分就是 u 和 v 的卷积. 卷积的积分等于各自积分的乘积. 因此, 我们就得到了

$$|u*v|_1 = \left(\int_{-\infty}^{+\infty} |u(x)|\,\mathrm{d}x \right) \left(\int_{-\infty}^{+\infty} |v(x)|\,\mathrm{d}x \right) = |u|_1 |v|_1.$$

11.21 (a) $n^2 > kn$, 然后利用几何级数乘以 $\mathrm{e}^{-K^2 h^2}$. 则

$$\sum_{n=4}^{\infty} \mathrm{e}^{-n^2} \leqslant \mathrm{e}^{-16}/(1-\mathrm{e}^{-4}) = (1.1463)10^{-7}$$

(b) $1 + 2\mathrm{e}^{-1} + 2\mathrm{e}^{-4} + 2\mathrm{e}^{-9} = 0.7726369797\cdots$.

11.23 (a) 当 $p_n \sim q_n, r_n \sim s_n$ 时, $p_n r_n \sim q_n s_n$. 则

$$2^{-n}\binom{n}{k} = 2^{-n}\frac{n!}{k!(n-k)!} \sim 2^{-n}\frac{\sqrt{2\pi n}(\frac{n}{e})^n}{\sqrt{2\pi k}(\frac{k}{e})^k \sqrt{2\pi(n-k)}(\frac{n-k}{e})^{n-k}}$$

由于 $\mathrm{e}^{-n+k+n-k} = 1$, e 的所有指数因子都约去了.

(b) 该步的一部分仅仅是替换, 困难的部分是

$$\frac{n^n}{2^n k^k} = \left(\frac{n}{2}\right)^{n/2} \left(\frac{n}{2}\right)^{n/2} \frac{1}{k^k}$$

$$= \left(\frac{n}{2}\right)^{n/2} \frac{1}{(\frac{2}{n})^{\frac{n}{2}}(\frac{n}{2}+\sqrt{n}y)^{\frac{n}{2}}(\frac{n}{2}+\sqrt{n}y)^{\sqrt{n}y}}$$

$$= \left(\frac{n}{2}\right)^{n/2} \frac{1}{(1+\frac{2y}{\sqrt{n}})^{\frac{n}{2}}(\frac{n}{2}+\sqrt{n}y)^{\sqrt{n}y}}.$$

然后对 $(n-k)^{n-k}$ 采用类似的处理,

$$\frac{n^n}{2^n k^k (n-k)^{n-k}} = \frac{1}{(1+\frac{2y}{\sqrt{n}})^{\frac{n}{2}}(\frac{n}{2}+\sqrt{n}y)^{\sqrt{n}y}} \left(\frac{n}{2}\right)^{n/2} \frac{1}{(\frac{n}{2}-\sqrt{n}y)^{\frac{n}{2}}(\frac{n}{2}-\sqrt{n}y)^{-\sqrt{n}y}}$$

$$= \frac{1}{(1+\frac{2y}{\sqrt{n}})^{\frac{n}{2}}(\frac{n}{2}+\sqrt{n}y)^{\sqrt{n}y}} \frac{1}{(1-\frac{2y}{\sqrt{n}})^{\frac{n}{2}}(\frac{n}{2}-\sqrt{n}y)^{-\sqrt{n}y}}$$

$$= \frac{1}{(1-\frac{4y^2}{n})^{\frac{n}{2}}(\frac{n}{2}+\sqrt{n}y)^{\sqrt{n}y}(\frac{n}{2}-\sqrt{n}y)^{-\sqrt{n}y}}.$$

(c) 分母中的两个因子

$$\left(\frac{n}{2}+\sqrt{n}y\right)^{\sqrt{n}y} \left(\frac{n}{2}-\sqrt{n}y\right)^{-\sqrt{n}y} = \left(\frac{\frac{n}{2}+\sqrt{n}y}{\frac{n}{2}-\sqrt{n}y}\right)^{\sqrt{n}y} = \left(\frac{1+\frac{2y}{\sqrt{n}}}{1-\frac{2y}{\sqrt{n}}}\right)^{\sqrt{n}y}$$

趋于 $\frac{(e^{2y})^y}{(e^{-2y})^y}$. 因子 $\left(1-\frac{4y^2}{n}\right)^{\frac{n}{2}}$ 趋于 $(e^{-4y^2})^{1/2}$.

(d) 由系数 $\dfrac{n}{\frac{n^2}{4}-ny^2} = \dfrac{4}{n-4y^2} \sim \dfrac{4}{n}$, 得到 $\dfrac{1}{\sqrt{2\pi}}\sqrt{\dfrac{n}{\frac{n^2}{4}-ny^2}} \sim \dfrac{1}{\sqrt{n}}\sqrt{\dfrac{2}{\pi}}$.

术语对照表

A

absolute convergence　级数的绝对收敛
absolute value　绝对值
absolute value of complex number　复数的绝对值
addition formula for complex exponential　复指数的加法公式
addition formula for exponential　指数的加法公式
addition formula for hyperbolic functions　双曲函数的加法公式
addition formula for sine and cosine　正弦函数与余弦函数的加法公式
additivity property of integral　积分的可加性
A-G inequality　算术-几何不等式
AGM　算术-几何平均值
alternating test　级数的交错判别法
alternative rule　近似积分的替代法则
alternative Simpson's rule　辛普森法则的替代法则
amount net　净值
amplitude　振幅
antiderivative　原函数
approximate integral　近似积分
approximate integral　近似积分
approximately normal　（二项分布）渐近正态
arc length　弧长
area below graph　图形下方的面积
argument of complex number　辐角
arithmetic mean　算术平均值
average of a function　函数的平均值

B

binomial coefficient　二项式系数
binomial distribution　二项分布
binomial theorem　二项式定理
bounded function　有界函数
bounded sequence　有界数列

C

Cauchy sequence of complex numbers　复数的柯西数列
Cauchy sequence of real numbers　实数的柯西数列
Cauchy-Schwarz inequality　柯西-施瓦茨不等式
chain rule　链式法则
change of variables in integral　积分中的变量替换
chemical reaction　化学反应
closed interval　闭区间
comparison test　级数的比较判别法
complex number　复数
complex variable exponential　复变量的指数
complex-valued function　复值函数
composition　复合
composition of functions　函数的复合
conditional convergence　级数的条件收敛
conjugate　共轭复数
continuous at a point　在一点连续

continuous dependence on parameter 对参数的连续依赖性
continuous expectation 连续期望
continuous extension 连续扩张
continuous on closed interval 在闭区间上连续
continuous 连续
converge integral 收敛的积分
converge numbers 收敛的数列
converge pointwise 逐点收敛的函数数列
converge uniformly 一致收敛的函数数列
converge 收敛
convergence of Newton's method 牛顿法的收敛性
Convergence theorem for integrals 积分的收敛定理
convolution 卷积
cosine derivative 余弦的导数
cosine 余弦
cost 成本
critical point 临界点
cycle 循环

D

de Moivre's theorem 棣莫弗定理
decimals 小数
decreasing function 单调递减函数
decreasing function 单调递减函数
decreasing sequence 单调递减数列
definite integral 定积分
density 密度
derivative 导数
derivative of complex-valued function of complex variable 复变量的复值函数的导数
derivative of complex-valued function of real variable 实变量的复值函数的导数
difference equation 差分方程
difference quotient 差商
differentiability of power series 幂级数的可微性
differentiable 可微
differential 微分
differential equation 微分方程
differential equation of chemical reaction 化学反应的微分方程
differential equation of population models 种群模型的微分方程
differential equation of vibrations 振动的微分方程
discrete expectation 离散期望
disjoint events 互斥事件
distance between numbers 数与数之间的距离
doubling time 倍增期

E

economics 经济学
elasticity of demand 需求弹性
endangered species 濒危物种
energy 能量
entropy 熵
equilibrium solution 平衡解
error of symmetric difference quotient 对称差商的误差
error round-off 误差舍入
Euler's method 欧拉法
even function, odd function 奇函数与偶函数
event 事件
existence theorem for differential equation 微分方程解的存在性定理
expectation 期望（或均值）
exponential 指数

exponential growth 指数型增长
extinction model 灭绝模型
extreme value theorem 最值定理

F

Fermat's principle 费马原理
frequency 频率
function 函数
functional equation of exponentials 指数函数的函数方程
fundamental theorem of calculus 微积分基本定理

G

Gauss 高斯
Gaussian density 高斯密度
generalized mean value theorem 推广的中值定理
geometric series 几何级数 (或等比级数)
geometric definition 正弦的几何定义
geometric definition of cosine 余弦的几何定义
geometric mean 几何平均值
geometric sequences 几何数列 (或等比数列)
geometric series 几何级数 (或等比级数)
gravity potential energy 重力势能
greatest integer function 上取整函数
greatest lower bound 下确界 (最大下界)

H

half-life 半衰期
harmonic mean 调和平均值
harmonic series 调和级数
higher derivative 高阶导数

higher order derivative 高阶导数
hyperbolic cosh 双曲余弦
hyperbolic cosine 双曲余弦
hyperbolic inverse $\sinh^{-1}$ 反双曲正弦
hyperbolic secant 双曲正割
hyperbolic sech 双曲正割
hyperbolic sine sinh 双曲正弦
hyperbolic sine 双曲正弦
hyperbolic tangent 双曲正切
hyperbolic tanh 双曲正切

I

improper integral of unbounded function 无界函数的广义积分
improper integral on unbounded interval 无界区间上的广义积分
increasing function 单调递增函数
increasing function 单调递增函数
increasing sequence 单调递增数列
indefinite integral 不定积分
independent events 独立事件
independent experiments 独立实验
inequality 不等式
information 信息
integral of complex-valued function of real variable 实变量的复值函数的积分
integral test 级数的积分判别法
integral 积分
integration by parts 分部积分
intermediate value theorem 介值定理
inverse of tangent function 反正切
inverse of function 函数的逆 (反函数)
inverse of sine $\sin^{-1}$ 反正弦

K

kinetic energy 动能

L

least upper bound　上确界 (最小上界)
left continuous　左连续
left-hand limit　左极限
L'Hôpital's rule　洛必达法则
limit　极限
limit comparison test　级数的极限比较判别法
limit of function　函数的极限
linear approximation　线性近似
linear density　线密度
linear function　线性函数
linearity of differential equation　微分方程的线性性质
linearity of integral　积分的线性性质
logarithm　对数
logarithm defined as integral　对数定义为积分
Lotka　洛卡特
lower and upper bound property of integral　积分的上下界性质
lower sum　下和

M

marginal cost　边际成本
Maxwell　麦克斯韦
mean of a function　函数的平均值
mean value or expectation　均值或期望
mean value theorem for derivatives　导数的中值定理
mean value theorem for integrals　积分的中值定理
mean　平均值
midpoint rule　近似积分的中点法则
mileage　里程
monotone convergence theorem　单调收敛定理

monotonic function　单调函数
monotonic sequence　单调数列

N

negative area　负面积
nested interval theorem　区间套定理
Newton's law of motion　牛顿运动定律
Newton's method　牛顿法
Newton's method for complex polynomials　复多项式的牛顿法
nondecreasing function　不减函数
nonincreasing function　不增函数
normal probability distribution　正态概率分布

O

one sided derivative　单侧导数
open interval　开区间
oscillation　振荡
outcome　结果

P

parameter　参数
partial sum　部分和
partial sum of functions　函数列的部分和
periodic motion　周期运动
periodicity　周期性
periodicity of cosine　余弦的周期性
Poisson distribution　泊松分布
polar coordinates　极坐标
polynomial　多项式
polynomial of complex variable　复变量的多项式
population　种群
potential energy　势能
power rule　幂函数的求导法则

power series　幂级数
power series for $\ln(1+x)$　$\ln(1+x)$ 的幂级数
power series for e^z　e^z 的幂级数
power series for sin　sin 的幂级数
power series for arcsin　arcsin 的幂级数
power series for arctan　arctan 的幂级数
predators　捕食者
prey　被捕食者
probability density　概率密度
product rule　求导的乘积法则

Q

quotient rule　求导的商法则

R

radian　弧度
radioactive decay　放射性衰变
radius of convergence　收敛半径
rate constant　反应速率常数
ratio test　比值判别法
rational function　有理函数
reaction rate　反应速率
reflected invariance of integral　积分的反射不变性
reflection of light　光的反射
refraction of light　光的折射
resonance　共振
response curve　响应曲线
Riemann sum　黎曼和
right continuous　右连续
right-hand limit　右极限
root test　级数的根值判别法
rounding　舍入
round-off error
roundoff error　舍入误差
roundoff error　舍入误差

S

secant function　正割函数
secant line　割线
second derivative　二阶导数
sequence of complex numbers　复数的数列
sequence of functions　函数项数列
sequence of numbers　数列
sequence　数列
series　级数
series of functions　函数项级数
Shannon　香农
simple zero　单重零点
Simpson's rule　辛普森法则
sine redefined using integral　用积分重新定义正弦
sine　正弦
slope of a line　直线的斜率
Snell　斯涅尔
squeeze theorem for functions　函数的两边夹定理
squeeze theorem for numbers　数列的两边夹定理
stable equilibrium　稳定的平衡
stable steady state　稳定的稳态
standard deviation　标准差
steady state　稳定
stereographic projection　球极投影
Stirling's formula　斯特林公式
substitution　换元 (或变量替换)
symmetric difference quotient　对称差商
Szlárd　西拉德

T

tangent function　正切函数
tangent line　切线

Taylor polynomial　泰勒多项式
Taylor integral form of remainder　余项的泰勒积分形式
Taylor theorem　泰勒定理
test for series convergence by integral　级数收敛的积分判别法
tolerance　容许误差
total amount　总量
translation invariance　平移不变性
trapezoidal rule　近似积分的梯形法则
triangle inequality　三角不等式
trichotomy　三分律
trigonometric functions　三角函数
trigonometric substitution　三角代换
trigonometric substitution　三角换元 (或三角代换)

U

uniform convergence　一致收敛
uniformly continuous　一致连续
uniformly differentiability　一致可微性
uniformly differentiable　一致可微
union of events　事件的并
unit circle　单位圆

unstable equilibrium　不稳定的平衡
unstable steady state　不稳定的稳态
upper bound　上界
upper sum　上和

V

Vanishes　变成零
variance　方差
variance of normal distribution　正态分布的方差
Verhulst model　沃赫斯特模型
Volterra　沃尔泰拉
volume　体积 (或容积)

W

Wallis product formula　瓦利斯乘积公式
work　功

其他

e, the number　自然底数 e
$y'' + y = 0$　微分方程 $y'' + y = 0$
$y' = ky$　微分方程 $y' = ky$
$y'' - y = 0$　微分方程 $y'' - y = 0$

译 后 记

三年前，我自首都师范大学毕业来到西北农林科技大学理学院，开始为大一新生讲授微积分. 在备课时, 我从网上发现了大数学家拉克斯 (P. Lax) 与人合写的这本《微积分及其应用》, 非常喜欢, 就向诸位好友 —— 他们大都在高校工作, 甚至当时就在教微积分 —— 提议, 一同翻译出来以飨读者. 浏览该书的电子版以后, 列位好友纷纷响应, 于是一场规模浩大的翻译工作悄然展开. 与此同时, 我开始联系出版社. 几番周折之后, 最终在首都师范大学数学科学学院李克正教授的热心推荐下, 科学出版社数理分社陈玉琢老师答应为我们引进此书中译本版权. 对此, 我们要特别感谢科学出版社的诸位前辈对我们这帮年轻人的信任和支持.

关于本书的特色, 作者本人在序言中已经有交代. 我只想补充一点, 相对于其他同类教材,《微积分及其应用》的最大特点, 是它比较具体、重应用、接地气. 记得多年前杨振宁先生在评论国内的物理教学时, 曾说 "每一个大学物理系的学生都要花很长的时间来学所谓的 '四大力学'. '四大力学' 是不是重要的呢? 当然是重要的. '四大力学' 是物理学的骨干, 这一点没有人能否认. 不过物理学不单只是骨干. 只有骨干的物理学是一个骷髅, 不是活的. 物理学需要有骨头, 还需要有血、有肉. 有骨头又有血肉的物理学, 才是活的物理学." 他的评论也适用于许多语言无味、面目可憎、内容干瘪、骨瘦如柴的微积分教材. 借用杨先生的比喻, 我们可以说, 拉克斯与人合著的《微积分及其应用》乃是一本有血有肉、活的微积分教材. 我们相信, 读者一定能从中受益良多, 正如我们各位译者所经历的那样.

本书是两卷本《微积分及其应用》的第一卷, 讲一元函数的微积分. 多元函数的微积分是第二卷的主题, 我们期待以后有机会一并翻译出来以飨读者.

在翻译过程中, 译者曾发现一些打印错误, 现已直接更正而未另加注说明. 此外, 为方便读者理解原文, 还补充了少许 "译者注". 虽然译者几度审阅修订, 以求尽善尽美, 但仍难免百密一疏, 若细心的读者发现疏漏错误或有建议意见, 还请不吝批评指正, 可发我的邮箱 kailiang_lin@163.com 告知.

本书的翻译凝聚了十三位译者近三年的共同努力, 他们是:

林开亮 (第 1 章), 西北农林科技大学理学院;

吴艳霞 (第 1 章), 山东财经大学数学与数量经济学院;

张雅轩 (第 2 章), 中国民航大学理学院;

崔晓娜 (第 3 章), 河南师范大学数学与信息科学学院;

姚少魁 (第 3 章), 首都师范大学数学科学学院;

张廷桂 (第 4 章), 海南师范大学数学与统计学院;
邵红亮 (第 5 章), 重庆大学数学与统计学院;
王兢 (第 6 章), 中央民族大学理学院;
颜昭雯 (第 7 章), 内蒙古大学数学科学学院;
冯帆 (第 8 章), 中国科学院计算机网络信息中心;
陈敏茹 (第 9 章), 河南大学数学与统计学院;
郑孝信 (第 10 章), 北京航空航天大学数学科学学院;
刘帅 (第 11 章), 西北农林科技大学理学院.

我想要借此机会对曾协助翻译或校对的几位朋友表示感谢, 他们是: 湖北襄阳四中的李苏红老师, 天津大学理学院的刘云朋老师, 西北农林科技大学化学与药学院的尹虹老师、资源环境学院的李哲、师润、崔家瑞、赵丹阳、金永亮和陈琳同学, 以及生命科学学院的钟超、张婷、张慎彤、宋金颖、罗婧宜、高煜璐、张楚君、姜璎珊、王妍、靳阳、韩晓睿和刘昱昕同学.

本书的翻译得到首都师范大学数学科学学院方复全教授的慷慨资助与国家自然科学基金 (No.11605142, 11605096, 11505046, 11501153)、中央高校基本科研基金 (No.CQDXWL-2014-002) 以及西北农林科技大学博士科研启动基金的支持, 特表感谢.

译者代表　林开亮
2017 年 11 月 18 日

《现代数学译丛》已出版书目

（按出版时间排序）

1. 椭圆曲线及其在密码学中的应用——导引　2007.12　〔德〕Andreas Enge　著　吴铤　董军武　王明强　译
2. 金融数学引论——从风险管理到期权定价　2008.1　〔美〕Steven Roman　著　邓欣雨　译
3. 现代非参数统计　2008.5　〔美〕Larry Wasserman　著　吴喜之　译
4. 最优化问题的扰动分析　2008.6　〔法〕J. Frédéric Bonnans　〔美〕Alexander Shapiro　著　张立卫　译
5. 统计学完全教程　2008.6　〔美〕Larry Wasserman　著　张波　等　译
6. 应用偏微分方程　2008.7　〔英〕John Ockendon, Sam Howison, Andrew Lacey & Alexander Movchan　著　谭永基　程晋　蔡志杰　译
7. 有向图的理论、算法及其应用　2009.1　〔丹〕J. 邦詹森　〔英〕G. 古廷　著　姚兵　张忠辅　译
8. 微分方程的对称与积分方法　2009.1　〔加〕乔治 W. 布卢曼　斯蒂芬 C. 安科　著　闫振亚　译
9. 动力系统入门教程及最新发展概述　2009.8　〔美〕Boris Hasselblatt & Anatole Katok　著　朱玉峻　郑宏文　张金莲　阎欣华　译　胡虎翼　校
10. 调和分析基础教程　2009.10　〔德〕Anton Deitmar　著　丁勇　译
11. 应用分支理论基础　2009.12　〔俄〕尤里·阿·库兹涅佐夫　著　金成桴　译
12. 多尺度计算方法——均匀化及平均化　2010.6　Grigorios A. Pavliotis, Andrew M. Stuart　著　郑健龙　李友云　钱国平　译
13. 最优可靠性设计：基础与应用　2011.3　〔美〕Way Kuo, V. Rajendra Prasad, Frank A.Tillman, Ching-Lai Hwang　著　郭进利　闫春宁　译　史定华　校
14. 非线性最优化基础　2011.4　〔日〕Masao Fukushima　著　林贵华　译
15. 图像处理与分析：变分，PDE，小波及随机方法　2011.6　Tony F. Chan, Jianhong (Jackie) Shen　著　陈文斌，程晋　译
16. 马氏过程　2011.6　〔日〕福岛正俊　竹田雅好　著　何萍　译　应坚刚　校
17. 合作博弈理论模型　2011.7　〔罗〕Rodica Branzei　〔德〕Dinko Dimitrov　〔荷〕Stef Tijs

著 刘小冬 刘九强 译

18 变分分析与广义微分 I：基础理论 2011.9 〔美〕Boris S. Mordukhovich 著 赵亚莉 王炳武 钱伟懿 译

19 随机微分方程导论应用(第6版) 2012.4 〔挪〕Bernt Øksendal 著 刘金山 吴付科 译

20 金融衍生产品的数学模型 2012.4 郭宇权(Yue-Kuen Kwok) 著 张寄洲 边保军 徐承龙 等 译

21 欧拉图与相关专题 2012.4 〔英〕Herbert Fleischner 著 孙志人 李皓 刘桂真 刘振宏 束金龙 译 张昭 黄晓晖 审校

22 重分形：理论及应用 2012.5 〔美〕戴维·哈特 著 华南理工分形课题组 译

23 组合最优化：理论与算法 2014.1 〔德〕Bernhard Korte Jens Vygen 著 姚恩瑜 林治勋 越民义 张国川 译

24 变分分析与广义微分 II：应用 2014.1 〔美〕Boris S. Mordukhovich 著 李春 王炳武 赵亚莉 王东 译

25 算子理论的 Banach 代数方法(原书第二版) 2014.3 〔美〕Ronald G. Douglas 著 颜军 徐胜芝 舒永录 蒋卫生 郑德超 孙顺华 译

26 Bäcklund 变换和 Darboux 变换——几何与孤立子理论中的应用 2015.5 [澳]C. Rogers W. K. Schief 著 周子翔 译

27 凸分析与应用捷径 2015.9 〔美〕Boris S. Mordukhovich, Nguyen Mau Nam 著 赵亚莉 王炳武 译

28 利己主义的数学解析 2017.8 〔奥〕K. Sigmund 著 徐金亚 杨 静 汪 芳 译

29 整数分拆 2017.9 〔美〕George E. Andrews 〔瑞典〕Kimmo Eriksson 著 傅士硕 杨子辰 译

30 群的表示和特征标 2017.9 〔英〕Gordon James, Martin Liebeck 著 杨义川 刘瑞珊 任燕梅 庄 晓 译

31 动力系统仿真、分析与动画—— XPPAUT 使用指南 2018.2 〔美〕Bard Ermentrout 著 孝鹏程 段利霞 苏建忠 译

32 微积分及其应用 2018.3 〔美〕Peter Lax Maria Terrell 著 林开亮 刘 帅 邵红亮 等 译